ALBUM

DE

L'EXPOSITION UNIVERSELLE

TOME PREMIER

PARIS. — IMPRIMERIE DE J. CLAYE
RUE SAINT-BENOIT, 7.

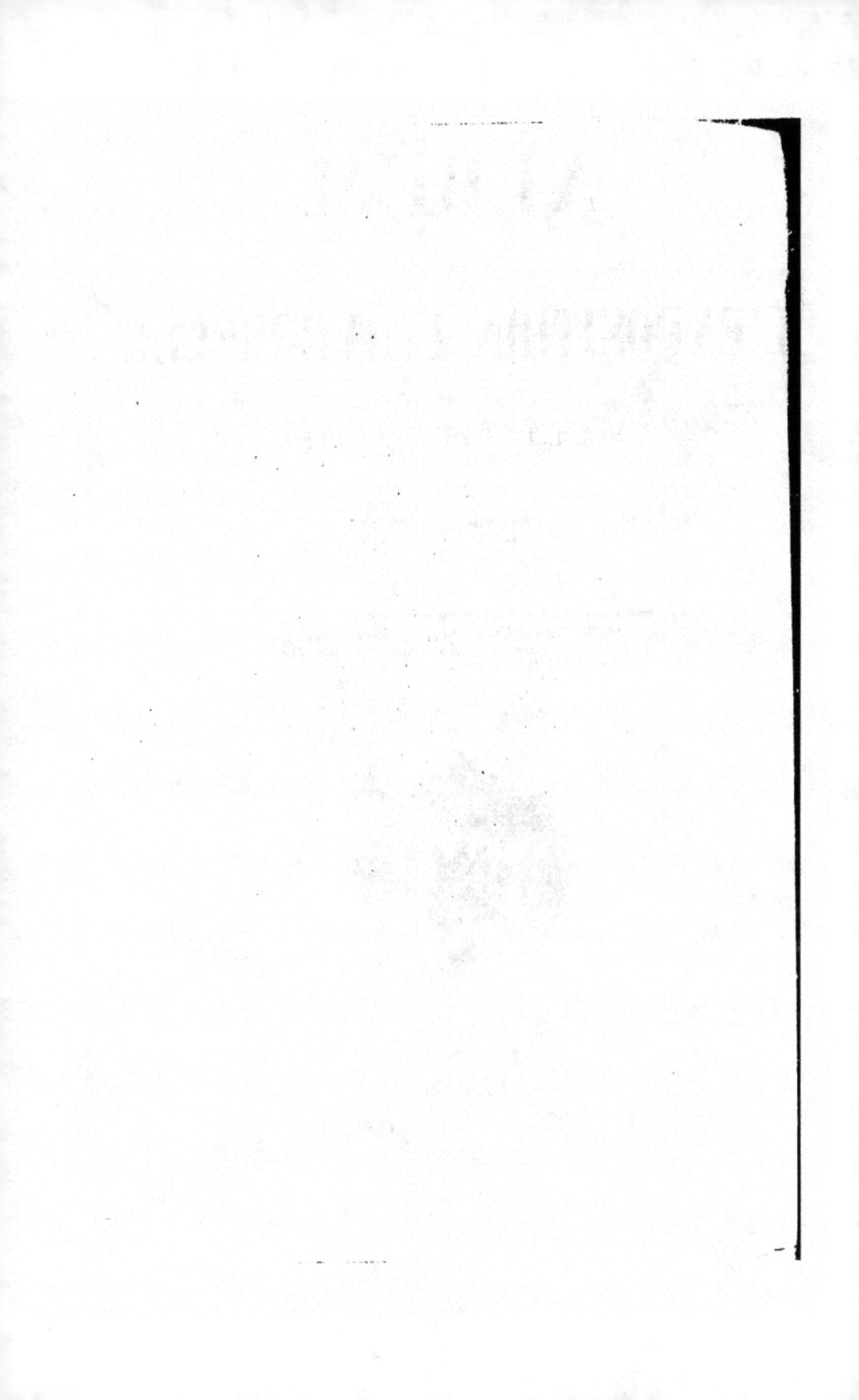

ALBUM

DE

L'EXPOSITION UNIVERSELLE

DÉDIÉ

A S. A. I. LE PRINCE NAPOLÉON

PAR

M. LE BARON L. BRISSE

EX-LIQUIDATEUR DES FORÊTS DE L'ANCIENNE LISTE CIVILE

PUBLIÉ AVEC LE CONCOURS DE MM.

DUMAS, sénateur; — ARLÉS-DUFOUR, secrétaire général de la Commission impériale;
LE PLAY, commissaire général de l'Exposition universelle;
F. de MERCEY, commissaire spécial de l'Exposition des Beaux-Arts;
MICHEL CHEVALIER, conseiller d'État, etc.

PARIS
BUREAUX DE L'ABEILLE IMPÉRIALE
23, QUAI VOLTAIRE

1856

On peut donc dire que le génie de Napoléon préside aujourd'hui à cette fête de famille de l'Industrie et des Beaux-Arts de toutes les nations.

C'est à Votre Altesse Impériale, c'est à sa haute et lumineuse intelligence, c'est à sa puissante et féconde initiative, c'est à son infatigable et persévérante volonté, que la France est redevable de l'admirable mise en œuvre d'une idée toute Napoléonienne qui sera la gloire d'un règne et d'une époque.

Le présent sème pour l'avenir. Les bienfaits incalculables de l'Exposition se feront encore mieux sentir avant peu d'années, et alors, dans le calme réparateur de la paix générale, au milieu de la prospérité et des splendeurs de l'industrie, en présence de la marche ascendante et triomphale des beaux-arts, le souvenir de cette première Exposition universelle restera uni éternellement au nom de Napoléon.

Je suis, avec le plus profond respect,

Prince,

De Votre Altesse Impériale,

Le très-humble et très-obéissant serviteur,

Baron L. BRISSE.

Paris, 15 Juillet 1855.

PRÉFACE

Il est permis de parler des difficultés d'une entreprise, quand on a triomphé de ces difficultés et que l'entreprise est menée à bonne fin. Aujourd'hui nous pouvons dire avec une sorte d'orgueil, en achevant d'exécuter notre Album de l'Exposition universelle, que l'exécution d'un pareil ouvrage avait été jugée impossible par les hommes les plus actifs et les plus intelligents de la presse parisienne.

En effet, si un grand nombre de publications du même genre ont été projetées, annoncées et même commencées, il n'en est pas une seule qui soit sortie saine et sauve des premières crises d'un enfantement laborieux; il n'en est pas une seule qui ait poursuivi sa marche à travers des embarras et des obstacles presque insurmontables.

Tout le monde croyait que l'Exposition universelle de Paris, plus considérable que celle de Londres et bien plus importante dans ses résultats, donnerait lieu aisément à une foule d'ouvrages descriptifs et technologiques qui serviraient à perpétuer le souvenir de ce prodigieux congrès de l'Industrie et des Beaux-Arts. L'Exposition de Londres avait non-seulement vu naître un magnifique catalogue illustré, formant trois énormes volumes in-4°, tirés à quinze ou vingt mille exemplaires, mais encore beaucoup de monographies spéciales, beaucoup de beaux livres à figures et une multitude de petits volumes populaires.

L'Exposition universelle de Paris nous avait promis aussi un Catalogue illustré officiel, publié avec toutes les splendeurs de la typographie, de la gravure et de la reliure. Plusieurs éditeurs avaient résolu, en même temps, de faire une concurrence légitime à ce Catalogue, en s'efforçant de surpasser la publication privilégiée et subventionnée, par l'excellence du travail littéraire, par la beauté des illustrations et par la perfection de l'œuvre.

Mais à quoi ont abouti tous ces efforts, tous ces projets, toutes ces espérances? A un échec immense et général. Il n'y a, il n'y aura, nous le répétons, que notre ALBUM DE L'EXPOSITION UNIVERSELLE, qui puisse survivre comme monument historique à cette admirable manifestation de toutes les forces vives de l'industrie et des beaux-arts du monde entier.

C'est l'indifférence de la plupart des exposants, c'est leur mauvais vouloir, faut-il l'avouer, qui ont fait empêchement à l'exécution de tant de beaux livres destinés à immortaliser le grand concours industriel et artistique de l'année 1855.

Si l'on veut rechercher les véritables causes de ce mauvais vouloir, de cette indifférence funestes et inexplicables, on les trouvera, d'une part, dans la publicité même que les journaux et les revues ont donnée à l'Exposition universelle, en rendant compte soigneusement de sa mise en scène et de ses résultats les plus apparents; et, d'une autre part, dans l'idée fausse que chacun se fait, en France, de la nécessité d'une initiative ou d'une intervention du Gouvernement, en toutes choses.

Les exposants, non contents d'avoir largement profité des encouragements généreux que le Gouvernement leur offrait pour l'exposition de leurs produits, en les exonérant de toute espèce de droits et de redevances, en leur fournissant le transport, le local et la surveillance sans aucune rétribution, s'imaginaient que le Gouvernement devait encore se charger seul de tous les frais de publicité et d'apparat, parmi lesquels on comprenait bien à tort le Catalogue illustré ou toute autre publication analogue qui n'eût point osé aspirer à une existence officielle.

En outre, la plupart des exposants, en voyant la presse périodique s'occuper d'eux et de leurs produits avec un rare désintéressement, se tenaient pour satisfaits de cette publicité qui ne leur coûtait rien et qui semblait suffire à leur vanité du moment.

Les journaux passent et le livre reste. Où sont-ils maintenant ces articles innombrables qui venaient tous les jours charmer l'exposant à son réveil et qui retentissaient, du matin au soir, à ses oreilles? où seront-ils dans quelques mois, dans quelques années?

Voilà ce qui a soutenu notre courage, voilà ce qui nous a fait persévérer, quand tous nos concurrents renonçaient à se lancer plus avant dans une carrière ingrate et stérile; voilà enfin ce qui nous a permis de rester seul, avec notre drapeau, sur la brèche de l'Exposition universelle.

Nous avons eu des heures de lassitude et de dégoût, des heures de déception et de profond abattement; mais nous nous disions, pour reprendre cœur et confiance à notre œuvre, nous nous disions : « L'Exposition universelle ne durera pas toujours, et nous sommes, pour elle, l'Histoire et l'Avenir. »

Par ce que nous avons fait, avec nos propres forces, on jugera de ce que nous aurions pu faire avec le secours unanime des exposants, avec l'appui officiel du Gouvernement.

S. A. I. le prince Napoléon, qui a été l'âme et le bras de cette mémorable Exposition universelle, a daigné nous encourager en acceptant la dédicace de notre Album : cette dédicace était pour nous une obligation de réussir.

Nous avons réussi, puisque nous avons accompli une tâche bien épineuse, puisque nous avons terminé ce recueil, qui, si imparfait qu'il soit, est encore un miroir éclatant de notre Exposition universelle.

Vive et profonde reconnaissance à tous ceux qui nous ont tendu la main dans une voie rude et périlleuse; paix et oubli à tous ceux qui ont essayé de nous briser sur des écueils où tant de pilotes habiles avaient déjà fait naufrage.

N'est-ce pas une précieuse et consolante pensée que de pouvoir attacher humblement notre nom aux glorieux souvenirs de cette première Exposition universelle?

Baron L. BRISSE.

LES EXPOSITIONS DE L'INDUSTRIE

DEPUIS LEUR ORIGINE

ET

L'EXPOSITION UNIVERSELLE

L'Industrie est fille des temps modernes. Jusqu'aux dernières années de ce XVIIIe siècle qui prépara la glorieuse et féconde Révolution française, on peut dire qu'il n'y a eu que des tentatives et des découvertes isolées. Les sciences ne marchaient pas en corps: le travail humain n'avait pas trouvé sa grammaire et sa règle.

Réunissons ici, en tête d'un ouvrage consacré à la gloire de l'industrie du XIXe siècle, les diverses dates auxquelles on peut faire remonter les plus importantes de ces inventions qui ont été les conquêtes des âges antérieurs. Ce tableau est une introduction toute naturelle à nos études.

Sans parler des découvertes tout à fait anciennes, et dont l'origine se perd, pour ainsi dire, dans la nuit des temps, on voit que la boussole était connue en Chine dès l'année 2602 avant J.-C., que les Tyriens fabriquaient du verre dès l'an 1640, et que les Lydiens avaient des monnaies d'or en l'an 1500.

Le gnomon, chez les Chinois, date de 1109; la peinture monochrome, à Corinthe, de 840; l'équerre et le niveau, dus à Théodore de Samos, architecte, de 718; le cadran solaire, inventé par Anaximène de Milet, de 520; les tapisseries, à Pergame, de 321; les horloges d'eau, en Égypte, de 250; les orgues hydrauliques, dues à Ctésibius, de 234; la vis sans fin, les miroirs ardents et la poulie mobile (Archimède), de 220; le papier de soie, en Chine, de 201; la mosaïque, de 200; la découverte de la précession des équinoxes (Hipparque), de 112.

Depuis J.-C., on a successivement connu : le système astronomique de Ptolémée, en 140; les cloches (Paulin de Campanie), en 400; les moulins à vent (Arabie), en 650; le feu grégeois (Callinique), en 670; le papier de coton (Constantinople), 750; l'alcool, en 824; l'imprimerie, en Chine, dès 939; les chiffres arabes, en France, dès 960; l'horloge de Gerbert (Sylvestre II), en 992; les notes de musique (Guy d'Arezzo), en 1024; les armoiries, en 1150; le papier de toile (à Bâle), en 1170; la poudre à canon, en 1294; les lunettes (Alexandre Spina de Pise), en 1286; les canons, en 1338; l'étamage des glaces, en 1346; les mortiers, en 1346; la gravure en creux, en 1410; la peinture à l'huile (van Eyck), en 1415; l'imprimerie en lettres, en 1440; la pompe à air, en 1456; les estampes sur cuivre, en 1458; l'Amérique, en 1492; le système de Copernic, en 1500; la mesure de l'arc du méridien, en 1528; la projection des cartes marines (Mercator), en 1594; le sucre de betterave (Olivier de Serres, l'illustre agronome français), en 1605; les logarithmes (Juste Byrge), en 1605; la circulation du sang (Harvey), en 1608; le télescope, en 1609; les vraies lois du système du monde, ou lois de Képler, en 1610; les lunettes à deux verres convexes, en 1611; le microscope et le thermomètre, en 1621; les lois de la réfraction, en 1620; le baromètre, en 1626; la presse hydraulique, en 1637; la machine pneumatique, en 1654; la théorie de la pesanteur universelle (Newton), en 1666; le ressort spiral des montres, en 1674; la vitesse de la lumière, en 1675; le calcul différentiel, en 1684; le bleu de Prusse, en 1724; le moulage en plâtre, en 1740; le paratonnerre, en 1756; l'aérostat, en 1783; le magnétisme animal, en 1783; les panoramas, en 1790; le télégraphe aérien, en 1792; le galvanisme, en 1798; la vaccine, en 1800.

Nous arrivons ainsi aux limites du siècle.

L'Industrie, organisée enfin, travaille avec ensemble et commence à réaliser les rêves des philosophes[1], des savants et des inventeurs d'autrefois. Elle a osé subir déjà les épreuves d'un concours; elle étale aux yeux de tous le résultat des efforts de chacun.

Les Expositions de l'industrie compteront parmi les leviers les plus puissants du travail et seront l'un des plus beaux titres de l'administration qui dirige, depuis cinquante ans, les affaires de la France.

On ne trouve rien, en secouant la poussière des textes, qui prouve que l'Antiquité ait eu l'idée de ces Expositions.

Athénée parle d'une fête donnée par Ptolémée Philopator, et du soin qu'il eut d'offrir aux regards tout ce que le luxe égyptien avait créé. Ce n'est là qu'une *montre* orgueilleuse et non une école ouverte. On citerait sans raison les foires du moyen âge, et par exemple, les cérémonies de l'installation du doge à Venise, où, sur le passage du premier magistrat de la République, les boutiques se décoraient de leurs plus belles parures; et, aussi, les grandes assemblées commerciales de Troyes, de Lyon, de Beaucaire, de Francfort, de Leipsig. Mais ce sont là des marchés.

De l'an VI de la République française date l'ère des Expositions de l'Industrie.

La première Exposition s'ouvrit, au Champ-de-Mars, avec une grande pompe, le troisième jour complémentaire de l'an VI, sous la direction du ministre de l'intérieur François de Neufchâteau; elle fut prolongée jusqu'au 10 vendémiaire de l'an VII. Cette Exposition, organisée à la hâte et comme improvisée, ne fut, pour ainsi dire, qu'une Exposition locale.

Cent dix exposants furent réunis. On avait promis douze récompenses; on les accorda aux citoyens Bréguet, Lenoir, Didot et Herhan, Clouet, Dilh et Guérard, Conté, Desarnod, Gremont et Barre, Deharme, Payn, Botter et Jullien.

Ces trois derniers représentaient l'Aube, l'Oise et le département de Seine-et-Oise.

Treize autres exposants se virent, en outre, mentionnés honorablement. Les uns et

1. Il ne faut pas oublier la part que l'*Encyclopédie* de Diderot et de d'Alembert a eue dans tout ce mouvement.

les autres obtinrent, à la fête du 1er vendémiaire, une place spéciale, et leurs noms furent proclamés par le président du Directoire.

Le succès de cette première Exposition fut très-grand, et les espérances, conçues timidement, s'enhardirent. On vit, pour la première fois, d'une manière évidente et au milieu d'une manifestation publique, que la Révolution française, en régénérant l'organisation politique de la France, avait vraiment créé une France nouvelle.

Les Expositions inaugurées ainsi, modestement en apparence et en réalité sous les plus beaux auspices, devaient être annuelles; mais la pénurie du trésor public et la guerre ne permirent pas qu'il y en eût en 1799 et en 1800.

Le 13 ventôse de l'an IX, Chaptal, ministre de l'intérieur, dans son Rapport aux Consuls, disait :

« La paix continentale est assurée, et vous jugerez sans doute, citoyens consuls, que l'intérêt des arts exige qu'il soit ordonné une nouvelle Exposition, pendant les cinq jours complémentaires de l'an IX. Celle de l'an VI, organisée à la hâte, ne fut, en quelque sorte, que locale : elle se borna aux produits des manufactures du département de la Seine et des préfectures environnantes. Les départements éloignés ne purent envoyer. Il faut que celle de cette année soit générale, et que tous les Français soient admis au concours qui aura lieu à Paris. »

L'idée féconde mûrissait.

En même temps, Chaptal écrivait aux préfets : « De la première Exposition datent les premières expériences de nos fabriques, le mouvement rendu à nos ateliers, et, pour ainsi dire, la renaissance de tous les arts utiles.

« Le Gouvernement se promet des résultats plus grands de cette institution perfectionnée, qui doit avoir pour résultat d'encourager tous les travaux utiles et de ranimer toutes les passions généreuses.

« Destinée à présenter, tous les ans, l'état de l'industrie française, et à resserrer dans le cadre le plus favorable le tableau mouvant de nos arts et de nos fabriques, elle excitera l'émulation, récompensera le talent, honorera la modestie, ennoblira même les calculs de l'amour-propre et de l'intérêt personnel, en les faisant servir au développement de la gloire nationale et de la tribune publique. »

Belles paroles qui étaient dignes d'être prononcées sur le berceau florissant des arts de la France.

L'Exposition de 1801 (du 19 au 24 septembre) eut lieu dans la cour du Louvre. Trente-trois départements, appartenant encore aujourd'hui à la France, et cinq autres qui n'en font plus partie, prirent part au concours et envoyèrent environ 400 produits pour 220 exposants.

Dix-neuf industriels obtinrent des médailles d'or; vingt-huit obtinrent des médailles d'argent; trente obtinrent des médailles de bronze.

Le général Bonaparte visita avec soin l'Exposition, s'entretint avec les fabricants, les félicita et fêta les vainqueurs.

C'est ici le lieu de parler d'une institution particulière qui date de cette époque de renaissance et qui a eu la plus grande et la plus utile influence sur les développements de l'industrie française. La *Société d'encouragement* fut organisée alors par Chaptal, à l'instigation de MM. de Lasteyrie et Delessert, et à l'imitation d'une société fondée en Angleterre par Shipley en 1756.

Voici quels étaient les membres fondateurs de cette Société qui a tant fait pour le progrès de nos travaux et la richesse de nos Expositions. C'est comme un sénat qui a longtemps veillé sur les affaires industrielles de la patrie.

Allard, Arnoud aîné, Arnoud jeune, Baillet, Bardel, Bertrand, Berthollet, Bosc, Bouriat, Brillat-Savarin, Cadet de Vaux, Cels, Chaptal, Chassiron, Collet-Descolstils, Conté, Costaz aîné, Costaz jeune, Coulomb, de Candolle, de Gérando, Delaroche, Delessert (Benjamin), Delessert (François), Descroisilles aîné, Fourcroy, François (de Neufchâteau), Fréville, Frochot, Guyton-Morveau, Hennequin, Huzard, Journu-Aubert, Lasteyrie, Laville-Leroux, Magnien, Mérimée, Molard, Monge, Mongolfier, Montmorency (Mathieu), Parmentier, Pastoret, Périer, Périer (Scipion), Pernon, Perregaux, Petit, Pictet-Diodati, Prony, Récamier, Regnaud de Saint-Jean-d'Angely, Richard d'Aubigny, Rouillé de l'Étang, Saint-Aubin, Savoye-Rollin, Sers, Silvestre, Swediaur, Ternaux, Teissier, Vauquelin, Vilmorin, Vitry, Yvart.

Voici maintenant le programme que la Société s'était tracé et dont elle a accompli tous les devoirs :

1° Recueillir de toutes parts les découvertes et inventions utiles aux progrès des arts;

2° Distribuer chaque année des encouragements, soit par des prix, soit par des gratifications, soit enfin en prenant un certain nombre d'abonnements pour les mémoires qui développeraient l'application de nouveaux procédés;

3° Propager l'institution, soit en donnant une grande publicité aux découvertes utiles, soit en faisant composer des manuels sur les diverses parties des arts, soit en provoquant des réunions où les lumières de la théorie viendraient s'associer aux résultats de la pratique, soit enfin en faisant exécuter à ses frais et distribuer dans le public, et spécialement dans les ateliers, les machines, instruments et procédés qui méritent d'être connus, et qui restent perdus pour l'industrie nationale, faute de publicité ou d'exécution;

4° Diriger certains essais et expériences pour s'assurer de l'utilité des procédés qui feraient espérer de grands avantages;

5° Venir au secours des artistes distingués qui auraient éprouvé des malheurs;

6° Rapprocher par de nouveaux rapports tous ceux qui, par leur état, leur goût, leurs lumières, prennent intérêt aux progrès des arts ou peuvent efficacement y concourir;

7° Devenir le centre d'institutions semblables qui sont désirées dans les principales villes de France.

Dès la première année, elle mit ses prix au concours.

1° Un prix de 1,000 francs et une médaille, pour la fabrication des filets de pêche;

2° Un prix de 2,000 francs et une médaille, pour la fabrication du blanc de plomb;

3° Un prix de 600 francs et une médaille, pour la fabrication du bleu de Prusse;

4° Un prix de 1,000 fr. et un second de 600 fr., pour le repiquage ou la transplantation des grains d'automne au printemps;

5° Un prix de 1,000 francs et une médaille, pour la fabrication des vases de métal revêtus d'un émail économique;

6° Un prix de 3,000 francs, pour la fabrication des vis à bois.

La même année, elle accorda une somme de 600 francs à M. Delarche, pour l'invention d'une machine à tondre les pannes.

C'est au Louvre que s'ouvrit la troisième Exposition; elle dura du 18 au 24 septembre 1802. La paix était devenue, comme on l'a dit, le présent de la victoire. Chaptal, écrivant le 6 floréal an x aux préfets, disait :

« Le Gouvernement, en instituant le retour annuel de l'Exposition des produits de l'industrie française, a voulu réunir sous ses yeux et au centre de la France l'ensemble ou le tableau de toutes les productions qui sortent des fabriques; ses intentions ne seraient pas remplies si toutes les étoffes, depuis la plus grossière jusqu'à la plus riche, n'y sont pas offertes aux regards du public; si, dans la même enceinte ne se trouvent pas rassemblés tous les produits des métaux, depuis la fonte jusqu'au fil du brodeur.

« C'est ce rapprochement de tous les travaux, de tous les arts, de tous les degrés de l'industrie, qui seul peut faire connaître nos ressources, nos moyens et l'état de nos arts; lui seul peut, en un mot, nous offrir la carte industrielle de la France. »

A chaque retour de la fête du travail, le plan s'élargissait et l'idée de l'avenir s'y manifestait plus brillante.

Soixante-treize départements prirent part au concours de 1802, qui fut extrêmement remarquable.

Il y eut 540 exposants, 38 médailles d'or, 53 médailles d'argent et 60 médailles de bronze.

Le premier Consul, heureux de ces succès inespérés, exprima son contentement et déclara que la France avait remporté là l'une de ses plus belles, la plus belle de ses victoires. En même temps, pour laisser au travail un certain temps d'études et d'efforts, il décida que les Expositions ne seraient plus annuelles et que la prochaine ne s'ouvrirait qu'en 1806.

Dans l'intervalle, la Société pour l'encouragement de l'industrie nationale joua son rôle à merveille.

La quatrième Exposition (du 25 septembre au 19 octobre) s'ouvrit en 1806, sur l'esplanade des Invalides.

Quatorze cent vingt-deux exposants concoururent; il y eut 54 médailles d'or, 97 médailles d'argent et 80 médailles de bronze. Des mentions honorables très-nombreuses s'ajoutèrent à ces distinctions.

L'industrie de la France était à la veille d'obtenir ses plus beaux triomphes. La guerre allait la contraindre à créer ce que le commerce ne pouvait plus fournir aux besoins de la consommation. Mais si l'industrie française, guidée, soutenue par la Société d'encouragement, se distingua, en ces temps, de la façon la plus glorieuse, les témoignages de distinction lui manquèrent, et la guerre, qui la contraignait à être plus digne d'éloges, lui enleva les récompenses. Il n'y eut pas d'Exposition de 1806 à 1819.

En 1819, la gloire du travail français rayonna sur toute l'Europe. La paix avait fait fructifier les germes de nos inventions; nos arts, enfantés avec tant de peine, nous étaient enviés de toutes parts.

Une ordonnance royale du 13 janvier décida qu'il y aurait, tous les quatre ans, une Exposition des produits de l'industrie française à des époques déterminées, que la première aurait lieu dans les galeries du Louvre, le 25 août et jours suivants, et qu'un échantillon de chacune des productions récompensées serait déposé au Conservatoire des Arts et Métiers.

L'Exposition compta 1662 concurrents dont les travaux excitèrent l'admiration.

Il y eut 84 médailles d'or, 180 médailles d'argent, et vingt-quatre croix de chevalier de la Légion d'Honneur furent, en outre, accordées.

Voici les noms de ces premiers chevaliers décorés en l'honneur du travail et à la suite des Expositions :

MM. Poupart de Neuflize, Bréguet, Lerebours, Jandau, Welter, Detrey, Chaptal fils, Arpin, Bacot, Beaunier, Beauvais, Bonnard, de Pouilly, Firmin Didot, Dufaud, Jacquart, Kœchlin, Lenoir, Mallié, Raymond, Saint-Bris, Vitalis, Utzchneider et Widmer.

Les Rapports du jury de l'Exposition de 1819 doivent prendre place parmi les titres dont la France sera le plus fière, et parmi les plus remarquables monuments de l'histoire de l'industrie humaine.

Du 25 août au 15 octobre 1823, s'ouvrit au Louvre la sixième Exposition. Elle compta 1762 exposants.

En 1827, année où l'Exposition fut moins heureuse que dans toutes les autres, il y eut 1631 exposants.

L'Exposition de 1834, sur la place de la Concorde, compta 2447 exposants; 28 décorations furent accordées. Il y eut 132 médailles d'or, 379 médailles d'argent, 480 médailles de bronze.

L'Exposition de 1839, dans le grand carré des Champs-Élysées, dura du 1er mai au 31 juillet.

L'article 4 de l'ordonnance royale du 27 septembre 1838 était ainsi conçu :

« Les préfets, sur l'avis des jurys départementaux, feront connaître les artistes qui, par des inventions ou procédés non susceptibles d'être exposés séparément, auraient contribué aux progrès des manufactures depuis l'Exposition de 1834. Ces artistes pourront avoir part aux récompenses. »

Ici paraît une idée nouvelle, qui, aujourd'hui enfin a reçu tous ses développements.

L'Exposition de 1839 s'annonçait magnifiquement : elle fut magnifique. On y voyait 3281 expositions individuelles; une superficie de 16,500 mètres carrés fut insuffisante, et il y eut dans le classement de toutes ces richesses un heureux désordre.

Vingt-sept croix d'honneur furent décernées. Pour les 3281 exposants, il y eut 2305 récompenses.

En 1798, le nombre des exposants est au nombre des récompenses comme 5 est à 1; en 1801, ce rapport est celui de 2,8 à 1; en 1802, il est de 2 à 1; en 1806, de 2,3 à 1; en 1819, de 1,9 à 1; en 1823, de 1,5 à 1; en 1827, de 1,35 à 1; en 1834, de 1,4 à 1; en 1839, de 1,4 à 1.

En 1844, il doit être de 1,2 à 1.

Le progrès est constant.

L'Exposition de 1844 eut lieu du 1er mai au 30 juin.

Une circulaire du ministre de l'agriculture et du commerce aux préfets, en date du 6 octobre, contenait ce passage :

« Si le but de nos Expositions n'est pas d'offrir à la curiosité le vain étalage de stériles chefs-d'œuvre, il n'est pas non plus de recevoir sans choix les produits de toute nature qui peuvent être présentés : l'un et l'autre inconvénient doivent être évités avec le même soin.

« Tous les arts industriels qui fournissent aux besoins de l'homme contribuent au bien-être de la société et concourent au développement de la richesse publique; leur utilité seule donne la mesure de leur valeur relative, et cette base est la règle la plus sûre que le jury puisse adopter pour l'appréciation des produits qui lui seront soumis.

« En effet, un produit isolé, fût-il un chef-d'œuvre de patience ou d'adresse, un modèle de richesse ou d'élégance, s'il n'a été obtenu qu'à prix de travail ou d'argent, n'a pas, par lui-même, une valeur industrielle qu'on doive particulièrement encourager; souvent même de pareils travaux sont pour leur auteur une cause de mécompte et de ruine. Mais il n'en est pas de même d'un produit, en réalité, plus modeste, s'il satisfait à un besoin commun, si sa bonne fabrication en assure le bon usage, si son bas prix en généralise l'emploi. Ce produit a une véritable valeur industrielle, et sa place est marquée à l'Exposition. »

Trois mille neuf cent soixante exposants se réunirent.

On donna 31 décorations de l'ordre de la Légion d'Honneur.

« J'ai suivi avec beaucoup d'intérêt, dit le roi Louis-Philippe, le brillant tableau que le président du jury (M. Thénard), vient de retracer des produits de notre industrie nationale. Je reconnais, avec lui, que l'Exposition de 1844 a dépassé les autres et qu'elle a été la plus glorieuse de toutes. Cependant elle ne conservera ce titre que pour cinq ans. J'ai la ferme confiance que l'Exposition de 1849 l'éclipsera. »

L'Exposition de 1849 eut lieu, du 1er juin au 31 juillet, au lendemain des agitations qui avaient signalé l'avénement de la République.

Le jury central, composé de soixante-neuf membres, se divisa en dix commissions :

1re Commission : Agriculture et Horticulture.
2me Commission : Algérie.
3me Commission : Machines.
4me Commission : Métaux.
5me Commission : Instruments de précision.

6me Commission : Arts chimiques.
7me Commission : Arts céramiques.
8me Commission : Tissus.
9me Commission : Beaux-Arts.
10me Commission : Arts divers.

Le Rapport du Jury central de 1849 ne fait pas connaître exactement le nombre des exposants de cette année; on ne peut donc établir la proportion entre ce nombre et celui des récompenses accordées, mais il publie la récapitulation générale du nombre des récompenses décernées; savoir :

MÉDAILLES D'OR...........	nouvelles....	21	333 médailles d'or.
	rappelées....	150	
	médailles....	162	
MÉDAILLES D'ARGENT.......	nouvelles....	99	722 médailles d'argent.
	rappelées...	173	
	médailles...	450	
MÉDAILLES DE BRONZE......	nouvelles...	84	1,117 médailles de bronze.
	rappelées...	182	
	médailles...	851	
MENTIONS HONORABLES......	nouvelles...	9	979 mentions honorables.
	rappelées...	36	
	médailles...	934	
CITATIONS FAVORABLES......	nouvelles...	3	587 citations favorables.
	rappelées...	1	
	citations....	583	
Total général des récompenses de 1849....		3,738	

La France montrait déjà ce qu'elle allait être à l'Exposition universelle de Londres, et ce qu'elle a été à l'Exposition universelle de 1855, à Paris.

L'idée des Expositions de l'industrie, idée si utile, si bien appropriée aux besoins de l'humanité moderne, si conforme à son génie, est une idée toute française.

On a vu de quelle manière s'est développée en France l'institution elle-même.

Au moment où cette institution devient tout à coup, de française européenne, et d'européenne universelle, jetons un regard en arrière et rappelons les noms de tous ceux qui ont été, de 1798 à 1849, les jurés de nos Expositions nationales, c'est-à-dire les maîtres de notre industrie.

Leurs noms doivent figurer avec honneur dans ce livre.

1798. D'Arcet, Molard, Chaptal, Vien, Gillet-Laumont, Duquesnoy, Moitte, F. Berthoud, Gallois.

1801. Berthollet, Bardel, Ferdinand Berthoud, Bonjour, Bosc, Guyton-Morveau, Molard, Mérimée, Montgolfier, Périer, Prony, Scipion Périer, Raymond, Vincent, Costaz.

1802. Allard, Bardel, Berthoud, Bosc, Conté, Costaz, Guyton-Morveau, Mérimée, Molard, Montgolfier, Périer, Périer (Scipion), Prony, Raymond, Vincent.

1806. Allard, Bardel, Berthollet, Berthoud, Collet-Descot fils, Costaz, de Gerando, Gay-Lussac, Guyton-Morveau, Lasteyrie, Mérimée, Molard, Monge, Montgolfier,

Périer, Périer (Scipion), Pernon, Pineville de Cernon, Raymond, Sarette, Vincent.

1819. Berthollet, Bréguet, Brongniart, Chaptal, Christian, Costaz, d'Arcet, d'Artigues, Fontaine, Gérard, Héron de Villefosse, Molard, de La Rochefoucauld, Tarbé de Vauxclairs, Ternaux, Mérimée, Arago, Percier, Walter.

1823. Le duc de Doudeauville, Héricart de Thury, Lemoine Desmares, Héron de Villefosse, Guillard de Senainville, Gérard, Christian, d'Arcet, Oberkampf, Arago, Molard, de Moléon, Tarbé de Vauxclairs, Fontaine, Bréguet, Brongniart, Quatremère de Quincy, Biot, Thénard, Gay-Lussac et Migneron.

1827. D'Herbouville, Héricart de Thury, Héron de Villefosse, Brongniart, Molard, d'Arcet, Gay-Lussac, Arago, Thénard, Amédée de Pastoret, Fontaine, Gérard, Quatremère de Quincy, Tarbé de Vauxclairs, Lemoine-Desmares, Beauvais, Rey, Bellanger, Legentil, Christian, Guillard-Senainville, Migneron.

1834. D'Arcet, Barbet, Blanqui, Brongniart, Chenavard, Clément Desormes, Cordier, Cunin-Gridaine, Delaroche, Charles Dupin, Fontaine, Gay-Lussac, Gérard, Girod, Guillard de Senainville, Héricart de Thury, Nicolas Kœchlin, Legentil, Meynard, Paturle, Petit, Pouillet, Savart, Séguier, Tarbé de Vauxclairs, Thénard.

1839. D'Arcet, Barbet, Berthier, Beudin, Blanqui, Bosquillon, Brongniart, Carez, Chevalier (Michel), Chevreul, Clément Desormes, Combes, Cunin-Gridaine, de Bonnard, Delaroche, Dufaud, Dumas, Charles Dupin, Durand, Fontaine, Gay-Lussac, Girod de l'Ain, Griolet, Héricart de Thury, Kœchlin, Léon de Laborde, Legentil, Legros, Mathieu, Meynard, Monchel de Laigle, Payen, Petit, Pouillet, Renouard, Sallandrouze, Savart, Savary, Saint-Cricq, Séguier, Schlumberger, Tarbé de Vauxclairs, Thénard, Yvart.

1844. D'Arcet, Arlès Dufour, Barbet, Berthier, Beudin, Blanqui, Brongniart, Chevalier (Michel), Chevreul, Combes, de Lamorinière, Deneiroux, Demère, Didot, Dufaud, Dumas, Charles Dupin, Durand, Feuchère, Fontaine, Gambey, Girod de l'Ain, Goldenberg, Griolet, Guibal-Anne Veaute, Hartmann, Héricart de Thury, Kettinger, Kœchlin, Léon de Laborde, Legentil, Legros, Mathieu, Meynard, Mimerel, Mimerel ingénieur, Moll, Morin, Mouchel, de Noé, Olivier, Payen, Peligot, Petit, Picot, Pouillet, Reverchon, Sallandrouze-Lamornaix, Savart, Schlumberger, Séguier, Thénard, Yvart.

1849. Arago, Arlès-Dufour, Arnoux, Aubry-Febvrel, Balard, Barbet (H), Billiet, Blanqui, Bonaparte (Louis-Lucien), Bougon, Chevalier (Michel), Combes, de Croix, de Dampierre, Desportes, Didot, Dolfus, Dumas, Dumas (Justin), Duperrier, Charles Dupin, Durand, Ebelmen, Érard, Feuchère, Fontaine, Fouquier d'Hérouel, Froment, Gaussen, Geoffroy de Villeneuve, Germain Thibault, Goldenberg, Grandin, Héricart de Thury, Hervé de Kergolay, Jullien, Kettinger-Turgis, Léon de Laborde, Lainel, Lechatellier, Leclerc, Legentil, Le Play, Manière, Marloye, Mary, Mathieu, Mimerel, Moll, Morin, Payen, Pecqueur, Peligot, Pepin,

Persoz, Peupin, Pouillet, Randoing, Rondot, Roux-Carbonnel, Sainte-Marie, Sallandrouze, Siebert, Séguier, Tavernier, Tourret, Vilmorin, Wolowski, Yvart.

L'Exposition universelle devait s'ouvrir en France. La fortune de l'Angleterre voulut qu'elle s'ouvrît à Londres.

C'est en janvier 1850 [1] qu'une Commission royale avait été nommée pour élaborer l'idée d'une Exposition à Londres des produits de toutes les industries du monde. Le 11 juin de la même année, M. Joseph Paxton, architecte et jardinier du duc de Devonshire, avait proposé le plan d'un palais de cristal. Dans le concours qui avait été ouvert, six autres architectes, parmi lesquels deux architectes français, avaient été jugés dignes d'une médaille. La première colonne du Palais de Cristal fut posée dans Hyde-Park, le 26 septembre, et le palais fut entièrement exécuté sur les dessins de M. Paxton, par MM. Fox et Anderson. Le gouvernement anglais avait, dès le mois de janvier 1850, donné connaissance aux gouvernements étrangers de l'ordonnance royale qui décidait que l'Exposition aurait lieu. A la lettre de communication était jointe une circulaire des commissaires royaux au *Board of trade*, fournissant les premières instructions, avec un aperçu général de la classification destinée aux produits admissibles. En avril 1851, sur la demande du Gouvernement français, le parlement britannique vota un bill pour garantir la propriété des inventions. La Commission royale anglaise était composée de vingt-cinq membres, deux secrétaires, deux commissaires, intermédiaires entre le bureau et le comité exécutif. Ce comité était formé de six membres, dont un président et un secrétaire. Il y avait en outre, les comités des finances, des médailles, des inscriptions, de correspondance, quatre comités de section pour l'admission et la classification des produits, et enfin un comité de construction.

Le Palais de Cristal présentait une longueur de 1,851 pieds anglais, nombre correspondant à l'année de l'Exposition ([illegible]4 mètres), sur une largeur de 408 pieds (124 mètres 35 centim.). Un corps de prolongement présentait 936 pieds de long sur 48 de large. En somme, le Palais de Cristal occupait un espace de 772,784 pieds carrés (plus de 7 hect.).

Tous les genres de produits étaient divisés en quatre sections, et chacune de ces sections, sauf la dernière, se divisait en classes : quatre pour la première, six pour la seconde, dix-neuf pour la troisième; en tout, trente classes.

On a évalué à un million le chiffre des articles exposés.

Le nombre des visiteurs a été de 6,007,944, du 1er mai au 11 octobre; en moyenne par jour 43,536. On estime que le 7 octobre, vers deux heures, 93,000 personnes se trouvaient réunies dans le Palais de Cristal.

Les anciens n'ont point connu ces fêtes admirables qui, en un même palais, appelaient tant d'âmes humaines à la fois.

L'Exposition universelle excita le plus vif enthousiasme dans toutes les classes de la nation anglaise, et principalement parmi les populations industrielles. On vit de grands manufacturiers, et de grands seigneurs, faire des sacrifices considérables pour procurer

1. Voy. l'*Annuaire de la Revue des Deux-Mondes* pour 1851.

aux ouvriers, soit de leurs ateliers, soit de leurs terres, le moyen de visiter le Palais de Cristal. Des fabricants d'instruments d'agriculture du comté de Suffolk, MM. Garat, frétèrent deux navires pour conduire tous leurs ouvriers à Londres. Le duc de Northumberland envoya à ses frais un convoi de cent cinquante personnes pour une semaine. Le clergé d'un district, situé sur les limites des comtés de Kent, Surrey et Sussex, organisa une excursion de huit cents ouvriers.

Les recettes de l'Exposition se sont élevées à 505,107 liv. ster. (12,627,675 fr.).

Le jury international était composé de 314 membres, la moitié anglais, la moitié étrangers.

D'après les dernières listes officielles, très-difficilement arrivées à un caractère d'authenticité invariable, la Grande-Bretagne a obtenu 2,089 récompenses, la France 1,051, le Zollverein 482, l'Autriche 236, la Belgique 206, les États-Unis 152, la Russie 123, la Suisse 116, les autres États, ensemble 732. Dans ces chiffres, le nombre des grandes médailles est de 79 pour l'Angleterre, de 57 pour la France, de 13 pour le Zollverein, de 5 pour les États-Unis, de 4 pour l'Autriche, de 2 pour la Belgique, de 2 pour la Russie, de 2 pour la Suisse, et enfin de 9 pour les autres pays.

Si l'on compare le nombre des récompenses à celui des exposants, on trouve qu'elles représentent 60 sur 100 pour la France et 21 seulement pour l'Angleterre.

Nous devons insérer ici un passage du discours adressé à la reine, le jour de l'ouverture, par le prince Albert, président de la Commission royale.

« Le nombre des exposants dont on a pu recevoir les produits, s'élève, disait-il, à environ quinze mille, dont moitié environ appartient à l'empire britannique. Les autres se partagent entre plus de quarante nations étrangères, composant la presque totalité des nations civilisées de l'univers. En disposant de l'espace qui leur a été respectivement alloué, nous avons dû prendre en considération, et la nature de leurs productions, et les facilités de transport, ou l'accès que présentaient leurs positions géographiques. Votre Majesté trouvera, dans la partie occidentale de cet édifice, les productions des autres pays sous leur dénomination, et, dans la partie orientale, les produits des nations étrangères. Tous les articles ont été rangés en quatre grandes classes, savoir : 1° les matières premières ; 2° les machines ; 3° les manufactures ; 4° la sculpture et les beaux arts. Une division d'une autre espèce a eu lieu d'après la position topographique des nations : celle des pays chauds a été placée près du centre de l'édifice, et celle des pays froids a été mise aux extrémités.

« Votre Majesté ayant gracieusement accordé un terrain dans son parc royal pour y faire l'Exposition, les premiers fondements de l'édifice qu'elle honore en ce moment de sa présence, furent posés le 26 septembre dernier. Dans les sept mois qui se sont écoulés depuis lors, l'énergie des constructeurs et l'activité de leurs ouvriers ont produit un édifice d'une architecture et d'une construction toutes nouvelles, qui couvre un espace de plus de 18 acres, mesurant 1,851 pieds en longueur et 456 pieds dans sa plus grande largeur, capable de contenir 40,000 visiteurs, et présentant aux marchandises une façade de plus de dix milles. C'est à M. Joseph Paxton que nous devons le principe tout nouveau de cette construction, et les commissaires sont heureux de lui rendre ici la justice qui lui est due pour cette intéressante portion de leur entreprise.

« Pour ce qui regarde la distribution des récompenses aux exposants qui l'auront mérité, nous avons décidé qu'elles seraient données sous formes de médailles, non pas comme simple concurrence individuelle, mais comme récompense de la supériorité sous quelque forme qu'elle puisse se présenter. Le choix des personnes à récompenser a été confié à des jurés composés également de sujets britanniques et d'étrangers, les premiers ayant été choisis par la Commission, sur les recommandations des comités locaux, et les derniers par les gouvernements des nations étrangères dont les produits sont exposés. Les noms de ces jurés, comprenant, comme ils le sont, plusieurs célébrités européennes, offrent les meilleures garanties de l'impartialité avec laquelle les récompenses seront distribuées. »

Et, pour compléter la liste des noms de ceux qui ont été, depuis 1798, les juges du travail en France, nous rappellerons qu'un arrêté du ministre de l'agriculture et du commerce du 7 avril 1851, nommait, pour représenter la France dans le jury international, trente-deux membres :

I. Section des produits bruts.

MM. Dufrenoy.
Dumas.
Hervé de Kergorlay.
Payen.

II. Section des machines.

MM. Morin.
Poncelet.
Combes.
Ch. Dupin.
Moll.
Mathieu et Séguier.

III. Section des produits manufacturés.

MM. Mimerel.
Randoing.
Arlès-Dufour.
Legentil.
Gaussen.
Chevreul.
Firmin Didot.
Persoz et Sallandrouze de La Mornaix.
Lainel.
Émile Dolfus.
Le Play.
Goldenberg.
Albert de Luynes.
Péligot.
Ebelmen.
De Nieuwerkerke.
Héricart de Thury.
Balard.
Wolowsky.

IV. Section des objets d'art.

M. Léon de La Borde.

Et les suppléants désignés.

MM. Henri Barbet.
Seydoux.
Lechatellier.
Aubry.
F. Bernoville.
Berlioz.
Natalis Rondot.

En distribuant les récompenses décernées aux exposants de 1849, le Président de la République leur disait :

« Le degré de civilisation d'un pays se révèle par les progrès de l'industrie comme par ceux des sciences et des arts. L'Exposition dernière doit nous rendre fiers ; elle constate à la fois l'état de nos connaissances et l'état de notre société. Plus nous avançons, plus, ainsi que l'annonçait l'Empereur, les métiers deviennent des arts, et plus le luxe lui-même devient un objet d'utilité, une condition première de notre existence. Mais ce luxe qui, par l'attrait de séduisants produits, attire le superflu du riche pour rémunérer le travail du pauvre, ne prospère que si l'agriculture, développée dans les mêmes proportions, augmente les richesses premières du pays et multiplie les consommateurs.

« Aussi, le soin principal d'une administration éclairée, et préoccupée surtout des intérêts généraux, est de diminuer le plus possible les charges qui pèsent sur la terre. Malgré les sophismes répandus tous les jours pour égarer le peuple, il est un principe incontestable qui, en Suisse, en Amérique, en Angleterre, a donné les résultats les plus avantageux; c'est d'affranchir la production et de n'imposer que la consommation. La richesse d'un pays est comme un fleuve : si l'on prend les eaux à la source, on le tarit; si on les prend, au contraire, lorsque le fleuve a grandi, on peut en détourner une large masse sans altérer son cours.

« Au gouvernement appartient d'établir et de propager les bons principes d'économie politique, d'encourager, de protéger, d'honorer le travail national. Il doit être l'instigateur de tout ce qui tend à élever la condition de l'homme; mais le plus grand bienfait qu'il puisse donner, celui d'où découlent tous les autres, c'est d'établir une bonne administration qui crée la confiance et assure un lendemain. »

Ces paroles promettaient ce que le gouvernement de l'Empereur a fait pour l'Exposition universelle de Paris en 1855, et ce qu'il fera encore pour le développement ultérieur de notre industrie et de nos arts.

On trouve, à la suite de cette introduction, les pièces officielles qui peuvent servir à retracer l'histoire de cette Exposition; nous n'avons pas ici à les transcrire.

Aussi heureusement situé, plus heureusement peut-être que le Palais de Cristal, le Palais de l'Industrie en diffère essentiellement, et, s'il paraît petit en comparaison, il ne faut pas oublier ses dépendances, la Galerie circulaire et la Rotonde des Panoramas, les Jardins, la Galerie élevée au-dessus du Cours-la-Reine, et l'Annexe qui, sur une longueur de douze cents mètres, suivait le cours de la Seine. Surtout, il ne faut pas oublier qu'à côté de cet ensemble de constructions réservées à l'industrie, s'élevait le palais des Beaux-Arts, et que deux Expositions, l'une qui dura peu, celle des animaux reproducteurs, l'autre qui chaque semaine renouvela sa toilette, celle de la Société d'horticulture, joignirent leur éclat à l'éclat de l'Exposition des produits de l'industrie et des œuvres des arts, contribuant simultanément à donner à la grande fête des nations célébrée à Paris en 1855 un caractère universel.

Isolé et considéré en lui-même, le Palais de l'Industrie offrait un coup d'œil plus riche à l'intérieur que le Palais de Cristal, et les galeries supérieures qui environnaient la nef achevaient la splendeur du tableau.

La nef principale a 48 mètres d'ouverture; les voûtes supérieures en ont 24; celle de l'Annexe en a 27. A Londres, le transept était large de 28 mètres seulement.

Le palais et les annexes ont été exécutés sur les dessins de M. Viel et de M. Barrault, par MM. Yorck et Ce, dont MM. Barrault et Bridel ont été les ingénieurs.

Le Palais a coûté treize millions; l'Annexe, quatre millions; et l'appropriation de la rotonde du Panorama, conduite par M. le commandant du génie Guillaumot et par M. Chabrol, architecte du ministère d'État, a coûté un million.

La compagnie concessionnaire du Palais a pour directeur M. de Rouville et pour administrateurs MM. Ardouin, Ricardo et Bouissin.

A Londres, la surface totale de l'Exposition était de 95,000 mètres. A Paris, elle s'élevait à 184,200 mètres, d'après le *Moniteur* du 1er juillet 1855, savoir :

Palais et Annexe	105,000
Panorama et pourtour	18,000
Terrains enclos	14,500
Beaux-Arts	46,700
Total	184,200
La superficie totale du Palais de cristal était	95,000
Différence	89,200

L'Annexe avait exactement 1168 mètres de long et 27 mètres de large. Ce bâtiment, couvert d'une toiture circulaire en verre et en zinc, recouverte de toiles et supportée par 147 fermes, présentait au premier étage, dans la première partie de sa longueur, deux galeries longitudinales de 7 mètres de large, qui produisaient une superficie nouvelle de 7840 mètres carrés. La seconde partie de l'Annexe était spécialement réservée aux machines en mouvement.

Le mouvement leur était transmis par un arbre longitudinal disposé sur des supports de fonte et qu'une puissance de 350 chevaux faisait mouvoir

Le palais principal, à l'extérieur, est long de 252m 20 et large de 108m 20. Aux quatre angles sont placés quatre bâtiments, au milieu desquels s'élèvent de magnifiques escaliers doubles qui, comme les deux escaliers, plus importants encore et deux fois doubles, du centre, conduisent aux galeries supérieures.

Cela donne 31,632 mètres carrés de superficie. Des voûtes de verre dépoli, garnies à l'extérieur de toiles semi-transparentes, et soutenues par des fermes hardies, s'élèvent au-dessus de l'édifice.

La voûte centrale, large de 48 mètres, est longue de 192 mètres; elle s'élève, en sa partie culminante, à 36 mètres au-dessus du sol.

C'est dans ce palais, dans ces jardins, dans ces galeries circulaires de la rotonde des Panoramas, dans cette annexe, et aussi dans le palais spécialement consacré aux arts et bâti par M. Lefuel au bout de l'avenue Montaigne, qu'ont été réunis tous les chefs-d'œuvre du travail de l'humanité aujourd'hui vivante.

Constatons sur-le-champ, par des chiffres réunis en tableaux et par des renseignements puisés à une source excellente, quelle a été la division de l'espace entre les nations réunies pour le concours.

Voici l'indication de la quantité de mètres carrés occupés par chacune d'elles :

ÉTATS.	ANNEXE (section des Produits).	ANNEXE (section des Machines).	PANORAMA et JARDIN.	PALAIS PRINCIPAL, Rez-de-chaussée	PALAIS PRINCIPAL, Galerie.	TOTAUX.
Empire Français	10,294	8,316	14,859	14,237	6.437	54,143
Royaume-Uni de la Grande-Bretagne et de l'Irlande	4,236	3,456	355	5,867	3.897	17,811
Royaume de Prusse et divers États allemands [1]	2,160	1,008	4	2,194	1,741	7,107
Empire d'Autriche	2,132	972	»	1,731	1,074	5.909
Belgique	984	972	225	1,479	1,164	4.824
Espagne	112	408	»	»	320	840
Portugal	108	»	»	»	360	468
Suède	108	108	»	»	201	417
Pays-Bas	561	108	»	»	301	970
Suisse	378	»	150	»	1,100	1.628
Wurtemberg	164	162	150	424	130	1.030
États Sardes	369	»	»	»	370	739
Toscane	270	»	»	»	295	565
Bavière	108	80	»	364	145	697
Grèce	54	»	»	»	128	182
États-Unis	108	324	32	786	»	1,250
Norvége	224	108	»	»	100	432
Mexique	40	»	»	40	80	160
Saxe	108	72	»	228	»	408
Danemark	108	»	»	»	296	404
Villes Anséatiques	108	»	»	»	186	294
Bade	154	»	»	112	29	295
États Pontificaux	108	»	»	»	320	428
République de la Nouvelle-Grenade	»	»	»	»	16	16
Confédération Argentine	»	»	»	»	8	8
Brésil	12	»	»	»	24	36
Costa-Rica	60	»	»	»	»	60
République Dominicaine	»	»	»	»	2	2
Égypte	54	»	»	»	406	460
Guatémala	»	»	»	»	20	20
Royaume Hawaïen	»	»	»	»	»	»
Turquie	54	»	»	»	315	369
Tunis	80	»	»	»	152	232
Totaux	23,556	15,794	15.773	27,462	19.617	102.204

1. Ces divers États sont :

	Exposants.		Exposants.		Exposants.
Duchés d'Anhalt-Dessau et Coethen	15	Grand-duché de Luxembourg	23	Duché de Saxe-Meinengen	3
Duché de Brunswick	15	Duché de Nassau	59	Duché de Saxe-Weimar	
Ville libre de Francfort-sur-le-Mein	25	Grand-duché d'Oldenbourg	14	Principauté de Schaumbourg-Lippe	3
Royaume de Hanovre	19	Principauté de Reuss (br. aînée)	1	Principauté de Schwartzbourg-Rudolstadt	1
Grand-duché de Hesse	79	Id. (br. cadette)	1		
Électorat de Hesse	14	Duché de Saxe-Altenbourg	22		
Principauté de Lippe-Detmold	2	Duché de Saxe-Cobourg	16		

Voici maintenant le tableau comparé des chiffres qui, en 1851 et en 1855, ont représenté officiellement le nombre des exposants.

Il était venu 14,837 exposants à Londres; il en est venu 20,709 à Paris.

			1851			1855
Empire français	France	1,641	1,710		9,790	10,691
	Algérie	69			724	
	Colonies	»			177	
Royaume de la Grande-Bretagne et d'Irlande	Métropole	6,861	7,381		1,480	2,415
	Colonies	550			985	
Royaume de Prusse			872			1,313
Empire d'Autriche			731			1,296
Royaume de Belgique			506			686
Royaume d'Espagne et colonies espagnoles			286			568
Royaume de Portugal et colonies portugaises			157			443
Royaume de Suède			117			417
Royaume des Pays-Bas			113			411
Confédération Suisse			263			408
Royaume de Wurtemberg			109			207
États Sardes			95			198
Grand-duché de Toscane			99			197
Royaume de Bavière			999			172
Royaume de Grèce			36			131
États-Unis d'Amérique			499			130
Royaume de Norvége			»	compris avec la Suède.		121
République Mexicaine			12			107
Royaume de Saxe			190			96
Monarchie Danoise			39			90
Villes Hanséatiques			134			89
Grand-duché de Bade			»	compris avec la Prusse.		88
Grand-duché de Hesse			80			74
États Pontificaux			92			71
Duché de Nassau			13			59
Ville libre de Francfort-sur-le-Mein			33			24
Grand-duché de Luxembourg			6			23
Royaume de Hanovre			»	compris avec la Prusse.		18
Duché de Brunswick			»	Id.		16
Duchés d'Anhalt-Dessau et Coethen			»	Id.		15
Électorat de Hesse			»	Id.		14
République de la Nouvelle-Grenade			»	compris avec l'Amérique du Sud.		13
Duché de Saxe-Cobourg-Gotha			»			11 [1]
Grand-duché d'Oldenbourg			»	compris avec la Prusse.		13
Confédération argentine, empire du Brésil			»			4
République de Costa-Rica			»			4
République Dominicaine			»			1
Égypte			»			6
République de Guatémala			»			7

1. N. B. Il y a entre quelques tableaux de petites différences. Elles proviennent de ce que ces tableaux n'ont pas été dressés aux mêmes dates; mais ils sont tous authentiques.

Royaume Hawaien	»	
Principauté de Lippe-Detmold	»	5
Empire Ottoman	»	2
Principautés de Reuss	»	2
Grand-duché de Saxe-Altenbourg	»	2
Duché de Saxe-Cobourg	»	2
Duché de Saxe-Meiningen	»	6
Grand-duché de Saxe-Weimar	»	3
Prrincipauté de Schaumbourg-Lippe	»	1
Principauté de Schartzbourg-Rudolstadt	»	1
Tunis	»	1
Russie, Chine et Perse	305	1
		»
Totaux	14,837	20,709

L'empire Ottoman, l'Égypte, Tunis, etc., ne sont compris dans ce tableau, pour un si petit nombre d'exposants, que parce que les produits ont été envoyés par les gouvernements eux-mêmes.

Nous joignons à ces renseignements un relevé de quelques recettes comparatives du Palais de Cristal et du Palais de l'Industrie.

EXPOSITION DE 1851.

Dates.	Prix d'entrée. fr.	Visiteurs.
24 mai.	3,25	34,812
29 mai.	1,25	52,518
5 juin.	1,25	55,837
9 juin.	1,25	54,204
17 juin.	1,25	68,155
24 juin.	1,25	68,394
1er juillet.	1,25	51,069
8 juillet.	1,25	65,962
15 juillet.	1,25	74,122
22 juillet.	1,25	68,161
29 juillet.	1,25	69,036
5 août.	1,25	68,069
12 août.	1,25	58,554
19 août.	1,25	57,079[1]

EXPOSITION DE 1855.

Dates.	Prix d'entrée. fr.	Visiteurs.
20 mai.	0,20	
27 mai.	gratuit.	80,118
3 juin.	0,20	42,908
10 juin.	0,20	54,587
17 juin.	0,20	61,819
24 juin.	0,20	86,606
1er juillet.	0,20	62,208
8 juillet.	0,20	62,107
15 juillet.	0,20	73,521
22 juillet.	0,20	86,912
29 juillet.	0,20	91,074
6 août.	0,20	74,224
12 août.	0,20	96,000
19 août.	0,20	—

Toutes ces notions étant données qui concernent l'histoire matérielle de l'Exposition, il y a quelque chose à ajouter, afin qu'on retrouve ici la trace des travaux de toute espèce que l'administration de l'Exposition a eu à exécuter pour produire devant les yeux émerveillés de l'Europe l'ordre admirable et, dans leur infinie variété, l'harmonie des œuvres de tous les peuples.

Le décret du 24 décembre 1853 (V. aux Documents officiels) nomme une Commission,

1. Le 7 et le 8 octobre 1851 ont atteint le chiffre de 109,000 visiteurs. A Paris, au commencement, les visiteurs à 1 franc ne dépassaient pas le nombre de 30,000, par jour. Dès le mois d'août, ce nombre s'élève à plus de 90,000.

dite Commission Impériale, pour diriger les travaux de l'Exposition; dès le 29 de ce mois, dans une première séance présidée par S. A. I. le prince Napoléon, la Commission Impériale choisit dans son sein une Sous-Commission chargée de préparer ces travaux.

La Commission impériale est composée ainsi :

Président : S. A. I. le prince Napoléon.

Vice-présidents :

Section des Beaux-arts, son Exc. M. le ministre d'État;

Section de l'Industrie, son Exc. M. le ministre de l'Agriculture, du Commerce et des Travaux Publics.

Commissaires :

Section des Beaux-arts : MM. Baroche, Eugène Delacroix, Henriquel-Dupont, Ingres, Mérimée, de Morny, prince de la Moscowa, duc de Mouchy, marquis de Pastoret, de Saulcy, Simart, Visconti.

Section de l'Agriculture et de l'Industrie :

MM. Élie de Beaumont, Billault, Blanqui, Michel Chevalier, Jean Dolfus, Arlès-Dufour, Dumas, Charles Dupin, comte de Gasparin, Greterin, Heurtier, Legentil, Le Play, de Lesseps, Mimerel, général Morin, Émile Péreire, général Poncelet, Regnault, Sallandrouze, Schneider, Seillière, Seydoux, Troplong, maréchal Vaillant.

M. Arlès-Dufour est nommé secrétaire-général, et M. Adolphe Thibaudeau, secrétaire-général adjoint.

La Sous-Commission est composée de :

MM. les ministres d'État, de la Guerre, de l'Intérieur, des Finances, de l'Agriculture, du Commerce et des Travaux Publics;

Les Présidents du Sénat, du Corps Législatif et du Conseil d'État;

Le duc de Mouchy, Legentil, Le Play, de Lesseps, général Morin, Émile Péreire, Schneider, Léon Vaudoyer, Arlès-Dufour et Thibaudeau.

Sur-le-champ, on comprit l'insuffisance du bâtiment appelé le Palais de l'Industrie, et on s'adressa à l'Empereur, qui, dans les premiers jours de février 1854, autorisa la Sous-Commission à lui présenter le projet des annexes qu'on jugerait nécessaires. Le 14 février, MM. le général Morin et Léon Vaudoyer furent chargés d'examiner des projets d'annexes présentés par la Compagnie du Palais de l'Industrie, et, au besoin, d'en préparer d'autres. Le 17 février, un projet fut présenté qui portait la surface totale à 90,000 mètres carrés, en élevant, au prix de 5,500,000 francs, des galeries de maçonnerie sur le prolongement du Palais. Le 21, Son Altesse Impériale annonça que l'Empereur avait approuvé ce projet.

A ce moment même, S. A. I. le prince Napoléon allait partir pour l'armée d'Orient. La guerre était allumée; on ne savait ce que réservait l'avenir, et la splendeur de l'Exposition semblait compromise. Le 3 mai, la Sous-Commission, présidée par le ministre d'État, apprit de lui que le Gouvernement voulait se contenter du Palais de l'Industrie et désirait seulement, si cela était nécessaire, recourir à des constructions temporaires.

Les craintes se dissipèrent peu à peu; peu à peu les espérances refleurirent. On sentit que le génie de la France devait triompher de toutes les épreuves de la guerre et en même temps se couronner de toutes les gloires de la paix. Le 23 juin, un traité fut passé avec la Compagnie du Palais de l'Industrie pour la construction de l'Annexe du Cours-la-Reine. Dès lors, aussi, le projet de réunir l'Annexe et le Palais fut conçu par la Commission.

Les choses étant ainsi réglées, la tâche fut attaquée résolument. Chargés, en vertu du décret de l'Empereur, de la préparation des règlements généraux et des détails de la correspondance, MM. Arlès-Dufour et Thibaudeau y appliquèrent leurs connaissances profondes, et ni leur activité ni leur talent ne furent au-dessous des difficultés sans cesse renaissantes d'une aussi grande entreprise.

Une Commission spéciale, composée de MM. Morin, Le Play, Rondot, de Chancourtois, Focillon et Tresca, fut investie du soin de classer les produits, et le général Morin fut, en outre, chargé de préparer les projets de répartition du terrain. On ne se doutait guère, lorsque, dans les belles journées d'août, on mettait le pied dans le Palais splendide, dans les Jardins fleuris, dans l'Annexe vivante, et que de toutes parts on contemplait tant de merveilles, on ne se doutait pas des incroyables soucis qui ont assiégé les organisateurs de cette fête miraculeuse et qui ont amené, dans le sein de la Commission impériale, des dissentiments inévitables.

Si l'on songe déjà aux difficultés d'une répartition préparée en l'absence de tous matériaux officiels et sur de simples hypothèses, on aura une idée des complications que l'ensemble des travaux de la Commission impériale a présentées.

On trouvait qu'à l'Exposition de 1834, 2447 exposants occupaient une surface totale de 14,288 mètres carrés, soit 5^{m}84 chacun; qu'en 1839, 3391 exposants en occupaient une de 16,500 mètres, soit 4^{m}94 chacun; qu'en 1844, 3960 exposants en occupaient une de 17,760 mètres, soit 4^{m}49 chacun; qu'en 1849, 4532 exposants en occupaient une de 27,040 mètres, soit 5^{m}96 chacun en moyenne, et enfin qu'à Londres l'espace moyen accordé à chaque exposant devait être évalué à 6^{m} 27. Il fallait partir de là.

Un grand nombre de combinaisons préparatoires furent successivement arrêtées et reprises, dans lesquelles il fallut procéder par présomption et en tenant compte de toutes les éventualités.

Le Secrétaire-Général vit la correspondance prendre, à ce propos, des proportions extraordinaires, et les réclamations des Comités établis, soit dans les diverses localités de la France, soit chez les nations étrangères, arrivaient chaque jour plus nombreuses et plus pressantes.

Ce qui arrivait moins vite, c'étaient les documents authentiques, d'après lesquels seuls la répartition définitive pouvait s'effectuer sur le terrain même. A partir du 1er janvier 1855, la province et l'étranger donnèrent enfin quelques renseignements officiels, et le service intérieur dut s'organiser.

Dès le 31 octobre 1854, le Commissariat Général avait été donné à M. le général Morin, qui n'avait agi jusque-là que comme Président du Comité exécutif. Le Commissaire du bâtiment fut M. Léon Vaudoyer. En même temps, M. Natalis Rondot était chargé du Catalogue, et M. Trélat, sous lequel travaillait M. Lecœuvre, inspecteur-ingénieur de la Galerie des machines, était nommé architecte-ingénieur de la Commission impériale.

M. Savoye, bientôt après, agit en qualité de Commissaire-adjoint. Lorsqu'il fallut organiser le service intérieur, on nomma Inspecteur principal M. Picot.

Par un arrêté du 18 janvier, MM. Robin, Grosbot, Loyau, Duranton, Marlin, Forest, Gromort, Dahlstein, Duffoure-d'Antist, Sauvageot et de Saint-Martin furent nommés inspecteurs. Six sous-inspecteurs furent créés : MM. Peligot, Houzeau, Hoarau, Mahon, Domergue et Decombes.

Depuis ce temps, des modifications importantes ont eu lieu, soit par la retraite de quelques-uns, soit par l'avancement ou la nomination de quelques autres.

On aura peut-être une idée plus nette des embarras de toute nature qui entravaient la marche des travaux, si l'on considère que sur les 199 Comités de la France,

112	seulement	étaient en règle	le 15 janvier,
128	—	—	le 31 janvier,
135	—	—	le 7 février,
143	—	—	le 17 février,
166	—	—	le 7 mars,
183	—	—	le 20 mars.

Partout on était en retard. Les Comités provinciaux ou étrangers pressaient en vain les industriels de leurs localités; le Comité de la Seine réunissait tardivement ses chiffres, qui dépassaient toute prévision et qui nécessitèrent un travail de révision et d'élimination, dont le résultat ne put être connu par les fabricants avant le 15 mars.

On comprend par là et les peines des uns et les plaintes des autres, et rien n'étonne plus, parce que tout est naturel.

Que l'on passe, des dates fournies par la France aux dates fournies pour les envois de documents des nations étrangères, on trouvera que l'organisation de tant d'affaires fut une œuvre laborieuse. Voici ces dates, données comme la plupart des renseignements insérés ici sur ces travaux préliminaires, par un des plus actifs ouvriers de l'entreprise, M. H. Tresca, inspecteur-général de l'Exposition française à Londres, commissaire du classement à Paris, et auteur d'une *Visite à l'Exposition universelle de Paris*, dans la préface de laquelle il a cru devoir défendre énergiquement le général Morin et les travaux du premier Commissariat, travaux si nombreux, si imprévus, si opiniâtres, si difficiles.

Angleterre	25 février.
Zollverein	9 mars.
Autriche	10 avril.
Belgique	15 mars
États-Unis	15 février.
Suisse	5 février.
Hollande	15 mars.
Turquie	15 mars.
Danemark	20 avril.
Égypte	15 mai.
Espagne	10 avril.
Portugal	15 mai.
Rome	10 avril.
Sardaigne	21 février.
Suède et Norvége	2 mai.
Toscane	15 avril.
Tunis	15 mai.
États du nord de l'Allemagne	15 février.
États de l'Amérique méridionale	10 mai.
Grèce	19 mars.

Si les documents n'arrivent qu'à ces dates, les colis ne doivent pas arriver de bonne heure, et alors que deviendra la cérémonie d'ouverture de l'Exposition?

Voici maintenant la liste des arrivages, tels qu'ils se présentèrent à différentes époques :

Le 15 mars............	15	Le 17 —	22,430
Le 22 —	1,485	Le 24 —	22,710
Le 31 —	4,351	Le 31 —	24,186
Le 5 avril.............	7,842	Le 7 juin.............	24,459
Le 12 —	11,125	Le 14 —	24,744
Le 19 —	14,233	Le 22 —	25,272
Le 30 —	17,779	Le 30 —	25,978
Le 10 mai.............	21,660		

Le 15 mars 1851, à l'Exposition de Londres, on avait déjà reçu plus de 8000 colis!

Le temps marchait; les réclamations, les demandes, les besoins se multipliaient, et, au milieu de ce désordre si obstiné à renaître, le désaccord naissait sans peine.

S. A. I. le prince Napoléon revient alors de Crimée. Aussitôt une direction unique, une volonté ferme et puissante préside à l'organisation définitive, et, malgré toutes les apparences, rien n'est désespéré.

Tout de suite [1] les obstacles tombent, qui semblaient empêcher la jonction projetée de l'Annexe et du Palais, et cette jonction s'effectue comme par miracle. Les jardins sont clôturés et l'espace s'accroît. L'Exposition universelle de Paris est, dès ce jour, assurée de sa fortune; elle peut l'attendre.

Mais ces accroissements, qui sauvent tout, amènent un remaniement et un retard nouveau.

D'ailleurs, de nouvelles difficultés apparaissent. Les droits de la Compagnie du Palais de l'Industrie et ceux de la Commission impériale se trouvaient en conflit. Il fallut régler, et ce ne fut pas facile, les uns et les autres.

Le Palais n'était pas prêt, et le Commissaire-Général n'avait aucun pouvoir sur les entrepreneurs de la Compagnie. Le bâtiment devait être livré le 31 janvier; il ne fut livré que le 6 mai; l'Annexe ne fut livrée que six semaines plus tard.

Cependant le Jury d'examen avait commencé ses opérations; il les continuait avec un zèle et une activité admirables. M. Blaise (des Vosges), secrétaire de ce grand Jury, sut se faire remarquer parmi tant d'hommes d'élite qui le composaient.

En même temps, M. Frédéric de Mercey, directeur des Beaux-arts au ministère d'État et nommé Commissaire-spécial de l'Exposition des Beaux-arts, organisait cette Exposition, qui fut prête au jour fixé, lorsque l'Exposition de l'Industrie était encore dans le chaos. Le savoir, l'habileté, l'intelligence, la gracieuse politesse de M. Frédéric de Mercey lui acquirent de nouveaux titres à l'estime de tous.

Mais, au Palais de l'Industrie, les installations individuelles se firent attendre. La confection des vitrines avait été la cause de retards qui se manifestèrent en surcroît et firent

1. Le 20 avril.

reculer de quinze jours, et en vain, l'ouverture officielle de l'Exposition par l'Empereur.

La cérémonie eut lieu le 15 mai. Si on l'eût retardée encore, rien n'aurait marché. Lorsqu'elle fut terminée et que l'Exposition fut ouverte, chacun se pressa et l'œuvre fut bientôt complète.

Il est inutile ici de rendre compte des événements qui amenèrent la démission du général Morin et son remplacement par M. Le Play.

Dans les moments les plus difficiles, M. Le Play avait été chargé de la plus difficile tâche; il avait dirigé le bureau des Réclamations. Nous devions rendre justice au premier Commissariat, et nous l'avons fait en indiquant les obstacles qu'il a eu à vaincre; mais nous devons dire que, lorsque M. Le Play fut élevé au poste de Commissaire-Général, il restait beaucoup à faire et que son activité merveilleuse, sa conduite ferme et conciliante tout à la fois, ont triomphé promptement des derniers embarras.

La nouvelle Administration a ramené peu à peu l'opinion qui s'était montrée hostile à une Exposition si laborieusement préparée. Peut-être faut-il signaler, puisque nous remplissons ici le rôle d'historien, une des causes qui ont, pour quelque temps, sinon compromis, du moins retardé le succès de l'Exposition.

La Compagnie du Palais, jalouse de ses priviléges, a lutté autant qu'elle l'a pu pour en maintenir l'intégrité, et, désireuse de recueillir les intérêts des sommes dépensées, elle a voulu restreindre le plus possible le nombre des cartes de faveur, délivrées en franchise pour la visite de l'Exposition. C'est ainsi qu'elle s'est montrée extrêmement rigoureuse pour la Presse qui, à Paris, sera toujours puissante.

La petite Presse, tout à fait écartée, exprima son mécontentement, et l'Étranger, en présence de ces appréciations ironiques, crut d'abord que l'œuvre n'avait pas réussi. La France elle-même eut peur d'un échec, et les craintes s'exagèrent bien vite.

C'est en ce moment que l'Administration mérita les plus grands éloges. Elle tint tête aux critiques, elle pressa les exposants qui étaient en retard; chaque jour elle ajouta quelque chose à l'éclat, longtemps voilé, de tant de merveilles; enfin, le jour de la justice arriva.

La première expression de cette justice rendue par l'Europe à la France se trouve dans une note inscrite au *Moniteur* du 2 juillet; la voici :

« Dans une réunion des divers Jurys Anglais pour l'Exposition Universelle, tenue aujourd'hui rue du Cirque, n° 14, sous la présidence de lord Ashburton, il a été résolu unanimement qu'il est désirable d'attirer l'attention du public Anglais sur le grand mérite de l'Exposition et sa supériorité dans les produits exposés, sur celle de 1851, et qu'elle est éminemment digne de l'attention des artistes, des manufacturiers, de leurs ouvriers et de toutes les classes du Royaume-Uni. »

Lorsque l'Europe entière, et l'Angleterre en tête de l'Europe, eut prononcé, la France se rassura, et elle jouit en paix de son triomphe. Ce triomphe est la légitime récompense de ses longs efforts et des sacrifices de toute sorte qu'elle a faits en tout temps pour l'humanité.

L'Exposition ouverte, le Prince qui avait, dès les premiers jours, présidé la Commission Impériale; qui, à peine revenu de la glorieuse Crimée, avait énergiquement déterminé le mouvement en avant des travaux retardés et assuré le succès de l'œuvre confiée à ses soins par l'Empereur, le prince Napoléon commença la série de ses visites.

On en a fait l'histoire [1], et cette histoire a été publiée. Elle apprendra au prix de quels soins continuels et en récompense de quelle affection éclairée le prince Napoléon a mérité la reconnaissance de tous les industriels de la France et de l'Étranger. Il n'est personne qui, mieux que lui et plus souvent et plus complétement que lui, ait passé en revue les œuvres exposées; il n'est personne qui ait su mieux récompenser les efforts de chacun et qui plus efficacement ait contribué à la glorification du travail.

C'est grâce à lui, qu'une XXXIe Classe, celle des Produits Économiques, a été créée pendant le cours de l'Exposition ; c'est grâce à lui que la part des ouvriers et de tous les collaborateurs a été faite large dans la distribution des récompenses décernées aux grands établissements industriels.

Après la campagne de la guerre, il a fait, pour ainsi dire, la campagne de la paix, ayant un état-major admirable, et, au premier rang, deux lieutenants, dont on ne saurait trop louer les mérites : M. Le Play, élevé récemment au poste de conseiller d'État en récompense de ses services, et M. Arlès-Dufour, que son noble apostolat en faveur des classes laborieuses avait désigné pour les fonctions qu'il a si utilement remplies.

1. Voir les *Visites de S. A. I. le prince Napoléon au Palais de l'Industrie*, publiées par M. Pascal, chef du service de la publicité.

DOCUMENTS OFFICIELS

DÉCRETS DE L'EMPEREUR

I.

NAPOLÉON, par la grâce de Dieu et la volonté nationale EMPEREUR DES FRANÇAIS, à tous présents et à venir, SALUT.

Sur le rapport de notre Ministre secrétaire d'État au département de l'Intérieur,

AVONS DÉCRÉTÉ ET DÉCRÉTONS ce qui suit :

ARTICLE PREMIER. — Une Exposition universelle des produits agricoles et industriels s'ouvrira à Paris, dans le Palais de l'Industrie, au carré Marigny, le 1er mai 1855, et sera close le 30 septembre suivant [1].

Les Produits de toutes les nations seront admis à cette Exposition.

2. — L'Exposition quinquennale qui, aux termes de l'article 5 de l'ordonnance du 4 octobre 1833, devait s'ouvrir le 1er mai 1854, sera réunie à l'Exposition universelle.

3. — Un décret ultérieur déterminera les conditions dans lesquelles se fera l'Exposition universelle, le régime sous lequel seront placées les marchandises exposées, et les divers genres de produits susceptibles d'être admis.

4. — Notre Ministre secrétaire d'État au département de l'Intérieur est chargé de l'exécution du présent Décret.

Fait au Palais des Tuileries, le 8 mars 1853.

Signé : NAPOLÉON.

Par l'Empereur :

Le Ministre secrétaire d'État au département de l'Intérieur,

Signé : F. DE PERSIGNY.

II.

NAPOLÉON, par la grâce de Dieu et la volonté nationale EMPEREUR DES FRANÇAIS, à tous présents et à venir, SALUT.

Considérant qu'un des moyens les plus efficaces de contribuer au progrès des arts est une Exposition universelle, qui, en ouvrant un concours entre tous les artistes du monde, et en mettant en regard tant d'œuvres diverses, doit être un puissant motif d'émulation, et offrir une source de comparaisons fécondes ;

Considérant que les perfectionnements de l'industrie sont étroitement liés à ceux des Beaux-Arts ;

Que cependant toutes les Expositions des Produits industriels qui ont eu lieu jusqu'ici n'ont admis les œuvres des artistes que dans une proportion insuffisante ;

Qu'il appartient spécialement à la France, dont l'Industrie doit tant aux Beaux-Arts, de leur assigner, dans la prochaine Exposition universelle, la place qu'ils méritent ;

AVONS DÉCRÉTÉ ET DÉCRÉTONS ce qui suit :

ARTICLE PREMIER. — Une Exposition universelle des Beaux-Arts aura lieu à Paris en même temps que l'Exposition universelle de l'Industrie.

Le local destiné à cette Exposition sera ultérieurement désigné.

2. — L'Exposition annuelle des Beaux-Arts de 1854 est renvoyée à 1855, et réunie à l'Exposition universelle.

3. — Notre Ministre d'État est chargé de l'exécution du présent Décret.

Fait au Palais de Saint-Cloud, le 22 juin 1853.

Signé : NAPOLÉON.

Par l'Empereur :

Le Ministre d'État,

Signé : Achille FOULD.

1. La clôture de l'Exposition a été prorogée au 31 octobre. (Voir l'article 1er, § 2, du Règlement général.)

III.

NAPOLÉON, par la grâce de Dieu et la volonté nationale EMPEREUR DES FRANÇAIS, à tous présents et à venir, SALUT.

Sur le rapport de notre Ministre secrétaire d'État au département de l'Agriculture, du Commerce et des Travaux publics ;

Vu nos Décrets des 8 mars et 22 juin derniers, portant qu'il sera ouvert à Paris, le 1er mai 1855, une Exposition universelle des Produits de l'Agriculture, de l'Industrie et des Beaux-Arts ;

AVONS DÉCRÉTÉ ET DÉCRÉTONS ce qui suit :

ARTICLE PREMIER. — L'Exposition universelle des Produits de l'Agriculture, de l'Industrie et des Beaux-Arts, est placée sous la direction et la surveillance d'une Commission, qui sera présidée par notre bien-aimé cousin le prince Napoléon.

2. — Sont nommés membres de cette Commission :

MM. Baroche, président du Conseil d'État ;
Élie de Beaumont, sénateur, membre de l'Institut ;
Billaut, président du Corps législatif ;
Blanqui, membre de l'Institut, directeur de l'École supérieure du commerce [1] ;
Eugène Delacroix, peintre, membre de la Commission municipale et départementale de la Seine ;
Jean Dollfus, manufacturier ;
Arlès-Dufour, membre de la Chambre de commerce de Lyon ;
Dumas, sénateur, membre de l'Institut ;
Baron Charles Dupin, sénateur, membre de l'Institut ;
Henriquel-Dupont, membre de l'Institut ;
Comte de Gasparin, membre de l'Institut ;
Gréterin, conseiller d'État, directeur général des Douanes et des Contributions indirectes ;
Heurtier, conseiller d'État, directeur général de l'Agriculture et du Commerce ;
Ingres, membre de l'Institut ;
Legentil, président de la Chambre de commerce de Paris ;
Le Play, ingénieur en chef des Mines ;
Comte de Lesseps, directeur des Consulats et des affaires commerciales au ministère des Affaires étrangères ;
Mérimée, sénateur, membre de l'Institut ;
Michel Chevalier, conseiller d'État, membre de l'Institut ;
Mimerel, sénateur ;
Général Morin, membre de l'Institut, directeur du Conservatoire impérial des Arts et Métiers ;
Comte de Morny, député au Corps législatif, membre du Conseil supérieur du commerce, de l'agriculture et de l'industrie ;
Prince de la Moskowa, sénateur ;
Duc de Mouchy, sénateur, membre du Conseil supérieur du commerce, de l'agriculture et de l'industrie [2].
Marquis de Pastoret, sénateur, membre de l'Institut ;
Émile Péreire, président du Conseil d'administration du chemin de fer du Midi ;
Général Poncelet, membre de l'Institut ;
Regnault, membre de l'Institut, administrateur de la Manufacture impériale de Sèvres ;
Sallandrouze, manufacturier, député au Corps Législatif ;
De Saulcy, membre de l'Institut, conservateur du Musée d'artillerie ;
Schneider, vice-président du Corps Législatif, membre du Conseil supérieur du commerce, de l'agriculture et de l'industrie ;
Baron Sellière (Achille).
Seydoux, député au Corps Législatif ;
Simart, membre de l'Institut ;
Troplong, président du Sénat, premier président de la Cour de Cassation, membre de l'Institut ;
Maréchal comte Vaillant, grand maréchal du Palais, sénateur, membre de l'Institut ;
Visconti, membre de l'Institut, architecte de l'Empereur [3] ;

2. — La Commission est divisée en deux sections :
La section des Beaux-Arts ;
La section de l'Agriculture et de l'Industrie.

Sont membres de la section des Beaux-Arts :

MM. Baroche,
Eugène Delacroix,
Henriquel-Dupont,
Ingres,
Mérimée,
Comte de Morny,
Prince de la Moskowa,
Duc de Mouchy,
Marquis de Pastoret,
De Saulcy,
Simart,
Visconti.

Sont membres de la section de l'Agriculture et de l'Industrie :

MM. Élie de Beaumont,
Billault,
Blanqui,
Michel Chevalier,
Dollfus (Jean),
Arlès-Dufour.

1. M. Blanqui, décédé, n'a pas été remplacé.

2. M. le duc de Mouchy, décédé, n'a pas été remplacé.

3. Par décret en date du 2 janvier 1854, M. Léon Vaudoyer, architecte, a été nommé membre de la Commission Impériale en remplacement de M. Visconti, décédé.

Dumas,
Baron Charles Dupin,
Comte de Gasparin,
Gréterin,
Heurtier,
Legentil,
Le Play,
Comte de Lesseps,
Mimerel,
Général Morin,
Émile Péreire,
Général Poncelet,
Regnault,
Sallandrouze,
Schneider,
Sellière,
Seydoux,
Troplong,
Maréchal comte Vaillant.

4. — En cas d'absence du prince Napoléon, la Commission, réunie en assemblée générale, sera présidée par le Ministre d'État, ou par le Ministre de l'Agriculture, du Commerce et des Travaux publics, et, à leur défaut, par un vice-président, qui sera nommé au scrutin dans la première séance.

La section des Beaux-Arts sera présidée par le Ministre d'État;

La section de l'Agriculture et de l'Industrie, par le Ministre de l'Agriculture, du Commerce et des Travaux publics.

Chaque section fera choix d'un vice-président.

5. — Sont nommés :

Secrétaire-général de la Commission, M. Arles-Dufour.

Secrétaire-général adjoint, M. Adolphe Thibaudeau.

M. de Mercey, chef de la section des Beaux-Arts au ministère d'État, est nommé secrétaire de la section des Beaux-Arts.

M. Audiganne, chef du bureau de l'industrie, et M. Chemin-Dupontès, chef du bureau du mouvement général du commerce et de la navigation, au ministère de l'Agriculture, du Commerce et des Travaux publics, sont nommés secrétaires de la section de l'Agriculture et de l'Industrie.

6. — Notre Ministre d'État et notre Ministre secrétaire d'État au département de l'Agriculture, du Commerce et des Travaux publics, sont chargés de l'exécution du présent Décret.

Fait au palais des Tuileries, le 24 décembre 1853.

Signé : NAPOLÉON.

Par l'Empereur :

Le Ministre d'État,

Signé : ACHILLE FOULD.

Le Ministre secrétaire d'État au département de l'Agriculture, du Commerce et des Travaux publics,

Signé : P. MAGNE.

IV.

NAPOLÉON, par la grâce de Dieu et la volonté nationale EMPEREUR DES FRANÇAIS, à tous présents et à venir, SALUT :

Sur le rapport de notre Ministre d'État et de notre Ministre secrétaire d'État au département de l'Agriculture, du Commerce et des Travaux publics,

AVONS DÉCRÉTÉ ET DÉCRÉTONS ce qui suit :

ARTICLE PREMIER. — Lord Cowley, ambassadeur de Sa Majesté la reine de la Grande-Bretagne, à Paris, est nommé membre de la Commission de l'Exposition universelle des Produits de l'agriculture, de l'industrie et des beaux-arts.

2. — Notre Ministre d'État et notre Ministre secrétaire d'État au département de l'Agriculture, du Commerce et des Travaux publics, sont chargés de l'exécution du présent Décret.

Fait au Palais des Tuileries, le 24 décembre 1853.

Signé : NAPOLÉON.

Par l'Empereur :

Le Ministre d'État,

Signé : ACHILLE FOULD.

Le Ministre secrétaire d'État au département de l'Agriculture, du Commerce et des Travaux publics,

Signé : P. MAGNE.

DISCOURS

DE S. A. I. LE PRINCE NAPOLÉON

PRONONCÉ A LA PREMIÈRE SÉANCE DE LA COMMISSION IMPÉRIALE, LE 29 DÉCEMBRE 1853.

« Messieurs,

« L'Empereur nous confie une noble et honorable mission, en nous chargeant d'organiser ce grand concours, dans lequel la France se montrera digne d'elle-même, par l'empressement que ses artistes et ses industriels mettront à répondre à l'appel qui leur est fait.

« Notre devoir vis-à-vis des étrangers est de les recevoir avec une large et bienveillante hospitalité.

« Toutes les opinions en matière d'économie politique seront représentées dans notre réunion, non pour se livrer à des discussions stériles en dehors de notre mission, mais pour concourir avec une égale ardeur, quel que soit leur point de vue, à la réussite de cette œuvre qui doit illustrer la France et l'Europe du dix-neuvième siècle.

« Sur ce point, Messieurs, nous devons être tous d'accord.

« L'Empereur a témoigné sa haute impartialité en réunissant en un même faisceau les sommités de la politique, des sciences, des arts, de l'industrie et du commerce.

« Pour la première fois, à une Exposition universelle de l'Industrie se trouvera réunie une Exposition universelle des Beaux-Arts.

« Il appartient à notre pays de donner l'exemple de cette alliance, qui va si bien à notre génie initiateur.

« J'espère, Messieurs, que la confiance la plus entière présidera à nos rapports, et je vous demande pour votre président une indulgence dont il a besoin.

« Sentant mon insuffisance pour la grande mission que la confiance de l'Empereur a bien voulu me donner, j'y apporterai au moins le zèle le plus ardent et la ferme volonté de bien faire, cette première condition du succès.

« Les questions que nous aurons à résoudre sont nombreuses et compliquées; elles touchent à une multitude d'intérêts divers. Je me propose de les soumettre à votre décision successivement et à mesure qu'elles se présenteront, pour ne pas nous surcharger inutilement dès le commencement de nos travaux.

Ils se divisent naturellement en deux grandes parties: les Décrets que nous avons à provoquer de la part de Sa Majesté, les questions que nous avons à résoudre de notre propre autorité.

« En exécution du Décret, notre première opération doit être la nomination du vice-président de la Commission générale et des deux vice-présidents des sections de l'Industrie et des Beaux-arts.

« Je vous demanderai ensuite de vouloir bien m'adjoindre une Sous-Commission, pour m'aider dans l'exécution des mesures que vous aurez prises. Les affaires ne peuvent se résoudre d'une façon pratique que par un petit nombre de personnes pouvant y consacrer leur aptitude spéciale et leur temps.

« La première question à examiner par cette Sous-Commission sera la préparation d'un règlement intérieur pour la prompte expédition des nombreuses affaires que nous aurons à régler. »

La Sous-Commission, nommée dans la séance du 29 décembre 1853, et présidée par S. A. I. le prince Napoléon, se compose de :

MM. les Ministres d'État, de la Guerre, de l'Intérieur, des Finances, de l'Agriculture, du Commerce et des Travaux publics;
Les présidents du Sénat, du Corps Législatif et du Conseil d'État;
Le duc de Mouchy, sénateur;
Legentil, président de la Chambre de commerce de Paris;
Le Play, ingénieur en chef des Mines;
Le comte de Lesseps, directeur des Consulats au ministère des Affaires étrangères;
Le général Morin, membre de l'Institut, commissaire général de l'Exposition universelle;
Péreire (Émile), président du Conseil d'administration des chemins de fer du Midi;
Schneider, vice-président du Corps législatif;
Vaudoyer (Léon), architecte des Arts-et-Métiers;
Arlès-Dufour, secrétaire-général;
Thibaudeau (Adolphe), secrétaire-général adjoint.

RÈGLEMENT GÉNÉRAL.

DÉCRET.

NAPOLÉON, par la grâce de Dieu et la volonté nationale EMPEREUR DES FRANÇAIS, à tous présents et à venir, SALUT :

Vu le projet de Règlement général proposé par la Commission impériale, concernant l'Exposition universelle des Produits de l'agriculture, de l'industrie et des beaux-arts,

AVONS DÉCRÉTÉ ET DÉCRÉTONS ce qui suit :

Le projet de Règlement général pour l'Exposition universelle, annexé au présent, demeure approuvé.

Fait au Palais des Tuileries, le 6 avril 1854.

Signé : NAPOLÉON.

Par l'Empereur :

Le Ministre d'État.

Signé : ACHILLE FOULD.

Le Ministre secrétaire d'État au département de l'Agriculture, du Commerce et des Travaux publics.

Signé : P. MAGNE.

RÈGLEMENT GÉNÉRAL.

DISPOSITIONS GÉNÉRALES.

ART. 1er. L'Exposition universelle, instituée à Paris pour l'année 1855, recevra les produits agricoles et industriels, ainsi que les œuvres d'art de toutes les nations.

Elle s'ouvrira le 1er mai et sera close le 31 octobre de la même année.

ART. 2. L'Exposition universelle de 1855 est placée sous la direction et la surveillance de la Commission impériale nommée par le décret du 24 décembre 1853.

ART. 3. Dans chaque département, un Comité nommé par le préfet d'après les instructions de la Commission impériale, sera chargé de prendre toutes les mesures utiles au succès de l'Exposition, et de statuer, en temps opportun, sur l'admission et le rejet des produits présentés.

Il sera établi, en outre, si la Commission impériale le juge nécessaire, des Sous-Comités locaux ou des agents spéciaux dans toutes les villes et centres industriels où le besoin en sera reconnu.

ART. 4. Des instructions spéciales seront adressées, au nom de la Commission impériale, à MM. les Ministres de la Guerre et de la Marine, pour l'organisation du concours de l'Algérie et des colonies françaises à l'Exposition.

ART. 5. Les gouvernements étrangers seront invités à établir, pour le choix, l'examen et l'envoi des produits de leurs nationaux, des *Comités*, dont la formation et la composition seront notifiées le plus tôt possible à la Commission impériale, afin qu'elle puisse se mettre immédiatement en rapport avec ces Comités.

ART. 6. Les Comités départementaux, ainsi que les Comités étrangers, autorisés par leurs gouvernements respectifs, correspondront directement avec la Commission impériale, qui s'interdit toute correspondance avec les exposants ou autres particuliers, tant français qu'étrangers.

ART. 7. Les Français ou les étrangers qui se proposent de concourir à l'Exposition devront s'adresser au Comité du département, de la colonie ou du pays, qu'ils habitent.

Les étrangers résidant en France pourront s'adresser aux Comités officiels de leur pays respectif.

ART. 8. Nul produit ne sera admis à l'Exposition, s'il n'est envoyé avec l'autorisation et sous le cachet des Comités départementaux ou des Comités étrangers.

ART. 9. Les Comités étrangers et départementaux feront connaître, aussitôt que possible, le nombre présumé des exposants de leur circonscription et l'espace dont ils croiront avoir besoin.

ART. 10. Sur cette communication, la Commission impériale fera, sans délai, opérer la répartition de l'emplacement général, au *prorata* des demandes, entre la France et les autres nations.

ART. 11. Cette répartition opérée, notification en sera immédiatement faite aux Comités français et étrangers, qui auront eux-mêmes à subdiviser entre les exposants de leurs circonscriptions l'espace ainsi déterminé.

ART. 12. Les listes des exposants admis devront être adressées à la Commission impériale, au plus tard le 30 novembre 1854.

Elles indiqueront :

1° Les nom, prénoms (ou la raison sociale), profession, domicile ou résidence des requérants ;

2° La nature et le nombre ou la quantité des produits qu'ils désirent exposer ;

3° L'espace qui leur est nécessaire à cet effet, en hauteur, largeur et profondeur.

Ces listes ainsi que les autres documents venant de l'étranger devront, autant que possible, être accompagnés d'une traduction en langue française.

ADMISSION ET CLASSIFICATION DES PRODUITS.

ART. 13. Sont admissibles à l'Exposition universelle tous les produits de l'agriculture, de l'industrie et de l'art, autres que ceux qui se classent dans les catégories ci-après :

1° Les animaux et les plantes à l'état vivant ;

2° Les matières végétales et animales à l'état frais et susceptibles d'altération ;

3° Les matières détonantes, et généralement toutes les substances qui seraient reconnues dangereuses ;

4° Et enfin les produits qui dépasseraient, par leur quantité, le but de l'Exposition.

Art. 14. Les esprits ou alcools, les huiles et essences, les acides et les sels corrosifs, et généralement les corps facilement inflammables ou de nature à produire l'incendie, ne seront admis à l'Exposition que renfermés dans des vases solides et parfaitement clos. Les propriétaires de ces produits devront d'ailleurs se conformer aux mesures de sûreté qui leur seront prescrites.

Art. 15. La Commission impériale aura le droit d'éliminer et d'exclure, sur la proposition des agents compétents, les produits français qui lui paraîtraient nuisibles ou incompatibles avec le but de l'Exposition, et ceux qui auraient été envoyés au delà des exigences et des convenances de l'Exposition.

Art. 16[1]. Les produits formeront deux divisions distinctes : les *produits de l'industrie* et les *œuvres d'art;* ils seront distribués, pour chaque pays, en huit groupes, comprenant trente classes, savoir :

Ire DIVISION. — PRODUITS DE L'INDUSTRIE.

Ier Groupe. — ***Industries ayant pour objet principal l'extraction ou la production des matières brutes.***

1re Classe. Art des mines et métallurgie.
2e — Art forestier, chasse, pêche et récolte de produits obtenus sans culture.
3e — Agriculture.

IIe Groupe. — ***Industries ayant spécialement pour objet l'emploi des forces mécaniques.***

4e Classe. Mécanique générale appliquée à l'industrie.
5e — Mécanique spéciale et matériel des chemins de fer et des autres modes de transport.
6e — Mécanique spéciale et matériel des ateliers industriels.
7e — Mécanique spéciale et matériel des manufactures de tissus.

IIIe Groupe. — ***Industries spécialement fondées sur l'emploi des agents physiques et chimiques, ou se rattachant aux sciences et à l'enseignement.***

8e Classe. Arts de précision, industries se rattachant aux sciences et à l'enseignement.
9e — Industries concernant la production économique et l'emploi de la chaleur, de la lumière et de l'électricité.
10e — Arts chimiques, teintures et impressions; industries du papier, des peaux, du caoutchouc, etc.
11e — Préparation et conservation des substances alimentaires.

IVe Groupe. — ***Industries se rattachant spécialement aux professions savantes.***

12e Classe. Hygiène, pharmacie, médecine et chirurgie.
13e — Marine et art militaire.
14e — Constructions civiles.

Ve Groupe. — ***Manufactures de produits minéraux.***

15e Classe. Industrie des aciers bruts et ouvrés.
16e — Fabrication des ouvrages en métaux, d'un travail ordinaire.
17e — Orfévrerie, bijouterie, industrie des bronzes d'art.
18e — Industrie de la verrerie et de la céramique.

VIe Groupe. — ***Manufactures de tissus.***

19e Classe. Industrie des cotons.
20e — Industrie des laines.
21e — Industrie des soies.
22e — Industries des lins et des chanvres.
23e — Industries de la bonneterie, des tapis, de la passementerie, de la broderie et des dentelles.

VIIe Groupe. — ***Ameublement et décoration, Modes, Dessin industriel, Imprimerie, Musique.***

24e Classe. Industrie concernant l'ameublement et la décoration.
25e — Confection des articles de vêtement; fabrication des objets de mode et de fantaisie.
26e — Dessin et plastique appliqués à l'industrie, imprimerie en caractères et en taille-douce, photographie.
27e — Fabrication des instruments de musique.

IIe DIVISION. — ŒUVRES D'ART.

VIIIe Groupe. — ***Beaux-Arts.***

28e Classe. Peinture, gravure, lithographie.
29e — Sculpture et gravure en médailles.
30e — Architecture.

RÉCEPTION ET INSTALLATION DES PRODUITS.

Art. 17. — Les produits tant français qu'étrangers seront reçus au Palais de l'Exposition, à partir du 15 janvier 1855, jusques et y compris le 15 mars.

Toutefois, il pourra être accordé un délai supplémentaire pour les articles manufacturés susceptibles de souffrir d'un trop long emballage, à la condition que les dispositions nécessaires pour leur exposition aient été préparées à l'avance. Ce délai, en aucun cas, ne dépassera le 15 avril.

Les produits lourds et encombrants, ou tous autres qui exigeraient des travaux considérables d'installation, devront être envoyés avant la fin de février.

Art. 18. — Les Comités de chaque pays ou de chaque département français sont invités à expédier, autant que possible, en un même envoi, les produits de leur circonscription.

1. Un document ayant pour titre : SYSTÈME DE CLASSIFICATION, et faisant connaître la répartition de toutes les industries et de tous les arts, de toutes les matières premières, de leurs moyens d'action et de leurs produits, entre les trente Classes établies dans cet article, sera publié ultérieurement.

Art. 19. — L'envoi de chaque exposant, qu'il soit expédié avec ceux des autres exposants ou isolément, devra être accompagné du bulletin d'admission délivré par l'autorité compétente. Ce bulletin, en triple expédition, rédigé comme il est dit à l'article 12, portera, en outre, le nombre et le poids des colis, ainsi que le détail et le prix de chacun des articles composant l'envoi.

Des modèles de ce bulletin seront adressés à tous les Comités français et étrangers.

Art. 20. — Les produits français destinés à l'Exposition universelle seront expédiés des lieux désignés par les Comités départementaux et coloniaux et réexpédiés de Paris aux mêmes lieux, aux frais de l'État.

Les produits étrangers ayant la même destination seront également amenés aux frais de l'État, mais seulement à partir de la frontière, et réexpédiés dans les mêmes conditions.

Art. 21. — Ils seront adressés au *Commissaire du classement*, au Palais de l'Exposition.

Art. 22. — L'adresse de chaque colis destiné à l'Exposition devra porter, en caractères lisibles et apparents, l'indication

Du lieu d'expédition,
Du nom de l'exposant,
De la nature des produits inclus.

Art. 23. — Les colis contenant les produits de plusieurs exposants devront porter sur l'adresse les noms de tous ces exposants, et être accompagnés d'un bulletin d'admission pour chacun d'eux.

Art. 24. — Les exposants sont invités à ne pas expédier séparément de colis ayant moins d'un demi-mètre cube, et à réunir, sous un même emballage, à d'autres colis de la même classe, ceux qui seraient au-dessous de cette dimension.

Art. 25. — L'admission des produits à l'Exposition sera gratuite.

Art. 26. — Les exposants ne seront assujétis à aucune espèce de rétribution, soit pour location ou péage, soit à tout autre titre, pendant la durée de l'Exposition.

Art. 27. — La Commission impériale pourvoira à la manutention, au placement et à l'arrangement des produits dans l'intérieur du Palais de l'Exposition, ainsi qu'aux travaux nécessités par la mise en mouvement des machines.

Art. 28. — Les tables ou comptoirs, les planchers, clôtures, barrières et divisions entre les diverses classes de produits, seront fournis gratuitement.

Art. 29. — Les arrangements et aménagements particuliers, tels que gradins, tablettes, supports, suspensions, vitrines, draperies, tentures, peintures et ornements, seront à la charge des exposants.

Art. 30. — Ces arrangements, dispositions et ornementations ne pourront être exécutés que conformément au plan général et sous la surveillance des inspecteurs, qui détermineront la hauteur et la forme des devantures des étalages, ainsi que la couleur de la peinture, des tentures et des draperies.

Art. 31. — Des entrepreneurs, indiqués ou acceptés par la Commission impériale, se tiendront à la disposition des exposants. Leurs mémoires, si l'exposant le désire, seront réglés par des agents désignés à cet effet.

Néanmoins les exposants pourront employer, avec l'autorisation de la Commission, tels ouvriers qu'ils jugeront convenable.

Art. 32. — Les industriels qui désireront exposer des machines ou autres objets d'un poids ou volume considérable, et dont l'installation exigera des fondations ou des constructions particulières, devront en faire la déclaration sur leur demande d'inscription.

Art. 33. — Ceux dont les machines devront être mues à la vapeur, ceux qui exposeront des fontaines jaillissantes ou des pièces hydrauliques, devront le déclarer en temps convenable, et indiquer la quantité et la pression d'eau ou de vapeur qui leur sera nécessaire.

Art. 34. — Les produits seront disposés par nation dans l'ordre de la classification indiquée à l'article 16. Néanmoins, les produits divers d'un individu, d'une corporation, d'une ville, d'un département ou d'une colonie, pourront, avec l'autorisation du Comité d'exécution, être exposés en groupes particuliers, lorsque cette disposition ne nuira pas à l'ordre établi.

Art. 35. — La Commission impériale prendra toutes les mesures nécessaires pour préserver les objets exposés de toute chance d'avarie. Néanmoins, si, malgré ces précautions, un sinistre venait à se déclarer, elle n'entend point prendre à sa charge les dégâts et dommages qui pourraient en résulter. Elle les laisse aux risques et périls des exposants, ainsi que les frais d'assurances, s'ils jugeaient utile de recourir à cette garantie.

Art. 36. — La Commission impériale aura également soin que les produits soient surveillés par un personnel nombreux et actif; mais elle ne sera pas responsable des vols ou détournements qui pourraient être commis.

Art. 37. — Chaque exposant aura la faculté de faire garder ses produits, à l'Exposition, par un représentant de son choix. Déclaration devra être faite, dès le début, du nom et de la qualité de ce représentant ; il lui sera délivré une carte d'entrée personnelle, qui ne pourra être ni cédée ni prêtée, à aucune période de l'Exposition, sous peine de retrait.

Art. 38. — Les représentants des exposants devront se borner à répondre aux questions qui leur seront faites, et à délivrer les adresses, prospectus ou prix courants qui leur seront demandés.

Il leur sera interdit, sous peine d'expulsion, de solliciter l'attention des visiteurs ou de les engager à acheter les objets exposés.

Art. 39. — Le prix courant de vente au commerce, à l'époque de l'exposition des produits, pourra être ostensiblement affiché sur l'objet exposé.

L'exposant qui voudra user de cette faculté, devra préalablement en faire la déclaration au Comité de sa circonscription, qui visera les prix, après en avoir reconnu la sincérité.

Le prix, ainsi affiché, sera, en cas de vente, obligatoire pour l'exposant à l'égard de l'acheteur.

Dans le cas où la déclaration serait reconnue fausse, la Commission impériale pourra faire enlever le produit et exclure l'exposant du concours.

Art. 40. — Les articles vendus ne pourront être retirés qu'après la clôture de l'Exposition.

PRODUITS ÉTRANGERS. — DOUANES.

Art. 41. — A l'égard des produits étrangers admis à l'Exposition, le Palais de l'Exposition sera constitué en *entrepôt réel*.

Art. 42. — Ces produits, accompagnés des bulletins

mentionnés en l'article 19, entreront en France par les ports et villes frontières ci-après désignés :

Lille, Valenciennes, Forbach, Wissembourg, Strasbourg, Saint-Louis, les Verrières-de-Joux, Pont-de-Beauvoisin, Chapareillan, Saint-Laurent-du-Var, Marseille, Cette, Port-Vendres, Perpignan, Bayonne, Bordeaux, Nantes, le Havre, Boulogne, Calais et Dunkerque.

Art. 43. — Les envois pourront être adressés à des agents désignés par la Commission impériale dans chacun de ces ports ou villes. Ces agents, moyennant une rétribution tarifée d'avance, se chargeront de remplir les formalités nécessaires envers la douane, et de diriger les produits sur le Palais de l'Exposition.

Art. 44. — Les produits étrangers reçus au Palais de l'Exposition seront pris en charge par les employés des douanes.

Art. 45. — L'enlèvement des plombs et l'ouverture des colis n'auront lieu qu'à l'intérieur du palais, en présence des exposants ou de leurs représentants et par les soins des employés de la douane.

Art. 46. — Un exemplaire du bulletin d'expédition, considéré comme *certificat d'origine*, restera entre les mains de la douane ; un autre sera remis au commissaire du classement de l'Exposition, et le troisième, au secrétariat général de la Commission impériale.

Art. 47. — Les exposants étrangers ou leurs représentants auront, après la clôture de l'Exposition, à déclarer si leurs produits sont destinés à la réexportation ou à la consommation intérieure.

Dans ce dernier cas, ils pourront en disposer immédiatement en acquittant les droits, pour la fixation desquels il sera tenu compte, par l'administration des douanes, de la dépréciation qui pourrait résulter du séjour des produits à l'Exposition.

Art. 48. — Les marchandises prohibées seront exceptionnellement admises à la consommation intérieure, moyennant le paiement d'un droit de 20 0/0 de leur valeur réelle. Ce même droit sera le taux maximum à percevoir sur tous les articles admis à l'Exposition.

ORGANISATION INTÉRIEURE ET POLICE DE L'EXPOSITION.

Art. 49. — L'organisation intérieure et la police de l'Exposition sont placées sous l'autorité d'un comité d'exécution, composé des divers chefs de service, qui prononcera sur toutes les questions entrant dans ses attributions.

Art. 50. — Un règlement, qui sera publié avant l'époque fixée pour la réception des produits et affiché au Palais de l'Exposition, déterminera tous les points relatifs à l'ordre du service intérieur. Il fera connaître les agents chargés de venir en aide aux exposants et de veiller à l'ordre et à la sécurité de l'Exposition.

Art. 51. — Les agents et employés attachés à la partie étrangère devront parler une ou plusieurs des langues des nations avec lesquelles ils seront en rapport.

Des interprètes, désignés par la Commission impériale, seront d'ailleurs établis sur divers points de la division étrangère.

Art. 52. — Les gouvernements étrangers seront priés d'accréditer près de la Commission impériale des *commissaires spéciaux* chargés de représenter leurs nationaux à l'Exposition pendant les opérations de réception, de classement et d'installation des produits, et dans toutes les circonstances où leurs intérêts seront engagés.

PROTECTION DES DESSINS INDUSTRIELS ET DES INVENTIONS.

Art. 53. — Tout exposant, inventeur ou propriétaire légal d'un procédé, d'une machine ou d'un dessin de fabrique admis à l'Exposition et non encore déposé ou breveté, qui en fera la demande avant l'ouverture de l'Exposition, pourra obtenir de la Commission impériale un certificat descriptif de l'objet exposé.

Art. 54. — Ce certificat assurera à l'impétrant la propriété de l'objet décrit et le privilége exclusif de l'exploiter pendant la durée d'un an, à dater du 1er mai 1855, sans préjudice du brevet que l'exposant pourra prendre, dans la forme ordinaire, avant l'expiration de ce terme.

Art. 55. — Toute demande de certificat d'inventeur devra être accompagnée d'une description exacte de l'objet ou des objets à garantir, et, s'il y a lieu, d'un plan ou d'un dessin desdits objets.

Art. 56. — Ces demandes, ainsi que la décision qui aura été prise, seront inscrites sur un registre tenu *ad hoc*, et qui sera ultérieurement déposé au Ministère de l'agriculture, du commerce et des travaux publics (bureau de l'industrie), pour servir de preuve pendant le temps déterminé pour la validité des certificats.

Art. 57. — La délivrance de ces certificats sera gratuite.

JURY ET RÉCOMPENSES.

Art. 58. — L'appréciation et le jugement des produits exposés seront confiés à un grand jury mixte international. Ce jury sera composé de membres titulaires et de membres suppléants, qui seront répartis en trente jurys spéciaux correspondant aux trente classes indiquées dans l'article 16.

Art. 59. — Dans la division des produits de l'industrie, le nombre des membres, pour chaque jury spécial, est fixé comme dans le tableau ci-après :

	Titulaires.	Suppl.
Pour chacune des classes 3e, 10e, 20e et 23^{e}	14	4
2e, 6e, 16e, 18e et 24^{e}	12	3
7e, 8e, 12e, 13e, 14e, 17e, 19e, 21e, 25e et 26^{e}	10	2
1re, 4e, 5e, 9e, 11e, 15e, 22e et 27e.	8	2

Dans la division des œuvres d'art :

La 28e classe aura 20 membres titulaires ;
La 29e — 14 —
La 30e — 8 —

Art. 60. — Le nombre des jurés à fixer sera, pour la France comme pour l'étranger, proportionnel au nombre d'exposants fournis par chaque pays.

Art. 61. — Le comité officiel de chaque nation désignera des personnes de son choix pour former le nombre des jurés qui lui sera dévolu.

Les jurés français seront nommés, pour les vingt-sept

premières classes, par la section de l'agriculture et de l'industrie de la Commission impériale, et pour les trois dernières classes, par la section des beaux-arts.

Art. 62. — Dans le cas où le Comité d'une des nations exposantes n'aurait pas désigné les jurés qui doivent la représenter, il y sera pourvu d'office par l'assemblée générale des jurés présents.

Art. 63. — La Commission impériale fera la répartition des membres du jury international entre les diverses classes. Elle fixera aussi les règles générales qui devront servir de base aux opérations des jurys spéciaux.

Art. 64. — Chaque jury spécial aura un président nommé par la Commission impériale, un vice-président et un rapporteur nommés par le jury, à la majorité absolue des voix.

Art. 65. — Dans le cas où aucun des membres n'obtiendrait la majorité absolue, le sort prononcerait entre les deux membres réunissant le plus grand nombre de voix.

Art. 66. — Le président de chaque jury, et, en son absence, le vice-président, aura voix prépondérante en cas de partage.

Art. 67. — Les jurys spéciaux seront, en outre, distribués par groupes, représentant les industries liées entre elles par certains points d'analogie ou de similitude.

Ces groupes sont au nombre de huit, conformément aux indications de l'article 16.

Les membres de chaque groupe nommeront leur président et leur vice-président.

Art. 68. — Aucune décision ne sera arrêtée par l'un des jurys spéciaux qu'avec l'approbation du groupe auquel il appartient.

Art. 69. — Les récompenses de premier ordre ne seront accordées qu'après une révision faite par un conseil composé des présidents et vice-présidents des jurys spéciaux.

Le jury des beaux-arts est excepté de cette règle.

Art. 70. — Chaque jury spécial pourra s'adjoindre, à titre d'associés ou d'experts, une ou plusieurs personnes compétentes sur quelques-unes des matières soumises à son examen. Ces personnes pourront être prises parmi les membres titulaires ou suppléants des autres classes, et parmi les hommes de la spécialité requis en dehors du jury. Les membres ainsi adjoints ne prendront part aux travaux de la classe où ils auraient été appelés que pour l'objet déterminé qui aura motivé leur appel; ils auront seulement voix consultative.

Art. 71. — Les exposants qui auraient accepté les fonctions de jurés, soit comme titulaires, soit comme suppléants, seront, par ce fait seul, mis hors du concours pour les récompenses.

Le jury des beaux-arts est excepté de cette règle.

Art. 72. — Seront également exclus du concours, mais dans la classe seulement où ils auront opéré, les exposants appelés comme associés ou comme experts

Art. 73. — Chaque jury pourra, selon les circonstances, se fractionner en comités, mais il ne pourra prendre de décision qu'à la majorité du jury entier.

Art. 74. — Des commissaires spéciaux, assistés des inspecteurs de l'Exposition, seront chargés de préparer les travaux du jury; de s'assurer que les produits d'aucun exposant n'ont échappé à son examen; de recevoir les observations et les réclamations des exposants; de faire réparer les omissions, erreurs ou confusions qui auraient pu être faites; de veiller à l'observation des règles établies, et enfin d'expliquer ces règles aux jurés toutes les fois qu'elles présenteraient matière à interprétation.

Art. 75. — Les commissaires en fonctions près du jury n'interviendront dans les délibérations que pour constater les faits, rappeler les règles et présenter les réclamations des exposants.

Art. 76. — La nature des récompenses à distribuer et les règles générales à prendre pour base des récompenses seront ultérieurement déterminées par un décret, rendu sur la proposition de la Commission impériale.

Art. 77. — Indépendamment des distinctions honorifiques qui pourront être accordées, le Conseil des présidents et vice-présidents aura la faculté de recommander à l'Empereur les exposants qui lui paraîtraient mériter des marques spéciales de gratitude publique, à raison de services hors ligne rendus à la civilisation, à l'humanité, aux sciences et aux arts, ou des encouragements d'une autre nature, à raison de sacrifices considérables dans un but d'utilité générale, et eu égard à la position des inventeurs ou des producteurs.

DISPOSITIONS SPÉCIALES AUX BEAUX-ARTS.

Art. 78. — Un jury français, institué à Paris, prononcera sur l'admission des œuvres des artistes français.

Art. 79. — Les membres du jury français d'admission seront désignés par la section des beaux-arts de la Commission impériale.

Art. 80. — Le jury d'admission des beaux-arts se divisera en trois sections :

La première comprendra la peinture, la gravure et la lithographie;

La seconde, la sculpture et la gravure en médailles;

La troisième, l'architecture.

Chacune de ces sections prononcera à l'égard des œuvres rentrant dans sa spécialité.

Art. 81. — L'Exposition est ouverte aux productions des artistes français et étrangers, vivants au 22 juin 1853, date du décret constitutif de l'Exposition des beaux-arts.

Art. 82. — Les artistes pourront présenter à l'Exposition universelle des objets déjà exposés précédemment : seulement ne pourront être admis :

1° Les copies (excepté celles qui reproduiraient un ouvrage dans un genre différent, sur émail, par le dessin, etc.);

2° Les tableaux et autres objets sans cadre;

3° Les sculptures en terre non cuite.

Art. 83. — Sont applicables aux œuvres d'art les articles 1 à 13, 15 à 30, 35, 36, 40, 41 à 47, 49 à 52, 58 à 78 du présent Règlement.

CIRCULAIRE

DU PRÉSIDENT DE LA COMMISSION IMPÉRIALE

ADRESSÉE A MM. LES PRÉFETS.

Paris, le 4 mars 1854.

A Monsieur le Préfet du département de

MONSIEUR LE PRÉFET,

La Commission impériale pour l'Exposition universelle de 1855, nommée par décret du 24 décembre dernier, sous la présidence de S. A. I. le prince Napoléon, est définitivement constituée.

Son premier soin a été d'arrêter le règlement de l'Exposition. Ce travail touche à sa fin, et il vous sera prochainement communiqué.

En attendant, la mesure la plus urgente étant d'organiser dans toute la France des Comités qui seront chargés des opérations préliminaires à l'Exposition, la Commission a décidé, monsieur le Préfet, de vous confier cette tâche importante.

Vous devrez donc vous mettre sans aucun retard en rapport avec les chambres de commerce, les chambres consultatives des arts et manufactures, les chambres d'agriculture, les conseils académiques et autres sociétés pratiques ou savantes qui peuvent exister dans votre département, en réclamant d'urgence leur avis sur la manière la plus efficace et la plus prompte d'établir ces Comités, le nombre de membres dont ils devront être composés, et sur la question de savoir s'il doit en exister un seul ou plusieurs dans le département. Vous les inviterez à vous présenter, en conséquence, des listes de candidats aussi nombreuses que possible, sur lesquelles vous choisirez et nommerez le nombre de membres et les spécialités qui vous paraîtront le plus en rapport avec les besoins agricoles, manufacturiers ou artistiques de votre département, sans toutefois que ce nombre dépasse 20 par comité.

Vos choix devront se fixer parmi les agriculteurs, industriels, négociants, propriétaires, artistes, et parmi les hommes spéciaux dont les connaissances techniques seront de nature à éclairer les Comités sur des points intéressants pour la localité.

Dans le cas où un seul comité vous paraîtrait suffisant pour tout le département, vous jugerez s'il ne serait pas utile de désigner, dans un ou plusieurs arrondissements, dans une ou plusieurs localités données, des agents spéciaux chargés de stimuler le zèle de nos industriels, de les éclairer sur le véritable intérêt, sur le sens et la portée d'une exposition universelle, et de vous signaler les industries, encore peu connues, qu'il serait utile ou intéressant d'y faire figurer.

Vous communiquerez sans délai à la Commission impériale le résultat de ces nominations, dont les éléments devront [illegible]mbinés de telle sorte que, en donnant la plus lar[illegible]la principale industrie du département, toutes [illegible] s'y trouvent suffisa[illegible]ent représentées.

Vous laisserez aux Comités locaux le soin d'élire leur président, leur rapporteur et leur secrétaire, en vous réservant le droit d'assister à leurs opérations toutes les fois que vous le jugerez convenable.

Aussitôt que les Comités seront constitués, ce qui devra avoir lieu dans le plus bref délai, vous voudrez bien notifier cette constitution à M. le Secrétaire général de la Commission impériale, et lui transmettre, en même temps, la liste exacte des membres qui les composeront, avec l'adresse de leurs présidents et secrétaires.

Indépendamment des instructions ci-jointes, que vous êtes prié, mo[illegible]r le Préfet, de communiquer aux Comités et [illegible]ciaux par vous désignés, des instructions détaillées [illegible]r seront successivement adressées sur tous les points qui pourraient f[illegible]question.

La Commission vous sera elle-même obligée, monsieur le Préfet, de lui adresser toutes les communications qui vous paraîtraient utiles pour le succès de l'Exposition universelle.

Recevez, monsieur le Préfet, l'assurance de ma considérat[illegible] très-distinguée.

Le Président de la Commission impériale,

NAPOLÉON.

SYSTÈME DE CLASSIFICATION

PUBLIÉ CONFORMÉMENT A L'ARTICLE 16 DU RÈGLEMENT GÉNÉRAL, POUR SERVIR DE BASE A LA COMPOSITION DES COLLECTIONS DES PRODUITS A EXPOSER, AU CLASSEMENT DE CES PRODUITS DANS LE PALAIS DE L'EXPOSITION, ET AUX TRAVAUX DU JURY INTERNATIONAL, AVEC UNE INSTRUCTION SUR LES RÈGLES A SUIVRE POUR CHOISIR ET GROUPER LES OBJETS A EXPOSER.

PRINCIPE DE CLASSIFICATION.

On n'a pas cru devoir subordonner la classification à l'une des nombreuses conceptions philosophiques d'après lesquelles on a souvent présenté le classement des produits de l'industrie humaine.

On a pensé que cette classification devait surtout servir à atteindre le but principal de l'Exposition universelle, celui de fournir au public et au jury international les moyens d'apprécier le mérite relatif des produits exposés. Il a semblé d'ailleurs qu'il fallait profiter le plus possible de l'expérience fournie par l'Exposition de 1851, et se rapprocher, autant que le conseillait cette expérience même, du système adopté par la Commission royale de Londres.

En partant de ces considérations, on a été conduit à grouper dans chaque industrie, non-seulement les produits qu'elle livre au commerce, mais encore les matières premières qu'elle élabore et les instruments qu'elle emploie. Quant aux industries qui concourent successivement à l'élaboration d'un même produit, on a rapproché celles qui, par la nature même des choses ou par la spécialité des personnes qui les dirigent, montrent des affinités intimes; on a, au contraire, séparé celles qui s'exercent en général dans des lieux différents ou qui occupent des personnes de spécialités distinctes.

On ne s'est pas d'ailleurs astreint à suivre ces règles d'une manière absolue : pour ne point multiplier outre mesure les subdivisions, et pour ne point trop fractionner les travaux du jury international, on a dû souvent réunir dans une même classe des industries offrant dans leur but et dans leurs moyens d'action des différences assez prononcées. Sous ce rapport, on a conservé à peu près le nombre de classes établi par la Commission royale de Londres; on a d'ailleurs prévenu les inconvénients qui auraient pu résulter du fractionnement des travaux, en réunissant en groupes (articles 67 et 68 du Règlement), pour la révision des principales décisions, les classes dont les jurés possèdent des connaissances communes ou des aptitudes analogues.

On s'est encore écarté des règles établies ci-dessus dans plusieurs cas où il y avait quelque inconvénient à éviter, ou une convenance spéciale à remplir. C'est ainsi que les machines employées dans beaucoup d'industries n'ont point été classées par cette seule considération qu'elles doivent être appréciées par des jurés ayant des connaissances spéciales : on les a séparées des matières premières et des produits de ces mêmes industries, en premier lieu, pour éviter le défaut d'ordre et d'harmonie qu'eût présenté le rapprochement d'objets trop dissemblables; en second lieu, pour grouper les appareils à proximité du moteur commun qui doit les mettre en action.

SYSTÈME DE CLASSIFICATION.

Ire DIVISION. — Produits de l'Industrie.

1er GROUPE. — *Industrie ayant pour objet principal l'Extraction ou la Production des Matières brutes.*

1re CLASSE. — ART DES MINES ET MÉTALLURGIE.

1re SECTION. — *Statistique et documents généraux.*

Cartes géologiques, minéralogiques, métallurgiques, etc.
Plans de topographie superficielle et souterraine.
Dessins et plans en relief.
Collections de minéraux.
Documents manuscrits et imprimés.

2e SECTION. — *Procédés généraux d'exploitation.*

Travaux de recherches : sondages, etc.
Exploitation : ouvrages de mines.
Exploitation : matériel de mines.
Extraction.
Épuisement.
Aérage et éclairage.

3e SECTION. — *Procédés généraux de métallurgie.*

Préparation mécanique de minerais.
Préparation et carbonisation des combustibles.
Préparation des matériaux réfractaires naturels ou fabriqués.
Traitements par voie sèche : fourneaux, etc. (sauf renvoi à la classe IX).
Traitements par voie humide.
Souffleries (sauf renvoi à la classe IV).
Cinglage, martelage, laminage, etc.
Opérations mécaniques diverses : fonte, tréfilage (sauf renvoi aux classes VI et XVI).
Procédés généraux de docimasie.

4e SECTION. — *Extraction et préparation des Combustibles minéraux.*

Anthracites.
Houilles et cokes.
Houilles anthraciteuses à coke fritté, très-abondant.
Houilles peu gazeuses à coke fondu abondant.
Houilles gazeuses à coke fondu.
Houilles très-gazeuses à coke fritté peu abondant.
Lignites et bois bitumineux.
Tourbes naturelles, préparées ou carbonisées.
Combustibles minéraux divers : bitumes, schistes bitumineux, etc.

5e SECTION. — *Fontes et Fers.*

Extraction des minerais de fer bruts, et préparation de ces minerais par le lavage, le grillage, etc., pour le traitement métallurgique.
Conversion directe des minerais en fer forgé.
Conversion des minerais en fonte de fer et moulage en première fusion.
Fabrication des objets moulés en fonte de deuxième fusion.
Conversion de la fonte en fer marchand.
Élaborations pratiquées ordinairement avec la fabrication même du métal, dans les grandes usines métallurgiques.
Petits fers fabriqués au marteau.
Petits fers fabriqués au laminoir.
Petits fers de fonderie.
Tôles.
Fers-blancs.
Fers diversement ouvrés : bandages de roues, cornières, etc.
Grosses pièces de forge.
Conversion en acier des fontes et des fers (sauf renvoi à la classe XV).
Procédés divers proposés pour le traitement des minerais de fer.

6e SECTION. — *Métaux communs (le fer excepté).*

Extraction et traitement des minerais de plomb et d'alquifoux.
Extraction et traitement des minerais de zinc.
Extraction et traitement des minerais d'antimoine.
Extraction et traitement des minerais de bismuth.
Extraction et traitement des minerais d'étain.
Extraction et traitement des minerais de cuivre.
Extraction et traitement des minerais de mercure.
Extraction et traitement des minerais de nickel.

7e SECTION. — *Métaux précieux.*

Extraction et traitement des minerais d'argent.
Minerais mixtes de plomb et d'argent.
Minerais mixtes de cuivre et d'argent.
Minerais mixtes de plomb, de cuivre et d'argent.
Minerais d'argent proprement dits.
Extraction et traitement des minerais de platine.
Extraction des alliages natifs.
Traitement métallurgique des alliages natifs pour platine, palladium, etc.
Extraction et traitement des minerais d'or.
Minerais d'alluvion.
Minerais de filons.
Traitement des matières auro-argentifères.
Affinage de l'argent aurifère.

8e SECTION. — *Monnaies et Médailles.*

Préparation des métaux et des alliages monétaires.
Préparation de flans.
Application des empreintes.
Essai des monnaies et des objets d'orfévrerie et de bijouterie.
Collection de monnaies et de médailles (sauf renvoi aux classes VIII et XVI).

9e SECTION. — *Produits minéraux non métalliques.*

Extraction et traitement des minerais de manganèse.
Extraction et traitement des minerais d'arsenic.
Extraction et traitement des minerais de soufre.
Extraction de la couperose et de l'alun.
Extraction de l'acide borique et des borates.
Extraction de sel marin.
Sel gemme.
Produits des sources salées et des mines de sel exploitées par dissolution.
Produits des marais salants et des laveries de sables.
Sel extrait de l'eau de mer par congélation.
Extraction de sels minéraux divers : nitrates, soudes, sels de baryte, etc.
Extraction des engrais minéraux et des matières minérales servant à l'amendement (sauf renvoi à la classe III).
Extraction des matières minérales hydro-carburées.
Bitumes.
Naphtes et pétroles.
Gaz naturels.
Extraction et traitement des minerais de cobalt.
Extraction et traitement des minerais de chrome.
Extraction des couleurs minérales diverses et des matières traçantes.
Extraction des matières minérales employées à raison de leur dureté.
Pierres à fusil.
Meules à moudre.
Meules artificielles.
Pierres et meules à aiguiser.
Matières pour polir : émeri, tripoli, pierres ponces, etc.
Extraction de matières minérales employées à raison de qualités physiques diverses.
Argiles et sables pour le moulage.
Terres à foulon.
Pierres lithographiques, etc.

Extraction des matières premières de la verrerie et de la céramique (sauf renvoi à la classe XVIII).
Extraction des matériaux de construction et des matières premières de la fabrication des ciments minéraux (sauf renvoi à la classe XIV).
Extraction des matières premières pour la décoration et l'ornement, les arts, les sciences, etc. (sauf renvoi aux classes XIV et XXIV).
Porphyres, syénites, granites et autres pierres dures.
Marbres, albâtres et autres pierres tendres.
Spath fluor, malachite, lapis lazuli.
Feldspaths : labrador, pierre des amazones, etc.
Pyrites, marcassites, etc.
Jaïet, ambre jaune, etc.
Spath d'Islande, tourmalines, quartz, etc., pour l'optique.
Extraction des pierres précieuses.
Diamants.
Corindons ; rubis, saphirs, topazes et émeraudes orientales, etc.
Spinelles, cymophanes, etc.
Émeraudes : aigues marines, béryls.
Topazes.
Grenats.
Zircons, péridots, cordiérites, etc.
Turquoises.
Opales.
Quartz : améthystes, chrysoprases, calcédoines.

IIe CLASSE. — ART FORESTIER, CHASSE, PÊCHE ET RÉCOLTES DE PRODUITS OBTENUS SANS CULTURE.

1re SECTION. — *Statistique et documents généraux.*

Cartes forestières, hydrographiques, botaniques, zoologiques, et cartes physiques en général.
Bois et végétaux divers.
Animaux.
Produits divers récoltés sans culture.
Renseignements et documents divers.

2e SECTION. — *Exploitations forestières.*

Échantillons des sols forestiers : humus, sols et sous-sols.
Systèmes généraux d'aménagement, de reboisement ; système des futaies, des taillis, de l'émondage, etc.; écobuages; cultures mixtes de végétaux forestiers et de céréales, etc.
Procédés d'exploitation : instruments, outils, etc.
Procédés spéciaux de transports : transport par glissoirs, flottage, navigation, traînage, charretage, etc. (sauf renvoi aux classes V, XIII et XIV).
Bois de chauffage sous leurs divers états : bûches, cotrets, fagots, etc.
Échantillon des bois employés comme matériaux.
Pour la charpente et les constructions.
Pour la menuiserie.
Pour l'ébénisterie et la tabletterie.
Pour le tour.
Pour le charronnage.
Pour les constructions navales.
Pour la tonnellerie et la boissellerie.
Pour divers usages.

Parties de végétaux forestiers employées comme matières premières.
Lièges.
Écorces textiles.
Produits divers : moelles, feuilles, fruits, etc.
Parties de végétaux forestiers recherchées pour certaines propriétés spéciales.
Matières tannantes.
Matières colorantes.
Matières odorantes.
Matières employées dans la pharmacie.
Matières recherchées pour divers usages.

3e SECTION. — *Industries forestières.*

Bois préparés par divers procédés conservateurs.
Préparation de bois ouvrés pour la marine.
Sciage pour planches et madriers.
Préparation des bois de fente et de bois diversement ouvrés : douves, cercles, objets de vannerie et de boissellerie, etc.
Fabrication des charbons de bois, des bois torréfiés et des ligneux : procédés généraux ; produits.
Extraction des cendres, des potasses, etc.
Extraction de produits divers : goudrons, résines, gommes, sucres, etc.

4e SECTION. — *Chasse des animaux terrestres et des amphibies.*

Chasse des gibiers.
Armes, pièges et engins, etc. (sauf renvoi à la classe XIII).
Dessins, échantillons montés des gibiers propres à chaque pays, œufs d'oiseaux, etc.
Chasse des animaux en vue de l'exploitation et du commerce de leurs dépouilles.
Équipements de chasse, armes, etc. (sauf renvoi à la classe XIII).
Dessins ou échantillons montés des animaux formant le but spécial des diverses chasses.
Fourrures et pelleteries.
Cuirs et peaux.
Poils, crins, soies, piquants, etc.
Cornes, dents et ivoire, os, etc.
Écailles, carapaces, etc.
Dépouilles diverses d'oiseaux : plumes, duvets.
Produits divers du règne animal : cire, castoréum, musc, cantharides, etc.

5e SECTION. — *Pêche.*

Pêche de cétacés.
Équipements et matériel, armes et engins spéciaux, etc.
Huiles de baleine, de cachalot, de dauphin, etc.; spermacéti, etc.
Produits divers : fanons de baleine, etc.
Pêche des poissons de mer.
Équipements et engins divers de la grande et de la petite pêche.
Dessins et échantillons conservés des poissons propres à chaque mer et à chaque rivage.
Poissons salés, saurés, séchés, etc., préparés pour le commerce.

Pêche des poissons d'eau douce et des embouchures des fleuves.

Engins et piéges; constructions spéciales établies sur les fleuves et les rivières, etc.

Dessins et échantillons conservés des poissons propres à chaque pays.

Pêche des mollusques.

Équipements, appareils, engins, etc.

Dessins et échantillons conservés de mollusques formant l'objet de diverses pêches.

Produits spéciaux des mollusques : perles, nacres, coquilles à camées, byssus, sépia, pourpre, etc.

Pêche des zoophytes.

Équipements, appareils, engins, etc.

Dessins et échantillons des zoophytes exploités.

Produits de la pêche : corail, éponges, etc.

Industries et procédés ayant pour objet la reproduction, l'élevage, l'engrais, la conservation et le transport rapide des poissons et des mollusques, parcs aux huîtres, etc.

6e SECTION. — *Récoltes des produits obtenus sans culture.*

Substances alimentaires.

Fécules de lichens, d'orchidées, de végétaux divers.

Huiles extraites de végétaux obtenus sans culture.

Tubercules, racines, oignons et végétaux divers de production spontanée, mangés comme salade, condiments, etc.

Champignons, truffes, etc.

Cucurbitacées de production spontanée.

Fruits à fécules : châtaignes, glands doux, fruits divers de noyers, de noisetiers, de hêtres, de pins et autres espèces forestières.

Fruits à pepins et à noyaux des espèces forestières.

Fruits baies : groseilles; fraises; fruits des genres *rubus*, *vaccinium*, etc.

Sucres divers : d'érable, de palmier, etc.

Miels divers recueillis sans culture.

Sèves et liqueurs donnant des boissons sucrées, alcooliques ou acides.

Condiments et stimulants divers.

Substances employées pour le vêtement, l'ameublement, l'ornement, etc.

Végétaux herbacés, écorces, etc., fournissant des matières textiles.

Graines et fruits employés comme ornements.

Végétaux divers et parties de végétaux employés pour l'ameublement, la couverture des bâtiments, etc.

Substances savonneuses : racines, baies et écorces employées comme savons.

Substances employées pour le chauffage et l'éclairage.

Végétaux herbacés de tout genre récoltés pour le chauffage et l'éclairage.

Excréments d'animaux employés comme combustibles.

Huiles extraites de végétaux spontanés.

Cires végétales extraites de baies sauvages.

Amadous de toute sorte.

Gommes de toute sorte obtenues sans culture : gomme arabique, gomme de Barbarie, gomme adragante, galbanum, élémi, etc.

Résines et baumes de toute sorte obtenus sans culture : camphre, benjoin, etc.

Caoutchouc.

Gutta-percha.

Couleurs et matières tinctoriales extraites des végétaux herbacés, de fruits ou de baies, ou formées par diverses sécrétions.

Soudes brutes, iodures, et autres produits minéraux extraits des plantes marines.

Substances diverses employées dans l'économie domestique, l'industrie, la pharmacie, etc.; parfums simples et médicaments; matières tannantes, matières premières diverses, etc.

7e SECTION. — *Destruction des Animaux nuisibles.*

Quadrupèdes, oiseaux et reptiles.

Dessins et échantillons conservés des espèces.

Piéges, armes et engins employés pour leur destruction.

Insectes nuisibles aux forêts, à l'agriculture, aux habitations, aux constructions navales, aux approvisionnements, etc.

Dessins et échantillons des espèces.

Échantillons de leurs dégâts.

Moyens de destruction.

8e SECTION. — *Acclimatation des espèces utiles de Plantes et d'Animaux.*

Essais de domestication de mammifères et d'oiseaux étrangers.

Pisciculture, acclimatation de poissons étrangers, etc.

Culture de sangsues : procédés de reproduction, d'élevage, de transport et de conservation (sauf renvoi à la classe XII).

Essais d'acclimation d'insectes utiles.

Essais d'acclimatation de végétaux utiles.

IIIe CLASSE. — AGRICULTURE (Y COMPRIS TOUTES LES CULTURES DE VÉGÉTAUX ET D'ANIMAUX).

1re SECTION. — *Statistique et documents généraux.*

Cartes agronomiques.

Plans de domaines, système d'assolement, etc.

Collections de terres arables, de sous-sols, etc.

Collections de matières servant aux amendements et d'engrais divers.

Marnes, faluns, tangues, coquilles marines, lignites pyriteux, etc.

Chaux, plâtres, argiles brûlées, cendres de toute sorte, etc.

Chaux phosphatées naturelles, os, noir animal, etc.

Plantes marines et terrestres.

Guanos, poudrettes, engrais de ferme, résidus des centres de population, etc.

Engrais liquides, engrais divers.

2e SECTION. — *Génie agricole.*

Desséchements : plans d'ouvrages d'art, machines, appareils et instruments (sauf renvoi à la classe XIV).

Drainage : plans généraux et matériel de toute espèce.

Irrigations : plans, machines et appareils.

Bâtiments d'habitation.

Bâtiments destinés aux animaux : écuries, étables, bergeries, porcheries, etc.

Bâtiments destinés aux récoltes : granges, fenils, etc.
Dépendances diverses : laiteries, fromageries, fosses à fumier et à purin, etc.
Puits, pompes, abreuvoirs, etc.
Clôtures de diverses sortes : barrières, portes, etc.
Constructions portatives : bergeries mobiles, etc.

3e SECTION. — *Matériel agricole.*

Instruments de culture.
Charrues, herses, rouleaux, etc.
Bêches, houes, râteaux, etc.
Appareils divers employés pour la préparation et le nettoiement du sol.
Appareils divers employés pour les semailles, les plantations, la distribution des engrais, etc.
Instruments de récolte.
Faux, serpes, faucilles, râteaux, faneuses, etc.
Machines à faucher et à moissonner, etc.
Appareils préparant les produits sous les formes où ils sont vendus ou consommés.
Fléaux, rouleaux de dépiquage, machines à battre et à égrener, vans, tarares, secoueurs de paille, etc.
Hache-paille, concasseurs, coupe-racines, etc.
Presses, pressoirs, écraseurs, etc.
Appareils pour la conservation des produits
Système de meules, greniers mobiles, etc.
Appareils de transport.
Hottes, civières, brouettes, etc. (sauf renvoi à la classe V).
Camions, chars, chariots, tombereaux, traineaux, etc. (sauf renvoi à la classe V).
Bateaux, barques, radeaux, etc. (sauf renvoi à la classe XIII).
Moteurs à l'usage des machines agricoles.
Manéges, machines à vapeur locomobiles, etc. (sauf renvoi à la classe IV).
Meubles, ustensiles et outils divers d'un emploi général dans les exploitations agricoles.
Systèmes spéciaux de mobilier pour les habitations des agriculteurs, les écuries, les étables, etc.
Mobilier spécial des laiteries, des fromageries, etc.
Mobilier pour la préparation et la conservation de la nourriture destinée aux agriculteurs.
Mobilier pour la préparation de la nourriture destinée aux animaux.
Instruments et outils spéciaux pour la culture des fruits, des fleurs, etc.

4e SECTION. — *Cultures générales.*

Céréales : froment et ses variétés, épeautre, seigle, riz, orge, avoine, maïs, sarrasin, millet, etc.
Plantes oléagineuses : colza, navette, cameline, moutarde, pavot et ses variétés, sésame, etc.
Cannes à sucre, betteraves et autres plantes saccharifères.
Légumes et plantes diverses dont les racines, les tiges et les feuilles sont employées comme aliments.
Légumes farineux : haricots, fèves, pois, vesces, lentilles, etc.
Tubercules : pommes de terre, patates, topinambours.
Racines : carottes, navets, panais, raves, radis, scorsoneres, etc.
Bulbes épices : oignon, ail, etc.
Herbes aromatiques : houblon, fenouil, persil, etc.
Végétaux à organes foliacés employés comme salades.
Végétaux divers : choux, chicorée, épinards, artichauts, asperges, etc.
Champignons, truffes, etc.
Cucurbitacées alimentaires, courges, concombres, pasteques, melons, etc.
Plantes tinctoriales ou colorantes.
Garance, indigo, persicaire, pastel, gaude, sumac, etc.
Safran, carthame, etc.
Plantes textiles : lins, chanvres, cotons, etc.
Plantes cultivées pour divers emplois spéciaux.
Tabacs, chardons, etc.
Plantes fourrageres.
Végétaux des prairies permanentes, etc. : graminées.
Végétaux des prairies temporaires : luzerne, trèfle, sainfoin, lupuline, ajonc, genêt, spergule, etc.

5e SECTION. — *Cultures spéciales.*

Cultures des arbres et arbrisseaux en vue des fruits, feuilles, etc.
Moyens généraux de culture et de reproduction : semis, plantations, greffes, etc.
Produits principaux de la culture.
Fruits farineux formant l'équivalent partiel des céréales : châtaignes, glands, etc.
Fruits oléagineux : olives, noix, faines, etc.
Fruits à pepins et à noyaux, fruits baies employés comme aliments ou pour la préparation des boissons fermentées.
Produits divers : feuilles, etc.
Cultures d'arbres, d'arbrisseaux et de plantes pour l'ornement.
Moyens généraux de culture, appareils, instruments, outils, etc.
Produits de toute sorte, arbres et plantes d'ornement, fleurs.
Cultures de serre : pour les plantes d'ornement et les fleurs exotiques; pour les primeurs de toute sorte, etc.
Essais d'acclimatation des espèces utiles de végétaux (sauf renvoi à la classe II)[1].

6e SECTION. — *Élevage des Animaux utiles*

Animaux de trait ou bestiaux de toute sorte.
Procédés généraux de reproduction, d'élevage, d'engrais, etc.
Produits divers extraits des animaux : peaux, cuirs, poils, crins, laines, cornes, etc.
Animaux de basse-cour.
Procédés généraux de reproduction, d'élevage et d'engrais.
Produits divers : poils, plumes, etc.
Insectes utiles.
Procédés généraux d'élevage et de culture, produits divers des vers à soie, des abeilles, de la cochenille, etc.

1. Il n'est point dérogé, par les indications précédentes, aux prescriptions de l'article 13 du Règlement général, qui déclare inadmissibles à l'Exposition les plantes à l'état vivant, et les matières végétales et animales à l'état frais et susceptibles d'altération.

7e SECTION. — *Industries immédiatement liées à l'Agriculture (sauf renvoi aux classes X, XI, etc.).*

Laiteries et fromageries.
Ateliers pour la préparation des matières textiles et brutes : filasses de lin et de chanvre, laines lavées, etc.
Ateliers pour la préparation des céréales.
Féculeries, distilleries, huileries, etc.

IIe GROUPE. — *Industries ayant spécialement pour objet l'emploi des forces mécaniques.*

IVe CLASSE. — MÉCANIQUE GÉNÉRALE APPLIQUÉE A L'INDUSTRIE.

1re SECTION. — *Appareils de Pesage et de Jaugeage employés dans l'industrie.*

Balances de commerce :
Romaines, bascules, machines à peser de toute sorte.
Jaugeage des eaux :
Tubes jaugeurs, moulinets, hydromètres.
Jaugeage de l'air :
Anémomètres, compteurs à gaz.
Manomètres.
Dynamomètres de toute sorte.

2e SECTION. — *Organes de transmission et Pièces détachées.*

Pièces détachées d'un emploi général.
Organes de transmission et supports.
Appareils de graissage.
Pièces spéciales à l'écoulement et à l'emploi des liquides.
Pièces spéciales à l'écoulement et à l'emploi des gaz.
Régulateurs.

3e SECTION. — *Manéges et autres appareils pour l'utilisation par machines du Travail développé par les animaux.*

Manéges fixes et portatifs.
Roues à marches et autres appareils.

4e SECTION. — *Moulins à vent.*

Moulins à axe horizontal.
Moulins s'orientant seuls, moulins se réglant seuls.
Panémones et autres appareils proposés pour remplacer les moulins ordinaires.

5e SECTION. — *Moteurs hydrauliques.*

Roues à axe horizontal.
Roues à aubes planes et à aubes courbes, roues à axes mobiles; régulateurs spéciaux.
Roues à axe vertical.
Roues à palettes.
Turbines.
Machines à colonne d'eau.

6e SECTION. — *Machines à vapeur et à gaz.*

Chaudières pour la production de la vapeur.
Chaudières à bouilleurs, à foyer intérieur, chaudières à circulation d'eau, chaudières tubulaires; appareils de surchauffage de la vapeur, appareils d'alimentation et de sûreté.
Machines à vapeur fixes :
Machines verticales, machines horizontales, machines oscillantes, machines rotatives.
Machines portatives, machines locomobiles.
Machines de bateaux.
Machines locomotives (renvoi à la classe V).
Machines à vapeur d'éther, de chloroforme ou autres liquides volatils; machines à vapeur combinées.
Machines à gaz, machines à air chaud.

7e SECTION. — *Machines servant à la manœuvre des fardeaux.*

Poulies, moufles, palans.
Crics, vérins, crics hydrauliques.
Grues fixes et mobiles, sur roues et sur bateaux, sapines, etc.
Treuils et cabestans, roues de carrières.
Grues volantes.

8e SECTION. — *Machines hydrauliques, élévatoires et autres.*

Écopes à main ou mécaniques, appareils d'épuisement par bennes et tonneaux.
Norias et chapelets.
Pompes de toute sorte.
Pompes à usages domestiques, pompes de jardin et d'arrosage.
Grandes pompes pour l'alimentation des villes et des usines.
Pompes à incendie.
Pompes des mines.
Tympans, vis d'Archimède, roues à augets et autres appareils élevant l'eau à de faibles hauteurs.
Béliers hydrauliques.
Machines à force centrifuge, etc.

9e SECTION. — *Ventilateurs et Souffleries.*

Trompes.
Soufflets, ventilateurs et aspirateurs.
Machines soufflantes.
Machines dans lesquelles on utilise l'air dilaté ou comprimé comme moyen d'opérer directement certains mouvements ou certaines opérations mécaniques.

Ve CLASSE. — MÉCANIQUE SPÉCIALE ET MATÉRIEL DES CHEMINS DE FER ET DES AUTRES MODES DE TRANSPORT.

1re SECTION. — *Matériel pour le Transport des fardeaux à bras, à dos, ou sur la tête.*

Appareils à l'usage d'un seul individu : objets divers pour porter sur la tête, besaces, hottes et crochets, etc.; appareils pour le transport de deux fardeaux équilibrés à l'aide d'un levier, etc.
Appareils à l'usage de deux ou plusieurs individus : civières à bras de toute sorte; appareils divers pour porter sur les épaules.

2e SECTION. — *Objets de Bourrellerie et de Sellerie.*

Objets de quincaillerie et autres, fabriqués spécialement pour la confection des articles de bourrellerie et de sellerie : mors, gourmettes, éperons, étriers, boucles, anneaux, grelots, etc. (sauf renvois aux classes de fabrication).
Bâts de toute sorte.
Cacolets et litières.
Selles.
Brides et harnais pour montures ou bêtes de somme.
Brides, harnais, jougs, etc., pour bêtes de trait.
Fouets et cravaches.
Objets de sellerie de luxe.
Objets de sellerie d'apparat.
Sacoches, portemanteaux et objets divers pour les transports par bêtes de somme.
Malles, valises, sacs, etc., pour les transports par voiture, etc.

3e SECTION. — *Matériaux et appareils de Charronnage et de Carrosserie.*

Essieux (sauf renvoi à la classe XVI).
Roues, boîtes et bandages.
Systèmes de suspension et ressorts en bois, en cuir, en acier, etc. (sauf renvoi à la classe XV).
Pièces de bois, ouvrages de vannerie, etc., pour trains, coffres, capotes, etc.
Objets de serrurerie et de quincaillerie spéciales (sauf renvoi à la classe XVI).
Cuirs et tissus spéciaux (sauf renvois aux classes de fabrication).
Systèmes d'attelage.
Freins et appareils divers concernant la traction.

4e SECTION. — *Charronnage.*

Civières.
Traîneaux.
Brouettes.
Chariots à bras à deux et à quatre roues.
Haquets et camions.
Charrettes et voitures de roulage.
Voitures à fourrages, etc.
Voitures pour le transport des matières meubles, des sables, des immondices, etc.
Tonneaux et autres voitures pour le transport des liquides, pour l'arrosage, etc.
Chariots spéciaux pour le transport des grandes pièces de bois, des pierres taillées, des statues, des locomotives, etc.
Wagons de chemin de fer (renvoi à la 7e section).

5e SECTION. — *Carrosserie.*

Chaises à porteurs, palanquins, litières, voitures à bras pour enfants, malades, etc.
Traîneaux de luxe.
Voitures mises en mouvement par des manivelles, vélocipèdes, etc.
Voitures publiques.
Voitures spéciales pour le transport des dépêches.
Diligences.
Omnibus.
Voitures de chemin de fer (renvoi à la 7e section).
Voitures particulières.
Voitures de voyage.
Voitures de ville à deux et à quatre roues.
Voitures de luxe.
Voitures d'apparat.

6e SECTION. — *Matériel des Transports perfectionnés à parcours restreint.*

Voies à rails temporaires et chariots appropriés pour les ateliers de terrassements, les mines, etc. (sauf renvoi aux classes I et XIV).
Petits chemins de fer et chariots appropriés pour le service des usines.
Petits chemins de fer établis sur les routes ordinaires, et voitures appropriées à ce genre de voies.
Plans automoteurs.
Matériel de transport par suspension.

7e SECTION. — *Matériel des Chemins de fer.*

Matériel de la voie.
Rails et coussinets.
Changement de voie, plaques tournantes, etc.
Locomotives.
Pièces diverses de locomotives.
Locomotives à grande vitesse.
Locomotives à vitesse moyenne.
Locomotives à petite vitesse pour traîner des marchandises.
Tenders.
Locomotives à tenders et autres.
Machines fixes à câbles pour plans inclinés, et plans automoteurs.
Matériel du système atmosphérique.
Matériel roulant.
Voitures à voyageurs.
Wagons à marchandises et à bestiaux.
Wagons à terrassement, etc.
Pièces détachées, ressorts, tampons élastiques, couplages, freins, etc.
Appareils pour prévenir les chocs, etc.
Appareils et systèmes de signaux.
Machines et appareils pour les approvisionnements d'eau.
Machines et appareils pour le service des gares de voyageurs.
Machines et appareils pour le service des gares de marchandises, grues, etc.
Machines spéciales et matériel des ateliers de réparation et de construction.
Tableaux et documents concernant le système d'exploitation.

8e SECTION. — *Matériel des Transports par eau (renvoi à la classe XIII).*

9e SECTION. — *Aérostats.*

Montgolfières et ballons.
Appareils proposés pour la navigation aérienne.

VIe CLASSE. — MÉCANIQUE SPÉCIALE ET MATÉRIEL DES ATELIERS INDUSTRIELS.

1re SECTION. — *Pièces détachées et Machines élémentaires.*

Pièces détachées pour la construction des machines de cette classe.
Outils et machines pour écraser, broyer, pulvériser, mélanger, malaxer, etc., scier, etc., polir, etc.
Presses de toute sorte.

2e SECTION. — *Machines de l'exploitation des Mines.*

Appareils de sondage : chèvres et sondes.
Machines d'extraction et d'épuisement.
Appareils de sûreté pour la descente des bennes et des ouvriers.

3e SECTION. — *Machines relatives à l'art des Constructions.*

Machines pour la préparation des ciments et des mortiers.
Machines à enfoncer et à extraire les pilotis.
Excavateurs, machines de terrassement et de dragage.

4e SECTION. — *Machines servant au travail des Matières minérales autres que les métaux.*

Machines et outils pour la préparation et le travail de toute espèce de pierres, de marbres, de granits, d'albâtres, etc.
Machines pour la préparation des terres et la fabrication des briques et des tuiles; machines à tuyaux de drainage.
Machines de la verrerie et des arts céramiques.
Machines et outils employés dans le travail des pierres précieuses.

5e SECTION. — *Machines métallurgiques.*

Bocards, patouillets, appareils de préparation mécanique.
Machines des forges : marteaux, martinets, presses, laminoirs, fenderies, cisailles, etc.
Machines des fonderies de fer : monte-charges, etc.
Machines métallurgiques employées dans la préparation des métaux autres que le fer.

6e SECTION. — *Matériel des ateliers de constructions mécaniques.*

Tours et machines à aléser.
Machines à raboter, à mortaiser.
Machines à percer, à découper.
Machines à tarauder et à fileter.
Machines à river.
Machines spéciales.

7e SECTION. — *Machines servant à la fabrication de petits objets en métal.*

Machines de tréfilerie.
Machines pour la fabrication des clous, des pointes, des vis, des aiguilles, des épingles, des chaînes métalliques.
Machines spéciales à la fabrication des monnaies et médailles.
Machines spéciales à la fabrication des boutons.
Matériel des ateliers de découpage et d'estampage.

8e SECTION. — *Machines de l'exploitation forestière, ou servant spécialement au travail du Bois.*

Scieries fixes et portatives de toute sorte : machines à fendre et à débiter le bois.
Machines à plier et à façonner les bois.
Machines à raboter pour surfaces planes et moulures.
Machines servant au découpage et à la pulvérisation des bois.
Machines et gouges pour travailler le bois sous toutes les formes.

9e SECTION. — *Machines de l'Agriculture et des Industries agricoles et alimentaires.*

Machines agricoles de toute nature pour la préparation de la terre, les semailles, le sarclage, les récoltes, le battage des grains, la préparation des fourrages et des racines, etc.
Machines et appareils employés dans la meunerie et la boulangerie.
Appareils de féculerie.
Pressoirs et matériel des brasseries, distilleries, etc.
Matériel de l'industrie sucrière.
Machines spéciales : machines à chocolat, machines à fabriquer les dragées, etc., etc.

10e SECTION. — *Machines des arts chimiques.*

Machines et appareils employés dans la fabrication des produits chimiques, des savons et des bougies.
Machines employées dans la préparation et le travail des peaux et des cuirs.
Machines employées dans la préparation et le travail du caoutchouc, de la gutta-percha, etc.
Machines employées dans la fabrication des papiers.
Machines et appareils divers.

11e SECTION. — *Machines relatives aux arts de la Teinture et de l'Impression.*

Matériel des ateliers de papiers peints.
Machines pour l'exécution des impressions en relief, des papiers de fantaisie et de la reliure.
Presses et accessoires pour les impressions typographique, lithographique, en taille-douce, etc.
Appareils spéciaux des fonderies en caractères, de la stéréotypie et de la fabrication des clichés.
Machines à copier les lettres et à régler le papier.

12e SECTION. — *Machines spéciales à certaines industries.*

Machines employées dans la fabrication des chaussures.
Machines servant à la sculpture et à la gravure; tours à guillocher; machines et tours pour l'horlogerie.
Machines et appareils pour le travail de l'ivoire, de la corne, de l'écaille, du papier mâché, etc., etc.

VIIe CLASSE. — MÉCANIQUE SPÉCIALE ET MATÉRIEL DES MANUFACTURES DE TISSUS.

1re SECTION. — *Pièces détachées pour la Filature et le Tissage.*

Peignes pour le peignage à la main et à la mécanique.
Cardes, peignes à tisser, temples, battants, etc.

Cannettes, bobines, navettes, etc.
Broches de toute sorte, cylindres unis et cannelés, etc.
Pièces détachées diverses.
Machines à bouter les cardes.

2ᵉ SECTION. — *Machines pour la préparation et la filature du Coton.*

Égrenage, louvetage ou ouvrage, battage à la main et mécanique, épurage, peignage, cardage.
Étirage et laminage, filage : métier continu, mull-jenny ordinaire, renvideur mécanique.
Machines servant à l'apprêt des fils : gommage, dévidage, retordage et doublage.

3ᵉ SECTION. — *Machines pour la préparation et la filature du Lin et du Chanvre.*

Macquage, broyage, assouplissage, peignage à la main et peignage mécanique.
Traitement des étoupes, cardage et réunissage.
Étalage, étirage, doublage, laminage.
Filage à sec, à l'eau froide et à l'eau chaude, à la main ou par machines.
Machines spéciales à la fabrication des fils à coudre.

4ᵉ SECTION. — *Machines pour la préparation et la filature de la Laine.*

Lavage, séchage.
Battage, louvetage, graissage.
Peignage à la main, peignage mécanique, préparation et filage de la laine peignée, retordage et doublage.
Cardage et filage de la laine cardée.
Travail et filage de la laine peignée-cardée.
Dégraissage des laines peignées et des fils.
Appareils pour le conditionnement et le numérotage.

5ᵉ SECTION. — *Machines pour la préparation et la filature de la Soie.*

Tirage, moulinage et retordage de la soie.
Décreusage, peignage, cardage, étirage et filage de la bourre de soie.
Appareils pour le conditionnement, le tirage et le numérotage des soies grèges et ouvrées et des autres filaments.

6ᵉ SECTION. — *Machines de Corderie, de Passementerie, et machines spéciales.*

Matériel des ateliers de corderie ; métiers continus et discontinus.
Matériel des fabriques de passementerie.
Ourdissoirs ; rouets et mécaniques à dévider, rouets à guiper, à doubler, à relever, à retordre, à bouillons et à cannetille, rouets guimpiers.
Mécaniques et métiers à ganses, lacets, cordonnets, épaulettes, etc.
Laminoirs, cylindres, mécaniques à racler.
Machines à défilocher les étoffes et les cordages.
Machines spéciales à la filature du caoutchouc et au recouvrement des fils.

7ᵉ SECTION. — *Tissage à basses lisses et hautes lisses.*

Machines préparatoires : bobinage, ourdissage, pliage, montage, parage, dévidage, etc.
Métiers ordinaires et mécaniques pour les tissus unis, à une ou deux chaînes, à formes, etc.
Machines préparatoires pour les étoffes façonnées, mises en carte, lisage, perçage des cartons, translatage, etc.
Métiers. — Métiers à la Jacquard, plus ou moins modifiés. — Métiers électriques. — Autres métiers, mécaniques ou non, propres à faire les façonnés et les brochés, battants brocheurs.
Tissage à hautes lisses. — Métiers à fabriquer les tapis, etc.

8ᵉ SECTION. — *Métiers à tisser à mailles ; Métiers à faire le filet, à broder, à tresser et à coudre.*

Métiers à bonneterie et tricots ; métiers circulaires ; métiers de divers systèmes à chaîne et autres.
Métiers à tulles et à dentelles.
Métiers à filets.
Métiers et carreaux à broder.
Mécaniques et boisseaux à tresser.
Mécaniques à coudre.

9ᵉ SECTION. — *Appareils et Machines pour le blanchiment, la teinture, l'apprêt et le pliage des tissus.*

Travail des tissus de laine.
Foulage, lainage, tondage, pressage ramage, etc. — Soufrage. — Ratinage, gaufrage.
Travail des tissus de coton.
Grillage, apprêt dit *écossais* et autres, calandrage, moirage, gaufrage, séchage, assouplissage, etc.
Travail des autres tissus.
Calandrage, moirage, gaufrage, etc.
Métrage et pliage.

IIIᵉ GROUPE. — *Industries spécialement fondées sur des agents physiques et chimiques, ou se rattachant aux sciences et à l'enseignement.*

VIIIᵉ CLASSE. — ARTS DE PRÉCISION, INDUSTRIES SE RATTACHANT AUX SCIENCES ET A L'ENSEIGNEMENT.

1ʳᵉ SECTION. — *Poids et Mesures, appareils divers de Mesurage et de Calcul.*

Étalons de poids et mesures, documents de toute espèce concernant la comparaison des poids et mesures employés dans chaque pays.
Mesures de longueur : appareils pour l'évaluation exacte des longueurs, verniers, micromètres, etc.
Poids et balances de précision.
Mesures de capacité.
Monnaies.

Tables et documents de toute sorte, offrant des réunions méthodiques de résultats de calcul.

Appareils indiquant, par des procédés graphiques, des résultats de calcul; règles logarithmiques, abaques, etc.

Machines à calculer, compteurs mécaniques de toute nature, etc.

Appareils pour la mesure du temps : clepsydres, sabliers, etc.

2ᵉ SECTION. — *Objets d'Horlogerie.*

Pièces détachées d'horlogerie, formant l'objet de grandes fabrications, avec la collection des outils spéciaux qui y sont employés.

Pièces détachées d'horlogerie, présentées comme spécimens de quelques perfectionnements de l'art : systèmes de compensation, d'échappement, etc.

Horloges de construction économique, employées surtout dans les habitations des ouvriers et des populations rurales.

Horloges et montres fabriquées pour certains marchés spéciaux.

Grandes horloges, destinées aux églises et aux établissements publics.

Pendules et montres pour les usages ordinaires.

Horlogerie de précision.

Montres de poche de toute sorte, à secondes indépendantes, etc.

Chronomètres pour les besoins de la marine.

Chronomètres, horloges et montres, servant aux études astronomiques.

Régulateurs.

Applications diverses de l'horlogerie.

Appareils servant à enregistrer divers phénomènes naturels.

Horloges complexes, indiquant les principaux éléments des cycles solaire et lunaire, le nombre d'or, etc.

Horloges électriques (renvoi à la classe IX).

3ᵉ SECTION. — *Instruments d'Optique, et Appareils de toute sorte employés pour la mesure de l'espace.*

Pièces détachées formant l'objet de fabrications spéciales : verres achromatiques, objectifs, cristaux taillés, etc.

Matériel spécial employé pour la fabrication des instruments de précision, machines à diviser la ligne droite et le cercle, etc.

Matériel spécial des observations astronomiques : télescopes avec leurs dépendances, cercles muraux, etc.

Matériel des observations propres à l'art de la navigation : sextants, octants, cercles réflecteurs et répétiteurs, boussoles, sondes, etc.

Instruments de géodésie et de topographie : théodolites, cercles répétiteurs, signaux géodésiques, appareils pour la mesure des bases, niveaux à bulle d'air, etc.

Instruments pour les reconnaissances topographiques et les levés rapides : cercles, niveaux et boussoles de poche, lunettes militaires, etc.

Instruments et appareils de microscopie et de micrométrie.

Instruments et appareils divers employés dans l'étude des sciences naturelles : goniomètres, etc.

Instruments et appareils fondés sur l'emploi de la polarisation et de la diffraction; applications diverses aux sciences et aux arts.

Instruments d'arpentage : planchettes, graphomètres, boussoles, niveaux d'eau, chaînes et jalons, mires de nivellement, etc.

Instruments et appareils destinés aux usages ordinaires : lunettes, lorgnons, lorgnettes, longues-vues, etc.

Microscopes solaires, chambres noires, lanternes magiques, fantasmagories, etc.

Chambres claires, kaléidoscopes, etc.

4ᵉ SECTION. — *Instruments de Physique, de Chimie, de Météorologie, destinés à l'étude des sciences ou appliqués aux usages ordinaires.*

Appareils pour la mesure des forces mécaniques : dynamomètres, tachymètres, etc.

Appareils pour la mesure des volumes, des masses et des densités (sauf renvoi à la 1ʳᵉ section), aréomètres, etc.

Appareils et instruments pour l'étude des phénomènes physiques se rattachant aux actions moléculaires, à l'acoustique, à la lumière, à la chaleur, à l'électricité, au magnétisme, etc.

Appareils pour la mesure des phénomènes physiques et pour l'observation des phénomènes météorologiques : thermomètres, baromètres, hygromètres, udomètres, etc.

Appareils et instruments de toute sorte employés dans les laboratoires de chimie.

Appareils pouvant concourir aux progrès des sciences physiques et chimiques de l'histoire naturelle; matériel de voyages et d'expéditions scientifiques, etc.

Appareils divers : cadrans solaires, méridiens, etc.

5ᵉ SECTION. — *Cartes, Modèles et documents d'Astronomie, de Géographie, de Topographie et de Statistique (sauf renvoi à la classe XXVI).*

Sphères sidérales et terrestres de toute sorte.

Cartes et plans en relief.

Planisphères, cartes sidérales, cartes lunaires, etc.

Cartes marines et hydrographiques.

Cartes géographiques.

Cartes topographiques.

Plans topographiques et cadastraux.

Cartes physiques de toute sorte (sauf renvoi aux classes I, II et III).

Almanachs.

Éphémérides et tables de toute sorte à l'usage des astronomes, des marins, des géographes, etc.

Tables de nivellement et autres, à l'usage des ingénieurs.

Tables de mortalité et autres documents statistiques d'un usage général.

6ᵉ SECTION. — *Modèles, Cartes, Ouvrages, Instruments et Appareils destinés à l'enseignement des sciences, des lettres et des arts libéraux.*

Matériel destiné à l'enseignement de la géométrie, de l'astronomie, de la géographie, etc.

Matériel destiné à l'enseignement des sciences minéralogiques : collections de minéraux, de roches, de corps organisés fossiles ; traités spéciaux ; dessins et modèles de cristaux, etc.

Matériel destiné à l'enseignement de la botanique : herbiers, traités spéciaux, systèmes de jardins.

Matériel destiné à l'enseignement de la zoologie : collections d'animaux et préparations zoologiques de toute espèce; systèmes de parcs zoologiques, traités spéciaux, etc.

Matériel destiné à l'enseignement des sciences physiques, chimiques et mécaniques, de la chirurgie, de la médecine, de la pharmacie, de l'art vétérinaire, etc.

Matériel pour l'enseignement de l'art des mines, de l'agriculture, des sciences technologiques, etc.

Matériel pour l'enseignement des lettres, des arts libéraux, etc.

7ᵉ SECTION. — *Matériel de l'enseignement élémentaire.*

Plans d'ensemble et détails d'établissements d'instruction : mentions spéciales des dispositions ayant pour objet de pourvoir aux convenances de salubrité, de propreté, etc.

Ouvrages et matériel pour l'enseignement de la lecture, de l'écriture, du calcul, de la géographie, etc.

Ouvrages et matériel pour l'enseignement du dessin, de la musique, etc.

Ouvrages et matériel pour l'enseignement technologique, et spécialement pour les travaux de couture et de tricot, pour l'initiation aux travaux agricoles, etc.

Matériels spéciaux pour l'enseignement des aveugles, des sourds-muets, etc.

IXᵉ CLASSE. — INDUSTRIES CONCERNANT L'EMPLOI ÉCONOMIQUE DE LA CHALEUR, DE LA LUMIÈRE ET DE L'ÉLECTRICITÉ.

1ʳᵉ SECTION. — *Procédés ayant pour objet l'emploi des sources naturelles de Chaleur ou de Froid, de Lumière et d'Électricité.*

Chaleur centrale transmise par les sources chaudes, les eaux artésiennes, etc.

Chaleur ou froid du sol employés dans les caves, les puits, les citernes, etc.

Chaleur ou froid de l'air et des eaux superficielles : ventilation par l'air ; exploitation, transport et conservation de la neige et de la glace ; glacières, etc.

Chaleur et lumière solaires :

Systèmes de cloches et de bâches vitrées, de serres, etc. (sauf renvoi à la classe III).

Éclairage des lieux obscurs par transmission ou par réfraction.

Applications diverses, etc.

Électricité et agents météorologiques divers ; procédés ayant pour objet d'employer utilement ces agents, ou d'en conjurer les effets nuisibles ; paratonnerres, etc.

2ᵉ SECTION. *Procédés ayant pour objet la production initiale du Feu et de la Lumière.*

Procédés primitifs fondés sur le frottement, le choc, l'emploi des amadous et des matières équivalentes, des allumettes, etc.

Briquets fondés sur des réactions physiques et chimiques d'une nature complexe ; briquets à gaz, etc.

Allumettes et amadous préparés pour l'inflammation instantanée par le frottement.

Combustibles divers, recueillis et préparés spécialement pour l'allumage ; pommes de pin, produits résineux, etc.

3ᵉ SECTION. — *Combustibles spécialement destinés au Chauffage économique.*

Combustibles minéraux présentés sous la forme et avec les préparations réclamées pour la consommation : cokes, briquettes de poussier, tourbes comprimées et carbonisées, etc.

Combustibles végétaux préparés pour l'emploi immédiat : bois sciés et fendus, charbons, etc.

Combustibles animaux préparés pour l'emploi : fientes d'animaux, fumiers, etc.

Matières bitumineuses, résineuses, etc., employées comme combustibles.

Combustibles divers : gaz naturels et artificiels ; éponges métalliques, etc.

4ᵉ SECTION. — *Chauffage et Ventilation des Habitations.*

Foyers fixes et mobiles chauffant surtout par le contact direct des gaz brûlés.

Cheminées, c'est-à-dire appareils chauffant surtout par le rayonnement direct du combustible.

Cheminées simples.

Cheminées à foyers mobiles, à rideaux de tirage, etc.

Cheminées calorifères à bouches de chaleur.

Cheminées-poêles, etc., etc.

Poêles, c'est-à-dire appareils chauffant surtout par le rayonnement de l'enveloppe du foyer.

Poêles fixes simples.

Poêles à bouches de chaleur.

Poêles portatifs.

Poêles calorifères.

Appareils et ustensiles spéciaux employés dans les foyers, les cheminées et les poêles pour provoquer, régler et entretenir la combustion, et pour assurer l'évacuation de la fumée : soufflets, registres, ventouses, pelles, pincettes, ringards, etc.

Calorifères, c'est-à-dire appareils chauffant surtout par l'intervention d'un véhicule :

Calorifères à air chaud.

Calorifères à vapeur.

Calorifères à circulation d'eau chaude.

Calorifères mixtes divers.

Appareils spéciaux ayant pour objet de ventiler et de rafraîchir les habitations.

5ᵉ SECTION. — *Production et emploi de la Chaleur et du Froid pour l'économie domestique.*

Fours fixes ou portatifs, à chauffage intérieur ou extérieur, pour la cuisson des céréales et des diverses préparations alimentaires.

Cheminées et fourneaux de cuisine avec leurs dépendances.

Appareils spéciaux pour le rôtissage des viandes.
Appareils et procédés divers pour la cuisson des aliments par contact de corps chauffés, au bain-marie, au gaz, etc.; caléfacteurs, etc.
Appareils spéciaux ayant pour objet de combiner la cuisson des aliments avec le chauffage domestique.
Appareils divers de chauffage employés dans l'économie domestique.
Réchauds pour le service de la table.
Chauffe-pieds.
Bassinoires, etc.
Appareils ayant pour objet le blanchissage et l'apprêt du linge domestique, buanderies, etc.
Appareils et Procédés ayant pour objet de rafraîchir l'eau et les boissons.
Appareils et procédés ayant pour objet la production artificielle de la glace.

6ᵉ SECTION. — *Production et emploi de la Chaleur et du Froid dans les arts.*

Fourneaux et appareils pour l'échauffement, la fusion, la calcination et la sublimation des solides.
Générateurs de vapeur d'eau : bouilleurs, appareils pour la vapeur surchauffée, appareils de sûreté, procédés pour empêcher les incrustations, etc. (sauf renvoi à la classe IV pour les générateurs qui alimentent les machines à vapeur).
Appareils pour l'échauffement, la vaporisation et la distillation des liquides : alambics, condensateurs, etc.
Appareils pour le chauffage des gaz et pour le séchage des corps humides : étuves, etc.
Appareils spéciaux pour la production et l'emploi de la chaleur en petites doses : chalumeaux simples et à gaz, éolipyles, lampes à alcool, etc.
Systèmes réfrigérants divers.

7ᵉ SECTION. — *Éclairage.*

Éclairage au moyen de solides.
Bois diversement préparés, résines, goudrons, etc.
Matériel et procédés pour la préparation des corps gras et la fabrication des chandelles : mèches, moules, etc.
Produits éclairants à base de suif, avec ou sans mélange de résine : chandelles, lampions, etc.
Bougies d'acide stéarique; ensemble des procédés de fabrication des bougies, etc.; mèches, moules, etc.
Bougies de blanc de baleine.
Bougies de cires animales ou végétales, cierges, mèches cirées, etc.
Ustensiles divers concernant l'éclairage au moyen des solides; chandeliers, mouchettes, lanternes, réflecteurs, abat-jour, etc.
Éclairage au moyen des liquides.
Matériel et procédés pour la préparation des huiles, des essences, etc., destinées à l'éclairage.
Huiles minérales, végétales et animales, brutes et préparées pour l'éclairage.
Huiles essentielles, minérales et végétales.
Mélanges d'alcool et d'huiles essentielles, compositions diverses de corps éclairants liquides.
Systèmes de lampes ayant pour objet l'éclairage au moyen des liquides.
Lampes brûlant les huiles fixes.
Lampes brûlant les liquides volatils.
Appareils et ustensiles divers concernant l'éclairage au moyen des liquides; cheminées de verre, globes, abat-jour, etc.
Éclairage au moyen des gaz.
Matériel et procédés pour la production et l'épuration des gaz de houille.
Matériel et procédés pour la production et l'épuration des gaz des huiles.
Matériel et procédés pour la production et l'épuration des gaz de résine.
Matériel et procédés pour la production de gaz extraits de matières diverses, des hydro-carbures, des bois et charbons, avec réaction de vapeur d'eau, etc.
Appareils pour l'emmagasinage du gaz d'éclairage : gazomètres et dépendances, etc.
Appareils pour la conduite, la distribution et le transport des gaz, tuyaux, robinets, compteurs, etc.
Appareils relatifs à la consommation des gaz : becs, cheminées, appareils d'illuminations, etc.

8ᵉ SECTION. — *Phares, Signaux et Télégraphes aériens.*

Systèmes généraux d'établissement des phares (sauf renvoi à la classe XIV).
Éclairage des phares.
Lampes diverses, feux diversement colorés, etc.
Appareils catoptriques.
Appareils dioptriques et catadioptriques.
Machines et appareils pour feux tournants à éclats, à éclipses, etc.
Systèmes divers de signaux.
Télégraphes de jour.
Télégraphes de nuit.

9ᵉ SECTION. — *Production et emploi de l'Électricité.*

Piles galvaniques.
Éclairages électriques.
Télégraphie électrique.
Systèmes de lignes télégraphiques aériennes, souterraines et sous-marines.
Appareils divers pour la notation des dépêches : cadrans, claviers, aiguilles, cylindres, etc.
Application de l'électricité aux besoins domestiques et à la direction des ateliers industriels : sonnettes électriques, horloges électriques, etc.
Application de l'électricité au service de correspondance et de sûreté des chemins de fer.
Moteurs électriques.
Application de l'électricité à la métallurgie.
Procédés généraux pour la dissolution et la précipitation des métaux.
Moulages galvanoplastiques.
Enduits galvanoplastiques.
Dorure et argenture.

Xᵉ CLASSE. — ARTS CHIMIQUES, TEINTURES ET IMPRESSIONS, INDUSTRIES DES PAPIERS, DES PEAUX, DU CAOUTCHOUC, ETC.

1ʳᵉ SECTION. — *Produits chimiques.*

Appareils et procédés généraux de la fabrication des produits chimiques.

Produits industriels principalement dérivés des substances minérales.
Acides sulfuriques, commun, purifié, fumant.
Soudes artificielles et acide chlorhydrique.
Chlore, hypochlorite de chaux, de soude, etc., chlorate de potasse, etc.
Iode, brome, iodures et bromures, etc.
Produits nitreux : nitrates, acide nitrique.
Produits divers : sulfure de carbone, etc.
Produits industriels principalement dérivés de substances végétales.
Soudes, potasses et carbonates alcalins.
Acide acétique ou pyroligneux, acétates, goudrons et dérivés du bois.
Acide tartrique et tartrates.
Acide oxalique, oxalates; acide citrique, citrates, etc.
Produits divers : éther, chloroforme, etc.
Produits industriels principalement dérivés de substances animales.
Sel ammoniac et produits ammoniacaux ; noir animal, engrais artificiels, etc.
Cyanures et prussiates.
Phosphores, cendres d'os.
Colles fortes ; colles de poisson et imitations ; produits gélatineux pour l'alimentation, le collage, le moulage, etc.
Produits divers.
Produits chimiques divers fabriqués ou purifiés principalement pour les sciences.
Corps simples non métalliques, composés binaires neutres des métalloïdes, métaux alcalins, alcalino-terreux et terreux, métaux rares ou métaux chimiquement purs, oxydes métalliques, acides minéraux, alcalis minéraux, terres alcalines et terres, sels alcalins, alcalino-terreux et terreux, sels métalliques, acides organiques, alcalis organiques, sels organiques, alcools, éthers et produits analogues, substances diverses tirées des corps organisés, albumine, etc.

2e SECTION. — *Corps gras, Résines, Essences, Savons, Vernis et Enduits divers.*

Cires, blanc de baleine, huiles, graisses, acide stéarique, etc., destinés à l'éclairage (sauf renvoi à la classe IX).
Produits cireux divers : cires à modeler, à sceller, etc., encaustiques, enduits cireux.
Huiles siccatives et enduits gras.
Huiles siccatives lithargirées et autres.
Toiles dites cirées, taffetas dits gommés, sondes chirurgicales dites de caoutchouc, etc.
Produits gras divers.
Huiles pour l'horlogerie, etc.
Graisses pour la mécanique.
Produits divers.
Savons.
Appareils et procédés généraux de fabrication, lessives alcalines, etc.
Savons mous et liquides.
Savons durs, bruts, blancs et marbrés.
Savons d'huile de palme, de résine et autres.
Savons fins ou de toilette, durs, transparents, mous, parfumés ou non parfumés.

Articles de parfumerie.
Procédés généraux de fabrication.
Cosmétiques et pommades.
Huiles parfumées.
Essences parfumées.
Extraits et eaux de senteur.
Vinaigres aromatisés.
Pâtes d'amande et pâtes diverses.
Poudres et pastilles parfumées.
Parfums à brûler.
Produits résineux.
Colophane, essence de térébenthine, poix, etc.
Cires à boucher.
Cires à cacheter.
Produits divers.
Vernis pour la peinture, le bois, les métaux.
Vernis naturels.
Vernis à l'alcool.
Vernis à l'essence.
Vernis gras.
Vernis divers, à l'éther, etc.
Goudrons et produits goudronnés : toiles et cordes, etc.
Cirages pour le cuir.
Cirages pour équipements, harnais, souliers, etc.
Cirages vernis, cirages divers.

3e SECTION. — *Caoutchouc et Gutta-Percha.*

Caoutchouc pur.
Caoutchouc naturel ; objets fabriqués directement avec le suc végétal.
Procédés généraux de purification et d'élaboration du caoutchouc brut : dissolutions.
Plaques, feuilles, fils.
Tissus enduits de caoutchouc.
Objets élastiques ou impermeables fabriqués avec le caoutchouc seul ou avec montures métalliques et autres : tampons et courroies élastiques, rondelles pour joints hermétiques, tubes, ballons, appareils de sauvetage, appareils de chimie et de chirurgie, articles de vêtements et de chaussures, etc.
Objets confectionnés avec les tissus enduits de caoutchouc, courroies, récipients pour les liquides ou les gaz, vêtements imperméables, etc.
Tissus élastiques ; lacets, bretelles, bas, etc.
Caoutchouc sulfuré ou vulcanisé.
Procédés de sulfuration, d'élaboration et de désulfuration, caoutchouc vulcanisé en feuilles et fils.
Objets élastiques ou imperméables fabriqués avec le caoutchouc vulcanisé (énumération comme pour le caoutchouc pur).
Élaborations diverses du caoutchouc :
Caoutchouc coloré, feuilles et objets divers.
Peintures et impressions sur caoutchouc.
Caoutchouc durci ou modifié dans ses propriétés par divers procédés : peignes, pièces d'ameublement, d'ornement, etc.
Colles, mastics et enduits à base de caoutchouc.
Gutta-Percha.
Procédés généraux de purification et d'élaboration : plaques, feuilles, dissolutions.
Objets fabriqués avec la gutta-percha : semelles de chaussures, courroies, récipients hydrauliques, bateaux de sauvetage, tuyaux, sondes de chirurgie, pièces d'ornement, etc.

Enduits de gutta-percha : fils télégraphiques, etc.
Applications diverses du caoutchouc, de la gutta-percha, de leurs mélanges et des matières analogues.

4ᵉ SECTION. — *Cuirs et Peaux.*

Procédés généraux pour la conservation, le tannage et les apprêts divers des cuirs et peaux.
Cuirs forts : peaux de taureau, de bœuf, de vache, de cheval, de porc, de veau fort, de phoque, etc., tannées, corroyées et apprêtées, pour semelles, courroies et cardes, pour articles de carrosserie, de bourrellerie et de sellerie, pour équipements militaires, pour chaussures fortes, etc.
Cuirs minces ou peaux tannées : peaux de veau, de chèvre, de mouton, etc., tannées, corroyées, apprêtées ou teintes, pour chaussures minces, reliures, etc.
Maroquins.
Cuirs vernis, peaux vernies.
Cuirs préparés au caoutchouc (sauf renvoi à la section 3).
Peaux hongroyées de bœuf, de veau, de mouton, pour bourrellerie, etc.
Peaux chamoisées de bœuf, de veau, de mouton, etc., apprêtées ou teintes pour buffleteries, semelles, selles, guêtres et culottes, registres, gaînes, gants, etc.
Peaux mégissées avec poils, de mouton, de veau, de phoque, apprêtées ou teintes pour la bourrellerie, etc.
Peaux mégissées, épilées, de chevreau, d'agneau, etc., apprêtées ou teintes pour gants, doublures de chaussures, etc.
Peaux de poissons et d'animaux divers préparées pour certains usages particuliers : peaux d'anguilles, de roussettes, etc.
Pelleteries de quadrupèdes terrestres ou d'amphibies, d'oiseaux, etc., apprêtées ou teintes pour fourrures.
Parchemins.
Parchemins apprêtés ou teints pour reliures.
Peaux d'âne pour tambours.
Vélins.
Peaux avec enduits de céruse et autres.
Chagrins et produits analogues, peaux de squales, etc.
Articles de boyauderie :
Cordes à boyaux communes.
Cordes à boyaux pour instruments de musique (sauf renvoi à la classe XXVII).
Nerfs de bœuf, vessies, etc.
Baudruches pour batteurs d'or, etc.

5ᵉ SECTION. — *Papiers et Cartons.*

Écorces et substances diverses employées comme papiers.
Matières premières diverses de la fabrication du papier.
Procédés généraux de fabrication à la main, à la mécanique.
Cartons-pâtes.
Papiers communs, collés ou non collés, gris, bruns, jaunes, bleus, etc., pour emballages, enveloppes, etc.
Papiers gris, blancs, teintés ou colorés, fabriqués pour papiers peints de tenture ou de cartonnage, etc.
Papiers à imprimer blancs, teintés ou colorés dans la pâte.
Papiers pour l'imprimerie en caractères.
Papiers pour l'imprimerie en taille-douce, la lithographie, etc.
Papiers à filigranes, c'est-à-dire avec marque dans la pâte, et autres pour papiers-monnaie, papiers de sûreté.
Papiers à dessiner ou à laver blancs, teintés ou colorés dans la pâte.
Papiers à dessiner.
Papiers à laver.
Papiers pour le pastel, papiers-cartons, etc.
Papiers à écrire, blancs, teintés ou colorés dans la pâte.
Papiers communs à minutes, vergés, vélins, etc.
Papiers à expédition, vergés, vélins, etc., bruts, lissés, glacés, etc.
Papiers à lettres, vergés, vélins, bruts, lissés, glacés, etc.
Papiers fabriqués directement pour usages divers.
Papiers à filtrer et papiers divers non collés.
Papiers pelures.
Papier dit de Chine, papier végétal, etc.
Papiers dits de soie, papiers brouillards, etc.
Cartes et cartons blancs.
Cartes et cartons à dessiner, à écrire, à imprimer.
Cartes et cartons pour confections diverses.
Papiers façonnés par application de couleurs ou d'enduits, par impression et estampage (sauf renvoi aux classes XXIV et XXV).
Cartons moulés (renvoi aux classes XXIV et XXV).

6ᵉ SECTION. — *Blanchiment, Teintures, Impressions et Apprêts.*

Procédés généraux de blanchiment par les agents atmosphériques, par les alcalis, par le chlore, par le soufre; appareils à lessiver, à flamber, etc.
Spécimens des divers procédés de blanchiment appliqués aux matières textiles, aux fils, aux tissus, etc.
Procédés généraux de teinture, d'impression et d'apprêt.
Matières tinctoriales organiques : garance, cochenille, bois de teinture, écorces astringentes, indigos, pastels, etc. (renvoi aux classes II et III).
Extraits colorants : extraits de garance, d'orseille, de bois de Campêche, etc.; préparation d'indigo, de cochenille, etc.; cyanures, etc.
Laques préparées pour la teinture et l'impression, de garance, de cochenille, de quercitron, etc.
Couleurs minérales préparées pour l'impression : bleu d'outremer, de Prusse, de cobalt, vert de Scheele, chlorure de chrome, or mussif, blancs de plomb et de zinc, etc. (sauf renvoi à la section 7 ci-après).
Matières servant à l'épaississement des couleurs ou à l'apprêt des tissus : gommes, fécules, dextrines, etc. (sauf renvoi aux classes II et XI).
Matières plastiques utilisées pour la fixation de toute espèce de couleurs : résines et préparations résineuses, préparations de caoutchouc, albumine, gluten, etc. (sauf renvoi aux sections 1, 2 et 3).
Produits chimiques employés pour la fixation et l'avi-

vage des couleurs, acétate d'alumine, de plomb, etc.; aluns, sels d'étain, de fer, etc.; chromates, prussiates, acides, etc. (sauf renvoi à la 1re section et à la classe Ire).

Appareils et instruments pour la teinture, l'impression et l'apprêt : appareils à chauffer les bains, à dégorger, à essorer, à imprimer, à sécher, à calandrer, etc. (sauf renvoi aux classes VII, IX et XXVI).

Spécimens des divers procédés de teinture appliqués aux matières textiles, aux fils, aux tissus, aux pelleteries, aux peaux, aux parchemins, etc.

Spécimens des divers procédés d'impression en couleur appliqués aux tissus, aux peaux, etc.

Spécimens des divers procédés d'impression en couleur appliqués aux tissus enduits, aux papiers, etc.

Spécimens des divers procédés d'apprêt appliqués aux tissus.

Procédés de dégraissage, de nettoiement, etc.

7e SECTION. — *Couleurs, Encres et Crayons.*

Couleurs brutes minérales, métalliques.

Couleurs à base de plomb : céruse, minium, mine orange, etc.

Couleurs à base de zinc : blanc de zinc, couleurs diverses, mélanges.

Couleurs à base de fer : ocres, colcotars, bleu de Prusse.

Couleurs à base de cobalt : smalts, couleurs diverses.

Couleurs à base de cuivre : vert-de-gris, vert de Scheele, etc.

Couleurs à base de mercure : vermillons, etc.

Couleurs de chrome : jaune de chrome, couleurs diverses.

Couleurs métalliques diverses d'antimoine, de bismuth, d'étain, de nickel, de cadmium, d'urane, etc.

Couleurs brutes minérales non métalliques.

Couleurs à base d'arsenic : réalgar, orpiment.

Couleurs terreuses : blanc d'Espagne, terre de Sienne, etc.

Couleurs diverses : outremer naturel et artificiel, etc.

Couleurs brutes bitumineuses et charbonneuses.

Couleurs bitumineuses : bitumes, terres d'ombre, etc.

Couleurs charbonneuses : noir de fumée, noir d'ivoire, etc.

Couleurs brutes végétales.

Indigos et produits dérivés.

Laques de garance et autres.

Couleurs diverses : gomme gutte, vert de vessie, etc.

Couleurs brutes animales.

Carmins de cochenille.

Couleurs diverses : sépias, etc.

Couleurs et produits préparés pour la peinture en bâtiments.

Couleurs, enduits, etc., pour la peinture à l'huile.

Couleurs, enduits, etc., pour la peinture à la détrempe.

Couleurs, enduits, etc., pour la peinture à la cire, etc.

Couleurs et produits préparés pour la peinture artistique.

Couleurs et enduits pour la peinture à fresque.

Couleurs et enduits pour la peinture en décors.

Couleurs, toiles, taffetas, panneaux pour la peinture à l'huile.

Couleurs et enduits pour la peinture à la cire.

Couleurs en pains, en pastilles, en écailles, pommes et produits divers préparés pour le lavis, la peinture à l'aquarelle et à la gouache.

Couleurs préparées pour la fabrication des papiers peints (sauf renvoi à la classe XXIV).

Encres noires ou de couleurs diverses préparées pour les impressions typographique, lithographique, autographique, etc. (sauf renvoi à la classe XXIV).

Encres à écrire et à tracer.

Encres noires ou bleues pour usages courants.

Encres de Chine.

Encres colorées diverses.

Encres sympathiques.

Encres à marquer le linge.

Crayons pierreux.

Craies, sanguines, pierre d'Italie, etc.

Crayons lithographiques (sauf renvoi à la classe XXVI).

Crayons noirs pour le dessin et l'estompe.

Crayons de pastel.

Crayons de graphite ou mine de plomb.

Crayons sans bois.

Crayons garnis de bois.

8e SECTION. — *Tabacs, Opiums et Narcotiques divers.*

Tabacs.

Cigares.

Tabacs à fumer hachés pour la consommation.

Cigarettes, papiers de tabac, etc.

Tabacs à mâcher.

Tabacs à priser en carottes.

Tabacs à priser en poudre.

Tombekis pour narguileh, etc.

Plantes diverses à fumer : sauges, etc.

Plantes et produits divers à mâcher : bétel, noix d'arec, feuille péruvienne, etc.

Opiums.

Opiums préparés pour fumer.

Opiums préparés pour mâcher.

Narcotiques divers : hatchich, etc.

XIe CLASSE. — PRÉPARATION ET CONSERVATION DES SUBSTANCES ALIMENTAIRES.

1re SECTION. — *Farines; Fécules, et Produits dérivés (sauf renvoi à la classe III).*

Grains mondés et gruaux de froment, d'orge, de riz, de maïs, de sarrasin, de millet, d'avoine, etc.

Graines, amandes et fruits divers décortiqués.

Farines de céréales.

Procédés de mouture (sauf renvoi à la classe VI).

Farines et sons de froment, de seigle, d'orge, de riz, etc.

Procédés de conservation des farines.

Farines diverses : de haricots, de féveroles, de pois, de lentilles, de châtaignes, etc.

Fécules et gluten.

Arrow-roots, sagous, cassaves, tapiocas, saleps, etc.

Amidons et fécules de céréales.

Gluten.

Fécules de pommes de terre, etc.

Dextrine.

Pâtes : semoules, vermicelles, macaronis, etc.

Pains et produits équivalents, produits de la boulangerie en général.

Procédés de panification des farines de céréales pour pains avec son, pains bis et pains blancs, pains de luxe et de fantaisie (sauf renvoi aux classes VI et IX).
Procédés de panification des fécules, du gluten et des mélanges divers.
Procédés de confection des galettes, couscoussous, knotes, etc.
Biscuits pour la marine et l'armée.
Gâteaux secs divers, pains d'épices, etc.
Pains azymes, etc.
Procédés d'essai des farines, des pains, etc.

2ᵉ SECTION. — *Sucres et Matières sucrées de grande fabrication.*

Sucres cristallisables, bruts et terrés.
Procédés pour la conservation des plantes saccharifères, pour l'extraction, la conservation, la défécation et l'évaporation des jus, pour la cristallisation du sucre et la séparation des sirops (sauf renvoi aux classes III, VI et IX).
Sucres bruts ou terrés, sirops, mélasses et résidus du traitement de la canne.
Sucres bruts, sirops, mélasses et résidus du traitement de la betterave.
Sucres bruts concrétés et en sirops, d'érable et de plantes diverses (sauf renvoi à la classe II).
Sucres raffinés extraits des sucres bruts, des mélasses, ou fabriqués directement.
Procédés de raffinage : clarification des sirops par le sang, etc.; blanchiment des sirops par le noir animal, révivification du noir, cristallisation du sucre et séparation des mélasses (sauf renvoi aux classes VI et IX).
Procédés de traitement des jus, des sucres bruts et des mélasses, par voie de combinaison chimique.
Sucres raffinés, moulés ou tapés, de toute origine et de toute qualité.
Mélasses.
Résidus divers du raffinage, engrais, etc.
Sucres candis.
Sucres de raisin, de lait, etc., concrétés ou en sirops.
Miels et matières sucrées diverses.
Sucres de fécule et autres, concrétés ou en sirops.
Appareils et procédés de la saccharimétrie.

3ᵉ SECTION. — *Boissons fermentées.*

Vins.
Procédés généraux de fabrication et de conservation : extraction du jus de raisin, fermentation, clarification, etc.; tonneaux, outres, bouteilles; procédés de bouchage, aménagement des caves (sauf renvoi aux classes III, VI, IX et XVIII).
Vins rouges.
Vins blancs.
Vins secs naturels.
Vins liquoreux naturels.
Vins mousseux.
Vins cuits.
Imitations diverses de vins naturels.
Produits accessoires de la fabrication : tartres, etc.
Bières.
Procédés généraux de fabrication et de conservation : préparation du malt, des ferments, des matières aromatiques; brassage, cuisson, etc.; tonnes, bouteilles, cruches, etc.; résidus divers (sauf renvoi aux classes III, VI, IX et XVIII).
Bières fortes, porter, ale, faro, etc.
Petites bières, qvass, etc.
Bières mousseuses.
Cidres, poirés et autres boissons fabriqués avec le jus de certains fruits.
Boissons fermentées préparées avec les graines, les sucs végétaux, les matières sucrées, le lait, etc.: khoumouis, airhan, bouza, ou-kia-pi-tsiou, tchou-hié-tsiou, etc.
Eaux-de-vie, spiritueux divers et alcools.
Procédés généraux de fermentation, de distillation, de purification, etc.
Spiritueux dérivés du raisin : eaux-de-vie et alcools.
Spiritueux dérivés de la canne à sucre : rhums, tafias, etc.
Spiritueux dérivés de la betterave : alcools de jus de betterave, alcools de mélasse, etc.
Spiritueux dérivés des fruits et des sucs végétaux sucrés divers : kirsch-waser, cherry-brandy, arrack, etc.
Spiritueux dérivés des céréales : genièvre, whisky, kao-liang-tsiou, etc.
Spiritueux dérivés de diverses fécules : eaux-de-vie et alcools de pommes de terre, de châtaignes, etc.
Alcools purifiés et rectifiés.
Appareils et procédés de l'alcoométrie.

4ᵉ SECTION. — *Conserves d'aliments, Aliments fabriqués et Condiments.*

Aliments conservés par dessiccation, compression, etc.
Fruits secs (sauf renvoi aux classes II et III).
Légumes secs comprimés, etc. (sauf renvoi à la classe III).
Viandes et poissons séchés.
Aliments fumés et saurés.
Poissons fumés et saurés : saumon, hareng, etc.
Viandes fumées : bœuf, jambons, saucissons, etc.
Salaisons : aliments et condiments.
Procédés de salaison, saumures, etc.
Poissons salés : morues, sardines, etc.
Viandes salées : lard, viandes salées pour les marins, etc.
Fruits et produits végétaux conservés par le sel : olives, etc.
Vinaigres, conserves et condiments acides.
Vinaigres de vin.
Vinaigres de bois.
Vinaigres aromatisés.
Légumes, fruits et aliments divers confits dans le vinaigre.
Moutardes et autres condiments acides.
Choucroutes et autres produits de la fermentation acide.
Épices préparées.
Aliments conservés dans l'huile ou dans la graisse.
Conserves d'aliments apprêtés, obtenues par soustraction du contact de l'air.
Fruits, légumes, poissons, viandes.
Conserves alimentaires obtenues par divers procédés.

Substances alimentaires fabriquées pour divers usages, aliments concentrés.
Imitations d'aliments rares.

5e SECTION. — *Aliments préparés avec le Cacao, le Café, le Thé, etc.*

Chocolats et dérivés du cacao.
Procédés de fabrication du chocolat (sauf renvoi à la classe VI).
Chocolats de toutes qualités pour l'usage ordinaire.
Chocolats hygiéniques divers.
Appareils et procédés pour la préparation culinaire du chocolat.
Produits divers dérivés du cacao.
Fécules d'un usage analogue à celui du chocolat : racahout, etc.
Cafés.
Appareils de torréfaction et de mouture.
Appareils et procédés pour la préparation des infusions de café.
Produits divers dérivés du café.
Imitation de cafés : cafés de chicorée, de glands doux, etc.
Thés.
Procédés de préparation, de conservation et d'exportation du thé (sauf renvoi à la classe III).
Appareils et procédés pour la préparation des infusions de thé.
Imitations du thé et produits d'un usage analogue.

6e SECTION. — *Produits de la Confiserie et de la Distillerie.*

Procédés généraux de fabrication.
Fruits confits dans le sucre.
Confitures sèches et conserves de fruits.
Gelées et confitures liquides; raisinés, etc.
Sirops.
Pâtes et gommes sucrées.
Sucres aromatisés non cristallisés ; sucres d'orge, etc.
Pastilles de sucre aromatisé.
Dragées et pralines.
Sucreries façonnées au cornet.
Sucreries façonnées par divers procédés.
Sucreries de chocolat.
Fruits à l'eau-de-vie.
Liqueurs spiritueuses.
Eaux aromatisées : eaux de fleurs d'oranger, de menthe, etc.

7e SECTION. — *Appareils et procédés pour la préparation et la conservation des Aliments (sauf renvoi aux classes VI et IX).*

Appareils, ustensiles et procédés de la boucherie et de la charcuterie (sauf renvoi à la classe XII).
Appareils, procédés et ustensiles de la laiterie (sauf renvoi à la classe III).
Appareils et ustensiles culinaires.
Cuisine.
Pâtisserie.
Préparation des mets dits d'office ou de dessert.
Préparation des rafraichissements : glaces, sorbets, boissons, etc.
Appareils, ustensiles et procédés pour le service de table et la consommation des aliments.

IVe GROUPE. — *Industrie se rattachant spécialement aux professions savantes.*

XIIIe CLASSE. — HYGIÈNE, PHARMACIE, MÉDECINE ET CHIRURGIE.

1re SECTION. — *Hygiène publique et Salubrité.*

Systèmes hygiéniques concernant l'usage général de l'eau.
Prises d'eau, appareils de filtration, réservoirs.
Conduites d'eau, appareils de distribution.
Bains ou lavoirs publics.
Systèmes hygiéniques concernant l'approvisionnement des centres de population.
Abattoirs : procédés généraux pour l'abatage, la conservation et l'utilisation des produits.
Halles et marchés : établissement, aménagement, surveillance de la qualité des denrées, etc.
Appareils et procédés relatifs à la confection, au mesurage et à la conservation des substances alimentaires, etc.
Systèmes hygiéniques concernant l'évacuation des immondices et autres résidus des centres de population.
Nettoiement de la voie publique, égouts, etc.
Établissement des latrines et vidanges, division, désinfection et transport des matières.
Établissement des voiries; désinfection et utilisation des matières.
Établissement des ateliers d'équarrissage : abatage; désinfection et utilisation des produits.
Systèmes hygiéniques concernant l'inhumation.
Constatation de la mort; conservation des corps, embaumements et sépultures; cimetières.
Systèmes hygiéniques et mesures de sûreté concernant les habitations, les monuments publics, les villes, etc.
Construction, ventilation, chauffage, éclairage, etc.
Moyens de préservation contre l'incendie, l'humidité et les autres causes naturelles ou accidentelles de danger, d'insalubrité ou d'incommodité.
Systèmes ayant pour objet de supprimer ou d'atténuer les causes de danger, d'insalubrité ou d'incommodité que peuvent présenter les ateliers industriels.
Suppression de la fumée, des vapeurs nuisibles, des odeurs, des poussières, du bruit, etc.
Précautions contre l'incendie, les explosions, les atteintes des machines, etc.
Appareils ou dispositions ayant pour objet de préserver individuellement les ouvriers des vapeurs nuisibles, des poussières, des liquides corrosifs, des explosions, etc.
Vêtements nécessaires dans certaines professions : dans l'armée, dans la marine, dans l'exploitation des mines, etc.

Systèmes de sauvetage.

Secours pour les noyés, les asphyxiés.

Secours contre l'incendie ; appareils et inventions de tout genre qui s'y rapportent.

Bateaux, appareils et secours de tout genre en cas de naufrage, d'inondation, etc.

Appareils de sauvetage et moyens de secours contre les accidents qui surviennent dans les mines et dans les carrières (sauf renvoi à la classe Ire).

Appareils de sauvetage et moyens de secours contre les accidents qui surviennent dans certains ateliers.

Matériel d'ambulance civile et militaire (sauf renvoi à la classe XIII).

Établissements sanitaires et précautions générales contre les épidémies : lazarets, moyens généraux de préservation, fumigation des marchandises, etc.

Établissements pénitentiaires, considérés au point de vue hygiénique ; prisons, bagnes, colonies pour les condamnés, etc.

2e SECTION. — *Hygiène privée.*

Ustensiles, instruments et procédés de toilette (sauf renvoi aux classes où se fabriquent ces objets). Mention spéciale des moyens ayant un caractère d'invention ou de perfectionnement.

Vêtements hygiéniques spéciaux, vêtements imperméables, etc.

Ustensiles et appareils ayant pour objet de perfectionner, au point de vue hygiénique, la préparation des aliments.

Ustensiles et appareils spéciaux pour les enfants : biberons, hochets, bourrelets, etc.

Appareils divers d'hygiène privée : appareils d'hydrothérapie usuelle, etc.

Appareils et procédés généraux de gymnastique.

3e SECTION. — *Emploi hygiénique et médicinal des Eaux, des Vapeurs et des Gaz.*

Bains hygiéniques et médicinaux.

Appareils fixes et portatifs de toute nature pour bains chauds ordinaires ou médicinaux.

Étuves et appareils divers pour bains de vapeur, fumigations, etc.

Appareils hydrothérapiques.

Matériel des bains froids de mer ou de rivière.

Appareils divers pour bains d'air comprimé ou raréfié, pour fumigations opérées par les vapeurs sèches et les gaz, etc.

Eaux minérales naturelles.

Construction et aménagement des établissements thermaux.

Spécimens des diverses eaux minérales, acidules, alcalines, ferrugineuses, salines, sulfureuses ; procédés d'essai et d'analyse des eaux ; produits divers extraits de ces mêmes eaux, etc.

Eaux minérales artificielles.

Appareils ou procédés concernant la fabrication, la conservation, le transport et l'usage des eaux.

Spécimens des eaux artificielles.

Boissons gazeuses.

Appareils et procédés concernant la fabrication, la conservation, le transport et la consommation des boissons.

Spécimens de boissons de toute nature.

4e SECTION. — *Pharmacie.*

Procédés pharmaceutiques en général.

Matières premières de la pharmacie (sauf renvoi aux classes où se produisent ces mêmes matières).

Produits naturels ou industriels choisis, émondés ou purifiés pour la préparation des médicaments : spécimens des matières en usage dans chaque contrée.

Médicaments simples.

Poudres minérales, végétales et animales.

Pulpes végétales.

Sucs végétaux et extraits de sucs épaissis ou desséchés.

Huiles fixes : huile de ricin, beurre de cacao, etc.

Huiles essentielles : de menthe, etc.

Extraits mous ou durs obtenus par l'alcool.

Résines extraites par l'alcool, etc.

Médicaments composés.

Espèces : mélanges de végétaux et de parties de végétaux.

Poudres composées et trochisques.

Masses pilulaires : pilules, dragées, capsules, etc.

Saccharolés solides : grains, tablettes, pastilles.

Saccharolés mous : pâtes.

Saccharolés liquides ou sirops préparés avec le sucre, le miel, etc.

Hydrolats ou eaux distillées aromatisées.

Hydrolés obtenus par solution, décoction, infusion, macération, déplacement, etc.

Vins, bières, vinaigres médicinaux.

Alcoolats ou esprits.

Alcoolés ou teintures de plantes sèches et de plantes fraîches.

Alcoolés acides, ammoniacaux, salins, etc.

Élixirs ou alcools sucrés.

Teintures éthérées.

Huiles médicinales : huiles diverses chargées par digestion de principes médicinaux.

Cérats, pommades et onguents.

Emplâtres.

Sparadraps : tissus et papiers enduits de compositions diverses.

Accessoires de la pharmacie : objets de pansement.

Sangsues, moyens de conservation (sauf renvoi à la classe II).

5e SECTION. — *Médecine et Chirurgie.*

Appareils et instruments d'exploration médicale et de petite chirurgie.

Trousses d'instruments, ventouses, sangsues mécaniques, aiguilles d'acupuncture, etc.

Stéthoscopes, plessimètres, spéculum, etc., procédés d'analyse physique et chimique au lit du malade, etc.

Appareils et instruments de chirurgie.

Opérations sur la tête en général.

Opérations sur les yeux.

Opérations sur les oreilles.

Opérations sur le nez.

Opérations sur la bouche et les dents.

Opérations sur la poitrine.
Opérations sur l'abdomen.
Opérations sur les membres.
Opérations sur les organes génito-urinaires de l'homme.
Opérations sur les organes génito-urinaires de la femme.

Appareils et procédés pour l'application des agents physiques et chimiques aux usages médicaux et chirurgicaux.
Application de la chaleur et du froid.
Application de l'électricité et du magnétisme.
Moyens de cautérisation.
Moyens anesthésiques, au chloroforme, à l'éther, etc.
Appareils et procédés divers.

Appareils mécaniques plastiques et physiques à usages médicaux et chirurgicaux.
Lits et chaises mécaniques, etc.
Appareils mécaniques d'orthopédie.
Bandages pour les hernies, les varices, etc.
Appareils à l'usage des infirmes : béquilles, souliers spéciaux, jambes de bois, etc.; lunettes, cornets acoustiques, etc.
Appareils de prothèse plastique et mécanique : dents, yeux, nez artificiels, etc., membres artificiels à mouvements.
Appareils divers : appareils pour l'alimentation forcée, camisoles de force.

Établissements hospitaliers; systèmes généraux de construction (sauf renvoi à la classe XIV), matériel de toute espèce.

6ᵉ SECTION. — *Anatomie humaine et comparée.*

Dissections et autopsies : matériel des amphithéâtres, procédés et instruments qui s'y rattachent.
Préparation et conservation des pièces anatomiques.
Anatomie microscopique.
Dessin et photographie anatomiques.
Plastique anatomique et anatomo-pathologique.
Préparations zoologiques de toute nature pour l'anatomie comparée et l'histoire naturelle; taxydermie.

7ᵉ SECTION. — *Hygiène et Médecine vétérinaires.*

Établissement et aménagement des étables, des écuries, etc.
Alimentation des animaux domestiques.
Procédés généraux de pansage, de tonte, de ferrage, etc.
Procédés généraux d'élevage, de castration, de dressage, etc.
Traitement des maladies : procédés généraux, médicaments, instruments, etc.
Procédés d'abatage (sauf renvoi à la section 4).

XIIIᵉ CLASSE. — MARINE ET ART MILITAIRE.

1ʳᵉ SECTION. — *Éléments principaux du matériel des Constructions navales et de l'Art de la Navigation.*

Dessins et modèles du matériel des ateliers de constructions navales; chantiers, cales, etc.
Mobilier des ateliers de constructions navales : appareils de toute sorte pour la préparation et la mise en œuvre des matériaux.
Bois façonnés de toute sorte, métaux ouvrés, goudrons, étoupes, etc. (sauf renvoi aux classes I et II).
Cordes, cordages, lignes à l'usage de la marine ou pour toute autre destination.
Gréements et voiles.
Mâts et vergues de toute sorte, d'une seule pièce ou assemblés.
Ancres, poulies, cabestans, pompes et autres engins et appareils spéciaux.
Pièces détachées de navires à vapeur : roues, hélices, etc.
Mobilier spécial des navires : hamacs, cuisines et ustensiles de toute sorte.
Procédés de doublage, de calfatage et de réparation à la mer.
Pavillons et signaux.
Matériel de toute espèce concernant l'art de la navigation : instruments, cartes marines, cartes hydrographiques, etc. (sauf renvoi à la classe VIII).

2ᵉ SECTION. — *Appareils de natation, de Sauvetage, d'Exploration, etc.*

Appareils de natation.
Bateaux et appareils de sauvetage.
Bateaux insubmersibles de toute sorte.
Cloches à plongeurs et appareils relatifs aux travaux sous l'eau (sauf renvoi à la classe XIV).

3ᵉ SECTION. — *Dessins et Modèles des systèmes de Constructions navales employés sur les rivières, les canaux et les lacs.*

Trains flottants et autres constructions spéciales, radeaux, etc.
Barques, canots et nacelles manœuvres à la rame.
Bateaux de transport sur fleuves, rivières et canaux pour voyageurs et marchandises.
Systèmes de remorquage.
Bateaux à vapeur.

4ᵉ SECTION. — *Dessins et Modèles des systèmes de Constructions navales employés pour le commerce et la pêche maritime.*

Navires à rames pour la navigation maritime.
Navires à voiles de tous tonnages pour voyageurs ou marchandises.
Navires à vapeurs pour voyageurs ou marchandises : remorqueurs.
Navires mixtes, à vapeur et à voile de toute sorte.
Navires à vapeur disposés pour la navigation maritime et la navigation fluviale.
Yachts et navires de plaisance allant à la mer.
Bateaux pêcheurs avec leur matériel de pêche.

5ᵉ SECTION. — *Dessins et Modèles des systèmes de Construction employés dans la marine militaire.*

Navires à voiles de tout rang et de toute sorte.
Navires à vapeur à aubes ou à hélices de tout rang et de toute sorte.
Chaloupes canonnières, garde-côtes, brûlots, bateaux sous-marins, etc.
Aménagements spéciaux à la marine militaire, cuisines, appareils distillatoires, etc.

6ᵉ SECTION. — *Génie militaire.*

Plans et systèmes d'attaque et de défense des forteresses :
Modèles et dessins des fortifications de campagne et des

machines employées pour l'attaque et la défense des ouvrages fortifiés.
Modèles de places fortifiées et de fortifications permanentes.
Plans en relief et modèles de topographie.
Cartes topographiques et géographiques.

7ᵉ SECTION. — *Matériel et Équipages.*

Objets de campement : tentes, cantines, lits, cuisines, fours, etc.
Articles de voyage (sauf renvoi à la classe V).
Voitures et moyens de transports militaires : fourgons, ambulances, cacolets, etc.
Matériel et machines pour l'extinction des incendies et le sauvetage.
Ponts militaires : pontons, radeaux, ponts de bateaux, ponts suspendus en cordages, etc.

8ᵉ SECTION. — *Équipement des troupes.*

Habillement et équipement de l'infanterie.
Habillement et équipement de la cavalerie.
Habillement et équipement de la marine militaire.
Selles, harnais et harnachements pour les montures et les équipages.

9ᵉ SECTION. — *Armes et Projectiles.*

Matériel des fabriques d'armes et de projectiles.
Armes défensives : boucliers, cuirasses, armures, casques, etc.
Armes contondantes : massues, casse-têtes, etc.
Armes blanches : sabres, épées, lances, baïonnettes, haches, etc.
Armes de jet : arcs, arbalètes, frondes, etc.
Fusils, mousquets, carabines, pistolets pour armement de guerre ; balles, etc.
Arquebuserie de chasse et de luxe ; poudrières, moules à balles et autres accessoires et outils de chasse (sauf renvoi à la classe II).
Canons, obusiers, mortiers, etc. ; boulets, obus, bombes, etc.

10ᵉ SECTION. — *Pyrotechnie (sans dérogation aux prescriptions des articles* 13 *et* 14 *du Règlement général).*

Matériel des ateliers de pyrotechnie.
Matières premières préparées pour la fabrication des poudres.
Poudre de guerre, poudre de chasse et poudre de mine.
Pyroxyles, poudres fulminantes et capsules.
Cartouches et accessoires pour armes de tout calibre.
Artifices de guerre.
Artifices de réjouissance.

XIVᵉ CLASSE. — CONSTRUCTIONS CIVILES.

1ʳᵉ SECTION. — *Matériaux de construction.*

Pierres, marbres, ardoises, présentés, soit comme spécimens de carrières, soit sous des formes commerciales appropriées aux différents genres d'emploi dans les arts de construction.
Chaux, ciments, calcaires hydrauliques dans leurs différents états de préparation ; chaux hydrauliques artificielles, pouzzolanes, arènes, etc.
Mortiers et bétons, procédés et machines de fabrication (sauf renvoi à la classe VI).
Plâtres, plâtres alunés, plâtres silicatés, stucs.
Poteries employées dans la construction des bâtiments : tuiles, briques, briques creuses, tuyaux, matériaux de carrelage, etc.
Ornements en terre cuite.
Asphaltes et bitumes naturels et artificiels.
Métaux et bois (sauf renvoi aux classes I et II).

2ᵉ SECTION. — *Arts divers se rattachant aux Constructions.*

Terrassement.
Outils de terrassiers, pinces, masses, coins, pics, etc.
Fleurets, barres à main, bourroirs, épinglettes, cuillers, fusées de sûreté, pour le forage et le tirage des trous de mines, etc. (sauf renvoi à la classe Iʳᵉ).
Allumage électrique, extraction des rochers sous l'eau, etc.
Machines servant au terrassement (renvoi à la classe VI).
Plans et disposition des grands ateliers de terrassement.
Maçonnerie.
Outils, instruments et appareils employés par les maçons, tailleurs de pierre et plafonneurs.
Spécimens d'ouvrages, systèmes d'appareils de pierre, etc.
Marbrerie.
Outils et instruments employés par les marbriers.
Marbres débités pour l'emploi.
Spécimens d'ouvrages : cheminées, consoles, dessus de tables, etc.
Charpenterie.
Outils de charpentier, échafauds fixes, mobiles et suspendus.
Systèmes de charpente, combles, cintres, escaliers, etc.
Serrurerie.
Combles, toitures, planchers, poitrails, supports isolés, etc.
Fermeture des portes et des fenêtres, vitrages, grillages, devantures de boutique, etc.
Menuiserie.
Systèmes de portes et croisées, volets et persiennes, etc.
Parquets, moulures, etc.
Vitrerie et peinture (sauf renvoi aux classes X et XVIII).
Spécimens d'ouvrages : fenêtres, combles vitrés, panneaux peints présentés comme exemple d'imitations de bois, de marbres et d'autres matériaux.
Emploi des asphaltes et des mastics bitumineux.
Couvertures de terrasses, de murs.
Dallages en mosaïque.
Emploi du bitume pour parquets, mosaïques, etc.

3ᵉ SECTION. — *Fondations.*

Fondations sur béton, sur blocs naturels ou artificiels, sur graviers et sables, etc.
Pilotis, bâtardeaux, caissons.
Machines à battre, à recéper et à extraire les pieux (sauf renvoi à la classe VI).
Appareils pneumatiques, tubes et caissons métalliques.
Cloches à plongeurs, bateaux sous-marins, instruments

et appareils pour reconnaissances et travaux sous l'eau.

4ᵉ SECTION. — *Travaux relatifs à la Navigation maritime.*

Plans d'ensemble des rades, ports et bassins.
Phares et signaux.
Défense des rives : épis, travaux et fascines, polders, écluses de chasse, etc.
Brise-lames, jetées, estacades.
Quais, bassins, portes de flot.
Cales de construction et bassins de radoub.
Magasins et docks d'entrepôts, docks flottants.

5ᵉ SECTION. — *Travaux relatifs à la Navigation intérieure.*

Plans et profils de canaux et rivières.
Endiguements et travaux de défense des rives.
Alimentation : prises d'eau, réservoirs, barrages, seuils éclusés.
Écluses, portes, plans inclinés, appareils et dispositions pour l'élévation verticale des bateaux.
Ponts-canaux, etc.
Curage et draguage, des ports, des rivières, des canaux, etc., systèmes et appareils (sauf renvoi à la classe VI).
Passage des rivières : bacs, etc.
Transports par eau : trains de flottage, bacs, etc. (sauf renvoi à la classe II).
Transports par bateaux (sauf renvoi à la classe XIII).

6ᵉ SECTION. — *Routes et Chemins de fer.*

Plans et profils de routes ; systèmes de construction.
Matériel de construction et d'entretien des chaussées pavées, empierrées, en bois, en bitume, etc.
Matériel pour le balayage et l'enlèvement des boues, cylindres compresseurs (sauf renvoi à la classe VI).
Ouvrages accessoires : bancs, fontaines, bornes ; poteaux indicateurs, etc.
Plans et profils de chemins de fer ; systèmes de construction.
Établissement de la voie, traverses, coussinets, rails, etc.
Plaques tournantes, chariots de changement de voie (sauf renvoi à la classe V).
Changements et croisements de voie.
Dessins et modèles de travaux d'art : viaducs, etc.
Gares et stations, remises de machines et de voitures, magasins et quais de chargement et de déchargement.
Réservoirs d'eau, grues hydrauliques.
Ouvrages accessoires, passages à niveau, maisons de gardes, clôtures, barrières, etc.
Matériel mobile, appareils de sûreté, disques tournants signaux de toute espèce, etc. (sauf renvoi à la classe V).

7ᵉ SECTION. — *Ponts.*

Ponts en maçonnerie.
Ponts en charpente et en métal.
Ponts suspendus.
Ponts tournants, flottants, provisoires, etc.
Ponts de bateaux.

8ᵉ SECTION. — *Distributions d'Eau et de Gaz.*

Prises d'eau en rivières.
Recherches et aménagements des sources, puits.
Puits artésiens et matériel de sondage (sauf renvoi à la classe Iʳᵉ).
Machines élévatoires (sauf renvoi à la classe IV).
Aqueducs et tuyaux de conduite et de distribution.
Robinets, robinets-vannes, flotteurs, ventouses.
Bornes-fontaines.
Établissement des grands appareils de filtrage.
Construction et disposition des égouts, à grande et petite section, des fosses d'aisances ; plans pour l'écoulement des immondices (sauf renvoi à la classe XII).
Établissement des conduites de gaz, plans détaillés de la distribution du gaz dans les villes, siphons purgeurs, etc. (sauf renvoi à la classe IX).

9ᵉ SECTION. — *Constructions spéciales.*

Plans et modèles de bâtiments publics nécessaires aux grands centres de population : marchés, halles, abattoirs, entrepôts, greniers d'abondance, etc. (sauf renvoi à la classe XII).
Plans et modèles d'habitations privées, présentés comme spécimens d'amélioration de l'art des constructions.
Plans et modèles d'habitations spécialement destinées aux classes ouvrières et présentés comme spécimens des améliorations à apporter à ce genre de constructions, sous le rapport de la convenance, de la salubrité, de l'économie, etc. (sauf renvoi à la classe XII).
Plans et modèles de bâtiments et de constructions diverses présentés comme spécimens des améliorations à apporter dans le matériel de l'industrie minérale, de l'agriculture, des grandes manufactures, etc. (sauf renvoi aux classes spéciales consacrées à ces mêmes industries).

Vᵉ GROUPE. — *Manufactures des produits minéraux.*

XVᵉ CLASSE. — INDUSTRIE DES ACIERS BRUTS ET OUVRÉS.

1ʳᵉ SECTION. — *Fabrication des Aciers marchands.*

Aciers naturels obtenus par l'affinage de la fonte aux petits foyers à tuyères ; bruts, étirés, corroyés ou laminés.
Aciers cémentés, bruts, étirés, corroyés ou laminés.
Aciers fondus bruts, étirés ou laminés.
Tôles d'acier de toute nature.
Fils d'acier de toute nature.
Aciers préparés sous des formes spéciales.

2ᵉ SECTION. — *Fabrication d'aciers spéciaux.*

Aciers bruts et ouvrés provenant du traitement direct des minerais.
Aciers bruts et ouvrés provenant de la décarburation de la fonte par cémentation dans les oxydes métalliques.
Aciers bruts et ouvrés provenant du puddlage de la fonte.

Aciers bruts et ouvrés dits de Damas, et produits analogues.
Aciers communs pour broches de filatures, etc.

3e SECTION. — *Ressorts.*

Matériel et systèmes de fabrication et d'essai.
Ressorts pour carrosserie ordinaire.
Ressorts pour le matériel des chemins de fer (sauf renvoi à la classe V).
Ressorts divers plats, en spirale, en hélice, etc., pour l'horlogerie, la mécanique, etc.

4e SECTION. — *Objets de Coutellerie.*

Matériel des procédés généraux de fabrication.
Forgeage, travail à la lime, etc.
Trempe et recuit.
Émoulage, aiguisage, polissage, etc.
Montage et assemblage.
Matériel des procédés spéciaux de fabrication caractérisés par la substitution totale ou partielle des procédés mécaniques au forgeage et au limage, etc.
Couteaux à manches fixes et annexes.
Couteaux de table et fourchettes.
Grands couteaux pour la cuisine, la boucherie, etc.
Couteaux de chasse et de défense.
Couteaux et canifs à plumes, grattoirs, etc.
Couteaux pour usages spéciaux divers.
Couteaux et canifs fermants ou de poche, de toute sorte.
Ciseaux.
Grands ciseaux pour les arts du tailleur, du coiffeur, etc.
Ciseaux pour les travaux de couture et de broderie.
Ciseaux de toilette et autres, à usages spéciaux.
Rasoirs de toute sorte ; cuirs à rasoirs, etc.
Instruments de chirurgie (sauf renvoi à la classe XII).
Objets divers : instruments de toilette, etc.

5e SECTION. — *Outils d'acier.*

Matériel des procédés généraux de fabrication principalement fondés sur le travail manuel.
Matériel des procédés spéciaux de fabrication principalement fondés sur l'intervention des moyens mécaniques.
Limes et râpes pour toutes destinations.
Scies pour toutes destinations.
Vrilles et tarières, mèches et forets pour toutes destinations.
Faux et faucilles pour la récolte des fourrages et des céréales.
Grands ciseaux et tranchants de toute sorte, employés en agriculture et en horticulture.
Taillanderie d'acier pour usages agricoles, pour terrassements, etc.
Haches, herminettes, bisaiguës et taillants divers agissant surtout par le choc.
Rabots, varlopes, ciseaux, gouges, planes et autres taillants spéciaux employés pour le travail du bois.
Burins, ciseaux à froid et autres outils spéciaux employés pour la gravure, la sculpture, le ciselage, l'horlogerie, et en général pour le travail des métaux.
Tranchets et autres outils spéciaux employés pour le travail du cuir.
Outils divers employés dans certains arts spéciaux.
Outils divers formant des pièces détachées des machines (sauf renvoi aux classes IV et VII).

6e SECTION. — *Fabrications diverses.*

Aiguilles.
Plumes à écrire en acier.
Hameçons et engins divers pour la pêche.
Tire-bouchons, crochets d'acier de toute sorte.
Lames de patins.
Planches d'acier préparées pour la gravure.
Marteaux et enclumes (sauf renvoi à la classe XVI).
Coins et poinçons d'acier employés pour la fabrication des monnaies et médailles, pour donner diverses empreintes, etc.
Bijouterie d'acier (sauf renvoi à la classe XVII).
Fleurets et armes blanches (sauf renvoi à la classe XIII).

XVIe CLASSE. — FABRICATION DES OUVRAGES EN MÉTAUX, D'UN TRAVAIL ORDINAIRE.

1re SECTION. — *Élaboration des métaux et des alliages durs par voie de moulage (sauf renvoi à la classe Ire et aux groupes II à IV).*

Procédés de fusion et de moulage : appareils et fourneaux ; procédés pour la confection des modèles et des moules en sable, en argile, en métal ; retouche des objets moulés, etc.
Objets de fonte de fer de deuxième fusion : matériaux de construction, pièces de machines, objets destinés aux arts et à l'économie domestique, objets de décoration et d'ornement, bouches à feu et projectiles, etc.
Objets de cuivre rouge : rouleaux pour impressions, etc.
Objets de bronze : bouches à feu et pièces d'arquebuserie, pièces de construction et de mécanique, robinets, objets d'ameublement, statues et statuettes, médailles, etc.
Objets de laiton et de maillechort : objets d'ameublement, etc.
Objets ayant pour base divers alliages :
Cloches, battants et pièces annexes (sauf renvoi à la classe XXVII).
Clochettes, sonnettes, grelots, timbres, etc.
Miroirs métalliques.
Alliages pour coussinets, etc.

2e SECTION. — *Fabrication des feuilles, des fils, des gros tubes, etc., de Métaux et d'Alliages durs.*

Procédés de fabrication : fourneaux et appareils pour la fusion, le réchauffage, le recuit, etc. ; appareils mécaniques pour le laminage, le martelage, le tréfilage, le tirage, l'emboutissage, etc. (sauf renvoi à la classe VI).
Feuilles et produits divers du laminage.
Tôles de fer (sauf renvoi à la classe Ire).
Cuivres pour doublage de vaisseaux, pour chaudronnerie, pour plaqués, etc.
Laitons, maillechort en feuilles.
Feuilles à enduits métalliques.
Fers-blancs brillants et ternes.
Fers enduits de zinc, de plomb, etc.
Fils et produits divers du tréfilage et du tirage : fils de

fer, de cuivre, de laiton, demaillechort, etc.; fils à enduits divers, etc.; tiges et tringles de toutes formes.

Gros tubes métalliques produits par tirage ou emboutissage, avec ou sans soudure : tubes de fer, de cuivre, de laiton, etc.

3ᵉ SECTION. — *Chaudronnerie, Tôlerie, Ferblanterie et élaborations diverses des feuilles de Métaux et Alliages durs.*

Procédés de martelage, d'assemblage, de soudage, de mise en couleur, etc.

Objets et pièces de tôle forte pour les constructions civiles et navales.

Objets de chaudronnerie industrielle, générateurs simples et tubulaires, appareils distillatoires, gazomètres, etc.

Objets de tôlerie : tuyaux de poêles, accessoires de foyers, etc.

Objets dits de fer battu ou de chaudronnerie de fer, fabriqués par martelage, emboutissage, découpage, estampage, etc.: casseroles, poêles, fourchettes, etc., noires ou étamées.

Objets de chaudronnerie forte de cuivre, laiton, maillechort, etc., fabriqués par martelage, emboutissage, découpage, estampage, avec soudure au cuivre : baignoires, chaudrons, casseroles, bouilloires, alambics, cuillers et fourchettes, etc.

Objets de ferblanterie : casseroles, cafetières, tuyaux, lanternes, etc.

Objets de chaudronnerie mince de cuivre; laiton, maillechort, fabriqués par martelage, emboutissage, découpage, estampage, avec soudures à l'étain, ou façonnés sur le tour : cafetières, éolipyles, etc.; objets pour les arts de précision, l'optique, etc.; jouets.

Planches de cuivre pour la gravure.

Laitons et métaux divers estampés pour l'ameublement, la décoration, l'équipement militaire, etc.

4ᵉ SECTION. — *Élaborations diverses des fils de Métaux et Alliages durs.*

Câbles métalliques ronds ou plats pour les ponts suspendus, les mines, etc.

Treillages et tissus métalliques.

Ressorts en hélices pour meubles, sonnettes, etc.

Pointes et clous d'épingles de fer, cuivre, etc.

Épingles noires et blanches, simples ou doubles, agrafes et porte-agrafes.

Paniers, cloches, cages, masques d'escrime et autres objets confectionnés avec les treillages et tissus métalliques.

5ᵉ SECTION. — *Grosse Serrurerie, Ferronnerie, Taillanderie et Clouterie.*

Procédés de forgeage et d'élaborations diverses.

Pièces de grosse forge pour la mécanique, la marine : arbres de couche, bielles, ancres, etc. (sauf renvoi aux classes I, IV à VII et XIII).

Pièces de grosse serrurerie pour combles, planchers, ponts, châssis de vitrages, portes, fenêtres, grilles, rampes, etc. (sauf renvoi à la classe XIV).

Pièces de charronnage, de carrosserie et de maréchalerie: essieux, bandages de roues, fers à chevaux, etc. (sauf renvoi à la classe V).

Câbles-chaînes et chaînes articulées.

Objets de taillanderie.

Outils d'agriculture : socs de charrue, bêches, pioches, etc.

Enclumes, étaux, tenailles, etc.

Outils métalliques de toute sorte : truelles, etc.

Clous forgés en fer, cuivre, etc.

Clous à tête de toutes dimensions.

Clous à crochet, pattes, pitons, etc : noirs.

Clous à crochet, pattes, pitons, etc.: blanchis, dorés, etc.

Clous à ferrer les chevaux, clous et chevilles pour la charpenterie, la marine, etc

Vis et écrous de fer, cuivre, etc.

Vis à bois à tête plate et à tête ronde.

Clous à crochet et pitons à vis, noirs, blanchis, dorés, etc.

Boulons avec leurs écrous, etc.

6ᵉ SECTION. — *Petite Serrurerie et Quincaillerie.*

Montures de portes, fenêtres, couvercles, tiroirs, etc.

Gonds et charnières de toutes sortes en fer, cuivre, etc.

Crochets, loquets, verrous, espagnolettes, becs de canne, etc.

Serrures ordinaires, cadenas, clés, etc.

Serrures de sûreté, coffres-forts, etc.

Articles pour ameublement : mouvements de sonnettes, poulies, tringles et anneaux pour rideaux, glands pour cordons, patères, etc.

Accessoires pour le chauffage et l'éclairage : pelles, pincettes, garde-feux, mouchettes, becs de gaz (sauf renvoi à la classe IX).

Objets de cuisine : broches, grilles, trépieds, crémaillères, tournebroches, etc. (sauf renvoi à la classe XI).

Articles de sellerie et de carrosserie : mors, gourmettes, éperons, étriers, boucles, poignées de portières, etc. (sauf renvoi à la classe V).

Lits et siéges en métal, plein ou creux, simples et mécaniques (sauf renvoi à la classe XXIV).

Articles divers.

7ᵉ SECTION. — *Élaboration du zinc.*

Procédés de fusion, de réchauffage et de travail mécanique, etc.

Objets de zinc fabriqués par moulage.

Chevilles, clous et articles divers pour les constructions.

Chandeliers, ustensiles divers et objets d'ornement.

Feuilles de zinc et autres produits du laminage.

Fils de zinc et autres produits du tirage et du tréfilage.

Procédés de mise en œuvre des feuilles et fils de zinc : soudage, etc.

Objets confectionnés avec les feuilles de zinc.

Tuyaux, gouttières, seaux et ustensiles divers.

Plaques découpées et estampées, et objets fabriqués avec ces plaques.

Objets fabriqués avec les fils de zinc, etc.

Objets divers : objets métalliques enduits de zinc, etc.

8ᵉ SECTION. — *Élaboration du plomb.*

Procédés de fusion et d'élaboration mécanique.

Objets de plomb moulés par fusion : balles, plombs de douane, objets de fontainerie, jouets, etc.

Feuilles de plomb et autres produits du laminage.
Fils de plomb, tubes et autres produits fabriqués par le tirage, la compression, etc.
Procédés de mise en œuvre des feuilles, des tubes, etc ; soudage par les alliages fusibles ; soudage par le chalumeau à gaz.
Objets divers de plomb, récipients, doublures, etc.
Plombs de chasse.
Caractères d'imprimerie (sauf renvoi à la classe XXVI).
Objets divers : objets métalliques enduits de plomb, etc.

9e SECTION. — *Élaboration de l'Étain et des Alliages blancs divers.*

Procédés de fusion, de moulage, d'élaboration mécanique, de polissage, etc.
Ustensiles et objets d'étain pour les usages alimentaires : robinets, brocs, mesures de capacité, plats, gobelets, cuillers, fourchettes, etc.
Ustensiles et objets d'étain pour la médecine et les arts : serpentins d'alambics, feuilles minces, etc.
Ustensiles et objets divers en alliages blancs : théières, gobelets, plats, couverts, etc.
Alliages fusibles d'étain, de plomb, de bismuth, etc., pour le soudage et autres applications.
Métaux étamés.
Miroirs de verre et de glace étamés (sauf renvoi à la classe XVIII).

10e SECTION. — *Élaboration industrielle des Métaux précieux.*

Industrie du platine.
Procédés d'élaboration.
Platine en éponge, forgé, laminé, tréfilé, etc.
Appareils et ustensiles de platine.
Objets fabriqués avec le palladium et autres produits accessoires de la métallurgie du platine.
Fabrication des fils et des feuilles d'or et d'argent ou de faux, et des articles divers employés pour la passementerie, la broderie, la bijouterie de filigrane, etc.
Industrie des batteurs d'or.
Procédés d'élaboration, trousses de baudruche, etc.
Feuilles d'or battu de toutes nuances.
Feuilles d'argent battu.
Feuilles de faux.
Poudres d'or, d'argent et de faux.
Dorure et argenture.
Procédés de dorure et argenture au mercure.
Procédés de dorure et argenture par l'électricité (sauf renvoi à la classe IX).
Étamage des glaces à l'argent (sauf renvoi à la classe XVIII).

XVIIe CLASSE. — ORFÉVRERIE, BIJOUTERIE, INDUSTRIE DES BRONZES D'ART.

1re SECTION. — *Procédés de l'Orfévrerie, de la Bijouterie, etc.*

Préparation des alliages d'or, d'argent, de métaux divers : or jaune, or rouge, or vert, chrysocale, bronzes, etc.
Mise en œuvre par fusion et moulage, soudage, doublage, etc.
Mise en œuvre par martelage, repoussage, ciselure, etc.
Placage, damasquinage, incrustation, etc.
Polissage, mise au mat, mise en couleur, etc.
Application des nielles, des émaux, etc.
Montage des pierres précieuses, des strass, etc.
Procédés d'essai : systèmes de garantie, etc. (sauf renvoi à la classe Ire).

2e SECTION. — *Taille et Gravure des pierres employées en bijouterie.*

Procédés de taille, de gravure et de mise en œuvre.
Pierres taillées à facettes.
Diamants, brillants, roses, etc.
Pierres orientales : rubis, saphirs, rubis balais, etc.
Émeraudes, topazes, etc.
Améthystes, grenats, etc.
Pierres taillées en cabochons, etc. ; opales, turquoises, etc.
Petites pierres d'ornement et mosaïques (sauf renvoi à la classe XXIV) ; lapis, cornalines, jaspes, etc.
Pierres dures gravées et camées.
Perles, coraux et coquilles travaillées.

3e SECTION. — *Orfévrerie en métaux précieux.*

Orfévrerie ecclésiastique : ostensoirs, saints-ciboires, calices, patènes, burettes, croix, mitres, crosses, anneaux, lampes, encensoirs, chandeliers, etc.
Orfévrerie de décoration et de représentation ayant spécialement un caractère artistique : statuettes, vases, aiguières, candélabres, surtouts et services de table, etc.
Orfévrerie de table pour usages courants.
Orfévrerie pour le service du thé, du café, etc.
Orfévrerie pour usages divers : ustensiles de toilette, ustensiles de bureau, porte-crayons, tabatières, dés à coudre, etc.
Orfévrerie pour les arts et la chimie : bassines, cornues, creusets, etc.

4e SECTION. — *Orfévrerie en métaux communs, enduits ou plaqués de métaux précieux.*

(Même énumération qu'à la section 3.)
Plaques pour la photographie.

5e SECTION. — *Joaillerie et Bijouterie.*

Haute joaillerie caractérisée par le travail artistique et l'emploi de pierres de grande valeur : couronnes, ordres, parures, bagues, épingles, médaillons, tabatières, etc.
Joaillerie de consommation caractérisée par la reproduction commerciale des modèles et l'emploi des pierres de toute sorte.
Bijouterie de haute fantaisie en métaux précieux unis ou émaillés, pleins ou creux, caractérisés par la reproduction commerciale des modèles : chaînes, bracelets, bagues, pendants d'oreilles, cachets, médaillons, etc.
Bijouterie de filigrane.

6e SECTION. — *Joaillerie et Bijouterie d'imitation.*

Objets de tous genres en métaux communs imitant les joyaux et les bijoux fins.

7e SECTION. — *Bijouterie de matières diverses.*

Bijoux de jayet, d'ambre, de corail, de nacre.
Bijoux de jais noir ou blanc.
Bijoux d'acier : chaînes, boucles, montures diverses, etc.
Bijoux de fonte : colliers, bracelets, médaillons, etc.
Objets damasquinés : lames et montures d'armes, etc.
Objets de piqués sur écaille, ivoire, etc.
Bijoux de cheveux.

8e SECTION. — *Industrie des Bronzes d'art.*

Statues et bas-reliefs de fonte, de zinc et de bronze, etc.
Bronzes de décoration ou d'ornement à patines diverses ou dorés : statuettes et figurines, lustres, candélabres, chandeliers et bougeoirs, lampes, vases, serre-papiers ; pelles, pincettes et garde-feux ; pendules, meubles et ornements divers.
Imitations de bronzes en fonte, en zinc, etc.

XVIIIe CLASSE. — INDUSTRIE DE LA VERRERIE ET DE LA CÉRAMIQUE.

1re SECTION. — *Procédés généraux de la verrerie et de la Céramique.*

Extraction et préparation des matières premières.
Quartz hyalin, matières siliceuses, chaux, alcalis et sels alcalins, oxydes de plomb, manganèses et autres matières premières de la verrerie, brutes ou à divers degrés de préparation.
Kaolins, argiles de toute sorte, magnésites, feldspaths, alquifoux, oxydes métalliques et autres matières premières de la céramique ; pâtes et couvertes préparées.
Fusion, soufflage, moulage, taille, etc., des verres et des cristaux.
Fournaux, creusets, fours à recuire, etc.
Cannes, soufflets, moules et objets divers à l'usage des verriers.
Tours, forets, diamants, etc., pour la taille et les façons diverses du verre et du cristal ; matériel pour l'application de l'acide fluorhydrique, matériel du souffleur émailleur, etc.
Façon, vernissage, cuisson, etc., des poteries de toute sorte.
Tours, moules et objets divers à l'usage des potiers.
Fours, étuis, moufles et appareils divers pour la cuisson.
Peinture et application des enduits métalliques de décoration sur le verre et la poterie : couleurs, préparations diverses et matériel.
Procédés divers.
Préparations et matériel pour l'étamage, l'argentage, etc., des glaces et miroirs de toutes formes.
Préparations et matériel pour le montage, le raccommodage, etc., des cristaux et des poteries ; mastics, verres solubles, etc.

2e SECTION. — *Verre à vitres et à glaces.*

Vitres ordinaires fabriquées directement par rotation.
Vitres ordinaires soufflées en manchons et étendues.
Vitres incolores cannelées ou à reliefs divers.
Vitres incolores courbées ou bombées, cages de pendules, etc.
Vitres colorées dans la masse, ou par doublage
Glaces soufflées avec ou sans tain.
Glaces coulées ou obtenues par divers procédés, brutes ou à divers degrés de poli, avec ou sans tain.
Disques et plaques de verre pour dalles, etc.
Vitres et glaces dépolies, taillées, gravées, etc., par procédés mécaniques ou chimiques.
Vitraux montés pour églises, etc. (sauf renvoi aux classes XIV et XXVI).

3e SECTION. — *Verre à bouteille et Verre de gobeleterie.*

Bouteilles communes de toutes formes et de toutes grandeurs, jarres et autres objets en verre brun.
Gobeleterie commune de verre vert, soufflé, moulé, etc. : bouteilles, cruchons, verres à boire, fioles à médecine, etc.
Gobeleterie de verre blanc soufflé, moulé, taillé, etc. : carafes, verres à boire, burettes, salières, pots à confitures, etc.
Objets de verre vert, de verre blanc ou de verre coloré, soufflés, taillés, moulés, pour les sciences, les arts, etc.
Tubes et baguettes.
Cornues, matras, flacons, cloches simples ou tubulées, entonnoirs, verres à pied, jarres, etc.
Verres à quinquets, verres de montres, anneaux, verroteries, etc.
Objets façonnés de toute sorte : flacons à bouchons rodés, à étiquettes vitrifiées ; globes dépolis, etc.
Objets divers en verre dévitrifié, en verre noir, etc.

4e SECTION. — *Cristal.*

Gobeleterie de cristal incolore, soufflé, moulé, etc. : carafes, verres à boire, etc.
Objets de cristal incolore, soufflé, moulé, etc., pour les sciences et les arts, etc. : tubes, flacons, verres de montres, globes de lampes, chandeliers, bobèches, etc.
Gobeleterie et objets divers de cristal coloré dans la masse ou par doublage, transparent ou opalin.
Gobeleterie et objets divers de cristal incolore ou coloré, décoré par incrustation, par dorure, etc.
Cristaux taillés et gravés, incolores, ou colorés dans la masse, simples ou décorés, etc.
Cristaux doublés, taillés et gravés.
Cristaux montés : lustres, girandoles, candélabres, vases, etc.

5e SECTION. — *Verres, Cristaux et Émaux divers pour pièces d'optique, Objets d'ornement, etc.*

Verres d'optique.
Verres terreux.
Verres à bases métalliques, de plomb, de zinc, etc.
Strass : imitations de pierres précieuses ; aventurines, etc.
Émaux de tout genre.
Verres filigranés, verres mosaïques, verres filés.
Verroteries d'ornement et perles unies ou taillées ;
Objets façonnés à la lampe d'émailleur.
Petits appareils de physique et de chimie (sauf renvoi à la classe VIII).
Perles soufflées, jouets, etc. (sauf renvoi à la classe XXV).

Yeux artificiels, etc (sauf renvoi à la classe XII).
Mosaïque d'émaux (sauf renvoi aux classes XVII et XXIV).
Tissus en verre (sauf renvoi à la classe XXI).

6e SECTION. — *Poteries communes et terres cuites.*

Poteries crues : briques, jarres, fourneaux de pipes, etc.
Poteries réfractaires : briques et pièces de fourneaux, creusets, têts, etc.
Poteries communes tendres, non vernissées.
Briques, tuiles, carreaux, briques en tuiles creuses, tuyaux (sauf renvoi à la classe XIV).
Poteries diverses : jarres, pots de jardin, formes à sucre, etc.
Alcarazas, ou vases poreux à rafraîchir.
Terres cuites pour l'ornement : vases, figurines, etc.
Poteries communes vernissées, brunes, vertes, etc.; tuiles et briques, poteries diverses, terres cuites, etc.

7e SECTION. — *Faïences.*

Faïences communes et poteries émaillées : brunes, blanches, jaunes, etc.; unies ou grossièrement décorées.
Carreaux, pièces de poêle, de fourneau, de cheminée, etc.
Vases et ustensiles divers.
Pièces d'ornements.
Faïences fines à couverte colorée, à lustre métallique, etc.; vaisselle et pièces d'ornements.
Faïences fines à pâte incolore dites : terres de pipe, faïences dures, etc.
Vaisselle blanche et objets divers sans décoration.
Vaisselle et objets décorés par la peinture, le transport d'impression, etc.
Biscuits de faïence : pipes et objets divers.

8e SECTION. — *Poteries-grès.*

Grès réfractaires : creusets, cornues, tubes, etc.
Grès communs mats ou vernissés sans décoration ou grossièrement décorés : jarres, terrines, cruches, cruchons à bière, tuyaux, etc.
Grès fins, blancs ou diversement colorés, mats ou vernissés, décorés par reliefs, lustres métalliques, etc.; vases, théières, tasses, etc.

9e SECTION. — *Porcelaines.*

Biscuit.
Creusets, cornues, tubes et autres objets de consommation pour la chimie, les arts, etc.
Pièces d'ornement : figurines, etc.
Porcelaines dures.
Capsules et autres objets pour la chimie, les arts, etc.
Vaisselle blanche, objets de mobilier, boutons, etc., sans décoration.
Vaisselle et objets divers de consommation, décorés par la dorure, la peinture, les lustres métalliques, etc.
Porcelaine tendre.
Vaisselle blanche.
Vaisselle et objets divers de consommation, décorés par la dorure, la peinture, les lustres métalliques, etc.
Porcelaines montées.

10e SECTION. — *Objets de céramique et de verrerie ayant spécialement une valeur artistique (sauf renvoi aux classes XXVII et XXIX).*

Terres cuites : statues, bas-reliefs, figurines, etc.
Faïences émaillées : plats, pièces d'ornements.
Biscuits : statuettes, figurines, etc.
Porcelaines dures peintes : vases, services de table, médaillons, tableaux, etc.
Porcelaines tendres peintes : vases, services de table, médaillons, tableaux, etc.
Vitraux peints.
Émaux.

VIe GROUPE. — *Manufactures de tissus.*

XIXe CLASSE. — INDUSTRIE DES COTONS.

1re SECTION. — *Matériel de l'industrie des cotons (sauf renvoi aux classes VII et X).*

Préparation; filage.
Ourdissage; montage; tissage.
Grillage; blanchiment.
Teinture.
Impression.
Apprêt.
Procédés divers.

2e SECTION. — *Cotons bruts, préparés et filés.*

Cotons en laine (sauf renvoi à la classe III).
Cotons en nappes, en rubans, en boudins.
Ouates.
Fils simples ou retors, blancs ou teints, pour le tissage, la passementerie, etc.
Fils simples ou retors, blancs ou teints, pour le travail au fuseau et la broderie.
Fils à coudre blancs ou teints.

3e SECTION. — *Tissus de coton pur, unis.*

Calicots ou tissus lisses.
Calicots proprement dits.
Madapolams et cretonnes.
Percales : percales plissées mécaniquement.
Guinées et autres toiles unies des Indes.
Canevas.
Toiles à voiles (sauf renvoi à la classe XIII).
Tissus croisés.
Calicots croisés.
Coutils et drills.
Castors, peaux-de-taupe, satins et tissus épais : cuirs, etc.

4e SECTION. — *Tissus de coton pur, façonnés.*

Basins.
Piqués : piqués pour gilets.
Damassés.
Damas.
Brillantés.

Autres tissus damassés pour le vêtement et l'ameublement.
Linge de table et de toilette ouvré et damassé.

5e SECTION. — *Tissus de coton pur, pour usages spéciaux, tirés a poil, etc.*

Couvertures et courtes-pointes.
Coutils, futaines et tissus divers façonnés, pour literie.
Articles pour doublures, langes d'enfants, robes, etc.
Tissus divers lisses ou croisés, ras ou tirés à poil.

6e SECTION. — *Tissus de coton pur, légers.*

Jaconas, nansouks, batistes d'Écosse, mouchoirs de poche ou de cou.
Mousselines, tarlatanes, organdis.
Gazes.
Tulles.
Mousselines et gazes brochees.
Mousselines et tulles brodés.

7e SECTION. — *Tissus de coton pur, fabriqués avec des fils de couleur.*

Cotonnades, guingamps, printanières.
Nankins de Chine et autres.
Madras, mouchoirs de poche ou de cou, cravates.
Toiles à matelas.
Coutils, satins et toiles pour tentures.
Étoffes à pantalon.
Toiles à carreaux des Indes.

8e SECTION. — *Tissus de coton pur, imprimés.*

Calicots, percales, croisés, piqués.
Jaconas, mousselines, mouchoirs, etc.

9e SECTION. — *Velours de coton.*

Velours unis ou façonnés, blancs, teints, imprimés ou gaufrés.

10e SECTION. — *Tissus de coton mélangé d'autres matières.*

Étoffes à pantalon.
Étoffes diverses pour robes, jupons, tabliers; siamoises, etc.
Mousselines laine et coton, ce dernier dominant, imprimées.
Toiles de ménage, etc.

11e SECTION. — *Rubanerie de coton pur ou mélangé.*

Rubans lisses, croisés, brochés ou damassés, blancs ou de couleur.

XXe CLASSE. — INDUSTRIE DES LAINES.

1re SECTION. — *Matériel de l'industrie des laines (sauf renvoi aux classes VII* et *X).*

Lavage à froid et à chaud.
Peignage à la main ou à la mécanique.
Préparations; cardage.
Filage.
Conditionnement des laines brutes, peignées ou filées.
Ourdissage; montage; tissage.
Foulage; lainage.
Teinture.
Impression.
Apprêt; décatissage.
Procédés divers.

2e SECTION. — *Laines, poils et crins bruts (sauf renvoi aux classes II et III).*

Laines en masse.
Laines en suint.
Laines lavées à froid.
Laines lavées à chaud.
Duvets et poils bruts.
Duvets de cachemire.
Poils de chevre et de chevreau.
Poils d'alpaca, de lama, de vigogne.
Poils de chevron, de chameau, etc.
Crins bruts.

3e SECTION. — *Laines, poils et crins préparés et teints.*

Laines, poils et crins peignés à la main ou à la mécanique.
Laines et poils peignés-cardés.
Laines et poils cardés.
Déchets préparés : tontisses, lanice, bourres de tissage, corons, etc.
Laines, poils et crins teints.

4e SECTION. — *Fils de laine ou de poil : simples ou retors ; écrus ou blanchis, teints en laines ou en échées, avec ou sans mélange de coton, de soie, de bourre de soie.*

Fils de laine ou de poil peigné.
Fils de laine ou de poil peigné-cardé.
Fils de laine ou de poil cardé.
Fils de laine pour la broderie-tapisserie.

5e SECTION. — *Tissus de laine cardée, foulés.*

Draps lisses.
Draps d'habits.
Draps de troupe.
Draps forts pour paletots, manteaux et pantalons.
Draps à poils et ratines pour cabans et autres vêtements.
Draps zéphyrs, draps de dame et cannelés.
Draps de billard, de table et autres pour l'impression, la filature, la papeterie, etc.
Draps croisés.
Casimirs, zéphyrs croisés, satins.
Castors et autres draps croisés forts pour vêtements d'hiver.
Draps légers pour vêtements d'été.
Draps façonnés.
Draperie de nouveauté pour l'hiver.
Draperie de nouveauté pour l'été.
Feutres de laine pour tapis, chapeaux, chaussons, tentes, couvertures, vêtements, etc.
Flôtres.

6e SECTION. — *Tissus de laine cardée, non foulés ou légèrement foulés.*

Napolitaines.

Flanelles de santé.
Flanelles, tartans et tartanelles pour manteaux, etc.
Molletons et espagnolettes.
Satins et casimirs.
Tissus divers.
Couvertures pour la literie, pour les chevaux, etc.

7e Section. — *Tissus de laine peignée.*

Étamines, burats et voiles, tamises, camelots.
Mousselines unies ou à carreaux.
Baréges et balzorines.
Cachemires d'Écosse unis ou à carreaux.
Mérinos simples ou double-chaîne; mérinos écossais.
Escots, blicourts, serges diverses.
Lastings et satins pour robes.
Stoffs, reps, grain de poudre et autres tissus pour robes.
Valencias et autres étoffes pour gilets.
Satins, damas et autres tissus pour ameublement.
Pannes laine.
Rubans et galons de laine.

8e Section. — *Tissus de laine peignée ou cardée avec mélange de coton ou de fil.*

Mousselines unies ou à carreaux.
Orléans, Cobourg, paramattas.
Cachemires d'Écosse et mérinos, unis, rayés ou à carreaux.
Baréges et balzorines.
Stoffs et tissus divers pour robes.
Valencias, duvets et autres étoffes à gilets.
Lastings, circassiennes et étoffes à pantalons.
Damas et tissus pour ameublement.
Velours et frisés.
Pannes chaîne coton.

9e Section. — *Tissus de laine peignée ou cardée avec mélange de soie, bourre de soie, coton, etc.*

Alépines, bombasines, scialskys, barrepours.
Baréges, chalys, popelines, foulards.
Satins et serges.
Valencias.
Étoffes pour robes en laine peignée et soie, unies, brochées ou damassées.
Étoffes pour gilets : cachemires, duvets, satins, etc.
Damas, brocatelles, vénitiennes, satins pour ameublement.

10e Section. — *Tissus de laine peignée ou cardée, pure ou mélangée, imprimés.*

Mousselines, cachemires d'Écosse, mérinos, baréges, balzorines, chalys, serges, lastings, etc.
Napolitaines, flanelles, tartans, molletons, feutres, etc.

11e Section. — *Tissus de poil pur ou mélangé.*

Tissus de cachemire pur ou mélangé.
Tissus de poil de chèvre pur ou mélangé.
Polemieten et autres camelots.
Tissus divers pour vêtements.
Velours d'Utrecht.
Pannes, pallas et peluches.
Thibaudes et couvertures.
Feutres pour tentes, tapis, coiffures, etc.
Tissus de poil d'alpaca ou de lama pur ou mélangé, teints ou imprimés.
Tissus de poil de vigogne, de chevron, de chameau, etc., purs ou mélangés.

12e Section. — *Châles de laine.*

Châles unis, tartans, damassés ou de nouveauté.
Châles de mousseline-laine, mérinos, barége et autres tissus de laine peignée, pure ou mélangée, blancs, teints ou imprimés.
Châles de casimir, flanelle et autres tissus de laine cardée pure ou mélangée, blancs, teints ou imprimés.
Châles tartans rayés, tweeds et plaids de laine pure ou mélangée.
Châles damassés de laine peignée, avec ou sans mélange de soie, blancs ou teints.
Châles de laine brochés.
Châles chaîne et broché laine.
Châles indous, chaîne fantaisie, brochés en fantaisie, laine ou coton.
Châles chaîne laine, brochés en laine, fantaisie ou coton.
Châles kabyles.

13e Section. — *Châles de cachemire.*

Châles fabriqués au fuseau ou cachemires de l'Inde, faits dans l'Inde ou en Europe.
Châles de cachemire brodés.
Châles tout en cachemire.
Châles en cachemire mélangé d'autres matières.
Châles imitant les cachemires de l'Inde.

14e Section. — *Tissus de crin.*

Tissus lâches pour tamis, etc.
Tissus serrés, lisses, croisés, façonnés, pour ameublement, garnitures de vêtement, etc.

XXIe CLASSE. — INDUSTRIE DES SOIES.

1re Section. — *Matériel de l'industrie de la soie (sauf renvoi aux classes VII et X).*

Décreusage.
Préparation des fils de soie par tirage, moulinage, etc.
Travail de la bourre de soie.
Conditionnement, tirage.
Tissage.
Teinture et impression.
Apprêt.
Procédés divers.

2e Section. — *Soies brutes et ouvrées.*

Cocons (sauf renvoi aux classes II et III).
Soies grèges.
Soies ouvrées.
Soies ouvrées en trame, organsin, poli, cordonnet.
Soies à coudre.
Soies pour broderie, passementerie, franges, etc.

3e Section. — *Tissus de soie pure, unis.*

Florences, marcelines, taffetas, lustrines, foulards, etc.
Gros de Naples, serges, satins, etc.

Crêpes, gazes, tulles, etc.
Mouchoirs, cravates, écharpes, châles, etc.

4e Section. — *Tissus de soie pure, façonnés, brochés et à dispositions.*

Soieries pour robes, modes, gilets, parapluies et ombrelles, etc.
Mouchoirs, cravates, écharpes, châles, etc.

5e Section. — *Velours et peluches.*

Velours de soie pure, unis ou façonnés.
Velours de soie mélangée, unis ou façonnés.
Peluches de soie pure, unies ou façonnées.
Peluches de soie mélangée, unies ou façonnées.

6e Section. — *Tissus pour meubles, tentures et ornements d'église, etc.*

Étoffes ou articles de soie pure.
Étoffes ou articles de soie mélangée d'or, d'argent, etc.

7e Section. — *Tissus de soie mélangée d'or, d'argent, de coton, de laine, de lin, de fantaisie, où la soie domine.*

Étoffes unies.
Étoffes façonnées, brochées, à dispositions.

8e Section. — *Tissus de soie pure ou mélangée, imprimés ou chinés.*

Foulards, taffetas, etc.
Gazes, tulles, crêpes, etc.

9e Section. — *Tissus de bourre de soie pure ou mélangée.*

Étoffes unies. — Couvertures.
Étoffes à dispositions, façonnées, brochées.
Étoffes imprimées.

10e Section. — *Rubans de soie.*

Rubans de soie pure, unis, façonnés, brochés, chinés ou imprimés.
Rubans de soie mélangée, où la soie domine, unis, façonnés, brochés, chinés ou imprimés.

XXIIe CLASSE. — INDUSTRIE DES LINS ET DES CHANVRES.

1re Section. — *Matériel de l'industrie des lins et des chanvres (sauf renvoi aux classes VII et X).*

Préparations : rouissage, teillage, peignage, etc.
Travail des filasses et des étoupes.
Filasse.
Tissage.
Blanchiment.
Teintures et impressions.
Apprêt.
Procédés divers.

2e Section. — *Lins, chanvres et autres filaments végétaux bruts (sauf renvoi aux classes II et III.*

Lins en tige.
Chanvres en tiges.
Abaca, ou chanvre de Manille.
Mâ, ou china-grass.
Jute.
Phormium tenax.
Pina ou fibres d'ananas.
Filaments de végétaux divers ; asclépias, agave, bambou, corchorus, dolichos, palmier, raphia, etc.

3e Section. — *Lins, chanvres, etc., préparés.*

Lins et chanvres rouis, teillés, sérancés
Filasses obtenues par le rouissage à l'eau ou à la rosée, ou par d'autres procédés.
Lins et chanvres traités par des procédés spéciaux pour obtenir des matières semblables au coton ou à la soie.
Étoupes à l'état ordinaire ou préparées pour être mélangées à la laine.
Filasses peignées et étoupes cardées.
Filaments autres que le lin et le chanvre, préparés ou peignés.

4e Section. — *Fils de lin, de chanvre et d'autres filaments.*

Fils de lin ou de chanvre à la main.
Fils de mulquinerie.
Fils de lin ou de chanvre à la mécanique, filés à l'eau ou à sec, simples ou retors.
Fils de lin ou de chanvre blanchis, teints et lustrés.
Fils à coudre, blancs ou teints.
China-grass filé à la main ou à la mécanique.
Abaca, pina, etc., filés.
Ficelles, cordes et cordages (sauf renvoi à la classe XIII.

5e Section. — *Toiles à voiles et grosses toiles de lin et de chanvre.*

Toiles à voiles.
Toiles pour sacs, bâches, enveloppes, tentes et fournitures militaires.
Toiles de ménage communes.
Treillis, tapis de pied, sangles.
Tuyaux de conduite, seaux à incendie, etc.

6e Section. — *Toiles fines et coutils.*

Toiles pour chemises et draps, pour la table, la toilette et le ménage, pour mouchoirs, etc.
Toiles destinées à certains marchés spéciaux : à l'Amérique du Sud, aux colonies, etc.
Toiles pour les peintres.
Toiles pour sarraux, doublures, etc.
Coutils, drills, satins pour pantalons.
Coutils et satins cambrés pour corsets.
Coutils et toiles rayés ou à carreaux, pour objets de literie ou tentures.
Rubans de fil.

7e Section. — *Batistes.*

Batistes et linons en pièces, écrus, blancs, teints ou imprimés.
Mouchoirs de batiste avec ou sans vignettes, etc.
Matériel de la fabrication : dévidage et doublage ; ourdissage. Travail à l'établi.
Travail au rouet, au chevalet, etc.; travail à la mécanique; tissage sur le métier à haute et basse lisse.

à la Jacquard, à la barre; tressage au boisseau; cylindrage, râclage, etc.

8e Section. — *Toiles ouvrées ou damassées.*

Toiles ouvrées, à œil de perdrix, à damier, etc., pour linge de table ou de toilette.
Toiles damassées, à fleurs ou à personnages, pour linge ou tapis de table.

9e Section. — *Tissus de fil avec mélange de coton ou de soie.*

Toiles mi-fil et mi-coton.
Toiles de ménage, chaîne fil, trame coton de couleur.
Étoffes à pantalon fil et coton.
Damassés fil et soie pour linge et tapis de table.
Rubans de fil et coton.

10e Section. — *Tissus de filaments végétaux autres que le lin et le chanvre.*

Tissus de mà ou china-grass.
Tissus d'abaca.
Tissus de pina.
Tissus de palmier, de raphia, de dolichos, de bambou, de jute, d'agave, etc.

XXIIIe CLASSE. — INDUSTRIES DE LA BONNETERIE, DES TAPIS, DE LA PASSEMENTERIE, DE LA BRODERIE ET DES DENTELLES.

1re Section. — *Tapis et tapisserie de haute et de basse lisse.*

Matières premières et matériel de fabrication (sauf renvoi aux classes VII, X, et XIX à XXI).
Tapis et tapisseries pour usages courants.
Tapis, moquettes, tapisseries, épinglés ou veloutés, de haute ou de basse lisse pour les parquets, les meubles, les tentures et les portières.
Tapis et tapisseries de luxe ayant un caractère artistique.

2e section. — *Tapis de Feutre, de Draps et autres.*

Tapis de feutre unis, peints ou imprimés.
Tapis de drap unis ou imprimés (sauf renvoi à la classe XX).
Tapis de tontisse et autres du même genre.
Tapis de soie ou de bourre de soie (sauf renvoi à la classe XXI).
Tapis de pelleterie (sauf renvoi à la classe XXIV).

3e section. — *Bonneterie.*

Matières premières et matériel de la bonneterie.
Bonneterie de coton pur ou mélangé.
Bonneterie de laine ou de cachemire pur ou mélangé.
Bonneterie de soie ou de bourre de soie pure ou mélangée.
Bonneterie de fil pur ou mélangé.
Bonnets, bas et chaussettes, chaussons, gants et mitaines, gilets, maillots, jupons, caleçons, camisoles, robes, paletots et jaquettes d'enfants, vestes, cravates, cache-nez, fez, tricot en pièces, etc.

4e section. — *Passementerie de soie, de bourre de soie, de laine, de poil de chèvre, de crin, de fil et coton.*

Matières premières de la passementerie (sauf renvoi aux classes XIX à XXII).
Passementerie de nouveauté.
Galons, ganses, boutons, etc., pour vêtements et chapeaux d'hommes.
Effilés, franges, agréments, retors, cordelières, lacets, soutaches, ganses, boutons, etc., pour vêtements de femmes.
Bretelles et jarretières tissées.
Passementerie d'ameublement, de voiture, de livrée.
Crêtes, lézardes, embrasses, glands, cordons de sonnette et de tirage, frisés, câbles et torsades, franges, agréments et galons, crépines et campanes, guipures, cartisanes, retors, chenilles, etc.
Passementerie pour équipement militaire.
Épaulettes, galons, pompons, flammes, aigrettes, chenilles de casque, fourragères, dragonnes, glands, aiguillettes, torsades, cocardes, soutaches et ganses, etc.

5e section. — *Passementerie en fin et en faux.*

Matières premières et matériel de fabrication.
Dentelles d'or ou d'argent.
Glands, torsades, galons, ganses, effilés, agréments, réseaux, cordons, franges, etc., pour le vêtement, l'ameublement, la livrée et la sellerie, faits en or, argent, argent doré, cuivre doré.
Épaulettes, dragonnes, ceinturons, aiguillettes, galons, soutaches, ganses, etc., pour l'équipement militaire, faits en or, argent, argent doré, cuivre doré.

6e section. — *Broderie.*

Broderie au plumetis, au point de feston, etc.
Broderie au passé.
Broderie au crochet.
Broderie-tapisserie et autres ouvrages à la main.

7e section. — *Dentelles.*

Dentelles de fil ou de coton faites au fuseau.
Dentelles de fil ou de coton faites à l'aiguille ou à la mécanique.
Dentelles de soie ou de laine.

VII° GROUPE. — *Ameublement et décoration, modes, dessin industriel, imprimerie, musique.*

XXIV° CLASSE. — INDUSTRIES CONCERNANT L'AMEUBLEMENT ET LA DÉCORATION.

1re SECTION. — *Objets de décoration, d'ornement ou d'ameublement, en pierres et matières pierreuses.*

Matériel d'élaboration des matières pierreuses (sauf renvoi aux classes VI et XXVI).
Objets de décoration et d'ameublement en porphyre, granit et autres pierres dures.
Objets de décoration et d'ameublement en marbre, albâtre et autres pierres tendres : tablettes, chambranles de cheminée, ouvrages divers pour monuments funéraires, etc.
Mosaïques de pierre pour panneaux d'ornement, tablettes, etc., etc.
Mosaïques d'émaux et d'autres matières minérales pour décoration.
Piédestaux, coupes, vases, statues et statuettes en pierres de toute sorte (sauf renvoi à la classe XXVI).
Objets divers en pierres artificielles, stucs, etc.

2e SECTION. — *Objets de décoration, d'ornement et d'ameublement en métal (sauf renvoi aux classes XVI et XVII).*

Lits et siéges en fer.
Meubles de jardin.
Objets divers : jardinières, cages, etc.

3e SECTION. — *Meubles et ouvrages d'ébénisterie d'usage courant.*

Matériel des travaux d'ébénisterie (sauf renvoi à la classe VI).
Buffets, dressoirs, armoires, commodes, consoles, etc.
Bibliothèques, cartonniers, bureaux, secrétaires, etc.
Tables, guéridons, etc.
Toilettes, chiffonnières, étagères, etc.
Bois de canapés, causeuses, divans, fauteuils, chaises, tabourets (nus ou garnis).
Bois de lit et meubles-lits.
Billards et accessoires.
Coffres de piano (sauf renvoi à la classe XXVII).
Cadres pour miroirs, tableaux, dessins, etc.
Ouvrages divers d'ébénisterie pour décoration d'appartements, de cabines de navires, de voitures, etc. (sauf renvoi aux classes V, XIII et XIV).

4e SECTION. — *Meubles de luxe et objets de décoration caractérisés par l'emploi des bois précieux, de l'ivoire, de l'écaille, le travail de sculpture ou d'incrustation, et l'addition d'ornements de prix.*

Meubles de toute sorte, encadrements et ouvrages de décoration en marqueterie de bois, d'ivoire, etc.
Meubles de toute sorte, encadrements et ouvrages de décoration incrustés de métaux, écaille, nacre, etc.
Meubles de toute sorte, encadrements et ouvrages de décoration avec panneaux de porcelaine peinte ou de mosaïque, ornements de bronze d'une valeur artistique, etc.
Meubles de toute sorte, encadrements et ouvrages de décoration en bois et autres matières sculptées tirant leur valeur du travail artistique.

5e SECTION. — *Objets de décoration ou d'ameublement en bois, en matières moulées, etc., dorés, laqués, etc.*

Matériel pour le moulage, l'application des vernis et de la dorure, etc. (sauf renvoi aux classes VI, X et XXVI).
Pâtes moulées et objets de décoration en plâtre, carton-pierre, gutta-percha, chanvre, etc.; corniches, frises, panneaux, bas-reliefs, caryatides, etc.: bruts, enduits ou dorés.
Meubles, plateaux et objets divers en papier mâché ou autres compositions.
Baguettes et moulures pour cadres et décors; bâtons et galeries pour rideaux; pateres, glands, etc., en bois uni ou sculpté, verni, dorés ou recouverts de feuilles métalliques.
Cadres dorés pour tableaux, glaces, etc.
Meubles dorés : bois de siéges, consoles, etc.
Meubles et objets de décoration de laque : coffrets, tables, paravents, panneaux, etc.
Meubles et objets de décoration en imitation de laque : guéridons, bois de siége, plateaux, etc.

6e SECTION. — *Objets d'ameublement en roseaux, paille, etc.; Accessoires d'ameublement : Ustensiles de ménage.*

Matériels divers pour la mise en œuvre des roseaux, de la paille, de la plume, du crin, etc.
Siéges, meubles de bambou, etc.
Siéges et autres meubles fabriqués ou garnis en ouvrage de vannerie ou de sparterie : siéges de canne, siéges de paille, fauteuils de rotin, etc.
Nattes, paillassons, cordons, etc., faits de tiges ou de fibres de végétaux.
Paniers et ouvrages divers de vannerie.
Balais et articles de grosse brosserie en général.
Plumeaux, etc.
Tamis, garde-manger, soufflets d'appartements, chaufferettes, etc. (sauf renvoi aux classes IX et XI).

7e SECTION. — *Ouvrages de tapissier.*

Matériel de confection.
Systèmes de couchage et objets de literie : tapis, coussins, sangles, sommiers élastiques, matelas, édredons, couvertures, etc.
Siéges garnis, avec ou sans bois apparent : canapés, causeuses, divans, banquettes, fauteuils, chaises, tabourets, etc.
Baldaquins, rideaux et garnitures de lits, toilettes, etc.
Portières et rideaux de fenêtres.

Stores montés.
Tentures faites d'étoffes et de tapisseries.

8e SECTION.—*Papiers peints, Tissus et Cuirs préparés pour tentures, stores, cartonnages, reliures, etc.*

Matériel de la fabrication des papiers peints, à la main, à la planche, au rouleau, etc., et de la préparation des tissus et des cuirs pour cartonnages, reliures, tentures, etc. (sauf renvoi aux classes VI, X et XXVI).
Papiers de tenture.
Papiers communs sans fond et papiers ordinaires mats.
Papiers imitant le bois, le marbre, etc.
Papiers glacés, moirés, veloutés, etc., unis, rayés, damassés; avec fleurs coloriées; rehaussés d'or ou d'argent, etc.
Papiers imprimés au rouleau de cuivre.
Papiers à sujets dits artistiques.
Papiers pour cartonnage, reliure, etc.
Papiers mats, veinés, chagrinés, moirés, etc.; unis, imitant le bois, etc.
Papiers avec enduits métalliques d'or, d'argent ou de faux.
Papiers pour cartonnage de luxe, mats, vernis, gaufrés, unis ou à dessins, rehaussés d'or, d'argent, etc. (sauf renvoi à la classe XXVI).
Papiers peints destinés à l'illustration d'ouvrages scientifiques ou industriels.
Toiles et autres tissus chagrinés, moirés, etc., pour cartonnage et reliure.
Stores peints ou imprimés.
Cuirs de tenture, unis ou décorés, par gaufrage, etc.

9e SECTION. — *Peintures en décor, Matériel des théâtres, des fêtes et des cérémonies.*

Peintures imitant le bois, le marbre, etc. (sauf renvoi aux classes XIV et XXVI).
Peintures de décors à sujets, peintures d'enseignes (sauf renvoi à la classe XXVI).
Peintures, appareils et systèmes de panoramas et dioramas, etc. (sauf renvoi à la classe XXVI).
Décorations et matériel de théâtre.
Matériel de décoration et d'illumination pour les fêtes et cérémonies publiques.
Matériel et insignes à l'usage des corporations.

10e SECTION. — *Meubles, Ornements et Décors pour les services religieux.*

Autels, chaires, stalles et bancs, confessionnaux, buffets d'orgue, etc.
Tenture et matériel de décoration.
Dais, bannières, etc.
Images saintes, peintes, sculptées, etc.

XXVe CLASSE. — CONFECTION DES ARTICLES DE VÊTEMENT; FABRICATION DES OBJETS DE MODE ET DE FANTAISIE.

1re SECTION. — *Matériel et éléments de la confection des Vêtements; Boutons, etc.*

Matériel employé dans la confection en général.
Boutons de métal.
Boutons pour habits, gilets, costumes de chasse, livrées, etc.; unis ou façonnés, massifs ou creux, avec ou sans appliques.
Boutons d'uniformes civils ou militaires.
Boutons avec chaînettes : piastres, grelots, glands, etc.
Boutons à quatre trous.
Boutons à l'aiguille.
Boutons de passementerie, au métier.
Boutons d'étoffe.
Boutons de soieries et de velours.
Boutons de tissus de laine et de coton, purs ou mélangés.
Boutons de toile et de calicot pour lingerie.
Boutons de fil faits à l'aiguille.
Boutons de carton dits de papier mâché.
Boutons de nacre : à queue, à trous, doubles pour chemises.
Boutons d'ivoire : à queue et à trous, etc.
Boutons d'os, à quatre et à cinq trous.
Boutons de corne : à queue, unis ou façonnés, à quatre trous, etc.
Boutons et moules de bois.
Boutons en porcelaine, dits d'agate et de strass (sauf renvoi à la classe XVIII).
Objets divers fabriqués dans les ateliers de la boutonnerie : médailles, etc.
Bandes de tissus avec œillets métalliques, et systèmes divers pour lacer, agrafer et fermer les vêtements, les chaussures, les gants, etc.
Fils métalliques garnis pour monter et soutenir les vêtements, la coiffure, etc.
Baleines, buscs, etc., garnis et montés pour vêtements divers.
Éléments divers de confection.

2e SECTION. — *Objets de lingerie; Corsets, Bretelles et Jarretières.*

Lingerie confectionnée pour hommes (de toutes étoffes).
Chemises, caleçons, gilets, ceintures, cols, cravates, etc., unis ou brodés.
Lingerie confectionnée pour femmes (de toutes sortes).
Bonnets, chemises, jupons, peignoirs, pantalons, cols, collerettes, manches, mouchoirs, etc., unis ou brodés.
Lingerie de table, de toilette, de bain, etc. : nappes, serviettes, peignoirs.
Corsets.
Buscs et dos mécaniques, systèmes de laçage et de délaçage.
Corsets unis ou ornés.
Corsets tissés.
Corsets spéciaux, pour femmes enceintes, pour déviations de la taille, etc.
Bretelles et jarretières non tissées.

3e SECTION. — *Habits et Vêtements accessoires.*

Systèmes et appareils pour prendre mesure, pour couper et pour essayer les habits d'hommes et de femmes matériel spécial de confection, etc.
Habits d'hommes.
Jaquettes, blouses, sarraux, etc.
Cottes et culottes : pantalons, braies, chalvars, fustanelles, etc.

Vestes : gilets, justaucorps, etc.
Habits : fracs, redingotes, kaftans, etc.
Surtouts : manteaux, capes, cabans, paletots, bénichés, pelisses, szurs, taïkoua, makoua, etc.
Robes de chambre, douillettes, etc.
Habits professionnels : simarres, soutanes, etc.
Uniformes militaires (sauf renvoi à la classe XII).
Habits de femmes.
Jupes, pantalons et tabliers.
Vestes et corsages : spencers, canezous, katsavés, kaftanakis, etc.
Habits complets : robes, kaftans, antéris, pôs, etc.
Pardessus : manteaux, mantelets, férédgés, djubeys, etc.
Vêtements accessoires d'hommes et de femmes.
Ceintures.
Ornements de bras et de jambes.
Cols et cravates.
Voiles, yachmaks, etc.
Écharpes, plaids, etc.
Habits et vêtements accessoires en pelleteries ou garnis de fourrures.
Surtouts : choubas, touloupes, kodmonys, peaux de biques, etc.
Habits proprement dits : vestes fourrées, vitchouras, etc.
Accessoires de vêtements : boas, manchons, palatines, etc.
Vêtements de peaux et accessoires pour usages ordinaires et pour usages spéciaux (équitation, escrime, paume, etc.)
Vêtements imperméables (sauf renvoi à la classe X).

4ᵉ SECTION. — *Chaussures, Guêtres et Gants.*

Matériel de la fabrication à la main et à la mécanique.
Systèmes et appareils pour prendre mesure, etc.
Chaussures d'hommes.
Chaussures de cuir : souliers, bottes, brodequins, babouches, mests, etc.
Chaussures d'étoffes : pantoufles, brodequins, etc.
Chaussures de femmes.
Chaussures de cuir et de peau : souliers, brodequins, babouches, etc.
Chaussures d'étoffes : souliers, brodequins, mules, pantoufles, etc.
Socques, galoches, chaussures imperméables, etc.
Chaussures fourrées.
Chaussures et souliers de tresses, de sparterie, etc. ; lapti, etc.
Chaussures de bois : sabots, sandales, etc.
Guêtres de cuir et d'étoffes, d'hommes et de femmes.
Gants d'hommes et de femmes.
Gants de peau, de cuir, etc.
Gants et mitaines d'étoffes, de tricot, etc. (sauf renvoi à la classe XXIII).

5ᵉ SECTION. — *Chapeaux et Coiffures.*

Systèmes et appareils pour prendre mesure de la tête ; matériel spécial de confection, etc.
Chapeaux bruts de feutre, de castor, de soie, etc.
Chapeaux bruts de paille, de sparterie, etc.
Coiffures confectionnées pour hommes.
Chapeaux de toute sorte.
Chapeaux mécaniques.
Casquettes.
Bérets, calottes, fez, tarbouches, turbans, résilles, etc.
Bonnets fourrés.
Coiffures imperméables.
Coiffures professionnelles.
Coiffures confectionnées pour femmes.
Chapeaux de paille, de sparterie, etc.
Chapeaux d'étoffes, de feutre, etc.
Calottes, fez, mouchoirs, serre-tête, résilles, etc.
Coiffures de modes : chapeaux garnis, toques, bonnets montés, etc.

6ᵉ SECTION. — *Ouvrages en cheveux ; Parures en plumes et en perles ; Fleurs artificielles.*

Ouvrages en cheveux pour coiffures.
Éléments et matériel de la fabrication des postiches.
Postiches pour hommes : perruques, toupets, etc.
Postiches pour femmes : tours, nattes, perruques, etc.
Perruques et postiches en matières diverses : soie, etc.
Ouvrages divers en cheveux, crins, soies, etc.
Plumes.
Panaches, plumets, aigrettes, etc., pour chapeaux d'uniforme.
Plumes blanches et teintes, aigrettes, marabouts, oiseaux de paradis, etc., pour coiffures de femmes et d'hommes.
Plumes d'ornement.
Perles et coraux : résilles, colliers, bracelets, etc.
Fleurs artificielles.
Éléments et matériel de la fabrication des fleurs artificielles : feuilles, boutons, calices, etc.
Fleurs pour la parure, en tissus et autres matières.
Fleurs pour la décoration : en plumes, en papiers, en tissus, en moelle, en cire, etc.
Fleurs pour les études de botanique.
Fruits de cire, de verre, de pâte, etc.

7ᵉ SECTION. — *Objets confectionnés ou brodés à l'aiguille, au crochet, etc.*

Bourses et sacs.
Pelotes et sachets.
Tapis de guéridons et housses de fauteuils.
Ouvrages en perle d'acier ou de verre.
Ouvrages divers de tapisserie.
Ouvrages divers à l'aiguille, au crochet, etc.

8ᵉ SECTION. — *Éventails, Écrans, Parasols, Parapluies, Cannes.*

Éventails pliants.
Montures de toutes matières : pleines, découpées, sculptées ou gravées.
Feuilles de tout genre : lithographiées, gravées ou peintes.
Éventails montés.
Écrans à main.
Écrans de plumes, de feuilles de palmier, etc.
Écrans de papier, de carton ou de bois, avec ou sans peintures, gravures ou applications.
Écrans de tissus avec ou sans broderies, peintures ou applications.

Écrans à longs manches, en plumes ou en feuilles de palmier, etc.

Parasols et parapluies.

Systèmes et mécanisme pour ouvrir, fermer et monter, etc., les parasols et parapluies.

Montures de parasol et de parapluie : baleines, fourchettes, noix, coulants, bouts, fermoirs, etc.

Parasols et ombrelles de tout genre, droits et brisés.

Parapluies de tout genre.

Cannes de tout genre.

9e SECTION. — *Tabatières et Pipes, Peignes et Brosses fines, petits objets de Tabletterie, en bois, en ivoire, en écaille, etc.*

Tabatières.

Tabatières de prix en écaille, en ivoire, en bois, etc.

Tabatières de carton ou de bois verni, unies, guillochées, peintes, etc.

Tabatières en bois, en corne, etc.

Flacons à spatule, boîtes à râpe, etc., remplaçant les tabatières.

Pipes.

Pipes de terre (sauf renvoi à la classe XVIII).

Pipes allemandes et autres du même genre : bouquins d'ambre jaune, d'écume de mer, de corne, de bois, etc.; tuyaux garnis ou non; fourneaux d'écume de mer unie ou sculptée, de porcelaine, etc., montés ou non.

Pipes longues des Orientaux : bouquins d'ambre jaune, de verre, d'ivoire, de corne, de métal, de corail, etc.; tuyaux de cerisier, de jasmin, de bambou, de jonc, de roseau, etc.; fourneaux d'argile, de terre cuite, de métal, etc.

Pipes à eau : narguilés des Ottomans; kalioun des Persans; houkas des Hindous; chouï-yinn des Chinois, etc.

Peignes.

Peignes à dents écartées pour démêler les cheveux, en ivoire, en écaille, en corne, en caoutchouc, en bois, etc.

Peignes à dents serrées, faits à la mécanique ou à la main, en ivoire, en écaille, en buis, etc.

Peignes divers, à crêper, à bandeaux, à moustaches, etc.

Peignes à chignon, en écaille, en corne, etc.

Brosses fines.

Brosses de toilette montées sur ivoire, os, corne, bois; brosses à tête, à dents, à ongles, à peignes, etc.; blaireaux pour la barbe.

Brosses à habits et à chapeaux; brosses de chiendent.

Brosses de table, etc.

Brosses à frictions.

Petite tabletterie.

Objets tournés : billes de billard, chapelets, porte-plumes, jeux d'échecs et de dames, jetons, anneaux, boîtes rondes, manches et poignées, etc.

Objets guillochés.

Objets sculptés : crucifix, statuettes, vases, manches de cachets, jeux d'échecs, poignées de cannes et de parapluies, etc.

Objets divers.

Couteaux à papier, jeux de domino, touches de clavier, dés, porte-cartes de visite, carnets de bal, porte-monnaie, porte-montre, couverts à salade, bonbonnières, hochets, etc.

10e SECTION. — *Petits meubles, Coffrets, Nécessaires, Encriers; Objets de fantaisie confectionnés ou décorés avec l'ivoire, l'écaille, les bois, les pierres, les métaux, etc.*

Nécessaires de voyage avec leurs garnitures, pour la toilette ou le bureau.

Caves à liqueurs avec leurs cristaux.

Boîtes à parfums.

Boîtes à thé, à betel, à gants, à ouvrage, à jeux, etc.

Articles de bureau divers : sébiles, boîtes à pains à cacheter, pèse-lettres, serre-papier, buvards, etc.

Pupitres et boîtes dites de papeteries, garnis ou non.

Encriers de tout genre : de bureau, portatifs, etc.

Coffrets à bijoux sculptés, incrustés ou marquetés, en fer, bronze, nacre, etc.

Boîtes diverses de laque, de marqueterie, de carton verni, de papier mâché, de bois peint, de mosaïque de bois, etc.

Petits meubles de fantaisie, tables à ouvrage, bureaux de dames, jardinières et étagères avec ou sans pieds, etc.

11e SECTION. — *Objets de Gaînerie et de Maroquinerie, de Cartonnage, de Vannerie et de Sparterie fine.*

Gaînerie et maroquinerie.

Nécessaires de voyage avec les garnitures, pour la toilette ou le bureau.

Pupitres et grands portefeuilles garnis d'articles de bureau.

Portefeuilles de poche, carnets, buvards, albums.

Porte-monnaie, porte-cigares.

Nécessaires de dames.

Trousses avec garnitures de nécessaires de voyage; trousses pour les médecins, chirurgiens, etc.

Écrins pour bijoux et orfèvrerie.

Coffres et boîtes faits ou recouverts de cuir ou de peau.

Papiers façonnés et cartonnages.

Papiers-dentelles.

Petites images de sainteté.

Abat-jour, lanternes de papier ou de gaze.

Papiers à lettres façonnés; enveloppes de lettres.

Cartes de visite et d'adresses, en blanc.

Cadres pour miroiterie commune.

Boîtes de bimbeloterie; petites boîtes pour la bijouterie, la pharmacie, les allumettes, etc.

Cartonnages de bureau, de magasin et autres du même genre.

Boîtes et coffrets de carton pour gants, mouchoirs, bijoux, jeux, etc.

Boîtes pour fruits confits et bonbons, sacs et enveloppes de bonbons.

Vannerie et sparterie fine.

Corbeilles et paniers de fantaisie, clissages fins, etc.

Petites nattes pour dessous de lampes, etc.

Porte-cigares, sacs et cabas en sparterie fine, en paille, etc.

Tresses de paille pour chapeaux, etc.

12ᵉ SECTION. — *Objets de Bimbeloterie; Poupées et Jouets; Figures de cire et Figurines; Jeux de toute espèce.*

Articles de bimbeloterie commune en bois, en carton, en papier, etc.
Jouets de bois, de carton, de papier, voitures, chevaux, animaux, petits meubles, chalets, masques grotesques, cerfs-volants, jeux de patience, cerceaux, etc.
Jouets de métal, de porcelaine, etc. : ménages, soldats de plomb, etc.
Jouets militaires : tambours, fusils, sabres, arcs, flèches, etc.
Jouets mécaniques : lanternes magiques, petits panoramas, kaléidoscopes, etc.
Jouets divers, balles et ballons, raquettes et volants, etc.
Poupées de cire, de carton ou de peau, nues ou habillées.
Poupées de bois, articulées ou non, nues ou habillées.
Spécialités pour poupées : bustes, corps, yeux, cheveux, lingerie, vêtements, gants, chaussures, fleurs, etc. — Trousseaux et layettes.
Figures de cire pour chapelles, spectacles forains, montres de coiffeurs, etc.
Bustes de cire pour poupées, etc.
Bustes et têtes de bois ou de carton pour coiffeurs, modistes, couturières.
Figurines de cire, de bois, de pâte, de terre, habillées ou non, représentant les costumes des divers peuples.
Jeux et divertissements de toute espèce.
Objets de curiosité.

XXVIᵉ CLASSE. — DESSIN ET PLASTIQUE APPLIQUÉS A L'INDUSTRIE, IMPRIMERIE EN CARACTÈRES ET EN TAILLE-DOUCE, PHOTOGRAPHIE, ETC.

1ʳᵉ SECTION. — *Écriture, Dessin et Peinture.*

Matériel et instruments pour l'écriture : papiers réglés, plumes de toute sorte, encres, etc. (sauf renvoi aux classes VIII, X, XV et XVI).
Matériel et instruments pour les travaux graphiques : planches à dessiner, règles et équerres, compas, tire-lignes, etc. (sauf renvoi aux classes VIII et X).
Matériel et instruments pour le dessin, le lavis et la peinture en général (sauf renvoi aux classes X et XXV).
Matériel et appareils pour applications diverses de la physique, de la chimie et de la mécanique à l'écriture et au dessin : papiers à décalquer, lettres découpées, presses à copier, chambres noires, chambres claires, pantographes;, etc. (sauf renvoi aux classes VIII et X).
Ouvrages de calligraphie.
Écritures reproduites ou réduites par la presse à copier, par le pantographe, etc.
Dessins scientifiques et techniques, de précision et d'imitation.
Dessins linéaires et lavis.
Dessins géographiques, topographiques, hydrographiques, etc.
Dessins du génie civil, militaire et naval.
Dessins de mécanique.
Dessins d'histoire naturelle.
Dessins industriels, d'imitation et de fantaisie.
Dessins d'ornement en général.
Dessins de décoration, d'ameublement, de carrosserie, etc.
Dessins de tissus, de châles et tapis.
Dessins pour l'impression.
Dessins de broderies, d'éventails, de vignettes, de tapisseries et d'ouvrages à la main.
Dessins de modes, etc.
Dessins de tout genre obtenus, reproduits ou réduits par procédés mécaniques, etc.
Peintures de décors (sauf renvoi à la classe XXIV).
Peintures de panorama, de diorama, etc. (sauf renvoi à la classe XXIV).

2ᵉ SECTION. — *Lithographie, Autographie et Gravure sur pierre.*

Pierres lithographiques préparées, pierres artificielles.
Crayons et encres lithographiques, préparations diverses et matériel pour le dessin, la gravure, les retouches, les transports, l'autographie (sauf renvoi aux classes VIII et X).
Matériel pour le tirage en noir et en couleur (sauf renvoi aux classes VI et X).
Matériel pour l'emploi des procédés lithographiques sur planches de zinc, etc. (sauf renvoi aux classes VI et X).
Épreuves autographiques.
Textes lithographiés : cartes de visite, etc.
Lithographies techniques de précision et d'imitation, en noir et en couleur.
Lithographies industrielles d'imitation et de fantaisie, en noir et en couleur
Lithographies artistiques en noir et en couleur (présentées comme spécimens de fabrication).
Gravures sur pierres de toute sorte.

3ᵉ SECTION. — *Gravure sur métal et sur bois.*

Planches de cuivre, d'acier, d'étain, de zinc, de bois, préparées pour la gravure (sauf renvoi aux classes XV et XVI).
Matériel, instruments et préparations pour la gravure à l'eau-forte, en taille-douce, à l'aqua-tinta, etc. (sauf renvoi aux classes X et XV).
Matériel et instruments pour la gravure en relief sur bois, sur cuivre, etc. (sauf renvoi aux classes X et XV).
Appareils pour exécuter les dessins guillochés, les hachures, les moirés, les traductions de reliefs par hachures, etc. (sauf renvoi aux classes VI et VIII).
Matériel et instruments pour la gravure de la musique.
Matériel pour la reproduction galvanoplastique des planches gravées (sauf renvoi à la classe IX).
Matériel pour l'impression en noir et en couleur sur toute espèce de matières (sauf renvoi aux classes VI et X).
Musique gravée.
Gravures en lettres : cartes de visite, etc.
Gravures de précision.
Papiers quadrillés, papiers de sûreté, etc.
Figures de géométrie, d'architecture, de mécanique, etc.
Cartes géographiques, plans topographiques, etc.
Figures d'histoire naturelle.

Billets de banque, papiers-monnaie, titres d'actions industrielles, etc.

Gravures industrielles d'imitation et de fantaisie.

Gravure d'ornement, d'ameublement, de carrosserie, etc.

Gravures de broderie, de tapisserie, etc.

Gravures de modes, etc.

Cartes à jouer et images communes.

Cartes et papiers à vignettes et images fines.

Estampes ou gravures artistiques en noir et en couleur; à l'eau-forte, en taille-douce, à l'aqua-tinta (présentées comme spécimens de fabrication).

Estampes ou gravures artistiques obtenues avec planches gravées en relief (présentées comme spécimens de fabrication).

4ᵉ section. — *Photographie.*

Objectifs, chambres noires, microscopes et autres appareils optiques pour la photographie (sauf renvoi à la classe VIII).

Matériel de la photographie sur argent : plaques; produits et appareils pour préparer les plaques et les rendre sensibles, pour développer les images par la vapeur du mercure et pour les fixer (sauf renvoi aux classes X et XVII).

Matériel de la photographie sur papier et sur verre : produits et appareils pour préparer les papiers et les enduits transparents sensibles, pour développer et fixer les images négatives et positives (sauf renvoi à la classe X).

Daguerréotypes portatifs.

Matériel et procédés de la gravure photographique sur métaux, sur pierre, etc.

Épreuves pour objets scientifiques et techniques.

Épreuves artistiques sur plaques : monuments, paysages, portraits, etc.

Épreuves artistiques sur papier, négatives et positives.

Épreuves artistiques sur verre et enduits transparents.

Épreuves cylindriques, épreuves doubles pour stéréoscopes, etc.

Épreuves sur papier et sur plaques retouchées, coloriées, etc.

Gravures photographiques.

Matériel et produits des essais de photographie chromatique.

Objets divers relatifs à la photographie et à ses applications.

5ᵉ section. — *Stéréotomie et plastique.*

Matériel et instruments pour l'exécution des mandrins destinés au moulage des solides géométriques, etc. (sauf renvoi aux classes VI et XVI).

Matériel et instruments pour le modelage de l'argile, de la cire, etc.

Matériel et instruments, appareils de mise au point, etc., pour la sculpture de la pierre, du marbre, du bois, des métaux, etc. (sauf renvoi à la classe XV).

Matériel et instruments pour la gravure en creux ou en relief des pierres dures, du verre, des coquilles, des métaux; pour le repoussage des métaux, etc. (sauf renvoi aux classes XV, XVI et XVII).

Appareils et instruments pour la sculpture et la gravure mécaniques (sauf renvoi aux classes VII et VIII).

Objets de stéréotomie ou de plastique, pour usages techniques et scientifiques, de précision ou d'imitation.

Modèles de topographie, cartes en relief.

Imitations de pièces anatomiques, membres artificiels, etc. (sauf renvoi à la classe XII).

Objets et modèles de toute sorte : formes pour les chaussures, les gants, etc.

Objets de plastique industrielle, d'imitation et de fantaisie.

Maquettes de toute sorte pour figures, ornements, etc.

Objets sculptés en bois, en ivoire, etc. (sauf renvoi aux classes XXIV et XXV).

Camées, cachets et objets divers décorés par la gravure, en pierres dures, en métaux, etc. (sauf renvoi à la classe XVII).

Objets en métal repoussé (sauf renvoi à la classe XVII).

Objets de plastique industrielle et artistique obtenus par procédés de sculpture et de gravure mécaniques : copies et réductions de statues, etc.

Objets de plastique mécaniques.

Mannequins pour le dessin, automates, etc.

6ᵉ section. — *Moulage et estampage.*

Matériel et instruments pour la façon des moules en plâtre, en gélatine, etc., et pour le moulage des objets en plâtre, en soufre, en cire, etc.

Matériel et instruments pour le moulage des métaux, des pâtes céramiques et du verre (sauf renvoi au Vᵉ groupe).

Matériel et instruments pour l'exécution directe ou par contre-épreuve des moules, des matrices, des poinçons, des planches, des cylindres et des roulettes mécaniques, et pour le moulage par compression, l'estampage, le découpage, l'impression, des métaux, des bois, du carton, du papier, des tissus, etc. (sauf renvoi aux classes du Vᵉ groupe).

Matériel de galvanoplastie (renvoi à la classe IX).

Objets moulés en plâtre et compositions diverses pour usages techniques et scientifiques, ou pour l'enseignement (sauf renvoi à la classe VIII).

Statues, bas-reliefs, ornements en plâtre moulés (présentés comme produits de fabrication).

Objets moulés, d'imitation ou de fantaisie; en carton, en cire, en compositions diverses, simples ou décorés par la peinture (sauf renvoi aux classes XXIV et XXV).

Clichés et objets moulés en métal, en terre cuite, en biscuit, en verre (renvoi aux classes du Vᵉ groupe).

Feuilles de cartons, de papiers, de tissus enduits, etc., découpées, estampées, timbrées, etc.; papiers à lettre façonnés, etc. (sauf renvoi à la classe XXV).

Objets en bois, en corne, en écaille, en compositions diverses, moulés par compression, etc. (sauf renvoi à la classe XXV).

Objets divers en métaux estampés, découpés, etc. (renvoi aux classes I, XVI et XVII).

7ᵉ section. — *Imprimerie.*

Matériel et appareils de la fonderie en caractères (sauf renvoi à la classe XVI).

Caractères et vignettes mobiles, stéréotypes de toute sorte pour texte, musique, etc.

Matériel et appareils pour la composition et la correction

des épreuves, le triage des caractères, etc. (sauf renvoi à la classe VI).
Matériel et appareils pour l'application de l'encre, le tirage, etc (sauf renvoi à la classe VI).
Matériel et appareil pour le brochage.
Timbres pour usages administratifs, commerciaux, etc.
Impressions sur papier collé pour registres, carnets, brochures à corriger, etc.
Affiches, almanachs et ouvrages de typographie commune, avec ou sans figures intercalées dans le texte.
Journaux.
Ouvrages et brochures ordinaires en texte simple, dans toutes les langues.
Ouvrages et brochures avec figures intercalées dans le texte.
Ouvrages de luxe avec ou sans figures intercalées dans le texte.
Produits typographiques polychromes.
Produits divers de l'imprimerie.

8e SECTION. — *Reliure.*

Matériel et appareils pour la reliure en papier, en toile, en parchemin, en peau, etc.
Registres, albums et carnets pour usages courants.
Reliures mobiles, étuis, etc.
Reliures ordinaires pour usages courants.
Reliures de luxe.

XXVIIe CLASSE. — FABRICATION DES INSTRUMENTS DE MUSIQUE.

1re SECTION. — *Instruments à vent non métalliques : en bois, en corne, en ivoire, en os, en coquillages, en cuir, etc.*

Instruments à embouchure simple : flûtes de Pan, flûtes droites à trous, fifres et flûtes traversières, avec ou sans clés, etc.
Instruments à bec de sifflet : sifflets, flûtes à bec, flageolets, avec ou sans clés, etc.
Instruments pour lesquels les lèvres font fonction d'anches : conques et cornets, serpents à trous, avec ou sans clés, etc.
Instruments à anches : chalumeaux et cornets, hautbois, bassons, clarinettes.
Instruments à hanches, à réservoirs d'air : cornemuses, musettes, binious, etc.

2e SECTION. — *Instruments à vent métalliques.*

Instruments simples : cornets, clairons, trompettes, trompes, cors de chasse, etc.
Instruments à rallonges, à coulisses, à pistons ou à cylindres : cors d'harmonie, trombones et autres instruments à coulisses; cors d'harmonie et cornets à pistons, trombones à pistons, etc.
Instruments à clés : trompettes et clairons, ophicléïdes, etc.
Instruments simples à anches : guimbardes, etc.

3e SECTION. — *Instruments à vent à clavier.*

Grandes orgues d'église.
Orgues ordinaires.
Orgues expressives, à anches libres.
Instruments à anches portatifs, accordéons, harmoniums, mélophones, etc.

4e SECTION. — *Instruments à cordes sans clavier.*

Instruments éoliens.
Instruments à cordes pincées : lyres, petites harpes et autres instruments à sons fixes, harpes à pédales, guitares, luths, mandolines, balalaïkas, guzlas, etc.
Instruments à cordes, avec archet : instruments primitifs, pochettes, etc. ; violons, altos, vieles, etc. ; violoncelles, contre-basses, etc.
Instruments divers : tympanons et autres instruments à percussion.

5e SECTION. — *Instruments à cordes à clavier.*

Instruments à percussion : pianos de toute sorte.
Instruments divers : épinettes, clavecins, vielles, etc.

6e SECTION. — *Instruments divers à percussion ou à frottement.*

Instruments à peaux vibrantes : tambours de basque et tambourins, tambours et grosses caisses, timbales, etc.
Instruments de bois, de pierre, de verre, etc.: castagnettes, harmonicas à percussion, à frottement, etc.
Instruments métalliques : triangles et castagnettes, cymbales et tam-tams, cloches, timbres, grelots, chapeaux-chinois, etc., diapasons et instruments divers à verges et plaques vibrantes, etc.

7e SECTION. — *Instruments automatiques.*

Orgues de Barbarie.
Serinettes et instruments analogues.
Boîtes à musique.
Carillons.

8e SECTION. — *Fabrications élémentaires et accessoires.*

Pièces détachées d'instruments de toute nature.
Cordes à boyaux.
Cordes métalliques.
Métronomes, applications de la mécanique à la musique, etc.
Pupitres et objets de matériel pour l'exécution ou l'enseignement de la musique, etc.
Instruments divers ayant pour objet de modifier la voix humaine ou d'imiter la voix des animaux (sauf renvoi à la classe II).

BEAUX-ARTS

JURY D'ADMISSION.

DÉCRET.

NAPOLÉON,

Par la grâce de Dieu et la volonté nationale, EMPEREUR DES FRANÇAIS,

A tous présents et à venir, SALUT :

AVONS DÉCRÉTÉ ET DÉCRÉTONS ce qui suit :

ARTICLE PREMIER. M. le comte de Nieuwerkerke, directeur général des Musées impériaux, intendant des beaux-arts de notre Maison, membre de l'Institut, est nommé président du jury d'examen et d'admission des œuvres d'art qui seront présentées à l'Exposition universelle de 1855.

ART. 2. Le Ministre d'État et de notre Maison, vice-président de la Commission impériale de l'Exposition universelle, est chargé de l'exécution du présent décret.

Fait à Paris, le 20 janvier 1855.

NAPOLÉON.

Par l'Empereur :

Le Ministre d'État,

ACHILLE FOULD.

NAPOLÉON,

Par la grâce de Dieu et la volonté nationale, EMPEREUR DES FRANÇAIS,

A tous présents et à venir, SALUT :

AVONS DÉCRÉTÉ ET DÉCRÉTONS ce qui suit :

ARTICLE PREMIER. Sont nommés membres du jury d'examen et d'admission des œuvres présentées à l'Exposition universelle de 1855 :

Pour la section de Peinture et de Gravure.

MM. Abel de PUJOL, membre de l'Institut.
ALAUX, membre de l'Institut.
ADALBERT DE BEAUMONT.
BRASCASSAT, membre de l'Institut.
Duc DE CAMBACÉRÈS.
CHAIX-D'EST-ANGE [1].
COUDER, membre de l'Institut.
COUTURE.
DAUZATS.
DELESSERT.
DESNOYERS, membre de l'Institut.
DU SOMMERARD.
H. FLANDRIN, membre de l'Institut.
FRANÇAIS.
FORSTER, membre de l'Institut.
HEIM, membre de l'Institut.
HERSENT, membre de l'Institut.
LACAZE (Louis).
LEHMANN (Henri).
Léon COGNIET, membre de l'Institut.
Léon NOEL.
Marquis MAISON.
MOREAU (Adolphe).
MOUILLERON.
MULLER.
PICOT, membre de l'Institut.
PLACE.
REISET, Conservateur au Musée du Louvre.
ROBERT-FLEURY, membre de l'Institut.
ROUSSEAU (Théodore).
DE TROMELIN, député au Corps Législatif.
TROYON.
VERNET (Horace), membre de l'Institut.
VILLOT.

Pour la section de Sculpture.

MM. BARRE père.
BARYE.
J. DEBAY.
Comte DE LABORDE, membre de l'Institut.
DUMONT, id.
DURET, id.
GATTEAUX, id.
LEMAIRE, id.
DE LONGPÉRIER, id.
NANTEUIL, id.
PETITOT, id.
POLLET.
RUDE.
SAUVAGEOT.
SEURRE aîné, membre de l'Institut.
TOUSSAINT.
Comte TURPIN DE CRISSÉ, membre de l'Institut.
DE VIEL-CASTEL.

(1) C'est par erreur que le nom de M. Chaix-d'Est-Ange a été omis dans le décret d'hier qui contient la liste des personnes faisant partie du jury d'examen et d'admission des œuvres d'art qui seront présentées à l'Exposition universelle de 1855. M. Chaix-d'Est-Ange appartient à la section de peinture et de gravure. (*Extrait du Moniteur du 27 janvier.*)

Pour la section d'Architecture.

MM. Caristie, membre de l'Institut.
De Caumont, id.
Duban, id.
De Gisors, id.
Hittorf, id.
Labrouste.
Lassus.
Le Bas, membre de l'Institut.
Lefuel.
Lenoir.
Lenormant, membre de l'Institut.
Viollet-Leduc.

Art. 2. Le Ministre d'État et de notre Maison, vice-président de la Commission impériale de l'Exposition universelle de 1855, est chargé de l'exécution du présent décret.

Fait à Paris, le 20 janvier 1853.

NAPOLÉON.

Par l'Empereur :
Le Ministre d'État,

Achille Fould.

La Commision impériale a décidé en outre que son Président, ses Vice-présidents, le Secrétaire général, le Secrétaire général adjoint, ainsi que les Membres et le Secrétaire de la section des beaux-arts, feraient partie du jury d'admission et auraient voix délibérative. Le partage s'est fait ainsi qu'il suit :

Peinture.

S. A. I. le Prince Napoléon, président.
S. Exc. M. le Ministre d'État.
S. Exc. M. le comte de Morny.
MM. Ingres.
le marquis de Pastoret.
Delacroix.
Thibaudeau.
de Mercey.

Sculpture.

S. A. I. le Prince Napoléon, président.
S. Exc. M. le Ministre des Finances.
S. Exc. M. Baroche.
MM. Simart.
le Prince de la Moskowa.
de Saulcy.
Arlès Dufour.

Architecture.

S. A. I. le Prince Napoléon.
MM. Mérimée.
Vaudoyer.

La Commission a décidé en même temps que S. A. I. le prince Napoléon, ou, en son absence, MM. les Ministres présideraient les séances du jury auxquelles ils assisteraient.

MM. Meissonnier et vicomte Lezay-Marnézia ont remplacé, dans le jury d'admission, MM. Ingres et Horace Vernet, démissionnaires.

INSTALLATION DES JURYS D'ADMISSION.

(Extrait du *Moniteur* du 25 mars 1855.)

S. A. I. le prince Napoléon s'est rendu aujourd'hui, à midi, au Palais de l'Exposition universelle des Beaux-Arts (avenue Montaigne), pour présider la séance d'installation des Jurys d'admission des œuvres d'art.

Son Altessse impériale était accompagnée de MM. Arlès-Dufour, Secrétaire général de la Commission impériale ; Thibaudeau, Secrétaire général adjoint ; de Mercey, Secrétaire de la section des Beaux-Arts. Elle a été reçue par M. le comte de Nieuwerkerke, Directeur général des Musées, Président du Jury d'admission, et par les membres du Jury.

S. A. I. le prince Napoléon s'est rendu dans la salle des délibérations, et le jury ayant pris séance, son Altesse impériale lui a adressé l'allocution suivante, que l'assemblée a accueillie avec un vif assentiment.

« Messieurs,

« Déjà, une première fois, un concours de toutes les « industries du monde s'est ouvert dans un pays voisin « et allié, qui doit à l'industrie toute sa force et sa « prospérité. Il était réservé à la France, quand elle re« nouvelle une Exposition universelle de l'industrie, d'y « joindre celle des Beaux-Arts, qui contribuent tant à sa « gloire.

« C'est là une innovation qui sera féconde. Aussi, suis« je heureux d'en reporter hautement le mérite à qui en « a eu la première pensée, à S. M. l'Impératrice Eugé« nie, qui s'y est vivement intéressée et a voulu ainsi « répandre un nouvel éclat sur la France.

« C'est, Messieurs, une tâche importante qui vous est « dévolue ; vous la remplirez avec une juste sévérité : « vous ne formulerez que des jugements équitables : « vous n'aurez en vue que la considération dont jouit à « si juste titre la France ; vous ne tiendrez compte que « du rang élevé où les œuvres de ses artistes l'ont mise « et où il faut la maintenir.

« Dans cette tâche qui a bien ses difficultés, je l'avoue, « votre Président, quelle que soit la faiblesse de ses lu« mières à côté de celles des hommes éminents qui com« posent les Jurys, s'efforcera de prêcher d'exemple.

« Il ne nous faut arriver à cette bataille pacifique qu'a« vec des armes bien choisies, afin que nos artistes se « montrent, dans cette lutte, dignes de ces autres enfants « de la France qui combattent si vaillamment les ennemis « de notre patrie.

« Je déclare ouverte la session des Jurys des Beaux« Arts. »

Sur l'invitation de Son Altesse impériale, les sections du Jury pour la peinture, la sculpture et l'architecture, ont immédiatement procédé à la nomination de leurs Présidents et Vice-Présidents, et se sont constituées.

Son Altesse impériale a ensuite visité en détail toutes les parties du bâtiment destiné à l'Exposition unviersell e des Beaux-Arts, dont elle a approuvé l'heureuse disposition.

RÉCOMPENSES

RAPPORT A L'EMPEREUR

SIRE,

La Commission impériale de l'Exposition universelle, aux termes de l'article 76 du Règlement général, approuvé par décret du 6 avril 1854, est chargée de soumettre à Votre Majesté un décret déterminant la nature des récompenses à décerner à la suite de l'Exposition et les règles générales à prendre pour base de ces récompenses.

Ce décret, que la Commission impériale, par l'organe de son président, soumet à Votre Majesté, a été conçu dans l'esprit le plus large et le plus libéral.

En ce qui concerne l'agriculture et l'industrie, deux systèmes se trouvaient en présence :

1° Le système suivi à Londres en 1851, qui, tout en semblant maintenir entre les exposants une égalité qui n'existe pas dans leurs mérites respectifs, les classait cependant en plusieurs catégories : la première, obtenant de grandes médailles du conseil ; la seconde, des médailles de prix ; la troisième, enfin, des mentions honorables.

2° Le système constamment en usage en France depuis l'origine des expositions nationales, qui admet plusieurs ordres de récompenses, les décerne suivant le mérite constaté, les services rendus et les progrès accomplis, et appelle à les recevoir les contre-maîtres et les ouvriers, aussi bien que les chefs de fabrique. Il donne à l'Exposition son véritable caractère, celui d'un concours universel.

C'est ce second système que la Commission impériale a adopté en le complétant.

Pour les beaux-arts, nous avons suivi, en l'élargissant, le mode de récompenses depuis longtemps en vigueur. La Commission impériale a introduit dans le projet de décret quatre ordres de récompenses, dont trois médailles d'or ; elle a institué, en outre, de grandes médailles d'honneur, dont le nombre sera fixé par le président de la Commission impériale, sur la proposition des présidents des trois classes des beaux-arts, après discussion en assemblée générale des jurés de ces classes.

La Commission impériale n'a pas déterminé le nombre des médailles ordinaires, ce qui eût été préjuger le mérite des œuvres exposées ; mais elle s'est efforcée de pourvoir à tous les besoins, et de donner aux récompenses une valeur en rapport avec la solennité et l'universalité du concours, en élevant à cent cinquante mille francs la somme à répartir, sous forme de médailles, entre les lauréats de l'Exposition des beaux-arts.

Une disposition particulière et toute nouvelle nous permettra de signaler à Votre Majesté les exposants qui mériteront des marques spéciales de gratitude publique pour des services hors ligne rendus à la civilisation, à l'humanité, aux sciences et aux arts, et ceux qui, en raison de sacrifices considérables faits dans un but d'utilité générale, nous paraîtront avoir droit à des encouragements d'une autre nature.

J'ai l'honneur de présenter le décret ci-joint à la signature de Votre Majesté.

Veuillez agréer, Sire, l'hommage du profond et respectueux attachement avec lequel je suis,

De Votre Majesté,

Le très-dévoué cousin,

Le président de la Commission impériale,

NAPOLÉON BONAPARTE.

Palais-Royal, ce 9 mai 1855.

Approuvé :

NAPOLÉON.

DÉCRET.

NAPOLÉON,

Par la grâce de Dieu et la volonté nationale, EMPEREUR DES FRANÇAIS,

A tous présents et à venir, SALUT :

Vu l'article 76 du Règlement général concernant l'Exposition universelle, approuvé par notre décret du 6 avril 1854 ;

Sur la proposition de la Commission impériale de l'Exposition,

AVONS DÉCRÉTÉ ET DÉCRÉTONS ce qui suit :

ARTICLE PREMIER. Les récompenses à décerner par les vingt-sept premières classes du jury international sont les suivantes :

1° La médaille d'or ;
2° La médaille d'argent ;
3° La médaille de bronze ;
4° La mention honorable.

ART. 2. La médaille d'or ne pourra être décernée pour les 27 premières classes que par le conseil des présidents et vice-présidents, sur la proposition des jurys de classe, approuvé par le groupe auquel chaque classe appartient.

La médaille d'or ne pourra être proposée et décernée, dans les 27 premières classes, que pour des collections très-complètes adressées par des États étrangers ou par des villes ou centres de grande production, et offrant une haute utilité au point de vue de l'instruction, ou pour des produits exposés par des industriels et qui se recommanderont par une perfection exceptionnelle due à l'art, au goût, à la science ou au travail, ou par des découvertes ou inventions très-importantes arrivées à l'état de grande exploitation industrielle, ou à l'accroissement très-considérable d'utilité d'un produit déjà connu et rendu accessible, par la réduction de son prix, à une consommation plus générale.

Art. 3. La médaille d'argent pourra être décernée par chacun des jurys des sept premiers groupes, sur la proposition des jurys des classes dont ils sont formés, pour la supériorité du goût, de la forme ou du travail, ou pour des collections intéressantes au point de vue de l'instruction, ou pour des progrès importants et constatés introduits dans la fabrication, soit par voie d'invention ou autrement, et ayant pour conséquence un usage meilleur, plus agréable, plus utile ou plus durable, ou une diminution du prix des objets de grande consommation.

Art. 4. La médaille de bronze pourra être décernée par chacun des jurys des sept premiers groupes, sur la proposition des jurys des classes dont ils sont formés, pour la bonté du travail, ou pour des qualités de forme et de goût, ou pour des améliorations réelles obtenues, soit dans les moyens de production, soit dans l'utilité plus grande des produits, soit dans l'abaissement de leur prix.

Art. 5. La mention honorable pourra être décernée par chacun des jurys des sept premiers groupes, sur la proposition des jurys des classes dont ils sont formés, aux exposants des produits qui se seront distingués par l'un des mérites énoncés plus haut, lorsque la nouveauté de l'invention ou le peu d'importance de la production ne donnera pas lieu au vote de la médaille de bronze.

Art. 6. Les groupes ne pourront décerner une récompense qui ne serait pas proposée par le jury de la classe à laquelle l'exposant appartient.

Art. 7. Le jury devra prendre en considération, pour les récompenses à distribuer, la circonstance de l'abaissement du prix des produits exposés toutes les fois que cette réduction des prix sera sincère et paraîtra devoir être permanente.

Art. 8. Les contre-maîtres et les ouvriers qui ont été signalés pour services rendus à l'industrie qu'ils exercent, ou par leur participation à la production des objets exposés et jugés dignes d'une récompense, pourront recevoir des jurys des sept premiers groupes, sur la proposition des jurys des vingt-sept premières classes, l'une des distinctions énoncées en l'article 1er.

Art. 9. L'application des règles qui précèdent est laissée à l'appréciation du jury international et à l'interprétation du conseil des présidents et vice-présidents.

En cas de doute, il pourra être appelé, mais par les membres du jury seulement, de la décision des groupes au conseil des présidents et vice-présidents, qui prononcera en dernier ressort.

Art. 10. Indépendamment des récompenses à décerner par le jury, nous nous réservons, sur la recommandation du conseil des présidents et vice-présidents des 27 premières classes, d'accorder des marques spéciales de gratitude publique aux exposants qui nous seront signalés pour des services hors ligne rendus à la civilisation, à l'humanité, aux sciences ou aux arts, ou des encouragements d'une autre nature, à raison des sacrifices considérables faits dans un but d'utilité générale, et eu égard à la position des personnes ainsi recommandées.

DISPOSITIONS SPÉCIALES RELATIVES AUX BEAUX-ARTS.

Art. 11. Les récompenses à décerner par les trois classes du jury des beaux-arts sont les suivantes :

1° Médaille de 1re classe, en or ;
2° Médaille de 2e classe, en or ;
3° Médaille de 3e classe, en or ;
4° Mention honorable.

Art. 12. — En outre des récompenses énoncées en l'article 11 ci-dessus, il pourra être décerné, dans chacune des 3 classes des beaux-arts, aux artistes qui se seront fait remarquer par des ouvrages d'un mérite éclatant, une grande médaille d'honneur de la valeur de 5,000 fr.

Les grandes médailles d'honneur ne pourront être décernées que par l'assemblée générale des membres composant les 3 classes du jury des beaux-arts.

Art. 13. — Le nombre des médailles d'honneur et celui des médailles à décerner par chaque classe du jury des beaux-arts seront déterminés par le président de la Commission impériale, sur la proposition du président du huitième groupe, après discussion en assemblée générale des membres des trois classes le composant.

Art. 14. — La valeur totale des récompenses à délivrer par les trois classes du jury des beaux-arts pourra s'élever à la somme de 150,000 fr.

Art. 15. — Indépendamment des récompenses à décerner par les trois classes du jury des beaux-arts, nous nous réservons, sur la recommandation de l'assemblée générale des jurés des 3 classes, d'accorder des marques spéciales de gratitude publique aux artistes exposants qui nous seront signalés pour leur mérite hors ligne ou pour de grands services rendus aux arts.

Art. 16. — Nos ministres d'État et de l'agriculture, du commerce et des travaux publics sont chargés, chacun en ce qui le concerne, de l'exécution du présent décret.

Fait au palais des Tuileries, le 10 mai 1855.

NAPOLÉON.

Par l'Empereur :

Le ministre d'État,

Achille Fould.

RÈGLEMENT

POUR SERVIR DE BASE AUX OPÉRATIONS DU JURY INTERNATIONAL.

La Commission impériale pour l'Exposition universelle,

Vu l'art. 63 du Règlement général,

A arrêté comme suit les bases des opérations du jury international :

ARTICLE PREMIER. Aussitôt après leur arrivée à Paris, les membres français et étrangers du jury international se rendront au secrétariat du jury à l'effet d'y recevoir toutes les informations nécessaires.

ART. 2. Les membres du jury se réuniront le 15 juin, par classe, suivant la division faite par la Commission impériale.

ART. 3. Dans la première réunion de chaque classe, les membres présents éliront entre eux un vice-président, qui assistera le président et le remplacera en cas d'absence. Les vice-présidents des 27 premières classes siégeront avec les présidents au conseil des présidents.

ART. 4. Il sera également nommé dans chaque classe, par voie d'élection, un ou plusieurs rapporteurs, et un secrétaire chargé de tenir note du résultat des délibérations.

ART. 5. Le même membre pourra réunir les fonctions de président ou vice-président et celles de rapporteur. L'un des rapporteurs, s'il n'est président ou vice-président, pourra aussi réunir à ses fonctions celles de secrétaire.

ART. 6. Dans le cas où, pour les élections à faire en vertu des articles 3 et 4 ci-dessus, aucun membre n'obtiendrait la majorité absolue, le sort prononcerait entre les deux candidats réunissant le plus grand nombre de voix.

ART. 7. Le président de chaque jury de classe, et, en son absence, le vice-président, a voix prépondérante en cas de partage.

ART. 8. Le lieu, le jour et l'heure de chaque réunion des jurys de classe seront fixés par le président, et, en son absence, par le vice-président. Avis en sera donné au secrétariat du jury, qui adressera les lettres de convocation. Les jours de réunion seront, en outre, affichés dans le lieu des séances du jury et au secrétariat.

ART. 9. Les produits seront examinés dans le plus bref délai possible, par les différentes classes du jury dans les attributions desquelles ils se trouvent rangés par la classification générale.

ART. 10. Dans le cas où les produits d'un exposant seraient de nature complexe et réclameraient l'examen de plusieurs jurys, il sera formé, par le président du jury dans les attributions duquel les produits sont officiellement rangés par le système de classification, des comités mixtes composés d'un certain nombre de jurés des différentes classes compétentes, chaque juré ayant voix délibérative. Les récompenses proposées par les comités mixtes seront présentées et soutenues devant le groupe par le jury de la classe dans les attributions de laquelle les produits seront rangés par la classification générale.

ART. 11. Dans le cas où un même exposant présenterait des produits différents, appartenant à plusieurs classes, chaque produit sera l'objet d'un examen spécial par la classe dans les attributions de laquelle il se trouve rangé par le système de classification.

ART. 12. Chaque jury pourra, suivant le besoin de ses travaux, se fractionner en sous-comités; mais il ne pourra prendre de décision qu'à la majorité du jury entier.

ART. 13. Chaque jury de classe pourra s'adjoindre, à titre d'associé ou d'expert, une ou plusieurs personnes compétentes sur quelques-unes des matières à examiner. Ces personnes pourront être prises parmi les membres titulaires ou suppléants des autres classes et parmi les hommes de la spécialité requise en dehors du jury.

Les membres ainsi adjoints ne prendront part aux travaux de la classe où ils auront été appelés que pour l'objet déterminé qui aura motivé leur appel ; ils auront seulement voix consultative.

ART. 14. Les exposants qui auront accepté les fonctions de juré, soit comme titulaires, soit comme suppléants, seront, par ce seul fait, mis hors de concours pour les récompenses.

Le jury des beaux-arts (8e groupe, classes 28, 29 et 30) est excepté de cette règle.

ART. 15. Seront également exclus du concours, mais dans la classe seulement où ils auront opéré, les exposants appelés comme associés ou comme experts.

ART. 16. Les exposants étrangers remplissant les fonctions de juré, pourront, par décision spéciale et individuelle de la section de l'agriculture et de l'industrie de la Commission impériale, conserver leur droit à concourir pour les récompenses, mais seulement dans les classes où ils n'auront pas opéré comme jurés.

ART. 17. En cas d'absence prolongée d'un juré titulaire dans une classe, il sera pourvu à son remplacement par l'un des suppléants nommés. Dans le cas où la liste des suppléants serait épuisée, et où le nombre des membres présents, titulaires ou suppléants, serait inférieur à la moitié plus un de la totalité des membres titulaires dont se compose la classe, il en serait déféré de suite par le président, ou, à son défaut, par le vice-président, à la section de la Commission impériale à laquelle ressortit la classe du jury où ces vacances se produiront, pour désigner un ou plusieurs nouveaux membres.

ART. 18. Dans le cas où une des nations exposantes n'aurait pas désigné les jurés qui doivent la représenter, ou un nombre suffisant de jurés, il y sera pourvu d'office par l'assemblée générale des jurés présents dans chaque classe, lesquels auront à choisir sur une liste triple préparée à cet effet par la commission impériale.

ART. 19. Chacune des 27 premières classes du jury, après avoir examiné les produits des exposants dont les dossiers lui seront remis, arrêtera, à la majorité des membres présents, qui devront représenter au moins la moitié plus un des membres dont se compose la classe, une liste de propositions pour les récompenses, en se conformant à cet égard aux prescriptions du décret du 10 mai 1855, ci-annexé.

Chaque proposition sera accompagnée de la mention succincte des motifs sur lesquels elle repose.

Art. 20. Les déclarations faites par les exposants qui seront supposées inexactes par le jury pourront être renvoyées par le président de la classe au secrétariat du jury, pour les faire vérifier.

Art. 21. Les propositions de récompenses arrêtées par chacune des 27 premières classes seront soumises à la révision de l'assemblée générale du groupe auquel la classe appartient.

L'approbation de l'assemblée générale du groupe rendra définitives les récompenses proposées par chacune des classes la composant.

Le rapport définitif devra être remis au secrétariat dans le délai de quinze jours après que la récompense aura été confirmée par le groupe.

Art. 22. Il pourra être appelé par les membres des 27 premières classes du jury, mais seulement pour violation des prescriptions du décret du 10 mai 1855, des décisions des sept premiers groupes, au conseil des présidents et vice-présidents.

Art. 23. Pour l'exécution de l'art. 21 ci-dessus, les 27 premiers jurys spéciaux se réuniront en assemblée générale par groupes formés de la manière suivante, en conformité des art. 16 et 67 du Règlement général.

Le 1er groupe sera formé de la réunion des classes			1 à 3
Le 2e groupe	—	—	4 à 7
Le 3e groupe	—	—	8 à 11
Le 4e groupe	—	—	12 à 14
Le 5e groupe	—	—	15 à 18
Le 6e groupe	—	—	19 à 23
Le 7e groupe	—	—	24 à 27

Les membres de chaque groupe nommeront leur président et leur vice-président, et désigneront un ou plusieurs secrétaires.

Il sera adjoint à chaque groupe un employé du secrétariat délégué par le secrétaire du jury international, pour la transcription des procès-verbaux et pour tenir au courant la liste des récompenses. Ces listes seront transmises à la suite de chaque séance au secrétariat du jury; elles seront revêtues de la signature du président ou du vice-président et de celle du secrétaire du groupe.

Art. 24. Les récompenses de premier ordre ne seront accordées pour les 27 premières classes, que par le conseil des présidents et vice-présidents, sur la proposition des jurys de classe, approuvée en assemblée générale des groupes auxquels ils appartiennent.

Art. 25. Le conseil des présidents sera composé des présidents et des vice-présidents des jurys spéciaux des 27 premières classes; il sera présidé par le président de la Commission impériale, président général du jury, et, en son absence, par l'un des vice-présidents de la Commission impériale, suivant l'ordre réglé par les décrets impériaux.

Le secrétaire du jury international remplira les fonctions de secrétaire auprès du conseil des présidents.

Art. 26. Le conseil des présidents prononcera sur les appels qui lui seront déférés pour violation des règles posées par le décret du 10 mai 1855; il accordera ou rejettera les récompenses de premier ordre proposées par les classes avec l'approbation des groupes; enfin il aura la faculté de recommander à l'Empereur les exposants qui lui paraîtront mériter des marques spéciales de gratitude publique à raison de services hors ligne rendus à la civilisation, à l'humanité, aux sciences et aux arts, ou des encouragements d'une autre nature, à raison de sacrifices considérables faits dans un but d'utilité générale et eu égard à la position des inventeurs ou des producteurs.

DISPOSITIONS SPÉCIALES RELATIVES AUX BEAUX-ARTS.

8e groupe : classes 28, 29 et 30.

Art. 27. Chacune des trois classes du jury des beaux-arts procédera isolément à l'examen des ouvrages exposés, sauf ce qui est dit aux articles 12 et 15 du décret sur les récompenses et à l'article 32 ci-après.

Art. 28. Après un premier examen, et avant de procéder à la désignation nominative pour les récompenses, l'assemblée générale des trois classes discutera les propositions à soumettre par les présidents de chaque classe au président de la Commission impériale, pour la détermination du nombre des médailles d'honneur et des médailles de 1re, 2e et 3e classe, conformément à l'article 13 du décret du 10 mai 1855.

Art. 29. L'examen terminé, chaque classe désignera, par un scrutin de liste, ceux des artistes exposants qu'elle aura jugés dignes de recevoir l'une des récompenses instituées par l'art. 11 du décret du 10 mai 1855.

Art. 30. Les listes des classes seront formées par le dépouillement de la liste particulière que chaque juré devra dresser, en indiquant le nom de l'artiste, sa spécialité et la nature de la récompense proposée, et sans excéder les limites de nombre qui seront déterminées par le président de la Commission impériale, conformément à l'article 13 du décret du 10 mai 1855.

Art. 31. Les récompenses déterminées par l'article 11 du décret du 10 mai 1855 seront votées définitivement par chaque classe du jury des beaux-arts, sans révision par le groupe.

Art. 32. Après l'achèvement de leur travail particulier, les jurys des trois classes des beaux-arts se réuniront en assemblée générale pour décerner les grandes médailles qui auront été attribuées à chaque classe, et pour arrêter la liste des artistes exposants qui seront jugés dignes d'être recommandés à l'Empereur pour recevoir des marques spéciales de gratitude publique, à raison d'un mérite hors ligne ou de grands services rendus aux arts.

Paris, le 11 mai 1855.

Le président de la Commission impériale,

Napoléon Bonaparte.

CIRCULAIRES

DU PRÉSIDENT DE LA COMMISSION IMPÉRIALE

ADRESSÉES AUX PRÉSIDENTS DE CLASSE.

Paris, le 19 juillet 1855.

MONSIEUR LE PRÉSIDENT,

Les dispositions du décret du 10 mai 1855, relatif aux récompenses à décerner par le jury, sont formelles, et je réclame votre concours pour en assurer la stricte application dans votre classe et dans votre groupe.

C'est surtout en matière de proposition pour la Médaille d'or, considérée comme Grande Médaille d'honneur, qu'il est de la plus haute importance que le Jury se conforme rigoureusement aux prescriptions du décret. Les grandes collections, très-complètes et très-instructives, — ou la perfection *exceptionnelle* des produits, ou le très-grand bon marché, — ou les découvertes très-importantes arrivées à l'état de grande application industrielle, sont les seuls titres qui puissent donner droit à la Médaille d'or.

Toute considération d'origine ou de nationalité et tout souvenir de récompenses antérieures doivent être écartés par les juges du concours universel ouvert en ce moment. Le Jury ne se laissera pas surprendre non plus par des tours de force accidentels, qui ne sont pas l'expression d'une fabrication régulière et habituelle, ou le résultat d'une nouvelle conquête, d'un progrès réel et sérieux de l'industrie.

La seule circonstance qui puisse embarrasser le Jury, est celle où un certain nombre d'industriels exposants étant arrivés ensemble à un haut degré de perfection, sans qu'aucun d'eux présente rien d'exceptionnel et devienne par là supérieur aux autres, il peut y avoir doute sur le point de savoir à qui la Médaille d'or doit être attribuée. Pour ce cas spécial, qu'il est utile de prévoir, la Médaille d'or devra être décernée aux groupes industriels dont ces exposants font partie, et le rapport du Jury mentionnera particulièrement les noms des industriels exposants dont le mérite collectif aura valu à leur groupe cette haute distinction.

Veuillez, monsieur le Président, communiquer cette lettre aux membres du Jury de votre classe, et les inviter à s'en pénétrer, afin de conserver aux récompenses la valeur qu'elles doivent avoir, de maintenir entre toutes les classes l'unité d'appréciation, et de prévenir les difficultés et les inconvénients graves qui résulteraient de l'annulation certaine par le Conseil des Présidents, de toute proposition ou de tout vote de récompenses qui ne seraient pas strictement conformes aux règles établies par la Commission impériale.

Recevez, monsieur le Président, l'assurance de mes sentiments de haute considération.

Le Président de la Commission impériale
et du Conseil des Présidents,

NAPOLÉON BONAPARTE.

Paris, 25 juillet 1855.

MONSIEUR LE PRÉSIDENT,

Ma lettre circulaire en date du 19 de ce mois, dont je recommande de nouveau le contenu à votre plus sérieuse attention, renferme le passage suivant : « Toute considération d'origine ou de nationalité, *tout souvenir de* « *récompenses antérieures*, doivent être écartés par les « juges du *concours universel* ouvert en ce moment. »

Telle est bien, en effet, la pensée du décret du 10 mai 1855, développée dans le rapport qui le précède ; telles sont les intentions de la Commission impériale, et l'esprit qui l'a dicté animera, j'en suis certain, les membres du jury international. Ce résultat est si important à mes yeux que je ne veux rien négliger pour l'obtenir, avec votre concours ; aussi suis-je heureux de vous informer, monsieur le Président, que, sur les observations qui m'ont été soumises par plusieurs de vos collègues, et voulant donner aux membres du Jury une preuve de mon vif désir de faciliter leur travail, j'ai l'intention de proposer à la Commission impériale de caractériser d'une manière plus précise la valeur des récompenses à décerner à la suite de l'Exposition universelle, en modifiant leur dénomination de la manière suivante :

La Médaille d'or prendra le titre de : *Grande Médaille d'honneur ;*

La Médaille d'argent prendra le titre de : *Médaille de 1re classe ;*

La Médaille de bronze prendra le titre de : *Médaille de 2e classe.*

La Mention honorable conservera son nom.

Ce complément de dénominations écartera tout souvenir des anciennes récompenses et tout rapprochement entre les distinctions obtenues dans les anciennes Expositions, exclusivement nationales, et le concours universel de 1855. On arrive facilement ainsi à donner à la Grande Médaille d'honneur son caractère de récompense *exceptionnelle*, réservée, soit à un mérite ou à des services individuels hors ligne, soit aux groupes industriels dont font partie les exposants les plus distingués et les plus éminents d'une branche du travail des manufactures, lorsqu'aucun d'eux ne s'élève pas assez au-dessus de ses concurrents de tous les pays pour mériter, à lui seul, le grand prix du concours.

Veuillez, monsieur le Président, communiquer cette lettre aux membres du Jury de votre classe, et recevoir la nouvelle assurance de mes sentiments de haute considération.

Le Président de la Commission impériale
et du Conseil des Présidents,

NAPOLÉON BONAPARTE.

JURY INTERNATIONAL DE L'EXPOSITION UNIVERSELLE

1re DIVISION. — Section de l'Agriculture et de l'Industrie.

PREMIÈRE CLASSE (1er groupe).

MM.

Élie de Beaumont, *président*.	France
Devaux, *vice-président*.	Belgique.
Dufrénoy.	France.
Le Play.	—
Callon, *secrétaire*.	—
De Chancourtois.	—
Hamilton (W.-J.)	Angleterre.
Warington W. Smyth.	—
Overweg (Ch.).	Prusse.
Tunner (Pierre).	Autriche.
Rittinger (Pierre).	—
Rainbeaux (Émile).	Belgique.
Sterry Hunt.	Colonies anglaises.

DEUXIÈME CLASSE (2e groupe).

Sir William Hooker, *président*.	Angleterre.
Milne Edwards, *vice-président*.	France.
Geoffroy Saint-Hilaire (Isidore).	—
Brongniart (Ad.).	—
Decaisne.	—
Vicaire.	—
Thérouldé.	—
Focillon (Ad.), *secrétaire*.	—
Geoffroy de Villeneuve.	—
Jose Andrade Corvo.	Portugal.
Robert E. Coxe.	États-Unis.
Chevalier Parlatore.	Toscane.

TROISIEME CLASSE (1er groupe).

Comte de Gasparin, *président*.	France.
Evelyn Denison, *vice-président*.	Angleterre.
Boussingault.	France.
Comte Hervé de Kergorlay.	—
Barral.	—
Yvart.	—
Dailly.	—
Vilmorin (Louis).	—
Monny de Mornay.	—
Robinet.	—
Delehaye.	Belgique.
Ramon de la Sagra.	Espagne.
Dietz.	Grand-duché de Bade.
Baron de Rikse-Stallbourg.	Autriche.
Baron Delong.	Danemark.
Nathorst (Jean-Théophile).	Suède et Norwége.
Wilson (John).	Angleterre.
Amos (C.-W.).	—
Docteur Arenstein.	Autriche.
De Mathelin (Léopold).	Belgique.

QUATRIÈME CLASSE (2e groupe).

Général A. Morin, *président*.	France.
Combes.	—
Flachat (Eugène).	—
Fournel (Henri).	—
Delaunay.	—
Tresca.	—
Rennie (George).	Angleterre.
De Azofra (Manuel).	Espagne.
J.-M. da Ponte et Horta.	Portugal.

CINQUIÈME CLASSE (2e groupe).

Hartwich, *président*.	Prusse.
Schneider, *vice-président*.	France.
Sauvage.	—
Lechatelier.	—
Arnoux.	—
Couche, *secrétaire*.	—
Crampton (J.-A.).	Angleterre.
Hon. lord Shelburne.	—
Spitaels.	Belgique.
Dupré (J.-L.-V.).	—

SIXIÈME CLASSE (2e groupe).

Fairbairn (William) *président*.	Angleterre.
Général Piobert, *vice-président*.	France.
Clapeyron, *secrétaire*.	—
Moll.	—
Polonceau.	—
Hervé-Mangon.	—
Gouin (Ernest).	—
Philips.	—
Commandeur Giulio.	Sardaigne.
Chevalier Adam de Burg.	Autriche.
Holm (Carl.-August.).	Suède et Norwége.
Chevalier Ph. Corridi.	Toscane.
Bialon.	Prusse.

SEPTIÈME CLASSE (2e groupe).

Général Poncelet, *président*.	France.
R. Willis, *vice-président*.	Angleterre.
Féray.	France.
Dollfus (Émile).	—
Schlumberger (Nicolas).	—
Alcan, *secrétaire*.	—
Schmid (H.-D.).	Autriche.
Arano.	Espagne.
Fleishmann (Charles-L.).	États-Uunis.

HUITIÈME CLASSE (3e groupe).

Maréchal VAILLANT, *président*.	France.
Sir David BREWSTER, *vice-président*.	Angleterre.
MATHIEU.	France.
Baron SÉGUIER.	—
FROMENT.	—
WERTHEIM, *secrétaire*.	—
BRUNNER.	—
Alderman CARTER.	Angleterre.
Docteur TYNDALL.	—
DOVE.	Prusse.
WARTHMANN (Élie).	Suisse.
BARBEZAT (Édouard).	—
Docteur STEINHEIL.	Bavière.

NEUVIÈME CLASSE (3e groupe).

WHEATSTONE (C.), *président*.	Angleterre.
BABINET, *vice-président*.	France.
PÉCLET.	—
FOUCAULT, *secrétaire*.	—
BECQUEREL (Edmond).	—
CLERGET.	—
P. NEIL ARNOTT.	Angleterre.
Docteur HESSLER (Ferd.).	Autriche.
MAGNUS.	Prusse.

DIXIÈME CLASSE (3e groupe).

DUMAS, *président*.	France.
GRAHAM (Thomas), *vice-président*.	Angleterre.
BALARD.	France.
PERSOZ.	—
FAULER.	—
KUHLMANN.	—
De CANSON (Ét.).	—
WURTZ, *secrétaire*.	—
THÉNARD (Paul).	—
SCHLŒSING, *secrétaire-adjoint*.	—
DE LA RUE (Warren).	Angleterre.
STAS.	Belgique.
Docteur VERDEIL.	Suisse.
SEYBEL (Émile).	Autriche.
SCHIRGES.	Grand-duché de Hesse.
J.-M. D'OLIVEIRA PIMENTEL.	Portugal.
LANG-GORES (Frédéric).	Prusse.
STEINBACH (Henry).	—

ONZIÈME CLASSE (3e groupe).

OWEN (A.-R.), *président*.	Angleterre.
PAYEN, *vice-président*.	France.
FOUCHÉ-LEPELLETIER, *secrétaire*.	—
DARBLAY jeune.	—
GRAR (Numa).	—
JOEST (Guillaume).	Prusse.
ROBERT (Florent).	Autriche.
BALLING (Charles).	—
Docteur WEIDENBUSCH.	Wurtemberg.

DOUZIÈME CLASSE (4e groupe).

Docteur Forbes ROYLE, *président*.	Angleterre.
RAYER, *vice-président*.	France.
NÉLATON.	—
MÉLIER.	—
BUSSY.	France.
BOULEY (Henry).	—
TARDIEU (Ambroise), *secrétaire*.	—
DEMARQUAY.	—
Sir Joseph OLIFFE.	Angleterre.
Edwin CHADWICK.	—
Docteur de VRY.	Pays-Bas.

TREIZIÈME CLASSE (4e groupe).

Baron Charles DUPIN, *président*.	France.
L.-gén. sir John BURGOYNE, *vice-président*.	Angleterre.
Général NOIZET.	France.
Vice-amiral LEPRÉDOUR.	—
Colonel NESMES-DEMAREST.	—
Colonel GUYOD.	—
DE LA RONCIERE-LENOURY, *secrétaire*.	—
REECH.	—
J. SCOTT RUSSELL.	Angleterre.
Lieutenant-colonel DELOBEL (G.).	Belgique.
Capitaine COLLIGNON.	—
PROVENZAL (Joseph).	Grèce.
SCHMITZ (Henri-Mathias).	Prusse.

QUATORZIÈME CLASSE (4e groupe).

MARY, *président*.	France.
MANBY (Ch.), *vice-président*.	Angleterre.
DE GISORS.	France.
REYNAUD (Léonce).	—
DE LA GOURNERIE.	—
JOLY.	—
GOURLIER.	—
LOVE.	—
DELESSE.	—
TRÉLAT.	—
JOMARD.	Turquie, Égypte.

QUINZIÈME CLASSE (5e groupe).

Von DECHEN, *président*.	Prusse.
Michel CHEVALIER, *vice-président*.	France.
FRÉMY.	—
GOLDENBERG.	—
LEBRUN.	—
BARRESWIL, *secrétaire*.	—
RIVOT.	—
MOULSON (T.).	Angleterre.
MECHI (J.-J.).	—
BŒCKER (Robert).	Prusse.
SELLA (Quintino).	États sardes.
Docteur Guillaume SCHWARZ.	Autriche.
PALMSTEDT.	Suède et Norwége.

SEIZIÈME CLASSE (5e groupe).

Docteur DE STEINBEISS, *président*.	Wurtemberg.
PELOUZE, *vice-président*.	France.
WOLOWSKI, *secrétaire*.	—
ESTIVANT.	—
COULAUX.	—
PAILLARD (Victor).	—
DIERICKX.	—
DUMAS (Ernest).	—
BIRD (W.).	Angleterre.
KARMARSH (Ch.).	Hanovre.

Müller (Jean),	Autriche.
De Rossius-Orban.	Belgique.

DIX-SEPTIÈME CLASSE (5e groupe).

Marquis de Hetford, *président.*	Angleterre.
Comte de Laborde, *vice-président.*	France.
Duc de Cambacérès.	—
Devéria.	—
Ledagre.	—
Fossin.	—
Suermondt (J.-D.).	Pays-Bas.
Nellessen (Ch.).	Prusse.
Hossauer (Georges).	—
Caranza (Ernest).	Turquie, Égypte.

DIX-HUITIÈME CLASSE (5e groupe).

Regnault, *président.*	France.
Ch. de Brouckère, *vice-président.*	Belgique.
Péligot, *secrétaire.*	France.
Bougon.	—
Sainte-Claire Deville (Henri).	—
Vital-Roux.	—
Salvetat.	—
De Caumont.	—
Docteur Hoffmann.	Angleterre.
Webb.	—
Pfeiffer (Joseph).	Autriche.
De Baumhauer (E.).	Pays-Bas.
Pracht (Ch.).	Prusse.
Hermann Bitter.	—

DIX-NEUVIÈME CLASSE. — (6e groupe).

Bazley (Th.), *président.*	Angleterre.
Mimerel, *vice-président*	France.
Dollfus (Jean).	—
Barbet.	—
Seillière (Ernest), *secrétaire.*	—
Lucy-Sédillot.	—
Picard (Ch.).	—
Walter Crum.	Angleterre.
Fortamps (F.).	Belgique.
Koller (Jacques).	Suisse.
Jeanrenaud.	—
Borkeinstein (Charles).	Autriche.
Herzig.	—
Max Trost.	Prusse.

VINGTIÈME CLASSE (6e groupe).

Cunin-Gridaine, *président.*	France.
Laoureux, *vice-président.*	Belgique.
Seydoux.	France.
Randoing.	—
Thibot (Germain).	—
Gaussen (Maxime), *secrétaire.*	—
Billiet.	—
Delattre (Henri).	—
Chennevière (Th.).	—
De Brunet.	—
Sir Addington.	Angleterre.
Butterfield.	—
Carl.	Prusse.
Docteur Bodmer (Henri)	Saxe Royale.
Dubois de Luchet.	Prusse.
Offermann (Charles).	Autriche.
Dorner.	Wurtemberg.
Reichenheim (Léonor).	Prusse.
Koch (Auguste).	Autriche.
Fichtner (J.).	—

VINGT ET UNIÈME CLASSE (6e groupe).

Arlès-Dufour, *président.*	France.
Diergardt (Frédéric-C.), *vice-président.*	Prusse.
Faure (Étienne).	France.
Tavernier (Charles).	—
Girodon aîné.	—
Robert (Eugene).	—
Langevin.	—
Saint-Jean.	France.
Gibson (J.-F.).	Angleterre.
Battier (Eugène).	Suisse.
Hornbostel (Théodore).	Autriche.
Radice (Antoine).	—
Docteur Gigliesi (Charles).	—
Winkworth (T.).	Angleterre.

VINGT-DEUXIÈME CLASSE (6e groupe).

Legentil, *président.*	France.
Mevissen (Gustave), *vice-président.*	Prusse.
Cohin aîné.	France.
Scrive (Désiré), *secrétaire.*	—
Cheuvreux (Casimir).	—
Godard (Auguste).	—
Erskine Beveridge.	Angleterre.
Mac-Adam (Jean).	—
Seeman.	Wurtemberg.
Oberleithner.	Autriche.
Kindt.	Belgique.

VINGT-TROISIÈME CLASSE (6e groupe).

Grenier-Lefebvre, *président.*	Belgique.
Sallandrouze de Lamornaix, *vice-président.*	France.
Badin.	—
Aubry (Félix), *secrétaire.*	—
Liéven-Delhaye.	—
Lainel.	—
Hautemanière.	—
Flaissier.	—
Milon aîné.	—
Payen.	—
Felkin (W.).	Angleterre.
Graham (Peter).	—
De Page (A.).	Belgique.
Kunkeler (Arnold).	Suisse.
Schoeller (Léopold).	Prusse.
De Partenau (François).	Autriche.
De Castellanos (J. de la C.).	Espagne.
Fay (Charles).	Francfort.

VINGT-QUATRIÈME CLASSE (7e groupe).

Hittorff, *président.*	France.
Duc Hamilton et Brandon, *vice-président.*	Angleterre.
Baron A. Seillière.	France.
Diéterle.	—
Varcollier.	—

Du Sommerard, *secrétaire.*	France.
Delessert (Benjamin).	—
Digby-Wyatt.	Angleterre.
Docteur Beeg.	Bavière.
Baron James de Rothschild.	Autriche.
Piquier.	Villes Hanséatiques.
O'Brien (G.).	Mexique.

VINGT-CINQUIÈME CLASSE (7e groupe).

Lord Ashburton, *président,*	Angleterre.
Rondot (Natalis), *vice-président.*	France.
Trelon.	—
Gervais (de Caen).	—
Legentil fils, *secrétaire.*	—
Renard (Ed.).	—
Say (Léon).	—
Wertheim (Ernest).	Autriche.
Krach (Robert).	—
Durst (Jean Ulric).	Suisse.

VINGT-SIXIÈME CLASSE (7e groupe).

Forster (Louis), *président.*	Autriche.
Didot (Ambroise-Firmin), *vice-président.*	France.
Feuchère (Léon).	—
Lechesne (Auguste).	—
Renouet.	—
Merlin.	—
Knight (Charles).	Angleterre.
De la Rue (Thomas).	—
Ravené cadet (Louis).	Prusse.

VINGT-SEPTIÈME CLASSE (7e groupe).

Joseph Hellmesberger, *président.*	Autriche.
Halévy (J.), *vice-président.*	France.
Berlioz (Hector).	—
Marloye.	—
Roller.	—
Sir George Clerk.	Angleterre.
Fétis, *secrétaire.*	Belgique.

2e DIVISION. — Section des Beaux-Arts.

VINGT-HUITIÈME CLASSE (8e groupe).

SECTION DE PEINTURE, GRAVURE ET LITHOGRAPHIE.

Comte de Morny, *président.*	France.
Lord Elcho, M. P., *vice-président.*	Angleterre.
Alfred Arago, *secrétaire.*	France.
Alaux, membre de l'Institut.	—
Dauzats.	—
Eugène Delacroix.	—
Français.	—
Ingres, membre de l'Institut.	—
De Mercey, chef de la section des Beaux-Arts.	—
Mouilleron.	—
Marquis de Pastoret, membre de l'Institut.	—
Picot, membre de l'Institut.	—
Robert-Fleury, membre de l'Institut.	—
Horace Vernet, membre de l'Institut.	—
Villot, conservateur au Musée du Louvre.	—
Mac-Lise (Daniel), de l'Acad. de Londres.	Angleterre.
Tayler (Frédéric), président de la Société des peintres aquarellistes.	Angleterre.
Robinson (J.-H.), artiste graveur.	—
Blaas (Charles), professeur à l'Académie des beaux-arts.	Autriche.
Winterhalter, artiste peintre.	Bade et Nassau.
Baron Wappers.	Belgique.
Leys, membre de l'Académie royale.	—
Comte de Bus de Guignies.	—
Marshal Woods.	États-Unis.
Schoeffer (Henri).	Pays-Bas.
Docteur G. Waagen, directeur des peintures des Musées royaux à Berlin.	Prusse.
Boe (F.-D.), artiste peintre,	Suède et Norvége.
Gsell (Jules-Gaspard), artiste peintre.	Suisse.

VINGT-NEUVIÈME CLASSE (8e groupe).

SECTION DE SCULPTURE ET GRAVURE EN MÉDAILLES.

M. Baroche, *président.*	France.
De Nieuwerkerke, *vice-président.*	—
De Longpérier, membre de l'Institut, *secrétaire.*	—
Arago, inspecteur général des Beaux-Arts.	—
Barye.	—
Dumont, membre de l'Institut.	—
Duret, id.	—
Gatteaux, id.	—
Général prince de la Moskova, sénateur.	—
J. Reiset, conservateur au Musée du Louvre.	—
Rude.	—
Simart, membre de l'Institut.	—
Westmacott (R.), de l'Académie de Londres.	Angleterre.
Calder Marshall (W.), de l'Acad. de Londres.	—
César (Joseph).	Autriche.
Van der Nuell (Édouard).	Autriche.
Très-honorable Henri Labouchère.	Angleterre.
Simonis, membre à l'Académie des beaux-arts.	Belgique.
Calamatta.	États pontificaux.

TRENTIÈME CLASSE (8e groupe).

SECTION D'ARCHITECTURE.

M. Caristie, membre de l'Institut, *président.*	France.
Professeur Cocquerell, *vice-président.*	Angleterre.
Lenormant, membre de l'Institut, *secrétaire.*	—
Duban, membre de l'Institut.	France.
Lefuel, architecte de l'Empereur.	—
Mérimée, sénateur.	France.
De Saulcy, membre de l'Institut.	—
Léon Vaudoyer, architecte.	France.
Sir Ch. Barry, de l'Académie de Londres.	Angleterre.

COMMISSION IMPÉRIALE.

Président : S. A. I. le Prince NAPOLÉON.
Vice-Présidents : LL. EE. le MINISTRE D'ÉTAT ;
le MINISTRE DES FINANCES.

MM. ARLÈS-DUFOUR.
BAROCHE.
Élie DE BEAUMONT.
BILLAULT.
Michel CHEVALIER.
Lord COWLEY.
Eugène DELACROIX.
Jean DOLLFUS.
DUMAS.
Baron Charles DUPIN.
Comte DE GASPARIN.
GRÉTERIN.
HEURTIER.
INGRES.
LEGENTIL.
LE PLAY.
Comte DE LESSEPS.
MÉRIMÉE.
Général MORIN.
MIMEREL.
Prince de la MOSKOWA.
Comte DE MORNY.
Marquis DE PASTORET.
Émile PÉREIRE.
Général PONCELET.
REGNAULT.
ROUHER.
SALLANDROUZE DE LAMORNAIX.
DE SAULCY.
SCHNEIDER.
Baron A. SEILLIÈRE.

Secrétaires : MM. De MERCEY.
A. AUDIGANNE.
CHEMIN-DUPONTÈS.
SEYDOUX.
SIMART.
TROPLONG.
Maréchal VAILLANT.
Léon VAUDOYER.

ADMINISTRATION DE LA COMMISSION IMPÉRIALE.

SECRÉTARIAT GÉNÉRAL.

MM. ARLÈS-DUFOUR, secrétaire général.
Ad. THIBAUDEAU, secrétaire général adjoint.

SERVICES COMMUNS AUX DEUX EXPOSITIONS.

Service du secrétariat.

MM. AUBERT, chef du secrétariat général (en congé).
ROGUÈS, chef-adjoint du secrétariat général.
DEMAY, sous-chef. — Arrivée et départ des dépêches. Tenue des procès-verbaux et archives.
DELÈTRE, sous-chef. — Comités, correspondances, visites d'ouvriers. Statistique Collections.
SARTIN, sous-chef. — Délivrance des certificats de garantie. Contentieux.
PASCAL, chef du service de la publicité.—Traductions. Impressions.

Service de la comptabilité et du matériel.

MM. TAGNARD, chef de la comptabilité générale.
PELLAT, attaché au service de la comptabilité.
DE BOUVILLE, attaché au service de la comptabilité.
MERLE, agent du matériel.
DE MONSIGNY, agent des payements de l'Exposition de l'Industrie.
PLANCHE, agent des payements de l'Exposition des Beaux-Arts.

COMMISSARIAT GÉNÉRAL.

SERVICES COMMUNS AUX DEUX EXPOSITIONS.

Service central.

MM. DE CHANCOURTOIS, commissaire adjoint.
DAHLSTEIN, inspecteur principal.
ALDROPHE, architecte. — Service des plans.
DOMERGUE, inspecteur. — Archives.

LAINNÉ, sous-inspecteur.—Archives.
CHOJECKI, Service extérieur.
WYSSOTZKI, Service intérieur.
Dr LOUBITZ, Service des réclamations.
AUDLEY, Service des réclamations.

Service d'ordre et de surveillance.

MM. PÉRÉMÉ, commissaire.
Le baron REY, inspecteur. — Service de sécurité et de salubrité.
BERTHÉ, inspecteur.
D'ARNAY, sous-inspecteur.
COURTEILLE, commissaire de la police d'ordre.
TASNON, commissaire-adjoint de la police d'ordre.

SERVICES SPÉCIAUX DE L'EXPOSITION DE L'INDUSTRIE.

Service du bâtiment.

MM. VAUDOYER, commissaire.

Rossigneux, commissaire-adjoint.
De Crémont, architecte.

Trélat, architecte-ingénieur. — Service de l'installation des machines.
De la Motta, architecte vérificateur.

Service du classement.

MM. Savoye, commissaire.
Picot, commissaire-adjoint.
Loyau, inspecteur. — Produits minéraux et métallurgiques.
Masson, inspecteur. — Produits agricoles et forestiers.
Lecoeuvre, inspecteur-ingénieur. — Machines, grosse chaudronnerie, cuirs et peaux.
Ser, inspecteur. — Instruments de précision et de chirurgie, horlogerie, matériel d'enseignement.
Houzeau, inspecteur. — Produits chimiques et produits alimentaires, parfumerie.
D'Antist, inspecteur. — Constructions civiles et navales.
Grommort, inspecteur. — Orfèvrerie, bijouterie.
De Saint-Martin, inspecteur. — Céramique, verrerie.
Grobost, inspecteur. — Cordages, fils et tissus, literie, bonneterie, vêtements.
Duranton, inspecteur. — Soies grèges, soieries, étoffes imprimées, châles, rubans, nouveautés.
Forest, inspecteur. — Dessin et plastique de l'industrie, gravure, lithographie, imprimerie.
Dr Combes, inspecteur. — Instruments de musique.
Le Pelerin, sous-inspecteur. — Mise en action des machines.
Héritier, sous-inspecteur. — Expositions étrangères
De Pelanne, sous-inspecteur. — Services détachés.
Tortutaux, sous-inspecteur. — Services détachés.

Service du catalogue.

MM. Rondot (Natalis), commissaire.
De Vaubicourt, inspecteur. — Réclamations.

Service médical.

MM. De la Porte, docteur-médecin, chef du service.
Lebatard, docteur-médecin.
Hiffelsheim, docteur-médecin.
Troncin, docteur-médecin.

SERVICES SPÉCIAUX DE L'EXPOSITION DES BEAUX-ARTS.

MM. de Mercey, commissaire général, chargé spécialement de l'Exposition des Beaux-Arts.
Arago, inspecteur.
De Chennevières, inspecteur.
De Jancigny, chef de la rédaction du catalogue.
Biron, archiviste, sous-inspecteur, directeur du personnel.
Clément de Ris, sous-inspecteur.
De Lapeyrouse, sous-inspecteur.
Martinot, sous-inspecteur.
De Mortemart, sous-inspecteur-adjoint.
Calvot, docteur-médecin.
Daumas, docteur-médecin.

SERVICE DU JURY INTERNATIONAL (Commun aux deux Expositions).

MM. Blaise (des Vosges), secrétaire du Jury.
Varcollier (Fr.), secrétaire-adjoint du Jury.
Clément de Ris, secrétaire-adjoint du Jury.

OUVERTURE DE L'EXPOSITION UNIVERSELLE

DE L'INDUSTRIE ET DES BEAUX-ARTS.

(EXTRAIT DU *Moniteur* DU 16 MAI 1855.)

Paris, le 15 mai.

L'inauguration de l'Exposition universelle de 1855 a eu lieu aujourd'hui au Palais de l'Industrie, en présence de LL. MM. l'Empereur et l'Impératrice, de S. A. I. le Prince Napoléon, président de la Commission impériale, des membres de la famille impériale, du Corps diplomatique, des commissaires des gouvernements étrangers et d'un nombreux concours d'exposants français et étrangers.

S. M. l'Empereur a voulu présider lui-même cette grande fête du travail universel, à laquelle il a convoqué tous les peuples du monde, et qui emprunte aux circonstances actuelles un si puissant intérêt.

Rapprocher les nations en rapprochant les œuvres de leur intelligence, telle est la pensée qui a présidé à la création du grand concours de 1855, tel est le but vers lequel S. A. I. le Prince Napoléon a dirigé tous ses efforts dans les divers travaux de la Commission impériale dont l'Empereur lui avait confié la haute direction. Cette pensée, tous les gouvernements l'ont comprise et accueillie avec empressement; car le nombre des exposants étrangers a dépassé toutes les prévisions. Les conséquences de cet événement sont importantes pour l'avenir. De ces grandes assises de la science, de l'industrie et des arts de toutes les nations, il doit sortir incessamment des résultats décisifs, des progrès inespérés. De ces visites de peuple à peuple, il doit naître une communauté d'idées et d'intérêts que rien désormais ne saurait faire oublier.

Ces résultats, S. A. I. le Prince Napoléon en a indiqué la portée et le but dans son discours à l'Empereur, qui restera comme la préface de l'histoire de l'Exposition universelle de 1855.

La Commission impériale avait fait de grands préparatifs pour la cérémonie d'inauguration.

La façade extérieure du Palais avait été décorée avec goût de trophées d'armes, d'écussons aux armes impériales, de bannières aux couleurs de toutes les nations.

L'intérieur présentait le coup d'œil le plus imposant. Au milieu de la nef, en face de la porte d'entrée principale, s'élevait une estrade sur laquelle avait été placé le trône. Un dais en velours cramoisi, surmonté de la couronne impériale, entourait l'estrade. Le reste de la nef était occupé par des banquettes réservées aux grands corps de l'État, aux fonctionnaires publics, etc. Les galeries elles-mêmes avaient été divisées en tribunes élégantes. Au haut de la nef, dans toute l'étendue des galeries, étaient appendues des bannières aux armes et aux couleurs des principales villes françaises et étrangères qui viennent prendre part à l'Exposition de 1855.

A midi, toutes les places étaient occupées. Les tribunes étaient entièrement garnies de dames en toilettes élégantes. Le coup d'œil était magnifique.

A une heure, une salve d'artillerie a annoncé l'arrivée de Leurs Majestés.

S. A. I. le Prince Napoléon, entouré des officiers de sa maison, des membres de la Commission impériale, des secrétaires généraux, du commissaire général de l'Exposition, des commissaires étrangers, des membres du jury, est venu recevoir Leurs Majestés à l'entrée principale du Palais de l'Industrie, et les a accompagnées jusqu'à l'estrade où s'élevait le trône.

Leurs Majestés, précédées des grands officiers de la Couronne, sont venues prendre place sur les fauteuils qui leur avaient été réservés. S. M. l'Impératrice s'est placée à la gauche de l'Empereur; S. A. I. la Princesse Mathilde à sa droite. Les ministres ont pris place à droite et à gauche de l'estrade.

A leur arrivée, Leurs Majestés ont été accueillies par les cris de *Vive l'Empereur!* partis spontanément de tous les côtés de l'immense salle de l'Exposition.

S. A. I. le Prince Napoléon a adressé à l'Empereur le discours suivant :

« Sire,

« L'Exposition universelle de 1855 s'ouvre aujourd'hui, et la première partie de la tâche que vous nous avez donnée est remplie.

« Une Exposition universelle qui, en tout temps, eût été un fait considérable, devient un fait unique dans l'histoire par les circonstances au milieu desquelles celle-ci se produit. La France, engagée depuis un an dans une guerre sérieuse à 800 lieues de ses frontières, lutte avec gloire contre ses ennemis. Il était réservé au règne de Votre Majesté de montrer la France digne de son passé dans la guerre, et plus grande qu'elle ne l'a jamais été dans les arts de la paix. Le peuple français fait voir au monde que toutes les fois que l'on comprendra son génie et qu'il sera bien dirigé, il sera toujours la grande nation.

« Permettez-moi, Sire, de vous exposer, au nom de la Commission impériale, *le but* que nous avons voulu atteindre, *les moyens* que nous avons employés, et *les résultats* que nous avons obtenus.

« Nous avons voulu que l'Exposition universelle ne fût pas uniquement un concours de curiosité, mais un grand enseignement pour l'agriculture, l'industrie et le commerce, ainsi que pour les arts du monde entier. Ce doit être une vaste enquête pratique, un moyen de mettre les forces industrielles en contact, les matières premières à portée du producteur, les produits à portée du consommateur; c'est un nouveau pas vers le perfectionnement, cette loi qui vient du Créateur, ce premier besoin de l'humanité et cette indispensable condition de l'organisation sociale.

« Quelques esprits ont pu s'effrayer d'un pareil concours, et ont naguère cherché à le retarder; mais vous avez voulu que les premières années de votre règne fussent illustrées par une Exposition du monde entier, suivant en cela les traditions du premier Empereur, car l'idée d'une *Exposition* est éminemment française; elle a progressé avec le temps, et, de nationale, elle est devenue universelle.

« Nous avons suivi nos voisins et alliés qui ont eu la gloire du premier essai; nous l'avons complété par l'appel aux beaux-arts.

« Votre Majesté a constitué une Commission impériale le 24 décembre 1853. Notre premier travail a été le règlement général que vous avez approuvé par décret du 6 avril, qui est devenu la loi constitutive de l'Exposition, et qui prend une nouvelle classification que nous croyons plus rationnelle.

« L'accord le plus parfait a régné entre les membres de la Commission, et je suis d'autant plus heureux de le constater, que les tendances, les opinions et les points de départ de mes collègues étaient très-différents. La diversité d'opinions nous a éclairés sans nous entraver, l'importance de notre mission a écarté tout dissentiment.

« Deux précédents nous ont naturellement guidés : les Expositions françaises et l'Exposition universelle de 1851. Quelques modifications ont cependant été apportées; elles sont toutes dans un sens de liberté et de progrès.

« Nous avons établi pour l'Exposition un tarif douanier exceptionnel d'où le mot de *prohibition* a été effacé. Tous les produits exposables sont entrés en France avec un droit *ad valorem* de 20 pour 100. Nous avons trouvé le plus bienveillant concours dans la direction des douanes, et j'espère que nos hôtes étrangers emporteront une bonne impression de leurs relations avec cette administration.

« La même libéralité a été appliquée dans les transports dont nous avons pris les frais à notre charge depuis la frontière.

« Enfin, par une innovation hardie qui n'avait pas été faite à Londres, les produits exposés peuvent porter l'indication de leur prix, qui devient ainsi un élément sérieux d'appréciation pour les récompenses. Tous ceux qui s'occupent des questions industrielles comprendront combien ce principe est important et quelles peuvent en être les conséquences, malgré certaines difficultés d'application.

« Dans les beaux-arts, deux systèmes se présentaient : fallait-il faire une exposition pour les *œuvres*, sans se préoccuper de savoir si les artistes étaient morts ou vivants, ou pour les *artistes*, en n'admettant que les œuvres des vivants?

« La première idée a été soutenue; elle répondait peut-être mieux au programme qui voulait un concours de l'art au XIXe siècle; elle n'a cependant pas été adoptée, à cause des difficultés d'exécution qu'elle soulevait.

« Nous avons accueilli sans révision toutes les œuvres des artistes étrangers admises par leurs comités; nous n'avons été sévères que pour nous-mêmes. La tâche d'un jury d'admission est difficile et ingrate, surtout dans une exposition universelle où les principes des expositions ordinaires n'étaient plus applicables, et où le jury avait à choisir les armes de la France dans cette lutte qui s'agrandissait.

« L'insuffisance du bâtiment nous a suscité des difficultés sérieuses. La construction d'un édifice spécial ayant été écartée, il a fallu nous installer dans le Palais de l'Industrie.

dont les inconvénients viennent de ce qu'il n'a pas été établi en vue d'une exposition aussi vaste.

« Nous tenons à le dire hautement à Votre Majesté et à l'Europe, le concours des exposants a été si grand que *la place nous a manqué*, malgré les 117,840 mètres carrés de superficie, sur lesquels 53,900 mètres carrés de surface exposable.

« Obligés de recommander aux comités d'admission une grande réserve, nous ne pouvions nous en départir qu'à mesure qu'il nous était permis de disposer d'un peu plus d'emplacement. Ce défaut d'ensemble dans le commencement des opérations a nui à la régularité et à la justice des admissions, et a rendu encore plus difficile la tâche des comités locaux, auxquels je me plais à rendre hommage pour le concours qu'ils nous ont prêté.

« Des retards fâcheux ont eu lieu dans les travaux, malgré l'activité et l'intelligence de leur direction ; mais on avait vraiment trop présumé de ce qu'il était possible de faire. Ce vaste et splendide palais a été construit en moins de deux ans et n'est pas encore complétement terminé ; nous avons pensé que le meilleur moyen d'en presser l'achèvement était d'y installer l'Exposition, dont l'ouverture ne pouvait plus être retardée.

« La séparation du bâtiment affecté aux beaux-arts a tout d'abord été reconnue indispensable, et cette construction provisoire a été achevée à l'époque fixée. A mesure que l'Exposition prenait du développement, on décidait une construction nouvelle. Pendant que j'étais en Orient pour le service de la France et de Votre Majesté, une annexe de 1,200 mètres de long, sur le bord de la Seine, a été établie. Cette annexe, qui contient les machines en mouvement, sera terminée dans quinze jours.

« Depuis quelques semaines seulement le Panorama a été reconnu indispensable ; il doit être entouré d'une vaste galerie qui mettra en communication le bâtiment principal avec l'annexe, et qui sera prête avant un mois.

« Alors l'Exposition sera complète.

« Dans notre pays, c'est habituellement le Gouvernement qui se charge de toutes les grandes entreprises ; pour arrêter l'exagération de cette tendance, Votre Majesté a donné un grand essor à l'industrie privée. La compagnie à laquelle l'exploitation du Palais de l'Industrie a été concédée devait trouver dans le prix d'entrée la rémunération du capital employé à la construction ; de là la nécessité d'un prix d'entrée. Nous avons cependant sauvegardé, autant que possible, les intérêts du peuple, en obtenant que les dimanches l'entrée fût réduite à 20 centimes.

« Nous pouvons dès à présent, grâce au Catalogue fait avec une grande activité, indiquer le nombre des exposants. Il ne s'élèvera pas à moins de 20,000, dont 9,500 de l'Empire français et 10,500 environ de l'étranger.

« La puissance que nous combattons, elle-même n'a pas été exclue. Si les industriels russes s'étaient présentés en se soumettant aux règles établies pour toutes les nations, nous les aurions admis, afin de bien fixer la démarcation à établir entre les peuples slaves, qui ne sont point nos ennemis, et ce gouvernement dont les nations civilisées doivent combattre la prépondérance.

« A la fin de l'Exposition, quand nous proposerons à Votre Majesté les récompenses à décerner, nous pourrons juger les résultats de cette grande Exposition, que nous prions Votre Majesté de déclarer ouverte. »

L'EMPEREUR a répondu :

« Mon cher Cousin,

« En vous plaçant à la tête d'une Commission appelée à surmonter tant de difficultés, « j'ai voulu vous donner une preuve particulière de ma confiance. Je suis heureux de « voir que vous l'avez si bien justifiée. Je vous prie de remercier en mon nom la Com- « mission des soins éclairés et du zèle infatigable dont elle a fait preuve. J'ouvre avec « bonheur ce temple de la paix, qui convie tous les peuples à la concorde. »

Après ce discours, Leurs Majestés, accompagnées, comme à leur arrivée, de S. A. I. le Prince Napoléon, ont visité les galeries du rez-de-chaussée, où sont déjà disposés avec ordre les produits industriels de toutes les nations.

Leurs Majestés ont été partout l'objet du plus respectueux, du plus sympathique empressement. Elles ont témoigné à plusieurs reprises leur satisfaction à Son Altesse Impériale pour les immenses travaux opérés déjà pour le classement des produits, travaux véritablement prodigieux, eu égard aux difficultés de tout genre que la Commission a rencontrées dans l'exécution de son œuvre.

Leurs Majestés ont quitté le Palais de l'Industrie à deux heures et demie, avec le même cérémonial et les mêmes acclamations sympathiques du public et des exposants. Pendant cette solennité, un orchestre de cent cinquante musiciens avait exécuté l'air de la *Reine Hortense* et plusieurs morceaux des grands maîtres.

La journée du 15 mai 1855 marquera dans les annales de l'industrie : c'est la plus grande fête que notre pays ait jamais célébrée en l'honneur du travail.

DISTRIBUTION DES RÉCOMPENSES

(EXTRAIT DU *Moniteur* DU 16 NOVEMBRE.)

Paris, le 15 novembre.

La distribution des récompenses aux exposants de 1855 a eu lieu aujourd'hui avec toute la pompe et tout l'éclat dignes de cette grande et mémorable solennité. Près de quarante mille personnes étaient réunies dans la grande nef du Palais de l'Industrie, transformée en une vaste salle brillamment décorée. Un amphithéâtre aux proportions colossales, adossé à trois côtés du transept, montait jusqu'aux galeries supérieures et faisait face à l'estrade, dominée par le trône. Sur les innombrables gradins de cet arc immense se déroulait pour ainsi dire la carte du monde animée et vivante, et s'étageait l'élite des nations civilisées, représentées par les hommes les plus illustres et les plus éminents qui se sont distingués dans ce concours universel des beaux-arts et de l'industrie.

Les galeries, tendues de rideaux de velours rouge et de draperies relevées par des torsades et des embrasses d'or, étaient remplies d'une foule élégante, où l'on remarquait les plus fraîches toilettes. Une frise en drap cramoisi brodé d'or, et surmontée d'écussons aux armes de tous les pays qui ont pris part à cette grande fête, courait dans toute la longueur des galeries et complétait cette décoration vraiment féerique. Les chefs-d'œuvre de la peinture et de la sculpture, les découvertes et les merveilles de l'industrie qui ont mérité les plus hautes récompenses, exposés pour une dernière fois en un panorama splendide ou en trophées magnifiques, attiraient tous les regards et justifiaient le choix du jury.

Le trône s'élevait, au fond du transept, sur une estrade à cinq degrés, recouverte d'un tapis de velours cramoisi ; il était surmonté d'un dais de la même étoffe parsemé d'abeilles d'or.

Sur l'estrade, à droite et à gauche du trône de Leurs Majestés, étaient des siéges réservés à S. A. I. monseigneur le Prince Jérôme Napoléon, S. A. R. monseigneur le duc de Cambridge, S. A. I. monseigneur le Prince Napoléon, et S. A. I. madame la Princesse Mathilde.

A gauche du trône, des pliants étaient réservés à S. A. madame la Princesse Baciocchi, LL. AA. monseigneur le Prince et madame la Princesse Lucien Murat, Sa Seigneurie le duc d'Hamilton, S. A. monseigneur le Prince Joachim Napoléon Murat.

A droite et dans le sens du trône étaient disposées des banquettes pour les dames du corps diplomatique et les membres de ce corps.

Les banquettes de gauche étaient destinées à recevoir les dames de l'Impératrice et de S. A. I. madame la Princesse Mathilde qui n'étaient point de service, ainsi que les officiers non de service des maisons de Leurs Majestés et de Leurs Altesses impériales ;

Les femmes des ministres,
Des maréchaux,
Des Amiraux;
Les veuves des maréchaux,
Des amiraux;
Les veuves des hauts fonctionnaires du premier Empire,
Les femmes des grands officiers de la couronne,
Du général commandant la garde impériale,
Du général adjudant-général du palais,
Et des officiers de Leurs Majestés et de Leurs Altesses Impériales;
Les femmes des grand-croix de la Légion d'Honneur,
Du président et des membres du bureau du Sénat et du bureau du Corps législatif,
Des président, vice-président et présidents de section du conseil d'État,
Des premiers présidents et procureurs généraux de la Cour de cassation, de la Cour des comptes, de la Cour impériale et du préfet de la Seine.

De chaque côté du trône, et à partir de l'enceinte impériale, s'étendaient des estrades, également garnies de banquettes destinées à recevoir les grands corps de l'État et les députations des corps ci-après désignés:

Le Sénat,
Le Corps législatif,
Le Conseil d'État,
Les grands officiers de l'ordre impérial de la Légion d'Honneur et le Conseil de l'ordre;
Des députations de:
La Cour de cassation,
La Cour des comptes,
Du Conseil impérial de l'instruction publique,
De l'Institut de France,
De la Cour impériale de Paris;
L'archevêque de Paris et une partie de son clergé;
Une partie du chapitre impérial de Saint-Denis;
Le Conseil central des églises réformées;
Le Consistoire de l'église réformée de Paris;
Le président du Consistoire supérieur de la confession d'Augsbourg;
Le Consistoire de Paris de la confession d'Augsbourg;
Le Consistoire central des Israélites;
Le préfet du département de la Seine et son secrétaire général;
Le préfet de police et son secrétaire général;
Le Conseil de préfecture du département de la Seine;
Le Conseil municipal et départemental de la Seine;
Les maires et adjoints de la ville de Paris;

Le sous-préfet de l'arrondissement de Sceaux ;

Le sous-préfet de l'arrondissement de Saint-Denis ;

Le recteur et le Corps académique de Paris ;

Une députation du tribunal de première instance du département de la Seine ;

Le tribunal de commerce de Paris ;

Les juges de paix de Paris ;

Les commissaires de police de Paris ;

La Chambre de commerce de Paris ;

Le Conseil des prud'hommes ;

Les membres des Corps impériaux des ponts et chaussées et des mines ;

Les fonctionnaires et professeurs des Écoles impériales des ponts et chaussées et des mines, et des Écoles polytechnique et spéciale militaire ;

Les administrateurs et professeurs du collége impérial de France ;

Les professeurs et administrateurs du muséum d'histoire naturelle ;

Les président et professeurs de l'École impériale et spéciale des langues orientales vivantes ;

L'Académie impériale de médecine ;

Le directeur et les membres du conseil de perfectionnement du Conservatoire impérial des arts et métiers ;

Le Conseil de l'ordre des avocats au Conseil d'État et à la Cour de cassation ;

La Chambre des notaires de la ville de Paris ;

La Chambre des avoués près la Cour impériale ;

La Chambre des avoués près le tribunal de première instance ;

La Chambre syndicale des agents de change ;

La Chambre des commissaires-priseurs ;

La Chambre syndicale des courtiers de commerce ;

Les professeurs de l'École impériale et spéciale des Beaux-Arts ;

Les directeurs généraux, les secrétaires généraux, les inspecteurs généraux et directeurs des administrations centrales ; ministères, préfecture du département de la Seine, préfecture de police, administration de la Légion d'Honneur ;

La garde nationale ;

L'armée.

On ne saurait se faire une idée de l'imposant coup d'œil qu'offraient tous ces militaires en grande tenue, tous ces magistrats en grand costume, tous ces fonctionnaires en uniforme.

A midi, une salve d'artillerie a annoncé la sortie du cortége impérial, qui a quitté les Tuileries dans l'ordre suivant : deux escadrons des guides, le lieutenant-colonel et la musique en tête ; la voiture de S. A. I. la Princesse Mathilde, précédée d'un piqueur et contenant sa dame et son chevalier d'honneur ; la voiture de S. A. I. le Prince Napoléon, piqueur devant, contenant son premier aide de camp ; la voiture de S. A. I. le prince

Jérôme Napoléon, piqueur devant, contenant son premier aide de camp et son premier écuyer.

Quatre piqueurs de front.

Sept voitures, où se trouvaient :

Dans la première :

Le chambellan de l'Empereur,
Le chambellan de l'Impératrice,
Le préfet de service,
L'Écuyer de l'Impératrice.

Dans la deuxième :

MM. les aides de camp,
Un aide de camp de S. A. R. le duc de Cambridge.

Dans la troisième :

Les dames du palais de service,
Le premier chambellan de l'Impératrice.

Dans la quatrième :

La dame d'honneur,
Le premier chambellan de l'Empereur,
Le premier veneur,
Un aide de camp du duc de Cambridge.

Dans la cinquième :

Le grand maître des cérémonies,
Le grand maître de la maison de l'Impératrice,
L'adjudant général.

Dans la sixième :

Le grand maréchal,
La grande maîtresse de la maison de l'Impératrice,
Le grand chambellan,
Le grand veneur.

Dans la septième :

S. A. I. le Prince Napoléon,
S. A. I. la Princesse Mathilde.

Six piqueurs de front,
MM. les écuyers.

La voiture impériale, attelée de huit chevaux, dans laquelle étaient :

L'Empereur,

L'Impératrice,

S. A. I. le Prince Jérôme Napoléon,
S. A. R. le duc de Cambridge.

A la portière de droite se trouvaient :

Le commandant de la garde impériale,

Le premier écuyer,

L'écuyer de service.

A la portière de gauche :

L'aide de camp de service,

Le commandant des cent-gardes,

L'officier d'ordonnance.

Venaient ensuite :

MM. les officiers d'ordonnance,

L'escadron des cent-gardes.

A vingt pas en arrière

Deux escadrons de cuirassiers de la garde, colonel et musique en tête.

A midi et demi, le bruit du canon et les acclamations du peuple ont annoncé l'arrivée de Leurs Majestés Impériales.

L'Empereur et l'Impératrice ont été reçus par S. A. I. le Prince Napoléon, assisté de la Commission impériale et des commissaires étrangers.

Leurs Majestés ont fait leur entrée dans la grande nef, avec leur cortége, dans l'ordre suivant :

L'aide des cérémonies de service,

Le maître des cérémonies de service,

Les écuyers de l'Empereur et l'écuyer de l'Impératrice,

Le préfet du palais de service,

Le chambellan de l'Empereur et le premier chambellan de l'Impératrice de service,

Le premier veneur,

Le premier écuyer,

Le premier chambellan de l'Empereur et le premier chambellan de l'Impératrice,

L'adjudant général du palais,

Le général commandant la garde impériale,

Le grand maître des cérémonies,

Le grand veneur,

Le grand chambellan,

Le grand maréchal du palais,

L'Empereur,

L'Impératrice,

S. A. I. monseigneur le Prince Jérôme Napoléon,

S. A. R. monseigneur le duc de Cambridge,

S. A. I. monseigneur le Prince Napoléon,

S. A. I. madame la Princesse Mathilde,

Le grand maître et la grande maîtresse de la maison de l'Impératrice,

La dame d'honneur et les dames de l'Impératrice de service,

L'aide de camp de l'Empereur de service, et les autres aides de camp de l'Empereur,

Le chevalier d'honneur de S. A. I. madame la Princesse Mathilde,

Le commandant des cent-gardes,

Les officiers d'ordonnance.

A l'entrée de Leurs Majestés, tout le monde s'est levé d'un seul mouvement. L'orchestre a exécuté une cantate composée pour la circonstance; mais les cris de *Vive l'Empereur! vive l'Impératrice!* ont complétement couvert cette formidable masse musicale, qui ne comptait pas moins de douze cents artistes.

Leurs Majestés ont pris place immédiatement sur leur trône. L'Empereur avait à sa droite S. A. I. le Prince Jérôme Napoléon et S. A. I. le Prince Napoléon; l'Impératrice avait à sa gauche S. A. R. le duc de Cambridge et S. A. I. la Princesse Mathilde.

Les cardinaux, les ministres, les maréchaux et les amiraux, le grand chancelier de la Légion d'Honneur, le gouverneur des Invalides et les grands'croix de l'ordre impérial de la Légion d'Honneur se sont placés au bas de l'estrade impériale.

Deux piquets de cent-gardes étaient au fond de l'estrade, à droite et à gauche du trône.

S. A. I. le Prince Napoléon, président de la commission impériale, a lu le rapport suivant, que Leurs Majestés et tous les assistants ont écouté debout :

« Sire,

« Il y a six mois, à l'ouverture de l'Exposition, j'ai eu l'honneur de soumettre à Votre Majesté le résumé des travaux accomplis par la Commission que je préside pour l'exécution de la première partie de sa mission.

« A cette époque, on pouvait ne pas prévoir le succès qui vient de couronner nos efforts. L'opinion publique était frappée, avant tout, des difficultés de la situation. Une guerre lointaine et acharnée, un siége opiniâtre, sans précédent dans l'histoire, attiraient au loin les regards inquiets du pays. Mais, dans notre patrie, les chances de succès se mesurent à la grandeur des entreprises. Votre Majesté poursuivit tranquillement son but; ses prévisions se sont réalisées : l'ennemi, qui comptait déjà autant de défaites que de rencontres avec notre glorieuse armée, a enfin été chassé de la ville de Sébastopol, tombée devant la valeur de nos soldats; notre marine s'est emparée de chaque point de la côte qu'elle a jugé utile d'attaquer. L'alliance des peuples unis contre la barbarie ne s'opérait pas seulement sur les champs de bataille : la Souveraine de la Grande-Bretagne, par sa présence au milieu de nous, a donné un gage éclatant des sentiments de la nation anglaise, et le faisceau militant de la civilisation s'est accru d'un peuple petit par son territoire, mais grand par les hauts faits de ses ancêtres et par son avenir.

« Cependant, à l'intérieur, l'Exposition étalait un spectacle digne des grands faits qui se passaient au dehors de la France. Ici également, les premiers pas ont rencontré de nombreuses difficultés. Le classement des produits du travail de tant de nations, représentées par vingt-cinq mille exposants, a nécessité un zèle tout particulier, des soins constants et minutieux, qui ont fini par tirer l'harmonie de la confusion, et ont permis au travail de poursuivre en pleine lumière ses études et de signaler les œuvres marquantes de l'industrie et des arts.

« Les âpres rivalités, les haines internationales naissent de l'isolement : il suffit souvent de rapprocher les peuples pour éteindre ces haines. Sous ce rapport, l'Exposition universelle a produit un immense résultat.

« De tous les points du globe, les visiteurs ont afflué à Paris. Le spectacle des progrès réels accomplis dans la voie du bien-être moral et matériel a développé parmi tous, étrangers et Français, des sentiments de considération réciproque.

« C'est ainsi que se propage la fraternité des peuples.

« Voilà ce que peuvent, dans cette France restituée à sa mission, la volonté et la persévérance appuyées sur le droit qui soutient, et sur la force qui exécute les idées conformes à la conscience du pays et à la vraie opinion publique.

« J'ai soumis à Votre Majesté une série de décrets concernant l'installation et les travaux du jury international. Ce jury comprend 390 membres, divisés en 31 classes et 8 groupes; il est composé d'hommes éminents de tous les pays et dans toutes les branches du savoir humain. Ce jury a consciencieusement et utilement rempli sa mission, si diverse, si étendue, si compliquée !

« L'indépendance la plus complète a été laissée aux jurés, et je me plais à revenir sur l'idée exprimée déjà d'une façon générale, et à la confirmer d'un fait que je dois signaler à l'honneur de l'esprit de notre époque. Parmi ces représentants de tant de peuples, il ne s'est certainement pas manifesté plus de dissidence internationale qu'il n'y en avait jadis entre nos provinces de France.

« De l'émulation partout et toujours, de la rivalité nulle part. Aussi voyons-nous l'esprit qui animait cette honorable assemblée se traduire en faits d'une grande portée, et qui donnent, pour ainsi dire, la mesure des conséquences que produira successivement l'Exposition universelle de Paris.

« Un vœu unanime a été émis pour l'introduction de l'uniformité des monnaies, poids et mesures; des liens sérieux se sont formés pour amener l'Europe à ne former qu'une grande famille, ainsi que le prédisait l'Empereur, votre prédécesseur.

« Les travaux du jury ont été poussés avec une infatigable activité : tous les rapports seront publiés avant la fin de l'année.

« Appelé à la présidence du conseil des présidents et vice-présidents, j'ai cru devoir m'y préparer en suivant la trace du jury international.

« Accompagné de quelques hommes dévoués et savants, j'ai examiné en détail les œuvres remarquables des artistes et les produits de l'industrie. J'ai pu ainsi me rendre compte de la grandeur du progrès réalisé dans le présent et de ses conséquences prochaines.

« Les difficultés sérieuses, impossibles même à trancher d'une façon absolue, se sont présentées à l'occasion de la classification et de la nature des récompenses à décerner.

« Dans l'industrie, le progrès de toutes les spécialités de la production est si général, de tous les points surgissent des mérites et des services si éclatants, que, si ce grand concours universel devait se renouveler, il serait impossible de décerner des récompenses individuelles, à moins de détruire totalement leur valeur par leur nombre. Aussi, nous nous sommes vus forcés de fixer aux récompenses des limites qui peuvent paraître restreintes.

« Les jurys de l'industrie, après des délibérations multiples et laborieuses, ont eu l'honneur de recommander à Votre Majesté un certain nombre de distinctions. De plus, ils ont voté :

« 112 grandes médailles d'honneur,
252 médailles d'honneur,
2,300 médailles de 1re classe,
3,900 médailles de 2e classe,
4,000 mentions honorables.

« Dans les Beaux-Arts, le rôle du jury a été plus difficile et plus délicat encore. Je me suis abstenu d'y paraître, et n'ai fait que sanctionner ses choix. J'ai seulement témoigné le désir qu'il me fût permis de proposer à Votre Majesté une haute distinction pour celui de nos artistes qui, suivant la glorieuse tradition des beaux siècles de l'antiquité, a consacré toute sa vie et son talent au genre que, dans mon opinion personnelle, je regarde comme le type éternel du beau.

« Les récompenses décernées aux Beaux-Arts sont réparties ainsi qu'il suit :

« 40 décorations données par Votre Majesté ;
16 médailles d'honneur votées par le jury ;
67 médailles de première classe ;
87 médailles de seconde classe ;
77 médailles de troisième classe ;
222 mentions honorables.

« En décernant ces récompenses au travail, vous prouvez une fois de plus, Sire, que, dans la France de nos jours, la vraie, la seule noblesse se compose des soldats et des travailleurs qui se distinguent.

« L'appréciation juste de l'époque de l'Exposition universelle, époque qui, je l'espère, restera gravée dans l'histoire, m'amène à pouvoir constater le rôle échu à la France et le triomphe qu'elle recueille en l'accomplissant. Au milieu des efforts et des sacrifices d'une grande guerre, au milieu des embarras d'une mauvaise récolte, elle a montré au monde sa force et sa richesse en ne se relâchant pas un instant de ses travaux pacifiques.

« Quelle est donc la source où elle a puisé ce redoublement d'énergie et de virtualité ? Cette source, c'est le travail libre mais incessant, cette grande loi de l'humanité, qui fait sortir l'homme de la sauvagerie et lui permet de s'acheminer sûrement vers les sommets de la civilisation.

« J'ajouterai, en empruntant des paroles célèbres, que : « *Le problème de l'avenir est « de faire partager à l'universalité ce qui n'est que le partage du petit nombre.* »

« La postérité constatera que nous sommes à une de ces époques où une révolution dynastique répond à un grand besoin de la société nouvelle. Les races vieillissent comme les individus, et le suffrage universel devait être la base du gouvernement appelé à conduire la France vers son nouveau but.

« Dès aujourd'hui, en contemplant les faits sans passion, sans préjugés, on peut dire que vous avez, Sire, donné à la France de la gloire et du travail.

« Que ceux qui, uniquement préoccupés de venger leur impuissance, s'évertuent à glorifier le passé et à représenter le peuple français comme des Romains de la décadence, en prennent bien leur parti : leurs efforts dans l'avenir seront frappés de stérilité comme ils l'ont été dans le passé.

« Les étrangers reporteront dans leur pays, avec le souvenir de notre hospitalité, la conviction de tout ce que peut faire la France quand le sentiment national a remplacé, dans son gouvernement, l'agitation stérile des ambitions subalternes.

« Aujourd'hui, nous avons de nombreuses armées, des flottes redoutables, des alliés puissants. Les peuples font des vœux pour nos succès; ils fêtent nos victoires; ils acclament nos triomphes, et ils le font parce qu'ils savent que notre intérêt national est un intérêt européen.

« A côté des résultats politiques de l'Exposition universelle, peut-être jugerez-vous, Sire, qu'elle doit être appelée à donner le signal de l'amélioration dans les conditions sociales.

« Le perfectionnement des méthodes et des instruments de travail généralise le progrès. Une sorte d'organisation naturelle s'établit entre tous les peuples, et semble pousser à la modification de ce qu'il y a de trop restrictif dans les lois qui règlent leurs échanges.

« L'épreuve que vient de subir la France prouve qu'elle peut entrer dans cette voie, qui doit assurer l'intérêt du consommateur sans effrayer le producteur ni diminuer son travail.

« L'agriculture, qui excite à un si haut degré la sollicitude de Votre Majesté, doit se féliciter du perfectionnement des machines; peu à peu, l'homme des champs s'affranchit de la partie brutale de sa peine, et si, à côté de ces admirables engins qui vont élargir le domaine de sa liberté et de son intelligence, il est mis en possession du crédit, le plus puissant des instruments du travail, de ce crédit véritable qui, dans le calme, développe la prospérité, et, aux moments de crise, diminue le mal au lieu de l'augmenter, nul doute que sous peu la situation de nos agriculteurs ne subisse une notable amélioration.

« Je ne fais qu'exprimer ici les idées dont Votre Majesté poursuit déjà la réalisation, et qu'elle a commencé à appliquer.

« Il me reste un dernier et bien agréable devoir : c'est celui d'exprimer ici toute ma reconnaissance à Votre Majesté, qui a bien voulu me mettre à même de servir notre pays, dans la même année, sur les champs de bataille et dans ce concours pacifique.

« Je tiens aussi à remercier hautement les hommes intelligents et dévoués qui m'ont secondé, et que j'ai toujours trouvés à la hauteur de leurs devoirs. »

Après la lecture de ce rapport, l'Empereur a répondu d'une voix énergiquement accentuée :

« Messieurs,

« L'Exposition qui va finir offre au monde un grand spectacle. C'est pendant une guerre sérieuse que de tous les points de l'univers sont accourus à Paris, pour y exposer leurs travaux, les hommes les plus distingués de la science, des arts et de l'industrie. Ce concours dans des circonstances semblables est dû, j'aime à le croire, à cette conviction générale que la guerre entreprise ne menaçait que ceux qui l'avaient provoquée, qu'elle était poursuivie dans l'intérêt de tous, et que l'Europe, loin d'y voir un danger pour l'avenir, y trouvait plutôt un gage d'indépendance et de sécurité.

« Néanmoins, à la vue de tant de merveilles étalées à nos yeux, la première impression est un désir de paix. — La paix seule, en effet, peut développer encore ces remarquables produits de l'intelligence humaine. — Vous devez donc tous souhaiter comme moi que cette paix soit prompte et durable. — Mais, pour être durable, elle doit résoudre nettement la question qui a fait entreprendre la guerre. Pour être prompte, il faut que l'Europe se prononce; car, sans la pression de l'opinion générale, les luttes entre grandes puissances menacent de se prolonger; tandis qu'au contraire, si l'Europe se décide à déclarer qui a tort ou qui a raison, ce sera un grand pas vers la solution. — A l'époque de civilisation où nous sommes, les succès des armées, quelque brillants qu'ils soient, ne sont que passagers; c'est en définitive, l'opinion publique qui remporte toujours la dernière victoire.

« Vous tous donc qui pensez que les progrès de l'agriculture, de l'industrie, du commerce d'une nation contribuent au bien-être de toutes les autres, et que plus les rapports réciproques se multiplient, plus les préjugés nationaux tendent à s'effacer, dites à vos concitoyens, en retournant dans votre patrie, que la France n'a de haine contre aucun peuple, qu'elle a de la sympathie pour tous ceux qui veulent comme elle le triomphe du droit et de la justice; dites-leur que, s'ils désirent la paix, il faut qu'ouvertement ils fassent au moins des vœux pour ou contre nous; car, au milieu d'un grave conflit européen, l'indifférence est un mauvais calcul, et le silence une erreur.

Quant à nous, peuples alliés pour le triomphe d'une grande cause, forgeons des armes sans ralentir nos usines, sans arrêter nos métiers; soyons grands par les arts de la paix comme par ceux de la guerre; soyons forts par la concorde, et mettons notre confiance en Dieu pour nous faire triompher des difficultés du jour et des chances de l'avenir. »

Il est impossible de décrire l'effet produit par ce discours, dont pas un mot n'a été perdu, malgré l'immensité de l'espace. Des acclamations enthousiastes l'ont plusieurs fois interrompu, et dès que cette voix si ferme et cette diction si nette ont cessé de vibrer dans la vaste enceinte, les cris de *Vive l'Empereur!* ont ébranlé la voûte et se sont prolongés pendant plusieurs minutes. Ce n'était pas seulement la France acclamant son Empereur, c'était le cri de l'Europe entière, l'écho et le vœu du monde civilisé, s'associant de cœur et d'âme aux nobles paroles, à la politique loyale et droite de Napoléon III.

Le défilé des exposants qui ont obtenu la grande médaille ou la croix de la Légion d'Honneur a eu lieu ensuite dans le plus grand ordre.

A mesure que chaque classe arrivait devant l'Empereur, un huissier, porteur d'une bannière indiquant le numéro de cette classe, s'arrêtait au pied du trône. S. A. I. le Prince Napoléon présentait les médailles et les croix à l'Empereur, qui les donnait de sa main aux exposants.

Après la distribution des récompenses, Leurs Majestés, précédées et suivies de tout leur cortége, ont passé devant les trophées des plus beaux produits de l'Exposition universelle, et les mêmes acclamations chaleureuses qui les avaient accueillies à leur entrée les ont suivies à leur départ.

Un immense orchestre, dirigé par M. Berlioz, a exécuté des morceaux de Beethoven, de Gluck, de Mozart, de Rossini et de Meyerbeer.

L'Empereur, en se retirant, a félicité M. Le Play, commissaire général de l'Exposition, et M. Vaudoyer, architecte, de l'ordre et de l'éclat que toute le monde admirait dans cette belle et grande cérémonie.

Le plus beau temps a favorisé cette magnifique journée. Une foule énorme, accourue sur le passage de Leurs Majestés, à l'aller et au retour, a fait entendre les cris mille fois répétés de *Vive l'Empereur! Vive l'Impératrice!*

NAPOLÉON,

Par la grâce de Dieu et la volonté nationale, Empereur des Français,

A tous présents et à venir, salut !

Sur le rapport de notre bien-aimé cousin le Prince Napoléon, président de la Commission impériale de l'Exposition universelle de l'agriculture, de l'industrie et des beaux-arts de 1855, et sur la proposition de notre ministre d'État et de notre ministre de l'agriculture, du commerce et des travaux publics,

Avons décrété et décrétons ce qui suit :

Art. 1er. Sont promus ou nommés dans l'ordre impérial de la Légion d'Honneur, les exposants, collaborateurs et ouvriers dont les noms suivent, savoir :

FRANCE.

1re CLASSE.

Bontoux (Paul), (Collaborateur). — Chevalier.
Levol, à Paris, (Collaborateur). — Id.
Mengy, ingénieur des mines. — Id.
Saint-Paul de Sinçay. — Id.

2e CLASSE.

Chambrelent, à Bordeaux. — Chevalier.

3e CLASSE.

De Bryas (marquis), à Bordeaux. Chevalier depuis 1825. — Officier.
Bonnet, maître valet de ferme. — Chevalier.
Du Couëdec (comte). — Id.
Fabvier, à Orange (Collaborateur). — Id.
Godin aîné, prop. à Châtillon-sur-Seine (Côte-d'Or). — Chevalier.
Hamoir, à Sautin, près Valenciennes (Nord). — Id.
Lecat Buttin, à Bondues (Nord). — Id.
De Nivière, à Dombes (Ain), (Collaborateur). — Id.
Pelte, à Metz (Moselle), (Collaborateur). — Id.
Vandercolme, à Dunkerque (Nord). — Id.

5e CLASSE.

Bricogne, à Paris (Collaborateur). — Chevalier.
Cail (Jacques), à Denain (Nord). — Id.

6e CLASSE.

Lavalley, à Paris (Collaborateur). — Id.
Mesmer, (Collaborateur). — Id.
Vachon aîné, à Lyon. — Id.

7e CLASSE.

Michel, à Saint-Hippolyte-du-Gard. — Chevalier.
Mercier, à Louviers (Eure). — Id.

8e CLASSE.

Viennerl, à Paris. — Officier.
Rieussec, à Paris. — Chevalier.
Ruhmkorff, à Paris. — Id.
Thunot-Duvotenay, à Paris. — Id.

9e CLASSE.

Coblence, à Paris. — Chevalier.
Franchot, à Paris (Collaborateur). — Id.
Hulot, à Paris. — Id.
Laurens, ingénieur civil à Paris. — Id.

10e CLASSE.

Guimet, à Lyon. — Officier.
Kœchlin (Daniel), à Mulhouse (Haut-Rhin). — Id.
Descat-Crouzet, à Roubaix (Nord). — Chevalier.
Dollfus-Haussez (Daniel), à Mulhouse (Haut-Rhin). — Id.
Godefroy (Léon), à Puteaux (Seine). — Id.
Herrenschmidt, à Strasbourg (Bas-Rhin), (Collab.) — Id.
Guillaume père, à Saint-Denis (Seine). — Id.
Mero, à Grasse (Var). — Id.
Schwartz (Édouard), à Mulhouse (Haut-Rhin). — Id.
Tissier aîné, au Conquet (Finistère). — Id.
Francillon, à Puteaux, près Paris. — Id.

11e CLASSE.

Hette, à Bresles (Oise). — Chevalier.
Lameau, à Corbeil, (Collaborateur). — Id.

13e CLASSE.

Bernard (Léopold), à Paris. — Chevalier.
Delachaussée, à Paris. — Id.
Delacour, ingénieur (Collaborateur). — Id.
Favre (Edmond), à Guerigny (Nièvre). — Id.
Pille, maître ouvrier d'artillerie à Lorient. — Id.

14e CLASSE.

Gerusset, à Bagnères de Bigorre (Hautes-Pyrénées). — Officier.
Clère, à Paris. — Chevalier.

15e CLASSE.

Guerre, à Langres (Haute-Marne). — Chevalier.
Peugeot (Félix), à Pont-de-Roide (Doubs). — Id.
Verdier, à Formigny (Loire). — Id.

16e CLASSE.

Mouchel, manufacturier à Laigle (Orne). — Officier.
Mage, fabricant à Lyon. — Chevalier.
Vieillard, manufacturier à Belfort. — Id.
Gomme (Félix), ouvrier à Paris. — Id.
Palmer, à Paris, (Collaborateur). — Id.
Pat de Zin, à Saint-Étienne (Loire). — Id.

17e CLASSE.

Durand, à Paris. — Chevalier.
Fanière aîné, à Paris, (Collaborateur). — Id.
Lebrun orfèvre, à Paris. — Idem.
Lechesne (Auguste) de Caen, (Calvados). — Idem.
Rouvenat, fabricant de bijouterie, à Paris. — Id.

18e CLASSE.

Bapterosse, à Briare-sur-Loire (Loiret). — Chevalier.
Bivert, de Saint-Gobain. — Id.
Clemendot, à Clichy-la-Garenne (Seine). — Id.
Gilles, à Paris. — Id.
Pouyat, à Limoges. — Id.

19e CLASSE.

Dansette-Leblond, à Armentieres (Nord). — Chevalier.
Delamarre de Boutteville, à Rouen (Seine-Inférieure). — Id.
Mieg (Charles). — Id.
Insenmann (Antoine), à Guebwillier (Haut-Rhin). — Id.

20e CLASSE.

Croutelle, à Reims. — Id.
De Montagnac, à Paris. — Id.
Bernoville (Édouard), à Puteaux (Seine). — Chevalier.
Siebert, à Paris. — Id.
Morin, à Paris. — Id.

21e CLASSE.

Blanchon (Louis), à Saint-Julien (Ardèche). — Officier.
Brosset aîné, à Lyon. — Id.
Bertrand (Félix), de Lyon (Collaborateur). — Chevalier.
Gamot (Médéric), à Lyon (Collaborateur). — Chevalier.
Heckel, à Lyon. — Id.
Martin (Jean-Baptiste), à Tarare (Rhône). — Id.
Robichon, à Saint-Étienne (Loire). — Id.
Schulz aîné, à Lyon. — Id.
Dhérens (François), à Lyon. — Id.
Gonnard (François), à Lyon. — Id.

22e CLASSE.

Scrive père, à Lille (Nord). — Officier.
Homon, à Morlaix (Finistère). — Chevalier.

23e CLASSE.

Badin, directeur de la manufacture impériale de tapisseries de Beauvais. — Officier.
Champailler fils aîné, à Saint-Pierre-les-Calais. — Chevalier.
Falcon (Théodore), au Puy (Haute-Loire) (Collab.) — Id.
Simon, à Aubusson (Creuse) (Collaborateur). — Id.

24e CLASSE.

Dussauce, à Paris (Collaborateur). — Chevalier.
Fossey (Jules), à Paris. — Id.
Jeanselme père, à Paris. — Id.

25e CLASSE.

Latour, à Liancourt (Oise). — Chevalier.
Périnot, à Paris. — Id.
Scholss (Simon), à Bamberg (Bavière). — Id.

26e CLASSE.

Bailleul, président de la Société des Protes, à Paris. — Chevalier.
Cavelier père, à Paris (Collaborateur). — Id.

Fournier (Henri), à Tours (Indre-et Loire) (Collaborateur. — Id.
Grosrenard, à Paris (Collaborateur). — Id.
Lefèvre (Théotiste). — Id.
Simon, à Strasbourg. — Id.
Berus, à Paris. — Id.
Laroche, à Paris (Collaborateur). — Id.

27e CLASSE.

Barker, à Paris (sujet anglais). — Chevalier.
Blanchet, à Paris. — Id.
Boisselot père, à Marseille. — Id.
Martin (de Provins), à Paris (Collaborateur). — Id.

28e CLASSE.

Ingres, peintre, membre de l'Institut. — Grand-Officier.
Delacroix. — Commandeur.
Gudin Théodore. — Commandeur.
Henriquel Dupont, graveur. — Officier.
Maréchal, peintre. — Officier.
Heim, peintre. — Officier.
Cabanel, peintre. — Chevalier.
Jalabert, peintre. — Id.
Benouville, peintre. — Id.
Glaize, peintre. — Id.
Gérome, peintre. — Id.
Hamon, peintre. — Id.
Gendron, peintre. — Chevalier.
Frère, peintre. — Id.
Vetter, peintre. — Id.
Loubon, peintre. — Id.
Wyld, peintre. — Id.
Leleux, peintre. — Id.
Jeanron, peintre. — Id.
Bida, peintre. — Id.
Pollet, graveur. — Id.
Caron, peintre. — Id.
Genod, peintre, à Lyon. — Id.
Cabat, peintre. — Chevalier depuis douze ans. — Officier.
De Fournier, d'Ajaccio, peintre. — Chevalier.

29e CLASSE.

Barye, sculpteur. — Chevalier depuis 1833. — Officier.
Bonnassieu, sculpteur. — Chevalier.
Guillaume, sculpteur. — Id.
Lanno, sculpteur. — Id.

31e CLASSE.

Chenevière, à Louviers. — Chevalier.
Hildebrand, à Plombières (Vosges). — Id.
Laury, à Paris. — Id.
Magnin, à Clermont. — Id.

MÉDAILLES D'HONNEUR HORS CLASSE.

GRANDES MÉDAILLES D'HONNEUR.

Compagnie des Indes orientales (Royaume-Uni).
Ministère de la guerre (France).
Ministère de la marine et des colonies (France).

MÉDAILLES D'HONNEUR.

Ile de Cuba (Colonies espagnoles).
Gouvernement du Portugal.
Institut impérial et royal technique de Toscane, à Florence.
Ministère du commerce (Board of Trade), Royaume-Uni.
Société néerlandaise de Commerce, à Amsterdam (Pays-Bas).

COOPÉRATEUR.

GRANDE MÉDAILLE D'HONNEUR.

Docteur Royle (Inde). Colonies anglaises.

EXPOSITION UNIVERSELLE

Ire DIVISION. — INDUSTRIE

INTRODUCTION GÉNÉRALE

A MONSIEUR LE Bon L. BRISSE.

Monsieur,

Vous me demandez quelles furent les conséquences de la grande Exposition universelle de Londres; vous désireriez connaître les fruits que portera celle qui s'ouvre à Paris en ce moment; vous voudriez surtout que la jeunesse, éclairée sur la portée de ce événement, apprît à saisir, sans hésiter, le fil conducteur qui lui permettra d'en tirer le profit le plus haut pour la gloire et l'avenir du pays.

Ce sont là des questions et des exigences auxquelles il est difficile de répondre. Mais aussi ce sont là des désirs que tout ami de notre industrie, de la science qui lui sert de guide, et de la jeunesse qui lui sert d'instrument, doit comprendre et serait heureux de satisfaire. Cette pensée m'encourage à tracer ces lignes, et fera mon excuse de n'avoir pas pu résoudre les problèmes que vous me posiez.

Lorsqu'on pénétrait pour la première fois dans le palais de l'Exposition anglaise, on ne pouvait se défendre d'une véritable émotion. La grandeur de l'enceinte, la beauté des objets accumulés sous les yeux, leur variété merveilleuse, les drapeaux, les bannières, les étoffes aux couleurs éclatantes, et, comme couronnement à ces produits du travail de l'homme, une voûte de verdure fournie par des arbres séculaires se jouant librement dans l'immense vaisseau, tout contribuait à jeter dans l'âme du spectateur l'impression d'un trouble presque religieux. Arrivés dans ce palais avec une égale impatience, l'industriel pour observer, le savant pour étudier, le curieux pour chercher des souvenirs, tous s'arrêtaient au seuil, pleins d'étonnement, d'admiration et de recueillement, s'oubliant à l'aspect de ce tableau, où l'idéal des rêves les plus magnifiques semblait dépassé. On pouvait croire que l'art moderne avait entrevu son expression, que l'industrie avait trouvé sa poésie.

Parcourait-on les galeries où tant de peuples avaient déposé les tributs de leur civilisation; essayait-on d'analyser ses sensations ou de les résumer, et l'un des traits les plus généraux de l'industrie humaine se manifestait avec une entière évidence; dans tous les produits de chaque contrée, l'empreinte d'un type national se montrait distincte et persistante. L'Inde différait de l'Orient, comme l'Orient se distinguait de la Chine; l'Angleterre, la France, l'Allemagne, ne pouvaient en rien rester confondues; de moindres États gardaient eux-mêmes leur physionomie. Ce cachet d'origine imprimé sur toutes les productions d'une nation, faisait l'harmonie de leur ensemble; et de ces dissonances d'un peuple à l'autre, naissait une variété qui n'en restait pas moins soumise à l'ordre.

Aussi, comme on s'applaudissait de cet heureux accident qui n'avait pas permis d'assujettir le classement des objets à une vue purement technologique, et de réunir ensemble toutes les laines, toutes les soies, tous les bronzes, toutes les poteries ainsi qu'on l'avait proposé! Comme on était heureux de trouver subordonnées à leur créateur et réunies, au contraire, en autant de groupes bien plus naturels, les productions de l'homme de l'Orient, celles de l'homme du Midi ou de l'homme du Nord. Le goût caractéristique de chaque race qui éclatait dans l'ensemble, se montrant visible encore dans les moindres détails, ajoutait un charme infini à leur étude.

Semblable au naturaliste qui, non content de reconnaître un individu comme appartenant à l'espèce humaine, peut encore, par des caractères anatomiques certains, en assigner la race exacte, de même, après quelques jours passés à voyager à travers les nations réunies au Palais de Cristal, chacun en présence d'un produit de l'industrie humaine pouvait se dire : non-seulement ceci a été façonné par les mains de l'homme, mais encore, par la main d'un homme de telle race, de telle contrée. Cette jouissance, grâce au système de classification, par régions géographiques, adopté pour l'Exposition actuelle, ne fera pas défaut aux visiteurs qu'elle attend à son tour.

D'ailleurs, que de découvertes on faisait à chaque pas! que de préjugés on sentait s'évanouir! Les Anglais sont nos maîtres en mécanique, et nos machines rivalisaient avec celles de l'Angleterre, de précision et de bon emploi. Nous leur contestons le sentiment des beaux-arts, et leurs poteries, sous le rapport du goût, n'avaient pas d'égales. L'Inde, au grand étonnement des artistes, offrait des motifs nouveaux, dans tous les genres et en profusion, à tous les dessinateurs de l'industrie. Et si l'Afrique, le Japon et la Chine s'étaient montrés toujours avares de leurs trésors naturels, l'immense collection de la Compagnie des Indes étalait des richesses devant lesquelles les plus savants demeuraient confondus de leur ignorance.

Dans les moindres détails, l'Anglais se montrait habile à mouvoir les masses, le Français curieux de la perfection, l'Allemand de la diversité.

Mais une pensée dominait tout cet ensemble : l'art et la science s'y montraient les maîtres du monde; l'avenir leur appartenait.

Aussi, chaque peuple, chaque gouvernement ont-ils essayé, depuis trois ans, de développer l'éducation industrielle, non pas dans ce sentiment d'une technologie étroite et vulgaire, qui en serait l'abus et le péril, mais avec la ferme et noble conviction que tout ce qu'on fait au profit de la science, par un courant naturel vient féconder l'industrie, que tout ce qu'une grande nation accorde aux beaux-arts est rendu centuplé à son commerce.

La commission royale, chargée de diriger les opérations de l'Exposition universelle de Londres, aperçut du premier coup d'œil la double moralité qu'elle en devait tirer, au profit de l'industrie anglaise.

Elle décida, pendant le cours même des opérations du jury, que la grande médaille ne serait accordée qu'à des créations artistiques, qu'à des découvertes industrielles ou à des inventions bien caractérisées et incontestables. L'art du copiste, la perfection de la main-d'œuvre, le bas prix du produit, étaient relégués au second rang. C'était à la fois proclamer la suprématie de l'art pur et celle de la science, diriger l'attention vers leurs travaux et donner à l'Angleterre une utile leçon, en lui montrant que la véritable force de l'industrie réside, en France, dans les leçons de nos facultés et de nos écoles savantes, dans celles de nos écoles des beaux-arts.

L'Exposition universelle à peine fermée, les éloges publics prodigués en Angleterre à l'École polytechnique, à l'Ecole centrale des arts et manufactures, aux écoles savantes de la France, venaient donner à cette mesure un commentaire plein de clarté.

Sous le rapport de l'étude des beaux-arts, l'aristocratie anglaise se montra plus convaincue encore de la supériorité du système français, car elle mit à la disposition des écoles de dessin de la Grande-Bretagne des sommes considérables, provenant soit des bénéfices réalisés par les recettes de l'Exposition universelle, soit des fonds votés par les pouvoirs publics, soit enfin des produits de souscriptions particulières. La construction du palais de Sydenham est la dernière et la plus éclatante de ces démonstrations.

La recherche du beau dans les manifestations industrielles de l'art, celle du vrai dans les créations industrielles de la science, l'invention placée au premier rang, tels sont les principes où se résument les longues discussions du jury de l'Exposition universelle de Londres, les impressions de l'immense affluence de visiteurs qu'elle avait attirés. Triomphe éclatant de la pensée sur la matière, de la vraie poésie sur les séductions vulgaires du bon marché, du pouvoir du génie sur celui des écus!

L'Angleterre, dans cette grande occasion, fut-elle habile? fut-elle chevaleresque? L'un et l'autre peut-être à la fois.

Quel que soit le motif qui l'ait déterminée, elle donnait ce jour-là de salutaires leçons à tous les hommes qui influent sur ses destinées. A ses industriels, elle disait : Vous le voyez, il ne suffit pas de produire à bon marché, car la beauté de la forme entraîne le consommateur; il aime mieux acheter plus beau et payer plus cher. Elle disait à ses universités : Prenez-y garde, vous n'êtes plus de votre temps, une science nouvelle s'est fait jour, qui sait manier la matière et féconder les forces de la nature; tout peuple qui resterait étranger à son étude et à ses créations, doit renoncer à garder sa place dans les premiers rangs de la civilisation. Elle disait à tous les esprits aventureux : Jetez-vous hardiment dans la carrière de l'invention, et fiez-vous à moi pour vous donner la récompense due à vos succès : elle ne vous fera pas défaut.

L'Angleterre, en un mot, faisait de grands et légitimes efforts pour ajouter tout ce qui avait manqué jusque-là aux conditions de succès de son industrie, sans faire grand état en apparence des biens de tout genre dont sa puissance productive était déjà en possession.

Aussi voyait-on souvent les hommes les plus éminents de l'Angleterre être les premiers à signaler au jury les industriels français qui devaient obtenir ses plus hautes récompenses. Il faut bien, disaient-ils, donner une leçon à Birmingham ou à Manchester! Les négociants anglais auraient voulu que la supériorité de l'Angleterre sortît incontestée de l'épreuve; les esprits politiques, et ils sont nombreux dans ce pays, ne demandaient au jugement de l'Exposition universelle que la vérité, certains qu'une nation aussi fertile en ressources, aussi puissante que la leur, n'a pas besoin d'être flattée, et qu'il suffit de lui signaler un obstacle pour qu'il soit écarté, une cause d'infériorité, pour qu'elle disparaisse.

Ce que nous demandons à notre pays, c'est la même et haute impartialité d'appréciation, c'est la même fermeté de jugement. Ne nous laissons pas troubler par les prétentions ou par les craintes de nos industriels, et cherchons hardiment à découvrir par la comparaison de nos produits avec ceux des nations rivales quels sont les défauts qui limitent nos succès, quelles sont les qualités qui nous manquent. Ne nous croyons pas obligés à écraser les autres du bruit et de l'éclat de notre supériorité; ce ne serait pas généreux envers les étrangers qui reçoivent notre hospitalité, ce ne serait pas politique envers nous-mêmes.

Aussi, ne peut-on qu'approuver les dispositions du décret qui détermine l'esprit dans lequel les récompenses seront décernées par le jury international. Les médailles de première classe ne sont pas réservées aux inventeurs; elles peuvent être accordées aux exposants qui se sont signalés par une grande supériorité dans l'exécution, et à ceux qui, sans diminuer la perfection d'un produit important, ont trouvé le secret d'en mettre le prix à la portée des petits consommateurs. C'est sagement placer la récompense où est le service à rendre lorsqu'il s'agit de la France; c'est montrer aux industriels habiles où est le vrai problème à résoudre dans l'intérêt de notre pays comme dans le leur. Les inventeurs abondent en France; il importait moins d'en assurer le renouvellement. Les industriels, curieux de produire à bon marché des objets d'un bon usage et d'une irréprochable fabrication, y sont encore assez rares, au contraire, pour qu'il y ait tout intérêt à les honorer et à en multiplier la race.

On dirait donc volontiers à la jeunesse française qui a tant et de si utiles leçons à puiser à la comparaison des produits d'une même nation entre eux, des productions de toutes les nations entre elles : Attachez-vous au beau, attachez-vous au vrai; car c'est là qu'est la base durable sur laquelle repose sans aucun doute notre fortune industrielle. Mais ne négligez pas cet élément essentiel de tout grand commerce, de toute consommation étendue, la bonne production à bon marché.

Rappelez-vous qu'il ne faut pas ôter au riche les jouissances du luxe, qu'il faut les mettre, au contraire, à la portée du pauvre. Les grands avaient seuls autrefois le privilége de courir la poste; aujourd'hui, riches et pauvres partent et arrivent à la fois, portés sur les ailes de la machine à vapeur. On n'a pas diminué le pouvoir de locomotion du riche, au contraire; mais en étendant à tous les bénéfices de son emploi, on l'a rendu d'un accès facile à tous. Voilà l'exemple facile à suivre.

Combien la reproduction des plus précieux modèles de l'art par la photographie, ou la galvanoplastie, par les moyens délicats et sûrs que le moulage emploie aujourd'hui, par ceux même que la mécanique a imaginés, combien cette reproduction contribue à répandre le goût et le sentiment de l'art! On n'a rien ôté de son prix au dessin de Raphaël ou à la statue antique qui ont servi de modèle et dont on a pu de la sorte multiplier indéfiniment les fidèles images, mais on a rendu leur étude facile, leur possession possible à une multitude d'admirateurs qui n'auraient jamais eu l'occasion d'en approcher, à qui l'espoir de les posséder surtout était pour toujours interdit.

Que la jeunesse savante, que la jeunesse industrielle de la France se pénètrent donc bien de cette pensée qu'il y a pour elles une place à prendre et une place élevée à côté de celle qui est occupée par les inventeurs illustres dont s'honore notre pays, une place qui appartient à tout homme dont la pensée sait transporter dans la chaumière les jouissances du salon, dans les ateliers le bien-être des habitations bourgeoises.

Le coton, le lin, le chanvre, la laine, filés et tissés à bon marché, n'est-ce pas pour tous le vêtement propre et sain, l'enveloppe chaude en hiver, le linge abondant en été?

Les alcalis à bas prix, n'est-ce pas le savon à la portée de toutes les ménagères; n'est-ce pas le verre à vitre livrant partout passage à la lumière, et égayant la demeure du pauvre assainie?

Les chaux hydrauliques factices devenues d'une fabrication économique et prompte, n'est-ce pas la salubrité des habitations les plus modestes désormais garantie?

L'art de rendre les étoffes imperméables, n'est-ce pas la vie de l'ouvrier bien adoucie dans nos climats si variables?

Jacquart, Artwright, Philippe de Girard, Leblanc, Vicat, sont donc à la fois des bienfaiteurs de l'humanité et des inventeurs dignes de prendre place à côté de Franklin, de Watt, de Volta et d'Ampère.

Il serait difficile de dire à qui nos marins doivent adresser leurs sentiments de reconnaissance, lorsqu'ils voient couler à profusion, et pour tous leurs besoins, l'eau de mer distillée. Est-ce à celui qui imagina le premier de recueillir la vapeur d'eau condensée sur des corps froids, ou bien à l'habile ingénieur qui a su le premier construire un appareil économique capable d'alimenter les plus nombreux équipages?

Scheele, qui découvrit le chlore, est-il plus digne de respect, à ce titre, que Bertholet, à qui est due la découverte du blanchîment au moyen de cet agent rapide?

Ce seraient là des distinctions, des subtilités dont le sens commun fait justice. Il ne suffit pas d'inventer l'éther pour inventer l'éthérisation, et la juste reconnaissance qui s'attache à la découverte d'un corps pareil, ne diminue en rien la dette de l'humanité envers le premier qui s'en servit pour supprimer la douleur.

Quand l'application systématique des ressources de la science aux besoins de l'humanité commence à peine, que de glorieuses découvertes on peut s'en promettre encore! Trois méthodes peuvent conduire à les réaliser.

Le hasard, qui, par un accident fortuit qu'il fait éclater sous les regards d'un homme à l'esprit inventif, ouvre au génie une voie nouvelle.

C'est, il faut l'avouer, le cas le plus commun. C'est aussi là ce qui fait l'importance des sciences expérimentales, des sciences d'observation; elles multiplient à l'infini, sous des yeux exercés, ces chances du hasard si fécondes en prodiges.

Mais le hasard ne fait pas tout. L'inventeur peut encore s'inspirer à deux sources non moins abondantes.

L'une consiste à chercher où sont les *desiderata* de l'industrie, et à les chercher dans les ateliers mêmes. Il est rare qu'une question bien posée ne trouve pas sa solution, lorsqu'elle est envisagée avec résolution et persévérance par un esprit instruit et appliqué.

Tout homme qui a vieilli dans l'enseignement s'est aperçu cent fois que rien ne résiste à ces études opiniâtres qui se concentrent sur une seule question, et qui la retournent en tous sens pendant de longues heures de méditation ou de travail. Il n'est pas rare de voir, dans les cours publics, des auditeurs asssidus qui, pendant des années entières, occupés d'une seule pensée, demandent à tous et cherchent partout une réponse à la question dont ils se sont saisis. Il n'est pas rare non plus d'apprendre que leurs efforts, ainsi concentrés sur une vue unique, ont touché le but.

Mais il n'est pas toujours nécessaire qu'un problème soit posé. On peut envisager la recherche à faire sous un autre point de vue, et se demander s'il n'y a pas quelque parti utile et nouveau à tirer d'une matière qui est assez commune pour qu'on puisse se la procurer à bas prix.

En pareil cas, les ressources de la science sont infinies. Mettre une substance donnée en rapport avec toutes les forces, avec tous les corps, étudier les effets obtenus, comparer les produits qui se sont formés, il n'y a rien là qui ne rentre dans les habitudes les plus ordinaires des études scientifiques. Mais, si à mesure que les effets naissent, que les combinaisons se forment, on essaie de les appliquer aux besoins de la vie, on voit souvent surgir les plus heureuses inventions. C'est ainsi que les propriétés du charbon, mieux étudiées, ont enfanté l'éclairage électrique; que le métal de l'argile, soumis à un examen plus attentif, a doté l'industrie de l'aluminium.

Presque toujours, lorsqu'une question est bien posée, et l'on peut être certain que dans les ateliers on la posera bien, il suffit d'une étude opiniâtre pour la résoudre.

Presque toujours, lorsqu'on étudie une substance abondante dans la nature, il suffit de l'examiner sous tous les aspects pour lui découvrir un nouvel emploi.

Nous dirons donc à la jeunesse : Étudiez l'Exposition universelle tant qu'elle sera ouverte; examinez-la dans tous les sens. Jamais les vraies sources de l'invention n'ont été plus abondantes. Regardez, et vous trouverez réunies toutes les chances que le hasard peut offrir à l'observateur intelligent. Interrogez, et vous recueillerez de tous côtés des questions nettement posées par l'industrie. Comparez les choses entre elles, et vous verrez de toutes parts des matières dont les emplois sont loin d'être épuisés.

Prenez note de vos impressions et de ces questions, inscrivez dans votre mémoire le nom de ces matières, et si votre esprit s'applique avec obstination à les envisager, si vos études se concentrent sur elles, vous verrez peu à peu surgir un point lumineux dans les profondeurs de l'obscurité qui les enveloppe, et de cette lueur incertaine sortira peut-être, par un nouvel effort, quelqu'une de ces découvertes qui font la gloire d'un homme et qui ajoutent aux richesses d'un pays.

J'ai l'honneur d'être, Monsieur, avec une haute considération.

J. Dumas,
Membre de l'Académie des sciences.

Avant de commencer l'examen détaillé de chacune des classes de l'Exposition universelle, nous avons dû, pour que notre livre fût l'histoire complète et le tableau complet des œuvres de l'industrie et des arts, enregistrer les titres artistiques, industriels et commerciaux des différents États qui ont concouru à cette Exposition, montrer les ressources dont elles disposent et indiquer les efforts qu'elles ont faits ou qu'elles peuvent faire, pour mener dans les voies du progrès la civilisation du monde.

Ainsi réunies et se complétant les unes par les autres, les Notices statistiques que nous avons rassemblées ici, dans un ordre alphabétique des noms de pays, forment le plus naturel et le plus large des vestibules pour aborder les grandes études dont nous avons eu à cœur d'achever l'ensemble.

Les documents authentiques et les sources officielles ont été mises à contribution, et nous pouvons affirmer que si notre livre n'est pas une entreprise administrative, il présente, au point de vue de la solidité et de l'abondance des renseignements qui y ont été recueillis, tous les caractères d'une pareille entreprise.

NOTICES STATISTIQUES

SUR

L'INDUSTRIE ET LE COMMERCE DES ÉTATS

QUI ONT CONCOURU

A L'EXPOSITION UNIVERSELLE

EUROPE

DUCHÉS D'ANHALT-DESSAU ET CŒTHEN.

(COMMISSAIRE A L'EXPOSITION DE L'INDUSTRIE : M. G. de Viebahn.)

Le duché d'Anhalt-Dessau et Cœthen, formé en 1847 par la réunion de deux duchés distincts, est l'un des trois États du quinzième rang dans la hiérarchie des dix-sept voix de la diète fédérale d'Allemagne. Habilement gouverné par un prince qui a le souci des intérêts réels du présent et qui n'est étranger à aucune des questions de l'avenir, le duché d'Anhalt-Dessau et Cœthen a tenu à l'Exposition universelle de Paris un rang qui lui faisait honneur.

Voisin de la Prusse, et placé au Palais de l'Industrie sous le patronage du commissaire de la Prusse, le duché d'Anhalt-Dessau a offert, aux appréciations du public, des draps, des ouvrages de cuir et des livres qui ont été remarqués.

Au surplus, comme le nombre des exposants du duché d'Anhalt-Dessau et Cœthen n'était pas considérable, nous pouvons donner en entier la liste des produits exposés par eux :

Huile pour l'horlogerie;
Fusils,
Couteaux de table et de chasse,

Draps,
Peluche de soie et de coton,
Papiers peints,
Ceinturons et mentonnières en cuir verni,
Gants de chevreau,
Bottes à l'écuyère,
Peignes de corne, d'écaille et d'ivoire,
Etudes de dessin linéaire gravées sur cuivre, avec épreuves,
Livres imprimés et reliés.

Sans aucun doute, l'industrie d'un État tel que le duché d'Anhalt-Dessau et Cœthen ne pouvait prétendre à entrer en concurence avec l'industrie des nations de premier ordre et ne songeait pas à obtenir des récompenses éclatantes. Il n'y en a que plus d'éloges à donner à l'empressement avec lequel les exposants de ce duché sont venus prendre leur place modeste dans un concours dont ils ne pouvaient être les héros.

EMPIRE D'AUTRICHE.

COMMISSAIRES A L'EXPOSITION :

Industrie.

MM. le baron James de Rothschild.
le chevalier Adam de Burg.
le docteur Schwarz.

Beaux-arts.

MM. le docteur Schwarz.
Sohl (Michel).

L'empire d'Autriche, composé de divers États, la Hongrie, la Bohême, l'Autriche propre, l'Illyrie, le Tyrol et le royaume Lombardo-Vénitien, qui sont situés entre le 42° 10′ 5″ et le 51° 3′ 2″ de latitude nord et les 26° 13′ 52″ et 26° 1′ 25″ de longitude est (île de Fer), comprend une superficie de 12,121 lieues géographiques carrées, et est peuplé par plus de 38 millions d'habitants qui appartiennent à plusieurs races, professent des religions différentes et parlent divers idiomes.

Le travail de centralisation et de fusion qui est imposé à l'empire d'Autriche par sa constitution même, lui rend peut-être plus difficile qu'à toute autre monarchie européenne le développement régulier de ses forces ; mais, en même temps que l'Autriche rencontre plus de difficultés dans la voie du progrès qui doit conduire les peuples à l'ère nouvelle du travail pacifique et de l'industrie libre, elle trouve, dans la diversité des régions qui la composent, des ressources abondantes et extrêmement variées. On peut dire que toutes les espèces de sol y sont représentées, et, en général, l'empire d'Autriche est un pays fertile.

Au centre de l'Empire, on compte 3,200 habitants par lieue carrée; il n'y en a que 1,170 dans le duché de Salzbourg, et il y en a jusqu'à 7,270 en Lombardie.

Si l'on divise la population en considérant les diverses religions qu'elle professe, on compte 27,400,000 catholiques romains, 3,760,000 grecs unis, 3,300,000 protestants, 2,950,000 grecs schismatiques, 50,000 chrétiens de plusieurs sectes, et plus de 910,000 israélites.

Dix-neuf millions et demi d'hommes et dix-huit millions et demi de femmes forment le total général de la population. Les deux tiers de cette population sont attachés aux travaux agricoles; quant au commerce de l'Autriche, voici les principaux chiffres qui peuvent être empruntés aux tableaux officiels de 1852.

COMMERCE AU DELA DE LA LIGNE DES DOUANES.

Importation	498,465,000 fr.
Exportation	466,225,000 fr.
Transit	269,050,000 fr.

NAVIGATION.

6,177 navires jaugeant de 272 à 466 tonneaux, dont 586 navires au long cours jaugeant 186,451 tonneaux ; 685 grands navires de cabotage jaugeant 45,145 tonneaux.

Il est entré dans les ports autrichiens, sous pavillon autrichien, 39,058 navires jaugeant 1,363,903 tonneaux, et, sous pavillon étranger, 4332 navires jaugeant 450,705 tonneaux.

Il en est sorti, de la première catégorie, 39,108 jaugeant 1,368, 565 tonneaux ; de la seconde 4,298, jaugeant 456,687 tonneaux.

Le total général des importations monte à 408,635,000 fr. (127,045,000 fr. des ports autrichiens et 281,590,000 des ports étrangers), et le total des exportations s'élève à 241,246,000 fr. (141,028,000 fr. aux ports autrichiens et 100,218,000 fr. aux autres ports).

PRODUCTION.

La valeur totale de la production de l'industrie autrichienne est évaluée à 4 milliards.

Cet ensemble présente, on le voit, des chiffres considérables. Mais ce qui indique, bien plus que ces chiffres, quelle peut être l'importance de l'industrie, du commerce et de l'agriculture de l'empire d'Autriche, ce sont les marques évidentes du progrès qui, longtemps retardé, se montre de toutes parts et que de grandes entreprises, récemment encouragées par le gouvernement, promettent de soutenir. Un avenir brillant est réservé à l'Autriche; et, si elle ne peut espérer d'être une grande nation commerçante, à cause du peu de développement de ses frontières maritimes, elle peut être, du moins, une grande nation industrielle et agricole.

Elle trouve chez elle, à l'exception du platine, tous les métaux utiles, et n'est surpassée que par la Russie, en Europe, pour la production des métaux précieux. En 1851, ses mines ont donné :

Or.	1,921 kilogrammes.	Fer en gueuse...	190,223,871 kilogrammes.
Argent	34,533 —	Fer fondu.......	38,492,359 —
Mercure	170,842 —	Antimoine	313,595 —
Étain...........	16,067 —	Arsenic	52,078 —
Cuivre..........	1,918,539 —	Soufre..........	1,398,033 —
Plomb...........	1,151,348 —	Plombagine	2,444,663 —
Litharge........	1,501,011 —	Houille.........	1,200,266,348 —
Zinc............	1,225,671 —		

Cette production peut être évaluée à la somme de 65,829,705 fr., dont 17,800,837 fr. pour l'État et 48,028,868 fr. pour les particuliers.

L'Autriche importe de l'or et de l'argent; elle exporte du mercure (et du cinabre); elle a besoin d'étain; elle produit du cuivre commun en excès, mais elle demande à l'étranger le cuivre fin; elle exporte beaucoup de plomb.

L'exportation du zinc n'égale pas l'importation de ce métal.

De toutes les industries qui se rattachent au travail des mines, c'est l'industrie du fer qui est, de beaucoup, la plus considérable, et cependant l'on est loin d'avoir atteint en Autriche les limites de la production possible.

Deux cent dix-sept fourneaux y fondent le fer en gueuse. La production du fer malléable a dépassé, en 1851, le chiffre de 124 millions de kilogrammes, au prix moyen, sur le marché des forges, de 20 fr. 50 c. les 56 kilogrammes. Cette production a nécessité l'emploi de 145,901,663 kilogrammes de fer en gueuse; elle se décompose ainsi :

Fer-blanc en feuilles.........	1,203,384 kilogrammes.
Fer noir en plaques..........	13,766,592 —
Ferraille....................	63,246,344 —
Gros fer.....................	12,090,680 —
Fer de puddlage	34,340,936 —

A ces chiffres joignez 402,977 kilog. d'acier fondu (à 75 fr. les 56 kilog.) 7,018,089 kil. d'acier affiné (à 32 fr. 75 c.) et 8,680,786 kilog. d'acier cru (à 25 fr.).

Le fer malléable, produit à la moyenne de 20 fr. 50 par 56 kilog., a été de la valeur de 45,630,048 fr.; l'acier, de 8,484,542 fr., et les articles de la seconde fonte, de 4,799,808 fr., en sorte que le fer en gueuse a reçu un accroissement de valeur, de 35,486,413 fr.

La fabrication en grand des faulx et faucilles est divisée entre 179 établissements qui ont produit 4,609,000 faulx, 1,027,761 faucilles et 227,393 hachoirs. La fabrication des clous est également très-importante; il s'en est fait, dans la même année, 7,784,887 kilog., évalués à 3,497,447 fr.

Puis, viennent les fabrications diverses des limes, couteaux, haches, pelles, lames d'épée, canons de fusil, etc., d'une valeur de 12 millions, qui occupent 60,000 personnes.

En tout 145,598 hommes travaillent à l'extraction du minerai, à la fonte de fer et à la fabrication des divers ouvrages.

La houille, ce pain quotidien des usines, sera un jour très-abondante; voici divers chiffres qui indiquent la marche ascendante de l'extraction :

En 1819.........	94,584,000 kilogrammes.
En 1829.........	178,752,000 —

En 1839.........	432,040,000	—
En 1848.........	949,760,000	—
En 1851.........	1,200,266,000	—

En 1854, pour tout résumer, il a été produit 217,849,408 kilogrammes de fer brut, 39,103,232 kilogr. de fer de fonte et 1,777,849,976 kilog. de houille. Les carrières occupent environ 50,000 hommes.

La production annuelle des tuileries s'élève à plus de 3,000,000,000 de briques, évalués 75 millions de francs.

La poterie commune, produite par 7000 potiers, vaut 15,000,000; 18 millions de pipes de terre valent 750,000 fr.; la faïence vaut 6,250,000 fr.; la Manufacture impériale des porcelaines de Vienne produit par an pour 5 millions. En somme, l'industrie céramique arrive au chiffre de 110,250,000 fr.

On connaît depuis longtemps les verreries de la Bohême. Il n'y a pas qu'en Bohême qu'on travaille les verres, cristaux et glaces. En 1852, l'exportation s'est élevée :

En verre creux et verre de table,	à 5,554,000	kilogr.	pour	4,842,000 fr.
En verre fin..................	à 2,639,000	—	—	11,250,000
En verres optiques et divers.....	à 416,000	—	—	835,000

La fabrication des grains ou perles de collier en verre taillé à Venise, atteint le chiffre de 7,500,000 fr.

En comparant les résultats recueillis pour toute la monarchie, il se trouve que l'industrie du verre produit annuellement 2,352,000 kilog. de marchandises évaluées à plus de 45 millions.

L'exportation est de 15,026,500 contre une importation de 70,000 fr.

Les constructeurs de machines, encore inférieurs aux constructeurs étrangers, commencent à pouvoir entrer en concurrence. En 1846 on comptait en Autriche 24,734 chevaux-vapeur pour 760 machines ; déjà en 1851 on y voyait 1497 machines d'une force de 57,152 chevaux 1/2. Toutefois le chiffre de l'importation ne cesse de s'accroître, mais cet accroissement même est la preuve du développement continuel de l'industrie arriérée.

En revanche, l'importation des instruments de musique ne fut, en 1852, que de 76,402 fr., tandis que l'exportation s'éleva à 3,031,210 fr.

L'Autriche envoie aussi des pendules et horloges dans toutes les contrées de l'Europe et de l'Amérique.

Passons, avec le catalogue officiel de l'exposition autrichienne, à l'examen des produits agricoles.

La situation géographique et la nature du sol des diverses régions de l'empire d'Autriche lui permettent de se livrer avec succès à presque tous les genres de culture. C'est principalement dans la Lombardie que l'agriculture est florissante : ces campagnes sont toujours celles qu'a chantées Virgile.

Insere nunc, Melibœe, piros; pone ordine vites!

La Bohême et la Hongrie, surtout celle-ci, ont devant elles un magnifique avenir : et les voyageurs admirent la fécondité presque inépuisable d'une grande partie de ces régions.

Avant 1848, l'Autriche produisait, en moyenne, 170,970,000 hectolitres de céréales, dont 28,905,000 de froment, 37,515,000 de seigle, 30.750,000 d'orge, 4,920,000 d'avoine, 19,065,000 de maïs, 615,000 de sarrasin. Aujourd'hui cette production doit être élevée d'environ 40 pour cent.

En pois, on récolte 3,075,000 hectolitres; en pommes de terre, 61,500,000; en navets, 15,375,000; à quoi il faut joindre 2,800,000 kilog. de houblon et 168,000,000 kilogr. des divers produits du laitage.

Après les soies, c'est le fromage qui est le produit le plus important de la Lombardie.

L'élève des bestiaux a des progrès à faire. L'Autriche possède 3 millions de chevaux, 4 millions de bœufs, 3 millions de vaches et 35 millions de moutons.

La production générale s'élève à environ 6250 millions de francs.

Les dernières années ont été mauvaises; en 1852, il a été importé :

Froment.................	70,762,000	kilogrammes.
Maïs et seigle.............	460.518,000	—
Orge et avoine...........	32,155,000	—

Une industrie en progrès marqué, c'est l'industrie des produits chimiques qui suffit à la consommation intérieure et alimente les marchés étrangers, surtout pour l'alun et le vitriol.

La fabrication du sel est un monopole de l'État, qui rapporte 65 millions; le monopole de la fabrication du salpêtre appartient également à l'État.

Les allumettes chimiques de Vienne sont très-estimées : en 1852, il en a été fabriqué 1,237,000 kilog., ce qui représente une valeur d'environ 2 millions de francs.

Les provinces allemandes, slaves et italiennes, produisent en moyenne 1,680,000 kilog. de cire; l'autre moitié des provinces de l'empire en produit à peu près autant. La cire, travaillée, acquiert une valeur de 40 p. cent en plus que sa valeur propre, et l'on arrive ainsi à un total de 16,875,000 fr.

A côté de la cire, il faut placer environ 42 millions de kilog. de suif, valant 35 millions, lorsqu'il est brut et, après le travail, 25 p. cent en plus.

On fabrique 2,800,000 kilog. de bougies stéariques, valant 8 millions. Vienne entre, à elle seule, dans ce dernier chiffre, pour 6,250,000 fr.

Après la cire et le suif vient l'huile. La production de l'huile d'olive, évaluée à 4,940,000 kilog. pour 5 millions de francs, est loin de suffire, et, en 1852, l'importation des huiles a été de 15,290,000 kilog. La fabrication des savons n'est pas en progrès.

L'empire d'Autriche est très-riche en vins de bonne qualité et d'un prix peu élevé. La production dépasse 22 millions 1/2 d'hectolitres, dont 15 millions d'hectolitres de vins de Hongrie.

La fabrication des boissons fermentées arrive au chiffre considérable de 180 millions, et elle tend à s'élever encore, ainsi que cela se voit dans toute l'Europe, depuis que les vignes sont malades.

La fabrication de l'eau-de-vie, au contraire, a beaucoup diminué en ces derniers temps. La valeur de ses produits peut encore être évaluée à 100 millions de francs. La consommation moyenne est de huit litres 1/2 par tête; elle est, dans la Carniole, de 3/4 de litre, et de 20 litres en Gallicie.

Si l'on résume les chiffres, la production des boissons en Autriche doit être représentée par 250 millions de francs au moins.

La consommation totale du sucre brut monte à un peu plus de 60 millions de kilog.; sur cette consommation, il a été importé, en 1852, 1,015,000 kilogrammes de sucre raffiné et 37,330 kilog. de farine de sucre colonial; le reste a été fabriqué avec des betteraves indigènes. Mais la culture même de ces betteraves est imparfaite; car, jusqu'à présent, on n'en récolte pas en moyenne plus de 19,500 kilog. sur un hectare.

Comme en France, la fabrication des tabacs est en Autriche un monopole de l'État: il lui rapporte 60 millions. On compte dans l'Empire 27 manufactures occupant 22,000 ouvriers qui en 1854 ont employé 47 millions de kilogr. de feuilles ainsi réparties :

Indigènes, 33,440,000 (dont 28,800,000 de Hongrie);
Étrangères (d'Europe), 2,650,000;
Étrangères (d'Amérique), 4,670,000;
Autres et déchets, 6,240,000.

Environ 40,000 hectares de terrain sont occupés, dans l'Empire, par les tabacs: les feuilles sont payées, au cultivateur, de fr. 0,09 à fr. 1,34 le kilogramme.

La fabrication des cuirs occupe une place élevée parmi les branches de l'industrie autrichienne. On peut même dire que la mégisserie et la production des cuirs vernis et chamis a presque atteint en Autriche la perfection; mais le tannage est moins avancé. En 1852, il a été importé 12,210,000 kilog. de cuirs bruts ou mi-préparés, venant de Russie, des Principautés danubiennes, de Turquie ou d'Amérique.

La quantité moyenne des cuirs fabriqués s'élève à 38,400,000 kilog.

Le tiers du sol autrichien est couvert de forêts qui fournissent chaque année la quantité de 17,000,000 de cordes cubiques de bois de toute nature; mais ces forêts sont réunies sur certains points, et il en résulte qu'une partie de l'Empire manque de bois et a besoin d'en demander aux pays étrangers. Les importations de 1852 ont été de 9,500,000 fr., pour la Lombardie principalement. Il est vrai que les exportations ont monté à plus de 27 millions.

L'agriculture produit, avec le concours d'environ 5,000 ouvriers, 750,000 hectolitres de charbon de bois.

Parmi les industries qui travaillent le bois, la confection des parquets en marqueterie et mosaïque a pris, dans ces derniers temps, un grand développement, et 400,000 pièces de parquet produites représentent une valeur de 10 millions de francs.

L'ébénisterie est très-florissante à Vienne, à Prague et à Milan; non-seulement l'Autriche n'achète pas de meubles à l'étranger, mais elle lui en vend beaucoup. La carrosserie autrichienne mérite également des éloges.

La fabrication des instruments de musique en bois et à cordes n'a pas besoin d'être vantée.

Les constructions de navires acquièrent, sur le littoral, une activité croissante; malheureusement le temps ne semble pas près de venir où Venise sera de nouveau la cité dominatrice des mers; et ce n'est pas même Venise, c'est Trieste que l'Autriche a choisi pour son port principal.

En voilà assez pour le chapitre des bois.

Ce n'est que dans ces dernières années que la fabrication du papier, bien qu'elle soit une des branches d'industrie les plus anciennes de l'Autriche, a pris un essor considérable par suite de la fabrication du papier à la mécanique. La production moyenne s'élève à 48 millions de kilogrammes (valeur : 33 millions de francs); elle occupe 12,000 personnes; et les exportations, en 1852, se sont élevées à 3,325,000 kilog. (4,292,000 fr.) contre une importation de 660,000 kilog. (1,670,000 fr.).

Les cartes à jouer, les papiers peints et le papier mâché se rattachent à l'industrie générale des papiers.

Les établissements pour impressions, gravures sur métal et lithographies, se sont considérablement accrus. L'Imprimerie Impériale de Vienne et l'Institut militaire géographique occupent le premier rang parmi ces établissements et soutiennent la comparaison avec les plus grandes institutions de ce genre qui florissent en Europe.

De tous les États européens, l'Autriche et la France sont les plus riches en soies. L'Autriche doit sa richesse au royaume Lombardo-Vénitien.

La production des cocons s'élève annuellement, en moyenne, à 27 millions de kilogrammes qui valent 110 millions de francs. Il existe, en Lombardie, 3,068 établissements de dévidage, avec 34,627 chaudières et 79,500 ouvriers.

La production de soie grége y est de 1,760,000 kilogrammes (560 grammes de soie pour 6,072 grammes de cocons) qui valent 97,250,000 francs. Pour toute l'Autriche, elle est de 2,880,000 kilog., évaluables à 137,266,000 francs.

Plus des deux tiers de ces soies sont filées en Lombardie. En 1852, on y comptait 500 filatures ayant 1,239,000 broches dont 702,100 pour filer et 507,200 pour doubler la soie grége. On obtenait 700,000 kilog. de trames et 360,000 kilog. d'organsin : en tout, 1,680,000 kilog. de soie filée, valant 105 millions de francs.

La soie grége a acquis ainsi, en Lombardie, une plus-value de 10 millions

Le travail ultérieur, pour convertir la soie filée en étoffes, se fait presque exclusivement à Vienne, Milan et Côme. A Vienne, le capital engagé pour cette fabrication, teinture comprise, monte à 33,750,000 de francs. La consommation de la soie s'accroît constamment en Autriche; elle a été :

En 1839, de	247,536	kilogrammes.
En 1842, de	321,660	—
En 1845, de	342,175	—
En 1847, de	498,300	—
En 1852, de	540,000	—

Milan fournit pour 9,325,000 fr. au moins de soieries.

Les tableaux des droits de douane perçus pour l'Empire présentent, en 1852, les chiffres suivants :

Cocons, soie grége, soie filée, soie purifiée et teinte, œufs et vers à soie, déchets de soie, étoffes,

Importation : 7,945,000 francs.

Exportation : 83,894,000 francs.

On voit par là quelle est l'importance de l'industrie des soieries autrichiennes.

La production des étoffes mélangées représente une valeur d'environ 120 millions de francs.

La fabrication de la dentelle était autrefois une source importante de travail pour la Bohême : l'invention du métier à bobine l'a tarie presque entièrement ; le nombre des ouvriers est tombé de 80,000 à 12,000. En joignant aux produits de cette fabrication les diverses broderies, on arrive à une valeur de 12 millions.

C'est l'industrie des cotons qui a fait en Autriche le plus rapide chemin. On le voit aux chiffres de l'importation de la matière première, qui sont :

En 1828.........	3,640,000	kilogrammes.
En 1833.........	8,058,000	—
En 1838.........	13,417,600	—
En 1843.........	20,764,800	—
En 1852.........	35,221,000	—

Presque tout ce coton est consommé dans l'intérieur de l'Empire. En 1854, on y comptait 184 filatures avec 5,192 machines à filer et 1,468,694 broches, qui, presque toutes, produisent du n° 40. En 1852, l'ensemble des filatures autrichiennes a filé environ 36 millions de kilog. de coton brut, donnant 30 millions de kilog. de coton filé, qui valent 81 millions de francs ; elles emploient 30,000 ouvriers.

L'Autriche consomme beaucoup de fil de coton. Le travail de ses filatures ne l'empêche pas d'en importer, et l'importation, en 1852, s'est élevée à 3,200,000 kilog.

Le tissage est donc très-actif. La valeur totale des marchandises fabriquées (24 millions de kilog. de tissus bruts) s'élève à 120 millions de francs. On compte 300,000 tisserands, dont la moitié habite la Bohême.

La fabrication de la toile est la plus ancienne de toutes les industries de l'Autriche : elle en était aussi la plus importante et elle l'est encore, si on ne considère que le nombre des personnes qu'elle occupe. Toutefois, la fabrication des étoffes de coton, en se développant, a nui à l'industrie linière.

Le lin et le chanvre d'Autriche sont d'une très-bonne qualité ; mais les procédés de culture et de filage laissent quelque chose à désirer.

La production moyenne est de 75 millions de kilog. de lin et de 68 millions de kilog. de chanvre, lesquelles quantités offrent une valeur de 105,500,000 fr. et donnent : 1° 22 millions de kilog. de filasse de lin et 36 millions de kilog. d'étoupes ; 2° 20 millions de kilog. de chanvre et 27 millions de kilog. d'étoupes.

Le lin suffit à la consommation intérieure ; le chanvre n'y suffit pas.

Le filage double la valeur de la matière première.

On trouve qu'en Autriche la fabrication du lin et du chanvre, sans y comprendre celle des dentelles et broderies, fournit annuellement des produits pour une valeur de 210 millions.

Il reste à parler de l'industrie des laines, industrie très-importante, et d'autant plus importante que l'Autriche produit elle-même la matière première.

La production moyenne des laines s'élève à 40 millions de kilog., dont la valeur peut être estimée à 160 millions de francs.

La filature des laines peignées ne fournit pas suffisamment aux besoins de toute la monarchie. Toutefois, la valeur de la matière première s'élève, par la préparation qu'elle reçoit, à 200 millions de francs.

La valeur totale des marchandises fabriquées de laine peut être évaluée à 250 millions de francs. Cette branche d'industrie nationale occupe 170,000 personnes, exclusivement employées au travail de la laine. Sur ces 170,000 personnes, 50,000 travaillent dans les fabriques et comprennent :

10,000 tisserands;
6,400 apprêteurs de drap et tondeurs;
6,000 fileurs;
2,200 tisserands de bas;
1,200 tisserands de couvertures et tapis;
400 teinturiers.

Les 23,800 autres personnes sont des journaliers, apprentis et hommes de peine.

L'excédant de l'exportation sur l'importation s'élève à 24 millions de francs.

Tels sont les principaux traits qui peuvent servir à donner une idée de la physionomie des diverses industries de l'Autriche. Sans doute la monarchie autrichienne n'est pas tout à fait au premier rang des nations industrielles, mais elle est en bonne voie et promet de réparer promptement le temps perdu. Une révolution, habilement dominée et conduite, s'opère dans l'esprit de ses peuples; le travail s'affranchit et s'éclaire.

Au surplus, voici la liste des récompenses obtenues par l'Autriche au grand concours de l'Exposition universelle :

Ire classe : une médaille d'honneur (le comte F. d'Egger, Lippitzbach, Carinthie) et vingt-cinq médailles de première classe.

IIe classe : deux médailles de première classe.

IIIe classe : trois médailles d'honneur (le baron de Bartenstein. les fermiers de Horzowitz et le baron Mundi) et cinquante-trois médailles de première classe.

IVe classe : une médaille de première classe.

Ve classe : une grande médaille d'honneur (G. Engerth, de Vienne) et une médaille de première classe.

VIe classe :

VIIe classe : trois médailles de première classe.

VIIIe classe : une médaille de première classe.

IXe classe : une médaille d'honneur (G. Gintl) et deux médailles de première classe.

Xe classe : une médaille d'honneur (J.-D. Stark, d'Altsaltel) et dix-neuf médailles de première classe.

Commission mixte des classes XI, XIX, XX, XXI, XXII et XXIII : six médailles de première classe.

XIe classe : douze médailles de première classe.

XIIe classe : une médaille de première classe.

XIIIe classe : quatre médailles de première classe.

XIVe classe : trois médailles de première classe.

XVe classe : deux médailles d'honneur (C. Weinmeister, de Wasserleit, et F. Wertheim, de Vienne) et onze médailles de première classe.

XVIe classe : huit médailles de première classe.

XVIIe classe : une médaille de première classe.

XVIIIe classe : une médaille d'honneur (les neveux de Meyer, d'Adolphshütte, près Winterberg) et six médailles de première classe.

XIXe classe : une médaille de première classe.

XXe classe : trois médailles d'honneur (Compagnie pour la fabrication des draps fins, Schœler frères et G. Slegmund) et vingt-deux médailles de première classe.

XXIe classe : une grande médaille d'honneur (la Chambre de commerce de Milan) ; deux médailles d'honneur (R. Bujati, de Vienne, et Leeman et fils, de Vienne) et vingt-cinq médailles de première classe.

XXIIe classe : sept médailles de première classe.

XXIIIe classe : trois médailles de première classe.

XXIVe classe : deux médailles de première classe.

XXVe classe : une médaille d'honneur (Ch. Girardet, de Vienne) et onze médailles de première classe.

XXVIe classe : une grande médaille d'honneur (l'Imprimerie Impériale de Vienne) et sept médailles de première classe.

XXVIIe classe : sept médailles de première classe.

XXVIIIe classe :

XXIXe classe : une médaille de première classe.

XXXe classe :

XXXIe classe : une médaille d'honneur (le petit-fils Auspitz, de Brünn) et une médaille de première classe.

Nous ne pouvons parler ici des médailles de seconde, de troisième classe, et des mentions honorables.

Les beaux-arts, en Autriche, ne sont pas aussi florissants que dans le reste de l'Allemagne, et ce sont les provinces italiennes qui ont donné à l'Exposition artistique de l'empire d'Autriche le seul éclat qu'elle a eu entre les autres Expositions.

Trois grandes médailles, seize médailles d'honneur et deux cent trente-neuf médailles de première classe forment un assez bel ensemble de récompenses.

En somme, l'Autriche peut se féliciter du rang qu'il lui a été donné d'occuper. Environ dix-huit cents exposants autrichiens ont envoyé des produits. Les craintes que la guerre avait fait naître ont empêché que ce nombre fût plus considérable. Le mouvement paraissait d'abord très-vif, et les esprits se portaient avec une sorte d'entraînement vers l'idée d'un concours très-heureux.

On écrivait au *Wanderer* de Vienne (Autriche), sous la date du 13 décembre 1854 :

« L'industrie autrichienne sera représentée d'une manière très-digne à l'Exposition universelle de Paris. Quant au nombre d'exposants inscrits jusqu'à ce jour, il égale déjà presque celui de la dernière Exposition de Munich. Quant aux objets à exposer, ils surpasseront encore ceux envoyés à Munich, attendu que c'est l'élite de notre industrie qui prendra part à cette grande solennité. »

On écrivait au *Lloyd* de Prague (Bohême), sous la date du 3 décembre :

« Dans toute la Bohême on fait des efforts pour que ce pays soit dignement représenté à la prochaine Exposition de Paris. D'après les déclarations faites jusqu'à présent, il y aura à cette Exposition plus d'exposants de Bohême qu'il n'y en avait à celle de Londres et même à celle de Munich, qui pourtant se bornait exclusivement à l'industrie allemande. Voici ce qu'enverront les quatre grandes Sociétés industrielles qui ont leur siége dans notre capitale : la Société impériale et royale d'économie rurale, une collection classée systématiquement de tous les produits du sol de la Bohême et des plus remarquables d'entre les instruments employés pour leur amélioration ; la Société des bergeries, des échantillons de toutes les sortes de laines de mouton du pays ; la Société forestière étalera des échantillons des diverses sortes de bois de la Bohême, et, de plus, une collection d'objets de fantaisie faits en bois et presque entièrement inconnus de l'étranger ; la Société de l'industrie minière, enfin, exposera des minerais et des métaux, ainsi que des machines et des instruments employés particulièrement dans les mines de la Bohême.

« Nous pouvons ajouter, d'après des lettres particulières, que les fabriques célèbres de cristaux et de verre de Bohême ne manqueront pas non plus à l'appel, ainsi que les fabriques de draps et de cotons, très-considérables dans ce pays. »

La collection technologique des mines de la Moravie et de la Hongrie, préparée par les soins de l'administration impériale, a été très-remarquée. Parmi les travaux de la métallurgie, le puddlage au gaz de tourbe, qui est un des traits caractéristiques de la fabrication autrichienne, ne pouvait manquer d'attirer l'attention. Quelques-unes des forges de la monarchie sont d'ailleurs de très-beaux établissements.

M. Le Play, qui a eu l'occasion d'étudier la plupart des forges de ces contrées classiques pour l'emploi du bois, considère les fourneaux de la Carinthie[1] comme les plus avantageux. « Ce sont, dit-il, les fours carinthiens qui, dans l'état actuel de la métallurgie, devront être pris pour modèle par les districts forestiers où l'on appréciera la convenance de renoncer aux anciens fours d'affinerie à tuyère au charbon de bois, et de fonder la production du fer sur l'emploi des fours à flamme alimentés par le ligneux » ou bois desséché.

Une des fabrications opérées avec le plus de succès dans les districts des forges, c'est le laminage du cuivre, du laiton et des différents alliages du nickel et du cuivre qui sont

1. *De la méthode nouvelle employée dans les fonderies de la Carinthie pour la fabrication du fer*, etc., par M. Le Play, p. 105.

si répandus dans le commerce. Une feuille de *packfond*, sortie des usines de M. Scholler, avait 14 mètres de long.

Parmi les produits agricoles, nous citerons les épis de maïs dépouillés de leurs graines et en quelque sorte panifiables, les beaux tabacs de Gallicie, les bois, chênes, sapins et frênes de M. le comte Zomœski, les mélèzes en grume et les cuirs de Hongrie, particulièrement ceux de MM. Pollak fils et de M. Suess, ont paru au plus haut degré remarquables.

Ce qui était peut-être la partie la plus digne d'éloges de toute l'Exposition autrichienne, c'était la collection si intéressante et si complète des laines.

L'immense bouteille formée de bouteilles des différents vins de l'Autriche, par M. Scherzer, a eu le mérite de forcer les yeux de chacun, et, par suite, l'attention générale, à se fixer sur la production des vignobles de la monarchie. On a examiné ces vins de commerce, très-peu connus jusqu'ici, on les a jugés de bonne qualité et d'une importation facile. Peut-être y a-t-il là pour l'Autriche une grande question d'avenir.

Certaines productions chimiques, quelques objets de taillanderie ou d'arquebuserie; par exemple, les rabots montés, de tous profils, à 1 fr. la paire, de M. Wertheim, et les pistolets à 2 fr.; diverses étoffes, le damassé de fil entre autres, et les incomparables draps blancs militaires à 4 fr. 75 c. le mètre; quelques autres articles : les cristaux, les porcelaines à bon marché, les papiers de M. Kneper, les gravures sur zinc de Forster, les photographies de Venise et le dessin de la locomotive Engerth, voilà les principaux objets du premier choix qui, réunis en un faisceau, ont été le trophée industriel de l'Autriche.

GRAND-DUCHÉ DE BADE.

COMMISSAIRE A L'EXPOSITION DE L'INDUSTRIE : M. Dietz, conseiller au ministère du Grand-Duché.

Le Grand-Duché de Bade est dans un état de prospérité assez remarquable. Les mines, l'agriculture et les diverses industries y réussissent également.

Il n'y avait guère, à Paris, plus de cent exposants badois, mais ils suffisaient pour attester que, dans presque toutes les classes du Catalogue général, le Grand-Duché de Bade pouvait être représenté avec honneur.

La Société des mines de Kinzigthal, à Schapbach (Wolfach), avait envoyé une collection minéralogique très-bien entendue et très-brillante : minerais de plomb, d'argent, de cuivre; produits de fonte, cuivre-rosette, litharge, argent raffiné, fluate de chaux, sulfate de baryte.

Ces mines de Kinzigthal, comme celles du Hartz, sont exploitées depuis fort longtemps.

Près de Wieslach, la Société de la Vieille-Montagne a remis en activité des mines autrefois célèbres, et les échantillons qu'elle exposait montrent que ses efforts ont été couronnés de succès.

Les bois du Grand-Duché, les bois de sciage surtout, sont très-nombreux, et nous avons pu en apprécier la qualité. Du reste, la Forêt-Noire alimente une partie de la France et Paris lui-même.

Le lin, le chanvre, le colza, le houblon, et surtout les tabacs du Palatinat, ont été très-remarqués et méritaient de l'être.

La production du chanvre, dans tout le pays, dépasse maintenant 4 millions de kilogrammes; celle du tabac est du double plus forte.

Le tabac badois, très-bien cultivé dans un sol naturellement préparé pour cette culture, a de très-grandes qualités.

Le blé est aussi une des belles récoltes du pays. En somme, l'agriculture y est en bonne voie, et la fabrication des machines agricoles, qui n'existe pas dans les petits États, y a pris un développement considérable.

Les autres machines, et particulièrement celles qui servent sur les chemins de fer, y sont bien exécutées. On a distingué celle de la locomotive à grande vitesse de Carlsruhe qui, chargée de 62 tonnes 1/2, brûle 5 kilog. 85 de coke par kilomètre pour une vitesse de 64 kilomètres à l'heure, et qui, avec le tender, coûte 60,000 fr.

La petite mécanique est de tout temps florissante sur les bords du Rhin, et l'horlogerie de la Forêt-Noire qui, annuellement, produit environ 700,000 pièces, est connue de tout l'univers. Une école d'horlogerie a été fondée en 1850 par le Gouvernement à Furtwangen.

Les vins du Rhin, le kirchenwasser de la Forêt-Noire et les eaux minérales (spécialement les eaux ferrugineuses) étaient fort bien représentés.

Nous devons citer encore les cuirs et les étoffes.

MM. P. Kœchlin et fils, à Lœrrach, en outre des toiles peintes, ont exposé des châles et fichus imprimés de laine pure et laine et soie, qui peuvent soutenir toute comparaison.

Quelques tentatives faites, au commencement du siècle, pour favoriser la production de la soie dans le Grand-Duché, furent abandonnées par suite des guerres de cette époque. Il y a une quinzaine d'années, cependant, l'Union agricole badoise forma quelques établissements dont le principal est à Saint-Ilgen, aux environs d'Heidelberg.

Le produit moyen d'une récolte annuelle de soie, dans le Grand-Duché, s'élève à peine à 1,000 livres. Celui de l'avant-dernière récolte (1854) n'a été que de 700 livres. Quelques échantillons de cette soie, recueillie aux environs de Carlsruhe, ont été envoyés à l'Exposition universelle.

C'est dans le *Moniteur* du 18 août 1855, que nous trouvons ces détails sur la production de la soie.

Les étoffes fantaisie de MM. Bœlger et Ringwald, à Zell en Wiesentha (Shœnau), n'étaient pas sans mérite.

Près de 10,000 ouvriers sont occupés au travail des cotons, sans parler de ceux qui travaillent les lins et les chanvres. Une grande maison, celle de M. G. Hérosé, à Constance, a envoyé les plus nombreux et les plus beaux échantillons de mouchoirs et de fichus en coton et en fil.

La *Société pour filature et tissage*, à Ettlingen, fabrique de très-remarquables velours de coton, qui, du reste, sont appréciés comme il le faut.

Tel est l'ensemble de la production du Grand-Duché de Bade.

La superficie du Duché de Bade est de 14,960 kilomètres carrés.

La population était évaluée à 1,362,774 habitants au 1er décembre 1849, et à 1,356,94? en 1852.

Le *budget* général pour 1852 et 1853 présentait ces chiffres :

Recettes	19,536,497 florins [1].
Dépenses ordinaires	19,545,523 —
— extraordinaires	2,213,267 —

Au budget général se joignent les *budgets particuliers* (1852-1853) dont le détail est celui-ci :

	Recettes.	Dépenses.
Postes	2,287,116 florins.	1,821.208 florins.
Chemins de fer	4,293,994 —	2.133.936 —
Autres	en équilibre.	

La dette publique générale (janvier 1852) montait à 28,284,316 florins, et la dette contractée spécialement pour la construction des chemins de fer, à 32,609,791 florins.

Le *budget* des années 1854 et 1855 présentait ces chiffres :

Recettes nettes	20,476,561 flor.	» kr.
Dépenses ordinaires	20,211,279 —	» —
Dépenses extraordinaires	2.086.173 —	16 —

Les *budgets particuliers* s'évaluaient :

	Recettes.	Dépenses.
Postes	2,307,480 florins.	1,846.230 florins.
Chemins de fer (produit partiel)	143,844 —	.... —

	Recettes.	Dépenses.
Chemins de fer (caisse des constructions).	» florins.	12.588.270 florins.
Autres	en équilibre.	

La dette générale, au 1er janvier 1854, était de 31,420,393 florins, et la dette spéciale, contractée pour la construction des chemins de fer, était de 32,386,937 florins.

On écrivait dernièrement, le 7 décembre 1855, de Carlsruhe, au *Moniteur* :

« Le Ministre des finances établit, par le tableau des recettes et des dépenses, que les années 1856 et 1857 présenteront un excédant, en faveur de l'État, de 277,119 florins, les dépenses étant évaluées à 21,200,811 florins et la recette à 21,477,930. »

Il résulte de ces divers renseignements que le Grand-Duché de Bade, si agité en 1848 et en 1849, est aujourd'hui dans l'état le plus florissant. Il doit cette prospérité autant aux mesures sages et à la bonne administration de son gouvernement, qu'à l'esprit industrieux de ses habitants et aux ressources même du pays.

1. Le florin, 2 fr. 12 c.

ROYAUME DE BAVIÈRE.

(Commissaire a l'exposition de l'industrie et des beaux-arts : M. B.-J. Schubarth.)

La Bavière a eu, en 1854, son exposition nationale, et elle avait tout fait pour en assurer la splendeur.

Près de 2,500 exposants bavarois y figuraient. Parmi eux, 63 obtinrent la grande médaille; 263, la médaille d'honneur; et 531, la mention honorable.

A Paris, le nombre des exposants bavarois n'a pas de beaucoup dépassé la centaine. Il faut chercher la cause de l'abstention de l'industrie de la Bavière dans le peu de succès qu'a eu l'Exposition de Munich en présence du choléra qui a fait fuir les habitants du pays et qui a écarté les étrangers. Du reste, si le nombre des exposants bavarois n'a pas été considérable à l'Exposition universelle de Paris, ce n'est pas à dire pour cela que leurs produits n'aient pas été très-remarquables. Loin de là; ils n'ont guère exposé que des objets d'élite, les échantillons d'une industrie véritablement nationale, et c'est principalement dans la spécialité des classes scientifiques qu'ils ont obtenu des récompenses.

Il ne faut donc demander à l'Exposition bavaroise, ni la grande variété des objets, ni une fabrication entendue à la manière de l'Angleterre et de la France.

Les produits agricoles, les substances alimentaires, les vins, par exemple, et les grandes industries de la soie, de la laine, du coton et du chanvre, n'ont, pour ainsi dire, pas été représentés; mais, en revanche, tout ce qui est du domaine de la science, et, dans l'industrie et les arts, relève de la science, est étudié avec le plus grand soin et exécuté avec le plus grand succès en Bavière.

Ainsi a été formée la collection exposée par la direction générale des mines et des salines de Bavière à Munich, comprenant par ordre, en grand nombre et avec de fort beaux échantillons, les minerais de fer, les minerais de plomb, les minerais de zinc, les minerais de cuivre, les minerais d'antimoine, les minerais d'or, les minerais et métaux divers, des houilles et pétroles, des fontes et des fers, du cobalt, de l'antimoine et des sels.

La grande mécanique n'est pas travaillée en Bavière, mais on y excelle dans les arts de précision, la mécanique scientifique et l'horlogerie. G. Merz et fils, de Munich, successeurs de Fraunhofer, devaient prendre part au concours; ils se sont fait regretter. Mais, à côté des œuvres signées Henle, Mannhardt, Patsch, Terzer, Bader, Eisenmerger, Ertel, Junker et Kalb jeune, le docteur Ch. Aug. Steinheil de Munich a envoyé un très-grand nombre d'excellents instruments et appareils, et, entre autres, un objectif achromatique d'un diamètre de 6 pouces 1/2 (verre de Daguet, à Soleure) et un autre objectif achromatique dont la lentille de crown-glass forme un prisme rectangulaire.

Parmi les produits chimiques, il faut citer les colles, les huiles spéciales, les cires, les peaux vernies, le *knoppern-extract* (extrait de noix de galle), de très-bas prix, fabriqué par Bœrer et Pozzelins, de Ratisbonne, les couleurs de Breitenbach de Würtzbourg, de

Guill, Sattler (Schweinfurt-sur-Mein), Michel Huber, Gademann, et les crayons si connus de A.-W. Faber, à Stein.

Les aciers ouvrés, limes, râpes, forets, ont paru de bonne qualité.

Une industrie pour laquelle la Bavière a été longtemps sans rivale, c'est la fabrication des métaux en poudre, et, notamment, du bronze.

Les couleurs de bronze, l'or faux en feuilles, le métal battu, le cliquant, les traits et lames d'argent et d'or faux, les traits dorés et argentés demi-fin, les bouillons, cannetilles, l'or faux en poudre, le métal battu en livrets, l'or fin battu en gros et en clair, l'argent fin et or de deux couleurs, l'or à plomber, etc., font les échantillons de cette industrie qui ont prouvé la supériorité de la Bavière.

Les glaces, verres et cristaux bavarois méritent aussi des éloges. Au premier rang des fabricants, dont nous avons pu examiner les produits, se place M. Fr. Steigerwald à Schachtenbach, près de Zwiefel (Bavière-Inférieure), qui a exposé des tables, vases, candélabres, aiguières, flacons, surtouts, lampes en cristal travaillé et colorié de toute manière.

La tabletterie de Nurenberg, les belles épreuves photographiques de Fr. Hanfstängl, les gravures galvanographiques de L. Schöninger, de Munich, les pierres lithographiques qui jouissent d'une réputation si grande, et aussi quelques instruments de musique ont attiré l'attention des bons juges.

En somme, il faut le répéter, l'Exposition de la Bavière, pour n'avoir pas offert aux regards un grand nombre d'objets, n'en a pas moins été très-digne d'estime.

La superficie du pays est de 77,000 kilomètres carrés.

La population, au 31 décembre 1849, atteignait le chiffre de 4.519.546 habitants.

Le budget pour 1849-1850 et 1851, s'annonçait ainsi :

Dépenses...	37,825,159 florins [1], savoir :	
—		33,703,558 à l'ordinaire, dont
—		9,966,000 pour le service de la dette
—		4,119,601 pour l'extraordinaire.
Recettes...	35,149,799 —	

Les budgets pour 1851, 1852, 1853, 1854 et 1855 ont été réglés ainsi :

Dépenses........	37,325,516 florins.
Recettes..	34,785,685 —

La dette, au 1er octobre 1848, montait à............	101,459,175 fl.	33 kr.
— au 1er octobre 1849, —	99,780,480	21
— au 31 décembre 1850, —	141,169.383	56
— au 1er octobre 1851, —	136,995,620	»

Nous manquons de détails précis sur l'importance du commerce; mais, puisque nous avons eu à citer la collection de minerais exposée par la direction générale des mines et salines de la Bavière, il est à propos de donner des renseignements puisés à des sources

1. Le florin d'argent, 2 fr. 13 c.

officielles sur la production des mines et salines de la Bavière, et nous donnerons, par exemple, les chiffres exacts de la production de l'année 1852-53.

	Mines ou usines.	Ouvriers.	Quintaux [1].	Florins.
Minerais de fer	145	966	1,071,347	481,399
Houille et lignite	156	2,181	3,331,822	711,303
Fontes en gueuse	77	1,923	368,283	1,166,123
Ouvrages en fonte	»	767	123,689	758,200
Fer en barres et laminé	28	947	329,992	2,592,191
Tôle	2	67	22,868	246,775
Fil de fer	10	97	10,120	130,800
Sel	8	2,913	935,590	3,897,666

ROYAUME DE BELGIQUE.

(Commissaires à l'exposition.)

Industrie.

M. Émile Raimbeaux.

Beaux-arts.

M. Worms de Romilly.

La Belgique tient dans le commerce général et dans l'industrie de l'Europe une place que ne semblerait pas lui assigner l'étendue du sol qu'elle occupe. Mais, si l'on considère la nature de ce sol privilégié, ses ressources en mines, en terres, et ses cours d'eau, si l'on compte les habitants de ce pays si heureusement doué, si l'on se rappelle les anciennes traditions de la race belge et l'histoire de ses villes industrieuses, on ne s'étonne plus de lui voir prendre un rang qui lui appartient à juste titre.

L'Exposition éminemment commerciale, et, quoique incomplète, de la Belgique, a justifié les succès étonnants de son industrie et surtout de son commerce.

La production de la métallurgie belge, qui est si considérable, n'a pas été suffisamment représentée à l'Exposition. Seule, la grande usine de Seraing a envoyé des pièces vraiment remarquables. On sait que c'est dans cette usine, en même temps qu'au Creuzot, qu'ont réussi pour la première fois les tentatives faites pour produire l'*acier puddlé*. Le problème est résolu : désormais, lorsqu'elle le voudra, la mécanique aura à son service des pièces d'un volume médiocre et d'une très-grande résistance.

Le zinc des deux Sociétés de la Vieille et de la Nouvelle-Montagne figurait en mille échantillons à côté de pyrites de fer, de cadmium à l'état de métal, de sulfure, d'oxyde et de carbonate.

D'autres compagnies ont aussi exposé du zinc. Le plomb également était fort bien représenté.

La Belgique, comme l'Angleterre, est abondamment pourvue de houille, ce pain quotidien du travail mécanique. Peu nombreux, les échantillons qu'elle a exposés étaient d'excellente qualité. Ce qui l'emportait sur les charbons et les minerais, c'était le matériel

1. 50 kilogrammes.

même des exploitations. Nous devons citer, par exemple, l'appareil Varoquié, pour la descente dans les puits et la remonte, le ventilateur pour l'aérage des mines, de A. Fabry, à Charleroi, et de M. Colson, à Haine-Saint-Pierre, les lampes de sûreté des systèmes Davy et Mueseler, la boussole de mine et l'appareil conducteur et arrête-cuffat de Fr. Boisseau, à Montigny-sur-Sambre.

Les marbres florentins gris et noir, les meules, les pierres puddings, les pierres à rasoir, le silex, les pierres à aiguiser, les creusets réfractaires, les pavés de porphyre de Zaman et compagnie, à Bruxelles, de Taquenter frères, à Lessines (Hainaut), et les magnifiques pierres bleues de la Société anonyme pour l'exploitation des carrières Rombeaux à Soignies, servaient à faire apprécier les richesses minéralogiques du sol belge.

Une carte géologique et des cartes de la topographie souterraine de la Belgique et des contrées voisines, fort remarquables, de M. And. Dumont, à Liége, en ont, du reste, dressé l'exact inventaire. MM. Mouchoon et Harmegnies, qui ont fait la carte du bassin houiller de Charleroi, ont donné une excellente étude de l'un des détails de la carte générale.

L'agriculture, en Belgique, ne saurait prétendre à satisfaire les besoins d'une population trop nombreuse. C'est le commerce qui la décharge de ce soin, et l'on sait jusqu'à quel point il y réussit, puisqu'il n'est pas de pays où la vie soit moins chère.

Les instruments aratoires, charrues et hache-paille, n'en sont pas moins très-soignés.

C'est le tabac et le houblon, avec le chanvre et surtout le lin, qui constituent les plus heureuses cultures de la Belgique.

Les machines étaient peu nombreuses. Cependant, on doit signaler la locomotive, système Engerth, envoyée par la Société John Cockerill, de Seraing (province de Liége), et celle de la Société de Saint-Léonard.

Dans d'autres classes, nous signalerons les cheminées, poêles, garde-feu et paravents en métal, de Mathys aîné (Bruxelles); les machines à ouvrir, éplucher et nettoyer la laine, de J.-D. Houget à Verviers; les bougies d'acide stéarique de J. Quanonne et compagnie, à Gendbrugge-les-Gand; les cuirs tannés de Bauchau de Baré, à Namur; les papiers de J.-L. Godin et fils, à Huy (Liége); les fils de fer, de P. de Bavay et compagnie (Bruxelles); les fontes de Vandenbrande et compagnie (Schaerbeck); la glace sans tain, de la compagnie de Floreffe (province de Namur); les cornues à gaz, creusets, moufles et briques d'argile réfractaires, et les appareils condensateurs de grès de la Société anonyme des terres plastiques et produits réfractaires d'Andenne (province de Namur); les tissus pour pantalons et cotonnades de coton pur, de fil pur, de laine et de coton et de fil et de coton, de Mme veuve Liénart-Chaffaux, à Tournai (Hainaut); les draps, casimirs et autres tissus de laine lisses et croisés de Fr. Biollex et fils, à Verviers; les draps et satins de laine de Gérard Dubois et compagnie, les tissus de crin, de chanvre, de manille et d'aloès, de couleur pour ameublements, ainsi que les crinolines de Hassens-Hap, à Vilvorde (Brabant); les fils de lin filés à la main de Bonte-Nys, à Courtray; les toiles de lin écrues, blanchies et teintes en bleu, de W. Decock, Wattrelot et Baudoin, à Roulers; les toiles à voile, pour tentes et bâches, de Kums (Anvers) et Moermann van Laere; les tissus écrus et blancs, de Parmentier, à Iseghem; les lins écrus, lins teillés, fils, toiles et batistes de van Ackere; les tapis de la Manufacture royale, et les draperies d'ornement, de van Halle (Bruxelles).

Nous n'avons rien à dire de deux industries : la fabrication des armes de Liége, et celle des dentelles. Elles jouissent d'une réputation ancienne très-méritée, et qui ne baisse pas.

Le caractère général de toute cette Exposition, est, comme nous l'avons dit, éminemment commercial. Point de chefs-d'œuvre, peu d'œuvres de luxe, des productions de bonne qualité à bon marché.

La Belgique est constamment en progrès. On peut dire qu'elle vient immédiatement après la France et l'Angleterre dans la carrière du travail.

La Belgique a déjà eu six Expositions nationales : trois pour l'industrie, en 1835, 1841 et 1847; trois pour l'agriculture, en 1847, 1848 et 1854.

A l'Exposition de Londres, elle a eu sa large part de récompenses. A Paris, cette part a été plus large encore.

La superficie de la Belgique est de 29,456 kilomètres carrés.

La population, le 31 décembre 1848, était de 4,359,090 habitants; le 31 décembre 1849, elle était de 4,370,882.

Voici les chiffres du budget pour 1849 et 1850 :

Recettes :

1849	116,797,020 fr.
1850	115,910,820

Dépenses :

1849	125,096,893 fr.
1850	116,755,172

La dette (au 1er mai 1850) s'élevait :

Capital nominal	693,676,549 fr.
Reste à amortir	635,585,561

Au 31 décembre 1851 (d'après l'*Annuaire* de M. Quetelet), la population montait à 4,431,348 habitants.

Le budget, pour 1851, 1852, 1853, se réglait de cette manière :

Dépenses (sauf les travaux spéciaux de la voirie) :

1851	120,233,799 fr.
1852	121,743,528
1853	117,922,718

Recettes correspondantes :

1851	116,432,550 fr.
1852	117,340,250
1853	122,848,650

A la fin de 1851, le capital nominal de la dette s'élevait à 690,686,122 fr.; il restait à amortir 647,773,079 fr.

A la fin de 1852, le capital nominal s'élevait à 680,225,740 fr.; il restait à amortir 643,488,563 fr.

Voici enfin le budget de 1854 et le projet du budget de 1855 :

1854....................	130,720,770 fr. aux dépenses,	126,502,150 aux recettes.
1855....................	121,743,149 —	127,256,150 —

Quant à l'état de la dette, à cette même date, elle se composait d'un

Capital nominal de..............................	695,225,764 fr.
Il restait à amortir..............................	650,722,371

Nous entrerons maintenant avec quelque détail, et toujours en nous appuyant sur des textes officiels, dans l'examen des principales branches du commerce et de l'industrie de la Belgique.

Après l'Exposition de 1851, à Londres, M. Dufrénoy, membre du jury, s'exprimait ainsi[1] sur les articles belges jugés par le premier jury :

« L'industrie du fer se présente, en Belgique, à très-peu près dans les mêmes conditions qu'en Angleterre. Le bassin houiller du Nord, qui la traverse dans toute son étendue depuis Aix-la-Chapelle jusqu'au point où il pénètre en France, alimente ses usines. Ce même bassin houiller fournit, en outre, une partie des minerais de fer, mais il est beaucoup moins riche sous ce rapport que les bassins du pays de Galles, de l'Écosse et du Staffordshire. Une moitié au moins des minerais est empruntée au terrain de transition qui en renferme, du reste, de nombreux dépôts. Cette différence est en partie compensée par les nombreux canaux qui sillonnent la Belgique dans tous les sens, et portent le minerai au pied même des hauts-fourneaux. Il résulte de cette similitude de conditions que les procédés de fabrication et les prix de revient sont, à très-peu de chose près, les mêmes qu'en Angleterre. Aussi la production de la fonte et du fer s'y est développée sur une très-grande échelle, peut-être sur une échelle même beaucoup trop considérable pour les ressources qu'offre la Belgique. »

Au-dessous de ce jugement général, nous placerons des chiffres :

INDUSTRIE MÉTALLURGIQUE BELGE.

Production comparée des usines de Belgique en 1845, 1849.

FONTE ET FER.

		1845	1849
Nombre d'usines..................................		340	330
— d'ouvriers..................................		6.665	7.070
Produits des hauts fourneaux.......	Tonneaux......	134,563	148,537
	Valeur.........	14,570.283	12,898.440
— des fonderies.............	Tonneaux......	12.782	13,156
	Valeur.........	2.909.904	2.387.510
— des fabriques de fer.......	Tonneaux......	54.610	57.965
	Valeur.........	14.451.333	11,899,991
— des usines à ouvrer le fer...	Tonneaux......	6.689	9.039
	Valeur.........	3,937,449	3,273.740

1. P. 30. t. I des *Travaux de la Commission française.*

ACIER.

Nombre d'usines		1	3
Produits	Tonneaux	32	3,200
	Valeur	25,678	»

CUIVRE

Nombre d'usines		20	21
— d'ouvriers		275	»
Produits	Tonneaux	1,555	872
	Valeur	3,705,619	2,106,797

ZINC.

Nombre d'usines		11	19
— d'ouvriers		1,341	2,524
Produits	Tonneaux	9,650	19,082
	Valeur	5,219,340	8,321,915

Après les renseignements donnés sur la métallurgie plaçons, à propos de la houille, un extrait des observations adressées au Parlement belge par le Comité des houillères de Mons.

La Belgique possède 134,000 hectares de terrains houillers, dont la production s'est ainsi divisée :

ANNÉES.	PRODUCTION.	IMPORTATION.	EXPORTATION.	CONSOMMATION.
	tonneaux.	tonneaux.	tonneaux.	tonneaux.
1831	2,270,000	2.882	468,000	1,804.882
1832	2,249,000	11,881	1,287,000	973,881
1833	2,708,000	11,726	576,000	2,143,726
1834	2,747,000	11,145	654,000	2,104,145
1835	2,902,000	8,966	685,000	2,225,966
1836	3,143,000	13,015	761,000	2,395,000
1837	3,263,000	16,879	789,000	2,491,000
1838	3,260,000	22,034	775,000	2,507,034
1839	3,479,000	17,324	746,000	2.750,324
1840	3,930,000	21,148	779,000	3,172,148
1841	4,028,000	28,964	1,015,000	3,041,964
1842	4,141,000	35,192	1,015,000	3,161,192
1843	3,982,000	25,149	1,086,000	2,921,149
1844	4,445,000	11,449	1,243,000	3,213.449
1845	4,419,156	9,449	1,543,000	3.385,605
1846	5,037,402	11,088	1,356,000	3,692,490
1847	5,664,450	9,930	1,827,000	3,847,380
1848	4,862,694	9,557	1,458,000	3,414,251
1849	5,234,843	10,960	1,665,000	3,597,812
1850	5,819,588	9,397	1,987,000	3,841,985
1851	6,234,000	»	»	»

Complétant ces renseignements, le *Moniteur belge* du 16 juillet 1852 donnait ces chiffres de production pour 1850 et 1851 :

	1850	1851
	Tonneaux.	Tonneaux.
Mons	2,085,837	2,143,854
Le Centre	834,058	930,447
Charleroi	1,500,866	1,678,885
	4,420,761	4,753,186

Une des industries que nous avons eu à louer le plus, est celle des dentelles.

Le rapporteur du Jury français de Londres, M. Félix Aubry [1], en a parlé abondamment. Nous donnons une rapide analyse de ce qu'il en a dit :

Les dentelles belges sont les plus renommées du monde ; c'est la principale industrie de ce pays et celle qui y répand le plus de bienfaits. Elle occupe près de 100,000 ouvrières, disséminées dans toutes les provinces du royaume.

Cette fabrication date, dit-on, des premiers croisés. Charles-Quint la développa en ordonnant que toutes les écoles et tous les couvents de femmes fissent de la dentelle.

La Belgique n'a, en quelque sorte, aucune concurrence à craindre des fabriques étrangères ; elle produit certains genres qui ne se font pas ailleurs, et le bas prix de la main-d'œuvre, dans les Flandres, lui en assure un écoulement facile et régulier.

Il se fabrique, en Belgique, quatre points bien différents de dentelles, savoir :

1° Dentelles de Malines, en fil de soie ;
2° Dentelles de Grammont, en fil de coton ou de soie ;
3° Dentelles de Bruxelles (application) ;
4° Dentelles dites *valenciennes*.

La dentelle de Bruxelles et les valenciennes sont les principales.

Avant l'invention du métier à tulle, le point de Bruxelles était d'un prix beaucoup plus élevé qu'aujourd'hui ; on appliquait les fleurs de dentelle sur un réseau très-fin qui se faisait aux fuseaux, par petites bandes de 3 centimètres de largeur, raccordées entre elles avec beaucoup de soin et d'habileté, au moyen du point de raccroc.

On emploie, pour le vrai réseau aux fuseaux, du fil de lin, dont le prix s'élève souvent jusqu'à 8,000 fr. et qui s'est élevé quelquefois jusqu'à 20,000 fr. le kilogramme, et qui produit le tissu le plus fin et le plus léger qu'on puisse voir.

Il n'y a plus aujourd'hui que très-peu d'ouvrières qui puissent en fabriquer.

La fabrication des dentelles de Bruxelles n'a à craindre aucune concurrence ; elle occupe plus de 15,000 personnes, et exporte ses produits dans tous les pays étrangers. Son principal débouché est à Paris. C'est de Paris qu'elle tire tous ses patrons et ses dessins nouveaux.

Les valenciennes occupent plus de 50,000 ouvrières. La pièce de valenciennes,

1. XIXe jury, p. 65 du Rapport, t. V des *Travaux de la Commission franç. à Londres.*

exposée à Londres par M. Duhayon-Brunfaut, du prix de 2,000 fr. le mètre, était ce que l'on a fait, en dentelle moderne, de plus beau et de plus difficile. L'ouvrière, tout en travaillant douze heures par jour, et en gagnant 2 à 3 fr., pouvait à peine en faire 1 centimètre par semaine, en sorte qu'il faudrait à peu près douze ans pour obtenir une coupe de 6 à 7 mètres.

Les produits de la fabrication des Valenciennes atteignent et dépassent la somme de 20 millions de francs.

La Belgique produit peu de laine : aussi, la laisse-t-elle entrer sans droit; elle en reçoit annuellement pour une valeur de 15 à 18 millions de francs.

En 1847 (d'après la Chambre de commerce de Verviers), il y avait 200,000 broches de filature cardée ou peignée; 558 établissements s'occupaient des tissus foulés ou ras : ils employaient 7,000 métiers à tisser, 23,000 ouvriers, une force motrice de 1,955 chevaux, représentaient une somme de 117 millions et produisaient pour 52 millions de fr.

En 1845 et 1846, la Belgique a importé pour 20 millions de tissus; elle en a exporté pour 30 millions.

« La Belgique excelle dans la fabrication de la draperie; mais, en ce qui concerne la fabrication des tissus de laine peignée, elle ne fait que copier l'Angleterre et la France [1]. »

La Belgique a une population plus considérable que celle de la Suisse [2]; son industrie en coton est de même importance en poids, non en finesse. Son système de douane est rigoureux; les droits à l'entrée sont :

Pour les fils, de 25 à 40 pour 100;

Pour les tissus, de 50.

La Belgique reçoit, chaque année, 10 millions de kilogrammes à manufacturer, à l'aide de 400,000 broches seulement. Elle les convertit ensuite en 9 millions de kilogrammes de tissus; elle reçoit, de l'étranger, environ 300,000 kilog. en fils pour tissus fins.

Sur les 9,300,000 kilog. de tissus dont ce royaume dispose, plus d'un million de kilogrammes est exporté.

8 millions restent pour la consommation.

Comme celle de la Suisse, l'exportation belge trouve sa garantie dans les bas prix du salaire.

Il ne suffit pas de parler, en général, de l'industrie ou des diverses industries de la Belgique. Choisissons une ou deux provinces, celles de la Flandre occidentale et du Hainaut, par exemple, et voyons en quel état sont quelques-unes de ces industries.

1. Rapport de M. Randoing.

2. Voir, t. IV des *Travaux de la Commission française de Londres*, le rapport de M. Mimerel au nom du XIe jury.

1° FLANDRE OCCIDENTALE.

		1854 [1]. Production. Quantités.	Valeurs.
Brasseries	513 dont 484 en activité...	»	330,000 fr.
Distilleries	60 — 39 — ...	»	326,000
Raffineries de sel	34 — 32 — ...	5,265,000 kil.	»
Fabriques de sucre de betterave	2 — » — ...	2,450,000	»

La fabrication de la bière présente, comparativement à 1853, une diminution d'environ 7,300 hectolitres, diminution que l'on attribue à la cherté des céréales. La consommation intérieure a diminué pour l'eau-de-vie de grains. Les produits, obtenus en plus, ont été exportés en France. La quantité de sel raffiné a augmenté de 228,000 kilog. Il importe enfin de mentionner aussi l'industrie linière, la plus considérable de la province : sur 50,822 pièces de toile présentées sur les marchés de Bruges, Courtrai, Roulers et Thielt, 30,118 ont été vendues.

2° HAINAUT.

	1853. Nombre d'ouvriers.	1853. Production.	1854. Nombre d'ouvriers.	1854. Production.
Mines de houille	39,392	47,800,000 fr.	45,280	66,611,000 fr. 6,154,860 tx.
Exploitations de minerais	1,240	1,321,000	1,090	1,237,000 fr.
Carrières	7,490	6,857,000	7,278	7,675,000
Industrie de fer :				
Hauts-fourneaux à coke	2,108	12,287,000 fr. 148,373 tx.	2,204	17,825,000 fr. 148,063 tx.
Affineries de fer à la houille et au bois	2,076	11,491,000 fr. 54,808 tx.	2,083	14,091,000 fr. 62,488 tx.
Platineries et martinets	484	993,000 fr.	165	1,199,000 fr.
Fonderies de fer moulé	581	3,038,000 fr. 16,413 tx.	655	4,624,000 fr. 19,382 tx.
Verreries et fabriques de glaces	3,124	11,455,000 fr.	3,553	12,120,000 fr.
Totaux	55,865	95,222,000 fr.	62,808	125,293,000 fr.

Le prix moyen de vente au tonneau, pour les charbons de toute espèce, s'est élevé de 8 fr. 72 c. en 1853, à 10 fr. 82 c. en 1854. Les bénéfices réalisés, pendant cette dernière année, par les propriétaires des mines de houille du Hainaut, se sont élevés à 11,510,000 fr., d'après des documents officiels. Le prix de la fonte de moulage avait été, en 1853, de 12 fr. 60 c.; celui de la fonte d'affinage, de 10 fr. 10 c.; en 1854, le premier s'est élevé à 14 fr. 50 c. et le second à 11 fr. 50. Les verreries, par suite de la cherté du charbon et des matières premières, n'ont pas obtenu les bénéfices qu'elles pouvaient espérer de l'accroissement de leurs produits. Les industries qui ont périclité sont celles de Tournai,

1. V. le *Moniteur* du 5 décembre 1855.

comme la tisseranderie et la fabrication des tapis qui se sont vu fermer leurs débouchés ordinaires, la Russie et l'Italie. La guerre et le choléra en ont été la cause.

Si de l'état de ces industries de deux provinces nous passons à l'état du commerce d'Anvers, nous voyons que les résultats généraux du commerce d'Anvers, par mer, sont représentés par les chiffres suivants :

	Importations.	Exportations.	Totaux.
1851	220,399,900 fr.	250,887,200 fr.	471,287,100 fr.
1850	238,582,020	175,091,120	414,273,140

En y ajoutant le chiffre du commerce, par les eaux intérieures, on a :

1851	243,571,700	274,258,900	517,830,600
1850	265,273,590	194,487,730	459,761,320

Navigation en 1851 :

Entrée......................	1,370 navires de.......	236,241	tonneaux.
Sortie......................	1,356 —	234,001	—

104,563 tonneaux, ou 22/2 pour 100, sont la part de la navigation belge.

Les 365,679 autres tonneaux se répartissent ainsi :

Pavillon anglais..........	116,598 ou 24/8 p. 100	Pavillon anséatique..........	6,747 ou 1/4 p. 100
— américain........	40,410 — 8/6 —	— autrichien..........	5,546 — 1/2 —
— prussien..........	36,074 — 7/6 —	— sicilien..........	5,296 — 1/2 —
— hollandais........	32,933 — 7/0 —	— espagnol..........	5,221 — 1/2 —
— mecklembourgeois.	25,195 — 5/3 —	— sarde..............	2,534 — 0/5 —
— suédois..........	25,107 — 5/3 —	— buénos-ayrien.......	1,833 — 0/4 —
— français..........	23,841 — 5/0 —	— portugais..........	1,659 — 0/3 —
— russe............	15,183 — 3/2 —	— valaque............	1,098 — 0/2 —
— hanovrien........	12,519 — 2/9 —	— roumain............	561 — 0/1 —
— danois..........	6,898 — 1/5 —	— grec..............	256 — 0/1 —

Ces études nous conduisent à examiner la situation générale du commerce extérieur de la Belgique. En voici l'état sommaire, par périodes, de 1834 à 1849.

De 1834 à 1838 :

Commerce général..................................	374,600,000 fr.
Commerce spécial..................................	326,300,000

De 1839 à 1843 :

Commerce général..................................	461,400,000 fr.
Commerce spécial..................................	353,000,000

De 1844 à 1848 :

Commerce général..................................	651,300,000 fr.
Commerce spécial..................................	406,500,000

1854 :

Commerce général..................................	916,400,000 fr.
Commerce spécial..................................	460,100,000

Les 84 centièmes du commerce belge, d'après les documents qui ont fourni ces chiffres, ont rapport aux transactions européennes.

Ces transactions peuvent se représenter :

France	100,100,000, dont	43,300,000	d'importation.
Angleterre	72,600,000 —	38,600,000	—
Hollande	64,300,000 —	35,300,000	—
Zollverein	47,300,000 —	21,700,000	—
Russie	14,000,000 —	12,800,000	—
Le reste de l'Europe	10,700,000 —	4,100,000	—

Des renseignements plus récents permettent d'établir la situation du commerce extérieur en 1852 et 1853. En voici les chiffres :

	1852.	1853.
Importation	524,021,000	589,753
Exportation	521,583,000	587,004
Consommation	244,523,000	298,223

Un tableau plus détaillé, et divisé d'une autre manière, donne ces résultats :

Importations.

Années.	Par terre.	Par mer.	Totaux.	Mises en consommation.
1846	132,377,000 fr.	202,338,000 fr.	334,715,000 fr.	217,565,000 fr.
1847	151,903,000	230,956,000	282,859,000	232,479,000
1848	147,368,000	186,381,000	333,749,000	222,596,000
1849	203,349,000	261,378,000	464,697,000	235,792,000
1850	217,466,000	224,965,000	442,431,000	236,525,000
Moyenne	170,487,000	221,203,000	391,600,000	228,991,000
1851 valeur ancienne	238,834,000	206,233,000	445,067,000	241,059,000
1851 valeur nouvelle	249,117,000	169,438,000	418,555,000	218,085,000

Exportations.

Années.	Par terre.	Par mer.	Totaux.	Belges et étrangères réunies.
1846	139,410,000 fr.	44,553,000 fr.	183,963,000 fr.	299,764,000
1847	150,706,000	55,075,000	205,781,000	349,374,000
1848	114,090,000	67,987,000	182,077,000	297,883,000
1849	137,784,000	86,542,000	223,326,000	451,840,000
1850	159,235,000	104,412,000	264,647,000	470,115,000
Moyenne	140,244,000	74,715,000	214,959,000	373,775,000
1851 valeur ancienne	153,256,000	100,572,000	253,828,000	458,750,000
1851 valeur nouvelle	130,455,000	69,675,000	200,130,000	401,176,000

Pour avoir le chiffre du transit, il suffit de retrancher le total des exportations belges du chiffre des exportations belges et étrangères réunies.

Commerce extérieur, en 1851, par retour de marchandises.

	Importations. (Mises en consommation.)		Exportations.	
	Valeur ancienne.	Valeur nouvelle.	Valeur ancienne.	Valeur nouvelle.
Matières premières	104,170,000	93,660,000	110,470,000	97,743,000
Denrées	96,610,000	84,360,000	37,190,000	26,358,000
Objets fabriqués	40,270,000	40,050,000	106,170,000	76,129,000
Totaux	241,060,000	218,080,000	253,830,000	200,030,000

Tout dernièrement, les *Annales du commerce extérieur* ont publié un très-intéressant examen de la situation générale du commerce belge en 1854. Il n'y a pas de plus récents et de plus exacts renseignements que ceux sur lesquels est basé cet examen, et il nous servira à compléter ceux que nous avons recueillis pour en faire un tableau d'ensemble.

Le commerce de la Belgique avec les pays étrangers continue de suivre une marche ascendante. Les renseignements officiels portent le total général de ce commerce, en 1854, à 1,335,400,000 fr., en valeurs permanentes ou officielles, dont 621,900,000 appartiennent à l'importation, et 713,500,000 à l'exportation. En valeurs réelles, on a en total 1,354,400,000, dont 651,600,000 à l'importation, et 702,800,000 environ à l'exportation.

La comparaison des résultats que présentent les valeurs officielles fait ressortir un accroissement de plus de 141 millions, ou 12 pour 100 sur 1853, et de près de 341 millions, ou 34 pour 100 sur la moyenne fournie par la période quinquennale 1849-53.

Le commerce spécial de la Belgique se trouve compris, en 1854, pour 739 millions et demi, dans le total général des valeurs officielles, et pour 732 millions et demi, dans celui des valeurs réelles.

L'importation pour la consommation belge figure, dans le total du commerce spécial, pour 343 millions et demi (valeurs réelles), et l'exportation des produits belges pour 389. Relativement à 1853 et à la moyenne quinquennale indiquée ci-dessus, on a constaté des accroissements respectifs de 13 et 25 pour 100 à l'importation, et de 18 et 51 pour 100 à l'exportation.

Parmi les principaux produits belges exportés en 1854, on remarque les grains pour 79,585,000 kilog., le lin pour 25,500,000 kilog., le sucre raffiné pour 21,500,000 kilog., le houblon pour 3,600,000 kilog., le zinc brut et laminé pour 15,028,000 kilog., la houille pour 2,626,000 tonneaux, la fonte pour 103,000 tonneaux, les fers forgés pour 20,154,000 kilog., les clous pour 11,904,000 kilog., les autres ouvrages en fer pour 4,443,000 kilog., les huiles de graines pour 96,000 hectol., le bétail pour 222,400 têtes (contre 100,000 importés pour la consommation), les chevaux et poulains pour 20,000 têtes; puis, les draps et autres lainages pour une valeur de 19 millions de francs, les cotonnades pour 13,160,000 fr., les tissus de lin et de chanvre pour 12 millions, les verreries pour 12,250,000 fr., les armes pour 9,500,000 fr., le papier pour 4,892,000 fr., les tulles et dentelles pour 3,500,000 fr., enfin, les tableaux pour 3,400,000 fr. environ, etc.

Parmi les principaux articles importés pour la consommation figurent 18,427,000 kilog. de café, 27,590,000 de sucre brut, 11,459,000 de coton, 5,892,000 de laine oléagineuse ; pour 9,706,000 fr. de soieries, etc.

La part du commerce maritime, dans l'ensemble des valeurs du mouvement commercial, s'est élevée de 39 millions en 1853, à 42,500,000 en 1854.

Les échanges avec les pays d'Europe représentent, à eux seuls, 84 pour 100 du commerce spécial de la Belgique. La France y tient le premier rang. La Belgique nous a envoyé, en 1854, pour 118,500,000 fr. de produits de son sol et de son industrie, tandis que la somme des marchandises qu'elle a tirées de France pour sa consommation n'a pas atteint 57,500,000 fr. Le premier de ces deux chiffres marque un accroissement de 10 pour 100 sur 1853, et de 39 pour 100 sur la moyenne des cinq années antérieures : le second accuse, au contraire, une diminution de 2 à 3 pour 100.

La consommation belge s'est réduite pour nos grains, nos vins et nos indigos ; mais elle a augmenté pour nos envois de laines et de lainages, de sel, de potasse, de houblon, d'estampes, d'horlogerie et de bois de construction.

Quant à l'exportation belge pour France, elle a subi une légère diminution sur les laines, le lin, les tissus de coton, le beurre, etc. ; mais elle s'est considérablement accrue pour la houille, les grains et les bestiaux, le cuivre brut et battu, le zinc, le fer en barres, verges et carillons, les armes, les machines, les draps et autres lainages, les huiles de graines, etc.

L'Angleterre a reçu autant de produits belges que la France ; mais la mise en consommation des articles britanniques est, sur le marché belge, de 8 millions de francs inférieure à celle des articles français. L'Angleterre tire beaucoup de denrées et de produits alimentaires de la Belgique. Celle-ci lui a fourni, en 1854, 28,500,000 kilogrammes de grains, 45,451 têtes de bétail, 1,249,000 kilogrammes de viande, 3,302,000 kilogrammes de beurre, et pour 1,300,000 francs d'œufs.

La Hollande et le Zollverein ne viennent, dans le commerce spécial de la Belgique, qu'en troisième et en quatrième ligne : la première, avec 68 millions de francs à l'importation et 51 millions et demi à l'exportation ; le second, avec 46 millions à l'importation et 38 à l'exportation.

Le mouvement des échanges, avec le Zollverein aussi, est fortement en progrès, mais seulement pour les articles d'Allemagne, dont la consommation, en Belgique, présente un accroissement de 14 pour 100 en 1853, de 33 pour 100 sur la moyenne quinquennale, et l'emporte ainsi de plus en plus sur l'exportation belge, qui a décliné de 11 pour 100 comparativement à 1853.

Les produits russes enfin sont entrés, en 1854, pour un peu plus de 18 millions de francs dans la consommation belge.

Le transit, qui n'est point compris dans les chiffres précédents, a figuré, en 1854, dans le commerce général de la Belgique pour une valeur officielle de 297 millions sur une valeur réelle de près de 314, et pour un accroissement de 8 pour 100 sur 1853, et de 29 pour 100 sur la moyenne quinquennale. Les pays qui exportent le plus par la voie de la Belgique, sont le Zollverein, ou plus particulièrement la Prusse rhénane, l'Angleterre, la France, les Pays-Bas, etc. Ceux qui importent le plus par la même voie, sont la France d'abord, puis aussi le Zollverein, l'Angleterre, les États-Unis, les Pays-Bas et l'Amérique du Sud.

Les recettes des douanes belges ont produit, en 1854, 11,569,000 francs.

Le mouvement général de la navigation des ports belges avec les pays étrangers a présenté, la même année, un total de 4,839 navires, avec 867,786 tonneaux de capacité, ou 565,509 de chargement effectif, entrée et sortie réunies. Ces chiffres, comparés à ceux de l'année précédente, indiquent une augmentation de 4 pour 100 sur le nombre des navires, de 9 pour 100 sur le tonnage en général, et de 12 pour 100 sur le tonnage du chargement en particulier. Le pavillon belge en a profité pour sa part. Cependant, le chiffre proportionnel de ce pavillon, dans l'ensemble du mouvement, n'est encore que de 19/2 pour 100, et ce rapport n'a pas éprouvé de variation sensible durant les dernières années.

Assurément, le pays qui a étendu son commerce de cette manière, et qui, en diverses industries, tient un rang si distingué, est un pays d'une importance de premier ordre.

DUCHÉ DE BRUNSWICK.

(COMMISSAIRE A L'EXPOSITION DE L'INDUSTRIE : M. de Viebahn.)

Le duché de Brunswick, joint au duché de Nassau, occupe le treizième rang dans la hiérarchie des dix-sept voix de la diète fédérative d'Allemagne.

Il fait partie du Zollverein[1].

En 1850, dans la répartition des produits de l'union douanière entre les divers États qui en font partie, le duché de Brunswick, pour une population fixée au nombre de 247,070 habitants et une superficie de 63 milles carrés 14 centièmes, a obtenu 348,213 thalers.

En 1851, il en a obtenu 393,618.

Mise à l'Exposition universelle sous le patronage du commissaire de la Prusse et tout à fait placée dans le courant des habitudes prussiennes, l'industrie du duché de Brunswick s'est fait représenter d'une manière dont elle n'a pas eu à rougir.

Des cartes géologiques, des selles, des savons, des cigares, des farines, vermicelles, pâtes façon d'Italie, macaronis, orges mondés, du chocolat, des coffres de sûreté à l'épreuve du feu, des verres à vitres, des treillis et toiles de lin, des sacs sans couture, des gravures, un grand nombre de très-beaux ouvrages typographiques et des instruments de musique ont attesté l'éclat florissant de cette industrie.

Le duché de Brunswick est le centre d'un mouvement d'affaires assez étendu. Il s'y tient des foires qui ont de l'importance. Voici quelques détails sur celle qui s'est tenue du 30 juillet au 16 août 18[illegible].

Les résultats ont été bien supérieurs à ceux de l'année dernière. Les apports se sont élevés à 422 quintaux de marchandises de l'étranger et à 25,337 quintaux de marchandises du Zollverein, parmi lesquelles dominaient les lainages, les cotonnades et les cuirs et peaux. Enfin on a amené au marché 400 chevaux et 1,900 porcs, qui ont été vendus les uns et les autres à de très-bons prix.

Le nombre des vendeurs a été de 1729; celui des acheteurs, de 11,260.

1. Voyez ici, comme pour tous les États qui font partie du Zollverein, l'article spécialement consacré à l'examen de la situation commerciale de cette Association politique.

ROYAUME DE DANEMARK.

(Commissaire a l'exposition de l'industrie et des beaux-arts : M. le baron Delong.)

L'agriculture danoise est en assez bon état. La collection des céréales et des laines exposées en était la preuve. On doit louer aussi la taillanderie et les machines ou instruments agricoles du Danemark.

Parmi les produits remarquables de l'industrie[1], on a dû mettre au premier rang le filigrane d'acier, les meubles en vannerie et en fil de métal, la coutellerie, l'horlogerie de précision de Jürgensen, diverses poteries d'étain dans le genre anglais, des pelleteries, des gants, des tissus de coton et de laine et quelques beaux pianos.

Il n'y avait pas de minéraux.

On a, plus que toute autre chose, distingué la belle et ingénieuse machine à composer de M. Sorensen, qui est employée dans l'imprimerie du *Fædrelander*, journal de Copenhague. Il ne s'agit pas ici d'une fantaisie dispendieuse et à peu près inutile. La machine distribue en même temps qu'elle compose, et on voit qu'elle est capable de rendre les services les plus actifs et les plus constants. On a souvent essayé de confier à la mécanique le soin de réunir en mots et ensuite de reclasser les caractères. Jamais on n'a été aussi heureux que M. Sorensen.

La superficie du Danemark est de 56,155 kilomètres.

La population (en février 1850) montait à 1,400,000 habitants pour le Danemark propre. De plus (février 1845), le Schleswig contenait 862,900 habitants ; le Holstein, 479,364 habitants, et le Lauenbourg, 46,486 habitants.

Le budget pour 1850 et 1851 se décomposait :

Recettes	21,256,365	rixdales[2].
Dépenses	22,871,180	—
Dette	12,150,000	—

Le budget pour 1852-1853 (loi du 27 janvier 1852) portait, au chapitre des recettes, 15,271,855 rixdales-rixthalers.

Voici, plus détaillé, le budget pour 1853-1854 (Danemark proprement dit), présenté au Volksting le 14 juin 1853 :

Recettes	13,795,198	rixthalers.
Dépenses	13,169,756	—

1. En 1852 eut lieu à Copenhague la première Exposition vraiment complète de l'industrie danoise. En 1840, il n'y avait eu que 66 exposants.
En 1852, il y en eut 757. — (450 de Copenhague, 200 des provinces danoises, 100 des duchés.)
2. La rixdale vaut 2 fr. 82 c.

En appendice :

1° Recettes du duché de Schleswig (du 1er janvier 1852 au 31 mars 1853) :

En caisse		3,197,150 rixthalers.
		124,280 —
		3,321,430 —
Dépenses locales	1,675,940	2,874,876 —
Payé à la caisse du Danemark	1,198,936	

2° Recettes du duché de Holstein (du 1er janvier 1852 au 31 mars 1853) :

En caisse	4,254,575 rixthalers.
	1,486,898 —
	5,741,473 —
Dépenses	5,020,943 —

3° Recettes du duché de Lauenbourg (du 1er janvier 1852 au 31 mars 1853) :

Recettes	741,200 rixthalers.
Dépenses	694,200 —

La dette générale (en 1853) montait à 121 millions de rixthalers.

Le budget pour 1854-1855 (23 mars 1854) offrait ces chiffres :

Recettes générales	23,266,462 rixthalers 67
Dépenses	21,805,008 — 77

La dette, à la fin de 1854, montait à environ 125 millions rixthalers.

En 1851, le commerce extérieur a donné :

Importations, 28,042,000 rixthalers,

5,7	pour l'Angleterre;
3,4	pour la Suède et la Norvége;
3,9	pour Lubeck;
2,5	pour l'Amérique;
0,1	pour la France.

Exportations, 17,875,000 rixthalers,

8,4	pour l'Angleterre;
4,9	pour la Suède et la Norvége;
0,5	pour l'Amérique;
1,0	pour la France.

En 1854, les chiffres sont :

	Importation.	Exportation.
Danemark	23,800,000 rixth.	17,200,000 rixth.
Schleswig	8,000,000 —	13,700,090 —
Holstein	9,900,000 —	21,100,000 —

L'une des plus curieuses fabrications du Danemark est celle des eaux-de-vie, quoique la nature ait refusé des vignes au pays.

En effet, la production des eaux-de-vie tend, chaque année, à prendre plus d'importance dans le royaume et dans les duchés. On en peut juger par ces chiffres qui sont donnés dans le recueil des *Annales du commerce extérieur*.

1° Danemark.

	Production.	Droit sur la fabrication.
Moyenne de 1838 — 47	16,897,328 pots [1].	881,033 rixdalers [2].
1851	29,770,641 —	1,260,736 —
1852	28,875,241 —	1,153,897 —
1853	31,597,168 —	1,292,972 —
Soit (pour cette année).	30,523,000 litres.	3,633,000 francs.

C'est plus que la moitié de la somme produite par le péage du Sund.

2° Schleswig.

1851	4,602,627 pots.	185,950 rixdalers.
1852	4,404,728 —	151,738 —
1853	4,309,138 —	184,952 —
Soit.........	4,163,000 litres.	520,000 francs.

3° Holstein.

L'impôt n'a été mis qu'en mai 1853. Pendant les six derniers mois de l'année, il a été fabriqué 1,220,590 pots (1,179,000 litres) et payé au Trésor 64,064 rixdalers (180,000 francs).

Du reste, le Danemark n'est pas un pays, de manufactures. Il est dans une juste mesure, et presque assez pour ses besoins, industriel, agricole et commercial. Quoique peu nombreuses, ses colonies lui sont utiles, et quelques-unes, Saint-Thomas entre autres, dans les Antilles, sont très-florissantes.

Pays de traditions, pays de corporations, pays plein de l'antique esprit allemand, le Danemark n'a pas encore joué un grand rôle dans le mouvement de la civilisation nouvelle; mais il n'y a pas de nation plus respectable.

Une grave question a été soulevée en ces derniers temps : celle de la navigation du Sund.

Nous allons, en prenant des chiffres authentiques, montrer quelle est pour le Danemark l'importance de cette navigation.

Le nombre total de navires qui ont traversé le détroit du Sund a été de 19,059, en 1850: il s'est élevé à 19,906, en 1851.

Le mouvement de 1851 s'est composé de 17,115 bâtiments chargés, et de 2,791 navires sur lest. Sur le chiffre total de ces bâtiments, 9,930 venaient de la mer du Nord, et 9,976 de la mer Baltique.

1. Le pot, 0 litre 96 centilitres.
2. Le rixdaler ou rixthaler, comme on l'a vu, 2 fr. 82 c.

Le pavillon	anglais	comptait	4,822	navires.
—	norvégien	—	2,879	—
—	prussien	—	2,650	—
—	suédois	—	2,298	—
—	hollandais	—	2,031	—
—	danois	—	1,540	—
—	mecklembourgeois	—	1,053	—
—	russe	—	1,025	—
—	hanovrien	—	696	—
—	français	—	292	—
—	anglo-américain	—	119	—

En 1853, le détroit a été franchi par 21,512 navires, 10,662 entrants et 10,850 sortants.

En 1852, le mouvement avait compris en moins 3,967 navires.

De ces 21,512 bâtiments du mouvement de 1853, 3,346 marchaient sur lest. La part des principaux pavillons était :

Anglais	4,688	Hollandais	1,874
Prussien	3,472	Russe	1,202
Danois	2,094	Mecklembourgeois	1,067
Suédois	1,996	Hanovrien	743

On sait qu'il est question de demander au Danemark qu'il renonce aux droits de péage du Sund.

Le dernier Message du président de la République des États-Unis est catégorique :

« Si le mode d'acquittement des droits du Sund, dit-il, diffère de celui du tribut autrefois accordé aux États Barbaresques, l'exigence du Danemark n'en est pas mieux fondée en droit. De part et d'autre, il n'y a eu dans l'origine qu'une taxe prélevée sur un droit naturel et général, extorquée (*extorted*) par ceux qui pouvaient alors s'en assurer la jouissance, mais qui n'ont plus aujourd'hui ce pouvoir.

« Tout en repoussant nos assertions relativement à la liberté du Sund et des Belts, le Danemark s'est déclaré prêt à conclure quelque nouvel arrangement à ce sujet. Il a invité les États-Unis à se faire représenter dans une Conférence qui doit se réunir pour entendre et examiner une proposition du gouvernement danois, ayant pour base la capitalisation des droits du Sund et la répartition des sommes à payer à titre d'indemnité, entre les divers gouvernements, proportionnellement à leur commerce respectif dans la Baltique. J'ai décliné, au nom des États-Unis, de me rendre à cette invitation, et cela par les raisons les plus concluantes.

« En premier lieu, le Danemark n'offre pas de soumettre à la Conférence la question du droit qu'il peut avoir à prélever le péage du Sund. Secondement, la Conférence fût-elle admise à connaître de ce point spécial, elle ne serait pas compétente à discuter le grand principe international qui se trouve en jeu, et qui porte sur d'autres questions de liberté commerciale et maritime aussi bien que sur le problème de l'accès de la Baltique ; pardessus tout, enfin, les termes exprès de la proposition impliquent que l'affaire des droits du Sund soit mêlée et subordonnée à l'équilibre des pouvoirs européens, sujet qui y est complétement étranger.

« Tout en rejetant cette proposition, néanmoins, et tout en insistant sur le droit de libre transit, à l'entrée et à la sortie de la Baltique, j'ai exprimé au Danemark la disposition des États-Unis à concourir avec les autres puissances à l'indemniser libéralement pour les avantages que le commerce pourra dorénavant retirer des dépenses faites par lui pour l'amélioration et la sûreté de la navigation du Sund et des Belts. »

Le *Moniteur* du 30 juillet 1855 publie un arrêté du ministre de la marine du Danemark qui réduit les droits de pilotage dans le Petit-Belt.

Si les revenus que le péage du Sund procure au Danemark viennent à lui manquer, il faut qu'il en trouve l'équivalent, et il le trouvera dans les produits de son industrie et de son commerce développés.

ROYAUME D'ESPAGNE.

COMMISSAIRES A L'EXPOSITION :

Industrie.
M. J. de la Cruz de Castellanos.

Beaux-arts.
M. Horligosa.

Nous sommes de ceux qui souhaitons et espérons le réveil de la nation espagnole.

Epuisée par les fatigues du grand rôle qu'elle a joué sous la domination de Charles-Quint et de Philippe II, elle retrouvera, lorsque son gouvernement sera définitivement constitué et qu'elle en aura fini avec les longues querelles qui l'agitent, toute l'activité et l'industrieuse intelligence qui l'avaient faite si riche, avant que les richesses du Nouveau-Monde, devenues sa trop facile conquête, l'eussent déshabituée du travail.

Sans contredit, il est des lois naturelles qu'on ne peut violer, et l'Angleterre et la France ou la Belgique sont mieux faites pour les luttes de l'industrie telles que l'esprit moderne les entend; mais l'Espagne peut, sur quelques points, défier la concurrence, et, sur tous les autres, elle a un rang meilleur à tenir.

Une heureuse restauration semble déjà s'y opérer. Les idées de ce siècle franchissent enfin les Pyrénées. En ce moment même, il s'organise une Société du Crédit mobilier espagnol, fille de la nôtre. Tout espoir est désormais légitime.

L'Espagne et ses colonies ont fourni près de 600 exposants à notre exposition universelle. Toutefois, les dernières agitations ont empêché ce royaume de nous offrir toutes ses richesses. Les soies et les soieries, les tissus de coton et les draps ont, pour ainsi dire, fait défaut.

L'Espagne est heureusement dotée en mines; elle a envoyé de nombreux et de beaux échantillons des produits qu'elle en extrait; mais les instruments lui manquent pour les mettre en œuvre; elle n'a point de machines à elle, et elle emprunte à l'Angleterre et à la France les appareils de son travail. C'est là ce qui, pour le moment, condamne son industrie à une espèce de sommeil. La mécanique est aujourd'hui le premier ouvrier des ateliers européens.

Grâce aux établissements de la Couronne, l'agriculture et l'art forestier ont été représentés convenablement,

L'École de Villaviciosa a envoyé une collection des divers produits forestiers qu'elle étudie : charbons de bois, charbonnailles, cendres de bois; résines, écorces, spartes, instruments, outils, marteaux, et mesures employées dans l'art forestier. Cette collection, très-complète, était intéressante.

Les produits naturels ne manquaient pas non plus. On sait quelle est la qualité de certains des produits naturels de l'Espagne : liéges, huiles, résines, céréales, amandes, garance, figues, raisins, généralement les beaux fruits de conserve et les riches récoltes des colonies.

L'Espagne est tributaire de la France pour les œuvres de l'industrie, ou bien elle imite nos procédés et ne réussit qu'en les imitant.

La superficie de l'Espagne est de 473,343 kilomètres carrés (y compris les îles Baléares et les Canaries).

La population monte à 14,216,219 habitants[1]. (Colonies : 3,717,533 habitants.)

Le budget 1850-51 présentait ces chiffres:

Recettes..................	1,297,887,832 réaux.

Dans cette somme, les douanes figurent pour 176,200,000 réaux.

Dépenses..................	1,149,206,712 réaux.

A la mort de Ferdinand VII, la dette montait à 28 milliards de réaux.

D'après l'état général arrêté le 31 décembre 1849, et présenté par M. Bravo Murillo, ministre des finances, elle ne montait plus alors qu'à 15,513,087,871 réaux.

Le budget de 1852-53 se décomposait :

Recettes....................	1,233,497,550 réaux.
Dépenses....................	1,209,708,742 —

Le capital de la dette était, au 1er janvier 1851, de 10,979,180,998 réaux, et le service de cette dette exigeait annuellement 2,925,177,566 réaux.

1.

1799..................	10,541,000 habitants.
1833..................	12,087,000 —
1842..................	14,715,000 —

2. Le réal égale 0,25 cent.

Le budget 1853-54 était :

Recettes ordinaires....................	1,471,147,894 réaux.
Dépenses extraordinaires..............	1,474,202,522 —

En donnant le chiffre de la population de l'Espagne, nous avons placé entre parenthèses le chiffre de la population des colonies espagnoles. En voici le détail, d'après les relevés faits en 1850 :

Amérique.

Capitainerie générale de la Havane :

Ile de Cuba....................................	730,262
Ile de Porto-Rico..............................	288,000
Les Vierges espagnoles.......................	2.600
	1,020,862

Asie et terres australes.

Capitainerie générale des Philippines :

Partie de Manille..............................	1,822.200
Bisayas..	803.000
Iles Baschées et Babuyanes..................	5.000
Une partie de Magindanao....................	43,800
Iles Mariannes................................	5,500
	2,679,500

Afrique.

Présides.......................................	11,481
Iles de Guinée................................	5,590
	17,071

Récapitulation................................	1,020,862
	2,679,500
	17,071
Total........................	3,717,433

Les mines, les récoltes naturelles, les tissus de coton, les laines et les soies constituent le vrai fonds de la production espagnole. Nous devons, avec quelque détail, dire dans quel état se trouvent les mines, les récoltes, les tissus de coton, les laines et les soies ou soieries de l'Espagne.

Dans les chiffres que donne M. Dufrenoy (Rapport au nom du 1er jury dans les travaux de la Commission française) pour représenter les quantités d'argent retirées des minerais argentifères de l'Europe, la production totale est évaluée à 160,891 kilogrammes, d'une valeur de 35,717,802 fr.

L'Espagne, à elle seule, produit en moyenne 46,577 kilogrammes, d'une valeur de 10,340,094 fr.

S'il n'y a pas là de quoi la consoler de la perte des mines américaines qui ne font plus partie de son domaine, elle y trouve encore des ressources assez importantes.

Elle est bien moins riche en or. Par exemple, en 1852, elle n'en a guère produit que 20 kilogrammes, d'une valeur de 68,880 fr. La Sibérie, cette même année, en produisait 24,910 kilogrammes, d'une valeur de 85,840,704 fr.

Mais elle a pour elle le mercure et le plomb.

Voici, pour l'année 1855, un renseignement exact au sujet de la production du sel :

La récolte du sel, qui peut être, en moyenne, évaluée, pour les marais salants de la province de Cadix, à 145,000 ou 160,000 tonneaux, a présenté cette année un déficit. Il en est résulté, pour le prix du sel, sur le marché de Cadix, une hausse qui a atteint des proportions extraordinaires, depuis qu'on a appris que les salines du Portugal et de la Sicile avaient subi les mêmes influences atmosphériques et éprouvé les mêmes pertes.

Dans le courant de l'année 1854, l'exportation du sel de Cadix a été de 1,387,000 fr. au total.

Les blés d'Espagne n'ont pas trop souffert, lorsque les blés de toute l'Europe étaient frappés d'un mauvais sort. Quant aux vignes, elles n'ont pas toutes été préservées.

En octobre 1855, nous apprenions que l'oïdium et les averses survenues pendant les vendanges avaient exercé une influence désastreuse sur la récolte des vins dans la province d'Andalousie. Le canton de Xérès avait été le moins maltraité.

Des renseignements venus de Barcelone, à la date du 2 janvier 1856, ajoutent :

« L'oïdium a encore exercé, en 1855, sa funeste influence sur les vignes de la Catalogne, dans une mesure plus faible cependant. Ainsi, il a épargné tout à fait le district de Lérida et, en partie, celui de Barcelone et de Tarragone dont les crus sont les plus riches en quantité et en qualité.

« Dans le district de Rosas (province de Girone) on ne compte guère qu'une demi-récolte très-exiguë, à peine suffisante pour les besoins de la consommation du district. La qualité des vins, dont le cours varie de 38 à 42 fr. l'hectolitre, y laisse d'ailleurs beaucoup à désirer. Dans celui de Tarragone, le produit n'est évalué qu'au tiers d'une récolte ordinaire. Quelques parties de vins seulement, du prix d'environ 45 fr. l'hectolitre, y sont dans les conditions requises pour l'exportation d'outre-mer. Les vins de la province de Barcelone, qui offre les deux tiers d'une récolte ordinaire, se consomment sur les lieux et valent de 37 à 40 fr. l'hectolitre. La province de Lérida est la seule où la récolte ait été généralement très-abondante ; aussi les prix y ont-ils diminué de moitié. »

Cadix est[1], de tous les ports de l'Espagne, celui d'où il s'exporte annuellement la plus grande quantité de vins. On évalue, année commune, cette exportation à 32 millions de francs environ, soit à 170,212 hectolitres, à raison de 188 fr. l'hectolitre. C'est l'estimation officielle donnée depuis plusieurs années à l'hectolitre ; mais il est certain

1. Voyez le *Moniteur* du 6 février 1856.

que, depuis les ravages occasionnés par la maladie de la vigne, cette évaluation reste fort au-dessous de la valeur réelle.

Le tableau ci-après indique la quantité de vin récolté, en 1855, dans les diverses localités, en regard du produit d'une année moyenne calculé sur celui des six dernières années. Ces chiffres, bien qu'ils ne soient pas officiels, peuvent être considérés comme exacts.

On verra, par ce tableau, que la récolte de 1855 n'a pas atteint la moitié d'une récolte ordinaire, et qu'elle dépasse à peine la moyenne de l'exportation annuelle. Il faut remarquer, en outre, que les vendanges ayant été faites par des pluies continuelles (ce qui est très-rare dans le pays), un bon tiers des vins récoltés n'a servi qu'à faire de l'eau-de-vie et du vinaigre.

Vins récoltés en 1855 dans la province de Cadix :

	Récolte de 1855.			Moyenne de dix ans.	
	Barriques.	Hectolitres.		Barriques.	Hectolitres.
Xerès de la Frontera	22,000	110,000	.....	40,000	200.000
Rota	800	4,000	.....	2,000	10,000
Port Sainte-Marie	5.000	25.000	.....	12,000	60,000
San Lucar de Barrameda	6,000	30,000	.....	12,000	60,000
Chiclana	1,000	5,000	.....	8,000	40,000
Totaux	34,800	174,000	.....	74,100	370.000

Les autres récoltes, celle des fruits surtout et celle de la garance qui est si belle en Espagne et si facilement abondante, sont presque toujours heureuses.

Les filatures de l'Espagne se sont établies sous l'empire de la prohibition absolue [1]. Le nombre de broches que possède ce pays est de 700,000. Depuis que la prohibition a été levée pour les fils à partir du n° 60 [3], 217,000 broches, soit le tiers de ce qui existe, est et demeure au repos.

Comme la Russie, comme la Suisse, et surtout comme le Zollverein, l'Espagne pourrait peut-être rendre la vie à ses établissements, en arrivant à l'abaissement du salaire. Mais le Catalan ne se prête pas à cette combinaison : ou le travail bien payé ou le repos, telle est la condition qu'il impose, et l'Espagne, dont le climat appelle si énergiquement la consommation des tissus de coton, ne met en œuvre, pour vêtir une population de 15 millions d'habitants, que 10 millions de kilogrammes de matière première. L'Angleterre, par Gibraltar, et la France, par les Pyrénées, se chargent du reste. C'est donc le quart de sa consommation que l'Espagne reçoit aujourd'hui de l'étranger.

On sait l'ancienne réputation des laines espagnoles [2] : elle date du Ier siècle de l'ère chrétienne, époque à laquelle Marc Columelle introduisit les béliers d'Afrique qu'il croisa avec des brebis indigènes. L'histoire nous apprend qu'il se forma, au Ve siècle, une

1. V. le Rapport de M. Mimerel (1851).
2. V. le Rapport de M. Randoing (XIIe et XVe jurys).
3. On sait que la grosseur des différents fils est représentée par des chiffres

I.

association de propriétaires et de bergers pour l'accroissement et l'amélioration des troupeaux.

Ce mouvement ne fit que se développer pendant le séjour des Maures. Le mode de voyage des troupeaux se régularisa. On leur faisait passer l'été dans les montagnes de Léon, dans la Vieille-Castille, l'Aragon, et l'hiver dans les plaines de l'Andalousie et de l'Estramadure. La laine d'Espagne acquit une célébrité universelle. Il s'en exportait, en 1780, une masse de 35,000 balles.

Le chiffre de la production, après s'être bien abaissé depuis ce temps, s'est relevé; mais la laine d'Espagne, autrefois si admirable, est singulièrement dégénérée.

On cherche aujourd'hui à régénérer les races. Quelques riches propriétaires, et surtout la Couronne et le patrimoine royal, font de grands efforts pour y parvenir. On dépense beaucoup, on crée des fermes-modèles, on renouvelle les croisements avec les races étrangères, et l'on espère rendre aux produits espagnols leur antique renommée.

« L'ensemble de l'Exposition espagnole a révélé un véritable réveil industriel. »

Ainsi s'exprimait M. Arlès Dufour en 1851. Nous croyons que le progrès a été croissant, mais nous ne pouvons affirmer que cela soit. L'industrie séricicole s'est abstenue à peu près tout entière.

Valence n'a rien exposé.

Il reste à parler des blondes de soie. Nous en parlerons avec M. Félix Aubry.

L'Espagne est plus renommée pour les blondes de soie que pour les dentelles de fil : ces dernières sont d'une qualité si médiocre, qu'on en a, en quelque sorte, abandonné la fabrication.

Cette industrie est fort ancienne : on croit qu'elle a été importée d'Italie; mais le genre de travail indiquerait qu'elle vient des Flandres.

Le centre principal de la fabrication est en Catalogne, où elle occupe, dit-on, 34,000 ouvrières. On en compte aussi 10,000 dans la Manche; mais ces chiffres nous paraissent exagérés.

La soie employée est d'une qualité supérieure. Il y a près de Barcelone une filature, dont les produits sont spécialement destinés aux blondes et aux dentelles.

L'exposition des blondes d'Espagne était complète : elle se composait principalement de grandes pièces, telles que robes, mantilles, voiles, châles, etc.

Les dessins de ces riches morceaux ont un style si différent des nôtres, qu'ils ne pourraient être acceptés par la consommation française. La fabrication est loin d'être aussi belle que celle de Bayeux ou de Chantilly, soit sous le rapport de la fermeté du réseau, de la régularité du mat et du brillant du travail, soit surtout sous celui du point de raccroc. Néanmoins, elle indique que, sous une direction intelligente, elle arriverait à faire à nos produits une concurrence redoutable.

Peut-être devons-nous signaler, au chapitre des industries vraiment espagnoles, la damasquine qui a été reprise avec succès par les artistes de l'Espagne, M.-E. Zuolaga, par exemple.

Arrivons maintenant au commerce.

En 1851, le commerce extérieur de l'Espagne a été évalué ainsi :

	Importations.	Exportations.
Europe et Afrique......	415,992,481 réaux.	301,868,481 réaux.
Amérique............	259,165,519 —	190,592,803 —
Asie................	12,490,280 —	5,046,148 —
	687,648,280 —	497,507,432 —

Les chiffres, en 1850, étaient :

	671,993,640 —	488,566,682 —

Voici des détails à l'appui de ces chiffres :

COMMERCE GÉNÉRAL DE L'ESPAGNE EN 1850 ET 1851.

La révision totale des tarifs des douanes de la Péninsule, en 1849, et les réformes qui en ont été la suite, prêtent un intérêt particulier aux renseignements ci-après sur le commerce de ce pays, en 1850.

Le commerce général extérieur de l'Espagne, tant par terre que par mer, s'est élevé en 1850, à 313,178,000 fr., et en 1851, à 319,992,000 fr., savoir :

	1850	1851
Importation................	181,438,000 fr.	185,665,000 fr.
Exportation................	131,940.900	134.327,000

Les chiffres des importations se décomposaient ainsi, en 1850, eu égard aux grandes divisions géographiques :

Importations d'Europe et d'Afrique............	105.940.000 fr.
— d'Amérique......................	72.635.000
— d'Asie..........................	2,863,000
Total.................	181,438,000
Rappel des chiffres de 1849......................	158,537.000
Différence en faveur de 1850........	22.901.000
— en faveur de 1851 sur 1850.	4.227,000

Les importations d'Europe et d'Afrique représentent, à elles seules, plus que cette augmentation ; elles ont dépassé de 26,354,000 fr. celles de 1849. Celles d'Afrique ont, au contraire, diminué de 4,796,000 fr.

Les importations d'Asie, très-faibles d'ailleurs, ont presque doublé.

Exportations pour l'Europe et l'Afrique..............	85,225,000 fr.
— l'Amérique......................	49,380,000
— l'Asie..........................	1,339,000
Total.................	131,940,000

Rappel des chiffres de 1849	129.104,000
Différence en faveur de 1850	2,836,000
— en faveur de 1851 sur 1850	2,385,000

Les colonies ont enrichi, puis ruiné l'Espagne. On lui envie, toutefois, celles qui lui restent : les Philippines, Porto-Rico et Cuba.

Nous analyserons, pour faire comprendre l'importance de Cuba, un article de M. Chemin-Dupontès.

On a calculé que, depuis 1790, l'accroissement décennal de la population, à Cuba, a été de 29 pour 100. On y compte aujourd'hui près de 500,000 blancs. Le cinquième du sol n'est pas encore en culture régulière.

Cuba est riche en usines et en établissements agricoles.

En 1827, on n'y comptait que 510 sucreries ; en 1846, il y en avait 1,442.

Le nombre des fermes est monté de 13,947 à 25,292 ; celui des grandes exploitations de tabac, de 5,534 à 9,102. Il faut à ces chiffres joindre, pour l'année 1846, 5,542 métairies, 1,670 caféières, 69 fermes à cacao, 14 fermes à coton, 1,734 fabriques rurales, comme tuileries, distilleries, tanneries, fours à chaux.

On comptait alors, dans l'île, 1,027,313 bœufs et 244,727 chevaux ou mules.

112 mines existaient : 86 de cuivre, 7 de pétrole, 4 d'argent ; le reste, de houille ou de fer.

Sans compter le produit des mines, la valeur des productions territoriales de Cuba monte à 323 millions.

La moyenne de 1841 et 1842 donne, par exemple :

Sucre	148,000,000	kilogrammes.
Mélasse	64,000,000	—
Café	15,000,000	—
Tabac	3,000,000	—

Pour 1852, les chiffres correspondants sont :

Sucre	282,000,000	kilogrammes.
Mélasse	100,000,000	—
Café	8,500,000	—
Tabac	4,500,000	—

La production du café est seule en décroissance.

En outre de ces 4 millions et demi de kilogrammes de tabac en feuilles, Cuba expédiait, en 1852, 181,610,000 cigares et 1,847,000 boîtes de cigarettes.

Pour représenter à peu près toute l'exportation de Cuba, on doit inscrire environ 25 ou 30,000 tonnes de minerais de cuivre, 3 millions de francs de bois de campêche, de cèdre et d'acajou, et 50 ou 60,000 hectolitres de rhum.

La moyenne de 1826-1830 donne le chiffre total de 152 millions; de 1836 à 1840, le chiffre est 217 millions; de 1846 à 1850, c'est 282 millions. On arrive à 309 millions en 1852.

L'Espagne n'entre dans ce chiffre, que pour un quart. Ce sont les États-Unis qui, à Cuba, ont la prépondérance. La France, y compris le commerce de Porto-Rico, île très-florissante aussi, ne dépasse guère la valeur de 50 millions.

Spécialement pour l'année 1850, nous donnerons quelques détails.

La valeur du commerce général de l'île de Cuba a dépassé, en 1850, la moyenne de dix années précédentes; elle a été de 54,615,175 piastres (294,922,000 fr.) contre 48,757,016 piastres (261,287,000 fr.) en 1849, savoir :

	1849	1850
Importation	142,130,000 fr.	156,509,000 fr.
Exportation	119,157,000	138,413,000
Total	261,287,000	294,922,000

Voici quel a été le chiffre des échanges pour les cinq dernières quinquennales :

	Importations.	Exportations.	Totaux.
1826—1830	82,229,000 fr.	68,677,000 fr.	151,906,000 fr.
1831—1835	90,485,000	69,591,000	160,076,000
1836—1840	116,979,000	99,920,000	216,899,000
1841—1845	121,351,000	131,138,000	252,489,000
1846—1850	146,614,000	134,076,000	280,690,000

Ainsi, de la première à la dernière période (de 1826 à 1850), le commerce extérieur de Cuba a presque doublé, spécialement à l'exportation. Les produits de l'île figuraient, dans l'exportation de 1849 et 1850, pour les sommes ci-après :

1849	118,241,000 fr.,	ou 97, 6 pour 100.
1850	135,233,000	98, 1 —

Dans ce dernier exercice, on voit que l'exportation s'est accrue de 19,256,000 fr., et l'importation de 14,379,000.

La population totale de Cuba, d'après le recensement de 1850, était de 945,440 habitants.

Quant à Porto-Rico, l'exportation des produits de cette colonie, pour les huit premiers mois de 1855, a donné :

Sucre, 41,024,000 kilogrammes, savoir :

Pour les États-Unis	20,866,000
— l'Angleterre	12,316,000
— l'Amérique anglaise	4,094,000
— la France	2,125,000

Mélasse, 2,243,000 kilogrammes, par exemple :

Pour les États-Unis	998,000
— l'Angleterre, etc.	663.000

Café. 5,703,000 kilogrammes, par exemple :

Pour l'Angleterre	2,407,000
— l'Espagne	1,079,000
— les États-Unis	553.000
— la France	335,000

Tabac, 853,000 kilogrammes.

Cuirs, 158,000 kilogrammes, dont :

136,000 pour l'Espagne.

Il y a baisse pour le sucre et la mélasse, hausse pour le café et le tabac.

L'Espagne défendra ses colonies; elle cherche de plus en plus à multiplier les rapports qu'elle a avec leurs habitants.

On écrivait de Cadix, le 29 juillet 1855 :

La Compagnie barcelonnaise de la Navigation et de l'Industrie vient d'établir une ligne de bateaux à vapeur qui mettront la Havane et Porto-Rico en communication avec Marseille, les principaux ports de l'Espagne et les îles Canaries. Ce service a été inauguré par le steamer l'*Europa*, de la force de 300 chevaux et du port de 1,200 tonneaux, entré en rade le 28 juillet. Ce navire sera suivi, sous peu, par un autre bâtiment à vapeur de même dimension, construit, comme le premier, en Angleterre.

Ainsi, l'union deviendra de plus en plus intime.

La navigation des Indes occidentales espagnoles, pour le premier semestre de 1855, a employé 2,118 navires jaugeant 723,168 tonneaux qui se sont à peu près également partagés entre l'entrée et la sortie.

Ces résultats présentent, comparativement au premier semestre de 1854, un accroissement de 119,486 tonneaux, lequel a profité entièrement à la navigation étrangère, le pavillon espagnol ayant, au contraire, subi une diminution de 10,520 tonneaux. Cependant, l'intercourse avec la Grande-Bretagne et les colonies anglaises s'est également réduite de plus d'un tiers, tandis qu'avec les ports de France et des Antilles, elle s'est élevée de 26,284 tonneaux à 44,090, principalement par suite de la réduction de nos droits sur les eaux-de-vie étrangères, ainsi que de l'admission des mélasses étrangères pour la distillation de France.

Dans la navigation avec tous pays, le pavillon français a figuré pour 43,304 tonneaux. Mais le fait capital qui ressort de ces comparaisons, c'est un accroissement considérable de relations de la Havane avec les États-Unis, qui figurent pour plus de la moitié dans l'ensemble du mouvement constaté.

ROYAUME DE LA GRANDE-BRETAGNE.

ANGLETERRE, ÉCOSSE, IRLANDE ET COLONIES ANGLAISES.

COMMISSAIRES A L'EXPOSITION UNIVERSELLE :

Henri Cole Esq., commissaire-général.
Richard Redgrave, commissaire spécial à l'Exposition des Beaux-Arts.

Racine écrivait, dans ses *Fragments historiques :*

« Il n'y a pas plus de cinquante millions d'argent (125 millions d'aujourd'hui ou environ) en Angleterre, soit dans le commerce, soit dans les coffres des particuliers.

« La France tire tous les ans quelque douze millions (30 millions de francs) d'Angleterre, tant par les vins que par les toiles de Bretagne, etc.; et l'Angleterre ne tire pas de France plus de quatre millions » (10 millions de francs).

Deux siècles ne sont pas encore écoulés et l'Angleterre est devenue la première nation maritime et commerciale du monde. Élisabeth et Cromwell ont jeté les bases de cette puissance qu'il était si bien dans le génie anglais d'acquérir et de développer. Lorsque les Stuarts furent chassés et que la révolution de 1688 eut définitivement établi la monarchie constitutionnelle, le pays, comme par enchantement, grandit, et chaque jour il accrut à la fois son industrie, son commerce, ses colonies et ses conquêtes. L'histoire ne nous fournit pas d'exemple d'un aussi rapide développement : ou, si l'on prétend rappeler les noms classiques de Tyr et de Carthage, l'histoire ancienne n'a rien à offrir qui puisse entrer en comparaison avec cette prodigieuse étendue d'un commerce qui est en possession d'alimenter presque tous les marchés de l'univers. Quelle Carthage eut des établissements coloniaux comme ces pays d'Amérique, capables, en cinquante ans, de devenir les États-Unis? Et, si l'Amérique se révolte, quelle Carthage eût aussitôt conquis les Indes orientales, et, au premier relâchement possible de la prospérité des colonies indiennes, créé en un jour le marché australien?

Quelque chose que l'avenir nous cache et prépare pour assurer la pacifique et définitive organisation du globe, cette conquête civilisatrice, cette occupation des pays nouveaux par l'Angleterre industrielle et commerçante n'aura pas été un médiocre élément de la confédération universelle.

L'acte de navigation, au XVIIe siècle (1651), a préparé la grandeur maritime de l'Angleterre; les mesures du *free trade*, adoptées en 1843 par Robert Peel, ont déterminé un nouveau progrès dans l'industrie et le commerce du pays.

On sait que ces mesures ont amené :

1° La suppression des droits sur les matières premières et sur les articles de première nécessité ;

2° L'abolition des droits différentiels qui mettaient des entraves au commerce, haussaient les prix et limitaient la consommation ;

3° La réduction des droits divers, dont la diminution devait avoir pour effet d'étendre le commerce, de faire bénéficier le consommateur sans diminuer le revenu de l'État ;

4° L'entière abolition des droits imposés sur quelques articles spéciaux qui produisaient un revenu insignifiant et à peine au niveau des frais de perception ;

5° La suppression des immunités qui étaient devenues une source de fraudes.

Naturellement, la suppression des droits sur les matières premières et sur les articles de première nécessité a aussitôt donné une impulsion fort grande au commerce. Les prix de chaque article ont baissé et les demandes se sont multipliées aussi bien pour l'extérieur que pour l'intérieur.

En 1842, la valeur officielle des importations (et, en Angleterre, la valeur officielle ne représente pas la valeur réelle), était de 65,200,000 livres sterling[1] ; en 1853, elle était de 123 millions ; ce qui donne un accroissement de 88 pour 100 en onze ans, et à peu près 8 pour 100 par an.

Pour les exportations, la valeur réelle donne les chiffres suivants :

1842	47,300,000 liv. st.
1847	58,842,377 —
1853	98,700,000 —

Ce qui donne 109 pour 100 dans les onze années ou 10 pour 100 chaque année.

Le développement extraordinaire du commerce anglais tient aussi, il faut le dire, à la création des riches marchés que la découverte de l'or a fait établir en Californie et surtout en Australie ; mais les réformes de sir Robert Peel n'en ont pas moins fait entrer ce commerce dans des voies nouvelles.

Avant elles, l'augmentation annuelle des importations n'était que de 3 et 1/2 pour 100, et celle des exportations de 2 pour 100.

En 1842, le commerce déclinait, et les exportations, chiffrées en 1839 à 53,233,000 liv. sterl., étaient tombées à 47,381,000 livres.

Pour avoir un exemple des réductions opérées sur les tarifs, on peut prendre les cotons et les laines manufacturées qui payaient, vers 1830, 50 pour 100. En 1834, les droits ont été réduits, sur les cotons et sur les laines non travaillées, à 10 et 15 pour 100 *ad valorem*, et à 25 pour 100 également *ad valorem* sur les lins et chanvres non préparés. Les cotons et les laines, entièrement ou en partie préparés, payaient 20 pour 100 *ad valorem*, et les fils de lin et de chanvre 40 pour 100. En 1842, les droits sur les cotons, laines,

1. La livre sterling vaut 25 francs.

chanvres et lins non travaillés, sont abolis. Ces mêmes cotons, laines, chanvres et lins, préparés ou travaillés, ne paient que 10 pour 100 *ad valorem*, et, en 1853, ce droit est réduit à 5 pour 100.

L'influence des mesures du *free trade* fut surtout remarquable sur la consommation intérieure, et il y a eu un grand nombre d'articles de consommation générale qui ont baissé d'une valeur supérieure à la plus-value représentée par les droits abolis.

Le revenu total des droits payés par les objets de consommation montait, en 1824, à 18,251,133 livres sterling. De 1824 à 1850, l'excès des droits de douane remis a été de 8,826,128 livres sterling, et, malgré ces remises, en 1853 le revenu s'élevait à 20,902,734 livres sterling.

En somme, on peut dire que, dans l'intervalle de dix ans, l'Angleterre, en abaissant ou même en supprimant la plupart des droits, a augmenté ses exportations de 47 millions de livres sterling à 78 millions; ses importations, de 65 millions de livres sterling à 109 millions, et que le tonnage des vaisseaux employés a monté de 7,678,791 tonnes à 13,602,750.

Les revenus des droits de douane et d'accise montaient, dans l'année qui finissait le 5 avril 1842, à 35,480,607 liv. sterl. Des taxes étaient supprimées en 1842, 1843, 1844, pour plus de 1,900,000 liv. sterl., et, en 1845, les droits de douane et d'accise produisaient encore 35,744,247 liv. sterl. D'autres taxes, sans parler de la taxe du blé, ont été supprimées, dans les huit années suivantes, pour 8,700,000 liv., et, en 1853, les droits de douane et d'accise ont produit 36,240,458 liv. sterl.

Voilà des faits qui portent en eux-mêmes leur enseignement.

En 1853, M. Gladstone réformait encore le tarif, et les recettes n'ont pas baissé.

Pour suivre dans les divers détails importants l'influence de la réforme, nous avons quelques observations à enregistrer encore; elles ont été consignées au *Moniteur* du 25 juillet 1855.

Le tonnage des vaisseaux britanniques entrés et sortis avec cargaison était, en 1842, de 5,415,821 tonnes, et, en 1853, de 9,064,705.

Les vaisseaux étrangers présentaient, en 1842, un tonnage de 1,930,983, et, en 1853, de 6,316,456 tonnes. En additionnant, on a 15,381,161 tonnes contre 7,346,804.

En 1842, on construisait, en navires, 129,929 tonnes, dont 13,716 tonnes-bateaux à vapeur; en 1853, on en a construit 203,171, dont 48,215 à vapeur.

Les dépôts faits à la Banque d'Angleterre montaient (fin de 1842) à 9,063,000 liv. sterl., et, à la fin de 1853, à 18,232,000. Dans le même espace de temps, l'actif de la Banque, réglé d'abord à 30,890,000 liv., s'élevait à 44,864,000.

En 1842, la dette nationale était de 791,250,440 liv. st.; en 1853, elle était descendue à 771,335,805.

En 1842, les dépenses excédaient les revenus de 3,979,539 liv. st.; en 1853, les revenus excèdent les dépenses (non réduites, et plutôt augmentées), de 3,255,505.

En 1842, le capital des caisses d'épargne était de 25,319,336 liv. st.; en 1853, il était de 33,302,260.

Il n'est pas jusqu'à la statistique du paupérisme et celle des crimes, qui ne témoignent en faveur de l'heureuse influence de ces réformes.

Un grand fait acquis à l'expérience politique, et l'Angleterre a la gloire de l'avoir fourni, c'est que la réduction des droits de douane imprime à l'industrie et au commerce un mouvement qui ne dérange pas les finances de l'État.

En mai 1852, lord John Russel écrivait aux électeurs de la cité de Londres une lettre dans laquelle se trouvaient résumés ces résultats, et où, de cette manière, il indiquait les mesures qui devaient compléter l'œuvre :

« Il faut, dit-il, rendre les mutations de la propriété foncière plus faciles et moins chères, afin qu'elle devienne un placement pour les épargnes des classes industrielles ; faire disparaître les charges et les restrictions qui pèsent encore sur l'industrie maritime, simplifier les douanes, propager l'instruction, car les moyens même pour apprendre seulement à lire et à écrire, sont presque inabordables à une grande partie des classes laborieuses; supprimer enfin ces inégalités blessantes et sans but qui éloignent du Parlement une partie de nos concitoyens (les Juifs). La liberté constitutionnelle accordée au Canada a amené de merveilleux progrès, soit dans le chiffre de la population, soit dans les recettes du Trésor ; il faut que cet exemple ne soit pas perdu, ni pour les autres colonies, ni pour le gouvernement métropolitain.....

« Ç'a été pour nous une satisfaction bien sincère, en résignant nos fonctions, de laisser le peuple dans la jouissance d'un bien-être plus grand que par le passé, le crédit public toujours ferme, les taxes réduites dans des proportions très-considérables presque sans perte pour le revenu, la paix du monde conservée et le nom de l'Angleterre respecté partout.

« Ces résultats sont si bien le produit de l'esprit qui anime notre pays, de la grande Charte et du bill des droits, de la liberté de discussion et de la modération spontanée de la force populaire, que nous avions cru juste et prudent à la fois d'étendre le droit de concours à l'élection des membres du Parlement. Il nous paraissait que les progrès des classes laborieuses, en lumières et en intelligence, devaient être récompensés par une augmentation de la part qui leur est faite dans le pouvoir politique. Je sais combien il est difficile, en pareille matière, de concilier le respect dû aux traditions avec les droits d'un commerce qui augmente, d'une population qui s'accroît, de l'intelligence qui se développe. Aussi, il nous semblait être plus sage d'essayer de faire cette conciliation, lorsque la question pouvait être discutée avec calme et résolue avec sûreté, plutôt que d'attendre le jour de l'orage où les éléments pouvaient étouffer la voix de la raison, et le flot de la marée montante noyer les points de repère de l'expérience. »

Il n'est pas hors de propos, lorsqu'il s'agit d'une pareille nation, de réunir ici quelques traits nouveaux qui serviront à donner une esquisse de sa physionomie générale ; car ce n'est point assez que d'avoir montré quels furent les grands résultats de la réforme entreprise par Robert Peel[1].

1. Si on veut suivre d'excellents guides et, à divers titres, faire de fort utiles lectures, on n'a qu'à prendre le *Progress of nation*, de M. Porter, statisticien éminent, le *British Almanac*, l'*England as it is*, de Johnston, et

La population du Royaume-Uni, y compris les îles qui avoisinent la Grande-Bretagne, était, au recensement de 1841, de 27,041,031, et, au recensement de 1851, de 27,738,094 personnes.

Si, pour la Grande-Bretagne en particulier, on se sert de l'expression centésimale pour représenter l'accroissement de la population, on a :

De 1801 à 1811	....	15,11 pour 100
De 1811 à 1821	....	15,12 — —
De 1821 à 1831	....	14,91 — —
De 1831 à 1841	....	13,18 — —
De 1841 à 1851	....	12,17 — —

En France, l'accroissement n'est guère au-dessus de 4 pour 100 pour de semblables périodes.

En 1841, la population de Londres était de 1,948,369 habitants : elle était, en 1851, de 2,359,640, avec une augmentation de 411,271, et, par une exagération peut-être fâcheuse, représentait le neuvième de la population totale de la Grande-Bretagne.

En 1831, la population de la Grande-Bretagne pouvait se répartir ainsi :

Agriculture	31.5 pour 100
Commerce et manufactures................	39,7 — —
Autres états ou conditions................	28,8 — —

En 1841, les chiffres correspondants se trouvent être :

Agriculture............................	25,93 pour 100
Commerce et manufactures...............	43,53 — —
Autres états ou conditions...............	30,54 — —

On a pu, d'après le recensement de 1841, former le tableau suivant :

	Angleterre et pays de Galles.		Écosse [1].
Négociants, trafiquants et manufacturiers...	2,619,206	...	473.581
Ouvriers agricoles.......................	1,261,148	...	229.337
Ouvriers non agricoles..................	673,922	...	84.573
Armée à l'intérieur......................	36,763	...	4.631
— au dehors et en Irlande............	89.230	...	»
Marins..................................	191,992	...	24.359
Clergé..................................	20,450	...	2.956
Avocats, légistes, etc....................	14,155	...	3.185
Médecins................................	18,136	...	3.568
Autres professions libérales..............	123,878	...	18,099
Fonctionnaires publics..................	14,088	...	2.777
— municipaux................	22,048	...	3,085
A reporter.........	5,085,616	...	850.151

aussi : Pablo-Pebrer; M' Culloch, ***Treatise on taxation***; Doubleday, ***Financial history***; Alison, ***England in 1815 and*** 1845, etc. M. Duruy a résumé ces travaux et d'autres dans une étude placée à la fin de l'*Histoire d'Angleterre*, de M. J.-A. Fleury, 1852, 2 vol. in-12.

1. L'Irlande et les îles sont en dehors de ces calculs.

Report	5,085,616	...	850,154
Domestiques	299,048	...	158,650
Rentiers	445,850	...	58,294
Pauvres, prisonniers, aliénés	176,206	...	24,690
	6,006,920	...	1,088,782
Femmes, enfants	9,390,866	...	1,531,402
	15,397,786	...	2,620,184

Voici quelques chiffres relatifs à l'émigration :

1830	32,000 émigrants.		1848	248,000 émigrants.	
1840	91,000 —		1849	300,000 —	
1847	258,000 —		1850	280,849 —	

Tout à l'heure viendra, à mesure que chacune des classes des produits de l'Exposition universelle se présentera devant nous, une série de notes qui formeront, réunies, une rapide esquisse de la situation industrielle et commerciale de l'Angleterre. Auparavant, nous donnerons quelques détails qui ne pourraient prendre place dans ces notes.

La facilité de communication est extrêmement remarquable en Angleterre. On peut choisir un lieu quelconque sur une carte de l'Angleterre proprement dite (*England*); on n'en trouvera pas qui soit à plus de 24 kilomètres d'un cours d'eau navigable ou d'un canal. La distance moyenne est 16 kilomètres.

En 1818, les rues pavées et les routes formaient, en Angleterre et dans le pays de Galles, une étendue de 114,829 milles[1]; en 1829, les routes à barrières y avaient une longueur de 20,875 milles, et, en Écosse, de 3,666 milles.

Le 31 décembre 1850, la longueur des lignes de chemins de fer ouvertes était de 6,621 milles, et la longueur totale des chemins autorisés était de 11,980 milles. Dans l'année, ils avaient transporté 72,854,422 voyageurs.

En 1854, il y avait 8,053 milles de chemins de fer exploités, et on transporta 111,206,707 voyageurs.

M. Stephenson a donné, dans une des dernières séances de l'Institut des ingénieurs civils, les détails qui suivent sur les chemins de fer anglais :

Dans le Royaume-Uni, dit M. Stephenson, 8,054 milles (1,288 myriam. 30) de voies ferrées sont entièrement terminés. Cet immense réseau de rails, bout à bout et sur une seule ligne, serait plus que suffisant pour former une ceinture autour du globe.

Ces rails ont coûté 286 millions de livres sterling.

Quant aux ouvrages d'art, l'Angleterre compte plus de 50 milles (80 myriam. 46 kilom.) de longueur de tunnels; le voisinage de la métropole compte à lui seul 11 milles (17 kilom. 70) de viaducs. Les ouvrages de terre mesurent 550 millions d'yards cubes qui formeraient une pyramide d'un mille et demi de hauteur, dont la base serait plus

1. Le *mille* vaut 1,609 mètres 31,490.

large que le parc Saint-James. Les trains parcourent annuellement 80 millions de milles (12,874,519 myriam.) sur les rails.

L'exploitation se fait au moyen de 5,000 locomotives et 150,000 wagons. On consomme annuellement 2 millions de tonnes de charbon (la tonne vaut 1,016 kilog.); de sorte que, par minute, 4 tonnes de charbon vaporisent 20 tonnes d'eau. On emploie chaque année 20,000 tonnes de fer pour les réparations et 300,000 arbres pour les traverses. Plus de 90,000 hommes sont employés directement, et 40,000 le sont d'une manière auxiliaire.

Ces 130,000 hommes, avec leurs femmes et leurs enfants, représentent une population de 500,000 personnes; de sorte qu'on peut dire que, sur la population totale de l'Angleterre, 1 sur 50 dépend des chemins de fer.

111 millions de voyageurs ont été transportés sur les chemins de fer britanniques, en 1854, et chaque voyageur a parcouru 12 milles en moyenne. Les recettes de cette même année ont été de 20,215,000 liv. sterl.

La moyenne des accidents, quelque graves qu'ils paraissent, n'a été que de 1 sur 7,195,343 voyageurs.

Le télégraphe électrique occupe 7,200 milles et emploie au moins une longueur de fils de 36,000 milles.

Dans la Grande-Bretagne, les canaux ont une étendue de 2,200 milles environ, et les rivières navigables, de 1,800 milles; de sorte que le développement de la navigation intérieure est de plus de 4,000 milles.

En 1849, le commerce a employé, pour le Royaume-Uni et les colonies, 1,276 bateaux à vapeur jaugeant 173,580 tonneaux. Il y a eu, en cette même année, pour le cabotage du Royaume-Uni : à l'entrée, 18,343 voyages de bateaux à vapeur, d'un tonnage de 4,283,515 tonneaux; à la sortie, 18,362, d'un tonnage de 4,203,202 tonneaux. Pour la grande navigation, il est entré 3,354 strem-boats anglais, jaugeant 688,608 tonneaux, et 811 vapeurs étrangers, jaugeant 633,106, et 826 vapeurs étrangers, jaugeant 157,370. Au total, le mouvement commercial par bateaux à vapeur pour 1849 a été, au cabotage, de 8,486,717 tonneaux, et, à la grande navigation, de 1,630,893. Dans ce chiffre ne sont pas compris les bateaux entrés ou sortis sur lest ou avec des passagers seulement.

Quant au cabotage à la voile, en 1849, il est entré dans le seul port de Londres 11,798 navires qui ont amené 3,380,786 tonnes de charbon de terre, et le cabotage, entre la Grande-Bretagne et l'Irlande, a employé, en 1849, à l'arrivée, 8,607 vaisseaux jaugeant 1,478,059 tonnes; à la sortie, 18,000, jaugeant 2,159,954 tonnes.

C'est une augmentation de 250 pour 100 sur l'année 1801.

Au 5 octobre 1850, les chiffres de la circulation du papier-monnaie étaient, en livres sterling :

Banque d'Angleterre...	19,110,409
Banques particulières..	3,519,783
— à fonds réunis.	2,715,178
A reporter....	25,345,370
Report.......	25,345,370
Banques d'Écosse.....	3,242,595
— d'Irlande.....	4,494,549
Total.....	33,082,514

Voici le tableau des recettes et dépenses pour quelques années :

	Revenu net [1].		Dépenses.	
1792	19,258,333 liv. st.	.....	19,859,123	 9,767,333
1800	57,476,113 —	.....	56,821,267	 17,381,561
1810	71,936,986 —	.....	76,865,260	 24,246,946
1814	105,698,106 —	.....	106,832,260	 30,051,365
1820	54,282,958 —	.....	54,157,247	 31,157,846
1830	50,056,616 —	.....	49,078,108	 29,118,858
1840	45,567,365 —	.....	49,169,552	 29,381,718
1849	53,326,317 —	.....	50,874,696	 28,323,961
1850	52,810,680 —	.....	50,234,874	 28,091,590

« Si l'on cherche sur une carte du monde, dit un écrivain judicieux [2], les points où flotte le pavillon britannique, on verra qu'il y a à peine une grande position, soit commerciale, soit stratégique, dont il n'ait pas pris possession. Les vieilles îles anglo-normandes de Jersey, de Guernesey et d'Aurigny menacent la côte de Bretagne et de Normandie, en même temps qu'elles coupent la route de Brest à Cherbourg. A Heligoland, l'Angleterre surveille les bouches du Wéser, de l'Elbe, tient le commerce de Hambourg, de Brème et de l'Allemagne du Nord, sous la gueule de ses canons. A Gibraltar, elle tient les clefs de la Méditerranée ; à Malte, elle domine le passage entre les deux grands bassins de cette mer. A Corfou, elle commande l'Adriatique, menace Trieste et tout le commerce de l'Allemagne du Sud. Elle n'a point les Dardanelles, qui ne mènent qu'à un grand lac intérieur, mais elle est toute-puissante à Alexandrie et au Caire, qui conduisent aux Indes. Aden est le Gibraltar de la mer Rouge ; Maurice, la citadelle de l'océan Indien ; les deux presqu'îles de l'Indostan et de Malacca lui appartiennent. Singapourre, Labouan et Hong-Kong sont les étapes entre l'Inde et la Chine. Resserré entre le Cap, Ceylan et la Nouvelle-Hollande, le grand Océan n'est plus qu'un lac anglais. Elle tient par deux bouts la mer des Antilles, car elle a Honduras, d'un côté ; Sainte-Lucie, Saint-Vincent et Tabago, de l'autre, et elle possède encore, au milieu, la Jamaïque. Elle occupe, aux îles Bahama, les débouchés du golfe du Mexique ; aux Bermudes, une station, à mi-chemin, entre les Antilles et le Canada. La partie du continent américain la plus rapprochée de l'Europe est à elle, avec les immenses forêts du Canada, avec les pêcheries inépuisables de Terre-Neuve, avec le magnifique golfe de Saint-Laurent et les ports de la Nouvelle-Écosse, les meilleurs de toute l'Amérique du Nord. Elle est à la Guyane, et elle voudrait bien être encore à l'isthme de Panama, dans le voisinage duquel elle a établi sa colonie de Balize. Enfin, elle a saisi l'Afrique par trois côtés : du côté de la Gambie et de Sierra-Léone, au Cap et par Maurice : on peut dire qu'elle la tient par un quatrième, l'Égypte, où son influence est prépondérante.

« Ces postes ne sont pas seulement des stations pour ses navires, des refuges en temps de guerre, pour ses escadres et ses corsaires ; des comptoirs, en temps de paix, pour ses négociants ; des marchés, pour ses manufactures ; de là, elle surveille le commerce entier

1. Déduction faite des frais de perception, qui s'élevaient, en 1850, à 4,706,661 livres.
2. V. Duruy. Voy. l'*Histoire d'Angleterre* de Fleury, t. II, p. 568.

de l'univers. Ses agents s'y tiennent au courant de toute production nouvelle à exploiter, de toute concurrence à éteindre, de tout débouché à ouvrir, et il en résulte que le commerce anglais a non-seulement l'avantage de l'expérience des affaires et du bas prix des capitaux, mais encore celui d'être le mieux renseigné qui soit au monde. »

Tel est l'ensemble, merveilleusement vaste et merveilleusement organisé pour la domination maritime, de la puissance anglaise. Tout l'univers est à la fois le chantier, la mine et le marché de son industrie. Les matières premières lui arrivent de toutes parts ; à l'aide de la houille et du fer dont elle dispose, elle les fabrique et les transforme pour les vendre. Longtemps son industrie, si heureusement secondée, est restée sans rivale.

Aujourd'hui elle envoie 2,455 exposants la représenter dans le grand concours du travail universel, et elle y saisit un grand nombre des plus belles couronnes.

C'est ici le lieu de réunir quelques documents qui feront facilement corps et peuvent servir à l'histoire de l'industrie britannique. Nous suivrons la marche du Catalogue de l'Exposition de l'Industrie.

Ire classe. — L'Angleterre est un bloc de houille et de fer ; les instruments du travail humain lui ont été livrés en abondance : là est le secret de sa force.

En 1854, disent les Rapports de l'École royale des mines, elle a fourni 64,661,401 tonnes de houille.

En 1853, les mines ont donné :

Cuivre	13,030 tonnes.
Plomb	61,121 —
Argent	700,000 onces [1].
Étain	6,000 tonnes.

En 1840, l'Angleterre avait forgé 1,396,000 tonnes de fer ; en 1850, 2,250,000 ; en 1854, elle en a forgé 3,069,838.

Le total des produits minéraux, pour 1854, monte à 28,575,922 livres sterling.

En 1840, l'Angleterre exporte pour 576,519 livres sterling de houille, coke, etc., et pour 2,524,857 livres sterling de fer et acier ; en 1854, elle exporte pour 2,125,758 livres sterling de houille, etc., et pour 11,668,042 livres sterling de fer et acier.

On voit quelle est la prospérité des mines anglaises si habilement exploitées.

Le sel commence à être un objet important de la production nationale.

IIe classe. — Le nombre total des arpents (acres) de la Grande-Bretagne, recensés comme occupés par les fermiers, montait, en 1851, à 29,213,312, et le nombre de ceux qui n'étaient pas recensés en cette qualité, avec les terres incultes, à 28,411,065 *acres* [2].

IIIe classe. — L'habileté des constructeurs et inventeurs de machines agricoles assure à l'agriculture anglaise une supériorité incontestable. Néanmoins, elle ne saurait suffire aux besoins du pays.

1. L'once (1/16e de la *livre anglaise*) vaut 0 kilog. 02833.
2. L'acre vaut 0 hectare 40467.

En 1840, on importe 2,432,000 quarters impériaux[1] de blé et farine de blé; en 1854, 4,473,000; en 1840, 1,487,000 quarters d'autres grains et farines; en 1854, 3,436,000.

On n'a pas de documents officiels sur l'état du mobilier vif du Royaume-Uni. Le produit annuel de laine est estimé à environ 130 millions de livres.

IVe classe. — La supériorité des mécaniciens anglais a été secondée par l'abaissement des tarifs. L'exportation, en 1853, était de 713,474 liv. sterl.; en 1854, elle était de 1,932,963.

Ve classe. — La valeur déclarée des machines à vapeur, pour l'exportation, était, en 1853, de 458,376 liv. sterl., et celle de la sellerie et de la bourrelerie, de 300,000 liv.

VIe classe. — On ne saurait parler en quelques mots de la mécanique industrielle des Anglais.

VIIe classe. — En 1835, il y avait, dans le Royaume-Uni, 116,801 métiers mécaniques: en 1853, il y en avait 298,916, divisés ainsi :

Filatures de coton	249,627
— de laine	9,439
— de tissus de laine	32,617
— de lin	1,141
— de soie	6,092

4,330 filatures occupaient 596,082 ouvriers, avec 25,638,716 broches; elles employaient une force de 108,113 chevaux, par la vapeur, et de 26,104, par l'eau.

Xe classe. — En 1840, le poids du papier, grevé du droit d'accise, est de 97,237,000 liv.; en 1854, il est de 177,896,000.

En 1852, 380 moulins à papier travaillaient.

En 1840, l'exportation était de 5,058,000 liv. sterl.; en 1854, elle était de 16,112,000.

La réduction du tarif des postes a porté le nombre des lettres, de 76 millions, en 1839, à 169 millions en 1840, et à 443 millions en 1854.

En 1853, on importait 568,548 quintaux de peaux à préparer, non séchées, et 231,761 quintaux de peaux séchées.

On exportait le cuir préparé, en 1840, pour 417,074 livres, et, en 1854, pour 1,512,771 livres.

La consommation du tabac (16,904,752 livres en 1801, et 28,062,841 livres en 1851) donne une livre environ par tête. La moyenne était plus forte en 1801.

XIe classe. — Les différents articles de cette classe, comme le thé, le café, le sucre et l'eau-de-vie, ont une grande part dans le commerce du Royaume-Uni. On en peut juger par ce tableau des importations :

	1840.		1854.	
Thé	28,021,882	livres.	85,792,760	livres.
Café des possessions britanniques	20,987,869	—	48,934,814	—
— — étrangères	19,262,897	—	17,566,858	—

1. Le *quarter* vaut 290 litres 781.

	Quintaux.		Quintaux.	
Sucre brut des possessions britanniques....	3,230,666	—	5,875,910	—
— brut étranger....................	805,179	—	3,220,342	—

La moyenne (pour dix ans) de la consommation par tête est :

	1830.		1840.		1850.
Thé.............	1 livre 26	.....	1 livre 35	.....	1 livre 62
Café.............	0 — 58	.....	0 — 98	.....	1 — 21
Sucre	16 — 05	.....	16 — 75	.....	20 — 75

Pour l'eau-de-vie, voici le tableau de quelques situations :

	Quantités importées.	Quantités consommées.	Taxe par gallon.	Revenu.
1841	... 2,918,387	... 1,464,506	... 22 sh. 10 deniers.	... 1,329,083 livres.
1846	... 2,437,203	... 1,514,465	... 15 — » —	... 1,165,045 —
1851	... 2,930,967	... 1,859,273	... 15 — » —	... 1,393,862 —
1853	... 5,005,911	... 1,870,567	... 15 — » —	... 1,402,933 —

XIIIe classe. — M. Scott Russell, de Millwall, construit un navire à hélice de la force de 2,600 chevaux et d'un tonnage de 22,500 tonnes.

En 1843, le total du tonnage est 5,646,834 tonnes; il est, en 1853, de 9,064,705 tonnes.

XIVe classe. — Le bon marché du fer anglais est la principale cause du renom des ingénieurs civils de l'Angleterre.

XVe classe. — L'acier de Sheffield est bien connu. L'exportation de l'acier brut, en 1840, était de 2,583 tonnes; en 1853, elle est de 20,238 tonnes.

La valeur déclarée des exportations en quincaillerie et coutellerie était de 1,349,000 liv. sterl.; elle est, en 1854, de 3,869,000 livres.

XVIe classe. — Aux chiffres précédents on peut joindre ceux-ci pour le travail du laiton et du cuivre :

1840	....	1,150,000 livres sterling.
1854	....	1,770,000 — —

XVIIe classe. — Dans l'orfévrerie, l'or et l'argent sont de plus en plus remplacés par le plaqué. En 1853, l'orfévrerie anglaise exporte pour 102,430 liv. sterl. de ses produits; la bijouterie en exporte pour 378,741 livres.

XVIIIe classe. — La verrerie a été longtemps imposée rigoureusement; elle commence à prospérer, mais ses progrès ne sont pas encore considérables. En 1840, elle exporte pour 404,000 liv. sterl., et, en 1854, pour 486,000 livres.

La même chose ne peut être dite des autres industries céramiques : en 1840, la faïence et la porcelaine exportent pour 573,000 liv. sterl., et, en 1853, pour 1,338,000.

XIXe classe. — On doit regarder l'établissement et le progrès de la manufacture du coton, en Angleterre, comme l'événement le plus extraordinaire de l'histoire de l'industrie.

Voici un tableau de quelques chiffres d'importation :

En 1800	56,040,000	livres	en poids.
— 1825	228,005,000	—	—
— 1850	663,576,000	—	—
— 1854	887,335,000	—	—

500,000 ouvriers travaillent et se partagent 13 millions de francs de salaires. Une pareille somme est payée, par an, aux travaux de la mécanique.

L'exportation des ouvrages de coton était, en 1825, de 18,359,050 liv. sterl.; en 1850, elle est de 28,259,000 liv. sterl.; et, en 1854, de 31,644,000 livres.

Le commerce du fil de coton baisse. En 1840, l'exportation est de 7,101,000 liv.; en 1854, elle n'est que de 6,695,000 liv. sterl.

XXe classe. — En 1801, on importe 7,371,000 livres de laine; en 1854, 106,121,000 livres.

En 1842, l'exportation des objets de laine est de 5,185,015 liv. sterl.; elle est, en 1854, de 9,883,850 liv. sterl.

XXIe classe. — Depuis vingt années, le progrès est remarquable. En 1825, l'exportation est de 296,000 liv. sterl.; elle est, en 1854, de 1,691,000 liv. sterl.

En 1825, on importe 3,408,000 livres de soies brutes et ouvrées; on en importe, en 1854, 8,557,000 livres.

La moyenne annuelle des exportations de l'industrie des soieries, de 1827 à 1846, sous l'influence des droits protecteurs imposés en 1826, fut de 649,124 liv. sterl.; tandis que, de 1848 à 1853, sous l'influence des droits modérés qui existent aujourd'hui, elle s'est élevée à 1,372,586 liv. sterl.

XXIIe classe. — En 1840, la valeur déclarée de l'exportation des lins britanniques fabriqués et des fils de lin montait à 4,128,000 liv. sterl.; en 1854, elle monte à 5,062,000.

Le total des importations du chanvre préparé et brut était, en 1840, de 1,253,000 quintaux; en 1854, il est de 1,303,000; et le total de l'importation du lin brut, après avoir été, en 1840, de 684,000 quintaux, est, en 1854, de 1,211,000.

XXIIIe classe. — Depuis 1854, le progrès est constant et considérable. Voici le détail des articles de cette classe, enregistrés à l'Exposition, en 1853 :

Bas de coton	461,000	liv. st.
Autres articles de coton	238,000	—
Bas de soie	2,000	—
Autres articles de soie	4,000	—
Bas de laine	261,000	—
Autres articles de laine	154,000	—
Total	1,120,000	—

L'industrie des tapis prospère également.

La valeur des exportations de la dentelle montait, en 1853, à plus de 596,000 liv. sterl.

Le Catalogue Officiel ne donne aucun document sur l'état des industries qui figurent dans les quatre dernières classes.

Mais, si les notes qui précèdent servent à montrer ce qu'est l'industrie anglaise, elles ne suffisent pas, et les seuls chiffres ne peuvent donner une idée des belles œuvres qui ont paru dans le concours universel.

Deux cent soixante-quatre échantillons de houille, recueillis et exposés par le *Board of trade*, y montrent ce qu'est ce charbon de terre, mine de vapeur, source de force, qu'on peut appeler la moisson première du pays. Le coke de Newcastle est le premier coke de la terre. Puis, vient le fer, cette autre récolte puissante et incomparable. Voici un canon d'acier fondu, une immense manivelle, un rail Barlow de 16m 02, un rail Brunel de 24m 45. Ce sont là les ornements de la forge anglaise : nous sommes dans le temple de Vulcain lui-même.

Le fer, attendons un instant, il se transforme. L'agriculture lui emprunte ses admirables appareils, si rapides, si habiles, si commodes. Les noms des Crosskill, des Garrett, des Ransomes, méritent toute distinction, et, grâce à eux, l'agriculture anglaise, armée à la légère, armée à toute épreuve, est à la tête de tous les enseignements. Une lettre, insérée dans le *Journal des Économistes* du 15 avril 1853, exprime assez hardiment la joie du triomphe : « Mon opinion sur le *free trade*, dit-elle, est qu'il a, en dernière analyse, très-heureusement agi sur notre pays; et, quoique l'abondance et le bas prix des aliments aient pesé lourdement pendant un certain temps sur l'agriculture britannique, la concurrence a tellement poussé aux améliorations, que je pense que nous battrons le monde pour le blé aussi bien que pour le calicot. »

Le tout est de produire assez. Mais quelles autres machines et en quel nombre! celles de Fairbain, de Siemens, de Dann, de Whitworth, de Bukton, de John Birch, de Johnson, de Platt frères, de Comb et comp., de Smith et frère, pour le tissage, donnant à la minute 250 coups de navette, et le métier à moquette de Wood, coupant la trame pour le velouté, et dont le principe a été payé 250,000 fr. à l'Exposition même.

Ajoutez les noms des Stephenson, Appold, de Bergue, Cripps, Coffey, Llyod, et bien d'autres.

Les voitures anglaises ont mille qualités; celles de MM. Davis et fils, de M. Rock, et le *dog-cart* de Starey le prouvent.

A la tête de l'horlogerie anglaise, toujours si estimée, figurent MM. Ch. Frodsham, Davis et fils, Frodsham et Baker. Les observatoires astronomiques ont exposé de fort beaux appareils, comme le grand cercle méridien d'Airy. MM. Ludds, King, Oslır, Brooke, lord Ross et lord Wrollesley et le lieutenant-général James représentent avec honneur la haute mécanique.

Les appareils de chauffage et d'électricité sont remarquables, et, aussi, les modèles destinés aux écoles du département des sciences et arts, à l'institution, par exemple, de *Marlborough-House*, foudée avec les fonds qui provinrent de l'Exposition universelle de 1851. Ici se placent la double machine d'Atwood de M. Willis, et le joint universel de Hooke. Nous sommes près de la science chimique. Les envois sont plutôt des échantillons de laboratoire que des objets de fabrication courante : ainsi, le prussiate rouge de Kind ; la naphtaline, les produits de M. Warren-Delarue ; le camphre, le calomel, le sublimé corrosif de Baker.

Les cuirs et les peaux sont bien représentés.

Dans la classe des substances alimentaires, on doit remarquer les fromages et les salaisons de bœuf.

Nous n'avons rien à dire de la marine, de l'art militaire et des constructions civiles[1].

Les industries des métaux ouvrés, très-riches et très-fortes en Angleterre, se sont en partie abstenues. Ainsi, la quincaillerie est bien incomplète. En tête des fabricants d'acier, se place la maison W. Jackson.

L'orfévrerie anglaise, très-riche, n'est peut-être pas assez sobre, et l'œuvre qui a attiré l'attention est due, il faut le dire, à un ouvrier français, M. Wechte. Mais l'exposition de M. Elkington mérite assurément des éloges.

La bijouterie l'emporte sur l'orfévrerie ; elle est d'un goût meilleur.

L'Angleterre fait presque aussi bien que la France la porcelaine et la faïence de luxe ; elle fait bien mieux les grès et les terres. Les produits de M. Minton ont été particulièrement goûtés, et c'est un des grands industriels étrangers, à qui l'Exposition aura valu le plus de commandes en France.

La cristallerie est moins heureuse ; toutefois, les objectifs de 0m 74 de Chance et compagnie sont certainement des pièces admirables. Les vitraux appartenant à la Chambre des Lords ne peuvent être loués à côté des nôtres.

C'est à Manchester qu'est l'industrie triomphale, l'orgueil du commerce anglais. On a exposé non le plus beau, mais le mieux. Cette exposition toute simple et anonyme est une collection incomparable.

Il faut citer les tissus pour robes d'Halifax et de Glascow, et ceux de MM. Akroid et fils ; les popelines d'Irlande, les châles d'Ecosse, les tartans de MM. Morgan et comp., les étoffes de MM. Pim frères, les châles de Kerr et Scott, de Clabburn et Crisp, et les tissus d'alpaga de Salt, Titus et comp.

Dans la catégorie des étoffes de soie, on remarque les tissus de MM. Harrop, Taylor et Pearson, confectionnés avec des soies de Chine à un prix de moitié moindre que le prix des tissus confectionnés à Lyon avec des soies françaises.

1. On conçoit facilement que nous ne puissions parler que d'une manière très-brève de l'industrie anglaise et surtout de son exposition. Au surplus, nous devons dire pour quelle raison nous avons donné à ces études de statistique le caractère qu'elles présentent. Nous avons eu besoin, lorsqu'il s'est agi de rendre compte de l'exposition de chacune des XXXI classes, de parler en détail de toutes les grandes inventions et de tous les grands travaux du monde entier. Il y a, en tête de ces travaux particuliers, une analyse de tout ce que les peuples étrangers ont exposé de plus remarquable. C'est là qu'il faut chercher les souvenirs de l'Exposition. Ici, nous ne pouvions que les résumer rapidement, et notre souci le plus naturel a été de tracer à grands traits le tableau général du commerce et des arts de l'univers. Nous avons, pour cela, réuni un nombre considérable de documents de toute espèce. Si la part faite aux renseignements qui concernent spécialement l'Exposition semble d'abord un peu maigre, on se trouvera satisfait au fur et à mesure que l'on avancera dans la lecture de notre Album.

Historiens et économistes en ces premières pages, nous sommes, là où il le faut, agriculteurs, industriels, savants et artistes.

Notons encore les soieries pour tentures de MM. Kerth et comp.

Les tissus damassés et autres étoffes de lin ou de chanvre n'étaient pas représentés suffisamment, malgré l'exposition de M. Beveridge, de Dumferline.

La bonneterie anglaise, qui a depuis longtemps conquis sa réputation, la soutient. Les tapis communs sont bien faits et d'un bon prix; les tapis de luxe sont moins heureusement exécutés.

L'ameublement et la décoration, à part quelques œuvres de mérite, ne brillent pas d'un éclat supérieur.

Les papiers peints ont paru très-bien faits et dans de bonnes conditions.

La gravure et la lithographie, extraordinairement habiles, et aussi la photographie, ont obtenu les plus grands éloges.

Pour ce qui doit être placé dans les dernières classes de l'Exposition, l'Angleterre n'a aucune prétention, et reconnaît que d'autres pays l'emportent sur elle.

Restent les colonies, c'est-à-dire les véritables jardins, les bois, les champs de l'Angleterre. Dans les îles britanniques, l'industrie travaille; dans les colonies, on travaille pour l'industrie de l'Angleterre.

La Guiane, en 1854, a exporté 83 millions de livres de sucre et 2 millions de gallons[1] de rhum; elle ne fait plus de coton ni de café, mais ses bois, ses plantes textiles, ses fécules naturelles, ses huiles et ses résines sont des richesses qui ont fait honneur à une colonie, à peine peuplée de 90,000 habitants, sur lesquels 4,000 Européens tout au plus.

Les Antilles, la Jamaïque en tête, ont envoyé leur rhum excellent, leur sucre, leur café, du piment, de l'arrow-root, des bois de teinture et d'ébénisterie. Le Cap, cette station merveilleuse, exporte pour plus de 6 millions en bois, vins et viandes. L'île Maurice a du café, du sucre, de l'indigo, des épices et des bois.

L'Australie, c'est l'or et la laine, l'or extrait des sables, la laine nourrie dans des prairies qui n'ont pas d'égales. C'est encore de la houille, du cuivre, de l'étain, des fourrures, des peaux, du riz, du maïs, des vins, du bois et des céréales, qui, en 1851, ont été jugées les plus belles du monde.

Tout le monde a rendu justice à l'exposition du Canada.

Et enfin l'Inde.

Voici quelques chiffres pour établir une comparaison entre les exportations de l'Inde en 1833 et les exportations de 1849 :

	1833.	1849.
Café (lbs)	5,734,820	39,144,638
Cotonnades (pièces)	290,333	60,166
Laque (lbs)	299,405	1,517,152
Peaux (cwts)	29,337	71,047
Chanvre (cwts)	34,008	360,463
Indigo (lbs)	6,345,529	8,509,904
Poivre (lbs)	7,298,925	3,913,644
Riz (cwts)	179,370	875,510
Sagou (cwts)	7,665	83,540
Salpêtre (cwts)	143,434	286,746
Graine de lin (bushels)	2,463	209,136
Soie (lbs)	989,619	1,804,327
Soieries (pièces)	298,580	544,130
Rhum (gallons)	27	713,679
Sucre (cwts)	453,994	1,538,009
Tabac (lbs)	2,849	48,272
Coton (lbs)	32,755,464	70,838,515
Laine (lbs)	3,721	4,182,851

1. Le *gallon* vaut 4 litres 54345.

L'Inde anglaise est un empire de 100 millions d'âmes, avec un budget de 500 millions et une armée de 400 mille hommes.

Peut-être est-ce l'exposition des Indes, qui, dans le Palais de l'Industrie, se présentait avec le plus de caractère. La tente du rajah représentait dans toute sa couleur la vie paresseuse de ces rois déchus; plus loin, un marché, représenté au vif, offrait à l'œil des visiteurs les populations elles-mêmes, ces travailleurs qui ne se plaignent pas et vivent de si peu. A côté d'eux, leurs récoltes et leurs ouvrages : les châles inimitables, les bijoux, les armes, les épices, les matières colorantes, l'indigo, les huiles, le thé, le tabac, la soie, la laine, l'ivoire, les pelleteries, les gommes et les parfums.

Il y a toute une partie des œuvres de l'Angleterre, que l'Europe, et la France surtout, cette patrie des arts, s'est réjouie de voir et de mieux connaître. C'est la peinture, la sculpture et la gravure anglaise.

L'École anglaise a des maîtres du plus haut talent. Elle peut mettre le nom de Landseer sur le même rang que les plus grands artistes contemporains. L'originalité des qualités et des défauts eux-mêmes de l'École anglaise était faite pour attirer vivement l'attention.

Peut-on nous demander plus, lorsque nous ne saurions jamais donner assez? Qui, en vingt pages, peindra l'Angleterre et ses colonies?

Ajoutons cependant quelques pages encore.

Voici les comptes du Royaume-Uni pour l'exercice qui finit le 5 janvier 1854 :

Recettes ordinaires :

	Liv. sterl.
Douanes	20,902,734
Accise (Impôts indirects de consommation)	15,337,724
Timbre	6,975,616
Impôts directs divers (Land and assessed taxes)	3,153,867
Impôt du revenu	5,589,171
Postes	1,104,000
Terres de la Couronne	402,888
Droits sur les pensions et appointements	4,634
— divers et revenus héréditaires de la Couronne	16,669
Excédants d'honoraires des charges à salaire fixe	105,070
Produit de la vente d'anciens approvisionnements	484,308
Remboursement de prêts divers	294,875
Reçu de la Compagnie des Indes	60,000
	54,431,556

Dépenses :

Intérêts et administration civile de la dette	23,623,756
Annuités à terme	3,812,436
Intérêts des bils de l'Échiquier	368,650
Liste civile	399,572
Annuités et pensions civiles, navales et militaires	352,435
Traitements et gratifications	268,710
— et pensions diplomatiques	149,777
Cours de justice	1,107,094
Dépenses diverses à la charge des Fonds consolidés	233,225
A reporter	29,315,655

Report	29,345,655
Armée	6,66[illegible],488
Marine	6,640,595
Arsenaux et matériel	2,664,590
Services divers votés annuellement	4,463,690
Guerre contre les Cafres	260,000
Excédant des arrérages réclamés	69,844
	50,074,832
Excédant du revenu	3,255,504

Nous citons le budget de 1853, parce que c'est le dernier budget normal; depuis 1853, l'influence de la guerre a notablement troublé les calculs ordinaires de la statistique.

D'après les relevés récemment publiés par l'administration anglaise, sous le titre de *Shipping and tonnage*, le mouvement général de la navigation marchande du Royaume-Uni s'est élevé, en 1854, aux chiffres suivants :

	Navires.	Tonneaux.
A l'entrée	41,591	9,161,366
A la sortie	43,594	9,507,721
Totaux	85,185	18,669,087

Ce chiffre total, qui comprend les voyages répétés, se répartit d'une manière à peu près égale (quant au nombre des navires ou traversées), entre le pavillon anglais et les pavillons étrangers; on trouve, en effet :

		Tonneaux.
Pour les navires anglais	42,216	10,744,849
Pour les navires étrangers	42,969	7,924,238

En comparant ces résultats avec ceux de l'année 1853, on constate une diminution de 2,470 navires, mais un accroissement de 268,877 tonneaux.

Les relevés de la douane anglaise, indiquant le nombre et le tonnage des bâtiments appartenant aux différents ports du Royaume-Uni et des colonies, permettent de se rendre compte d'une manière plus précise de cette supériorité toujours croissante dans la capacité des navires. On peut les résumer ainsi :

Effectif. — La marine marchande anglaise comptait, au 31 décembre 1854, tant dans les ports du Royaume-Uni que dans ceux des colonies, 35,960 navires, représentant un tonnage collectif de 5,043,270 tonneaux, et un effectif de 266,691 hommes d'équipage.

Ce dernier fait est remarquable en présence des armements nécessités par l'état de guerre. Il était à craindre que le recrutement de la flotte n'influât d'une manière préjudiciable sur celui de la marine de commerce.

La moyenne du tonnage des bâtiments appartenant aux différents ports du Royaume-Uni et des colonies était, au 31 décembre 1853, de 134 tonneaux. En 1854, elle s'est élevée à 140 tonneaux, différence qui n'est pas sans importance, si l'on considère qu'elle porte sur un effectif de plus de 35,000 navires de destinations diverses, c'est-à-dire employés pour la navigation au long cours, pour le cabotage et pour le service des eaux intérieures.

Construction. — On remarque à peu près la même augmentation dans les relevés des navires construits et immatriculés dans les ports du Royaume-Uni et des colonies. Il a été construit, en 1853, 1,553 navires, jaugeant 359,788 tonneaux. En 1854, ces chiffres n'ont été, il est vrai, que de 1,343 navires et de 320,859 tonneaux; mais la capacité moyenne s'est accrue de 8 tonneaux, soit de 4 pour 100. Cette proportion est de 8 pour 100 comparativement à 1852.

Les 35,960 navires composant l'effectif de la marine marchande anglaise, au 31 décembre 1854, se partagent ainsi qu'il suit, entre l'Angleterre, l'Écosse, l'Irlande, les îles de Gersey, Guernesey, de Man et des colonies :

Désignation des pays.	Nombre de navires.	Tonnage.	Équipages.
Angleterre	20,336	3,165.330	162,423 fr.
Écosse	3,393	556,968	29,°35
Irlande	2,257	262,377	13,262
Iles de la Manche	873	64,065	5,944
Colonies	9,401	794,520	55,860
Totaux	35,960	5,043,260	266,494

L'effectif des navires immatriculés dans les ports d'Angleterre comprenait, en 1854 :

19,182 navires à voiles de	3,142,870	tonneaux.
1,154 bateaux à vapeur de	222,460	—

Pour les uns et pour les autres, le nombre des navires de 50 tonneaux et au-dessous était à peu près la moitié de celui des navires d'une capacité supérieure.

Le tableau suivant fait connaître, par ordre d'importance, les ports qui comptent le plus de navires, tant à voiles qu'à vapeur :

Désignation des ports.	Navires à voiles.		Navires à vapeur.	
	Nombre.	Tonnage.	Nombre.	Tonnage.
Londres	2,973	713,439	580	442,590
Liverpool	2,464	815,309	445	36,408
Sunderland	900	208,482	44	2,338
Shields	845	222,710	92	1,832
Newcastle	644	139,442	84	4,902
Bristol	409	73,609	29	4,024
Darmouth	397	31,864	1	49
Whitby	390	62,406	4	407
Totaux	8,719	2,266,958	976	491,917

Ces huit ports représentent à eux seuls 44 pour 100 de l'effectif, et 75 pour 100 du tonnage des navires appartenant aux 76 ports de l'Angleterre.

L'Écosse possède :

3,468 navires à voiles, de	507,296	tonneaux.
225 navires à vapeur, de	49,582	—

qui se répartissent entre 26 ports, dont les plus importants sont Glasgow, Greenock, Dundee et Aberdeen, ainsi que l'indique le relevé ci-après :

Désignation des ports.	Navires à voiles.		Navires à vapeur.	
	Nombre.	Tonnage.	Nombre.	Tonnage.
Glascow	475	158,522	121	32,706
Greenock	399	73,934	15	1,309
Dundee	290	53,547	8	1,798
Aberdeen	214	46,931	8	3,157
Totaux	1,378	332,934	152	38,970

Quant à l'Irlande, sa marine marchande comprend :

	2,123 navires à voiles, de	229 860 tonneaux.
Et	134 — à vapeur de	32,517 —
Total	2,257 navires, de	262,377 —

qui se répartissent entre 19 ports, et dont les trois cinquièmes environ appartiennent aux ports désignés ci-dessous :

Belfast	482	80,464	47	3.560
Dublin	437	32,231	46	11,980
Cork	390	14,176	25	4,510
Totaux	1,309	126.868	118	20,050

En résumé, l'ensemble des navires immatriculés dans les ports du Royaume-Uni s'élevait, au 31 décembre 1854, à 25.986 navires, jaugeant 4.184.685 tonneaux.

La moyenne du tonnage était :

Pour l'Angleterre, de	165 tonneaux.
Pour l'Écosse, de	161 —
Pour l'Irlande, de	116 —
Soit pour les trois pays, de	161 —

Il ne reste plus, pour compléter cette analyse, qu'à faire connaître l'importance de la marine marchande des colonies anglaises d'Afrique, d'Australie, de l'Amérique du Nord et des Indes occidentales.

En simplifiant autant que possible les états statistiques publiés par les douanes pour l'année 1854, on arrive aux résultats suivants :

Afrique	253 navires, de	19,285 tonneaux.
Australie	990 —	131,233 —
Amérique du Nord	6,144 —	531,096 —
Indes occidentales	484 —	22,376 —
Totaux	7,871 — et	706,990 —

La différence qui existe entre ces derniers chiffres et ceux qui figurent dans le relevé général des bâtiments de commerce du Royaume-Uni et des possessions d'outre-mer, provient de ce que l'administration britannique n'avait pas encore reçu, au 31 décembre 1854, tous les états qui concernent ses colonies.

Avec quelle rapidité nous avons dû parler de ces colonies, héritages du dernier siècle, conquêtes incomparables, qui sont si nombreuses et si belles! Essayons, du moins, de dire encore un mot de ce qu'elles valent.

L'Australie, d'abord. La navigation du port de Sidney a présenté, en 1854, les résultats suivants :

	Navires.	Tonneaux.
Entrée	1,006	365,085
Sortie	1,073	375,871
	2,079	740,956

Dans le tonnage général, l'intercourse avec la métropole a compté pour 558,999 tonneaux, sur lesquels 342,661 reviennent au pavillon britannique; 95,823 à la marine des États-Unis; et 52,667 aux ports de Brême, de Hambourg, d'Amsterdam et de Copenhague.

Les relations avec le reste de l'Europe, l'Amérique du Sud et les autres colonies anglaises ont été d'une importance secondaire.

Le rôle de l'Angleterre n'admet, on le voit, de comparaison avec aucun des autres pays, sans en excepter les États-Unis. L'intercourse avec la France est encore très-faible, et notre pavillon n'y a figuré que pour 4 navires sur 20, portant 9,249 tonneaux.

Ce n'est qu'un détail, que ce résumé de la navigation de l'un des ports de l'Australie, mais il a sa valeur. Un mot sur l'Inde maintenant.

Dans la séance du 21 janvier, il a été lu, devant la Société de statistique de Londres, un Mémoire du colonel Sykes sur le commerce extérieur de l'Inde britannique.

L'auteur[1] commence par établir, qu'ayant cherché depuis plusieurs années à s'assurer, par la balance du commerce de l'Inde, si ce pays pourrait supporter les dépenses de la Compagnie, il est arrivé à une conclusion affirmative. Il passe ensuite en revue les différentes périodes du commerce indien depuis l'époque romaine jusqu'à nos jours, et il arrive à conclure : 1° que, pendant les vingt dernières années qui viennent de s'écouler, la balance du commerce avait toujours été croissant en faveur de l'Inde; 2° que les négociants qui commercent avec l'Inde avaient été constamment forcés d'augmenter la somme du billon absorbé dans ce pays; 3° que les besoins pécuniaires de la Compagnie des Indes, appelés mal à propos le *tribut indien*, avaient considérablement aidé les marchands de ce pays à liquider leur balance; 4° que le système d'avance sur hypothèque par la Compagnie avait aussi beaucoup aidé le commerce; mais que tous ces moyens avaient été insuffisants pour équilibrer la balance du commerce; de sorte qu'on avait envoyé là 100 millions d'espèces qui n'avaient jamais reparu en Angleterre. Ce que Pline disait, il y a dix-huit cents ans, est encore vrai de nos jours : L'Inde est le gouffre des métaux précieux.

1. V. l'*Athenæum* du 8 mars 1856.

Le revenu de l'Inde, en 1851–52, s'est élevé à 26,092,718 livres sterling. La dépense totale, y compris les frais de perception et les dividendes payés aux actionnaires de la Compagnie, s'est élevée à 25,561,453 livres.

Excédant des recettes : 531,265 livres.

Un mot surtout à propos du Canada, qui fut et qui est resté une terre française. Peut-être l'avenir réserve-t-il au Canada un grand rôle dans l'histoire de l'Amérique du Nord. La France ne l'a pas oublié.

On distribuait à l'Exposition une brochure bleue que nous aimerions, si nous le pouvions, à reproduire ici : c'est le Rapport du comte d'Elgin à sir John Pakington.

Nous en extrairons à peine quelques chiffres :

La valeur des importations y est portée à 6,571,527 liv. 19 s. 10 d., pour 1853, et à 4,168,457 liv. 8 s. 5 d., pour 1852. Les droits à l'entrée montaient, en 1853, à 845,487 liv. 15 s. 3 d., et, en 1852, à 607,613 liv. 18 s. 10 d.

Les exportations sont évaluées à 4,890,678 liv. 14 s. 3 d., pour 1853, et à 3,145,398 liv. 14 s. 4 d., pour 1852.

Revenus et dépenses de 1847 à 1853 :

		Revenu.				Dépense.		
1847	.....	446,669 liv.	18 s.	4 d.	.....	376,456 liv.	6 s.	4 d.
1848	.....	312,037 —	6 —	0 —	.....	389,992 —	14 —	11 —
1849	.....	421,998 —	4 —	0 —	.....	370,613 —	15 —	2 —
1850	.....	578,822 —	11 —	0 —	.....	437,312 —	11 —	3 —
1851	.....	692,206 —	4 —	9 —	.....	521,643 —	11 —	3 —
1852	.....	723,724 —	7 —	4 —	.....	535,471 —	6 —	7 —
1853	.....	982,334 —	10 —	2 —	.....	611,667 —	16 —	5 —

On ne saurait indiquer à l'Europe un plus beau modèle de finances d'État; la prospérité y met sa marque bien visible.

L'émigration européenne s'accroît et apporte chaque jour des bras au travail de ces terres de bénédiction.

Les chemins de fer, les canaux, les télégraphes se construisent. Des écoles multipliées se fondent. Tout marche, au Canada, dans les plus larges voies du progrès.

M. Taché, commissaire spécial, avait bien voulu rédiger, pour notre livre, une notice de l'Exposition canadienne; nous ne pouvons malheureusement pas l'imprimer tout entière, et nous sommes réduits à n'en donner qu'une analyse insuffisante.

Les limites de notre œuvre sont étroites, et nous ne faisons exception en faveur du Canada, que pour prouver à nos compatriotes d'outre-mer le zèle dont nous sommes inspirés pour leurs intérêts.

Tout le monde a dit, de l'Exposition canadienne, que c'était une *révélation :* révélation de l'importance du Canada comme contrée, révélation aussi des progrès obtenus par une petite population, et cela sous le régime colonial. Dans un autre ordre d'idées, c'était encore une révélation à la France, de l'existence d'un noyau de population française, chez laquelle une séparation violente, une longue suite d'années d'oubli, n'ont pu éteindre les souvenirs de la patrie des aïeux. Quand les tribus aborigènes de l'Amérique émigraient, par la force des circonstances, d'un pays vers un autre, elles emportaient *les os de leurs ancêtres*, car, pour elles, la patrie était là où reposaient ces restes vénérés; les Canadiens-Français ont emporté de France leur religion, des traditions guerrières auxquelles ils se sont montrés fidèles, l'esprit français qu'ils ont conservé, et des ballades qu'ils chantent encore.

Le Canada, possédant un territoire de 1 million de kilomètres de superficie, seulement peuplé de 2 millions d'habitants, dont la presque totalité sont des agriculteurs, devait nécessairement envoyer à Paris, pour l'Exposition de 1855, une proportion considérable de produits naturels et d'objets de première manufacture. Aussi, la moitié des articles qui entrent dans le Catalogue canadien appartiennent-ils aux trois premières classes de la classification adoptée par la Commission impériale, savoir : Produits minéraux, produits forestiers, produits agricoles.

Tous les produits de l'ancienne colonie française, par une heureuse circonstance, se trouvaient réunis ensemble, à l'exception des machines en mouvement, dans un local contenant une superficie de près de 1,000 mètres, dans l'annexe du bord de l'eau, à l'extrémité de l'édifice, voisine de la place de la Concorde.

Le visiteur était d'abord frappé par l'aspect du trophée des bois du Canada.

Le trophée canadien n'est pas un pavillon de luxe, mais toute une exposition des articles de la deuxième classe : les produits forestiers. Composé des contributions de plus de trente exposants, il est construit avec les bois du Canada, au nombre de soixante-quatre variétés et de plus de deux cents échantillons, qui se présentent surtout sous forme de planches et de madriers du commerce, dont quelques-uns ont une largeur de plus d'un mètre sur une longueur de près de quatre. A ces bois sont joints des articles provenant d'industries liées plus ou moins intimement avec l'exploitation des bois; des portes et fenêtres en bois, des persiennes, des boîtes, des articles de boissellerie, des rames, des pelles en bois, des manches de hache et d'outils, des cercles, des échantillons de placage en érable piqué, des fourrures et plusieurs autres objets. Au pied du trophée, on voit d'énormes disques de bois, formés de sections transversales des arbres recouverts de leur écorce, et destinés à faire connaître la texture des différentes essences.

Les objets de la première classe, venus du Canada à Paris, sont, dans l'ordre de leur classification économique, des minerais de fer, de cuivre natif, d'argent natif, de nickel, de platine, d'iridium, de pyrites aurifères et auro-argentifères, argentifères et arsenicales, de cobalt, de manganèse, d'ocre, d'uranium, de fer chromé, de molybdénite, de dolomie, de magnésie, de couleurs minérales, de pierres précieuses, de plombagine, de mica, de pierre ollaire, d'amiante; des échantillons d'amendements et engrais minéraux, de matériaux à bâtir, des tourbes et des asphaltes.

Le Canada devait à son habile géologue, M. Logan, la plus grande partie de cette collection de minéraux, et aussi une belle carte géologique des bords du Saint-Laurent, la première qui soit venue révéler au monde l'ensemble et la suite des formations de cette intéressante partie du globe terrestre.

Si la place qu'occupe le Canada à l'Exposition universelle, dans la première classe, lui a valu des éloges, celle que lui fait son exposition de la deuxième classe, organisée en trophée, est encore supérieure par la spécialité qu'elle indique; car, on peut le dire, les forêts du Canada, étendues sur 1 million de kilomètres carrés de terrain et traversées en tous sens par de grandes rivières, sont les premières forêts du monde.

Les soixante-quatre espèces d'essences que le Canada a exposées, sont connues dans le pays et dans le commerce sous les noms suivants : bois blanc, tilleul, sumac, érable de quatre variétés, pleine, prunier sauvage, cerisier de trois variétés, cornouiller, pommetier de deux variétés, néflier, cormier, poirier sauvage, frêne de quatre variétés, carthame, orme de quatre variétés, noyer de sept variétés, chêne de quatre variétés, châtaignier, hêtre, charme, bois de fer, bouleau de deux variétés, merisier de deux variétés, aune, saule, tremble, peuplier de deux variétés, liard, platane du Nord, pin de quatre variétés, sapin, pruche, épinette de trois variétés, cèdre de deux variétés. Presque toutes ces espèces ont un développement moyen de 23 mètres d'élévation sur un diamètre de 80 centimètres en pied. Certaines espèces, telles que les chênes et les pins, arrivent à des développements énormes.

Dans la troisième classe, qui comprend les produits bruts de l'agriculture, le Canada n'a pas manqué de montrer que sa population est surtout agricole, et si, aux céréales et autres produits en nature, on ajoute les farines et conserves alimentaires, placées dans la onzième classe, on a un ensemble qui lui fait honneur.

« Que les consommateurs européens, dit M. Taché, n'oublient pas l'exposition de nos bois et de nos produits agricoles; qu'ils se souviennent de l'excellence de ces produits; qu'ils sachent que nulle part ailleurs ils ne trouveront un bois semblable au *pin jaune* du Canada pour la menuiserie; un bois semblable au *pin blanc*, pour la grosse mâture; un bois semblable à l'*épinette rouge*, pour les constructions navales; que difficilement ils pourront se procurer des bois plus beaux que l'*érable piqué*, l'*érable rubané* et le *noyer noir*, pour l'ébénisterie, la marqueterie et la confection des parquets; en outre, ils peuvent se procurer ces matières à un prix de revient bien inférieur aux prix actuels du marché d'Europe, et le Canada, qui exporte déjà pour une valeur annuelle de près de 50 millions, pourrait exporter pour plus de 100 millions.

« Il importe encore aux hommes d'affaires de l'Europe et de la France de ne pas laisser passer avec l'Exposition l'impression produite sur eux par la vue de nos céréales, de nos farines, de nos viandes conservées, en un mot, de nos comestibles de toutes sortes, et il est bon pour eux de savoir que la valeur annuelle que notre production nous permet de mettre à la disposition des marchés étrangers, s'élève en moyenne à environ 50 millions et double à peu près tous les vingt ans. Il ne sera pas permis au Canada d'oublier, de son côté, que l'Europe peut nous fournir une foule de choses qui s'y font mieux, plus promptement et à meilleur marché que nous ne pouvons les faire chez nous. »

ROYAUME DE GRÈCE.

COMMISSAIRES A L'EXPOSITION DE L'INDUSTRIE ET DES BEAUX-ARTS :

MM. Spiliotaki, — Zizinia Georges. — Jonidis Alexandre.

Il est de mode aujourd'hui de parler légèrement de la Grèce, et, parce qu'elle s'est trouvée engagée, fort naturellement du reste, dans la politique de la Russie, on a oublié, devant les nécessités du moment, l'histoire entière du passé.

C'est une injustice, qui a été presque générale et qu'un livre, éminemment spirituel, la *Grèce contemporaine*, de M. Edm. About, n'a pas peu contribué à rendre quasi populaire.

Nous ne devons pas ici fléchir sous le joug de ces préventions passagères. La Grèce est toujours pour nous la mère des héros, la patrie des arts, l'institutrice du monde moderne. Elle n'est épuisée, que parce qu'elle a enfanté la vertu, la beauté et l'intelligence.

Son exposition, qui n'a rien d'industriel, n'en a pas moins présenté un grand caractère ; et, si nous réduisons les choses à leur signification la plus chétive, si nous ne passons en revue que des objets d'usage ménager, comme le maïs, le riz, les haricots, les fèves, les millets, les olives et le miel, n'est-ce donc rien que de pouvoir afficher : *maïs d'Olympie, riz de Lébadée, haricots d'Argos, fèves de Mantinée, millets de Chalcis, olives d'Athènes, miel de l'Hymette?*

Dans le volume que nous citions tout à l'heure, et qui, si vif, si joli, si brillant, a été pour la Grèce un si fâcheux adversaire, nous prendrons une page qui, en dépit de quelques mots amers, est une avantageuse peinture des ressources naturelles du pays.

La voici :

« Les marais et les lacs entretiennent dans la Grèce septentrionale quelques pâturages. Si la terre venait à manquer aux bras qui la cultivent, ce qui n'arrivera pas avant cent ans, on n'aurait qu'à dessécher le lac Copaïs pour donner à l'agriculture trente mille hectares de terres admirables.

« L'eau courante est assez rare en Morée, très-rare dans certaines îles. C'est un grand malheur pour la culture, car les pluies sont toujours insuffisantes, et les vignes et les oliviers ont besoin d'être arrosés. Mais l'eau ne manque jamais absolument, et les paysans grecs sont très-habiles à tirer parti du moindre ruisseau pour arroser leurs plantations.

« Il existe, dans tout le pays, un double système d'eaux courantes. Les unes sont à la surface de la terre, les autres coulent sous les rochers et n'apparaissent que par intervalles. Tel lac qui n'a point d'écoulement visible, se déverse à dix lieues de distance sous forme de torrent. C'est un fait qui n'a aucune importance pour l'agriculture, mais que j'ai dû signaler comme curieux et particulier au pays.

« Le sol de la Grèce est raisonnablement approprié à la culture des céréales, de la vigne, du mûrier et des arbres à fruit.

« Le blé, le seigle, l'orge et le maïs sont assez beaux dans les cantons pierreux où la terre végétale n'a que quelques centimètres d'épaisseur. L'avoine réussit médiocrement, et la pomme de terre tout à fait mal. Les pois, les haricots et les fèves viennent bien et rendent beaucoup. Le riz se cultiverait avec succès dans les terrains humides.

« Le coton herbacé réussit partout où on le plante. Il prospère surtout dans la plaine d'Argos et dans les îles. La Grèce peut en récolter assez pour sa consommation et en exporter à l'étranger. C'est dans les îles de l'archipel grec, que le gouvernement français a fait chercher des graines de coton pour nos colonies d'Afrique. La garance réussit dans les provinces du nord aussi parfaitement que le coton dans le midi. Les premières plantations qu'on en a faites ont rapidement accru de cent mille drachmes le revenu de la nation. Les économistes pensaient qu'au bout de quelques années elles rapporteraient jusqu'à un million. Si ces espérances n'ont pas été tout à fait justifiées, c'est parce que les cultivateurs manquaient d'argent, et non parce que la terre manquait de fécondité.

« Le tabac grec est d'une belle qualité et d'un parfum délicieux. Il se récolte dans l'Argolide et dans la province de Livadie. Les tabacs d'Argos sont plus noirs et moins fins que ceux du nord. Ils sont néanmoins très-estimés et très-estimables. La culture du tabac est si peu coûteuse, que les paysans peuvent le livrer au commerce au prix d'une drachme l'oque, quatre-vingt-dix centimes les douze cent cinquante grammes. Il y a huit ans, le gouvernement français a fait, à ce prix, une commande s'élevant à huit cent mille francs. Mais les intermédiaires ont abusé de la confiance de l'administration, en achetant, à vil prix, des tabacs avariés, et la régie des Contributions Indirectes a rompu ses relations avec la Grèce.

« Le sol du pays est couvert d'oliviers sauvages qui n'attendent que la greffe pour donner d'excellents fruits. Les oliviers greffés sont innombrables. Le peuple se nourrit toute l'année d'olives marinées tant bien que mal dans la saumure ; on fait une grande consommation d'huile, car la chandelle de suif est inconnue dans le pays, la bougie n'est employée que dans quelques maisons d'Athènes ; on n'a jamais songé à fabriquer des chandelles de résine, et toutes les lampes du royaume brûlent exclusivement de l'huile d'olive. Et cependant, malgré l'usage et l'abus qu'on en fait à l'intérieur, on peut encore en exporter une quantité considérable.

« La vigne a été, jusqu'à ce jour, la principale richesse de l'agriculture. Il faut distinguer deux sortes de vignes : celles qui fournissent du vin et celles dont le raisin se conserve en nature sous le nom de raisin de Corinthe.

« Les premières suffisent abondamment à la consommation d'un pays sobre. Toutes les espèces de raisin, sans exception, réussissent sur le sol de la Grèce. On en compte, seulement dans l'île de Santorin, plus de soixante variétés, toutes excellentes, au dire des vignerons.

« Toutes les provinces produisent du vin, mais le meilleur crû du royaume est, sans contredit, l'île de Santorin. »

Durant une période de douze années, de 1837 à 1849, le produit annuel de l'agriculture grecque a été d'environ 50,000,000 drachmes qui se décomposent ainsi qu'il suit :

Blé	11,000,000	drachmes.	*Report*	25,817,570	drachmes.
Orge	3,000,000	—	Vignes	6,800,000	—
Blé et orge mêlés	2,688,000	—	Raisin de Corinthe	5,000,000	—
Avoine	226,000	—	Vallonée	1,700,000	—
Seigle	300,000	—	Soie	1,200,000	—
Blé de mars	58,500	—	Figues	1,800,000	—
— de Turquie	8,256,040	—	Vermillon	130,000	—
Anis	13,000	—	Citrons et oranges	150,000	—
Cumin	30	—	Garance	100,000	—
Fèves	112,000	—	Jardins et vergers	1,200,000	—
Pois chiches	52,000	—	Oliviers	1,000,000	—
— sucrés	2,000	—	Tabac	600,000	—
Haricots	92,000	—	Coton	300,000	—
Riz	18,000	—	Lentilles, oignons, etc.	1,400,000	—
A reporter	25,817,570	—		50,197,570	—

On écrit de Patras, le 25 novembre 1855 :

« Le commerce, qu'avait vivement affecté la maladie du raisin de Corinthe et la mauvaise récolte de ce produit, commence à reprendre un peu d'activité. L'oïdium cependant sévit encore dans la province ainsi que sur tout le littoral du golfe de Corinthe. L'amélioration qu'on vient de mentionner est due à ce que l'Élide et une partie de la Messénie ont été préservées du fléau, soit par une influence atmosphérique, soit par un remède qui consiste à saupoudrer de soufre le raisin aussitôt qu'il commence à se nouer. C'est du moins, présume-t-on, par ce moyen, que ces deux provinces ont réussi à obtenir une assez bonne récolte, dont le produit a été exporté au prix énorme de 110 et 120 talaris les 1,000 livres vénitiennes, c'est-à-dire 127 francs 66 cent. les 100 kilogrammes. »

La liste des objets envoyés, par la Grèce, à l'Exposition universelle n'est, du reste, ni si courte ni si pauvre.

Ire classe. — Combustible minéral, émeri, carrières de Milo, soufre, terre rouge, terre blanche, argile à foulon, terre à foulon, terre de Santorin, pierres meulières pour meules, plâtres, pierres lithographiques, marbres, porphyrites, *rosso antico*, agate-brèche, brèche, cipolin, hydromagnésite, marbre vert.

IIe classe. — Collection de soixante-dix-sept espèces de bois des forêts de l'État, glands, caroubes pour les bestiaux, sumac, noix de galle, résine, goudron, térébenthine, éponges, fourrures.

IIIe classe. — Blés, orges, seigles, calamosites, maïs blanc, maïs jaune, pommes de terre douces, riz, lupins, haricots, lentilles, fèves, lathyrus, pois chiches, avoines, millets, vesces, millet à balais, graine de lin, anis, coriandre, *capus*, *kimenos*, garance, cotons blancs, amandes, noix, noisettes, figues, cocons jaunes et blancs, cire jaune et blanche, huile d'olive, miel de l'Hymette.

Xe classe. — Eau de roses, savons, peaux de lièvres, peaux de martres, peaux de bœufs, maroquins, jus de réglisse, vermillon, tabacs.

XIe classe. — Vins, esprit de vin, bière, raisins de Corinthe, olives, eau de fleurs d'oranger.

XIIe classe. — Eaux minérales.

XIIIe classe. — Modèle de navire.

XIXe classe. — Fils de coton, toiles et croisés de coton.

XXe classe. — Tissus de laine.

XXIe classe. — Soie ferme, soie filée, soies gréges, tissus de soie, mouchoirs de soie, écharpes, etc.

XXIIe classe. — Cordes et cordages.

XXIIIe classe. — Tapis, couvertures de laine, bas de laine, passementerie et broderies d'or.

XXIVe classe. — Table de marqueterie, cadres sculptés.

XXVe classe. — Chemisettes, chemises, manchettes, costumes, fez, sachets, bourses, oreillers, presse-papiers ornés, poupées, albums classiques, souliers, bottines.

XXVIe classe. — Cartes, spécimens d'imprimerie, vues photographiques, sculptures sur bois, bustes et médaillons.

Cent trente-un exposants figuraient au Palais de l'industrie.

Les beaux-arts ont été aussi représentés ; mais, la Grèce ne s'en fâchera pas, ce ne sont ni les élèves de Zeuxis, ni ceux de Phidias qui sont venus concourir avec nous.

Mais, une fois encore, qu'importe l'état où en est l'industrie, la manufacture, le travail scientifique, dans cette région bienheureuse des souvenirs antiques? La Grèce a le droit, si elle le veut, d'être nourrie au prytanée des nations ; et, pieux admirateurs de tout ce qui fut sa gloire, nous maudirons, avec le poëte, ces

> Vandales vernissés, blonds et pâles barbares,
> Qui viennent au pays des rudes Palikares
> Tout restaurer : mœurs, peuple et monuments, hélas !
> Civiliser la Grèce et gratter Phidias !

La superficie du royaume de Grèce est de 47,615 kilomètres carrés.

La population est, d'après le recensement de 1852 : Grèce continentale, 260,623 habitants ; Péloponèse, 508,427 ; îles, 233,062. Total, 1,002,112 habitants.

Sur les 7,618,469 hectares qui composent la superficie du pays, les rochers comptent pour plus de 2,500,000 hectares, et les forêts pour environ 1,200,000. Le reste représente les terres arables, dont la moitié est cultivée.

Les derniers renseignements transmis sur les ressources de la marine marchande grecque, donnaient, au 1er janvier 1848, les résultats suivants :

Le nombre des bâtiments existant s'élevait à 5,052, d'une capacité totale de 334,443 tonneaux ; savoir : 2,419 bâtiments de première classe, jaugeant 16,205 tonneaux, et 2,633 bâtiments de deuxième classe, jaugeant 218,238 tonneaux. Le nombre des matelots s'élevait à 21,399.

Au 1er janvier 1850, l'effectif des bâtiments était de 4,023, jaugeant ensemble 266,119 tonneaux et divisés ainsi qu'il suit : 2,541 bâtiments de première classe, d'un tonnage collectif de 17,988 tonneaux ; 1,482 bâtiments de deuxième classe, d'un tonnage de 248,131 tonneaux. Le nombre des matelots était de 26,134.

La comparaison de ces chiffres fait ressortir, pour la première classe, une augmentation de 122 bâtiments et de 1,783 tonneaux. Elle présente, pour la deuxième classe, une diminution de 1,151 bâtiments ; mais le tonnage a obtenu depuis un accroissement de 29,893 tonneaux [1].

Nous analyserons, pour donner quelque détail sur l'une des industries qui peuvent se développer en Grèce, un extrait du *Moniteur grec*, journal français tout récemment fondé à Athènes.

Diverses sortes de mûriers ont été introduites en Grèce. La variété, dite variété de Brousse, a été généralement adoptée. On l'a jugée préférable à celles de Chine et des Philippines, dont on avait fait l'essai. Les feuilles de la variété de Brousse sont dures et luisantes.

Dans le Hellade et le Péloponèse, le mûrier blanc greffé est universellement cultivé.

Dans l'Archipel, au contraire, on fait exclusivement usage de mûrier noir. C'est là une coutume qui n'existe dans aucune autre contrée du Levant.

Les arbres sont encore, dans la plupart des localités de la Grèce, très-imparfaitement dirigés ; cependant on voit de très-bons modèles de taille parmi les mûriers de la pépinière royale d'Athènes. On rencontre, du reste, peu de plantations nouvelles, et la sériciculture se développe lentement.

Le royaume de Grèce possède actuellement 700,000 mûriers. Ces arbres sont très-nombreux dans les vallées du Nisus et de l'Eurotas ; c'est en Laconie, aux alentours de Sparte, que ces plantations sont établies sur la plus grande échelle. L'industrie la plus luxueuse a ainsi choisi le lieu habité par les hommes les plus sauvages de la Grèce.

Les variétés de cocons du royaume sont très-nombreuses ; il existe entre elles des différences de 30 pour 100 de valeur. Les principales sont :

Dans les Iles : variétés d'Andros, de Tinos, de Charisto.

Dans le Péloponèse : variétés de Sparte (Laconie), de Nisi (Messénie), d'Acrata (Achaïe), de Zacoli (Corinthie), de Tricala (Corinthie), de Tripolitza (Arcadie), de Vortini, près Mantinée (Arcadie), d'Astros (Cynurie).

Dans la Hellade : variétés de Lamia (Phthiotide).

Dans les deux vallées de la Messénie et de la Laconie, on récolte environ 120,000 ocques de cocons secs [2]. Ces cocons sont généralement petits et d'une couleur jaune orangé. Ils sont la plupart d'un assez médiocre qualité ; mais des essais faits avec des graines étrangères ont donné des produits satisfaisants. Les cocons de Lacédémone, les meilleurs du Péloponèse, se sont vendus 16 fr. le kilogramme à Marseille.

1. *Annales du commerce extérieur.*
2. L'ocque, 1,250 grammes.

Depuis l'importation de la sériciculture dans l'ancien empire de Byzance (V. l'Introduction à la classe XXI, par M. Arlès-Dufour), les Grecs ont toujours filé la soie.

Malgré la prospérité des mûriers et des vers à soie, les filatures à la piémontaise n'ont encore qu'un faible développement. Sur huit filatures existantes, cinq ne sont pas en activité (une, qui aurait la plus grande importance, n'a pas encore trouvé acquéreur, une vient de naître); trois filatures seulement prospèrent.

Le fait le plus digne d'être noté, dans l'état actuel de la sériciculture en Grèce, est la multiplicité des filages entrepris isolément dans les campagnes de la Laconie et de la Messénie. Ces petits établissements attestent l'esprit industrieux et indépendant qui caractérise les anciens peuples de ces contrées.

D'après la statistique faite en 1852, par l'ordre du ministre de l'intérieur, la production annuelle de la Grèce est de 70,000 ocques de soie grége. Sur cette quantité, la consommation locale prend 20,000 ocques; l'exportation, 50,000.

La soie filée selon les anciens usages, est grossière et coûte de 25 à 30 drachmes l'ocque.

La soie filée suivant les perfectionnements modernes, est plus fine, plus souple et plus brillante; elle vaut de 50 à 60 drachmes l'ocque.

Voici, évaluées en kilogrammes, le détail des quantités de soie importées de Grèce en France depuis 1831 :

Années.	Soies en cocons.	Soies écrues gréges.	Soies écrues moulinées.
1831	»	270	»
1832	»	45	»
1833	»	98	»
1834	»	»	»
1835	3	1,442	»
1836	29	1,193	»
1837	»	1,559	»
1838	»	»	»
1839	»	73	»
1840	»	»	»
1841	»	269	»
1842	»	238	»
1843	»	2,890	108
1844	85	1,685	»
1845	»	3,186	»
1846	»	2,292	»
1847	»	2,411	»
1848	»	3,540	»
1849	»	13,083	»
1850	13,037	15,020	»
1851	17,234	7,146	»
1852	31,556	16,868	»
1853	206,616	10,798	»

On a dit que la quantité de soie grége annuellement consommée dans le pays montait à 20,000 ocques environ. Un assez grand nombre de tisserands la travaillent sur place. Dans la Laconie et la Messénie, la plupart des habitations renferment un métier avec lequel les femmes tissent tantôt le coton, tantôt la soie nécessaire aux usages de la famille.

En dehors de ces fabrications, dont la réunion forme un produit important, il existe plusieurs grandes maisons de tissage de soie. On fabrique particulièrement des moustiquaires, des foulards, des ceintures, des écharpes et des guêtres.

Les moustiquaires de Calamata, près du golfe de Messénie, sont renommées. Elles sont formées de fils d'or. Les moustiquaires, en Orient, remplacent les rideaux de lits. Calamata possède, en outre, un couvent grec où les nonnes tissent des foulards qui se vendent 5 drachmes.

A Kami, dans l'Eubée, on fabrique, comme à Calamata, de très-belles moustiquaires.

Dans la ville d'Athènes, M. Stevopoulos dirige une grande maison de tissage.

Hydra renferme une importante fabrique à l'européenne; en dehors de cet établissement, il existe, dans l'île, un monastère grec, le monastère de Saint-Élie, où les moines tissent d'élégantes ceintures de soie qui, pesant 60 drachmes (ou grammes), coûtent 18 drachmes.

On doit aussi citer les grandes guêtres de soie que portent tous les habitants un peu aisés; ces guêtres sont d'un admirable travail.

HAMBOURG (VILLES ANSÉATIQUES).

(COMMISSAIRE A L'EXPOSITION DE L'INDUSTRIE : M. Geffcken.)

On avait d'abord quelque peine à trouver, dans l'immense bazar du Palais de l'Industrie, les produits des villes Anséatiques; ils n'étaient pas étalés dans de magnifiques vitrines et placés en évidence comme les produits de la France, de l'Angleterre, de la Prusse et de l'Autriche; en outre, ils n'étaient pas très-nombreux.

Il ne faut pas oublier que si la Hanse a joué, dans le passé, un rôle considérable et a, pendant longtemps, monopolisé le commerce et l'industrie du Nord, elle est aujourd'hui réduite à l'association de trois villes, Hambourg, Brême et Lubeck, qui n'ont, pour ainsi dire, pas de territoire, et sont plutôt des entrepôts que des États producteurs. L'importance de leurs affaires commerciales consiste presque uniquement dans le trafic qu'elles font en livrant les matières premières aux fabriques d'Allemagne, et en exportant les œuvres fabriquées avec ces matières. C'est ainsi, par exemple, qu'en réunissant le chiffre de l'exportation et de l'importation de Hambourg, pour l'année 1854, on arrive aux chiffres de deux milliards [1].

1. Extrait du *Moniteur universel* (15 décembre 1855) :
« Le bureau de statistique de la ville libre de Hambourg vient de publier un tableau de produits de l'industrie

L'industrie ne vient naturellement qu'après le trafic ; elle n'en présente pas moins les germes d'un développement qui sera, sans doute, considérable : on peut même affirmer que l'industrie de Hambourg, soutenue par ses capitaux, jouera très-vite un grand rôle. Les villes anséatiques sont riches et consomment beaucoup ; mais elles ne présentent pas, réduites à leurs propres forces, un marché suffisant pour soutenir les grandes industries qui doivent produire avec de grands frais et de grands appareils. L'industrie anséatique se trouve ainsi forcée de travailler pour l'extérieur et ne saurait avoir un caractère national.

Toutes ces réserves faites et ces influences comprises, il est certain que l'exposition des villes Anséatiques est intéressante.

On y remarque :

Les pierres fines à aiguiser de J.-K.-L.-A. Rodemann (Hambourg) ;

Le baromètre à cadran et à mécanique de E.-G. Krüss (id.) ;

Les savons de J.-S. Douglas et fils (id.) ;

La collection des cigares de Manckiewitz et Frahm (id.), et de E. Owert et comp. (id.), cigares d'excellente qualité et d'un prix qui plaît aux fumeurs assidus ;

Les chocolats de Reese et Wickmann (id.) ;

Les appareils orthopédiques du Dr. O. Langgaard (id.) ;

Les meubles de H.-W.-M. Engels (id.), Werner et Diglheim (id.), et Rampendhal (id.) ;

Les objets de vannerie de P. Maak (id.), et de J.-G. Schultz (id.) ;

Les chaussures de J.-A. Gerville (id.), avec un vaste dépôt à Londres ;

Les ouvrages tournés, en copal et en ivoire, de J.-C.-F. Jantzen (id.) ;

Les échantillons de bois-marbre de G.-H. Meyer (id.) ;

Une armoire de fer (à l'épreuve du feu) de J.-H. Blecher (id.) ;

Une voiture de ville de H. Lauenstein (id.) ;

La collection de 84 demi-douzaines de pierres à aiguiser, formant échelle complète, de J.-H.-A. Rodemann (id.) ;

Les peaux de veau vernies de D. Wamosy (id.) ;

Les échantillons de produits chimiques de la fabrique de Billwarder (près Hambourg) ;

Les essences de fruits de C.-H. Mayer (Hambourg) ;

de cette ville exportés par les voies de mer et de terre en 1852, 1853, 1854. Les résultats font ressortir, dans l'industrie locale, un accroissement d'activité qui se résume, pour l'exportation, dans les chiffres suivants :

	1852. — Marcs de banque [1].		1853. —		1854. —
« Denrées de consommation	8,932,910	...	10,081,600	...	11,459,500
« Matières premières et demi-fabrications	3,868,790	...	4,583,070	...	5,982,240
« Tissus	1,332,610	...	1,695,140	...	1,795,360
« Autres articles d'industrie	3,713,800	...	4,827,920	...	5,521,380
« Totaux	17,848,110	...	20,187,730	...	24,758,480
« Soit, francs	33,312,000	...	39,663,000	...	46,348,000 »

1. Le marc de banque vaut 1 fr. 87 c.

Les échantillons de sucres coloniaux de la raffinerie fondée en 1848 (id.);

Les conserves de L. Mulsow et comp. (id.), et celles de D.-H. Carstens (Lubeck).

Les circonstances qui ont dernièrement inquiété l'Europe ont donné une bien remarquable activité au commerce de Hambourg. Les *Annales du commerce extérieur* et, après elles, le *Moniteur*, ont donné des détails sur le mouvement maritime de 1854.

Voici quels en ont été les résultats à l'entrée :

	Navires.	Tonneaux.	Hommes.
1853	4,174	619,577	34,194
1854	4,896	753,500	40,691
Augmentation en 1854	722	433,923	6,497

L'accroissement portait principalement sur les provenances de Java, 5 bâtiments contre 14; des Indes anglaises, 5 contre 10; de la Plata, 3 contre 8; de Vénézuéla, 27 contre 35; de Cuba, 53 contre 77; des États-Unis, 55 contre 73; de la Norvége, 20 contre 37; d'Angleterre, 1,690 contre 1,942; d'Espagne, 42 contre 64; d'Italie, 50 contre 82 : de Trieste, 9 contre 13.

Notre participation dans le mouvement maritime de Hambourg a un peu fléchi : 140 navires en 1853 au lieu de 117 en 1854. Mais ce que nous avons perdu du côté de la voie maritime, nous l'avons regagné avec usure par la voie de terre. On estime à 20 pour 100 en plus la valeur des marchandises expédiées par le chemin de fer du Nord en 1854. En admettant cette appréciation et la comparant au chiffre de nos exportations pendant l'exercice de 1853, notre commerce général avec Hambourg aurait représenté par terre, en 1854, une somme de plus de 20 millions de francs.

Quant à nos exportations maritimes, elles sont loin de se présenter d'une manière aussi satisfaisante :

Cette assertion est basée, en l'absence de données officielles, sur les chiffres extraits des listes des importations de France à Hambourg qui, en 1853-1854, indiquent pour les vins les qualités suivantes :

	Barriques.	Caisses.	Paniers.	Pièces.
1853	31,488	11,065	4,492	579
1854	20,956 [1]	9,260 [2]	2,740	831

En 1853, les importations de vins à Hambourg avaient été très-fortes; elles avaient dépassé de plus de 4,000 barriques et 3,000 caisses les arrivages de l'exercice précédent. La cherté croissante de nos vins, jointe aux approvisionnements que les marchands hambourgeois avaient faits antérieurement, a déterminé cette marche rétrograde, laquelle a surtout influé sur notre tonnage.

En effet, si l'on compare le nombre des navires français qui ont coopéré au mouve-

1. Dont 14,621 de Bordeaux; 4,528 de Cette, etc.

2. Dont 7,662 de Bordeaux; 1,366 de Rouen.

ment du port de Hambourg, pendant la période de 1853 à 1854, on trouve les chiffres suivants :

Pour l'entrée :

En 1853	130 navires	11,647 tonneaux.
En 1854	94 —	7,699 —

Et pour la sortie :

En 1853	129 navires	11,359 tonneaux.
En 1854	94 —	7,699 —

On remarque, surtout à la sortie, qu'il est reparti un nombre beaucoup plus faible de nos navires pour notre littoral. Il faut en rechercher la cause dans les frets avantageux, qu'offrait le transport du charbon de terre des ports de provenance anglaise, pour les ports militaires français.

Du reste, à aucune époque, depuis un quart de siècle, le fret n'a été sujet à des variations aussi extraordinaires qu'en 1854. On a vu, en Angleterre, le tonneau de marchandises pour l'Australie tomber de 160 à 60 schellings sterling, puis se relever et tomber encore, et la dépréciation s'étendre sur toutes les lignes : le tonneau qui, en moyenne, se réglait, l'année dernière, à raison de 27 livres sterling, s'est payé, en dernier lieu, dans les ports d'Angleterre, 15 à 18 livres, et c'est dans cette même proportion que se stipulent aujourd'hui les frets en Amérique, dans les ports européens, et particulièrement à Hambourg. La principale cause de cette dépréciation n'est autre que la guerre, qui, enfermant l'un des plus vastes bassins maritimes de l'Europe, a forcé la navigation à se répandre dans d'autres mers. En 1853, 21,539 navires ont passé le Sund; en 1854, on n'en voit plus que 16,368. C'étaient donc 5,171 navires pour lesquels il avait fallu trouver un autre emploi.

Les armateurs de Hambourg n'ont été qu'à demi satisfaits des résultats de la dernière campagne. Il faut en excepter, cependant, les armateurs qui se sont spécialement occupés du transport des émigrants : pour eux, la récolte a été magnifique, tant par la somme élevée des embarquements, que par l'augmentation du tarif des passages.

Pour donner une idée de l'importance de ces transports, on indique ici le nombre des individus qui ont pris la route de Hambourg dans le but de coloniser les pays transatlantiques.

Il s'en était embarqué :

Pour les États-Unis	sur 100	navires	20,835
— le Nord (Amérique anglaise)	— 23	—	4,030
— le Brésil	— 6	—	4,294
— La Bolivie et Valparaiso	— 2	—	139
— la Californie	— 5	—	436
— l'Australie	— 27	—	4,849
— des ports divers	— 14	—	557
	177		31,940

Par Hull et Liverpool, il avait été expédié de Hambourg :

Pour New-York	16,290		
— Boston	1		
— Philadelphie	4		
— la Nouvelle-Orléans	12		
— Galveston	550		
— Québec	1,621		
— Buénos-Ayres	4	*Report*...	31,940
— Melbourne et Sydney	27		18,509
	18,509		50,449

En comparant ce chiffre total de 50,449 personnes à celui des ports d'expédition du continent, sur lesquels on possède des informations exactes, c'est-à-dire d'Anvers et de Brême, on constate un accroissement notablement plus fort pour Hambourg, ainsi que le démontrent d'ailleurs les rapprochements suivants :

Parti de :	En 1853.	En 1854.	Différence en plus.
Brême	58,111	76,875	18,764
Anvers	15,262	25,843	10,581
Hambourg	29,480	50,449	20,939

Sur les émigrants enregistrés à Hambourg :

523 venaient du pays de Bade;
2,276 — de la Bavière;
199 — du Brunswick;
4,540 — du Danemark et des duchés;
767 — de Hambourg;
2,299 — du Hanovre;
564 — de l'électorat de Hesse;
260 — du grand-duché de Hesse;
125 — de Lubeck;
11,464 — du Mecklembourg;
330 venaient de Nassau
4,948 — de l'Autriche et de la Hongrie;
15,634 — des États prussiens;
361 — de la Russie et de la Pologne;
2,612 — de la Saxe;
726 — de la Suède et la Norvége;
1,236 — de la Suisse;
696 — de la Thuringe;
512 — du Wurtemberg.

Le reste appartient à d'autres nations.

Réparti selon l'espèce, l'effectif des vaisseaux consistait au 1er janvier :

	1853.	1854.
En vapeurs de mer	6	11
En trois-mâts	43	49
En trois-mâts barques	120	138
En bricks	122	134
En bricks-goëlettes	22	23
A reporter	313	355
Report	313	355
En goëlettes à trois-mâts	1	1
En goëlettes ordinaires	45	52
En bâtiments divers	49	48
	408	456
Jaugeant en lest de Hambourg	42,556	53,289
Ou en tonneaux de France	105,412	111,774

La flotte hambourgeoise s'est donc augmentée, l'année dernière, de 48 bâtiments et de 5,362 tonneaux.

L'augmentation a porté sur la navigation à vapeur pour 5 bâtiments. Trois de ces pyroscaphes sont destinés à entretenir les communications avec New-York.

La presque totalité des navires acquis par des Hambourgeois l'année dernière avaient une capacité considérable. C'étaient, en majeure partie, des clippers, et parmi eux se distinguait le fameux clipper américain *Sovereign of the seas*, de 1,970 tonneaux de France.

FRANCFORT-SUR-LE-MEIN.

COMMISSAIRE A L'EXPOSITION DE L'INDUSTRIE : M. Ch. Fay.

Francfort, le centre de la diète germanique, a joué un grand rôle dans l'histoire d'Allemagne, et c'est une des villes qui a le mieux gardé sa physionomie du moyen âge[1].

Francfort est l'une des quatre villes libres.

Mais, tandis que Hambourg surtout, et aussi Lubeck et Brême, ont acquis, par le commerce, une importance qui est bien au-dessus de celle que semble leur assigner leur population, Francfort est plus particulièrement restée ville historique.

Son exposition était une de celles qui se trouvaient placées, dans le Palais de l'Industrie, dans le voisinage de celle de la Prusse.

On y remarquait un matériel spécial, pour enseigner aux aveugles la géographie, la géométrie, la technologie, l'écriture et l'imprimerie; des huiles pour graisser les machines, de la créosote extraite du goudron de houille; des cigares et cigarettes pour l'exportation, des peaux vernies et des peaux de couleur, du noir pour la lithographie, du noir d'ivoire, de l'éther œnanthique, de la bijouterie, des bracelets, et divers objets en métaux; des boutons, des bas, des gants, de la broderie, des vêtements, de la gainerie et des ouvrages typographiques de toute espèce.

Nous ne pouvons pas dire que cette exposition, faite par vingt-cinq exposants à peine, fût extrêmement originale. L'industrie allemande, en général, n'a pas un grand caractère, et, dans les divers petits États qui composent la Confédération, on serait mal venu à chercher des découvertes, ou même des fabrications tout à fait remarquables.

La ville de Francfort, cité romantique et d'un aspect pittoresque, se recommande à l'attention de l'Europe, moins par ce qu'elle fait aujourd'hui pour le perfectionnement des sciences humaines, que par le bonheur qu'elle a eu d'être la grande ville impériale de l'Allemagne, et le théâtre de la plupart des grands événements politiques de son passé.

1. Nous avons placé Francfort après Hambourg malgré l'ordre alphabétique : cela nous a paru une nécessité de notre plan.

ROYAUME DE HANOVRE.

COMMISSAIRES A L'EXPOSITION DE L'INDUSTRIE : M. de Viebahn.

La superficie du royaume de Hanovre est de 37,931 kilomètres carrés.

La population, au 1er juillet 1848, montait à 1,758,847 habitants, et, au 1er juillet 1852, à 1,819,253 habitants.

Le budget (du 1er juillet 1850 au 1er juillet 1851) portait :

Recettes	7,405,799 thalers[1].
Dépenses	7,709,969 —

La dette (1er janvier 1848) s'élevait à 23,233,960 thalers (1,090,043 thalers pour le service de l'intérêt).

Le budget (du 1er juillet 1852 au 1er juillet 1853) portait :

Recettes	7,702,232 thalers.
Dépenses	8,445,495 —

La dette (au 1er janvier 1852) était de 32,073,696 thalers.

Le budget de 1853-1854 portait :

Recettes	8,005,009 thalers.
Dépenses	8,332,718 —

La dette (au 1er janvier 1853) était de 36,522,887 thalers.

Le budget de 1854-55 portait :

Recettes	8,930,375 thalers.
Dépenses	8,861,195 —

La dette (au 1er janvier 1854) était de 38,033,412 thalers.

Les recettes de ce dernier budget se décomposent ainsi :

Produit net des caisses des bailliages	4,657,000 thalers.
— net des impôts	5,332,600 —
— net des forêts et mines du Harz supérieur	51,500 —
— net des mines du Harz inférieur	41,200 —
— net des mines de charbon de terre	45,000 —
— net des salines	45,060 —
— net des pierres à chaux de Lunebourg	20,000 —
— net des péages	337,200 —

1. Le thaler du Hanovre vaut 3 fr. 84 c.

Produit net des postes	136,000	thalers.
— net des chemins de fer	818,800	—
— net des péages et pontonnage	206,000	—
— net de la loterie	55,000	—
— net des droits casuels	50,000	—
— net des intérêts	131,729	—
— net des recettes diverses	20,984	—
— net de la caisse des couvents	12,304	—

Une carte géologique de la partie méridionale du royaume de Hanovre, de MM. Römer, à Hildesheim et à Clausthal, indiquait, à l'Exposition, quelle est la principale richesse du pays. Une médaille d'honneur a été décernée à l'administration royale des mines et forêts si célèbres du Harz.

Les plus anciennes mines de cuivre connues sont celles de Pamelsberg, près Goslar, dans le Hanovre. Elles étaient déjà exploitées au XIe siècle.

L'administration royale des mines et forêts du Harz, à Clausthal, exposait : une collection de minerais, des produits du traitement mécanique et chimique des minerais de cuivre, de plomb, d'arsenic et d'argent, des tuyaux et fils de plomb, des objets de fonte de fer et fils de fer, des outils de mineur, des modèles de machines préparatoires, des plans et modèles de mines.

L'intendance royale générale des mines de Harz et administration ducale de Brunswick, à Clausthal et à Brunswick, exposait de son côté : les plans et modèles des mines de Rammelsberg, des minerais, les produits des travaux métallurgiques du Unterharz, comme cuivre, zinc, plomb, soufre, acide sulfurique, sulfate de fer, du plomb, du cuivre, du tombac et du métal anglais laminés; des fils d'archal, des mortiers de cuivre jaune; une pompe à feu portative, des minerais de fer et produits de haut fourneau.

Nous pouvons citer encore comme des produits distingués :

La locomotive à roues couplées, fabriquée à Linden, près de Hanovre, par G. Egestorff;

Les cuirs vernis;

Les tissus de coton, savoir : peau de taupe, *tops*, satins, duvet de cygne, de la manufacture de tissus faits à la mécanique (mekanische Webereich) de Linden.

La collection des toiles et tissus divers de lin et de chanvre qui se fabriquent dans le royaume, exposés par la Société Industrielle du Hanovre.

Le traité du 7 septembre 1851, conclu entre la Prusse et le Hanovre, doit être indiqué ici.

L'article 1 stipule qu'à dater du 1er janvier 1854, la Prusse, avec ses alliés, et le Hanovre, avec les États membres du Steuerverein (Oldenbourg, quelques parties du Brunswick et Schauenbourg-Lippe) qui accèderont au traité, formeront une union de douane sur la base des principes et arrangements actuellement en vigueur dans le Zollverein, sauf les modifications à y apporter. Les articles suivants, jusqu'à l'article X inclusivement, traitent des droits d'accise sur le tabac, le vin, les eaux-de-vie, la bière, le sel, les droits de barrière, les droits sur la navigation maritime et fluviale, le cabotage, et règlent l'établissement des entrepôts dans les ports respectifs, et les facilités à accorder aux districts des frontières. L'article XI accorde au Hanovre un préciput de trois quarts par tête d'habitant sur toutes recettes à provenir des droits d'entrée, de sortie, de transit et d'accise. En ce qui touche les produits des droits sur le sucre de betterave, le prélèvement avant part accordé au Hanovre ne pourra excéder 20 silbergros par habitant chaque année. La part contributive du Hanovre aux frais d'administration sera calculée sur la base de la population simple. En vertu de l'article XII, le Hanovre fera partie de l'union occidentale pour le partage du produit des droits d'exportation et de transit. L'article XIV stipule que le traité est conclu pour dix ans et aura force de loi du 1er janvier 1854 au 31 décembre 1865.

Le Hanovre, soumis à un régime plus libéral en matières de douanes que les autres pays allemands, a introduit dans le Zollverein un élément vraiment nouveau.

GRAND-DUCHÉ DE HESSE.

COMMISSAIRE A L'EXPOSITION DE L'INDUSTRIE : M. Bleymuller.

Le Grand-Duché de Hesse, qui compte des villes comme Darmstadt, Mayence, Giessen, Offenbach et Worms, est un des centres les plus actifs de l'activité allemande, et c'est l'un des États allemands où les inspirations du gouvernement font le moins défaut à l'industrie et au commerce du pays.

Sans doute l'industrie hessoise n'a pas, et elle ne peut l'avoir, un caractère bien tranché ; mais elle existe, elle se manifeste par des travaux qui sont utiles, et, en plus d'un cas, analogues à ceux de la Suisse.

Les mines de manganèse fournissent de bons échantillons ; le comité central de l'agriculture du Grand-Duché expose des céréales, du lin remarquable et du tabac, produits qui prouvent une agriculture bien dirigée et bien entendue. Les instruments agricoles n'ont pas fait défaut ; des instruments, d'une nature plus délicate, les balances de précision pour les sciences, recommandent la fabrique de Giessen qui est la ville savante. Les produits chimiques, huiles et savons, et aussi les objets fabriqués à l'aide de la galvanoplastie, les couleurs, différents vins, les cordes, les boutons en papier mâché, et, avant toute autre production, les œuvres de verrerie et de céramique, et les cuirs, ont honorablement établi les titres du Grand-Duché de Hesse.

La maison J. Monch et comp., d'Offenbach, a envoyé des objets de cuir, de bois et d'acier, des nécessaires de dame et de voyage, de la tabletterie et de la gaînerie élégantes, qui ont paru dignes d'éloges.

Voici un document puisé dans les *Annales du commerce extérieur*, qui donne quelques utiles renseiguements sur l'état du port de Mayence en 1854 :

« Il résulte du Rapport annuel, publié par la chambre du Commerce de cette ville, que les transports par chemins de fer ont nui sensiblement au mouvement commercial du Haut-Rhin. Cependant, les sociétés de remorquage qui ont établi des correspondances directes sur tout le parcours de ce fleuve, ont transporté à Manheim de grandes quantités de marchandises. La prospérité toujours croissante de ce dernier port s'explique par les avantages que le chemin de fer badois offre aux convois de marchandises qui empruntent la voie de terre. Aussi, les relations entre Mayence et le Haut-Rhin diminuent-elles chaque jour. Mais on espère que cet état de choses changera, une fois que le chemin de fer de Strasbourg sera livré à la circulation.

« On a constaté des résultats identiques pour la navigation du Mein, un grand nombre de convois se dirigeant vers le Bas-Rhin sans s'arrêter à Mayence. La navigation à voiles peut à peine aujourd'hui soutenir la concurrence des bateaux à vapeur. Elle est obligée, dans les voyages, en amont surtout, de se servir de remorqueurs. Beaucoup de mariniers passent au service des compagnies de navigation à vapeur.

« *Flottage des bois.* — Il a été très-favorisé par l'état des eaux. Les ports de la Baltique ne pouvant plus faire concurrence à cette industrie sur le Rhin, les commerçants ont eu à répondre à de nombreuses commandes.

« On a acquitté les droits d'octroi, sur 607 radeaux, de 1,088,520 quintaux, en 1852, et sur 656, de 1,242,912 quintaux, en 1853. Ces derniers envois se composaient :

« De	75,692	mètres cubes de bois dur ;
« De	470,072	— — tendre.
« Total........	545,764	mètres cubes. »

Tout porte à croire que le nombre des radeaux a été plus considérable encore en 1854.

Commerce des vins. — Les récoltes de 1854, bien que médiocres, ont été plus favorables dans la Hesse rhénane que dans le Rhingau et les contrées de la Haardt et de la Moselle. Les vins sont bons, mais la quantité en a été très-faible ; aussi, les prix n'ont-ils cessé d'augmenter.

L'exportation a été très-bonne. Les vins du Rhin mousseux sont constamment recherchés. La réduction des droits en France a eu pour les crûs du Rhin d'heureux résultats. Cependant on n'y expédie que les vins de médiocre qualité et les moins chers. Le goût français ne se fait, d'ailleurs, que difficilement à l'âpreté des crûs du Rhin. Une bonne année, en France, supprimerait ces expéditions, même dans le cas d'une complète abolition des droits.

Nous n'avons pas de grands détails à ajouter aux notes succinctes que nous avons recueillies, et nous regrettons de ne pouvoir mieux exposer l'état d'un pays qui semble en très-bonne voie de prospérité industrielle.

HESSE ÉLECTORALE.

COMMISSAIRE A L'EXPOSITION DE L'INDUSTRIE : M. Bleymuller.

Moins agricole et moins industrielle que l'exposition du Grand-Duché de Hesse, l'exposition de la Hesse Électorale n'était pourtant pas dépourvue d'intérêt.

Le nombre des exposants qui y ont figuré a été très-restreint ; mais leurs produits étaient bien choisis, de bonne fabrique, et l'ensemble de ces produits présentait un certain caractère d'art et de science.

C'étaient, pour sept ou huit classes :

Des bois ;

Des modèles de mesures ;

Des objets d'enseignement ;

Des produits chimiques ;

Des instruments de chirurgie habilement exécutés ;

Des armes ;

Des aiguilles et outils divers ;

De beaux émaux sur or et argent, des bijoux et des joyaux riches ;

Des tissus de lin, de chanvre et d'étoupe, déjà récompensés à Munich ;

Des tapis de fourrures ;

Des jouets d'enfant, très-ingénieux ;

Des lithographies et des peintures à l'encaustique sur toile, plâtre, grès et ardoise, d'une exécution intéressante.

Cassel et Hanau sont les centres de presque tout le travail de l'Électorat. Les émaux et la bijouterie de Hanau sont très-renommés.

PRINCIPAUTÉ DE LIPPE-DETMOLD.

COMMISSAIRE A L'EXPOSITION DE L'INDUSTRIE : M. G. de Viebahn.

Nous ne nous rappelons pas avoir remarqué l'exposition de la principauté de Lippe-Detmold. Elle se composait ainsi :

1° Troisième section de la classe XXIV :

Meubles de jardin, faits de racines et de souches de bois brut ;

2° Quatrième section de la classe XXV :

Bottes, bottines.

Il n'y a pas là de quoi solliciter une grande place dans l'histoire générale de l'industrie allemande ; mais on ne peut guère demander plus à un État dont les proportions sont si modestes. Toutefois, la Lippe-Detmold a eu raison de faire acte de présence au concours, et même, puisqu'elle le peut, elle aurait dû envoyer davantage.

Une superficie d'environ 35 lieues carrées, une population de 100,000 habitants et un revenu de 450,000 florins, voilà, sauf erreur, la principauté au point de vue politique. Mais le sol y est fertile ; il y a des salines et surtout des forêts très-riches. Le bois, le lin et le chanvre se récoltent abondamment ; on file le lin et le chanvre, on tisse de bonnes toiles, on travaille la laine, on fabrique de l'eau-de-vie. Des verreries et des papeteries prospèrent. Avec une telle activité, il n'y a pas de petits États.

DUCHÉ DE NASSAU.

COMMISSAIRE A L'EXPOSITION DE L'INDUSTRIE : M. Ed. Labé.

Le Catalogue est muet ici, et nous ne pouvons guère suppléer à son silence.

Le duché de Nassau n'en mérite pas moins de prendre une place distinguée parmi les États secondaires de la Confédération germanique.

La superficie du Duché est d'environ 85 milles carrés géographiques : la population atteint, croyons-nous, le chiffre de 400,000 habitants. Les ressources de l'État s'élèvent à 1,600,000 florins.

Ce n'est pas le commerce qui fait la fortune du pays. Il doit toute son importance à ses productions naturelles et aux industries qui s'appliquent à les mettre en œuvre.

Les vallées du duché de Nassau, le Rhingau entre autres, sont renommées pour leurs vins. Le Johannisberg, le Hockheim, le Markbrunn, le Rudesheim, le Asmanhausen, etc., n'ont pas besoin d'être vantés.

La vallée de la Hahn donne du blé. En général, le pays abonde en fruits, volaille, gibier, lin et chanvre. On y cultive le tabac avec succès ; il y a des forêts bien fournies.

La houille, le marbre, le plomb et le fer se trouvent dans le sol. Quelques-unes des sources d'eaux minérales comptent parmi les sources privilégiées de l'Europe.

Avec l'agriculture, et surtout la viticulture, ce qui occupe le plus les habitants du duché de Nassau, c'est la mise en œuvre du fer, du lin et du chanvre.

GRAND-DUCHÉ D'OLDENBOURG.

COMMISSAIRE A L'EXPOSITION DE L'INDUSTRIE : M. L.-F. Mathies.

Le Grand-Duché d'Oldenbourg se compose de trois parties séparées les unes des autres : le duché d'Oldenbourg d'une superficie de 98 milles carrés, la principauté de Lubeck ou d'Eutin, d'une superficie de 7 milles, et la principauté de Birkenfeld, d'une superficie de 6 milles.

La population monte à 300,000 habitants.

Le revenu de l'État est évalué à 4 millions de francs.

Le pays est très-bas et d'une fécondité médiocre, excepté le long des rivières. Il y a un assez grand commerce de cabotage sous le pavillon ducal d'Oldenbourg.

Le bétail et les abeilles y réussissent depuis fort longtemps. Au reste, les productions les plus importantes sont les chevaux, les moutons, les chèvres, les porcs, la volaille, le gibier, les poissons, les huîtres, le miel et la cire, les céréales en divers cantons, beaucoup de navette, le chanvre, le lin, le tabac, le houblon, le bois, la tourbe, le fer, le plomb, le cuivre, le zinc, les ardoises, la chaux et la houille ; mais toutes ces productions minérales, en faible quantité.

La fabrication des toiles, des eaux-de-vie et des ouvrages de bois a de l'importance; mais ce qui est l'industrie première du duché d'Oldenbourg et de quelques parties de l'Allemagne septentrionale, c'est la bijouterie en pierres dures.

Les pierres dures [1] comprennent : les matières siliceuses, telles que le cristal de roche, l'agate, la cornaline, la calcédoine, les sardoines et onyx, les jaspes sanguin, vert, rouge, jaune, l'améthyste et la fausse topaze, le quartz hyalin coloré en violet et en jaune, la chrysoprose, le quartz vert clair translucide ; les matières feldspathiques, comme le labrador ; le lapis-lazuli, qui provient du bassin du lac Baïkal, dans le gouvernement d'Irkoutsk, du Thibet et de la Petite-Boukharie ; le sulfure de fer ou pyrite, que l'on nomme marcassite dans le commerce ; le jade, espèce de stéalite très-dure, venant de la Chine et aussi du Jura ; l'absidienne, lave vitreuse noire ou brune. On les taille et on les grave, les unes avec l'égrisée ou poudre de diamant, les autres avec la poudre d'émeri, que l'on emploie soit sur un disque tournant de plomb, en présentant au frottement la pierre montée dans un mandrin d'étain, soit au tour et avec la bouterolle et les autres instruments du graveur en pierres fines.

On a donné dernièrement des renseignements intéressants sur cette industrie exceptionnelle.

Elle compte à peu près 160 moulins à polir l'agate qui occupent 1,600 ouvriers; environ 250 perceurs d'agate, contre-maîtres et apprentis y sont employés; les pierres polies sont montées par 350 orfévres patentés occupant 1,100 ouvriers.

1. V. le Rapport de M. le duc de Luynes, 1854.

La production brute dépasse annuellement 2,500,000 fr., dans lesquels la main-d'œuvre est comprise pour la moitié, ce qui porte, en moyenne, à 750 fr. par tête le salaire des polisseurs, salaire qui s'élève, pour les plus habiles, jusqu'à 2,000 fr. et plus.

La plupart des pierres polies se vendent en Angleterre, en France, en Allemagne, en Belgique, dans l'Amérique du Nord. Les pierres montées sont surtout destinées, soit aux foires de Leipzig et de Francfort, soit aux marchés américains.

L'exposition du grand-duché d'Oldenbourg, formée par 13 ou 14 exposants, était remarquable à cause de cette bijouterie en pierres dures.

Du colza, des bougies stéariques, des peaux, du chocolat, des roseaux pour toitures, des vêtements et des plumes, voilà tout ce que le grand-duché d'Oldenbourg avait envoyé pour les premières et les dernières classes du Catalogue. Mais il était représenté avec éclat dans la classe XVII : voici l'inventaire de ses riches produits :

Camées gravées, pendules et vases d'onyx, coupes, colliers, bijoux d'agate, d'onyx, de cornaline, de jaspe ; croix, calices et ciboires d'onyx ; vases, coupes, colliers, bijoux, etc., d'agate, d'onyx, de cornaline, de calcédoine, de jaspe oriental ; garniture de cheminée en agate, services à thé en agate; bracelets et boucles d'oreilles en agate, onyx, cornaline, etc.: mosaïque d'agate ; candélabres d'onyx ; bijoux et objets d'agate, d'onyx, de cornaline, de calcédoine, de jaspe oriental, etc. ; calices et coupes d'onyx. Tout cela, de bonne facture et d'un aspect fort agréable.

La bijouterie en pierres dures a pour centres de fabrication Cronweiler, Idar, et surtout Oberstein dans la principauté de Riskenfeld.

L'industrie du grand-duché d'Oldenbourg doit aux beaux ouvrages de ses lapidaires un caractère spécial qui attire l'attention.

DUCHÉS DE PARME ET DE MODÈNE.

Il y avait, dans la grande nef du Palais de l'Industrie, si nous avons bonne mémoire, deux cheminées de marbre et une psyché de grand goût, qui étaient envoyées par le duché de Parme. C'était là toute l'exposition de ce duché, qui ne figurait même pas sur le Catalogue officiel.

Pourquoi cette abstention, pourquoi celle du duché de Modène ? La Toscane offrait de grand cœur à ses voisins un exemple qu'il fallait suivre.

Les fromages, les pâtes et quelques étoffes, quelques objets d'art aussi, que les duchés de Parme et de Modène pouvaient présenter avec avantage, ont donc manqué à notre Exposition universelle.

Nous ne donnons que de très-courts détails sur le duché de Parme :

La superficie du duché est de 6,200 kilomètres carrés :

La population montait, en 1853, à 507,881 habitants.

Voici la physionomie d'un des derniers budgets :

Recettes	7,840,000	livres	ou francs.
Dépenses	8,200,000	—	—
Dettes	14,880,000	—	—

Ni Modène ni Parme ne sont et ne peuvent être des États industriels. L'agriculture y florirait plutôt que l'industrie et que le commerce.

ROYAUME DES PAYS-BAS.

COMMISSAIRES A L'EXPOSITION UNIVERSELLE :

Industrie.

M. J.-P. Pescatore.

Beaux-arts.

James Wittering.

On sait ce qu'a été la Hollande ; on sait moins bien ce qu'elle est encore. Jamais peuple n'a mieux mérité de voir citer son nom avec honneur dans un livre consacré à la glorification du travail des hommes. Le sol de la Hollande a été conquis sur la mer ; aujourd'hui même, cette mer vaincue menace incessamment les digues qui protégent les prairies créées malgré elle ; mais ces digues résistent, et, lorsqu'elles fléchissent, c'est que la Hollande elle-même ouvre les écluses, inonde ses campagnes et, devant les armées ennemies, appelle ses flottes au travers de son empire et les range autour de ses citadelles.

Peuplée comme la Suisse, riche en herbages, en bestiaux, en lait, en fromages, la Hollande est un pays agricole et non un pays manufacturier ; mais, surtout, c'est un pays de commerçants ; c'est même, à un plus haut degré que l'Angleterre, le peuple du commerce.

Son existence, sa fortune, sa gloire même, lui est venue à propos des échanges.

La découverte du mode de préparer et d'encaquer les harengs, par un individu obscur, nommé Beuckels, vers le milieu du XVe siècle, a peut-être contribué plus que toute autre chose à accroître la force maritime et l'opulence des Hollandais. A une époque où la défense de manger de la viande de boucherie, deux jours par semaine, et quarante jours avant Pâques, était générale, un genre de nourriture maigre importait beaucoup plus que de notre temps[1]. Aussi, la découverte de Beuckels fut-elle de la plus grande utilité, non-seulement pour ses compatriotes, mais encore pour toute la chrétienté. Il ne faut pas oublier, pour la gloire de l'empereur Charles-Quint, qu'en 1536, se trouvant à Biervliet où Beuckels avait été enterré, il alla visiter son tombeau et voulut qu'on lui érigeât un monument magnifique.

Ce sont là les grands hommes de la Hollande, ceux qui annoncent et rendent nécessaires

1. *Leçons de chimie élémentaire*, par J. Girardin, in-8°, Rouen, 1839, p. 739, note.

les Ruyter et les Guillaume III. Montesquieu a merveilleusement compris le génie de leurs maximes de négoce ou d'état au chapitre VI du livre XX de l'*Esprit des Lois*, sous le titre : *Quelques effets d'une grande navigation*, il s'exprime ainsi :

« Il arrive quelquefois qu'une nation qui fait le commerce d'économie, ayant besoin d'une marchandise d'un pays qui lui serve de fonds pour se procurer les marchandises d'un autre, se contente de gagner très-peu, et quelquefois rien, sur les unes, dans l'espérance ou la certitude de gagner beaucoup sur les autres. Ainsi, lorsque la Hollande faisait presque seule le commerce du midi au nord de l'Europe, les vins de France, qu'elle portait au nord, ne lui servaient, en quelque manière, que de fonds pour faire son commerce dans le nord.

« On sait que souvent, en Hollande, de certains genres de marchandise venue de loin ne s'y vendent pas plus cher qu'ils n'ont coûté sur les lieux-mêmes. Voici la raison qu'on en donne : un capitaine qui a besoin de lester son vaisseau prendra du marbre ; il a besoin de bois pour l'arrimage, il en achètera ; et, pourvu qu'il n'y perde rien, il croira avoir beaucoup fait. C'est ainsi que la Hollande a aussi ses carrières et ses forêts.

« Non-seulement un commerce qui ne donne rien peut être utile, un commerce même désavantageux peut l'être. J'ai ouï dire, en Hollande, que la pêche de la baleine, en général, ne rend presque jamais ce qu'elle coûte ; mais ceux qui ont été employés à la construction du vaisseau, ceux qui ont fourni les agrès, les apparaux, les vivres, sont aussi ceux qui prennent le principal intérêt à cette pêche. Perdissent-ils sur la pêche, ils ont gagné sur les fournitures. »

Le hareng saur et le fromage, plus tard les belles toiles, les batistes, les étoffes de lin *à œil de perdrix*, et plus tard encore la librairie, voilà les seuls éléments de la production nationale. Le reste, c'est le navire qui l'exporte. Mais quelles richesses! Toute l'Asie est dépouillée ; les Moluques nous envoient le café, le tabac, la cannelle et la muscade. Les Hollandais sont les plus grands et les premiers marchands d'épices du monde.

En 1810, lorsque Napoléon fait envahir Amsterdam et qu'il cherche un gage pour représenter la valeur de certaines créances du trésor, il trouve, dans les magasins de la seule ville d'Amsterdam, pour 10 millions de francs de clous de girofle !

A cette heure, les colonies bataves sont toujours prospères. La Société générale de commerce, rivale de la Compagnie des Indes, centralise dans les ports de la mère-patrie les apports de ces colonies, elle prépare des ventes colossales, elle règle le prix des denrées coloniales de l'Europe. Nous avons vu, à l'Exposition, les échantillons envoyés par cette Société générale de commerce, et aussi les belles collections des produits de la Hollande elle-même. Nous n'avons rien appris, en retrouvant là les efforts du génie hollandais, mais nous avons compris le secret de tant de prospérités anciennes et d'une si vivace opulence.

La merveille éclatante, ce sont les arts nés chez ce peuple, c'est sa peinture, sa peinture matérialiste, mais, en son culte même, toute divine.

Examinons au point de vue statistique la production commerciale et les finances des Pays-Bas. La superficie de la Hollande est de 34,175 kilomètres carrés.

La population.... le 1er janvier 1849, montait à...		3,021,7?0 habitants.	
—	— 1851, — ...	3,081,153	—
—	— 1853, — ...	3,168,000	—

Dont..............................	1,835,000 protestants;
	1,161,000 catholiques;
5,000 à	6,000 juifs, etc.

Celle des colonies, en novembre 1849, était de..... 19,904,000 —

Budget de 1850 :

Recettes. — Contributions directes..............	18,400,000 florins [1].	
Accises..............................	19,425,560	—
Contributions indirectes..............	9,108,000	—
Droits d'entrée, etc..................	2,800,000	—
En total, avec divers autres droits....	70,794,969	—

Dépenses.................................... 69,643,541 florins.

Budget de 1852 :

Recettes................................	71,473,823 florins	13
Dépenses................................	69,787,683 —	»

Budget de 1853 :

Recettes................................	71,685.772 florins	39
Dépenses................................	70,085,078 —	40

Dette publique en 1853, d'après la loi du 23 décembre 1852 :

Capitaux divers.........................	1,206,193,330 florins	70
Intérêts................................	35,693,763 —	62

Budget de 1854 :

Recettes...............................	71,789,752 florins	51 1/2
Dépenses...............................	70,703,711 —	89

Ces chiffres ont de quoi satisfaire les économistes les plus jaloux de l'équilibre.

Finances des possessions coloniales du royaume pour 1851 :

INDES ORIENTALES.

Montant de la recette........................	37,114,494 florins.	
Vente des denrées............................	31,103,228	—
	68,217,722	—

1. Le florin vaut 2 francs 14 centimes.

Dépenses. — Administration coloniale	52,675,031	florins.
Dépenses en Hollande	15,462,415	—
Excédant	80,276	—
	68,217,722	—

INDES OCCIDENTALES ET GUINÉE.

	Recettes.	Dépenses.	Déficit.	
Surinam	877,748	1,027,748	150,000	florins.
Curaçao	240,656	454,071	213,415	—
Côte de la Guinée	2,800	73,300	70,500	—

Ce sont les Indes orientales seules qui comptent; le reste n'a de valeur que pour le passé ou pour l'avenir.

Commerce extérieur en 1850 :

	Importation.		Exportation.
Grande-Bretagne	72,208,673	florins.	59,412,456
Belgique	26,297,618	—	22,854,768
Allemagne	69,989,235	—	94,609,289
États du Nord	6,505,709	—	2,300,331
Russie	10,940,524	—	5,528,524
Mer Méditerranée	3,448,539	—	11,908,066
France	9,958,259	—	9,519,750
Espagne et Portugal	1,344,415	—	1,162,437
États-Unis du Nord	7,473,642	—	5,834,709
Amérique du Sud et centrale	10,405,690	—	3,901,906
Afrique et Asie	65,865,334	—	12,968,040
	284,404,338	—	229,999,976
Résultat de l'année 1849	275,844,395	—	217,219,050

Commerce extérieur en 1851 et 1852 :

La valeur totale des exportations, des importations et du transit, en 1852, a été de 595 millions de florins (1,261,400,000 fr.), ce qui constitue une augmentation de 49 millions de florins, sur 1851, et de 118, sur la moyenne quinquennale 1846-1850.

Cette augmentation se trouve ainsi répartie :

Importations générales	19,000,000	florins	(39,280,000 fr.)
Exportations	30,000,000	—	(63.600,000)
Importation pour la consommation	5,000,000	—	(10,600,000)
Exportation du commerce spécial	13,000.000	—	(27,560,000)
Transit	17,000,000	—	(36,030,000)

Les renseignements ci-après sont extraits d'un Rapport présenté par le ministre des finances aux États-généraux des Pays-Bas.

Les prévisions favorables qu'on avaient conçues se sont réalisées pour la navigation et la construction navale. En 1852, on a construit, dans le pays, 125 bâtiments jaugeant 27,414 tonneaux; en outre, 14 bâtiments de 2,450 tonneaux ont été nationalisés.

Les arrivages de bâtiments chargés ont, en 1852, dépassé de 528 navires mesurant 91,485 tonneaux ceux de l'année précédente. Par contre, il y a eu diminution de 31 navires et de 5,807 tonneaux dans les arrivages sur lest.

Les appareillages de navires chargés ont dépassé, en 1852, ceux de 1851, de 421 mesurant 65,262 tonneaux et de 114 navires sur lest jaugeant 35,595 tonneaux.

Du reste, la Hollande ne se borne pas à la navigation maritime ; elle compte pour quelque chose dans le mouvement commercial du Rhin.

Il a été exporté directement d'Amsterdam par le Rhin, en 1854, 1,428,035 quintaux [1] de marchandises, soit 147,218 de plus qu'en 1853.

Les expéditions ont été de 474,500 quintaux pour Cologne, de 178,021 pour Manheim, de 151,271 pour Francfort et Coblentz, de 144,836 pour Mayence, de 123,863 pour Dusseldorf, de 115,663 pour Duisbourg, de 78,426 pour Luidwigshafen et Heilbroun, etc. Elles ont été nulles pour Strasbourg.

Parmi les objets d'exportation, on remarque les suivants :

	1853. — Quintaux.	1854. — Quintaux.		1853. — Quintaux.	1854. — Quintaux.
Café	203.254	255.417	Soufre	5,446	18,797
Graines	39.742	418.720	Tabac indigène	15,548	5,683
Grains	320,762	317.609	Tabac d'Amérique	6,933	7,396
Huile de lin et de navette	32.845	53.815	Tabac de Java	4.275	10,668
Riz	146.045	431.674	Tabac des côtes	1,951	5,873
Sucre brut	306,326	274.364			

Les importations directes de marchandises à Amsterdam, par la même voie, ont présenté, en 1854, un total de 1,218,448 tonneaux, d'où résulte de même une augmentation de 250,800 quintaux sur le mouvement de l'année antérieure.

Voici l'indication des articles principaux de cette importation :

	1853. — Quintaux.	1854. — Quintaux.
Vins	18,732	30,008
Bois	27,438	44,955
Eaux minérales	32,204	25.883
Pierres meulières	27,544	27,732
Fers et ouvrages en fer et en acier	98,674	60,676
Poterie	24,746	28,274

Ce relevé ne comprend pas les marchandises déclarées à Arnheim et ultérieurement expédiées à Amsterdam.

Si l'on veut savoir quelle part prend la France dans les relations commerciales que la Hollande entretient avec les diverses nations, nous trouvons, dans le *Moniteur* du 19 août 1855, des documents qui nous mettent en mesure de nous former une opinion. Il n'y est question que de Rotterdam ; mais un exemple suffit.

1. Le quintal égale 50 kilogrammes.

Le nombre des bâtiments, entrés dans les ports de la Meuse sous notre pavillon, avait été, en 1853, de 57, jaugeant 5,965 tonneaux; il n'a plus été, en 1854, que de 33, jaugeant 2,534 tonneaux. Cette différence de près de moitié sur le nombre comme sur le tonnage de nos navires a également affecté les navigations à voile et à vapeur.

C'est à la cherté des céréales en France et à la suspension du commerce d'exportation qui en fut la suite, qu'il faut attribuer la diminution des arrivages de nos bâtiments à voiles en 1854 : en 1853, en effet, il en était arrivé, de France à Rotterdam, 23, chargés de blé noir, tandis qu'en 1854, 2 seulement ont apporté des orges de France et d'Algérie. Quelques autres, ayant chargé avant la promulgation du décret qui suspendait la sortie des grains, n'avaient pas encore paru à la fin de 1854, et ne figureront, par conséquent, que sur l'état de 1855.

Une cause encore explique la décroissance de nos transports dans les eaux de Rotterdam : le service des steamers français, entre ce port et le Havre, n'a cessé que vers le milieu de 1853; or, à cette époque, il avait déjà donné 14 voyages représentant un tonnage de 2,660 tonneaux. Ce chiffre seul dépasse de 124 tonneaux le tonnage total de notre navigation en 1854.

Avec Dunkerque les relations de Rotterdam ont eu plus de succès, en cette année 1854 : la faculté d'importer en France des esprits d'origine étrangère a permis à nos provinces du nord de faire avec la Hollande méridionale des affaires assez considérables en genièvre. Le transport de cet article a augmenté d'une manière sensible les relations maritimes entre Rotterdam et Dunkerque.

En somme, la navigation à voiles sous pavillon français à Rotterdam n'a été, en 1854, que de 28 navires et 2,146 tonneaux, tandis qu'elle avait été, en 1853, de 43 bâtiments et de 3 296 tonneaux.

Sur ces 28 navires, 14 venaient à Rotterdam avec chargements, savoir :

De Bordeaux.....	6 de...	375	tonneaux chargés de vins, etc.
De Cette.........	5 de...	595	— de vins, esprits, etc.
De Saint-Malo....	1 de...	57	— d'orge.
De Nantes.......	1 de...	61	— de miel.
De l'Algérie......	1 de...	66	— d'orge.

La valeur collective des chargements ci-dessus était estimée à 552,197 fr.

Plusieurs bateaux à vapeur hollandais desservent actuellement l'intercourse du Havre, de Dunkerque et de Bordeaux. Ces bateaux, qui transportent les marchandises à très-bas prix, ont effectué, en 1854, 73 departs pour le Havre, 36 pour Dunkerque et 12 pour Bordeaux ; ceux qui ont le Havre et Dunkerque pour destination partent, en général, avec plein chargement ; les retours, au contraire, sont faibles ; ceux qui vont à Bordeaux partent, au contraire, à mi-charge, pour supporter une cargaison complète.

On a dit plus haut que le genièvre avait donné lieu à d'importantes transactions entre Dunkerque et Rotterdam ; c'est surtout la navigation à vapeur qui en a profité. Depuis la mise à exécution du décret qui admet en France les esprits d'origine étrangère, il a été expédié de Rotterdam, à destination de ce pays, environ 3,400 pipes de genièvre, dont

5 ou 600 par le transit de Belgique. L'exportation directe par mer a été de 2,840 pipes, presque toutes pour Dunkerque, lesquelles ont été ainsi réparties :

1,204	pipes en	12	voyages	de steamers hollandais.
911	—	5	—	— français.
150	—	2	—	de navires français à voiles.
578	—	4	—	— hollandais à voiles.
2,840 pipes.				

La part des navires à voiles n'a donc été que de 728 pipes (environ le quart) chargées sur 6 navires, dont 2 français.

Voici maintenant le mouvement des *fromages*, article très-important aussi du commerce hollandais avec nos départements du nord.

Il a été exporté, en 1854, de Rotterdam pour France, 1,113,335 fromages, évalués à 2,650,554 kilog., savoir :

			Fromages.		Poids.
Pour le Havre, par	70	voyages de vapeur hollandais..	107,241	...	304,002 k.
— Bordeaux, par	12	— —	493,645	...	799,152
— Dunkerque, par....	34	— —	265,052	...	846,032
— Dunkerque par.....	1	voyage de vapeur français. ...	1,050	...	5,250
— divers ports, par ...	24	navires à voiles hollandais....	231,311	...	638,078
— — ...	6	— — français......	14,976	...	27,980
		Total général..............	1,113,335	...	2,650,554

Donnons à présent quelques détails sur les Indes-Orientales néerlandaises. On a souvent entretenu le public, dans les Revues et dans les récits des voyageurs, du bel ordre qui y règne et de la sage administration des proconsuls hollandais d'aujourd'hui. Nous ne pouvons parler que de ce qui rentre le mieux dans notre cadre.

MOUVEMENT COMMERCIAL DE JAVA ET MADURA EN 1854.

1° *Commerce.* — Le chiffre des importations faites dans ces colonies, tant pour le compte du Gouvernement que pour celui des particuliers, s'est élevé, en 1854, à 63,775,000 florins (135,203,000 fr.), résultat qui dépasse de 19,496,000 florins celui de l'année précédente. Cet accroissement de 30 1/2 pour 100 provient surtout de grandes expéditions d'or et d'argent monnayés faites à Java pour compte du Gouvernement et des particuliers, et qui seules ont dépassé d'environ 16 millions de florins les envois d'espèces de 1853.

Voici l'indication des principaux pays qui ont concouru à l'importation générale en 1854 :

	Valeur des importations.		Valeur des importations.
Pays-Bas	16,350,000 florins.	Chine et Macao.............	1,500,000 florins.
Archipel indien	11,650,000 —	Australie	1,150,000 —
Angleterre	6,700,000 —	France....................	645,000 —

Les exportations ont atteint, en 1854, une valeur totale de 74,385,000 florins (157,696,000 fr.), soit 2,692,000 florins de plus que l'année précédente. Cette différence doit être attribuée à une exportation également plus grande d'or et d'argent monnayés.

Dans le total ci-dessus, les exportations effectuées par la Société de Commerce à destination des Pays-Bas, pour le compte spécial du Gouvernement, ont figuré pour 41,737,000 florins. Les expéditions pour compte particulier n'ont pas dépassé 32,648,000 florins.

Les produits les plus importants, expédiés pour le compte du Gouvernement, ont présenté les valeurs ci-après :

Café	21,352,000 florins.	Noix muscades	778,000 florins.
Sucre	11,472,000 —	Thé	400,000 —
Étain	3,249,000 —	Cochenille	124,000 —
Indigo	2,579,000 —		

A ces produits sont venus se joindre, en moindres quantités, de la cannelle, des clous de girofle, du macis, du poivre, du savon de noix muscades et de l'huile de cannelle, sans compter une plus forte valeur en or et argent monnayés.

Les articles principaux des expéditions faites pour compte particulier ont offert les résultats suivants, comparativement à ceux de 1853 :

	1853.	1854.		1853.	1854.
Sucre	8,364,000 fl.	9,642,000 fl.	Indigo	1,353,000 fl.	1,243,000 fl.
Café	4,339,000	4,025,000	Tabac	972,000	1,070,000
Riz	2,946,000	3,100,000	Or et argent monnayés	2,759,000	4,585,000
Tissus et fils	2,453,000	3,046,000			

Parmi les articles secondaires, il faut mentionner l'arack, la cochenille, les cuirs et les peaux, le cuivre ouvré, le poivre, les rotins, les épices, l'étain, les nids d'oiseaux, le sel, etc., etc.

Ces envois se sont répartis entre les Pays-Bas, l'Archipel Indien, la France, l'Angleterre, l'Amérique, l'Australie et diverses autres parties de l'Europe et des Indes.

Les expéditions pour France se sont réduites de 2,423,000 florins, en 1853, à 1,936,000 (4,104,000 fr.), en 1854.

Elles se décomposent ainsi :

	1853.	1854.		1853	1854.
Café	1,475,000 fl.	1,316,000 fl.	Cuirs et peaux	61,000 fl.	50,000 fl.
Sucre	157,000	79,000	Riz	125,000	99,000
Indigo	389,000	191,000	Cochenille	35,000	»
Gomme élastique	83,000	111,000	Articles divers	40,000	66,000
Résine	58,000	24,000			

2° *Navigation.* — Le mouvement des navires dans les divers ports de Java et de Madura, en 1854, se résume ainsi qu'il suit :

Entrée	2,348 navires	345,675 tonneaux.
Sortie	2,490 —	345,960 —
Total	4,838 —	691,635 —

C'est un accroissement de 388 navires et 89.435 tonneaux, sur 1853.

Le pavillon hollandais a participé à l'ensemble du mouvement de 1854, pour 4,299 navires, jaugeant 578,872 tonneaux, et il a déterminé presque à lui seul l'augmentation signalée. Cependant, la part du pavillon français, qui a été de 32 navires jaugeant 11,275 tonneaux, s'est également accrue de 4 navires à l'entrée, et d'un navire à la sortie. Le reste des transports s'est réparti entre divers pavillons asiatiques, et ceux d'Angleterre, de Siam, de la Suède, du Danemark, de Hambourg, etc.

On comprend, à l'aide de ces rapides aperçus que les comptes-rendus officiels, parlant, par exemple, du mouvement des sucres des Pays-Bas, en 1853 et 1854, contiennent des chiffres comme ceux-ci, qui, du reste, sontfort intéressants, et qui, en même temps qu'ils témoignent de la richesse des colonies, témoignent aussi de l'activité et justifient la renommée des raffineries hollandaises.

L'importation du sucre brut s'est élevée :

En 1853, à	70,596,254 kilogrammes.
En 1854, à	74,856,292 —

Ce dernier chiffre a dépassé de près de 4,800,000 kilog. la moyenne annuelle de toute la période de 1845-54, laquelle a été de 70,058,949 kilog.

L'exportation du sucre raffiné a atteint :

En 1853	49,182,351 kilogrammes.
En 1854	54,743,002 —

Ce dernier chiffre se montre supérieur, aussi, de plus de 4 millions et demi de kilogrammes, à la moyenne de la période décennale 1845-54 (50,170,848 kilog.).

Parmi les nations qui, en 1854, ont reçu les plus fortes quantités de sucre raffiné des Pays-Bas, la Grande-Bretagne figure pour 11,060,000 kilog. ; le royaume de Naples, pour 8,553,000 ; la Turquie, pour 7,158,000 ; l'Autriche, pour 6,988,000 ; les États sardes, pour 5,892,000, et la Toscane, pour 5,803,000. Les envois directs pour le Zollverein, assez importants jusqu'en 1849, se sont considérablement réduits depuis et sont tombés à 354,000 kilog. en 1854.

On comprend enfin que la Société de Commerce, qui centralise tous ces mouvements et toutes ces affaires, puisse faire annoncer ou constater, dans les *Annales du commerce extérieur*, ses ventes colossales, et ainsi envoyer sur tous les marchés de l'Europe des circulaires souveraines : celles-ci, par exemple.

1° Les quatre dernières ventes, effectuées à Amsterdam et à Rotterdam, du 20 septembre au 2 octobre 1855, ont présenté, quant aux prix, les résultats suivants :

Sucre de Java, en moyenne..	» fr.	77 c.	par kilogr.	Cannelle de Ceylan.........	5 fr.	08 c.	par kilogr.
Indigo..................	19	72	—	Savon de noix muscades....	4	02	—
Cochenille................	9	90	—	Poivre noir..............	1	27	—
Noix muscades...........	5	12	—	Poivre blanc.............	2	38	—
Macis	5	84	—	Sagou....................	7	44	—
Clous de girofle..........	1	74	—	Soja chinois..............	»	92	par litre.
Cannelle de Java..........	2	77	—				

Il y a eu, comparativement aux ventes précédentes : 1° hausse de 10 c. pour le sucre, de 1 fr. 24 c. pour l'indigo, de 6 c. pour les noix muscades, de 10 c. pour les clous de girofle, et de 8 c. pour le poivre noir ; 2° baisse de 20 c. pour le poivre blanc ; de 9 c. pour la cannelle de Java, et de 4 c. pour le macis ;

2° Cette Société a vendu, le 10 octobre dernier, à Rotterdam :

178,107 paquets de rotins, au prix moyen de 39 c. le kilogramme ;

880 kilog. d'écaille, au prix moyen de 39 fr. 95 c. la caisse ;

3,660 kilogrammes de gomme d'Amar, au prix moyen de 1 fr. 53 c. le kilog. ;

2,310 kilogrammes de gomme de benjoin, au prix moyen de 4 fr. 55 c. le kilog.

L'écaille a été partagée en huit lots, dont trois ont été retenus.

Il y a eu, comparativement aux ventes précédentes, hausse de 5 c. par kilogramme sur les rotins; de 8 fr. 44 c. par caisse sur l'écaille, et de 22 c. par kilogramme sur la gomme d'Amar.

La Société a vendu en outre, à Amsterdam, le 12 octobre, 281,250 kilogrammes de coton de la Nouvelle-Orléans, et 75,000 kilogrammes dit de Finnevelly, le tout au prix moyen de 1 fr. 38 c. par kilog. (hausse, 6 c.) ;

Et, le 16 du même mois, sur cette même place, 678,100 kilog. de thé de Java, au prix moyen de 4 fr. 06 c. par kilogramme, c'est-à-dire avec 11 c. de baisse sur le prix de la dernière vente du même article.

3° Relevé des ventes faites par la Société de Commerce des Pays-Bas pendant le premier semestre 1855 :

Nature des marchandises.	Date des ventes.	Marchés où elles ont eu lieu.	Quantités de marchandises mises en vente.
Sucre de Java................	15 mars.......	Amsterdam.......	9,859.000 kil.
Rotins......................	22 mars.......	Rotterdam........	112.821 paq.
Gomme élastique			116.784 kil.
Gomme d'Amérique............			19.680 —
Café de Java	16 avril.......	Amsterdam.......	8,344.980 —
Café de Sumatra...............			1,113.840 —
Café de Java	19 avril.......	Rotterdam........	7.848.660 —
Café de Sumatra...............			191.400 —
Tabac de Java	26 avril.......	Amsterdam.......	102.360 —
Tabac de Saint-Domingue.......			34.260 —
Coton des États-Unis..........	3 mai........	Rotterdam........	644,700 —
Indigo de Java................	7 mai........	Amsterdam.......	52.800 —
Cochenille de Java............			25.200 —
Indigo de Java................	10 mai........	Rotterdam........	36.430 —
Cochenille de Java			4,800 —
Sucre de Java.................	16 mai........	Rotterdam........	14.153,000 —

Là est le cœur du pays. Comme autrefois, la Hollande doit sa richesse aux épices que ses vaisseaux apportent dans ses ports.

Les vieilles industries ne sont pas toutes aussi florissantes qu'autrefois. Les fromages, les harengs saurs et les salaisons sont toujours en grande faveur ; mais on ne parle plus beaucoup des toiles, des papiers et de la librairie de la Hollande.

En effet, la fabrication des étoffes de laine, en Hollande, est loin d'avoir aujourd'hui l'importance qu'elle avait autrefois.

On y fait encore [1], notamment à Leyde, des étoffes non croisées, rases et sèches, telles que le camelot-poil et le polemieten.

Les velours unis et frappés, dits velours d'Utrecht, sont d'une fabrication inférieure non-seulement à nos velours d'Amiens, mais encore aux velours du Zollverein, de l'Autriche, etc.

Les étoffes foulées, pour l'exportation des Indes, sont assez intéressantes.

Les Anglais n'ont pu, ayant cependant la laine propre au polemieten, rivaliser avec les fabricants de Leyde pour le bon marché ; il nous serait donc bien difficile de faire ce que les Anglais n'ont pas fait, et l'on comprend que nos fabricants de Roubaix aient renoncé à entrer en lice.

Ces draps communs exceptés, la décadence est certaine.

Nous venons de parler de la décadence des papiers ; il y a peut-être un réveil dans cette industrie.

D'après un état officiel dressé en avril 1854, il y aurait aujourd'hui, en Hollande, 168 papeteries, dont 125 dans les provinces de Gueldre, 18 dans le Nord-Holland, 15 dans le Zuid-Holland, et 10 dans les quatre autres provinces. Ces établissements occupent 2,248 ouvriers; en 1853, ils ont employé 5,083,100 kilogrammes de chiffons, quantité peu considérable, il est vrai. Cependant l'accroissement de la consommation a paru assez important au Gouvernement, pour que, dans l'intérêt des papetiers, il ait défendu l'exportation du chiffon, en avril 1854.

Nous avons vu de belles toiles à l'Exposition, mais elles étaient en petit nombre.

Devons-nous citer les lapidaires hollandais qui travaillent pour Paris et pour Londres? Ce n'est qu'un petit groupe.

La partie minéralogique, métallurgique et mécanique, celle des cotons et celle des soies n'est pas très-importante sur le Catalogue de l'Exposition de l'industrie hollandaise.

L'ébénisterie, l'orfévrerie surtout, méritent qu'on les estime.

A la Hollande, il convient de joindre ici le Luxembourg qui a tenu à avoir les honneurs d'une exposition particulière.

1. V. le Rapport de M. Randoing.

GRAND-DUCHÉ DE LUXEMBOURG.

COMMISSAIRE PARTICULIER A L'EXPOSITION DE L'INDUSTRIE : M. Godchaux.

Quoiqu'il soit incorporé dans le royaume des Pays-Bas, le grand-duché de Luxembourg est un État allemand, et il fait partie de la Confédération germanique.

La superficie du duché est d'environ 47 lieues carrées géographiques.

La population monte à 20,000 habitants.

Les céréales, le lin, le chanvre, la navette, le fer et le bétail sont les productions principales du pays. Les ouvrages de fer, le tissage du lin, la tannerie, la préparation des lainages, des draps et des papiers sont les principales fabrications de son industrie.

On voyait à l'Exposition quelques minerais, des meules, une horloge, un fourneau de tôle, des cuirs, du papier, du tabac, de l'orge, du sucre, des conserves alimentaires, des liqueurs, un modèle d'architecture religieuse, quelques échantillons d'orfèvrerie, des terres cuites, faïences et porcelaines, des draps et tissus de laine, une bibliothèque de fonte, des papiers de tenture, des souliers, de la peau à gants et des gants.

La ganterie était remarquable.

L'exposition des terres cuites de MM. Bach frères était également intéressante. Dallages en mosaïque de terre cuite, carreaux de revêtement en faïence émaillée et peinte, dessus de table de porcelaine opaque décorée, tableau avec encadrement de terre cuite; facsimiles en terre cuite d'anciens sceaux, etc.

ROYAUME DE PORTUGAL.

COMMISSAIRES A L'EXPOSITION UNIVERSELLE :

Industrie.
M. d'Avila.

Beaux-arts.
M. D'Antas.

L'exposition portugaise était bien fournie. Le *Conseil des colonies* qui siège à Lisbonne a particulièrement tenu à montrer dans tout leur éclat les richesses de ces colonies qui ont coûté si cher au Portugal.

Dans la CXXIV[e] de ses *Lettres Persanes*, Montesquieu fait dire à son héros :

« Rien ne devrait mieux corriger les princes de la fureur des conquêtes lointaines, que l'exemple des Portugais et des Espagnols.

« Ces deux nations ayant conquis, avec une rapidité inconcevable, des royaumes immenses, plus étonnées de leurs victoires que les peuples vaincus de leur défaite, songèrent aux moyens de les conserver, et prirent chacune pour cela une voie différente.

« Les Espagnols, désespérant de retenir les nations vaincues dans la fidélité, prirent le parti de les exterminer, et d'y envoyer d'Espagne des peuples fidèles : jamais dessein horrible ne fut plus ponctuellement exécuté. On vit un peuple, aussi nombreux que tous ceux de l'Europe ensemble, disparaître de la terre à l'arrivée de ces barbares, qui semblèrent, en découvrant les Indes, avoir voulu en même temps découvrir aux hommes quel était le dernier période de la cruauté.

« Par cette barbarie, ils conservèrent ce pays sous leur domination. Juge par là combien les conquêtes sont funestes, puisque les effets en sont tels : car enfin, ce remède affreux était unique. Comment auraient-ils pu retenir tant de millions d'hommes dans l'obéissance? Comment soutenir une guerre civile de si loin? Que seraient-ils devenus, s'ils avaient donné le temps à ces peuples de revenir de l'admiration où ils étaient de l'arrivée de ces nouveaux dieux et de la crainte de leurs foudres?

« Quant aux Portugais, ils prirent une voie tout opposée : ils n'employèrent pas les cruautés; aussi, furent-ils bientôt chassés de tous les pays qu'ils avaient découverts. Les Hollandais favorisèrent la rébellion de ces peuples, et en profitèrent.

« Quel prince envierait le sort de ces conquérants? Qui voudrait de ces conquêtes à ces conditions? Les uns en furent aussitôt chassés; les autres en firent des déserts, et rendirent de même leur propre pays. »

L'histoire n'aura du moins aucun grand reproche à faire au Portugal. Il s'est mis, pendant longtemps, à la tête de tout le mouvement des découvertes maritimes, et, après avoir découvert et conquis une grande partie du monde nouveau, il l'a administré sans rigueur. Le Portugal seul a souffert de ces conquêtes.

Depuis de longues années, l'activité de la nation, autrefois si vive, sommeille; le traité de Méthuen, au siècle dernier, a ruiné l'industrie nationale auprofit du commerce anglais, et l'heure de réveil n'est pas encore venue.

Pourquoi ne sonnerait-elle pas bientôt? Le Portugal, par lui-même et en dehors de tout exercice du travail et de la science, est un pays richement doté.

Son exposition dans la première, la seconde, la troisième et la onzième classe, était extraordinairement belle; l'exposition des colonies offrait également un spectacle plein d'intérêt. Tant de ressources naturelles ne sauraient toujours rester stériles.

Déchu de sa puissance d'autrefois, le Portugal garde encore Angola et Benguela, les îles du cap Vert, Bissora, Cacheo, les îles Saint-Thome et Principe, la province de Mozambique[1], Sofala, Rios de Senna, Goa, Damao et Diù, Macao, Solor et Timor.

Les blés tendres, les blés durs, les orges, le riz, le maïs, les fruits, les huiles, les vins

1. Quoique bien déchue de sa valeur primitive, la colonie de Mozambique reste encore, pour le Portugal, un point important et une échelle précieuse qui relie à certains égards ses colonies de l'Afrique occidentale avec ses colonies de l'Inde. D'après les derniers chiffres fournis par le Gouvernement, la population tributaire s'élevait encore à 200,000 âmes, et celle qui est directement soumise, c'est-à-dire sujette du Portugal, serait de 70,000 habitants. Le commerce d'exportation consiste principalement en ivoire, vu le grand nombre d'éléphants qui peuplent les forêts de la Zambezina, en poudre d'or, en écaille, en ambre gris, en gomme et en fourrures.

surtout, le miel, les cuirs, les bois, les marbres, les minéraux, les cires végétales et une foule de plantes utiles formaient à l'Exposition un ensemble qui arrêtait les yeux et la pensée.

Le Portugal a récemment trouvé, chez lui, des gisements de houille; il possède des marbres de choix, et, entre autres, le jaune de Sienne qu'on ne trouve plus nulle part. Les poteries, les porcelaines, les instruments chirurgicaux et les pierres montées ont été remarquées.

On a regretté de ne pas voir les échantillons des laines portugaises, car le Portugal est un grand producteur de draps, et il réussit à merveille dans quelques spécialités. Le drap de troupe, par exemple, est fourni au prix de 2 fr. 50 le mètre.

Nous devons citer encore les objets faits de chanvre, les toiles à voiles, par exemple, et les coutils, quelques tissus et le fil de coton, quelques soieries aussi, des échantillons assez heureux de tabletterie, de marqueterie et d'ébénisterie, des broderies, des chaussures et des gants.

Il faudrait plusieurs pages si l'on voulait donner le catalogue complet des produits envoyés par les colonies.

La superficie du Portugal est de 91,285 kilomètres carrés.

La population, en 1841, montait à 3,412,000 habitants, pour le royaume, et 330,500 pour les Açores. En Afrique, on comptait 786,610 habitants; en Asie, 381,720; en Océanie et Chine, 223,310. Total : 5,134,640 habitants.

En 1850, la population était : Portugal propre, 3,471,000 habitants; Açores, 343,000; Afrique, 993,000; Asie, 407,000; Océanie et Chine, 947,000. Total : 6,163,000 habit.

Au budget de 1850-1851 se trouvent ces chiffres :

Dépenses	12.524.187.750 reis [1].
En 1845, la dette consolidée était de	73.957.571.947 —
Et les intérêts de la dette consolidée, de	2,878,026,225 —
La dette non consolidée montait à	10.175,174,026 —

Voici le budget de 1852-53 :

Recettes	10.793.406.876 reis.
Dépenses	13.507,484,253 —

Et le budget de 1853-54 :

Recettes	11.580.357.949 reis.
Dépenses	11.784.471.894 —

Le budget spécial des possessions d'outre-mer se détaillait ainsi :

[1]. Le mille de reis égale 7 fr. 07 c.

	Recettes.	Dépenses.
Iles du cap Vert	89,754,625 reis	103,436,266 reis.
Ile de Saint-Thomé et du Prince	25,033,500 —	24,569,865 —
Angola	237,570,990 —	264,242,604 —
Mozambique	82,170,731 —	92,629,472 —
Indes	275,552,680 —	277,734,725 —
Macao	35,667,800 —	58,337,880 —
Timor	6,683,040 —	9,828,753 —
	752,433,366 —	830,776,565 —

Le budget pour 1854-55 se décomposait de cette façon :

Recettes	12,015,712,344 reis.
Dépenses	12,027,458,821 —

Annexes au budget :

Recettes	1,350,384,818 reis.
Dépenses	1,253,457,928 —

Dette en juin 1853 :

Intérieure	36,195,661,005 reis.
Extérieure	13,158,281,454 —

L'état du commerce extérieur est indiqué par ces chiffres pris en 1843, 1848 et 1851 :

Années.	Importations.	Exportations.	Totaux.
1843	12,314,511,062 reis	8,830,655,639 reis	21,145,166,701 reis.
1848	10,805,767,229 —	11,324,024,471 —	22,129,791,700 —
1851	13,749,231,301 —	10,691,633,028 —	24,440,864,329 —

Voici le détail du commerce avec les divers pays en 1851 :

	Importations.	Exportations.
Brésil	1,841,624,148 reis	1,689,546,002 reis.
Espagne	276,078,642 —	847,660,456 —
États-Unis	364,173,724 —	596,064,552 —
France	600,000,000 —	34,000,000 —
Grande-Bretagne	8,779,575,807 —	3,980,428,207 —
Hambourg	157,071,140 —	194.666,446 —
Pays-Bas	130,462,512 —	100,793,431 —
Possessions portugaises d'Afrique	144,533,090 —	192,309,943 —
— — d'Asie	317,061,470 —	10,999,550 —
Prusse	93,258,000 —	5,455,600 —
Russie	119,171,160 —	230,084,125 —
Sardaigne	81,431,860 —	51,670,051 —
Suède et Norvége	306,741,410 —	96,628,080 —
Dépôts des ports portugais	122,259,128 —	» —
	13,749,231,301 —	8,228,470,848 —

Pour parfaire le chiffre 10,691,633,028 reis, attribué aux exportations de l'année, il faudrait y joindre divers articles qui ne figurent pas dans ce tableau détaillé.

Les vins sont, comme on le sait, la production principale du pays; aussi, entrerons-nous, avec les *Annales du commerce extérieur*, dans quelques considérations sur la production et le commerce des vins de Porto.

La culture de la vigne forme, on le sait, la plus importante richesse agricole du Portugal. Les variétés y sont très-nombreuses, et les conditions de leur développement se trouvent soumises à des conditions inhérentes, soit à la nature du sol, soit à l'exposition des terrains cultivés en vignes.

Dans la province de Minho, de l'Estramadoure et de la Basse-Beira, on cultive la vigne en *hautains*. Dans le Haut-Douro, elle est soutenue par de petits échalas; on ne la laisse pas monter au delà de 100 à 130 centimètres au-dessus du sol. Lorsque le raisin mûrit, on attache les rameaux des ceps à l'échalas, de manière à ce que le fruit soit à une distance de 10 à 12 centimètres du sol.

Dans l'intérieur de la province de Tra-los-Montes, la vigne est rampante ou courante, et on laisse entre les ceps un espace suffisant pour le passage d'une charrue. Enfin, dans presque tout le pays, on trouve des vignes plantées en treillis, en berceaux ou en tonnelles. La marcotte ou les boutures sont les procédés employés pour obtenir ou multiplier les cépages.

Dans le Haut-Douro, les hommes employés à la culture de la vigne reçoivent un salaire qui varie de 160 à 200 reis par jour. Les femmes ne gagnent que la moitié de cette somme. Les uns et les autres sont nourris, mais ils sont obligés d'acheter leur pain. Les jours de fête, on ne leur donne que la nourriture. Les dépenses annuelles pour la culture peuvent être évaluées de 20 à 75 fr. par pipe (4 hectolitres 23 litres), selon la nature du terrain.

Tous les vins rouges du Portugal sont généralement très-riches en alcool et d'une couleur foncée. Les variétés en sont tellement nombreuses, qu'il faut se contenter de mentionner les qualités les plus estimées.

Dans les provinces situées entre celles de Douro et de Minho, on doit citer en première ligne les vins de Lima et de Monçao, fortement colorés, mais qui ont un goût excellent. Ce sont ceux qui se rapprochent le plus de nos vins de Bourgogne; mais leur exportation, florissante autrefois, n'a plus aujourd'hui la moindre importance, soit par suite de la négligence apportée à la culture des vignes, soit parce que le goût des consommateurs étrangers a changé. On peut conserver ces vins plusieurs années en bouteille, mais lorsqu'on les laisse en futailles, il faut avoir soin d'y ajouter chaque année de l'eau-de-vie. Ils seraient peut-être susceptibles d'imiter nos vins rouges de Bourgogne de qualité moyenne, et ceux de quelques-uns de nos crûs inférieurs de Bordeaux.

Le district privilégié qui produit les vins connus sous le nom général de *vin de Porto*, est situé dans les provinces de Tra-los-Montes et de la Haute-Baira. On le divise en Haut-Corgo et Bas-Corgo. Les vignes du Bas-Corgo proviennent ordinairement de la Bourgogne; le vin qu'elles fournissent est plus léger que ceux du Haut-Corgo; les qualités supérieures sont l'Alvarilhão et le Bastardo. Dans le Corgo supérieur, les vins ont du rapport avec nos vins de l'Hermitage, mais ils sont plus forts et plus chargés en couleur; il y entre beaucoup d'eau-de-vie. Les plus renommés sont : Tourriga, Tinta-Francisca, Tinta-Cão, Tinta-Lameira.

On doit faire remarquer qu'on ne peut exporter par Porto, que les crûs du district privilégié ; aucune pipe ne doit sortir sans être accompagnée des certificats fournis par les autorités établies à Begoa, chef-lieu de ce district.

ROYAUME DE PRUSSE.

COMMISSAIRES A L'EXPOSITION UNIVERSELLE :

Industrie.

M. Georges de Viebahn.

Beaux-Arts.

M. Dielitz.

L'article consacré plus loin au Zollverein renferme l'analyse de documents qu'il serait inutile de reproduire ici et qui ont surtout rapport à la physionomie commerciale de la Prusse.

Nous nous contenterons de rappeler quels étaient, à l'Exposition Universelle, les œuvres les plus saillantes de son industrie ou les plus riches envois de son agriculture. Dans le domaine des arts, la Prusse a une place à part, place honorable et qui n'est qu'à elle. La philosophie qui, en Prusse, se mêle à la politique même et est assise, comme une divinité tutélaire, jusque dans les conseils de la Couronne, a été l'inspiratrice des arts prussiens et aussi l'inspiratrice des sciences prussiennes. On peut dire que rien n'a échappé à son patronage et que l'on retrouve partout sa marque.

Douze cents exposants se sont fait inscrire au Catalogue. La Prusse Rhénane est le principal foyer industriel de la monarchie ; la Prusse du nord est plutôt agricole et commerciale.

Les mines et la métallurgie fournissaient plus de cent cinquante expositions intéressantes. La collection des minéraux du Hartz (Saxe prussienne), les houilles maigres, les houilles grasses et les cokes de la Westphalie (principalement les échantillons de l'Administration royale à Saarbrück), formaient un premier groupe bien remarquable.

Les minerais et les métaux abondaient. La métallurgie prussienne est très-avancée ; elle excelle dans la fabrication des grosses pièces, dans le laminage et dans l'exécution des tôles, qui rendent des services de jour en jour plus grands et plus nombreux.

Ainsi, on admirait les tôles de fer noires, étamées et plombées de la société de Dillingen, les fers de Stumm frères à Neukirchen, les aciers des fonderies de Lohe, les cuivres et le cobalt de Horstmann et comp. ; les tôles de Jacobi Hamel et Huyssen à Sterkrade et Oberhausen (l'une d'elles pesait 750 kilogrammes) ; les produits des forges de M. le comte Renard, à Gross-Strehlitz (Silésie) ; les plombs, zinc et autres minéraux de la Société de la

Vieille-Montagne et l'exposition si riche de la Société des mines et fonderies d'Eschweiler à Stolberg, près d'Aix-la-Chapelle. On s'occupe beaucoup en Prusse, et généralement en Allemagne, de la préparation du faux argent fait avec le nickel. Les fer-blancs d'Eintracht nous ont paru remarquables. Tout le monde a rendu justice au mérite des cloches d'acier de la Société de Bœkum, si sonores et de si bas prix. Du reste, ce sont les aciers fondus qui ont eu les honneurs de cette exposition métallurgique. Ceux de M. F. Krupp n'ont besoin d'aucun éloge; on sait quelle en est la supériorité. Un bloc d'acier pesait 5,000 kilog.; un ressort chargé de 3,000 kilog. se trouvait à côté de ce bloc.

La deuxième classe était pauvre.

Le guano artificiel de M. Winckler (à Berlin) figurait en tête de la troisième classe; puis, des charrues, du blé (en petite quantité, toutefois, et sans éclat), du houblon, du lin serancé, des lins ordinaires en tous états, à côté des machines de travail, des toisons, des laines fort belles, quelques cocons (Ad. de Türk à Türkshof près Potsdam), et diverses plantes utiles.

Les lins et les laines attiraient principalement l'attention et méritaient de l'attirer.

Pourquoi les exposants qui devaient envoyer des tabacs ont-ils été rayés du Catalogue?

Les machines ne sont pas nombreuses et ne révèlent aucune grande invention mécanique; mais elles sont bien exécutées, et celles qui appartiennent à la cinquième classe sont les mieux exécutées de toutes. Parmi les machines-outils, nous signalerons celle de Bürgen et comp., pour la fabrication des limes; un appareil d'évaporation dans le vide, de Ch. Siegert, à Stettin; une machine à imprimer les billets de chemin de fer, de G.-C.-W. Bornholdt; des cardes, un métier à la Jacquart perfectionné de MM. Bonardel frères, à Berlin, et surtout les machines de H. Thomas pour la fabrication des draps.

La mécanique scientifique et les arts de précision présentaient de très-belles applications. En première ligne se placent les instruments d'optique de F.-A. Nobert et les reliefs géologiques de Bürgen et comp. de Cologne, dont nous indiquions tout à l'heure la machine à fabriquer les limes. Les appareils télégraphiques de Siemens et Halske, très-employés durant la dernière guerre de Russie, sont des chefs-d'œuvre. Toute l'Allemagne excelle dans les arts chimiques; il faudrait transcrire, pour faire connaître les produits distingués de la chimie prussienne, tout le catalogue de la xe classe.

Cologne a sa phalange de Jean-Marie Farina, et, autour d'elle, se groupent un grand nombre de fabricants de parfumerie savante. Plus de cent cinquante exposants prussiens figurent dans la xe classe. Les produits de l'industrie sucrière et de l'industrie tinctoriale y peuvent prendre le pas sur tous les autres.

Les classes xie, xiie, xiiie et xive ne sont pas celles où la Prusse a le plus brillé, sinon pour les armes blanches.

Mais l'industrie des aciers bruts et ouvrés est en grand honneur dans ce royaume et lui vaut bien des éloges. L'acier naturel, l'acier affiné, l'acier puddlé, l'acier fondu, l'acier laminé, l'acier étiré, les limes, les tôles, les enclumes, les ressorts, la serrurerie, et, par suite, la coutellerie, la taillanderie, et en général tous les ouvrages d'acier, sont réussis au delà de toute exigence, pour satisfaire aux besoins des masses.

Il est bien entendu que la question de la forme est réservée, et que l'industrie allemande, tout en songeant à imiter de plus en plus l'élégance des articles de la France, s'étudie surtout à produire des objets de bonne qualité et de bas prix.

Nous dirons tout à l'heure ce qu'il faut introduire de restrictions dans ces éloges. En tout cas, ceux qui ont été donnés aux aciers de Krupp et aux cloches de Bœkum restent intacts. Même on peut citer sans crainte d'aucune erreur les noms des principaux promoteurs de l'industrie des aciers : MM. Asbeck (enclumes, limes), Berger (scies), F. Krupp, Essen (acier diamant), Lehrkind Falkenroth et comp. (acier puddlé), Rump et fils (fils, alènes, anneaux, etc.), Schleicher (fil d'acier fondu galvanisé), Liebricht (acier pour ressorts), Société anonyme des mines et fonderies de Bœkum en Westphalie (cloches et autres aciers fondus), Dültgen (montures, garnitures, ressorts), Gerresheim et Neeff (coutellerie), Henckels (coutellerie), Holler (coutellerie et quincaillerie), Woste et comp. (ciseaux), Schmit (outils divers), Printz (aiguilles) et J. Ulrich de Saint-Goar (scies à chantourner).

La quincaillerie, la serrurerie et tout le travail des métaux ont produit d'excellentes œuvres.

L'orfévrerie et la bijouterie de la Prusse, très-célèbres, n'ont peut-être pas envoyé assez d'échantillons, ni des échantillons dignes de leur renommée. La fabrication des objets d'art en zinc est très-avancée à Berlin et nous fait une concurrence redoutable.

Les glaces d'Aix-la-Chapelle sont connues. La verrerie et la poterie prussienne étaient assez maigrement représentées. Les mosaïques de grès doivent être citées avec distinction, notamment celles de MM. Villeroy et Boch de Vaudrevange, et Mettlach, dans la Prusse Rhénane).

La Manufacture royale de porcelaine à Berlin expose :

Porcelaine dure,

Objets pour la chimie,

Services de table peints et dorés,

Tableaux,

Biscuit de porcelaine,

Statuettes,

Lithophanies.

Tout cela est bien fait et atteste d'excellentes études et d'excellents procédés; mais néanmoins, Sèvres reste incomparable.

L'industrie des cotons (fils, indiennes, mousselines, calicots, canevas, castor, fils teints, tissus blancs, teints, unis, imprimés, jaspés, etc.; peluches, flanelles, velours, etc.) est en grande activité dans la Prusse Rhénane, à Barmen, Gladbach, Cologne et Elberfeld.

C'est aussi, dans la Prusse Rhénane, que les fabriques de draps et lainages sont presque toutes réunies. Comme la xe classe, la classe XX compte plus de 150 exposants, et ce nombre n'est pas trop considérable. La collection des draps était vraiment bien complète et bien belle.

La Prusse Rhénane est encore le siége d'une fabrication très-heureuse, celle des velours de soie qui sont depuis longtemps estimés au plus haut prix. Les soies indigènes ne doivent être citées que pour mémoire. Ce n'est pas seulement le velours que la Prusse fabrique; elle réussit aussi dans les rubans. Ses autres étoffes de soie ne suivraient les nôtres que de loin.

Les lins étant de premier choix dans le pays, les tissus de lin, et les toiles en particulier, sont d'une qualité tout à fait supérieure.

Dans la section de l'ébénisterie et de l'ameublement, quelques laques et des papiers peints peuvent être cités honorablement.

L'Album présenté à LL. AA. RR. le prince et la princesse de Prusse en commémoration de la 25e année de leur mariage (11 juin 1854), est admirablement relié, mais c'est une curiosité et non un type à reproduire.

Parmi les instruments de musique, il y avait un piano qui note la musique exécutée.

Les travaux métallurgiques, les produits chimiques, la fabrication des outils et celle des étoffes, voilà le principal souci de l'industrie prussienne. Elle y a mis tous ses soins, elle y est propre aussi bien que la Belgique et que l'Angleterre, et y réussit dans des conditions d'économie tout à fait dignes d'estime.

Ces notes succinctes étant ainsi jetées à la hâte, et en réservant quelques renseignements d'une nature spéciale, pour les placer sous le nom du Zollverein nous pouvons entrer dans la statistique.

En 1846.....	La superficie de la Prusse était de....	279,426 kilomètres carrés;
	La population montait alors à........	16,112,000 habitants.

Depuis décembre 1849, la Prusse s'est accrue des principautés de Hohenzollern-Sigmaringen et Hechingen, soit de 1,155 kilomètres carrés et 65,616 habitants.

Population à la fin de 1849 : 16,331,187 habitants, dont 2,811,172 dans la Prusse Rhénane.

Cette population, par rapport aux cultes, se répartit :

Protestants....................................	10,016,798
Catholiques...................................	6,079,613
Juifs..	218,798
Memnonites...................................	14,509
Autres..	1,269

La population en 1852 s'élevait déjà à 16,935,420 habitants dont 2,972,130 habitants dans la Prusse Rhénane.

Le budget de 1850 présentait cet aspect général :

Recettes brutes. —	1° Domaines et forêts....................	43,884,581 fr.
	2° Impôts directs..........................	76,271,923
	3° — indirects..........................	109,394,715
	4° Monopole du sel........................	31,501,261
	A reporter...............	261,052,480

Report	264,052,480 fr.
5° Loterie, etc	5,495,605
6° Postes	25,470,840
7° Manufacture de porcelaine de Berlin	1,006,586
8° Mines et salines	22,780,784
9° Frais de justice	20,606,449
10° Recettes diverses	6,406,476
Total	342,518,890

Dépenses ordinaires	341,153,973 fr.
— extraordinaires	18,474,549
	339,518,890

La dette	156,019,872 thalers.[1]
Intérêts	7,491,073

Voici le budjet pour 1852 :

Recettes	97,001,021	thalers[2].
Dépenses ordinaires	96,151,982	—
— extraordinaires	3,282,652	—
Total	99,434,634	

Le budget pour 1853 était :

Recettes	99,568,776	thalers.
Dépenses ordinaires	99,568,776	—
— extraordinaires	3,460,895	—
Total	103,029,671	—

La dette (en 1853) montait à 220,276,491 thalers.
En 1854, on avait :

Recettes	107,990,069	thalers.
Dépenses	103,068,422	—
Dette de l'État en 1854	217,874,165	—
Intérêts	10,838,950	—

Les détails de la production des mines, en 1853, se résumaient dans ce tableau :

Houille	28,668,165	tonneaux,	pour	10,214,472	thalers.
Lignite	12,200,687	—	—	1,607,728	—
Minerai de fer	1,496,516	—	—	965,535	—
— de zinc	3,246,660	—	—	1,704,983	—
— de plomb	324,645	—	—	903,779	—
— de cuivre	1,254,247	—	—	615,420	—

1. En 1820, elle montait à 775,000,000 francs; grâce à un amortissement annuel de 9,375,000 fr., en 1849, elle n'était plus que de 362,500,000 fr., auxquels se sont ajoutés 125,000,000 d'emprunt. (Extrait du *Times*. — Décembre 1850).

2. Le thaler prussien vaut 3 fr. 74 c.

La Prusse n'est pas organisée pour le grand commerce, et elle n'a pas à un haut degré le génie commercial. L'établissement du Zollverein a été, néanmoins, une affaire importante pour elle et pour l'Allemagne entière.

On avait prétendu qu'à la faveur d'une neutralité dont elle voulait recueillir les bénéfices, la Prusse était devenue, durant la dernière guerre, un commissionnaire très-actif et très-avantagé entre la Russie et l'Europe occidentale. Des documents puisés à des sources officielles prouvent qu'elle n'a pas profité, autant qu'on l'a cru, de sa favorable situation.

Voici ces documents :

1° On transmet de Stettin[1] le relevé suivant des marchandises russes qui y sont arrivées du 1er janvier au 30 juin 1855 :

Graines de lin	1,680 tonnes	840,000 fr.
Chanvre	215 —	210,000
Lin	662 —	700,000
Suif	570 —	740,000
Cuivre	531 —	1,680,000
Cuirs et peaux	84 —	150,000
Crins	20 —	70,000
Soie de porc	9 —	68,000
Potasse	114 —	92,000
Nattes (60,000 pièces)	» —	24,000
		4,574,000

2° Situation commerciale du port de Memel, en novembre 1855.

« Le transit de la place de Memel a été très-actif; on s'est empressé d'y faire de nombreuses expéditions, avant que les gelées n'aient interrompu les communications maritimes. En général, cependant, les efforts du commerce de cette ville ont été mal secondés cette année par les Russes, dont les convois de marchandises, arrêtés par le mauvais état des routes, n'arrivent que très-inexactement et éprouvent souvent des retards de trois à quatre semaines.

Le mouvement de la navigation du port de Memel, en novembre, a été de 84 navires à l'entrée et de 177 à la sortie. Le pavillon français en a compté sept. »

Maintenant, nous donnerons quelques détails sur les industries principales de la Prusse : celle de la fonte et des aciers, l'orfévrerie, le travail du lin et de la laine.

On attribue à la présence du phosphure de fer la grande fusibilité de la fonte de Berlin, et la perfection de ses empreintes à la finesse des moules en tripoli; il est certain que les fondeurs allemands sont parvenus à des résultats surprenants. On remarquait, à l'Exposition, des éventails en fonte aussi légers et aussi bien repercés que s'ils eussent été faits en ivoire.

Dans l'association douanière qui constitue le Zollverein[2], la Silésie occupe le premier rang pour le travail du fer; le vaste bassin houiller qu'elle possède a conduit les maîtres

1. *Moniteur* du 24 septembre.
2. Dufrenoy *Rapport du premier jury français à Londres*, p. 31.

de forges de la Silésie à adopter les procédés anglais, lesquels y ont acquis un grand développement. Les minerais y sont extrêmement abondants, et les conditions de la fabrication de la fonte et du fer seraient aussi avantageuses qu'en Angleterre, si la houille y était de même qualité ; mais le charbon de Silésie est maigre, et cela fait que, comme en France, malgré le bas prix de la houille, la fabrication du fer au bois continue à marcher parallèlement à la fabrication du fer à la houille. On calcule que, sur les 250,000 quintaux métriques de fers en barres produits par la Silésie, les trois cinquièmes environ sont obtenus par les forges qui marchent au charbon de bois.

M. Le Play, au tome VI des *Travaux de la Commission française* sur l'Exposition de Londres, a donné de longs détails sur la fabrique des aciers de Solingen (Prusse Rhénane).

« La fabrique de Solingen, dit-il, la plus ancienne des fabriques européennes, et jusqu'à ce jour la plus importante qui existe sur le continent, date du moyen âge et doit vraisemblablement son origine aux célèbres mines d'acier de Stahlberg, situées à peu de distance, dans les montagnes contiguës à la rive droite du Rhin, à la hauteur de Coblentz. L'acier fabriqué dans ces montagnes est extrait directement, par l'affinage, au charbon de bois, de fontes blanches lamelleuses et de fontes grises provenant de la fusion de minerais carbonatés spathiques. On le distingue sous le nom d'*acier naturel* des aciers cémentés, dont la fabrication exige des manipulations plus nombreuses, et qui servent de matière première dans les aciéries anglaises. »

Nous ne pouvons suivre ici M. Le Play dans les recherches qu'il a faites, et il nous suffit de réunir quelques-uns des fragments de son étude savante.

Dans l'organisation actuelle, la situation des usines qui élaborent l'acier dans la contrée de Solingen, est surtout déterminée par la distribution des cours d'eau, auxquels les ateliers d'aiguisage empruntent la force motrice ; considérées dans leur ensemble avec les forges qui préparent la matière première, elles forment cinq groupes principaux :

1° Le groupe de Solingen proprement dit, le plus important de tous. Il est situé dans le premier coude que forme la Wapper, à partir de son embouchure sur la rive droite du Rhin ; on s'y adonne particulièrement à la fabrication des objets de coutellerie et des armes blanches.

2° Le groupe de Reimscheid et Ronsdorf, contigu au précédent et enclavé dans le second coude que forme la Wupper, au-dessus de Solingen, on y fabrique surtout les limes, les scies et les outils fins ;

3° Le groupe d'Enneperstrasse, longeant les deux rives de l'Ennepe, affluent de la Ruhr, où l'on fabrique principalement les faulx et diverses sortes d'outils de qualité commune ;

4° Le groupe de Rade vom Wald et de Breckerfeld, situé dans le plateau montueux et de forme quadrilatérale compris entre la Wapper, l'Ennepe et la Lenne ; on y fabrique la grosse taillanderie, l'acier, et particulièrement les pelles, les pioches et la serrurerie ;

5° Enfin, le groupe de Velbert, au nord-ouest des précédents, contigu au bassin houiller de la Ruhr, et dans lequel on fabrique avec succès plusieurs articles de quincaillerie fine.

On évalue approximativement à 30,000 le nombre des ouvriers.

En résumé, la situation éminente que la fabrique de Solingen occupe dans la zone manufacturière de l'Occident et dans le commerce du monde doit être attribuée :

En premier lieu, à la proximité de tous les éléments essentiels de la fabrication, et surtout à la possession d'un acier naturel, se prêtant, mieux que la plupart des sortes connues, à une production expéditive et économique ;

En second lieu, à une organisation industrielle établie au milieu d'une population morale, docile, laborieuse, fondée sur la division des travaux et sur l'annexion du travail agricole au travail manufacturier ;

Enfin, à l'intervention de négociants habiles dirigeant efficacement tous les détails essentiels de la fabrique, pourvus de l'activité, de l'intelligence et des capitaux nécessaires pour placer leurs produits sur tous les marchés.

Malgré ces conditions favorables, Solingen ne se place cependant au premier rang, ni pour l'importance de ses opérations, ni pour la qualité de ses produits. La nature de l'acier ne comportant pas la fabrication des tranchants les plus durs et les plus fins, les fabricants de ce pays ont été conduits à lutter avec leurs rivaux étrangers plutôt par l'attrait du bon marché que par la renommée qui s'attache à la qualité ou à la perfection du travail. Quelques fabricants, à la vérité, commencent à réagir contre cette tendance dominante, en élaborant, à défaut de matières indigènes, des aciers fondus anglais ; mais ces tentatives n'ont encore rien produit qui puisse être comparé aux beaux articles de Sheffield et de Nogent, de Londres et de Paris.

Arrivons à l'orfévrerie, en suivant pour guide un juge des plus compétents, M. le duc de Luynes (tome VI des *Travaux de la Commission française*, XXIIIe jury, p. 80) :

« Si la mode s'attache encore en Allemagne à ce que l'on appelle le *genre baroque anglais*, quelques orfévres se distinguent par leur talent personnel et la qualité de leurs œuvres : ce sont MM. Hossaüer, Humbert et Wagner de Berlin ; Mayerhofer, à Vienne. L'influence du célèbre architecte, M. Schinkel, a fait pénétrer un goût plus épuré dans l'orfévrerie allemande, et combat le goût du style anglais, maintenant ébranlé, malgré les exigences de la mode qui se sont imposées à MM. Hossaüer et Mayerhofer dans la fabrication de riches services et décorations de table pour le duc de Nassau, le duc de Meiningen, le prince de Prusse, la reine de Bavière et la cour d'Autriche.

« M. Hossaüer, revenu de Paris à Berlin en 1820, y donna une grande impulsion à l'industrie des métaux précieux, qui, depuis cette époque, a pris un développement considérable et s'est beaucoup perfectionnée.

« L'orfévrerie électro-chimique a pris en Allemagne assez d'importance pour inquiéter les orfévres en argent. M. Hossaüer a voulu combiner les deux industries ; en 1844[1], il s'exprimait ainsi : « Je regrette de ne pouvoir vous exposer le résultat, comme économie « de temps, d'or, de matières premières et de charbon, que je trouve dans l'emploi du

1. *Rapport du jury de* 1844, t. Ier, p. 673.

« procédé galvanique appliqué à la dorure sur différents métaux de ma fabrique. Ce « sera pour moi le sujet d'un rapport que je compte vous adresser sous peu ; mais j'ai « trouvé que les résultats, à cet égard, dépassaient de beaucoup mes espérances. » M. Hossaüer s'occupe actuellement d'appliquer l'électro-métallurgie d'argent à des mélanges en gélatine d'après des modèles français.

Avec le concours pécuniaire de S. M. le roi de Prusse, M. de Hackewitz avait fondé une fabrique électro-chimique ; les essais qu'il a tentés en grand étaient très-dispendieux.

Au reste, la galvanoplastie est pratiquée en Allemagne avec beaucoup de soin et de hardiesse. Les ouvriers allemands, d'un caractère habituellement patient, soigneux et attentif, ne négligent rien pour réussir ; ils ont obtenu des statues de cuivre, de 4 ou 5 mètres de hauteur.

Le *Moniteur* du 19 novembre 1855 contenait une note qui a sa place marquée à cette page :

« WESTPHALIE. — La culture du lin a fait de tels progrès dans cette contrée, que le produit indigène s'y substitue successivement à l'importation étrangère. Bietefeld est le grand centre de cette activité. La filature et le tissage à la mécanique s'y exploitent dans de beaux établissements. Mais ce n'est pas sans peine que la filature à la mécanique a remplacé le filage à la main. Il se forme à Bietefeld une grande Société sous le nom de *Vorwærts* (en avant) ou Société du progrès pour la filature et le tissage du lin à la mécanique. Deux autres établissements, patronnés par le Gouvernement, ont été créés à Dulcken et à Duren. Le succès n'a pas tardé à justifier ces entreprises.

« La Société des Vorwærts vient d'être assise sur des bases plus larges. Elle est transformée en Société anonyme au capital de 2 millions de thalers (7,500,000 francs). Une autre Compagnie, la filature de Ravensberg, a été créée récemment et dotée d'un million de thalers (3,750,000 fr.). Ces deux établissements embrassent l'ensemble de la production linière et ne peuvent pas manquer de donner une puissante impulsion aux diverses spécialités qui s'y rattachent.

« Enfin, il se forme en Westphalie de nouvelles entreprises ayant pour but l'exploitation des mines et des hauts-fourneaux. »

C'est de la révocation de l'Édit de Nantes, que date la renaissance de l'industrie de la laine, de l'autre côté du Rhin. Alors 40,000 émigrés français vinrent s'établir et se faire naturaliser en Allemagne. La Prusse gagna à elle seule 20,000 sujets actifs et intelligents ; on vit alors des manufactures de laine s'élever sur les bords du Rhin, en Saxe, dans le Brandebourg, en Westphalie, en Bavière. Le district d'Aix-la-Chapelle se distingua surtout par la perfection et le développement que prit cette fabrication régénérée. Ainsi, sous Frédéric-Guillaume, la Prusse avait déjà jeté les fondements d'une puissance industrielle qui se développa pendant le XVIIIe siècle [1].

La réputation des provinces Rhénanes et des principautés de Reuss était dès lors aussi grande qu'aujourd'hui, si ce n'est que les premières se sont plus exclusivement adonnées

1. V. le Rapport de M. Bernoville.

à la fabrication des tissus légers mélangés de soie ou coton ou simplement de coton et de soie, fabrication dans laquelle elles excellent.

L'industrie allemande copie les modèles français ; mais, en général, elle vise plus soigneusement au bon marché qu'à l'élégance et à la perfection.

La fabrication des velours de laine ou de poil de chèvre et des peluches est une de celles qui ont le mieux réussi en Allemagne. C'est à Berlin et à Elberfeld, que se fabriquent ces étoffes dignes d'entrer en concurrence avec les produits d'Amiens.

En somme, on peut dire que l'industrie des laines est en progrès sensible dans le royaume de Prusse.

PRINCIPAUTÉS DE REUSS.

REUSS, BRANCHE AÎNÉE.

COMMISSAIRE A L'EXPOSITION DE L'INDUSTRIE : M. G. de Viebahn.

REUSS, BRANCHE CADETTE.

COMMISSAIRE A L'EXPOSITION DE L'INDUSTRIE : M. Ch. Richter.

Les principautés de Reuss sont traversées par des montagnes, que couronnent de belles forêts et qui forment des vallées grasses et fertiles.

Le fer, l'alun, la houille, le sel, l'ardoise et le grès s'y trouvent avec une assez grande abondance. L'agriculture y est pratiquée avec intelligence et avec succès. On y élève beaucoup de bestiaux ; on y récolte surtout de l'orge et du colza ; les mines, les laines, les cotons et le lin alimentent surtout les travaux de l'industrie.

La branche aînée règne sur 7 milles carrés et 30,000 habitants.

La branche cadette (divisée elle-même en Reuss-Lobenstein-Ebersdorf et en Reuss-Schleitz) règne sur 14 milles carrés et 60,000 habitants.

Les revenus généraux montent à 6 ou 700,000 fr.

Deux exposants seulement (1° Knüpfer et Steinhaüser, à Greiz ; 2° Morand et comp., à Géra) ont envoyé leurs produits ; mais ils représentent une industrie qui, depuis un temps immémorial, fleurit dans les vallées de la Reuss et qui jouit d'une renommée universelle, celle des tissus de laine peignée. Les étoffes exposées étaient admirables et soutenaient la comparaison avec les produits des plus fameuses maisons de France.

Aussi, les principautés de Reuss ont-elles joui, à l'heure des récompenses, d'un honneur insigne. Elles ont obtenu, avec leurs deux exposants, une médaille de première classe et une médaille de seconde classe. MM. Knüpfer et Steinhaüser avaient envoyé des mérinos et autres tissus de laine peignée; MM. Morand et comp. (médaille de première classe) exposaient des tissus de pure laine peignée : batistes de laine, cachemires d'Écosse, thibets, draps d'été, satins, etc.; tissus de laine peignée et soie : alépines, impérialès, reps, cachemires de Saxe, etc.

ÉTATS PONTIFICAUX ET ROYAUME DES DEUX-SICILES.

COMMISSAIRES A L'EXPOSITION DE L'INDUSTRIE ET DES BEAUX-ARTS : M. le baron du Havelt.

Rome est la Rome antique. Elle vit dans le passé, elle a sa moisson de gloire, son orgueil, et elle se refuse à être autre chose que Rome, la ville éternelle, la cité des héros de l'histoire. Il lui semblerait être tombée en déchéance, si elle se mêlait, comme une ville roturière, aux travaux de l'industrie. De tout le tumulte qui emporte les peuples d'aujourd'hui vers un avenir de nature nouvelle, elle n'aime que le mouvement qui se rattache aux choses de l'art, et, si elle ne se résigne pas à être manufacturière, elle consent à rester artiste.

Naples sommeille. Ce n'est pas à Naples que s'ouvrira, en 1859, la troisième Exposition universelle. Et ce sommeil de la ville parthénopéenne, ce n'est pas une léthargie générale et, comme celle de Rome, une fière lassitude après une vie trop grande; c'est un engourdissement qui tient à la fois de la chaleur du climat et de la mollesse des âmes. Naples n'avait, pour ainsi dire, rien à envoyer au grand concours de l'industrie, et son Gouvernement s'est vu contraint de demander au commissaire pontifical un abri pour les quelques produits qui ont été tardivement envoyés par ses sujets.

Nous ne pouvons être plus jaloux que le gouvernement napolitain de l'honneur de Naples, et, comme lui, nous placerons le nom de cette ville sous l'ombre du nom de Rome.

Dans la première classe figurent des sables quartzeux, recueillis sur la plage de l'Adriatique et employés à polir les métaux et les pierres dures. Le prix de revient de ces sables peut être considéré comme nul. A côté d'eux se voit du carbonate de chaux pulvérisée. Plus remarquables sont les grands blocs d'alun exposés par monseigneur Ferrari, ministre des finances du gouvernement pontifical. C'est de l'alun de roche, semblable à celui que, jusqu'au XVe siècle, l'Europe empruntait à la ville d'Édesse en Syrie. Les deux blocs dont il est ici question ont été obtenus avec beaucoup de peine. L'intérêt qu'ils offrent n'a rien de très-réel, et c'est plutôt un spectacle curieux qu'une exposition utile, puisque aujourd'hui la chimie fabrique l'alun avec toutes les argiles, et peut se passer des extractions d'alun de roche. Rome, en cela, est dépossédée d'une des richeses de son sol héroïque.

Nos peintres et nos poëtes vont visiter les forêts romaines, ces bois de hêtres et de houx, et surtout ces vieux chênes verts qui couronnent, à l'horizon, de leurs lignes sombres, les longues plaines de la campagne de Rome. La science a tort lorsqu'elle fouille ces épais abris du silence et de l'ombre. Néanmoins, nous obéissons à la voix de la science.

La Société d'agriculture de Bologne, pour faire connaître les bois que l'on propage dans la province et leur emploi, a envoyé cinquante-six échantillons de bois vernis. Par exemple : le chêne, un chêne excellent, l'orme, le hêtre, le mûrier, le charme commun, le noyer, le châtaignier, le buis, le charme aux couches ondulées, le cormier, le cornouiller, l'érable, le frêne, l'olivier, le poirier sauvage, le vieux pommier, le cerisier, le pêcher, le néflier, le laurier, le gainier, le genévrier et bien d'autres.

C'est dans les États pontificaux, sur les bords de la mer Adriatique et près de Ravenne, que se trouve peut-être la plus belle forêt de pins (*pinus-pinea*) qu'il y ait au monde. On en retire, chaque année, plus de 100,000 kilogrammes d'amandes écalées.

La petite culture est en grande faveur en Italie, comme aux premiers temps de Rome, alors que n'avait pas encore été prononcée la triste parole : « *Latifundia Italiam perdidere.* » Elle a pour objets les pâturages, les prairies naturelles et artificielles, les céréales, le chanvre, le riz.

Le chanvre croît comme par enchantement dans les riches terrains d'alluvion de Ferrare. Les principales espèces de chanvre cultivées en Italie sont le chanvre commun (*cannabis sativa*), le chanvre de Chine et le chanvre géant. Ce dernier chanvre est représenté à l'Exposition par des tiges qui ont près de 5 mètres de longueur. Toutes ces espèces viennent d'Asie. Le ricin de Ferrare est fort connu; peut-être servira-t-il de mûrier un jour à une nouvelle espèce de vers à soie. Les riz de Bologne, cultivés dans des terrains humides, sont fort beaux.

On est heureux, lorsqu'on voit au milieu de cette noblesse italienne, telle que l'ont peinte Henri Beyle dans la *Chartreuse de Parme* et plus récemment l'auteur de *Tolla*, des noms nobles s'élever qui veulent ne pas devoir tout leur éclat aux services de ceux qui les ont autrefois portés. MM. le marquis et le comte Muti-Pappazurri-Savorelli ont introduit et fait réussir à Rome l'admirable fabrication française des bougies stéariques.

Les tartrates acides (crème de tartre) de M. le docteur Bottoni et de M. Finzi Magrini de Ferrare sont d'une grande pureté. M. le baron R. Anca de Palerme (nous sommes ici sur le terrain de l'industrie napolitaine) a eu l'heureuse idee de vouloir utiliser les immenses récoltes de citrons de la Sicile; il les transforme en citrate de chaux, et du citrate de chaux se retire l'acide citrique du commerce.

On sait que le savon est né en Italie, à Savone, dans le cours du VIe siècle. Les savons de toilette, sortis de la parfumerie de M. Félix Genevois, de Rome, et aussi un grand nombre des produits de sa fabrique, les huiles parfumées, les vinaigres de toilette et les pommades jouissent d'une réputation méritée.

On fabrique beaucoup de colle de poisson sur les côtes de l'Italie. Parmi les fabricants de l'ichtyocolle se distingue M. Em. Montalti, de Bologne.

Les papiers sont, en Italie, un article important[1]. On commence à le fabriquer mécaniquement dans les États pontificaux. M. Miliani, de Fabbriano, fabrique des papiers très-soignés et d'une qualité excellente qui ont obtenu une médaille de prix à l'Exposition universelle de Londres en 1851.

On n'a jamais accusé de stérilité ni le sol de Rome ni celui de Naples. Que de riches récoltes y voyait Caton l'Ancien ! Quelles belles vignes y chantait Horace ! Les vins de Rome et même ceux de Naples nous ont manqué ; nous n'avons guère à citer parmi les produits de la XIe classe, que les *vinaigres séculaires* de M. Bianconi, de Bologne, et les conserves de fruits sucrés que l'on réussit merveilleusement à Ferrare.

Les chirurgiens d'Italie ont été célèbres au moyen âge ; et comme le Catalogue officiel, immédiatement après les substances alimentaires, place la chirurgie, nous devons ici même parler d'elle. M. G. Giovanini a étudié à fond le crâne humain, et ingénieusement inventé les instruments nécessaires aux opérations qui se peuvent pratiquer sur le crâne. Son *trépan-scie tournante* est remarquable.

Une exposition distinguée est celle de M. Antoine Bettanzoni, de Bagnacavello, près Ferrare. Ses carreaux mosaïques de grande dimension, pour dallage, devraient être plus connus et plus universellement adoptés. Il faut avouer que nous autres, ultramontains du Nord, nous sommes encore bien loin d'arriver, par l'éducation, au grand goût que les Italiens prouvent dans la décoration de leurs demeures. L'archéologie industrielle de M. Bettanzoni peut, d'ailleurs, être fort appréciée dans les restaurations d'églises antiques.

Rome expose des camées. Elle ne pouvait pas ne pas attester par là qu'elle est restée fidèle aux grandes traditions de l'art qui fit tant de merveilles sous les Césars. M. Michelini, élève de Girometti, a envoyé des œuvres véritablement admirables. Il met en œuvre des pierres dures d'une dimension extraordinaire. Le grand portrait de Pie IX, par M. Dies, est aussi une œuvre du plus grand mérite.

Madame Victoria Pozzi, de Rome, fabrique la perle fausse à la manière d'autrefois, et non en employant les écailles de l'ablette. Elle la compose de petits grains d'albâtre plongés dans une dissolution de nacre, d'alcool et de colle de poisson. La perle fabriquée ainsi est d'un effet qui l'emporte sur les autres fausses perles. Les argiles fameuses du Janicule figurent à l'exposition de l'industrie romaine.

C'est l'hospice apostolique de Saint-Michel, fondé en 1682 par Thomas Odescalchi, aumônier d'Innocent XI, qui est l'École des Arts-et-Métiers des États pontificaux. On y fabrique un grand nombre de produits utiles. Le président de la communauté, le cardinal Tosti, qui a rendu de si grands services à l'industrie de sa patrie, a fondé une exposition annuelle de ces produits, laquelle a lieu le 29 septembre, jour de la Saint-Michel. Les draps fabriqués dans cet hospice ont été employés avantageusement à l'habillement des troupes françaises qui occupent Rome.

1. Le prince Louis Napoléon, père de l'Empereur, s'était beaucoup occupé de l'industrie du papier, et avait fondé plusieurs belles papeteries aux environs de Florence, lesquelles prospéraient par ses soins au moment où une mort prématurée est venue l'enlever à la science.

Les pays de montagne produisent des soies fort estimées; ainsi Ancône et surtout Fossombrone. Les soies produites par cette dernière ville n'ont guère au-dessus d'elles que les soies des Cévennes. Celles de Naples sont aussi fort belles. Si elles étaient mieux filées, comme elles peuvent être vendues à un prix assez bas, elles feraient une sérieuse concurrence aux autres soies. Leur qualité principale est la ténacité.

On a vu que les chanvres de Ferrare sont les plus beaux chanvres du monde. Les cordages de M. Halboni, de Reno-Centese, tiennent sans peine le premier rang. M. Padoa, de Cento, tisse de grandes toiles sans couture et sans apprêt, qui sont très-résistantes.

Parmi les tapisseries, on a remarqué l'œuvre de l'hospice de Saint-Michel, à Ripa. C'est un fragment de mosaïque antique, d'un travail très-fin, retrouvé à Rome, en 1834, entre les portes Saint-Paul et Saint-Sébastien. Le milieu de cette tapisserie est la reproduction des colombes, mosaïque couronnée dans le musée de Naples.

On n'a pas médiocrement été surpris, lorsqu'on a vu l'ébénisterie fleurir à Rome, et, sous le patronage des cardinaux, fabriquer des meubles de la plus grande élégance. C'est ainsi que M. Gatti a exposé un petit bureau-secrétaire qui est dessiné avec toute la pureté du meilleur style de la Renaissance. « Le corps [1] supérieur du meuble est entouré d'une galerie sculptée, terminée par des dauphins. Sur les panneaux de devant du corps supérieur, deux vases de fleurs permettent d'apprécier et l'artiste et son talent : on y distingue l'oranger, l'œillet, la marguerite, la tulipe; des papillons aux ailes de nacre voltigent et semblent se poser sur leur calice. La partie inférieure, supportée par quatre pieds gondolés, est ornée de plusieurs médaillons représentant les grands hommes de l'Italie : le Tasse, le Dante, etc. Ce meuble délicieux appartient à un Américain. »

M. Gatti a fait là un chef-d'œuvre dont on a été jaloux à Paris.

Nous avons parlé déjà de M. le marquis Mutti-Pappazurri-Savorelli et de son frère : ils ont inventé un nouveau procédé de gravure sur pierre. Une table de marbre blanc, envoyée par eux, représente les dessins que Flaxman a faits pour illustrer la Divine Comédie. C'est la chimie qui, pour eux, remplace le burin. M. Urtis, de Rome, envoie une table ronde de stuc qui imite le marbre rouge antique et d'autres imitations de Carrare et de Brèche.

Les fleurs de cire ont eu du succès. L'Empereur a longtemps causé, durant ses visites, avec M. Pagliaci, qui a, sinon créé, du moins animé d'une vie véritable cette gracieuse industrie. La fabrication des fleurs de papier a joui dans nos salons d'une certaine vogue. Il n'est guère plus difficile, en suivant les procédés de M. Pagliaci, de réussir dans la fabrication des fleurs de cire.

Un Sicilien, M. Scariano, de Palerme, est l'auteur du psalisomètre. C'est un appareil qui permet de tracer mécaniquement, et de reproduire la forme des corsages. M. le maréchal Vaillant, ministre de la guerre, a donné des ordres pour qu'on examinât cet appareil.

Le soleil italien, qui a tant fait pour les arts, ne refuse rien à la Photographie qui, dans ces derniers temps, est venue réclamer sa place dans le cortége des Muses. M. Dovi-

1. M. Charles de Montluisant.

zelli, à Rome, photographie Rome entière. Quel atlas! quel album! quel livre! Si cela coûtait un peu moins cher, nous en voudrions voir les feuilles affichées dans les salons et dans les écoles. A côté du nom de M. Dovizelli, on doit placer ceux de MM. Balbi et Fernandoz.

A Naples, M. Riccio a obtenu, par un procédé particulier de galvanoplastie, la reproduction et la copie des plus belles médailles de l'antiquité. Encore un précieux album!

On a placé sous le patronage de saint Pierre les pieux bijoux que fabriquent les chrétiens de la Judée : les coquilles, les croix, les chapelets. C'est de l'art naïf, qui remonte aux croisades.

Si nous avons, en France, des cordes d'instruments, nous le devons à un Napolitain, Nicolas Favarese, qui s'établit à Lyon en 1766. Naples a gardé sa réputation par les chanterelles à trois fils. M. C. di Bartolomeo, de Naples, a envoyé une belle collection de cordes harmoniques pour violon, alto et violoncelle.

Nous avons oublié les mosaïques de Galland et celles de Rocheggianni. Nous avons oublié aussi un chef-d'œuvre de patience et de ciselure fine, la reproduction en bronze doré de la colonne Trajane, par M. Pagliacci.

Le travail des mosaïques constitue une industrie, un art, qui appartient par excellence à l'Italie, et que le gouvernement romain protége. On pare aujourd'hui l'église de Saint-Paul-hors-des-murs, de mosaïques qui attesteront aux âges les plus éloignés le grand talent des mosaïstes de Rome. Avec des cailloux de couleur taillés et des cubes de verre coloré, ils copient Raphaël, et l'on croit avoir une fresque peinte d'hier. Mais ces fresques-là vivront à jamais; et c'est une œuvre vraiment pieuse, que de copier, que d'immortaliser ainsi les œuvres des maîtres, chaque jour insultées du temps.

Nous voici naturellement amenés à parler des beaux-arts de la Rome nouvelle. Mieux vaudrait parler des beaux-arts de la Rome du XVIe siècle. Pourquoi Tenerani n'a-t-il pas envoyé de sculpture? C'est un maître qui n'a pas une grande originalité, mais qui a un talent incontestable. Quant à Gibson, c'est un Anglais. Reste à citer Calamatta. C'est un nom, et l'histoire de la gravure ne l'oubliera pas.

Nous n'avons plus, avant de passer à la statistique, qu'à enregistrer les treize médailles de première classe que Rome et Naples ont obtenues.

La superficie des États Pontificaux est de 41,162 kilomètres carrés.

La population, en 1850, montait à 3,006,771 habitants, sans compter 10,000 israélites.

En 1854, le budget présumé était réglé de cette manière :

Recettes.		Dépenses.	
Ordinaires.	Extraordinaires.	Ordinaires.	Extraordinaires.
40,980,586 scudi [1].	42,860	11,759,340	532,584

Quant à l'état des finances de Naples, il n'est pas bien connu, vu que le budget n'est pas communiqué au public.

1. Le scudo vaut 5 fr. 45 cent.

La superficie du royaume est de 81,482 kilomètres, en Italie, et de 26,475 kilomètres, dans la Sicile et les autres possessions.

La population du royaume de Naples montait, en 1851, à 6,640,679 habitants; celle de la Sicile, en 1845, était de 2,040,610 habitants.

EMPIRE DE RUSSIE.

La Russie, aujourd'hui notre adversaire, est une grande nation. L'Empereur des Français avait voulu que, malgré la guerre qui devait décider la solution d'un problème politique, la Russie envoyât à Paris les pacifiques productions de son industrie et de son agriculture; mais la Russie a craint de ne pouvoir utilement répondre à cet appel courtois, et elle s'est fermée comme un camp.

Notre livre est un monument consacré à la gloire de la paix, à la concorde, à l'union des peuples, à l'émancipation complète, à la fédération de toutes les nations qui travaillent, et notre rêve n'est autre chose que l'organisation prochaine du monde.

En face de l'Exposition universelle, nous ne connaissons point d'ennemis; et, le voulussions-nous, nous n'aurions pas le droit d'exclure, d'un tableau statistique qui, dans son ensemble, doit représenter l'univers laborieux, l'une des nations qui disposent des ressources les plus grandes et qui, toutes jeunes, ont devant elles, avec nos exemples, l'incomparable auxiliaire du temps.

La Russie a un orgueil qui s'est incarné, en quelque sorte, dans la pensée de ses princes, et qui, depuis longtemps, l'érige en nation puissante. Cet orgueil est légitime. Elle a le droit de se dire l'un des grands États de l'univers.

Dès le XVIIe siècle, et même dès le XVIe, dès Ivan Vasilievitch, elle réclame sa large place dans l'Europe politique.

Le tzar s'intitule dès-lors:

« Sérénissime, puissant et grand souverain[1], par la grâce de Dieu, tzar, grand prince et samoderjets de toutes les Russies, Grande, Petite et Blanche, de Moscou, Kieff, Vladimir et Novgorod; tzar de Kazan, tzar d'Astrakhan, tzar de Sibérie, souverain de Pskoff, grand-prince de Smolensk, de Iver, de Yougorsk, de Perm, de Viatka, de Bulgarie et autres; souverain et grand-prince des terres inférieures, de Tchernigoff, Rïazan, Rostoff, Yaroslaff, Belozersk, Oudorsk, Obdorsk, Kondinsk; chef de toutes les contrées Boréales; souverain du pays d'Iversk, de Kartaline et des possessions des rois de Géorgie, des terres de Kabardie, de Tcherkask et des princes montagnards; chef, père et protecteur d'un grand nombre d'autres royaumes, situés au levant, au couchant et au septentrion. »

1. Relation de l'ambassade de Pierre Potemkin en Espagne (1668).

Mais, ni Ivan Vasilievitch, ni Alexis Mikhaïlévitch, celui-là même qui envoya Pierre Potemkin en ambassade vers Charles II d'Espagne et vers Louis XIV, n'ont créé la Russie européenne. Jusqu'à Pierre le Grand, la Russie est l'avant-garde de l'Orient; aujourd'hui, quoi qu'on en dise, c'est la frontière orientale de l'Europe.

Depuis Pierre le Grand jusqu'à nos jours, on sait avec quelle rapidité merveilleuse cette nation, si jeune, s'est instruite aux arts, aux lettres et aux sciences.

La Russie était représentée à Londres par près de quatre cents exposants; elle y a obtenu 123 récompenses, parmi lesquelles deux grandes médailles.

Nous ne pouvons rien faire de mieux que d'aller chercher, parmi les témoignages rendus au nom de la Commission française, les jugements de ceux de nos grands industriels qui ont vu la Russie à l'œuvre en 1851.

Voici d'abord, au nom du XIe jury, un passage du Rapport sur l'industrie des cotons.

« La Russie devait être, dans son système économique, moins absolue que la France, car, sous plus d'un rapport, elle n'était pas prête à se suffire à elle-même.

« L'entrée des marchandises étrangères fut permise, mais des droits de 50 et 100 pour 100 protégèrent le travail national. A l'aide de cette protection, la Russie manufacture, chaque année, 31,000,000 kilog.; elle en obtient 28,000,000 en tissus.

« Elle reçoit de l'Angleterre, et, en bien moindre grande proportion, de la France, 172,863 kilog. de tissus pour 1,628,400 fr., 4,200,000 de coton filé pour 12,832,275 fr., soit 4,372,863 kilog. pour 14,460,675 fr. De sorte que la Russie reçoit en poids l'équivalent du système de sa production: c'est du coton filé à 3. 10, du tissu à 7, c'est-à-dire tout ce qui ne trouble pas son travail tel qu'il est constitué, tout ce qui n'élève pas une concurrence fâcheuse à ses manufactures.

« Les filatures de la Russie réunissent un million de broches: presque toutes travaillent le jour et la nuit [1].

« La Russie exporte environ un million de kilogrammes, des tissus qu'elle fabrique. Elle pénètre dans la Perse, par des caravanes: le nord de la Chine lui est accessible, et 300,000 kilogrammes de tissus de coton sont dès à présent livrés par la Russie au Céleste-Empire. »

Voici un passage qui, de forme sévère, atteste les progrès réels de la Russie dans l'art de la teinture:

« Si l'on n'était renseigné, d'ailleurs, sur l'état réel de l'impression des tissus en Russie [2], on s'en ferait une très-fausse et très-déplorable idée d'après les produits qui figuraient à l'Exposition de Londres. Zarèva et tant d'autres établissements du premier ordre y étaient représentés par des spécimens qui ne donnaient aucunement la mesure des ressources dont ils disposent et des progrès réels qu'ont faits les manufactures russes. »

Des tissus de coton et des impressions et teintures, si nous passons à l'industrie des laines, nous invoquerons le témoignage de M. Randoing, rapporteur des XIIe et XVe jurys.

1. On ne compte en Russie que 270 jours de travail par année.
2. XVIIIe jury, M. Persoz, rapporteur.

« La Russie, dit-il, en raison de l'immense étendue de ses pâturages et du climat propice de ses provinces méridionales, est un des pays les plus favorables à l'élevage de la race ovine : aussi, cette branche de l'économie rurale est-elle, sans contredit, celle qui a fait, dans les derniers temps, le plus de progrès et qui est le plus susceptible d'un grand développement à l'avenir.

« Outre une grande variété de races ordinaires ou communes, connues sous les noms de brebis du Don, de l'Ukraine, de la Crimée, Valaques, Kirghises, Bohémiennes, Tcherkesses, etc., il y a celle des bêtes à laine fine, dont l'éducation prend en Russie, depuis une vingtaine d'années, une extension de plus en plus considérable. Elle est surtout très-répandue dans le midi de la Russie, en Volhynie et dans le royaume de Pologne, dans les gouvernements de la Baltique, de Kherson, de la Tauride, de Bessarabie, d'Ékaterinoslaw et dans quelques provinces centrales, telles que les gouvernements de Saratow, de Poltava, etc.

Près de 42 millions de moutons, dont environ 15 à 16 millions de race mérinos mi-fine, fine et très-fine, forment actuellement le total de la population des bergeries en Russie, sans compter le royaume de Pologne, où l'on possédait, en 1846, 3,192,000 têtes, dont près de 600,000 de race fine et 1,600,000 de race croisée et améliorée, c'est-à-dire de 1/2 ou 3/4 sang mérinos. »

Analysons le Rapport pour achever cette statistique.

L'exportation, avant 1830, ne dépassait pas 40,000 pouds (667,000 kilog.) ; en 1847, elle atteignait 434,930 pouds, et en 1849, 601,636, après s'être élevée, en 1844, à 840,000 pouds, non compris 100,000 pouds pour la Pologne.

La Russie fabrique annuellement 8 millions d'archines (l'*archine* vaut 0m 711 ou 4,800,000 mètres de drap de soldat ; près de 10 millions d'archines (8,350,000 mètres) de draps communs ; 1,600,000 archines de draps pour la Chine et l'Asie centrale et 1,250,000 archines pour la consommation ordinaire. Elle fabrique encore des étoffes rases et des tapis fins, pour lesquels il faut plus de 400,000 kilogr. de laine. Restent les tapis communs, la bonneterie, etc. Le tout consomme 45 millions de kilogrammes.

Dans son ensemble l'industrie des laines a occupé, en 1849, 495,000 ouvriers répartis entre 9,172 fabriques.

Elle fournit presque suffisamment à la consommation intérieure. En 1850, la Russie n'a importé que pour 5 millions de tissus.

Camelots, mérinos, etc.	3,300,000 fr.
Draps	1,600,000
Châles et mouchoirs	96,000
	4,996,000

Elle a exporté la même année pour 13 millions de francs.

M. Randoing s'exprime ainsi en un autre endroit :

« Nous pouvons résumer en peu de mots ce que nous attendons du tarif nouveau.

« La grande consommation continuera d'être alimentée par l'industrie russe, assez avancée pour que la protection qui la couvre lui suffise. La consommation des objets de luxe et de mode continuera et même s'accroîtra au profit de la France.

« La nation russe a quelque chose de l'imagination française. Son goût se règle évidemment sur le nôtre ; elle s'assimile nos créations avec une merveilleuse facilité ; elle copie encore, mais elle copie avec goût; elle saisit nos nuances, elle ne dénature pas nos idées, elle ne défigure pas nos dessins; enfin, on sent que la tendance est française chez ce peuple encore neuf.

« Les artistes français, qui séjournent longtemps en Angleterre, y perdent quelque chose de leur manière : leur imagination s'affaisse ; c'est une flamme que l'esprit positif et froid des Anglais éteindraient à la longue, tandis qu'en Russie, au milieu de cette population intelligente et vive, qui n'aspire qu'à vivre de la vie française, ils ne perdent rien de leurs facultés créatrices; leur génie brille comme en France, les sympathies leur sont acquises; ils sentent qu'ils sont compris, il semble qu'ils n'aient pas changé de milieu et qu'ils soient encore dans leur pays. Avec le goût, la persévérance et les habitudes de discipline, qui caractérisent la nation russe, on peut prédire que, d'ici à un certain nombre d'années, lorsque les nouvelles générations auront complété leur éducation industrielle, l'industrie russe, aujourd'hui simple imitatrice, verra s'ouvrir devant elle un avenir brillant, où elle montrera, à son tour, un esprit d'invention original et fécond. »

Les soieries russes ont mérité d'être ainsi jugées par M. Arlès-Dufour :

« La brillante exposition de l'industrie russe, en général, et de ses soieries, en particulier, a été un véritable événement et une grande surprise.

« On savait bien qu'il existait quelques fabriques à Moscou, travaillant surtout pour l'Orient et la consommation ordinaire ; mais presque personne ne se doutait que, depuis la levée des prohibitions et l'abaissement successif des tarifs, ces fabriques ont pris un élan remarquable, et que Moscou compte 15,000 métiers de soieries, dirigés par des fabricants très-habiles et très-hardis.

« Rien ne manquait à cette exposition : depuis le fichu, l'écharpe de tissu léger, jusqu'aux robes, aux tentures les plus riches ; l'assortiment était complet et ne le cédait en rien à celui de nos exposants. Il est vrai qu'on peut dire, de cette exposition, comme de celle de l'Autriche et de l'Angleterre, que presque tous les articles de nouveauté étaient copiés des nôtres.

« Il faut cependant excepter les brocarts, or et argent, pour meubles et ornements d'église, qui présentaient un tel cachet d'originalité, que j'ai cru devoir en acheter plusieurs comme spécimens à soumettre à nos fabricants.

« D'après les renseignements officiels que je dois à l'obligeance du commissaire russe, M. de Schérer, les fabriques de Moscou emploient annuellement 270,000 kilog. de soie grége ou moulinée d'Europe, et 400,000 kilog. de soie indigène.

« Cette consommation fait supposer une production manufacturière de plus de 32 millions de francs. »

Que pouvons-nous dire qui vaille ces attestations solennelles données par des hommes dont l'opinion a la force d'un arrêt ?

Sans aucun doute, le pays, qui, en 1851, méritait et obtenait de tels éloges, en 1855, eût prouvé que, chez lui, les années sont doubles, et que, s'il est en arrière un peu sur les autres pays, il marche plus vite qu'eux.

Jetons un coup d'œil sur l'intérieur de cette Russie, dont on a tant parlé, et que l'on connaît si peu. Nous nous convaincrons ainsi d'une vérité : c'est qu'il est peu de contrées où les ressources soient plus grandes, les besoins de la paix plus urgents et l'esprit de l'avenir plus fertile.

Ne nous laissons pas effrayer aux déclamations ; comprenons mieux l'esprit de l'humanité moderne, et félicitons-nous de ce que la Russie est capable d'entrer en lice avec nous dans le champ-clos du travail [1].

Nous remonterons à cette année 1851, qui vit l'Exposition de Londres, et nous puiserons aux bonnes sources[2], année par année, depuis cette année, les renseignements qui peuvent le mieux nous instruire.

1851. — La superficie de la Russie est de 22,029,480 kilom. carrés, dont 5,422,485 en Europe.

La population (1842) est de 54,092,300 habitants[3].

1. Cette note, empruntée à l'un des Rapports de la Commission française de Londres, donne une idée avantageuse des ateliers de la Russie.

« L'aspect des fabriques russes ne ressemble pas à celui des nôtres; elles sont vastes, fastueusement construites, monumentales et non sagement et modestement proportionnées à leur but. Quand les Russes créent quelque chose, ils taillent dans l'immensité. Les manufactures de Moscou renferment des bâtiments élevés et d'un aspect imposant. Il en est peu, dit M. Fleury, où, sur l'une des nombreuses façades, ne se retrouvent l'attique et la colonnade des temples grecs. Tout cela est entouré de jardins et de prairies, et dégagé par des cours immenses : ce sont enfin des palais du travail.

« L'intérieur de ces fabriques ne diffère pas de celui de nos fabriques les mieux tenues, il ne laisse pas plus d'espace libre; les salles sont propres et salubres, l'air et la clarté y abondent, et tout est calculé pour le bien-être de l'ouvrier qui est là dans de bonnes conditions hygiéniques.

« Les ouvriers, dans les usines de filature, tissage, etc., sont presque tous casernés ; l'éloignement de l'usine d'un centre de population et la nécessité de loger des serfs venus de loin ont fait adopter cet usage, qui est bien loin de nuire aux bons rapports du maître et des ouvriers. Ces derniers sont clôturés pendant six jours de la semaine, et ne peuvent sortir; les travailleurs casernés ne sortent que le dimanche, et doivent être rentrés à dix heures du soir. La police des portes est confiée à des sous-officiers vétérans qui la font rigoureusement.

« A l'esprit de discipline, les Russes joignent celui d'association. Les ouvriers des fabriques se forment en groupes (artels) de 12 à 15 individus. Chaque groupe élit son chef, et celui-ci a mission de recevoir les salaires de chacun des ouvriers, de faire les dépenses de nourriture, etc.; il a de plus un droit de censure morale qu'il exerce au besoin. Lui seul a crédit aux boutiques et est admis aux comptes du magasin ; il rend ses comptes, à la fin de chaque mois, et remet à chacun ce qui lui revient; il n'y a pas d'exemple d'infidélité. Dans les salles basses des bâtiments servant de casernes, il existe des cuisines et réfectoires; 2, 3, 4 artels s'entendent, salarient une cuisinière et lui remettent ce qui est nécessaire à leur alimentation. Les ouvriers, pendant les repas, sont graves et polis l'un pour l'autre. »

2. Principalement aux *Annuaires de l'Économie politique.*

3.

POPULATION TOTALE DE L'EMPIRE.

	M. c. géogr.	Habitants
La Russie européenne ayant	90,117	54,092,300
Il faut ajouter les autres provinces de l'empire tant en Asie qu'en Afrique, ainsi		
A reporter	90,117	54,092,300

Les revenus des douanes (pour 1848) ont monté à 31,220,140 roubles d'argent[1], d'après les chiffres suivants donnés par le *Journal de Saint-Pétersbourg* :

Droits de douane proprement dits	29,427,106 roubles.
Accise sur les sels de la Crimée	321,064 —
Droits d'entrepôts et d'emmagasinage	242,558 —
— au profit de différentes villes	925,071 —
— pour la construction du port sur la Néva	244,670 —
Produit du fret des marchandises et du passage des voyageurs sur les pyroscaphes d'Odessa	59,680 —

Les frais d'administration doivent être prélevés à raison de 7 pour 100.

	M. c géogr.	Habitants.
Report	90,117	54,092,300
que le royaume de Pologne et la Finlande, dont la population est évaluée comme suit :		
1° Les quatre gouvernements de Tobolsk, Tomsk, Jenisseisk et Irkutzk avec quelques autres districts de la Sibérie orientale et occidentale	223,780	2,937,000
2° Les quatre gouvernements du Tiflis, Kutaïs, Schémaklia et Derbert (pays transcaucasiens ; gouv. Grusie-Imérétique et territoire caspien)	3,123	2,648,000
3° Russie américaine	17,500	61,000
4° Royaume de Pologne	2,320	4,840,735
5° Grand-duché de Finlande	6,400	1,412,315
Total	343,240	65,964,350

DIVISION DE LA POPULATION, SELON LA RELIGION.

Par rapport à la religion, les habitants se classent approximativement de la manière suivante :

Église orthodoxe russe orientale	49,000,000
— catholique romaine	7,300,000
— protestante	3,900,000
Islamisme	2,400,000
Judaïsme	1,900,000
Arméniens catholiques et arméniens grégoriens	1,000,000
Idolâtres	600,000
Total	66,100,000

DIVISION DE LA POPULATION, SELON L'ORIGINE.

L'origine de cette population est évaluée de la manière suivante (approximativement) :

Russes (de la grande Russie)	33,000,000
— (de la petite Russie)	11,200,000
— (de la Russie Blanche)	3,600,000
Lithuaniens et Polonais	8,000,000
Finnois et Lettaniens	3,300,000
Tatares et Mahométans	2,400,000
Allemands	600,000
Grusiens et Arméniens	2,000,000
Juifs	1,500,000
Appartenant aux races d'Oural	500,000
Total	66,100,000

1. Le rouble vaut 4 francs.

D'après le compte rendu du ministre des finances, dans la séance du conseil des établissements de crédit de l'Empire, du 16 août 1850, la dette devait être évaluée à 336,219,492 roubles.

En 1848, le commerce extérieur de la Russie avait été :

Importation	308 millions de francs.
Exportation	318 — —
Total	626 millions de francs.

1853[1]. — D'après le *Journal de Saint-Pétersbourg* du 28 juin (10 juillet) 1852, la dette de l'empire russe et de la Pologne s'élevait, au 1er janvier de l'année, à 400,667,799 roubles.

Les comptes rendus du ministère des finances, pour 1849, détaillaient ainsi les recettes :

1° Capitation, tailles, impôts, revenus divers (forêts, etc), contributions et autres produits	40,289,351 roubles.
2° Revenus des propriétés de la couronne	79,169,415

Ce second chapitre se divisait :

Domaines vacants	10,298,703
Terres indivisées en litige	10,226,684
Aux paysans de la Couronne	39,496,737
Aux colons	2,308,613
Aux Israélites de la nouvelle Russie	156,709
Aux Kalmouks d'Astrakan	10,248,556
Aux Kirghises d'Orenbourg	5,600,000
Aux Kirghises de Saratoff	800,000
Terres du département de l'économie rurale	33,413

La population des domaines de la Couronne se répartissait de cette manière :

Paysans — Hommes	7,774,768
Paysans — Femmes	8,130,645
Colons étrangers	244,597
Israélites	44,306
Nomades kerghises	200,000
— kalmouks	116,816
— samoïèdes	5,752

Total, 16,486,884 individus, auxquels il faut joindre 488,234 marchands, veuves, filles de soldats, militaires en retraite, cantonistes et enfants des écoles.

Pour 1849, l'exportation et l'importation réunies ont donné 192,335,242 roubles ou 769,341,000 fr.; en 1850, elles ont donné 192,366,109 roubles ou 769,465,000 fr.

En 1850, l'exportation a été :

1. Nous ne parlons pas de l'année 1852, n'ayant pas eu sous les yeux des chiffres certains pour cette année.

Par la frontière d'Europe	332,536,000 francs.
— d'Asie	44,892,000
Pour la Pologne	9,245,000
Pour la Finlande	7,120,000
En somme	393,793,000

L'importation correspondante a été :

Pour le commerce d'Europe	304,428,784
— d'Asie	62,977,720
— de Pologne	5,102,320
— de Finlande	3,162,272
	375,671,096

En 1849, l'importation avait été de 96,246,655 roubles, c'est-à-dire de 2,328,631 roubles plus forte.

Le mouvement du numéraire se résume en une exportation de 5,245,509 roubles, et une importation de 7,775,988 roubles, ce qui donne un excédant, pour l'importation en 1850, de 2,580,479 roubles.

Voici le tableau détaillé des chiffres représentant la valeur des principaux articles importés et exportés en 1849 et en 1850 :

Exportation.

	1849.		1850.
Chanvre	2,987,855	pouds [1].	2,723,933
Lin	4,684,504		4,307,618
Suif	3,376,542		3,313,873
Potasse	493,360		477,899
Laine	601,636		617,062
Soies de porc	88,363		83,358
Fer	696,280		757,956
Cuivre	83,598		114,985
Graine de lin et de chanvre	1,228,305	tchetwerts [2].	1,111,323
Produits forestiers	3,115,694	roubles.	2,797,576
Cuirs bruts	964,688		1,055,256
Cuirs de Russie	941,009		1,052,829
Grains	18,551,032		19,207,188

Importation.

Coton	1,554,949	pouds.	1,200,738
Coton filé	279,103		168,803
Soie	16,894		15,513
Laine	56,344		67,290
Huile	656,809		548,009

1. Le poud vaut 16 kilog., 37.
2. Le tchetwert vaut 209 litres, 847.

Café	231,147 roubles.	184,156
Sucre brut	2,038,258	1,979,231
Vins et autres boissons	7,815,599	8,090,026
Fruits	3,462,541	3,612,493
Couleurs	5,421,509	5,453,077
Machines et instruments	2,567,279	2,674,805
Cotonnades	4,448,349	3,299,515
Soieries	4,448,057	4,258,187
Étoffes de lin	579,041	537,996
— de laine	2,201,688	1,958,705

Le *Journal des Mines*, de Russie, a donné d'utiles renseignements sur la richesse monétaire de l'empire russe. On y voit que, de 1826 à 1851, la valeur de l'exploitation de l'or et de l'argent a été de 285,769,000 roubles.

Il a été importé 189,295,000 roubles et exporté 48,350,000 roubles. Déduction faite, la valeur totale de la richesse acquise en or et en argent, pour les vingt-cinq années, monte à 426,714,000 roubles, sur lesquels 426,625,000 ont été remis à l'hôtel des monnaies de Saint-Pétersbourg.

Il a été monnayé pour 340,000,000 de roubles, frappé en médailles pour 1,707,000, exporté en lingots pour 39,462,000 de roubles.

Avant Catherine II (de 1664 à 1762), on avait frappé pour 92,580,000 roubles d'espèces d'or et d'argent qui ont été depuis démonétisées.

Depuis l'avénement de Catherine II il a été frappé 99,066,000 roubles, savoir : 86,879,000 roubles sous Catherine, et 12,187,000 roubles, sous Paul Ier. Ces monnaies ayant été retirées en partie, il en reste peut-être un tiers dans la circulation.

Sous Alexandre (de 1801 à 1826), il a été frappé, en or, 43,146,000 roubles, dont le quart subsiste, et, en argent, 110,264,000 roubles dont il reste à peu près un tiers.

Si l'on retranche des monnaies frappées de 1826 à 1851 un sixième pour l'argent (14,000,000), et un tiers pour l'or (75,000,000), afin de faire la part des refontes et exportations partielles, on trouve qu'il y avait en Russie, dans l'année 1851, 190,000,000 de roubles en or et 136,000,000 de roubles en argent.

1854. Les revenus pour l'année 1850, divisés d'après les deux sections indiquées pour l'année 1849 en deux chapitres, se sont élevés, pour le premier, à 40,730,386 roubles; à 80,393,601, pour le second.

D'après le *Journal de Saint-Pétersbourg* du 29 avril (11 mai) 1853, la population totale des domaines de la Couronne, dépendante du ministère, s'élevait en 1851 à 18,975,416 habitants.

Le revenu des douanes de l'année 1851 a été évalué à 30,529,927 roubles, somme de laquelle il faut déduire les frais d'administration.

Au 1er janvier 1853, d'après le *Journal de Saint-Pétersbourg* du 26 juillet (7 août), la dette de l'empire montait à 401,552,111 roubles.

La somme du commerce extérieur se représente ainsi en roubles :

Exportation	97,394,457
Importation	103,737,612

Le commerce spécial de la Pologne, en 1849 et en 1850, montait :

Importations de 1849 à	33,214,248 fr.
— de 1850 à	41,100,984
Exportations de 1849 à	30,734,068
— de 1850 à	29,990,484

En 1851, le mouvement de la navigation a été celui-ci : arrivages, 7,323 ; départs, 7,342. On peut diviser ces chiffres ;

Arrivages :

Ports de la Baltique	3,790
— de la mer Blanche	721
— du Midi	2,585
— de la mer Caspienne	227

Départs :

Ports de la Baltique	3,781
— de la mer Blanche	658
— du Midi	2,598
— de la mer Caspienne	305

Pendant l'année 1852, la Russie a extrait de ses mines 1,422 pouds 10 livres et 64 solotniks d'or [1].

Pour la production du fer, les mines de la Couronne, qui travaillent à peu près exclusivement pour l'État, donnent, année moyenne, de 32 à 33 millions de kilogrammes de fonte.

De 1840 à 1850, la moyenne annuelle des produits des mines particulières a été, de 181,621,000 kilogrammes.

La plupart de ces mines se trouvent dans l'Oural.

Voici quelles furent les quantités de fonte produites par la Russie, en 1850 :

Gouvernement de Perm	128,354,000 kilog.
— d'Orembourg	28,043,000
— de Kalouga	14,251,000
— de Viatka	14,037,000
— de Nijni-Nowgorod	12,547,000
— de Tambow	3,096,000
— Autres	8,779,000
Total	209,407,000

Cette production est sans doute importante ; mais elle est loin de suffire aux besoins d'un aussi vaste empire. Elle se fait exclusivement à l'aide du bois, et le bois n'est malheureusement pas toujours dans le voisinage des mines.

1. Le poud vaut, comme on l'a vu, 16 kilogr. 37 ; la livre, 409 gram. 512, et le solotnik, 4 grammes 266.

L'usage de l'anthracite, en se répandant dans la fabrication, déterminera un progrès.

Les mines de l'Oural, les plus avantageusement situées, ont pu jouir d'une grande réputation; mais l'exportation des fers russes diminue et, au contraire, l'importation des ouvrages de fer augmente :

	1846.	1849
Acier	39,000 roubles.	113,000 roubles.
Fil de fer	62,000 —	114,000 —
Machines	291,000 —	1,879,000 —

1855. Au 1er janvier de l'année 1853 la dette consolidée de la Russie s'élevait, en chiffres ronds, à 401 millions de roubles, ainsi répartis :

Ancien emprunt de Hollande	33,100,000
Deuxième emprunt de Hollande	24,049,000
Dette intérieure à terme	110,867,055
Rentes perpétuelles	223,861,476
Dettes diverses	Le reste.

Il faut y joindre, pour les billets de crédit portant intérêt, 51,000,000 de roubles, et 311,375,581 de roubles, pour le papier-monnaie.

Les douanes, en 1852, ont produit 31,102,789 roubles.

L'exportation a été de 114,773,829 roubles, et l'importation, de 100,864,052.

Le mouvement de la navigation a donné 8,655 arrivages et 8,507 départs, représentant, les premiers 790,300 lastes, les seconds 768,900.

Les navires arrivés se comptaient ainsi :

Anglais	2,020	Autrichiens	383
Russes	1,125	Prussiens	380
Turcs	1,072	Danois	361
Grecs	660	Mecklembourgeois	291
Néerlandais	513	Hanovriens	258
Suédois	470	Français	196
Sardes	453	Autres	183

Voici la liste des principales marchandises exportées en 1851 :

	De Russie.	De Pologne.
Céréales	19,393,281	1,569,673
Peaux brutes	833,693	1,219
Cuirs de Russie	1,298,121	»
Lin	3,018,780	10,511
Chanvre	3,042,422	130
Bois	3,519,262	470,798
Cuivre	110,905	»
Fer	793,054	19,214
Potasse	507,330	»

	De Russie.	De Pologne.
Suif	2,998,438	2,085
Graine de lin et de chanvre	1,093,488	11,592
Laine	479,074	104,723
Soies de porc	74,075	6,722

Et la liste des principales marchandises importées :

Café	228,803	19,256
Sucre brut	1,829,877	7,605
Huile d'olive	576,180	13,759
Vins et boissons diverses	7,008,635	655,644
Fruits	3,045,118	294,630
Coton brut	1,342,356	78,356
Coton blanc	138,065	14,455
Couleurs	5,806,944	345,173
Soie	14,631	2,100
Laine	66,743	2,210
Tissus de coton	4,486,221	213,334
— de soie	4,466,211	242,238
— de chanvre	962,048	127,391
— de laine	1,728,894	112,091
Machines et instruments	2,889,116	613,406

Nous présenterons maintenant un tableau plus général.

Exportations de la Russie de 1831 à 1850 :

1831	227,265,000	roubles assignats [1].
1832	228,298,000	
1833	218,795,000	
1834	199,826,000	
1835	195,439,000	
1836	250,451,000	
1837	230,340,000	
1838	281,111,000	
1839	313,098,000	ou environ 344,385,800 fr.
1840	76,622,000	roubles d'argent ou 306,488,800 fr.
1841	74,847,000	
1842	72,262,000	
1843	71,209,000	
1844	80,515,000	
1845	78,802,000	
1846	88,393,000	
1847	134,112,000	
1848	75,938,000	
1849	83,134,000	
1850	83,384,000	

L'Angleterre a, en général, figuré pour la moitié dans tous ces chiffres. Le progrès, en somme, est constant.

1. Le rouble assignat vaut à peu près 1 fr. 10 cent.

La paix, rétablie, en accroîtra la rapidité constante. M. de Nesselrode, parlant des préliminaires de cette paix tant désirée, déclarait que la Russie sait bien qu'elle a besoin, chez elle, de travailler tranquillement : que mille réformes sollicitent les soins de son gouvernement ; qu'il y a des chemins à tracer ; des méthodes à appliquer ; qu'il y a enfin de l'activité utile à déployer.

Semblable un peu à l'Amérique, la Russie manque de bras ; elle est trop vaste ; ses grandes voies de communication sont trop rares. Mais l'heure viendra peu à peu, où elle n'aura plus rien à envier à ses voisins et à ses alliés. Ce jour-là, les plus timides esprits en Europe ne s'effraieront plus de sa grandeur et de sa prospérité.

De grands travaux ont été, depuis l'Exposition de Londres, achevés dans l'empire russe ; de grandes mesures ont eté prises. Des réformes de la plus haute portée se préparent.

C'est au mois d'août 1851 qu'a été achevée la magnifique voie de fer, longue de 648 kilomètres, qui, joignant Saint-Pétersbourg et Moscou, met la capitale de la Russie nouvelle à 20 heures seulement de la capitale de la vieille Russie.

Lorsque le tzar Nicolas, accompagné de sa famille et des principaux officiers de l'empire, inaugura en grande pompe cette voie importante, il partit de Saint-Pétersbourg à trois heures et demie du matin et arriva à Moscou à onze heures du soir.

Le lendemain toute la ville fut en fête. La religion fut appelée à mettre sous la protection du ciel l'entreprise, depuis huit années en cours d'exécution et achevée enfin, qui reliait entre eux les deux centres de l'empire et valait, pour l'avenir, une glorieuse conquête.

La ligne de Saint-Pétersbourg à Varsovie, aussi importante pour la Russie, plus importante pour l'Europe, était décrétée sur-le-champ. Elle aura une longueur de 1.078 kil. Cette voie supprimera les frontières intérieures aussi efficacement que les a supprimées l'ukase du 1er janvier 1851, par lequel fut annoncée la suppression, depuis longtemps attendue, de la ligne des douanes qui jusqu'alors avait séparé le royaume de Pologne de la véritable Russie.

Une autre ligne, longue de 222 kilomètres, reliera Riga et le chemin de Varsovie. On estime que le transport de marchandises par cette voie est de plus de 160 mille tonneaux par an.

Enfin, comme nous le disions plus haut, vienne la paix, la paix qui est l'âme du commerce et le nerf de l'industrie, on verra la Russie grandir encore entre les nations de l'Europe et s'élancer, jeune et brillante dans la voie du progrès vers de plus hautes destinées politiques.

ÉTATS SARDES.

COMMISSAIRES A L'EXPOSITION UNIVERSELLE :

Industrie.

M. le comte Nomis de Pollone.

Beaux-arts.

M. Gaetano Ferri.

Toutes les sympathies de la France sont pour les États sardes qui ne peuvent prospérer qu'au profit de l'Italie tout entière.

La Sardaigne, en outre qu'elle a depuis longtemps joué un rôle honorable dans l'histoire politique et militaire du passé, est digne d'en jouer un tout aussi considérable et plus honorable encore dans l'histoire de la jeune industrie européenne.

Son exposition a été, quoique incomplète, très-remarquée, et elle a montré de grands progrès accomplis.

Les Alpes sont une carrière que la minéralogie sarde peut exploiter à son aise; les belles plaines qu'Annibal et que le général Bonaparte ont montrées à leurs soldats n'ont pas besoin de nos éloges, et il était inutile de nous en offrir les produits naturels pour nous en attester la fertilité.

Dans la classe des produits chimiques, sans être en arrière, le Piémont se contente de suivre les trois grandes nations. Ce sont ses vins, ses huiles, ses pâtes, ses cotons et ses soies surtout, qui ont paru dignes d'estime.

Les arts fleurissent toujours sous ce ciel clément, et l'industrie ne consentira jamais à n'y point garder quelques-unes des habitudes de l'art. La cristallerie, la serrurerie et la marbrerie du Piémont le prouvent.

N'oublions pas que l'un des plus heureux inventeurs de notre temps, M. le chevalier Bonelli, est Piémontais.

Entrons dans le détail des affaires de ce royaume si digne d'estime.

Les États de terre ferme offrent une superficie de 51,402 kilomètres carrés, et l'île de Sardaigne en offre une de 23,920.

La dette piémontaise, au 1er janvier 1850, se divisait en deux parties : la dette ancienne de 5,336,393 livres 5 centimes de rente, et la dette nouvelle, créée en 1849, de 6,771,680 livres 28 cent. de rente.

Le budget de 1852, présenté le 19 novembre 1851, offrait 101,564,236 fr. 59 cent. de ressources pour 144,870,995 fr. 75 cent. de recettes.

La dette, y compris tous les services, s'élevait, au 1er janvier 1852, à 25,357,243 fr. de rente qui représentent un capital de 518,410,460 fr.

Le recensement fait en 1848 donne 4,368,136 habitants pour les provinces de terre ferme, et 547,948, pour les îles.

Le budget de 1853 offrait 106,436,351 fr. 31 cent. de recettes, et 127,019,837 fr. 4¢ de dépenses.

La dette, au 1er janvier, montait à 28,150,377 fr. 75 cent. de rente

Le budget de 1854 offrait 125,182,561 fr. de recettes, et 131,349,511 fr. de dépenses.

La dette, au 1er janvier, montait à 30,038,291 fr. de rente, qui représentent un capital de 571,826,164 fr.

D'après le tableau de commerce publié par le gouvernement sarde, lequel ne tient compte ni du transit ni du commerce fait par la voie de Nice qui est un port franc, on voit que le commerce extérieur des États sardes (États de terre ferme et îles) s'est élevé en 1850 à 205,736,000 fr., savoir :

A l'importation	111,870,000 fr.
A l'exportation	93,866,000

En 1851, on avait :

A l'importation	129,790,000 fr.
A l'exportation	73,133,000

Voici le détail du produit des douanes et gabelles dans les États sardes de terre ferme durant la période de 1848-52.

	1848.	1849.	1850.	1851.	1852.
Douanes	14,561,000 fr.	17,104,000	17,753,000	15,927,000	18,188,000
Sels	10,880,000	9,476,000	9,840,000	10,029,000	10,197.000
Tabacs	10,936,000	11,407,000	11,167,000	11,642,000	12,316,000
Poudres et plombs	635,000	607,000	678,000	790.000	733,000
Gabelles affermées	4,670,000	4,675,000	4,673,000	4,737.000	4,737.000
Totaux	41,682,000	43,569,000	44,111,000	43,125,000	46,171,000

Le produit des douanes, pour 1852, était ainsi composé :

Entrée	17,016,000 fr.
Sortie	476,000
Transit	3,000
Réexportation	70,000
Magasinage	89,000
Timbre	158,000
Expédition	334,000
Produits divers	42,000
Total	18,188,000

Quant aux forces effectives de la marine marchande des États sardes, en 1851, 1852, et 1853, le matériel existant à la fin de chacune des années se composait ainsi :

1851	3,319 navires.	162,085 tonneaux.
1852	3,608 —	179,644 —
1853	3,305 —	167,201 —

Sur le chiffre de 1852, 1,162 navires jaugeant 135,275 tonnes appartenaient au seul port de Gênes. Le reste du matériel se répartissait entre les ports de Nice, la Spezzia, Chiavari, Savone, Oneille et Cagliari.

Près de 28,000 marins, matelots, mousses et ouvriers étaient employés sur la flotte ou dans les ports.

Un aperçu publié par l'administration sarde sur les principaux résultats du mouvement commercial, pendant le premier semestre de 1855, comparés aux résultats des semestres correspondants de 1854 et 1853, fait ressortir quelques variations au milieu desquelles on est heureux de constater que la guerre d'Orient n'a pas sensiblement affecté le commerce maritime du pays.

Il y a eu accroissement dans l'importation des vins et eaux-de-vie, des denrées coloniales, des farines, des tissus de chanvre et de lin, des fils et tissus de laine, des soies gréges et soieries, du bois à brûler, des bois d'ébénisterie, des meubles, des ustensiles et autres ouvrages en bois, des papiers, merceries et quincailleries, verreries et cristaux, des ouvrages en cuivre et en laiton, des fers, du plomb, du soufre, en un mot, de toutes les matières premières, ainsi que la houille.

L'importation des grains, des huiles, des produits chimiques, des couleurs et teintures, pâtes, fromages, peaux, livres, etc., a présenté, au contraire, des diminutions qui, du reste, peuvent avoir eu pour cause un certain progrès dans la production et les industries du pays.

Voici, pour la période semestrielle indiquée, les chiffres de l'importation des principaux articles auxquels s'appliquent ces observations :

	1853.		1854.		1855.
Café.............	1,013,000 kil.	.....	1,169,000	.....	1,581,000
Sucre........ ...	7,914,000 —	.....	8,397,000	.....	9,252,000
Chanvre de lin....	»	.....	764,000	.....	837,000
Coton de laine.....	»	.....	4,933,000	.....	5,105,000
Laine............	»	.....	923,000	.....	1,348,000
Soies gréges......	»	.....	71,000	.....	100,000
Fers ouvrés	»	.....	1,780,000	.....	3,646,000
Fonte brute	»	.....	1,628,000	.....	4,694,000
Charbon de terre..	»	....	36,416,000	.....	53,805,000
Blé..............	576,500 hect.	.....	865,000	.....	492,000
Menus grains......	90,500 —	.....	330,500	.....	222,000

La réduction de l'approvisionnement du pays en grains étrangers indique un résultat satisfaisant dans la récolte des céréales. Quant à celles du vin et de l'huile d'olive, elles avaient manqué, comme on le sait, et il s'en est suivi une diminution considérable dans l'exportation de ces deux produits. Il en a été de même pour les exportations de riz, de pâtes et de gros bétail, ainsi qu'on en jugera par les chiffres suivants :

	1854.		1855.
Vin............................	90,000	hect.	42,500
Huile d'olive.....................	55,200	—	42,000
Riz	9,547,000	kil.	6,448,000
Pâtes	758,000	—	542,000
Gros bétail.	24,400	têtes.	17,400

L'exportation des soies grèges s'est élevée de 40,777 kilog. à 106,609. Celle des céréales n'a égalé que le sixième environ de l'exportation des mêmes produits.

Les droits d'entrée, perçus pendant le premier semestre de 1855, ont été de 7,227,735 fr.

Les échanges de l'île de Sardaigne avec le continent sarde continuent d'être assez limités.

La *Gazette officielle de Turin* a récemment publié un relevé du mouvement des marchandises ayant formé les échanges internationaux des États sardes durant les trois derniers exercices.

Voici un résumé du tableau des importations [1] :

	Unités.	1852.		1853.		1854.
Vins	Litres.	13,649,879	....	16,148,458	....	19,543,926
Eau-de-vie	—	1,718,322	....	2,188,508	....	2,104,050
Huiles d'olive	Kilog.	1,133,748	....	839,538	....	942,365
— autres	—	654,607	....	1,801.691	....	1,530,492
Café	—	2,151,877	....	2,131,792	....	2,611,554
Sucre	—	13,543,947	....	15,445,105	....	18,768,219
Produits chimiques	—	3,902,603	....	3.086.079	....	2.936,948
Poissons de mer	—	4,178,960	....	3.786.838	....	2.937,092
Fromages	—	2,593 215	....	2,345,942	....	2.270,207
Peaux brutes	—	2,349,625	....	2,805.861	....	2.133,715
Chanvre et lin bruts	—	3,230,242	....	2,240,715	....	2.156,006
Chanvre et lin filés	—	618,386	....	738,903	....	483.910
Toile de chanvre et de lin	—	204,371	....	244,005	....	211,166
Laines	—	2,465,329	....	2,682.685	....	1,979.761
Laines filées	—	109.840	....	41,599	....	42,285
Tissus de laine	—	589,364	....	567,368	....	546.159
Cotons bruts	—	9,858,503	....	9,884,718	....	8,000,349
Cotons filés	—	86,553	....	80,144	....	74.109
Tissus de coton	—	1,464,772	....	1,374,607	....	1.153,060
Soies grèges	—	64,519	....	236,765	....	400,069
Soies préparées	—	45,323	....	34,644	....	185.952
Tissus de soie	—	68.375	....	74,256	....	67.403
Froment	—	1,159,607	....	1,255,251	....	1,269,281
Grains divers	—	435,235	....	174,772	....	543,764
Farines	—	822,722	....	589,047	....	2,476,717
Pâtes	—	17,229	....	15,840	....	49,374
Charbon de bois	—	8,221.811	....	10,876.729	....	12,367.618
Bois à brûler	—	26,736,178	....	30.972,336	....	28.574,952
Machines et mécaniques	—	1,222,579	....	1,463.950	....	2,578.831
Fer ébauché	—	13,656,754	....	19,909.134	....	18,440,840
Fer travaillé	—	1,695,986	....	1,863,239	....	4.695,302
Fonte brute	—	6,246,644	....	14,855,498	....	6,614,235
Fonte travaillée	—	3,716,620	....	6,487,202	....	13,498,268
Charbon	—	30,771,670	....	43,178,323	....	70,336,654

La diminution dans l'importation des fontes brutes et l'augmentation équivalente dans l'introduction des fontes ouvrées, semblent accuser un ralentissement notable dans le travail des fonderies sardes.

1. *Moniteur* du 16 août.

Quant au charbon de terre consommé dans le pays, il provient presque exclusivement d'Angleterre. On comprend que les entrées de charbon soient de plus en plus considérables par suite de l'exploitation des chemins de fer.

Voici maintenant un extrait du tableau des exportations :

	Unités.	1852.		1853.		1854.
Vin	Litres.	11,884,628	....	14,929,886	....	12,147,183
Huile	Kilog.	10,717,302	....	3,376,457	....	8,605,623
Confiserie	—	77,786	....	193,748	....	276,192
Produits chimiques	—	810,590	....	888,334	....	1,184,934
Savons	—	221,623	....	96,065	....	177,825
Soude de Sardaigne	—	21,927	....	45,500	....	72,172
Fruits verts	—	4,167,209	....	7,120,007	....	8,468,066
Fromages	—	900,027	....	613,797	....	952,758
Thons et poissons divers	—	2,903	....	66,345	....	65,565
Bœufs	têtes.	29,694	....	35,457	....	44,045
Moutons	—	17,852	....	27,834	....	64,485
Peaux brutes	Kilog.	374,990	....	878,618	....	1,014,593
Cordages et chanvres	—	142,905	....	146,554	....	494,431
Toile de chanvre	—	24,313	....	14,605	....	27,395
Cotons filés	—	143,592	....	18,750	....	35,130
Étoffes de coton	—	17,422	....	11,174	....	13,756
Soies grèges	—	135,705	....	75,866	....	197,720
Soies préparées	—	590,494	....	568,750	....	837,790
Bourre de soie	—	301,305	....	216,487	....	338,799
Tissus de soie	—	43,662	....	49,137	....	57,283
Froment	—	183,198	....	2,416,099	....	6,078,116
Grains divers	—	2,274,861	....	4,397,540	....	7,930,720
Pois	—	18,235,231	....	23,683,151	....	17,328,994
Pâte de froment	—	1,960,867	....	2,319,111	....	1,239,039
Charbon de bois	—	2,342,721	....	2,550,012	....	2,357,307
Bois à brûler	—	12,177,179	....	12,482,478	....	13,838,573

En résumé, sur les 67 articles qui figurent dans le tableau général des importations, 32 seulement montrent de l'accroissement, tandis qu'à l'exportation il y a eu augmentation pour 28 articles sur 35.

Quant aux produits des droits de douane, en 1854, ils ont été, à l'importation, de 13,159,652 fr., contre 17,049,635 fr., représentant la moyenne annuelle de 1853 et de 1854.

La diminution résulte presque exclusivement ici de la suppression des droits sur les céréales.

A l'exportation, la recette a donné 196,288 fr., contre 413,572 fr.[1]

Plus de quarante exposants piémontais ont pris part à l'exposition des produits de la XXIe classe. Les soies et les soieries sont, en effet, la principale production du Piémont.

Déjà, en 1851, à Londres elles étaient dignement appréciées par un juge éminent, M. Arlès Dufour, qui disait :

« Sept exposants ont dignement soutenu l'antique réputation des fabriques de Gênes et fait connaître celles de Turin[2].

1. V. les *Annales du commerce extérieur*.
2. T. IV des *Travaux de la Commission française*, XIIIe jury.

« Leurs velours unis et façonnés pour robes, gilets et tentures ne craignent aucune comparaison ; je dirai même que si leurs moyens de fabrication étaient plus développés leur concurrence nous serait fort redoutable.

« Pendant des siècles, les fabriques de Gênes ont eu le privilége de la fabrication des beaux velours; mais, depuis trente ans environ, elles ont déchu ou sont restées stationnaires, tandis que celles de France et du Rhin ont décuplé leur fabrication dans cet important article.

« Cette exposition prouve un réveil.

« Le nombre des métiers travaillant pour Gênes ou Turin peut s'évaluer à près de 5,000 produisant 9 ou 10 millions de francs d'étoffes, dont 2 millions sont exportés, principalement en Amérique. »

Aujourd'hui, il faut élever ces évaluations d'un cinquième.

Voici, pour les soies elles-mêmes, des renseignements officiels[1], à la date de l'année 1855 :

Les fréquentes et brusques variations de température qui s'étaient produites durant les mois de mai et juin derniers avaient, en contrariant l'éducation des vers à soie, fait naitre de sérieuses inquiétudes pour la récolte des cocons. Ces craintes ne se sont point vérifiées : les résultats acquis jusqu'ici (16 août 1855) leur ont donné un complet démenti.

D'après un tableau publié le 3 août, par la Chambre d'agriculture et du commerce de Turin, la récolte de 1855 serait beaucoup plus considérable que celle de l'année dernière. La Chambre a calculé que la quantité des cocons vendus jusqu'aux derniers jours du mois de juillet, représente le tiers de la récolte. Cette quantité ayant été de 4.036.860 kilog., et d'une valeur de 18,078,532 fr., le produit total serait de 12.110.580 kilog. valant 54,234,000 fr. La récolte de 1854 n'aurait été que de 9.329.580 kilog. et de la valeur de 40,902,000 fr., c'est-à-dire qu'elle a été d'un tiers moindre que celle de 1855.

Voici le montant des ventes de cocons sur les principaux marchés du Piémont :

	1854.	1855.
Coni	2,892,478	3.643.441
Novi	2,069,403	3,393.616
Carmagnola	1,318,518	1,645,612
Pignerol	929,456	1,519,762
Mandovi	405,069	1,208,703
Novare	792,409	1,088,913

L'appréhension d'une mauvaise récolte avait fait coter à un prix fort élevé les premiers cocons qui parurent sur les marchés ; mais l'abondance avec laquelle ils y furent successivement apportés de toutes parts, ne tarda pas à amener une baisse dans les prix. Cette baisse était d'un tiers environ à la fin de juillet. Le prix moyen le plus élevé a été constaté à Raconia (4 fr. 91 c. par kilog.), et le plus bas, à Fossari (3 fr. 80 c.)[2].

1. *Annales du commerce* et *Moniteur*.

2. Nous extrayons de la *Revista franco-italiana* quelques détails intéressants sur l'industrie et la production des soies et des soiries en Italie.

« L'industrie des soies qui est la principale ressource commerciale de l'Italie, et qui pourrait devenir infiniment

Après avoir parlé des soieries et des soies du Piémont, nous voudrions parler aussi amplement et avec de pareils éloges des dentelles et des papiers de Gênes, qui, autrefois avaient une grande renommée.

Contentons-nous de citer ces faits acquis à l'histoire de l'ancienne industrie piémontaise, et tout au plus produisons le témoignage de deux témoins irrécusables :

« Le papier dit de Gênes[1], c'est-à-dire fabriqué dans les contrées qui environnent

plus fructueuse qu'elle ne l'est, s'exerce sur tout son littoral dans des proportions différentes; c'est dans la Lombardie, la Vénitie et les États sardes, qu'elle a pris le plus d'extension; la production seule de la Lombardie et du Piémont donne un ensemble de 26,222,580 kilogr. de cotons, et ce chiffre dépasse celui de tous les autres pays réunis (25,279,351 kilogr.). L'agriculture lombardo-vénitienne livre plus de cocons que la France; celle de toute la péninsule en fournit plus que l'Europe entière. La production annuelle des cocons est évaluée à 51,501,931 kil., d'une valeur de 213,052,084 fr.; et l'on pourrait en obtenir davantage si quelques-uns des pays qui se prêtent à la culture du murier prenaient le parti de suivre les bons exemples qui nous viennent de la Lombardie et des États sardes

« La filature emploie 259,712 ouvriers, auxquels ils faut ajouter les directeurs, les commissionnaires, etc; les charpentiers, les ferblantiers, les mécaniciens, qui sont occupés à la construction, à la séparation et à l'administration des filatures. Ce personnel peut bien être évalué à 300,000 individus.

« Un tableau officiel, dont nous ne donnons que les chiffres sommaires, nous permet de constater que 51,990,051 kilogr. de cocons produisent 4,195,758 kilogr. de soie grége, d'une valeur de 238,138,759 fr., qui laisse, prélèvement fait des frais généraux, 19,759,437 fr. de bénéfice net aux entrepreneurs. A cela il faut ajouter le produit que l'on tire des déchets qui sont vendus à l'étranger ou travaillés à l'intérieur. Ainsi, en Piémont, les restes de la soie à carder extraits chaque année varient entre 100 et 130 kilogr., ayant une valeur de 300 à 400,000 fr. Les restes de la soie cardée à filer varient de 48 à 60,000 kilogr., et représentent une valeur de 195 à 276,000 fr. En Lombardie, la bourre (strazza) obtenue est de 42,560 kilogr., et représente 285,000 fr. Dans la Vénitie, on produit 23,620 kilogr. de bourre, ayant une valeur de 185,000 fr. Enfin, on doit évaluer l'ensemble de sa production à 2 millions à peu près. Mais le filage des déchets est infiniment plus restreint chez nous que le cardage, puisqu'il ne compte que quelques fabriques en Piémont et une près de Bergame, en Lombardie, tandis qu'il y a dans la province de Milan seule sept établissements pour le cardage.

« La filature exploite presque exclusivement sur place le contingent des cocons propres à chaque localité italienne. Pourtant, quelques-unes, dépourvues de combustibles, envoient aux autres leurs matières premières. C'est ce qui arrive à la Vénitie qui expédie ses produits, partie à la Lombardie, partie dans le Tyrol, pendant qu'elle en reçoit du littoral adriatique. On ne fait aucune exportation à l'étranger, en raison des dommages que les cocons pourraient éprouver dans le transport. La filature s'exerce, selon différentes méthodes, à l'état de domesticité dans de petits ateliers, ou dans de grands établissements aidés et perfectionnés par la mécanique. Il resulte de là une variété dans la production qui ne permet pas d'atteindre la régularité, ni la perfection de bon nombre de soies françaises. On estime le bénéfice net de la filature à 19,759,437 fr.

« Après la filature vient le moulinage. Cette opération, en Italie, n'est pas aussi générale que l'autre, c'est-à-dire que son exploitation ne comprend pas la totalité de ses matières premières, Il s'exporte une très-grande quantité de soie à l'état grége; elles sortent ainsi avant d'être moulinées, ce qui profite à l'étranger et fait perdre un bénéfice au pays qui les produit et au peuple qui ne peut les ouvrer. L'exportation des soies gréges qui s'opère chaque année dans l'Italie du nord, ou le moulinage est incontestablement plus répandu qu'ailleurs, est de 583,397 kilogr., dont 97,720 appartiennent au Piémont et le reste à la Lombardie et à la Vénitie. En Lombardie, la soie grége exportée est presque un cinquième de sa production totale. Dans les autres parties de la Péninsule, ce rapport est encore moins favorable, puisque les moulins y sont comparativement moins nombreux et les fabriques de tissus très-rares.

« Les moulins et le dévidage occupent, tant dans la Lombardie que dans le Piémont, la Vénitie et le Tyrol, 77,779 ouvriers; les femmes sont en majorité, car le dévidage leur est exclusivement abandonné. On emploie aussi quelques enfants à ces travaux.

« Le produit net du moulinage en Piémont, en Tyrol et dans le Lombardo-Vénitien est de 15 à 16 millions de francs; nous ne savons au juste ce que cette opération rend aux autres États italiens, le royaume de Naples, la Toscane, Parme et Modène, mais, d'après le peu que nous avons recueilli, on doit conclure que le moulinage y est moins répandu qu'ailleurs, et que son bénéfice est, par cette raison, plus restreint. »

1. *Rapport au nom du XVIIe jury*, 1851 (t. V des *Travaux de la Commission française*).

Gênes, jouissait encore, au commencement du siècle dernier, d'une grande réputation en Angleterre, puisque nous voyons, dans une pétition adressée, sous la reine Anne, par les fabricants de cartes à jouer à la chambre des communes, que leur consommation pour cette fabrication s'élevait à 40,000 rames de papier blanc de Gênes. »

Quant aux dentelles, citons encore le Rapport du jury de l'exposition de Londres.

« Avec celles de Venise et de Raguse, les dentelles de Gênes étaient, il y a deux siècles[1], les plus renommées du monde. Depuis longtemps la fabrication de ces riches points a cessé; mais il se fait encore, à Gênes, des châles, des robes et d'autres morceaux en dentelles de soie ou de fil.

« Les objets exposés à Londres, en arrière d'un siècle pour le goût, étaient d'une imperfection qui atteste la décadence complète de cette industrie. Il ne faut plus compter que pour mémoire les dentelles de l'Italie. »

Si les industries de papier et des dentelles sont bien déchues en Piémont, en revanche l'horlogerie du Piémont est en progrès et en pleine prospérité.

ROYAUME DE SAXE.

COMMISSAIRE A L'EXPOSITION DE L'INDUSTRIE ET DES BEAUX-ARTS : M. le docteur Woldemar Seyffarth.

Le royaume de Saxe a une superficie de 1,494,185 hectares. La population, le 3 décembre 1846, était évaluée à 1,836,433 habitants. Elle montait, en 1850, à 1,894,431 habitants; en 1852, à 1,987,832.

Le budget de 1849-51 offrait ces chiffres :

Recettes	7,600,669	écus ou thalers saxons[2].
Dépenses	7,600,669	— —

Dette, le 30 juin 1850, 22,433,168 écus.

Budget de 1852 à 1854 :

Recettes	8,281,728	écus.
Dépenses	8,281,728	—

Dette, en 1852, 43,132,118 écus. Dette, à la fin de 1853, 42,781,523 écus.

Les budgets sont votés en équilibre, mais le chiffre de la dette grandit.

1. *Rapport de M. Félix Aubry*, au nom du XIXe jury, de Londres) t. V des *Travaux de la Commission française*).

2. L'écu vaut 3 fr. 90 cent.

Peu importe, au surplus, dans quelle situation se trouvent les finances et dans quelle voie politique marche le gouvernement de la Saxe; c'est un des principaux États de l'Allemagne, et, au point de vue industriel, il n'en est pas, toute proportion gardée, de plus considérable.

On peut voir, au chapitre du Zollverein, quel rôle a joué et joue la Saxe dans l'organisation de cette grande union douanière de l'Allemagne du Nord.

La Saxe a depuis longtemps une réputation que lui ont valu ses laines, ses toiles, ses porcelaines, ses livres et ses fonderies. C'est à la fois un atelier et un marché de premier ordre.

La houille ne lui manque pas, et la houille dont elle dispose, à Burgk, à Gross-Dubrau près Bautzen, et à Gittersée près Dresde, est d'une qualité tout à fait supérieure. Là où il y a de la houille, l'industrie marche.

Les produits exposés par la Saxe n'étaient pas très-nombreux, mais c'étaient presque tous des produits de choix.

Les machines et instruments agricoles témoignaient du soin avec lequel se fait la culture; quelques machines de travail ont été remarquées; les appareils de préparations et les produits chimiques, entre autres, les huiles essentielles, méritaient les plus grands éloges.

Le travail du fer faisait défaut, et, en général, le travail des métaux; mais les tissus de laine de toute espèce, les tissus de lin et de chanvre, les tissus de coton encore, particulièrement ceux qui constituent la bonneterie, les dentelles, les broderies et les objets de librairie pouvaient soutenir la concurrence avec les produits de même nature que l'Europe avait envoyés à l'Exposition universelle.

On sait que c'est en Saxe que Bottger obtint, pour la première fois en Europe, de la véritable porcelaine dure. Cette invention, qui date de 1709, se répandit de là dans la plupart des États européens, malgré les efforts que fit l'électeur de Saxe pour en conserver le monopole.

Les porcelaines de Saxe n'étaient représentées que par un seul exposant. Elles ne peuvent, en aucune manière, être comparées à nos porcelaines de Sèvres.

Les laines de Saxe sont toujours très-remarquables.

En 1786, l'électeur de Saxe avait obtenu, de l'Espagne, 300 béliers mérinos, et de la France, 300 brebis du Roussillon. C'est avec ce noyau que se forma le magnifique troupeau électoral dont les laines sont si justement renommées, et qui ont servi de souche aux meilleures bergeries de l'Allemagne.

L'établissement de la Compagnie de Leipzig (Kammgarn Spinnerei) est le plus considérable du Zollverein : il contient 12,000 broches, occupe 600 ouvriers et 1500 peigneurs. La chaîne, la demi chaîne et la trame qu'il produit, peuvent soutenir la comparaison avec nos bonnes filatures de France.

La Compagnie de Leipzig a fondé des institutions destinées à améliorer le sort des classes ouvrières; c'est une Société très-importante et tout à fait digne de voir figurer ses établissements au nombre des grands établissements de l'Europe.

Le *Moniteur*, en rendant compte de la tenue de la foire aux laines de Dresde, en 1855, a donné quelques utiles renseignements sur les laines elles-mêmes :

« On s'attendait à de bons résultats. Les nouvelles de Breslau étaient satisfaisantes : aussi, les laines ont-elle été enlevées rapidement à des prix supérieurs de 2 thalers 1/2 par stein (9 fr. 37 c. par 10 kilog. 27) à ceux de l'année précédente.

« En effet, on a payé, cette fois, 20 thalers (75 fr. 25 c.) par stein pour la laine électorale ; de 16 thalers 1/2 à 18 thalers 1/2 (de 61 fr. 87 c. à 69 fr. 37 c.) pour la laine mi-fine, et de 15 à 16 thalers (56 fr. 25 c. à 60 fr.) pour la laine ordinaire.

« Le lavage a bien réussi ; il faut remarquer que la quantité de laine exposée était un peu inférieure à celle qui avait paru sur le marché en 1854, différence qui tient à ce que la tonte a été moins abondante que les années précédentes.

« En résumé, 13,395 stein ont été vendus et pesés aux balances publiques.

« Plusieurs bergeries de Bohême et de la Haute-Lusace prussienne avaient envoyé leurs produits à cette foire. Les acheteurs se composaient de fabricants et de commerçants de la Saxe. Quant au peu d'Anglais qu'on a vu à la foire, ils n'ont pas pris part aux opérations commerciales. Aucun Français n'est venu au marché.

« Les bergeries de Roth-Schœnburg, de Kniphausen, de Weissdrupp et de Naundorf comptent parmi les meilleures de la Saxe. »

On n'a pas besoin de parler de l'importance des grandes maisons de librairie de la Saxe : le marché de Leipzig est assez connu et il l'est depuis assez longtemps.

Nous avons vu à l'Exposition les œuvres des Brockaus, des Heinrichs et des Teubner. Ce sont de grands éditeurs et les chefs de grandes maisons. Peut-être l'art est-il plus religieusement servi en France par les Didot, les Claye et les Plon ?

Les broderies et les dentelles saxonnes méritent que quelques lignes leur soient spécialement consacrées.

En 1525 [1], une demoiselle de famille sénatoriale, nommée Barbara d'Etterling, en parcourant les montagnes des environs de la ville d'Annaberg, remarqua plusieurs jeunes filles occupées à faire une espèce de résille en filet destinée à envelopper les cheveux des ouvriers mineurs. Elle s'intéressa vivement à ce travail, parvint à le perfectionner et à faire produire aux ouvrières d'abord un tricot fin, puis une espèce de réseau dentelle.

Elle monta, en 1551, à Annaberg, sous le nom de Barbara Uttmann, un atelier d'ouvrières dirigées par des contre-maîtresses flamandes, et l'on commença alors à fabriquer des dentelles à dessins variés. L'industrie qu'elle a fait naître s'est largement développée.

D'après les documents publiés en 1841, par le ministre de l'agriculture et du commerce, il y avait alors, en Saxe, 350 maisons s'occupant de la fabrication des dentelles et employant 40,000 personnes. On porte à 70,000 le nombre de celles qui vivaient de cette fabrication.

Aujourd'hui, les chiffres ont considérablement grandi.

C'est la principale occupation des femmes, filles et garçons des contrées montagnardes

1. V. le Rapport de M. Félix Aubry (XIXe jury de Londres).

de l'Erzgebirde et du Voigtland (cercle de Zwickau). La main-d'œuvre, dans ces montagnes, est très-peu payée, et le salaire journalier n'étant guère que de 0 fr. 35 c. à 0 fr. 40 c., les dentelles reviennent à des prix excessivement bas.

Du reste, le bon marché est presque le seul mérite des dentelles de Saxe.

M. Legentil, dans son Rapport sur l'Exposition de Vienne, en 1846, dit que le gouvernement de la Saxe, dans l'intérêt de la population, attache un grand prix à développer l'industrie de la dentelle et de la broderie; il a fait établir des écoles, et la direction générale des écoles de dentelles et de broderies est dans les attributions de l'autorité du cercle.

C'est en Saxe que l'on a commencé, il y a plus d'un siècle, la fabrication des broderies blanches au crochet et à l'aiguille.

Cette industrie, circonscrite d'abord dans les contrées montagneuses de l'Erzgebirge et du Voigtland, a singulièrement augmenté sa production depuis vingt ans. Elle est aujourd'hui dans la plus admirable prospérité; ses produits sont recherchés par leurs bas prix, et les fabricants peuvent difficilement suffire à la demande.

D'après des documents publiés en France, en 1843, par le ministère de l'agriculture et du commerce, il y avait, en Saxe, 150 établissements de broderies, dont les produits étaient évalués à 3,750,000 fr. Cette industrie occupait alors 20,000 ouvrières et donnait de l'ouvrage à plus de 30,000 personnes.

Depuis, ces chiffres sont bien plus que triplés, et les fabriques ne trouvent pas toutes les ouvrières brodeuses dont elles ont besoin.

Les centres principaux de la fabrication et du marché sont les villes de Plauen, d'Eibenstock et l'antique cité d'Annaberg.

Ces diverses fabriques produisent des broderies blanches sur mousseline, sur jaconas et sur tulle pour lingeries et ameublements. Leurs plus beaux objets sont, du reste, loin d'approcher des broderies françaises pour les dessins et la perfection du travail.

DUCHÉ DE SAXE-ALTENBOURG.

COMMISSAIRE A L'EXPOSITION DE L'INDUSTRIE : M. de Viebahn.

La Société agricole d'Altenbourg envoyait une charrue du pays, et un fabricant d'Eisenberg, des cuirs pour facteurs de pianos.

C'est assez pour que le duché de Saxe-Altenbourg ait ici une place qui soit à lui et pour que son drapeau écussonné ait flotté parmi les drapeaux des nations.

Deux parties isolées composent cet État modeste, d'une superficie de 23 mille carrés, d'un revenu d'environ 600,000 florins et d'une population de 120,000 hommes.

En envoyant sa charrue, la Société agricole d'Altenbourg montrait que c'est l'agriculture qui est la nourrice du pays. Le sol y est fertile et fort bien entretenu depuis longtemps. Dans les plaines croissent les céréales, le lin et le chanvre. L'élève des bestiaux et la récolte des fruits ajoutent à ces richesses.

De belles forêts couvrent les montagnes. Du charbon de terre, des prés de choix, de la pierre, du gypse, de la terre à faïence et à porcelaine, et des eaux minérales, sont les présents du sol.

A côté de l'agriculture, l'industrie file et tisse le lin et le chanvre, fabrique de la porcelaine et des cuirs, de la passementerie et des ouvrages de bois dont nous aurions voulu voir quelques échantillons.

DUCHÉS DE SAXE-COBOURG ET SAXE-COBOURG-GOTHA.

COMMISSAIRE A L'EXPOSITION DE L'INDUSTRIE : M. G. de Viebahn.

Les deux duchés de Saxe-Cobourg et de Saxe-Cobourg-Gotha sont le centre d'un mouvement industriel assez actif.

Il n'y faut pas chercher les grandes entreprises, ni, comme dans les principautés de Reuss, des spécialités depuis longtemps florissantes; mais un assez bon nombre d'arts y sont cultivés avec soin.

Les produits naturels n'ont pas du tout été représentés à l'Exposition universelle de Paris. On voyait seulement (duché de Saxe-Cobourg-Gotha) des meules d'émeri et des pierres à aiguiser. Ce sont les produits chimiques (bleu d'outremer de Saxe-Cobourg; vernis, cirages et encres de Saxe-Cobourg-Gotha), les instruments de mathématiques de G. Ausfeld, la quincaillerie d'acier et de fer, les coutils de pur lin, lin et coton, et pur coton, et aussi, dans la même classe XXII, les tuyaux de pompes à incendie de Burdach frères à Hoersalgau, près de Gotha; ce sont encore les ouvrages de bois, les jouets et la bimbeloterie, les impressions de couleur, les chaussures et divers ouvrages de dessin et de plastique appliqués à l'industrie, qui recommandent les expositions jumelles des deux duchés de Saxe-Cobourg et de Saxe-Cobourg-Gotha.

Le duché de Saxe-Cobourg-Gotha est le plus industrieux des deux duchés, et la ville de Gotha a même quelque droit à être citée parmi les bonnes villes ouvrières de l'Allemagne.

La population de Saxe-Cobourg-Gotha monte à environ 140,000 hommes, et le revenu, à 800,000 florins.

Le duché de Saxe-Cobourg, enrichi de vallées fertiles, a un caractère plus particulièrement agricole. Il a des grains, des bois et des fruits; il a même quelques vins assez bons.

Le duché de Gotha a aussi des grains et du bois; il a, de plus, du fer, des pierres à meules, des salines et de la houille.

Ces deux duchés font partie du Zollverein.

DUCHÉ DE SAXE-MEININGEN-HILDBURGHAUSEN.

COMMISSAIRE A L'EXPOSITION DE L'INDUSTRIE : M. G. de Viebahn.

Les jouets d'enfants, et principalement les têtes de poupée en papier mâché, sont les produits les plus connus de l'industrie du duché de Saxe-Meiningen-Hildburghausen.

A côté de ces jouets, il y avait, à l'Exposition, des imitations plastiques de champignons; mais, à la rigueur, ce sont là des jouets encore et c'est la même industrie.

Le duché de Saxe-Meiningen-Hildburghausen aurait dû envoyer bien autre chose; car il est loin de concentrer toute son activité dans la fabrication des jouets de papier mâché; c'est même un atelier considérable et où les travaux les plus variés réussissent.

La superficie du pays est de 43 milles carrés et la population de 150,000 habitants.

Il y a des forêts, du bois, du fer, des ardoises; on y récolte des grains, des fruits, des tabacs, du sel.

Parmi les établissements d'industrie qui occupent les habitants, il faut citer des forges, des hauts-fourneaux, des fabriques de bleu de Prusse, des moulins à marbre et à pierre, des verreries, des scieries, des fabriques de porcelaine, de couleurs, de noir de fumée, de potasse, de jouets (déjà cités), les filatures, les manufactures d'étoffes de laine, de draps, de toiles, les tanneries, les papeteries, les poudreries, les brasseries et les distilleries.

Le revenu de l'État varie de 800,000 à 1 million de florins. En somme, la prospérité du duché est incontestable,

---

DUCHÉ DE SAXE-WEIMAR.

COMMISSAIRE A L'EXPOSITION DE L'INDUSTRIE : M. G. de Viebahn.

Ici nous ne comptons plus qu'un seul exposant :

XXe classe. — Industrie des laines.

Reisse (V.), à Ruhna. — Laine tirée de chiffons de laine.

L'industrie est curieuse et peut rendre d'utiles services; elle a été récompensée par une mention honorable.

Le duché de Saxe-Weimar, comme celui de Saxe-Meiningen-Hildburghausen, ne s'est pas assez préoccupé de l'Exposition universelle de Paris.

La superficie du pays est de 67 milles carrés; la population monte à 280,000 hommes, et les revenus sont évalués à 1,300,000 écus.

Le sol est généralement rocailleux, fort propre, du reste, à certaines cultures. Il y a un haras ducal très-célèbre, à Allstadt. Le pays produit des chèvres, de la volaille, du beau gibier, des poissons, des herbes, des fruits, du vin, du lin, du chanvre et des pavots.

On y trouve de la houille.

Les forêts fournissent d'assez beaux bois.

Il y a des mines d'argent, de cuivre, de fer (en petite quantité), de cobalt, du kaolin et du sel.

Pourquoi n'avons-nous rien vu de tout cela?

Eisenach est un centre industriel; mais l'Exposition ne nous en a rien dit. Les toiles, les laines, les pipes, les couteaux, les teintures, les porcelaines du duché de Saxe-Weimar se sont fait regretter.

PRINCIPAUTÉ DE SCHAUEMBOURG-LIPPE.

COMMISSAIRE A L'EXPOSITION DE L'INDUSTRIE : M. G. de Viebahn.

Comme le duché d'Altenbourg, la principauté de Schauembourg-Lippe compte deux exposants. L'un envoyait un élixir stomachique, dit *bitter;* l'autre, une chemise sans couture pour homme, faite de lin filé à la main sur un métier de tisserand.

On ne peut exiger que l'élixir stomachique soit classé parmi les grandes découvertes de la pharmacie hygiénique. Il nous semble que depuis quelque temps on désigne à Paris sous le nom de *bitre* une liqueur composée de vermuth et d'anisette.

La chemise est plus curieuse; c'est un joli échantillon d'une des industries les plus anciennes, les plus naturelles et les plus utiles.

Le sol de la principauté de Schauembourg-Lippe est assez fertile; il y a des forêts, de la houille, et de belles prairies.

La superficie du pays est de 7 milles 1/2 carrés; la population s'élève à environ 30,000 hommes.

On évalue les revenus de l'État à 250,000 florins.

PRINCIPAUTÉ DE SCHWARTZBOURG-RUDOLSTADT.

COMMISSAIRE A L'EXPOSITION DE L'INDUSTRIE : M. G. de Viebahn.

La principauté de Schwartzbourg-Rudoldstadt est certainement l'un des plus petits États parmi ceux qui ont pris part à l'Exposition universelle de 1855, et, à coup sûr, nul autre n'a pu acquérir, à meilleur droit, le privilége d'y avoir une place. Un seul exposant (J.-H. Schülze et fils, de Paulnizelle), a envoyé un appareil pour la démonstration des ondes sonores. Il est de fait que c'est là un des plus ingénieux engins de la physique et qu'une médaille de première classe lui a été accordée sans contestation. On voit par là que le plus petit État est celui qui, relativement au nombre des exposants, a obtenu la moyenne la plus élevée des récompenses.

La principauté de Schwartzbourg-Rudoldstadt a une superficie d'environ 19 milles carrés, avec une population de 70,000 habitants et un revenu de 200,000 écus.

La principauté de Schwartzbourg-Sondershausen, son intime alliée, est un peu plus petite; elle a une superficie de 16 milles 1/2 carrés et une population de 60,000 habitants.

Quelques mines fournissent du cuivre, du fer, du cobalt, du sel et de la terre à porcelaine.

On trouve aussi, dans ces deux principautés de Schwartzbourg, des pierres à meule et d'assez beaux bois.

ROYAUMES DE SUÈDE ET DE NORVÉGE.

COMMISSAIRES A L'EXPOSITION UNIVERSELLE :

Industrie.	*Beaux-Arts.*
MM. P. Brandström et Tidemand.	MM. Tidemand et Hockert.

L'exposition de la monarchie Suédoise était pleine d'intérêt. Le moment est proche, on le sent, où ces efforts se tourneront avec succès vers l'industrie la plus active.

Dès aujourd'hui, la Suède excelle dans la métallurgie et dans la mécanique. La nature lui a donné des fers prodigieusement abondants et prodigieusement riches; elle s'est apprise à s'en servir d'une manière qui fût digne de leur abondance et de leur richesse. Les arts de précision et les arts chimiques sont aussi cultivés avec soin.

Les Suédois font, comme les peuples les plus habiles, des soieries, des tissus de coton, des draps, des gants et des ouvrages de cuir. Leurs gants seuls ont une réputation supérieure. Leurs draps sont très-solides.

Les cuirs, les fourrures et les bois de la Suède, dons de la nature, sont excellents comme les fers.

La Norvége a un génie particulier qui la porte plus facilement vers les arts et qui imprime une certaine originalité aux produits de son travail.

En Suède et en Norvége, l'agriculture est florissante.

On sait qu'il n'y a pas de pays où les peuples soient plus sages et où le gouvernement soit à la fois plus éclairé et plus paternel.

La superficie de la Suède est de 432,000 kilomètres carrés.

La population, en 1845, était de 3,316,536 habitants; elle montait, en décembre 1849, à 3,433,805.

La superficie de la Norvége est de 306,405 kilomètres carrés.

La population était de 1,243,700 habitants en 1840; le 31 décembre 1845, elle s'élevait à 1,328,471.

Budget de la Norvége de 1848 à 1851 :

Recettes	2,615,700	écus species [1].
Dépenses	2,615,700	—

Budget de la Suède (mars 1851) :

Recettes	10,974,580	écus.
Dépenses	12,229,460	—

1. L'écu species vaut 5 fr. 63 cent.

Budget de la Norvége de 1851 à 1854 :

En équilibre.
Pas de dette et une caisse de réserve.

Commerce extérieur de la Suède, en 1850 :

Importations	23,987,000 écus.
Exportations	24,505,000 —

Budget de la Suède (1851-1853) :

Recettes	12,470,040 écus.
Dépenses	12,470,040 —
Crédits extraordinaires [1]	3,465,980 —

Commerce extérieur de la Suède en 1851 :

Le mouvement général du commerce s'exprime par le chiffre de plus de 55 millions de rixdales de banque [2].

Importations en 1851	27,500,000 rixdales.
— en 1850	23,984,000 —
— en 1849	23,518,000 —

Si l'on compare l'importation en 1851 à ce qu'elle était il y a vingt ans, on trouve que la Suède achète actuellement, à l'étranger, en marchandises, des quantités dont la valeur a doublé depuis les années 1831, 1832 et 1833.

Parmi les objets dont l'importation a surtout augmenté, il faut citer : le sucre brut, dont il est entré, en 1851, 25,090,871 livres, contre 10,202,443 livres entrées en 1831; fait d'autant plus remarquable que l'exportation du sucre raffiné est tombée, en 1851, à 145,784 livres, au lieu de 1,412,761 livres exportées en 1846 ; le café, dont il a été importé, en 1851, 9,613,984 liv., contre 3,268,681, en 1831; et le coton : 7,989,428 liv., contre 794,434.

On doit encore signaler l'accroissement de l'importation des eaux-de-vie (54,583 cannes [3] en 1851, contre 46,755, en 1850) et l'accroissement de l'importation du rhum, des machines et mécaniques, du sel, de la houille, du thé, de la laine, des vins, etc.

L'exportation s'est principalement développée sur l'article des bois : il est sorti, en 1851, 815,533 douzaines de planches, contre 238,240 qui sont sorties en 1831. L'exportation du fer en barres s'est élevée à 580,541 skeppunds [4], chiffre qui n'a été dépassé qu'en 1847, sous l'influence de circonstances exceptionnelles.

1. Fournis sur des réserves diverses.
2. La rixdale de banque vaut 2 fr. 12 cent.
3. La *kanna* vaut 2 litres 617.
4. Le skeppund suédois vaut 170 kilogr.

Le commerce de la Suède avec la Grande-Bretagne représente, en 1851 (importations et exportations réunies), 14,543,000 rixdales. C'est plus du quart de tout le commerce extérieur.

Il est arrivé, dans les ports, 6,882 navires jaugeant 318,337 lasts; il en est sorti 6,727 mesurant 325,937 lasts.

A la fin de 1850, la flotte marchande de la Suède comprenait 2,744 grands navires jaugeant ensemble 112,983 lasts[1], soit 282,457 tonneaux. En outre, elle possédait 49 navires à vapeur, d'une force totale de 2,500 chevaux.

Quant à la marine marchande de la Norvége, voici, à la fin de 1850, comment elle se décomposait :

	Navires.	Tonneaux.	Hommes d'équipage.
Au-dessous de 28 tonneaux	816	13,282	1,766
De 28 à 71	1,301	59,292	4.286
De 71 à 177	647	66,671	3,475
De 177 à 354	489	128,379	3,975
Au-dessus de 354	473	235,677	5,535
	3,696	503,301	19,037

Par suite d'un vote de la diète, le roi de Suède a, par les ordonnances des 31 janvier et 3 février 1855, appliqué le système décimal aux monnaies, poids et mesures du royaume.

Le nouveau système se présente ainsi :

Poids.

1 ny-laest ou nouveau last (100 centner)	1,250 kilog.,	508
1 centner ou quintal (100 skaelpund)	12 —	50508
1 skaelpund ou livre (100 ort)	125 grammes,	0508
1 ort (100 korn ou grains)	1 —	2505

Mesures de longueur.

1 ref ou corde (10 staenger)	29 mètres,	69018
1 staeng ou perche (10 fot)	2 —	969018
1 fort ou pied (10 tum)	296 millim.,	9018
1 tum ou pouce (10 lignes)	29 —	69018

1. Le last = 1,250 kilos 508.

Mesures de superficie.

1 quadrat ref	881 m. c.	5070
1 quadrat staeng	8 —	84507
1 quadrat fot	0 —	0884507

Mesures de capacité.

1 kubikfot (10 kannas)	26 litres,	172103
1 kanna	2 —	6172103
1 kubiktum	0 —	026172103

En 1843, on a tissé pour 11,097,564 fr. de tissus de laine, draps ou autres étoffes, dont:

528,139 mètres de drap,
39,659 mètres d'autres tissus pure laine ou mélangés.

Cette fabrication a occupé 4,600 ouvriers dans 132 fabriques.

Depuis ce temps, l'industrie des laines s'est accrue considérablement; mais ce n'est pas des laines, ce n'est pas des blés, ce n'est pas même des bois de la Suède, que nous devons nous occuper à la fin de cette notice. C'est le fer qu'il faut choisir.

Les fers de Suède ont[1] constamment donné les mêmes résultats; c'est à leur emploi exclusif, que l'Angleterre doit la supériorité incontestable de ses aciers.

Les quantités qui distinguent l'acier produit avec les fers de Suède, sont de deux sortes : La première et la plus essentielle est celle que les ouvriers de Sheffield expriment en disant qu'il a du corps; la seconde consiste en sa pureté et son homogénéité aciéreuse.

Dans les chaudes successives auxquelles on doit soumettre l'acier cémenté pour l'affiner, l'étirer et le façonner, il retient la qualité aciéreuse à un degré supérieur à tous les autres fers, en sorte qu'ouvré sous forme d'outils ou d'objets polis, l'acier fabriqué avec le fer de Suède l'emporte sur tous les autres, par sa dureté, son éclat, et surtout par la vivacité de son tranchant.

L'homogénéité ou la pureté aciéreuse du fer de Suède consiste en ce que la cémentation s'y développe d'une manière uniforme, et que cette opération n'y produit pas, comme dans la plupart des fers, de fortes ampoules. Au sortir de la caisse de cémentation, les fers de Suède conservent la forme du fer forgé; à peine les barres sont-elles recouvertes de très-petites ampoules, réparties d'une manière uniforme sur toute leur surface. Celles-ci, soumises à l'étirage, puis trempées, ne laissent voir ni fissures ni défaut de continuité; cassées en travers, elles offrent un grain homogène d'un gris d'acier clair.

Si après avoir constaté la supériorité des fers de Suède pour la fabrication de l'acier on

1. V. le rapport de M. Dufrénoy.

en recherche les causes, on ne saurait en découvrir d'autres que la nature du minerai. « En Suède même, dit M. Le Play[1], l'opinion générale est que les forges les plus arriérées, sous le rapport technique, sont précisément celles de Danémora où se produisent les meilleurs fers à acier. »

M. Dufrenoy ajoute :

« La supériorité du fer de Suède est afférente à la nature même des minerais. Quelle est la cause à laquelle elle est due? Est-elle chimérique ou physique? Personne ne peut, dans l'état actuel de la science, répondre à ces questions. Les chimistes les plus distingués n'ont pu encore découvrir dans les minerais de la Suède la moindre différence entre eux et les minerais analogues des autres contrées. Toutefois, la propension aciéreuse, constante dans ces minerais, ne saurait être le résultat du hasard, et on est en droit de supposer que ces minerais offrent un principe particulier qui a jusqu'ici échappé à nos investigations. On rappellera, à cet égard, que la Suède a doté la science de plusieurs corps simples nouveaux toujours répandus avec une grande parcimonie dans les roches cristallines qui en constituent le sol; peut-être les minerais de fer privilégiés en contiennent-ils de très-petites proportions; on rappellera, aussi, que c'est surtout de la Suède que proviennent les aimants naturels. Il serait également possible que la disposition moléculaire qui préside à cette propriété eût de l'influence sur la nature des fers que l'on obtient de ces minerais. »

SUISSE.

COMMISSAIRE A L'EXPOSITION DE L'INDUSTRIE : M. le colonel Barman.

COMMISSAIRE A L'EXPOSITION DES BEAUX ARTS : M. Gsell.

La Suisse est, au point de vue industriel, une nation modèle. Les économistes de l'école libérale se sont toujours plu à la citer comme la preuve vivante de l'excellence de leurs doctrines.

La liberté du commerce y a produit, il est vrai, des miracles.

La Suisse possède quelques mines, un peu de bois, de très-beaux pâturages, du bétail et du lait. Voilà tout. Réduite à de si chétives ressources naturelles, la Suisse, libre depuis cinq ou six siècles, envoie dans toutes les régions de l'univers les productions d'une industrie qui a besoin d'acheter au dehors toutes les matières de son travail.

Les mines, les carrières et les campagnes de la Suisse n'ont, pour ainsi dire, pas été

1. *Mémoire sur la fabrication et le commerce des fers à acier dans le nord de l'Europe*, 1846.

représentées à l'Exposition de Paris, et, de la classe I à la classe VIII, la nomenclature de ses exposants n'est pas considérable ; mais dès lors les produits remarquables affluent, et plus de 400 vitrines viennent offrir à l'admiration les œuvres d'une nation qui n'a pas 2 millions et demi de travailleurs. Les cuirs et quelques vins figurent honorablement dans les classes X et XI ; mais c'est l'horlogerie, ce sont les appareils de précision, ce sont les bijoux, les cotonnades, les rubans de Bâle, les soieries de Zurich, les broderies et les dentelles, qui font l'orgueil de la Suisse.

Il est certain qu'elle produit tout cela par des procédés d'une simplicité incroyable, et qu'elle arrive sur les marchés du monde avec des œuvres d'un bas prix étrange.

La superficie de la Suisse est de 40,370 kilomètres carrés.

La population de tous les cantons montait en mars 1850 à 2,395,178 habitants, ou à 2,392,740 (suivant d'autres statistiques).

Recettes de l'État (1850)	5,881,398 fr.
Dépenses	5,367,321

Compte d'État pour 1852 :

Actif	12,619,470 fr.
Passif	2,962,887

Budget pour 1853 :

Recettes	12,565,000 fr.
Dépenses	12,025,000

Budget pour 1854 :

Recettes	13,768,500 fr.
Dépenses	13,091,483

Budget proposé pour 1855 :

Recettes	16,065,000 fr.
Dépenses	15,475,000

Dans la somme des recettes, les douanes sont comprises pour 5,600,000 francs, et les postes, pour 7,831,877.

Un bel ordre règne dans les finances de l'État, indice certain de la prospérité publique.

Les vignobles suisses n'ont pas une grande réputation. Cependant on compte, en ce pays, vingt cantons cultivant la vigne ; les principaux sont : Zurich, Bâle, Schaffhouse, Saint-Gall, Argovie, Thurgovie, le Tessin, Vaud, le Valais, Neuchâtel et Genève.

L'étendue des terres cultivées en vignes dans ces différents cantons est de 24,468 hect.[1].

Les cantons qui y emploient le terrain le plus considérable sont :

Vaud	5,850 hectares.
Zurich	5,400 —
Saint-Gall	2,700 —
Argovie	1,998 —
Thurgovie	1,968 —
Neuchâtel	1,293 —

On ne perdra pas de vue que le Tessin et le Valais ne sont pas compris dans cette évaluation, faute des données nécessaires. Mais si, pour ces deux cantons d'une étendue très-considérable, on prend une évaluation approximative qui sera le chiffre moyen de Saint-Gall et de Thurgovie, soit un peu plus de 2,700 hectares pour chacun, l'étendue totale des cultures de la vigne, dans les principaux cantons de la Suisse, s'élèvera à 30,600 hectares.

Le rapport de l'étendue de cette culture avec la superficie de chaque canton s'établit ainsi :

Schaffhouse	41	p. 0/0
Genève	40	—
Zurich	36 1/2	—
Bâle (Ville)	32 1/2	—
Thurgovie	19	—
Bâle (Campagne)	18 1/2	—
Vaud	18	—
Neuchâtel	16	—
Argovie	14	—
Saint-Gall	13	—

Quant à la production, on n'a de renseignements officiels que sur cinq cantons :

Zurich	249,000 hect. de vin.
Schaffhouse	36,069 —
Thurgovie	90,000 —
Vaud	347,000 —
Neuchâtel	43,702 —

En prenant pour les autres cantons des résultats approximatifs de 45 hectolitres par hectare, on aura, pour toute la Suisse, une production de 1,377,000 hectolitres.

La population étant de 2,400,000 âmes, on a, en moyenne, 57 litres par personne.

L'importation moyenne, en Suisse, est de 225,000 hectolitres. En 1853, elle atteignait le maximum de 250,000 hectolitres, pour retomber, en 1854, au minimum de 184,000 hectolitres.

Examinons maintenant les travaux les plus remarquables de l'industrie.

Orfévrerie. — Avant la Réforme, il y avait beaucoup d'orfévres qui travaillaient près

1. V. le *Moniteur* (mai 1855).

que exclusivement pour les églises et les couvents : on comptait jusqu'à 89 maîtres orfèvres. La Réforme les priva de ce travail [1].

Aujourd'hui on fabrique en Suisse de l'orfévrerie, dite *grosserie*, sur une très-grande échelle. M. Rohfuss est, à Berne, le chef d'une fabrique importante depuis plus de quarante ans : il en est le créateur et se distingue par son talent; il a été soutenu et encouragé par les bourgeois de Berne; mais il est trop artiste pour faire fortune, malgré le nombre de ses ouvriers et le chiffre élevé de ses affaires. Outre cette fabrique, il y a, dans chaque ville de la Suisse, et même dans les villages, des ateliers où l'on fait exclusivement de la petite orfévrerie en cuillers et couverts d'argent, dont les nombreux prix du tir à la carabine si usité en Suisse ont répandu l'usage.

Les procédés de dorure et d'argenture électro-chimiques sont adoptés en Suisse pour presque tous les ouvrages en orfévrerie et bijouterie d'imitation, excepté quand les commandes exigent la dorure au feu, qui a plus de durée. La dorure des mouvements de montres ne se fait presque plus par l'ancien procédé du mercure, mais par la voie humide. On obtient ainsi des dorés plus beaux et tout aussi durables dans cette condition de travail.

La bijouterie de la Suisse a été longtemps célèbre, surtout pour ses émaux et pour tout ce qui se rapportait à la fabrication des montres. Elle n'a ni étendu ni restreint ses attributions diverses; seulement, depuis quelques années, la concurrence de Paris et de Lyon lui cause de sérieux préjudices.

Pour ce qui concerne la bijouterie à l'usage des femmes, la fabrication est concentrée à Genève où de grands ateliers exécutent des ouvrages destinés à l'Italie et à la Belgique : on estime à 4 millions de francs l'importance des affaires faites par les bijouteries suisses dans cette branche de leur industrie. On fait en Suisse les chaînes à maillons pleins. La bijouterie suisse comprend la bijouterie de fantaisie, telle que broches, bracelets, boucles d'oreilles et bagues, dont le commerce tire un parti très-avantageux. Quelques fabricants travaillent surtout pour la Turquie et envoient en Orient des zarphes, des tabatières, des boîtes à musique ou des boîtes à oiseaux qui chantent et s'agitent par un mécanisme intérieur.

Les émaux de Genève, depuis longtemps, ont une réputation très-méritée.

La fabrication des boîtes de montres qui doivent être décorées ou rester unies est une industrie très-active en Suisse; elle occupe environ 400 ouvriers. La quantité de boîtes de montres fabriquées est très-considérable; mais elle n'est pas égale à celle des mouvements qui sont quelquefois expédiés à l'étranger sans aucun emboîtage.

Il y a beaucoup de fabriques de clefs de montres, qui s'expédient dans tous les pays. Genève compte trois ou quatre fabriques de tabatières d'or et d'argent; c'est sur ces objets, quand ils sont exécutés avec soin, que s'exerce l'étonnante habileté des graveurs et ciseleurs suisses.

Pour la bijouterie seulement

1. V. le Rapport de M. le duc de Luynes, p. 101.

Genève compte	87	ateliers et	267	ouvriers.
La Chaux-de-Fonds	27	—	78	—
Le Locle	20	—	54	—
Berne	2	—	3	—
Lausanne	1	—	5	—
	137	—	407	—

Toiles peintes. — La Suisse a été le berceau de l'industrie des toiles peintes; mais cette industrie y est tombée depuis longtemps dans un état de langueur; de Bâle, elle a traversé le Rhin pour s'établir en Alsace.

Soieries. — Les étoffes de soie de Zurich se fabriquent à l'aide de 20,000 métiers; les rubans de Bâle, à l'aide de 10,000 métiers.

Ces métiers ne travaillent pas sans relâche, et les ouvriers en soieries et en rubans n'abandonnent pas tout à fait les travaux agricoles, ce qui constitue un régime de production tout particulier. On s'explique ainsi l'extrême bon marché de la main-d'œuvre.

M. Arlès-Dufour en 1851 disait :

« Les fabriques de soieries et de rubans de la Suisse doivent leur origine et leurs premiers développements aux persécutions religieuses et politiques qui ont désolé l'Italie au XIIIe et au XIVe siècle et les Pays-Bas sous la domination espagnole.

« Quoique ce petit pays ne produise, ni le fer, ni la soie, ni le coton, ni le charbon, ni même le blé, ses fabriques n'ont cessé de progresser en perfection et en importance; c'est qu'elles ont toujours eu tout simplement la liberté d'acheter, partout où bon leur semble, le fer, la soie, le coton, le charbon, le blé et les ustensiles. »

Broderies. — La fabrication des broderies suisses est la plus grande concurrence que nous ayons à craindre.

L'industrie de la broderie a été introduite, en Suisse, à la fin du dernier siècle. Elle a commencé dans le canton d'Appenzell où les ouvrières furent initiées à ce travail par une dame qui avait habité le Levant et savait broder en soie.

Depuis 1810, la fabrication des broderies au crochet et à longs points pour grands morceaux, tels que rideaux, robes et objets d'ameublement, est en grande renommée. Ce n'est guère que de 1825 à 1830, qu'on s'est occupé de livrer à la vente des morceaux en broderies fines au métier, tels que cols, fichus, mouchoirs. Aujourd'hui, ces broderies sont au premier rang, non-seulement pour la perfection du travail, mais aussi pour l'avantage des prix.

La fabrication de la broderie fine s'est développée d'une manière prodigieuse, surtout dans les cantons de Saint-Gall et d'Appenzell où les ouvrières sont très-habiles et montrent une grande aptitude pour les morceaux de luxe.

Les ouvrières d'Appenzell furent habilement dirigées et adoptèrent le métier. Depuis quelque temps, elles ont commencé à se servir d'aiguilles nouvelles. On les considère comme ayant atteint la plus grande perfection.

Il y a, en Suisse, plus de 40,000 ouvrières en broderies. Chaque jour, la demande excède la production. Pendant l'hiver de 1849, on commença à former des ouvrières dans le canton des Grisons. L'industrie se propage aujourd'hui par toute la Suisse et dans les pays voisins.

Malgré l'extension donnée à la fabrication des broderies fines au plumetis, celle des mousselines brodées au crochet pour ameublement n'en a pas souffert. Elle est toujours la spécialité la plus importante de cette industrie.

Par suite de la demande considérable des années 1832, 1833, 1834 et 1835, la fabrication de la broderie en Suisse[1], qui, jusqu'à cette époque, ne s'était à peu près occupée que de la production d'articles d'ameublements brodés au crochet et au passé, se mit à fabriquer la broderie fine au plumetis.

Ce fut une concurrence très-redoutable pour la fabrication française; elle eut à lutter, non-seulement contre la grande habileté des ouvrières du canton d'Appenzell, qui adoptèrent tout de suite le métier, mais encore contre une différence sensible dans le prix de la main-d'œuvre. Aussi, est-il à remarquer que, de 1839 à 1848, nos départements de l'Est ne reçurent presque plus de commandes en broderies fines; les commandes s'adressaient toutes à la Suisse.

On peut même affirmer que le succès considérable obtenu par la Suisse dans cette belle industrie, est dû aux commerçants en broderies de Paris, qui abandonnèrent la fabrication française et recoururent à la Suisse, dont les produits étaient à meilleur marché.

En effet, la broderie riche n'a de valeur que par la nouveauté et le bon goût des dessins et des formes.

La Suisse eût été impuissante à créer des modes et des nouveautés pour Paris, sans l'intervention des fabricants de broderies de Paris, qui expédièrent à Saint-Gall et à Hérisau, non-seulement les patrons et les dessins les plus nouveaux, mais encore firent dessiner et échantillonner sur tissus français (mousseline et batiste) tout ce que la mode et le bon goût inventaient de plus attrayant.

Par l'impulsion que lui donnèrent les négociants de Paris, la fabrication suisse fit des progrès rapides, et ses produits furent d'autant plus recherchés des étrangers, que les dessins et nouveautés de Paris, calqués sans déplacement et sans frais de dessinateurs, sont souvent mis en vente à Saint-Gall, avant d'être connus à Paris.

La Suisse reçoit[2] de 11 à 12 millions de kilogrammes de coton brut; elle en réexporte une partie et conserve pour elle 9,500,000 kilog.

Ce qui représente en tissus, environ	8,500,000 kilog.
Elle reçoit en tissus étrangers	2,500,000
Elle dispose donc de	11,000,000
Elle consomme, de cette masse de tissus	4,000,000
Il lui reste à exporter	7,000,000

1. V. le Rapport de M. Félix Aubry (*Travaux de la Commission française*).
2. V. le Rapport de Mimerel, XIe jury de Londres.

L'exportation consiste :

1° En tissus teints avant la fabrication et qui, conséquemment, ne peuvent être tissés mécaniquement;

2° En étoffes que la Suisse reçoit toutes fabriquées d'Angleterre et qu'elle ne fait qu'imprimer;

3° En broderies très-renommées à cause de leur beauté réelle et de la modicité de leurs prix.

Pour filer 9,500,000 kilog. de coton, la Suisse possède 960,000 broches, ce qui ne donne que 10 kilog. à la broche, contre 14 kilog. en France, 15 en Angleterre, 20 en Allemagne, et 25 en Belgique. Ces chiffres prouvent que la Suisse s'occupe exclusivement à filer les numéros fins (de 40 à 300).

Son éloignement des marchés et des ports l'oblige à acheter ses tissus communs et ne lui permet que la fabrication des produits légers.

Elle y réussit à cause du bas prix des capitaux, à cause de ses chutes d'eau nombreuses et puissantes, et à cause du très-bon marché de la main-d'œuvre. C'est là un résultat remarquable.

La Suisse fabriquait, dans le XVIIIe siècle, des étoffes rases, des camelots et des serges, à Aarau; des étoffes en laine et soie, à Berne. Elle a dû, en grande partie, cette industrie aux émigrés français qui sont venus lui demander asile après la révocation de l'Édit de Nantes.

Les ouvriers suisses, qui manient parfaitement le métier-Jacquart et se servent avec intelligence et économie du battant-brocheur, copient heureusement les tissus mélangés et les livrent à un bas prix qui leur en assure la vente à la consommation du Levant et des côtes barbaresques.

Inscrivons, à cette dernière page, quelques noms choisis parmi les plus recommandables :

Mécanique : MM. Villiers-Saukey, fabrique de Lauffen, J.-J. Huber.

Arts de précision : MM. Hipp, L. Audemars, Beutte, Courvoisier, Ducommun, H. Grandjean, Ch.-H. Grosclaude, J.-C. Lutz, de Genève (spiraux trempés pour chronomètres); S. Mercier, Mermod frères, Patck, Philippe et comp., J. Perret, Retor, madame Rognietti-Weiss, Th. Daguet (flint-glass et crown-glass en disques et en prismes), Kern et Masset.

Arts chimiques : MM. J. de Jacques Hausser, J.-J. Mercier, Meyer et Ammann.

Orfèvrerie : M. Auguste Dutertre.

Céramique : M. Ziégler-Pellis.

Cotons : MM. J.-J. Hof, B. et H. Tanner et Kohler, Breitenstein, Leumann frères, Raschle et comp., Farter et Brunner, S. Pluss.

Soies : MM. Alioth, Bedier et comp., Ryhiner et fils, Baumann et Streuli, Bischoff (Chr. et J.), Ryffel et comp., Schwarzenbach, J. Zurrer, Burckhard et fils, J. de Bary et Bischoff, Freyvogel et Heusler, Richter-Linder, J.-H. Sarasin, Sarasin et compagnie, Sulger et Stückelberger.

Broderies et dentelles : MM. Althorr, Depierre frères, Kuhn et fils, Schläpfer, Schlatter et Kursteiner, Stäheli-Wild.

Modes (pailles) : Claraz, Abt.

Les pianos et les boîtes à musique de la Suisse ne doivent pas être oubliés.

Les beaux-arts, en Suisse, suivent l'école française; ils ont produit quelques peintres de talent.

DUCHÉ DE TOSCANE.

COMMISSAIRE A L'EXPOSITION DE L'INDUSTRIE ET DES BEAUX ARTS : M. le chevalier Ph. Corridi.

La Toscane a 28,000 kilomètres carrés de superficie; sa population était évaluée, en avril 1854, à 1,815,686 habitants.

Le budget de 1854 était .

Recettes	35,307,400 livres [1].
Dépenses	37,037,500 —

Tandis que Rome et Naples réunies n'obtiennent, au concours général de l'Exposition universelle, que treize médailles de première classe, la Toscane obtient trois médailles d'honneur et seize médailles de première classe. C'est un succès incontestable qui n'a surpris personne.

Il est certain que son exposition offre un utile enseignement, et qu'elle peut être considérée, à plus d'un point de vue, comme une exposition modèle. Elle est représentée par 199 exposants, à la tête desquels se place l'Institut technique de Florence, qui a envoyé d'admirables collections et des appareils scientifiques, construits dans ses ateliers. Par exemple, sa collection des produits du règne inorganique présente une ordonnance et une variété, qui ne se retrouvent dans aucune autre collection analogue.

Les souvenirs de la Florence des Médicis n'ont point abandonné Florence[2].

Avant de se présenter au concours de Paris, la Toscane s'est essayée dans une exposition particulière, ouverte, à Florence même, au mois de novembre 1854, et c'est là que furent réunis les éléments du choix qui a déterminé l'envoi des produits nationaux.

Les Expositions nationales ont été un des plus puissants moyens employés par le gouvernement toscan pour exciter le zèle et l'activité des industriels. Aussi, voit-on, non sans étonnement, au sein d'un peuple agriculteur par nature, tous les arts et toutes les industries s'élever à un degré de perfection, qui serait remarquable même chez une nation

1. La livre vaut 0 fr., 8656.

2. Nous emprunterons à M. Ph. Corridi, professeur de l'Université de Pise, directeur de l'Institut technique de Florence et commissaire de la Toscane, la plus grande partie de la notice qu'il a placée en tête du Catalogue des produits toscans.

exclusivement manufacturière. Il suffit de jeter un coup d'œil sur l'ensemble des objets envoyés par la Toscane, pour se convaincre de la réalité de ce développement industriel.

D'abord, l'exploitation des richesses minérales donne au pays le mercure, le chrôme, le cuivre, le fer, le plomb, l'argent, l'antimoine, la houille, l'acide borique, l'alun, les ocres ferrugineuses de couleurs très-variées, et même la farine fossile qui pourra avoir peut-être un jour d'utiles applications. On tire, de nombreuses carrières, des quantités considérables de marbre statuaire, de calcaire plus grossier pour les constructions, de marbres rouges et jaunes, d'alabastrite et de serpentin. On y trouve encore le granit, et l'île d'Elbe, l'île du Giglio et l'île de Monte-Christo en cachent des dépôts inépuisables. Le sel y est fourni en abondance par les salines de Volterra et de l'île d'Elbe; la potasse et les carbonates de potasse y sont fabriqués en assez grande quantité pour subvenir à tous les besoins de la contrée.

Si des matières minérales on passe aux produits organiques, on aperçoit immédiatement la tendance agricole du Grand-Duché, aux nombreuses et belles productions du règne végétal qu'il est en état de montrer. Ainsi voit-on ses blés, ses vins, ses bois pour les constructions civiles et navales et pour l'ébénisterie, ses huiles d'olive, de lentisques et de pignons, ses alcools de vin, d'asphodèle et d'arbousier, représenter une très-grande richesse du sol. Il va sans dire que les produits du règne animal ne le cèdent guère en importance et en beauté aux matières végétales; les laines, la soie, la cire et les crins sont, en Toscane, au moins aussi beaux que partout ailleurs. Il n'est donc pas étonnant qu'avec des matières premières, bonnes et abondantes, les industries puissent se développer vite et arriver, sans de grands sacrifices, à un état de perfection qu'elles sont loin d'avoir atteint dans les pays beaucoup plus manufacturiers. Le régime économique dont jouit la Toscane explique cette source de prospérité.

Les fers si recherchés de l'île d'Elbe, utilisés à l'état de fonte brute, à l'état de fer de deuxième fusion ou purifiés, adoucis et transformés en barres, sont à peu près sans rivaux. Les aciers façonnés ou instruments de toute sorte, le cuivre à tous les états depuis les rosettes brutes jusqu'aux vases les mieux travaillés par emboutissage, les statues et les ornements en marbre, en alabastrite, en serpentin, tout concourt à prouver que la Toscane peut, non-seulement suffire à ses besoins, mais que le commerce d'exportation ne saurait la négliger. Il serait inutile de rappeler ici l'art, bien connu, du mosaïste, art dont Florence conserve encore le dépôt, et auquel viennent en aide les pierres dures, et les marbres précieux que renferme le sein de ses montagnes. Les argiles plastiques alimentent les nombreuses fabriques de terres cuites, de poteries fines, de faïences et de porcelaine; le goût le plus artistique préside à la confection de leurs produits, et les cristaux et les verres de Toscane pourront rivaliser peut-être un jour avec les plus beaux verres étrangers.

Mais, si l'on quitte les industries minérales pour examiner celles qui ont pour objet les matières organiques, on voit immédiatement tout le parti que la Toscane a su tirer de ses richesses naturelles. Les bois travaillés de mille façons différentes paraissent se ramollir sous le doigt des sculpteurs, pour se contourner en feuillages délicats, ou se modeler sous la forme d'objets en haut relief; tantôt, c'est un vernis brillant en diverses couleurs, qui couvre la surface des bois et qui leur donne l'aspect de marbres rares ou de vieilles laques de Chine; tantôt, ce sont des mosaïques ligneuses, fines comme des gravures, colorées comme des tableaux, qui se déploient sur les meubles ou s'étalent sur les parquets.

Les chanvres filés, tissés et transformés en toiles à voiles ou en câbles pour les navires, les cotons sous la forme de tissus solides, la paille tressée en chapeaux d'une finesse incomparable, les pâtes de froment, les conserves alimentaires de nature végétale ou animale, les sirops, les liqueurs, le fameux alkermès, entre autres produits de la pharmacie de Sainte-Marie *Novella*, les huiles essentielles, les extraits d'odeur, la poudre et les pois faits avec la racine odorante de l'iris, tout cela rentre dans le domaine industriel de la Toscane. Les étoffes de laine ont acquis, depuis quelque temps, assez d'importance dans le pays; les métiers à tisser le coton s'y sont perfectionnés par l'emploi de machines à vapeur qui ont permis en même temps de diminuer beaucoup, pour la filature de ce produit, l'importation étrangère. Le commerce des soies gréges a reçu, depuis quelque temps, un nouveau développement en Toscane, et les tissus sériques, s'ils n'ont pas la richesse de ceux de Lyon, ont pourtant des qualités spéciales, celle du bas prix surtout, qui les rendent fort recommandables au consommateur. Les crins, employés dans la confection de tresses mélangées de paille et de crin, ont fait de la Toscane une rude concurrente pour la Suisse qui, jadis, fabriquait exclusivement ces tissus. La cire blanche, moulée sous forme de bougie et de cierges, est aussi parfois livrée au commerce en copeaux.

Il y a longtemps que les préparations anatomiques en cire de Florence jouissent d'une réputation fort méritée et sont très-recherchées par les savants; mais on ne connaissait pas encore les belles fleurs artificielles qu'on est parvenu à y préparer à l'aide de cires colorées.

Les suifs ont fait place en Toscane, comme partout, aux bougies stéariques, et les savons d'acide oléique, de même que les savons ordinaires de soude, y ont acquis, en peu de temps, une grande perfection.

L'art du tanneur et du corroyeur ne sont pas restés en arrière; et la sellerie et la botterie, qui ont atteint une perfection assez remarquable, jouissent maintenant de l'avantage de pouvoir utiliser heureusement les cuirs et les peaux du pays.

Restent enfin les industries qui sortent du cadre systématique dans lequel nous nous sommes enfermés. Ici, l'on voit les appareils chirurgicaux destinés à remplacer les membres perdus; ailleurs, c'est un masque de laboratoire, protégeant le chimiste et l'ouvrier contre les émanations empoisonnées. Les bronzes artistiques de grandes dimensions, les pièces fondues les plus délicates, qui sortent presque du domaine industriel, sont de si rares productions, qu'il faut en faire une mention toute spéciale; l'ivoire travaillé au tour, avec une patience qui n'a de rivale qu'en Chine, fait aussi partie des envois de la Toscane. Les spécimens typographiques sont assez remarquables pour un pays qui imprime peu et à grands frais. La photographie a profité du ciel pur et de la vive lumière d'Italie, pour s'y développer et acquérir en peu de temps une rare perfection. Enfin, l'art du luthier a trouvé, dans un amateur passionné, un continuateur fort habile des anciennes traditions italiennes. Voilà, en peu de mots, ce qu'apporte la Toscane à l'Exposition universelle. Comparativement à d'autres pays, c'est un bien faible tribut; mais, si l'on a égard à l'étendue de son territoire, à la quantité de sa population, au choix des objets présentés et à la haute valeur de quelques-uns d'entre eux, on verra que cette contrée italienne s'est présentée au grand concours international d'une manière digne de son ancienne réputation.

Les objets exposés dans le Palais de l'Industrie prouvent assez que la Toscane peut se vanter de ne point avoir d'émule dans plusieurs industries d'un mérite incontestable. Les mosaïques de Florence offrent, grâce à l'empressement du Grand-Duc, un si grand mérite et une si grande richesse, que jamais le résultat du travail de l'homme n'est arrivé à un si haut degré de valeur et de beauté. Même, les mosaïques sortant des ateliers privés contribuent, dans leurs spécialités plus modestes, à faire ressortir l'étalage de cette manufacture extraordinaire. Les ouvrages en serpentin et les grandes pièces en albâtre, qui constituent un des plus jolis ornements de l'exposition toscane sont aussi les seuls produits de ce genre, qu'on puisse voir à l'Exposition universelle. Les ouvrages en *scagliola*, la spécialité des bronzes d'art, parmi lesquels on admire des objets d'un travail très-singulier, et, entre autres, une plante où la nature se trouve réellement saisie sur le fait: les chapeaux de paille portés à une perfection admirable, les objets en fer travaillés par emboutissage, ce sont là des choses qu'on chercherait en vain ailleurs.

La Toscane a un sculpteur du plus grand talent, Dupré, dont l'*Abel mort*, étude très-fine et d'un goût sûr, a obtenu sans contestation une des huit médailles de première classe de la sculpture.

Voici les principales récompenses décernées à la Toscane :

IIe classe. — Une médaille de première classe;

IIIe classe. — Quatre médailles de première classe;

VIIIe classe. — Une médaille de première classe;

Xe classe. — Une médaille d'honneur (comte de Larderel, de Volterra);

XIe classe. — Une médaille de première classe;

XIVe classe. — Une médaille de première classe;

XVIIe classe. — Une médaille de première classe;

XXIe classe. — Trois médailles de première classe;

XXIVe classe. — Une médaille d'honneur (Manufacture royale de mosaïques en pierres dures, à Florence[1]);

Une médaille de première classe;

1. La Manufacture royale de mosaïques en pierres dures à Florence a exposé :

Quatre tables en mosaïques en pierre dure sur fond de lazulite, destinées à orner l'autel qu'on va construire pour la chapelle Médicée dans l'église de Saint-Laurent, à Florence;

Deux tables en mosaïques en pierres dures, représentant une double couronne de laurier et d'olivier et jaspe jaune de Volterra, sur fond en porphyre rouge, destinées à orner le même autel;

Trois bas-reliefs de fleurs et fruits en pierres dures, pour le même autel;

Table rectangulaire en porphyre, ornée de mosaïques en pierres dures;

Table ronde en néphrétite d'Égypte, avec mosaïques en pierres dures.

XXV° classe. — Une médaille d'honneur (ouvriers et ouvrières en tresses et chapeaux de paille);

Deux médailles de première classe;

XXIX° classe. — Une médaille de première classe.

EMPIRE DE TURQUIE.

COMMISSAIRE DE L'EXPOSITION DE L'INDUSTRIE : M. Arm. Donon, consul général

Ce n'est pas en un moment de troubles aussi grands et à une heure de transformation politique aussi clairement marquée, qu'il convient de donner le tableau des institutions de la Turquie.

La régénération de la nation musulmane suivra-t-elle la crise dont nous avons été les témoins? Si l'empire du sultan prend sa place dans le concert des gouvernements européens, si le peuple se transforme au contact des lois et des mœurs européennes, ce n'est pas la nature qui, en Turquie, faillira jamais à sa tâche.

Nous renvoyons aux *Lettres sur la Turquie*, de M. A. Ubicini, ceux qui désirent plus amplement s'enquérir de l'état intérieur de l'empire Ottoman. Nous n'avons composé notre statistique, que de quelques pièces détachées et d'un intérêt spécial pour notre livre.

La superficie de la Turquie est de 1,500,000 kilomètres carrés.

La population de la Turquie d'Europe était, en 1844, de 15,500,000 habitants, et la population totale de l'Empire de 35,350,000.

Voici l'analyse du tableau comparatif de la population turque, d'après l'*Annuaire de Gotha* :

	En Europe.	En Asie.	En Afrique.	Totaux.
Ottomans	2,100,000	10,700,000	»	12,800,000
Slaves	6,200,000	»	»	6,200,000
Roumains	4,000,000	»	»	4,000,000
Arnautes	1,500,000	»	»	1,500,000
Grecs	1,000,000	1,000,000	»	2,000,000
Arméniens	400,000	2,000,000	»	2,400,000
Juifs	70,000	100,000	»	170,000
Tartares	230,000	»	»	230,000
Arabes	»	900,000	3,800,000	4,700,000
Syriens et Chaldéens	»	235,000	»	235,000
Druses	»	25,000	»	25,000
Kurdes	»	1,000,000	»	1,000,000
Turcomans	»	90,000	»	90,000

Voici la même population divisée par religions :

Musulmans	3,800,000	12 950,000	3,800,000	20,550,000
Grecs	11,370,000	2,360,000	»	13,730,000
Catholiques	260,000	640,000	»	900,000
Juifs	70,000	100,000	»	170,000
	15,500,000	16,050,000	3,800,000	35,350,000

Nous prendrons l'un des derniers budgets connus (1850) comme exemple des budgets de la Turquie.

Dépenses :

Liste civile du sultan	75,000,000 piastres.
— de la sultane mère et des sœurs mariées du sultan	8,400,000 —
Armée	300,000,000 —
Marine	37,500,000 —
Matériel de guerre, artillerie, génie, forteresses	30,000,000 —
Traitement des employés	195,000,000 —
Subvention à l'administration des wakoufs	12,500,000 —
Service de l'arrérage des rentes viagères	6,000,000 —
Intérêts des bons du trésor	9,000,000 —
Rentes diverses	10,000,000 —
Affaires étrangères	10,000,000 —
Dépenses d'utilité publique	10,000,000 —
	733,400,000 piastres.

Recettes :

Dîmes	220,000,000 piastres.
Salian (income tax)	200,000,000 —
Impôt personnel sur les sujets non musulmans	40,000,000 —
Douanes	86,000,000 —
Tribut de l'Égypte	30,000,000 —
— de la Valachie	2,000,000 —
— de la Moldavie	1,000,000 —
— de la Servie	2,000,000 —
Impôts indirects	150,000,000 —
	731,000,000 piastres.

Budgets de la Servie.

	Revenus.	Dépenses.
1850-51	1,936,312 florins [1].	1,941,311
1851-52	2,160,542 —	2,031,158
1852-53	2,309,347 —	2,646,795

Commerce de la Servie avec l'Autriche.

	Importation.	Exportation.
1847-48	19,528,164 piastres [2].	41,685,636 piastres.
1848-49	21,774,488 —	51,771,636 —
1849-50	16,806,294 —	40,679,191 —
1850-51	34,361,193 —	77,861,274 —
1851-52	23,003,107 —	49,691,188 —
1852-53	17,131,254 —	64,591,568 —

1. Le florin conventionnel vaut 2 fr. 60 cent.
2. La piastre vaut 0 fr. 21 c. 25.

PRINCIPAUTÉS DANUBIENNES.

VALACHIE.

Superficie	1,100 milles carrés géographiques [1].
Population	2,340,000 habitants.

MOLDAVIE.

Superficie	570 milles carrés.
Population	1,260,000 habitants.

SERVIE.

Superficie	900 milles carrés.

Commerce maritime des Principautés.

	Importation.		Exportation.	
	Par Ibraïla.	Par Galacz.	D'Ibraïla.	De Galacz.
1850	9,299,000 fr.	13,275,000 fr.	11,049,000	8,261,000
1851	8,539,000	11,000,000	18,017,000	10,844,000
1852	8,861,000	11,049,000	19,106,000	12,232,000
1853	8,035,000	13,936,000	14,177,000	13,552,000

Mouvement de la navigation.

	Navires.	Tonneaux.
1° A Ibraïla, 1852,	1,563	260,621
— 1853,	1,231	178,514
2° A Galacz, 1853, entrée	891	111,366
— — sortie	891	111,261
	4,782	222,627

La Turquie a récemment découvert de belles mines de houille [2] à Erekli (Éraclée).

« Il y avait à Londres des échantillons de houille provenant de Vivan, dans la mer de Marmara, et de Scala-Nova, dans l'Archipel, à 40 milles de Smyrne. Il est bien difficile de penser que ces échantillons appartiennent au prolongement du bassin houiller d'Erekli; il serait alors le plus étendu de tous les bassins houillers connus. Il est plus probable que ces échantillons ont été recueillis dans des dépôts de houille destinés pour l'embarquement. »

Si la Turquie a trouvé de la houille, c'est que l'industrie va naître. On dira qu'il y a des races nées pour le repos et des climats énervants. Cependant ces peuples eurent leurs arts autrefois.

Mais, avant de dire un mot de l'exposition turque, recueillons diverses pièces destinées à montrer dans quel état se trouvent, par rapport au commerce, quelques-unes des provinces les plus importantes et les plus industrielles de l'empire ottoman.

1. Le mille carré vaut 55 kilomètres carrés.
2. V. le Rappor. de M. Dufrenoy, 1er jury de Londres, p. 136.

Albanie [1].

On écrit de Scutari, 9 mai 1855 :

« Le commerce de cette place a été fort animé pendant le premier trimestre de 1855. Les cotons filés retors sont encore très-recherchés; il en a été moins importé que les années précédentes, et ils sont rares et fort chers à Trieste.

« Les prix des filés retors sont actuellement :

Pour les nos 6/8 à 10/14	de 3 fr. à 3 fr. 50 le kil.
— 16/24	— 3 — 75 à 4 — 25
— 24	— 4 — 30 à 4 — 50
— 28/32 à 30/32	— 4 — 75 à 5 —

« Les paquets sont de 4 kilogrammes.

« Les cotons filés simples sont presque partout abandonnés.

« Les fils rouges sont rares sur la place et tenus, suivant les qualités, à 10 et 12 fr. le kilogramme.

« Les cotonnades, madapolams, indiennes, etc., ont un débit courant, tant pour les besoins de la province que pour ceux de l'intérieur. Les indiennes et madapolams français sont très-recherchés. L'industrie anglaise fournit les calicots blancs et écrus. Les faux foulards, les mouchoirs de couleur et quelques étoffes imprimées à grands dessins et à couleurs tranchantes, sont tirés des manufactures suisses et allemandes.

« Les denrées coloniales se vendent faiblement.

« Les fers russes et suédois manquent entièrement. Les fers en barres, le plomb d'Espagne, l'étain et les clous sont fort recherchés.

« Il se fait une grande consommation de cochenille.

« Les affaires en drapss ont considérables. On emploie beaucoup de gros draps de Venise aux couleurs éclatantes. Les chrétiens s'en habillent, et on en importe à l'intérieur.

« Les Turcs, au contraire, recherchent les draps fins, dont les négociants se pourvoient à Trieste et qui proviennent d'Allemagne, quoiqu'ils soient nommés draps de France.

« Le velours de soie provient de Gênes par l'entremise de Trieste. Il s'en est fait une assez forte consommation.

« Une des branches de commerce de l'Albanie est aussi le papier, surtout de qualité commune, qu'on expédie dans l'intérieur où il tient lieu de vitre. On le tire, en général, de Trévise et des provinces vénitiennes.

« L'Albanie consomme beaucoup de riz; il vient de l'intérieur de la Turquie, mais surtout de Trieste et de Venise.

« Les peaux de Buenos-Ayres manquent entièrement, par suite de l'élévation des prix, à Corfou et à Trieste.

« Les bonnets rouges ou fez proviennent : les fins, de Tunis; les communs, qui sont le

1. Analyse d'un article des *Annales du commerce extérieur*.

plus en usage, d'Allemagne. Les galons et les fils d'or s'achètent à Trieste ou dans les foires de la Roumélie. Ces derniers articles proviennent, en général, des fabriques françaises ou en portent le nom.

« Avec les laines, les soies de l'Albanie, de la Haute-Bulgarie et de la Roumélie forment un article d'exportation. Elles étaient restées longtemps stationnaires, et la place en était encombrée, lorsque les demandes nombreuses de Trieste en ont fait monter les prix et hâter l'expédition, à ce point qu'on en trouverait difficilement quelques balles avant la nouvelle récolte.

« Les peaux de lièvres commencent à venir de l'intérieur.

« La cire a été assez rare en 1854.

« La défense d'exportation et l'apparence de la récolte, qui semble devoir être meilleure qu'on ne l'avait pensé d'abord, ont commencé à faire tomber le prix des céréales. Dans les districts de Tyranna, Ochrida, Durazzo, etc., les récoltes promettent une année abondante. On pourrait y trouver de l'orge et de l'avoine, et des bâtiments à affréter dans les ports de Durazzo et de Dulcigno. »

Passons à l'île de Chypre.

Ile de Chypre [1].

On écrit de Larnaca, 1er juin 1855 :

« La baisse considérable qui s'est manifestée sur les blés au moment de la récolte, en décidant les détenteurs à se débarrasser de ce qui leur restait, a dégarni les marchés de l'île de Chypre.

« Bien que la sauterelle ait causé des ravages, on espère que la moisson égalera celle de 1854, une plus grande étendue de terrain ayant été ensemencée.

« L'orge a souffert non-seulement des sauterelles, mais aussi des chaleurs précoces qui ont séché presque subitement le grain; peu d'acquéreurs se sont présentés, bien qu'elle ne fût cotée qu'à 8 piastres le cafis (environ 7 fr. 79 c. l'hect.); aussi, les enchères des dîmes ne présentent-elles, sur 1854, qu'un faible avantage de 172,000 piastres.

« L'huile est toujours insuffisante aux besoins de la consommation.

« Les cotons sont presque épuisés; le prix en était de 1 fr. 17 c. le kilog.; de même, on ne comptait plus que 50 balles d'alizari; on cotait ce produit à 0 fr. 75 c. le kilog.

« Les caroubes sont calmes; il n'en reste plus que 1,000 quintaux, qu'on offre à 80 piastres le quintal.

« La laine est assez abondante, les moutons ayant peu souffert, à l'exception, toutefois, d'une province où les troupeaux ont presque été détruits par la maladie. L'exportation promet d'être plus active, parce que le Gouvernement n'a pas renouvelé les ordres d'achats. L'ocque de laine était cotée 3 piastres 20 paras.

« Les enchères des dîmes, qui de 162,000 piastres se sont élevées cette année à 206,000, font espérer que la soie nouvelle qui va paraître sur le marché sera abondante.

1. V. le *Moniteur*.

« A l'exception des vins qui alimentent le commerce depuis plusieurs mois, l'exportation a été peu active en mai. Les importations présentent un accroissement. Il est arrivé deux bâtiments de Marseille, avec un chargement de 80,000 francs, en sucre, café, cuir et armes, et un autre navire de Trieste chargé de cuivre ouvré, d'acier et de fourrures. »

Larnaca, 6 octobre 1855. — « Tous les produits de cette île ont constamment haussé depuis le mois d'août dernier, les mercuriales n'y ont jamais coté des prix aussi élevés. Les acheteurs mettent la main sur tout ce qu'ils peuvent se procurer d'orge et de blé. Ils arrêtent les paysans sur les routes, sans les laisser arriver au marché. Il a été fait, de Larnaca, de grandes expéditions d'orge, tandis que celles du blé commencent seulement. On peut compter qu'environ 80 navires, de 60 tonneaux chacun, ont été chargés sur tous les points de l'île, la plupart à destination de Constantinople. Si cette activité continue, le pays sera bientôt épuisé.

« Les caroubes, aussi recherchées que les céréales, sont cotées à 100 piastres.

« Les alizaris, également demandés, se paient plus cher que dans le mois de juin et de juillet, par suite des commissions venues de Londres.

« Le coton de nouvelle récolte n'est pas encore entièrement préparé pour la vente. On assure que le rendement en est médiocre. La soie se maintient en hausse; malgré les nouvelles de baisse en France, les détenteurs refusent de vendre. Les laines sont épuisées ainsi que les huiles d'olive.

« Les sésames et les graines de lin sont en faveur, à cause des demandes de Marseille.

« En vins et eaux-de-vie, les caves sont presque épuisées et les affaires très-calmes pour le moment. La récolte s'annonce très-mal. L'oïdium fait depuis deux ans de grands ravages sur les treilles et dans les vignobles.

« Le mouvement de la navigation a été très-actif sur les côtes et les rades de l'île; mais l'importation n'a pas atteint une grande valeur. Marseille y figure pour 80,000 francs environ, et Trieste, pour moins de 30,000. »

Ile de Candie.

On écrit de la Canée, 31 juillet 1855.

« Le prix de l'huile, qui était de 41 piastres[1] la mistache[2] à la fin de mars dernier, a été stationnaire jusqu'au milieu de juin. Puis, après quelques alternatives de hausse et de baisse, la hausse a finalement repris et porté le cours à 42 piastres 20 paras.

« On a expédié, depuis la fin de mars, environ 12,000 mistaches, de la Canée à Trieste; 6,000, de Retimo; à quoi il faut joindre environ 50,000 mistaches qui se trouvaient encore dans les campagnes et seront envoyées principalement sur les marchés de la Canée et de Candie.

« L'apparence de la prochaine récolte est des plus favorables.

« Les savonneries de la Canée n'ont pas cessé d'être en activité. Il y a été fabriqué,

1. La piastre est de 40 paras. En juillet 1855, le change s'établissait au taux de 184 paras pour un franc.
2. La mistache d'huile pèse 11 kilogrammes 22.

de la fin de mars à la fin de juillet, environ 30,000 cantars[1] de savon avec 90,000 mistaches d'huile. Candie et Retimo n'ont atteint que la moitié environ du chiffre de cette production. Tout, sauf une faible quantité pour la Grèce, a été envoyé en Turquie.

« La production de la soie a été, comme l'année dernière, d'environ 20,000 oques[2]. Elle avait présenté, depuis quelques années, un accroissement progressif. Cet accroissement se serait continué cette année, et l'on pense même que la récolte aurait atteint le double de celle de 1854, si les froids prolongés qui ont régné au printemps n'avaient retardé la pousse des feuilles du mûrier et nui en même temps aux vers.

« Le prix des soies nouvelles s'est élevé progressivement de 158 et 160 à 175 piastres l'oque. Il y avait apparence de hausse ultérieure.

« Le marché est presque entièrement dépourvu de blé et d'autres céréales. Il n'y a en magasin, à la Canée, que 3,000 quilos[3] d'orge, livrables à 22 piastres le quilo.

« La plus grande partie des vignobles de l'île ont été envahis, cette année, par l'oïdium. »

Revenons maintenant au Palais de l'Industrie. L'exposition turque, dans l'Annexe et au milieu des pavillons de style oriental du premier étage, était splendide. On retrouvait avec plaisir tous les éléments de la prospérité d'un peuple.

Les huiles, les savons, les matières textiles (chanvre, lin, coton, laines de Valachie, grandes soies de l'espèce Dalgue-Mourgue), le pavot, le sumac, le tabac, les maroquins (surpassés maintenant par les nôtres), les fourrures, les plumes, la collection des matières médicales, les étoffes imprimées de la Manufacture impériale, les tapis bleus vigoureusement ornés de dessins en couleurs franches, les soieries blanches ou rayées ou lamées d'argent et d'or, les gazes, les instruments de musique, les armes damasquinées, les pipes du plus grand luxe, les tasses à café enfermées dans leurs réseaux filigranés d'argent, les porcelaines de Feti-Hannet, quelques photographies et des incrustations d'un goût charmant, voilà quel était le tribut envoyé par les arts endormis de l'Asie, mère des peuples, dans le Palais européen du travail.

ZOLLVEREIN.

Quelques-unes des notices qui précèdent, surtout celles qui sont consacrées aux divers États de l'Allemagne du Nord et à l'Autriche elle-même, ont besoin d'être complétés. Ces divers États forment une confédération particulière, au point de vue du commerce, et cette confédération, qui s'appelle Zollverein, est destinée à jouer un rôle trop

1. Le cantar vaut 56 kilog., 23.
2. L'oque poids vaut 1 kilog., 202.
3. Le quilo vaut 33 litres, 15.

important dans l'histoire des transactions commerciales de l'Europe, pour que nous n'en fassions pas connaître la constitution.

Le n° 830 de la 3e série des *Avis divers*, émanés du ministère de l'agriculture et du commerce (juin 1855), contient un travail très-étendu sur le Zollverein. Nous n'avons qu'à en reproduire ici les parties les plus intéressantes.

Les États qui composent le Zollverein et prennent part à ses délibérations, sont :

La Prusse, la Bavière, la Saxe, le Hanovre (le 7 septembre 1851), le Wurtemberg, le grand-duché de Bade, l'Électorat de Hesse, le grand-duché de Hesse.

L'Association de Thuringe, formée de territoires appartenant aux États ci-dessus, et, de plus, à la Prusse et à l'électorat de Hesse, comprenant le grand-duché de Saxe-Weimar-Eisenach; les duchés de Saxe-Meiningen, Saxe-Altenbourg et Saxe-Cobourg-Gotha; les principautés de Schwartzbourg-Sondershausen, Schwartzbourg-Rudolstadt, Reuss-Schleitz, Reuss-Greitz, Reuss-Lobenstein-Ebersdorf; le duché de Brunswick, le duché d'Oldenbourg (le 1er mars 1852), la principauté de Birkinfeld, le duché de Nassau, la ville libre de Francfort.

Les États et territoires, compris dans le Zollverein, par suite de leur association avec l'un des États ci-dessus, sont :

Le Mecklembourg-Schwerin (Enclaves, dans la Prusse, des villages de Rossow, Netzeband et Schaneberg); le landgraviat de Hesse-Hombourg, la principauté de Waldeck et le comté de Pyrmont; les duchés d'Anhalt-Cœthen, Anhalt-Dessau et Anhalt-Bernbourg; la principauté de Lippe-Detmold, le grand-duché de Luxembourg, la principauté de Schaumbourg-Lippe (depuis le 25 septembre 1851), posessions communes du Hanovre et du Brunswick.

Il convient d'ajouter à ces États et territoires deux parcelles non habitées du territoire brémois, traversées par le chemin de Hanovre à Brême, et dont le gouvernement de cette ville, par convention du 29 septembre 1854 avec le Hanovre, a consenti l'incorporation au Zollverein.

Ces parcelles comprennent :

1° La portion du territoire brémois, située près de Sebaldsbrück, au sud du chemin de fer et à l'est de la chaussée de Hemelingen;

2° La portion du chemin de fer qui longe les limites du champ d'Osterholtz, avec la portion du territoire brémois, située au sud du chemin.

Telle est la composition géographique du Zollverein; voici l'histoire de ses dernières transformations :

L'Association allemande, ou le Zollverein, est entrée, le 1er janvier 1854, dans la troisième période de son existence[1]. La première avait duré huit ans, du commencement de 1834 à la fin de 1841; la seconde, douze ans, du commencement de 1842 à la fin de 1853. Celle qui vient de s'ouvrir, par le renouvellement du pacte d'association, doit offrir la même durée que cette dernière période.

1. Ceci est le texte même du Travail publié par le Ministère de l'Agriculture et du Commerce.

Deux faits considérables en ont signalé le début : l'un est l'accession des États voisins du littoral de la mer du Nord qui formaient entre eux une union de douanes particulières sous la dénomination de Steuerverein ; l'autre est la conclusion d'un traité de commerce avec l'Autriche, où de larges concessions réciproques ont été stipulées entre les parties contractantes, comme un acheminement vers une fusion ultérieure de leurs systèmes douaniers.

On sait que ces deux faits, si importants pour l'Allemagne, ont été, le premier suivi, le second précédé d'une grande crise. Sans présenter ici l'historique de ces dissentiments intérieurs, on croit devoir retracer en quelques lignes les événements dont la connaissance est indispensable à l'intelligence des textes reproduits ci-après.

Le 7 septembre 1851, les deux royaumes de Prusse et de Hanovre conclurent séparément, mais sous réserve de l'adhésion de leurs associés respectifs, un traité d'union douanière, qui avait été inutilement négocié dix ans auparavant. Les stipulations de cet acte impliquant une reconstitution du Zollverein, et, par suite, une dénonciation du traité de 1841 entre ses anciens membres, le Cabinet prussien fit, en novembre suivant, cette dénonciation, non pour se retirer d'une association féconde en résultats de toute espèce, mais dans le but de la réorganiser sur de nouvelles bases. Il annonçait en même temps la communication prochaine de ses propositions pour le remaniement du pacte d'union, et une conférence à ce sujet qui s'ouvrirait à Berlin dans les premiers mois de 1852.

Le traité du 7 septembre 1851 était un service réel rendu au Zollverein, dont la frontière se trouvait reculée jusqu'à la mer du Nord. Cependant, par le mystère qui avait présidé à sa négociation, par l'étendue des concessions faites au Hanovre pour prix de son accession, il avait froissé quelques-uns des cabinets allemands. D'un autre côté, le renouvellement du Zollverein était pour l'Autriche une occasion, unique, pour produire, avec chance de succès, le plan d'union austro-allemande qu'elle avait livré à la publicité dès la fin de 1849.

Aussi, après avoir publié un nouveau tarif des douanes qui tendait à la rapprocher de l'Allemagne, elle invita les gouvernements allemands, pour le commencement de 1852, à des conférences tenues librement à Vienne, conférences qui devaient servir de prélude à celles de Berlin. La Prusse et quelques autres gouvernements ne crurent pas devoir se rendre à cet appel, et plusieurs de ceux qui se firent représenter à Vienne s'y bornèrent à un rôle passif. Quoi qu'il en soit, les conférences de Vienne, ouvertes le 4 janvier par le prince de Schwarzemberg, se prolongèrent jusqu'au 20 avril, après avoir produit des travaux importants, savoir : un projet de traité de commerce, applicable, à partir de 1854, entre le Zollverein et l'Autriche, et un projet d'union douanière, exécutoire en 1856. Dans le protocole final, d'une part, l'Autriche s'obligeait à conclure, ou du moins à négocier, deux traités sur les bases de ces projets, en ajoutant qu'elle serait déliée de son engagement par la conclusion préalable des traités pour la constitution du Zollverein ; d'autre part, les commissaires des États suivants : Bavière, Saxe, Wurtemberg, Bade, Hesse électorale, Hesse-Darmstadt, Nassau, Hesse-Hombourg, prirent, au nom de leurs gouvernements, l'engagement de s'employer auprès des autres États, leurs associés, pour la négociation des mêmes traités, et de faire en sorte que cette négociation aboutit en même temps que celle des traités pour le renouvellement du Zollverein.

La veille même de la clôture du Congrès de Vienne, les plénipotentiaires du Zollverein et du Steuerverein s'étaient réunis à Berlin.

Dans la circulaire du 4 mars, à l'effet de les convoquer, le gouvernement prussien avait notifié aux cabinets allemands qu'il s'agissait, non de fonder une association nouvelle, mais uniquement de continuer et d'agrandir l'Association existante, en n'apportant à ses principes et à ses lois que les modifications indispensables; que, dans sa manière de voir, la nouvelle période du Zollverein devait être de douze années, comme la précédente; que les conférences de Berlin n'étaient point des conférences libres, mais que les conférences même du Zollverein et de ceux des gouvernements qui s'étaient engagés à entrer dans cette association devaient seules y prendre part. Quant à la question d'une étroite union avec l'Autriche, sur le terrain des intérêts matériels, il s'en référait à ses précédentes déclarations, et pensait que le plus pressé était de réorganiser le Zollverein accru du Steuerverein, ce qui donnerait un point de départ positif pour des négociations ultérieures avec l'Autriche.

Une telle attitude du gouvernement prussien détruisait l'œuvre des conférences de Vienne, chose que ne pouvaient admettre les cabinets qui avaient activement et sérieusement participé à cette œuvre; de là, les trois conventions de Darmstadt, signées le 6 avril.

Par la première, les gouvernements de Bavière, de Saxe, de Bade (ce dernier sous des réserves), de Hesse-Électorale, de Hesse-Darmstadt et de Nassau, s'obligeaient à accepter et à faire signer par leurs plénipotentiaires le protocole final des délibérations de Vienne, relatif aux projets de traités de commerce et d'union douanière, à émettre, dès l'ouverture des conférences de Berlin, le vœu d'une négociation avec l'Autriche sur la base de ces projets, à les y présenter aussi promptement que possible, et à demander l'admission auxdites conférences du cabinet autrichien.

Par la seconde de ces conventions, les mêmes gouvernements, moins celui de Bade, déclaraient les traités d'association de 1833 et de 1841 toujours obligatoires entre eux, nonobstant la dénonciation faite par la Prusse. Ils contractaient, en conséquence, l'engagement de ne conclure de traités de commerce et d'union douanière, que d'un commun accord, et, dans le cas où une association de douanes avec un ou d'autres États n'aurait pas abouti avant la fin de 1853, de former à eux seuls une association régie par lesdits traités de 1833 et 1841.

La troisième et dernière convention posait les bases d'un arrangement, par lequel les six mêmes gouvernements devaient s'engager à ne pas renouveler leur association avec la Prusse, si, avant la fin de 1853, il n'avait pas été conclu de traité de commerce entre l'Autriche et le Zollverein. Le Cabinet de Vienne leur garantissait de son côté, le cas échéant, leurs recettes de douane.

Les résolutions des *coalisés* de Darmstadt, comme on les appela, tenues quelque temps secrètes, furent bientôt divulguées. Dès lors, il devenait évident que le congrès douanier de Berlin ne pouvait avoir aucun résultat. Du mois d'avril au mois d'octobre, eut lieu, entre la Prusse d'une part, à laquelle se joignirent le Hanovre, Oldenbourg, les principautés Thuringiennes, le Brunswick et les États de la coalition d'autre part, un échange de déclarations et de notes, dans lesquelles aucune concession ne fut faite. La Prusse persista à vouloir la priorité des négociations pour la reconstitution du Zollverein et l'exclusion de l'Autriche; les États de la Coalition ne cessèrent pas de réclamer la simultanéité de ces négociations et de celles qui étaient relatives à un traité de commerce avec l'Autriche, et la participation de cette dernière puissance aux délibérations communes. Les conférences, suspendues d'abord, furent ensuite rompues.

Lorsque la crise eut parcouru toutes ses périodes, et comme elle ne paraissait avoir d'autre issue possible qu'un regrettable démembrement, les deux grands Cabinets sur lesquels pèse la responsabilité principale des destinées de l'Allemagne, comprirent les dangers de la situation et se réconcilièrent. Au milieu de l'automne de 1852, on annonça officiellement que le Zollverein ne périrait pas. Les deux monarques se virent, et bientôt l'auteur du plan d'union austro-allemande, M. de Bruck, fut chargé par le cabinet de Vienne d'aller à Berlin négocier un traité de commerce avec MM. de Manteuffel et de Pommer-Esche.

Le résultat de ces négociations fut le traité du 19 février 1853, basé en grande partie sur le projet de traité de commerce délibéré à Vienne au commencement de l'année précédente.

Cet acte diplomatique, promptement ratifié par les deux cours, ayant résolu la question qui avait désuni la Prusse et la coalition de Darmstadt, nul obstacle n'existait plus à la reprise des conférences de Berlin. Rouvertes au milieu de mars 1853, elles aboutirent au traité du 4 avril, qui a constitué le Zollverein, sans autres modifications essentielles que celles qui résultent des traités avec le Hanovre et l'Autriche.

Nous avons déjà dit quelques mots[1] du traité du 7 septembre 1851, au sujet de la réunion du Steuerverein et du Zollverein.

Le traité du 19 février 1853 est de la plus haute importance, puisqu'il prépare pour toute l'Allemagne une ère de douanes communes.

Voici le préambule du traité :

« S. M. le roi de Prusse et S. M. l'empereur d'Autriche, animées du désir de développer à un haut degré les relations de commerce entre leurs États par des exemptions et de larges réductions de droits, par la simplification et l'uniformité des formalités en douane, et par le libre usage de toutes les voies de communication; voulant, de plus, assurer le recouvrement de leurs recettes douanières et préparer l'union de toute l'Allemagne, ont ouvert des négociations et nommé à cette fin pour plénipotentiaires, etc. »

ARTICLE Ier. « Les parties contractantes s'engagent à n'entraver les relations entre leurs États par aucune prohibition d'entrée, de sortie et de transit.

« Il ne pourra y avoir d'exception à ce principe, que pour les objets ci-après :

« A. — Tabac, sel, poudre à tirer, cartes à jouer et almanachs;

1. A l'article *Hanovre*.

« *B.* — Objets auxquels s'appliquent des considérations d'hygiène publique ;

« *C.* — Objets nécessaires aux armées dans des circonstances extraordinaires. »

Ajoutons quelques autres extraits :

ARTICLE XXIII. — « Les États contractants s'appliqueront de concert à encourager l'industrie par l'adoption de principes uniformes et à fournir toutes les facilités possibles aux sujets de leurs associés qui cherchent chez eux du travail et de l'occupation. »

Cela, assurément, est remarquable.

ARTICLE XIX. — « Les États contractants négocieront, dans le cours de l'année, une convention monétaire générale. »

L'ARTICLE XXVI prévoit le cas d'une extension de ce système en dehors des limites de l'Allemagne.

Voici cet article :

« Les États allemands qui, au 1er janvier 1854 ou postérieurement, feront, avec la Prusse, partie du Zollverein, pourront adhérer au présent traité.

« La même adhésion est permise aux États italiens déjà réunis au système douanier de l'Autriche ou qui s'y réuniront à l'avenir. »

Les annexes au traité du 19 février 1853 occupent 86 pages de la livraison de juin 1853 des *Annales du commerce extérieur* et forment le tableau complet de tous les détails réglementaires.

Le traité du 4 avril 1853 a fixé la constitution du Zollverein :

ARTICLE Ier. — « La durée de l'Association de douane et de commerce établie entre les royaumes de Prusse, de Bavière, de Saxe, de Wurtemberg, le grand-duché de Bade, l'électorat et le grand-duché de Hesse, les États composant l'Association Thuringienne, les duchés de Brunswick et de Nassau et la ville libre de Francfort, est provisoirement prorogée pour douze années, du 1er janvier 1854 au 31 décembre 1865.

« Resteront en vigueur, pendant cette période, les traités d'union douanière des 22 et 30 mars, 11 mai 1833, 12 mai et 10 décembre 1835, 2 janvier 1836, 8 mai, 19 octobre et 13 novembre 1841. »

Il ne nous est pas possible d'entrer dans le détail de cette organisation très-compliquée. On comprend sans peine qu'il y a eu de nombreuses difficultés à vaincre pour arriver à la sauvegarde de tous les intérêts.

L'une des sections de l'article XII est celle-ci :

« Chacun des États associés conserve la faculté de maintenir, de modifier ou d'abolir ses impôts intérieurs de production, de fabrication ou de consommation, ainsi que d'établir de nouveaux impôts de l'espèce, sous les réserves ci-après :

« *A.* — Ces impôts ne pourront, quant à présent, porter que sur les produits suivants du pays ou de l'association :

« Eau-de-vie, bière, vinaigre, drèche, vin, moût de raisin et cidre, tabac, farine, farineux et leurs dérivés, pain et pâtisserie, viande et ses dérivés, graisse.

« *B.* — On fixera de concert des taux qui ne pourront être dépassés dans l'établissement desdits impôts. »

On voit que tout a été prévu, et que l'union est réellement très-intime. Le Zollverein est en voie de prospérité, et l'Allemagne doit s'applaudir de ces utiles et efficaces mesures d'union commerciale, qui, plus sûrement que toutes les inventions de la politique, confédèrent les peuples entre eux et les transforment en un seul peuple.

On écrivait de Francfort-sur-le-Mein, le 14 janvier 1855, au *Moniteur* :

« On vient de publier le relevé provisoire des recettes du Zollverein pour les neuf premiers mois de l'année 1854. Le chiffre brut est de 15,895,560 thalers, dont 1,757,093 prélevés par le Hanovre et Oldenbourg. Les frais d'administration ont été de 1,884,198 thalers. Reste donc 12,254,269 thalers à partager.

La Prusse reçoit	7,110,966 thalers.	Le grand-duché de Hesse	352,400 thalers.
La Saxe	808,614	Les États de Thuringe	416,968
La Bavière	1,857,268	Brunswick	400,674
Le Wurtemberg	705,438	Nassau	474,553
Bade	551,157	Le Hanovre	1,456,777
La Hesse électorale	295,845	Oldenbourg	181,299

Les recettes de l'année dernière, dont le tableau a été publié récemment, indiquent un accroissement d'environ 10 millions de francs.

ROYAUME DE WURTEMBERG.

COMMISSAIRE A L'EXPOSITION DE L'INDUSTRIE : M. de Steinbeis.

L'exposition du Wurtemberg, comme deux ou trois autres, celle de la Toscane, par exemple, a été un des types les plus complets de l'Exposition universelle. On y voyait, pour ainsi dire, dans son ensemble, l'industrie allemande, sans y jamais perdre de vue l'originalité d'un État particulier.

Le Wurtemberg, au point de vue géognostique, offre un fond très-abondant de matériaux du règne minéral, utiles à l'industrie, et une grande variété de terrains de formation, dont l'étude a, de nos jours, enrichi la science de précieux trésors. Dans les terrains primitifs (granit et gneiss) de la Forêt-Noire, on rencontre des filons de minerai d'argent, de cuivre, de plomb, de cobalt et d'autres métaux. Aux environs de Neuenburg, dans la même forêt, on trouve de beaux fers oxydés bruns, et des hématites employées avec succès pour la fabrication de l'acier. Sur différents points du haut et bas Necker et dans les environs de Schwabisch-Hall sont des mines de sel qui fournissent à la consommation intérieure et dont les produits s'exportent en Suisse et sur les bords du Rhin. Dans les salines royales de Wilhelmshall, Sulz, Friedrichsall et Clemenshall, les eaux salées, provenant de forages faits à 4 et 500 pieds de profondeur, sont amenées sur le sol à l'état de sel de cuisine.

D'immenses couches de minerai de fer sont le plus précieux trésor du pays. On y peut joindre d'excellents matériaux de construction, de la chaux, du gypse, de la terre grasse, de l'argile de bonne qualité, de la terre colorée, du sable et différentes espèces de marnes.

Le tiers de la superficie du Wurtemberg est couvert de riches forêts : le pays possède aussi d'abondantes tourbières. Enfin, on a signalé dans la Forêt-Noire les indices d'un gisement houiller.

Les eaux minérales du Wurtemberg, très-variées, sont connues et célèbres depuis longtemps, surtout les eaux des sources acides et sulfureuses.

3,081,300 arpents[1], c'est-à-dire 64,34 pour 100 de tout le territoire wurtembergeois, sont cultivés ; 1,919,300 arpents, ou 31,102 pour 100 sont utilisés pour l'économie forestière.

Dans ces 64,34 pour 100, il existe, en terres labourées et jardins, 44,44 pour 100 ; en prairies et pâturages, 18,56 pour 100 ; en vignes, 1,34 pour 100. Dans la partie consacrée au labour et au jardinage, on comptait en 1852, 56,75 pour 100 en céréales, 3,51 pour 100 en plantes légumineuses, 0,24 en maïs, 4,44 en pommes de terre, 1,18 en choux, 3,23 en plantes commerciales, 9,94 en plantes fourragères, et 1,80 en racines et tubercules. Il restait en jachère 18,91 pour 100.

Le Wurtemberg exporte des céréales. Dans le chiffre de 56.75 pour 100 qui en représente la culture, on voit figurer : l'épautre d'hiver, pour 24,07 : l'avoine, pour 15.96 ; l'orge, pour 9,24 ; le seigle, pour 4,23 ; le froment d'hiver, pour 0,23 ; le seigle d'été, pour 0,87 ; le froment d'été, pour 0,61 ; les graines variées d'été, pour 0,42 : l'orge d'hiver, pour 0,32 ; les graines variées d'hiver, pour 0,07 : l'épautre d'été, pour 0,10 ; le sarrasin et le millet, pour 0,03.

La culture de la betterave fait de grands progrès.

La culture du colza est très-développée. On cultive aussi le chanvre et le pavot dans le Wurtemberg. Le tabac a été récemment introduit ; l'exportation du houblon, en 1852, a atteint le chiffre de 10,000 quintaux.

On compte, dans le royaume, environ 9 millions d'arbres fruitiers, qui, la plupart, sont dans la vallée du Necker, et dont les fruits sont exportés par masses.

Les vins du Wurtemberg ne manquent pas de mérite. On fabrique, à Esslingen, depuis 1827, du champagne mousseux.

L'élève du bétail est considérable ; le bétail gras s'exporte. En janvier 1853, on comptait dans le pays 811,159 bêtes à cornes, 95,038 chevaux, 143,524 porcs, 42,064 chèvres, 52,537 moutons à laine fine, 309,?38 moutons à laine demi-fine, 95,983 moutons de race commune allemande.

Les vers à soie et les abeilles se propagent chaque jour, ainsi que la culture des plantes officinales et celle des baies sauvages (telles que les baies de myrtille et les framboises.)

1. Un hectare vaut 3 arpents 173 millièmes d'arpent

La préparation de la farine par le procédé américain (lequel consiste à moudre le blé sec, avec des meules plus dures, après le nettoyage préalable des grains à l'aide d'un système de brosses, et, enfin, à opérer un meilleur blutage au moyen de cylindres rapportés) a été introduite, en 1831, sous les auspices du roi qui a établi à Berg un moulin-modèle souvent copié depuis.

L'orge perlé d'Ulm et les amidons de la même ville sont estimés.

Quatre fabriques de sucre de betterave emploient annuellement plus d'un million et demi de quintaux de betteraves, ce qui dépasse les besoins de la consommation. Le chocolat de Stuttgart s'exporte, ainsi que la confiserie, les conserves, la bonbonnerie, les sucreries, les oublies, les cafés artificiels et la chicorée.

L'eau-de-vie et l'alcool se travaillent en diverses localités; les eaux-de-vie de cerises, de genièvre, de framboises et de myrtilles, particulièrement celles de la Forêt-Noire, sont en grande réputation. Le vinaigre et l'huile acétique de Stuttgart et d'Heilbronn sont de bonne qualité.

La bière se brasse dans tout le pays; la moutarde se fait à Esslingen et Denkendorf.

Le tabac, dont la culture et la fabrication ne constituent pas un monopole de l'État, est une culture et forme une branche d'industrie de la plus grande importance.

Voilà ce que présentent de remarquable les diverses exploitations agricoles du Wurtemberg.

La fabrication des produits chimiques y est déjà ancienne; mais elle a été bien améliorée en ces derniers temps. On sait que les principaux éléments de progrès dans cette fabrication sont le soufre, le sel et les matières combustibles.

Le sel et les matières combustibles sont fournis par le pays lui-même; le soufre vient de Sicile; mais, pour l'acide sulfurique, on le tire des pyrites ferrugineuses que fournissent abondamment les formations de liais.

Les fabriques de soude, et, conséquemment, d'acide sulfurique, d'acide chlorhydrique et de chlorure de chaux sont en pleine prospérité. La potasse se produit aussi avec abondance et sert à la production du cyanoferrure de potassium.

Les fabriques d'alun et de sulfate de fer sont très-anciennes.

La colle a été, de tout temps, activement fabriquée dans le Wurtemberg, et il y en est produit de grandes quantités qui alimentent le Zollverein, la Suisse, et même les pays d'outre-mer. Les résidus servent à faire le sel ammoniac et le phosphore.

Dans les contrées richement boisées, on rencontre des fabriques de charbon de bois qui, à la préparation du goudron de bois, joignent celle de l'acide pyroligneux, de l'esprit de bois, de l'acide acétique et de divers acétates. A Heilbronn, le gaz de bois est employé pour l'éclairage.

Les vinaigres du Wurtemberg s'exportent avec avantage.

La production du tartre, de l'acide tartrique et des huiles de graines est assez considérable. Les maisons de droguerie de Stuttgart sont très-importantes et alimentent les fabriques de produits chimico-pharmaceutiques.

La fabrique de quinine qui est à Stuttgart est une des plus anciennes. Il faut citer encore, parmi les productions de l'industrie, l'iodure de potassium, la santonine, l'éther, le chloroforme, les extraits divers et les diverses résines.

Stuttgart fait aussi le commerce des bois de teinture, de l'indigo, et prépare en grand les matières colorantes. Le Zollverein lui demande surtout de la laque carminée.

Les couleurs employées pour les arts, et particulièrement les laques de garance, jouissent d'une grande réputation. Le bleu d'outre-mer artificiel de Kircheim est également en estime.

Il reste à mentionner la céruse, le savon, les bougies stéariques et le cirage.

On arrive ainsi à l'emploi des substances minérales qui ne sont pas métalliques.

Les marbres, la verrerie et la poterie ne peuvent entrer en concurrence sur les marchés de l'Europe; mais les tuiles, les briques, les argiles réfractaires, les ornements en terre cuite, les grès cérames, les porcelaines, les faïences, la chaux hydraulique, le ciment, les pierres à aiguiser, les pierres-ponce artificielles et les ouvrages en verre, tels que baromètres et thermomètres, forment autant de branches d'industrie considérables.

Le développement de l'industrie a donné, dans le Wurtemberg, une large extension à la construction des machines.

Esslingen fabrique de bonnes locomotives; on y construit des appareils de bateaux à vapeur, des turbines, et, en général, les grosses machines. Dans plusieurs autres localités s'établissent les machines spéciales. La construction des voitures est en activité et en progrès; on en exporte beaucoup et de toutes sortes.

Les instruments et machines agricoles de toutes espèces se confectionnent à Hohenheim. On distingue les charrues de Suppingen. Heilbronn fournit les appareils de chimie et de pharmacie; Stuttgart et Ulm, les grandes horloges; plusieurs districts de la Forêt-Noire, la petite horlogerie.

Un grand nombre d'articles de métaux sont fabriqués dans le Wurtemberg. les ouvrages de fonte sortent, en partie, des fonderies royales, ainsi que les poêles en tôle, les faulx, faucilles et lames de hache-paille.

La coutellerie, outre le fer du pays, traite le fer anglais et celui des provinces Rhénanes, et exporte ses produits qui sont recherchés. La chaudronnerie et la ferblanterie réussissent également. Ainsi, à Biberach, Ludwigsburg, Schorndorf, Stuttgart, Tubingen et Ulm, il se fabrique beaucoup d'articles en tôle vernie et laquée. Biberach, en outre, fournit de très-jolis jouets d'enfants.

Les ustensiles de ménage en étain se fabriquent en grande quantité à Heilbronn. Le laiton et les ustensiles de cuivre proviennent de Ludwigsburg, Reutlingen, Stuttgart et Ulm. Tubingen, et surtout Gmünd, fabriquent les articles de fantaisie en maillechort.

A ces travaux se joignent ceux des ouvrages en filigrane, des tissus en grillages métalliques, des meubles en fer forgé, des ouvrages en plaqué, des lettres métalliques, de la bijouterie et divers autres articles dorés et argentés.

La manufacture royale d'armes d'Oberndorf fabrique des armes à feu et armes blanches de tous genres, spécialement pour le service de l'armée, et reçoit les commandes particulières.

La fabrication des tissus de toute sorte est de très-grande importance dans le Wurtemberg, et elle emploie beaucoup d'ouvriers.

L'industrie linière, qui depuis longtemps y est très-active, a pris dans ces derniers temps un remarquable développement, par suite de la propagation des procédés perfectionnés de filature, de tissage, de blanchiment d'apprêt, qui ont influé d'une manière sensible sur l'augmentation de la vente des produits. La filature de lin, à la mécanique, fondée en 1840 à Urach, donne d'excellents fils. Les toiles unies fabriquées se vendent au loin et en grandes quantités dans les contrées du Nord et du Midi.

L'industrie des cotons acquiert dans le pays une extension très-remarquable. Elle progresse chaque jour, en raison surtout de l'augmentation numérique et du perfectionnement des filatures, dont les principales sont situées à Berg, près Stuttgart; à Bempflingen, près Metzingen; à Betzingen, près Reutlingen; à Calw, Cannstatt, Geislingen, Hall, Heidenheim, Herberchtingen, Kanzach, Nürtingen, Spiegelberg, Unterhausen, Urach et Weilermühle. Quelques-unes de ces maisons réunissent à leur travail courant celui des cotons retors, et fournissent les cotons pour tricots et pour mèches. Des filatures à Berg, Cannstatt, Nurtingen et Urach se sont adjoints de grands ateliers de teinture en rouge d'Andrinople, et livrent à la consommation de très-beaux fils teints de cette couleur si solide.

Les principales fabriques d'étoffes de coton pur ou mélangé sont situées à Backnang, Böblingen, Buchau, Cannstatt, Gœppingen, Hall, Heidenheim, Heilbronn, Isny, Kirchheim, Kornthal, Leonberg, Ludwigsburg, Ravensburg, Reutlingen, Rottweil, Stuttgart, Tubingen, Tuttlingen, Ulm, Urspring, Weingarten et Weissenau.

La broderie des étoffes de coton occupe 279 communes.

On peut citer, parmi les différentes industries qui se rattachent au travail du coton et du fil, celles des corsets sans coutures, du velours de coton uni et du velours côtelé (dit *Manchester*), l'impression des calicots, le blanchiment et l'apprêt des étoffes de coton et de fil.

L'industrie des étoffes de laine, de même que celle des toiles, est une des plus importantes et des plus anciennes du pays; elle est également en pleine prospérité. Le nombre des filatures de laine augmente constamment. Le tissage de la laine se fait surtout à Aalen, Aidtlingen, Backnang, Bietigheim, Boblingen, Calw, Esslingen, Freudenstadt, Giengen, Gœppingen, Heidenheim, Metzingen, Nagold, Ravensburg, Reutlingen, Rohrdorf et Winnenden. La draperie du Wurtemberg se distingue par la solidité, la bonne fabrication et le bon teint.

L'industrie de la soie, récemment introduite dans le pays, est en voie de progrès : partout des dispositions ont été prises pour favoriser l'éducation des vers à soie. L'Académie agricole et forestière d'Hohenheim possède des appareils très-bien organisés pour le dévidage des cocons. A Berg, près Stuttgart, et à Ulm, il y a des ateliers pour la teinture de la soie; à Isny et à Unterhausen, près Reutlingen, des ateliers de moulinage. Des entrepreneurs à façon, à Calw, Crailsheim, Gmund, Heubach, Rottweil et Stuttgart, fabriquent spécialement les taffetas noirs, gros de Tours, satins, étoffes à parapluies, cravates de taffetas, etc. Une partie de ces produits entre dans l'exportation.

Il se fait dans le pays beaucoup d'objets de passementerie et des dentelles au fuseau et au crochet. On y a beaucoup perfectionné la fabrication des tresses et autres ouvrages en paille, écorce, crin, chanvre de Manille, crin végétal.

Les fleurs artificielles et les objets d'habillement (chapellerie, vêtements tricotés, bonneterie, etc.) se font et se vendent très-bien.

La fabrication du papier a pris, dans le Wurtemberg, une extension très-notable. Grâce à l'introduction franche et rapide d'appareils perfectionnés et de procédés nouveaux, elle atteint une perfection qui lui permet aujourd'hui de larges expéditions dans le Zollverein et à l'étranger. Les maisons importantes qui fabriquent tous les genres de papiers à écrire et ceux qui servent pour l'impression et l'emballage, sont situées à Faurndau, Gœppingen, Esslingen, Salach, Heidenheim, Heilbronn, Pfullingen, Reutlingen, Unterkochen, Wildbad.

Les papiers de luxe, ainsi que les beaux papiers de couleur, s'expédient dans toute l'Europe. Les cartes à jouer se font à Stuttgart, Ulm et Ravensburg. Heilbronn et Stuttgart possèdent des fabriques de papiers peints. Stuttgart et Kirchheim confectionnent les cartonnages et portefeuilles.

L'importance de Stuttgart, dans la partie de l'imprimerie et l'impression des gravures, est universellement reconnue. Les libraires-éditeurs de cette ville publient tous les ans un nombre remarquable d'ouvrages sur toutes les branches des connaissances humaines, ce qui exerce une heureuse influence sur les industries qui se rattachent à leurs travaux. Reutlingen, Tubingen et Ulm renferment aussi plusieurs bonnes maisons de ce genre.

Les fonderies de caractères, à Stuttgart, sont très-bien montées et en pleine activité. On vient d'y introduire récemment l'emploi des vignettes et clichés en gutta-percha.

Le commerce de la librairie est, du reste, répandu dans toutes les grandes villes du royaume, et, grâce à son extension, l'art du relieur est arrivé à un degré de perfection très-satisfaisant.

La vente des estampes en feuilles, livres d'images et livres pour les enfants, qu'on publie à Stuttgart, commence à prendre des proportions dignes d'attention.

Les tanneries du Wurtemberg sont nombreuses. Une grande partie de leurs produits s'exportent. On exporte également de grandes quantités de chaussures et de gants glacés bien faits et d'un prix modique.

Dans la catégorie des objets divers en bois, corne, os, ivoire, etc., on doit ranger le travail des nombreuses scieries mécaniques de la forêt Noire, de la Haute-Souabe, des forêts de Welzheim et de Limpurg, des scieries mécaniques pour placage de Stuttgart, Blaubeuren, Marbach et autres; les gros ouvrages en bois, comme sabots, manches de fouets, la petite boissellerie, les rouets, la vannerie fine, les seaux, baquets, tonneaux, les articles de menuiserie soignée de Stuttgart, Ulm, Heilbronn, Murrhardt; les moulures, la marqueterie, la tabletterie, les éventails, les cuillers et fourchettes de corne, les tabatières de corne, les cannes et fournitures de parapluie, les objets de nacre, les peignes, les brosses, les ouvrages en cire, les allumettes et l'amadou.

La fabrication des instruments de musique est très-importante dans le Wurtemberg. La construction particulière des pianos y a pris une extension très-considérable. Le plus ancien de ces établissements et celui qui, de nos jours, occupe le premier rang, fut fondé à Stuttgart en 1809. Avant cette époque, le Wurtemberg était obligé de faire venir de l'étranger ses pianos de choix ; il en exporte aujourd'hui un grand nombre.

Les orgues, les harmoniums, les instruments à cordes et les instruments à vent, les grosses caisses encore, dont l'accord peut se régler, sont fabriqués avec soin dans le Wurtemberg.

A l'Exposition, on a remarqué, outre, ces instruments de musique, les produits chimiques, les locomotives, les cardes, la coutellerie, quelques collections d'histoire naturelle et les excellentes horloges en bois de la forêt Noire.

Le Wurtemberg a obtenu les récompenses de distinction qui suivent :

IIIe classe. — Une médaille de première classe ;
V[e] classe. — Une médaille de première classe ;
X[e] classe. — Cinq médailles de première classe ;
XVe classe. — Une médaille d'honneur (Haueisen et fils, Stuttgart) ;
— Une médaille de première classe ;
XVIe classe. — Huit médailles de première classe ;
XXe classe. — Trois médailles de première classe ;
XXIVe classe. — Une médaille de première classe ;
XXVIIe classe. — Une médaille de première classe ;

En tout, une médaille d'honneur et vingt-une médailles de première classe.

Il a été fort difficile, à Londres, d'arriver à un classement tout à fait régulier et de ne commettre aucune erreur dans les Catalogues, dans les listes de récompenses, dans les divers travaux de statistique qui ont été entrepris à la suite de l'Exposition. Cette difficulté, à peu près insurmontable, se comprend sans peine, et personne ne peut exiger que toutes les parties d'une entreprise si vaste et si compliquée soient réglées avec la précision d'une affaire administrative ordinaire. De même, à Paris, au milieu du trouble continuel que le mouvement de l'Exposition a entretenu dans les travaux si pénibles de la Commission Impériale, il y a eu nécessairement, non pas des erreurs, mais quelques oublis. Le Catalogue n'a jamais été absolument complet, les listes des récompenses ont dû être rectifiées plusieurs fois, et les travaux de statistique n'arriveront qu'avec peine à être tout à fait exacts. C'est ainsi qu'il y a eu sans doute diverses expositions privées, qui, annoncées, n'ont pas été offertes au public, et aussi d'autres expositions qui, sans être indiquées par les Catalogues, ont pris part au concours. Mais, nous le répétons, il y a toujours, dans une entreprise aussi compliquée que l'organisation d'une Exposition universelle et que le compte-rendu de ses travaux, quelques points qui, fatalement, restent dans l'ombre.

AFRIQUE.

Nous avons placé, en tête du tableau général que nous achevons de tracer, les diverses notices qui traitent des États de l'Europe, parce qu'il était nécessaire de mettre au premier rang les nations qui sont jusqu'à présent et qui probablement resteront, par la nature même des choses terrestres, le centre privilégié du développement de l'intelligence humaine. Le monde entier sera uni; l'Amérique, si jeune encore, grandira sans doute; l'Asie sera réveillée de son sommeil; la Chine surtout étonnera l'Europe, lorsque ses trois cents millions de travailleurs viendront prendre leur place et jouer leur rôle dans le concert du travail universel; l'Afrique et les îles éparses à la surface des océans recevront les germes fertiles de la civilisation; mais quelle apparence que les lois naturelles soient renversées jamais? Quelle apparence que l'Europe cesse d'être la patrie nécessaire des sciences, des lettres et des arts?

La Providence a placé en Europe les éternelles capitales du monde.

Il fallait que l'Europe prît la tête du cortége des peuples; maintenant qu'il ne nous reste plus qu'à dresser le rapide inventaire des ressources des autres parties du globe, qui ont concouru à l'Exposition universelle de 1855, et à indiquer sommairement quels sont leurs efforts, nous adoptons le classement le plus simple, celui qui, sans s'écarter des indications du Catalogue officiel, suit l'ordre alphabétique et qui, de cette manière, est à la fois le plus méthodique et le plus simple.

L'Afrique, l'Amérique, puis l'Asie et les îles Océaniques, voilà les sections du dénombrement général.

TUNIS.

COMMISSAIRE A L'EXPOSITION DE L'INDUSTRIE : M. le chevalier Élias Mussali.

L'État de Tunis a une superficie d'environ 10,000 lieues carrées, et une population de près de 2 millions d'habitants.

On y récolte du blé excellent, de l'orge, du maïs, du millet, diverses autres graines, du chanvre, du lin, des olives, du raisin et des fruits. Il y a des mines d'argent, de plomb, de cuivre et de mercure. Le bétail y est beau; les chevaux, les mulets et les chameaux y abondent.

Le commerce est assez actif. Quant à l'industrie, elle se distingue surtout dans la préparation des maroquins et dans la fabrication des châles qu'elle fournit à presque toute l'Afrique centrale.

Des échantillons de divers produits naturels, des bougies de cire, de la parfumerie opulente, quelques eaux minérales, des armes trop riches, des vases de ménage, de l'orfévrerie et de la joaillerie qui ont le caractère de l'arquebuserie; des poteries assez originales, des tissus de laine; des ouvrages de cuir, de crin; des taffetas, gazes, crêpes, rubans et mouchoirs de soie, des toiles, des tapis, des galons, des broderies d'un goût bizarre, et une fort belle collection de vêtements, donnaient à l'exposition de Tunis autant d'éclat que de variété.

Plusieurs États d'Europe avaient de moins nombreuses richesses à offrir aux regards; l'État de Tunis a montré qu'il méritait d'attirer l'attention du public européen.

ÉGYPTE.

COMMISSAIRE A L'EXPOSITION DE L'INDUSTRIE : Khalil-Bey.

Il n'est pas de pays plus connu, plus facile à décrire, plus décrit aussi, plus étudié, plus fameux que l'Égypte.

Son histoire est dans toutes les mémoires, et toutes les imaginations ont été frappées par les peintures des anciens historiens et des voyageurs modernes. La civilisation, ensevelie sous les ruines des siècles, s'est réveillée tout à coup sur les bords du Nil.

Le génie bizarre de Méhemet-Ali aura créé l'Égypte moderne.

Nous n'avons pas ici à expliquer l'organisation intérieure du pays. Toute l'industrie, on le sait, est entre les mains du gouvernement, et c'est du Vice-Roi seul, ou de quelques-uns des principaux dignitaires de l'État, que nous avons vu les noms figurer au Catalogue des exposants.

Voici la liste complète des nombreux objets qui représentaient, à l'Exposition, l'industrie égyptienne :

Hématite et ocre, fontes de fer, natron, sel ammoniac, alun, soufre, gypse, argiles, marbres et granits, huile de pétrole, bois pétrifié, albâtre, médailles commémoratives;

Troëne, palmier, doum, tamarin, cribles et tamis, nattes et couffes, peaux, gomme de Sennaar, bois de réglisse;

Froments, orges, riz, maïs, fèves, lentilles, pois chiches, haricots, abd-el-aziz, lupins, graines de trèfle, graines de sésame, de moutarde, de ricin, de pavot, de nielle, de mimosa; fenouil, anis, cumin, cardamine, fenugrec, carthame, lin, chanvre, coton, dattes, olives, miel, cire, cornes; huiles de graines de nielle, de laitue, de navette, de lin, de sésame, d'olive; indigo, huile de coton; selles, sacs; fanal, lampes; cires, eaux de rose, de menthe, huile de menthe, peaux et cuirs, safranum, soies teintes, mouchoirs imprimés, opium; sucres, rhum, dattes confites, moulins à café; casse, séné, tamarin, coloquinte; gibernes, sabres, cartes; vues panoramiques de l'isthme de Suez et du canal projeté des deux mers; ciseaux; plateaux, boîtes à café; couvercles, chandeliers, soucoupes, flacon, cafetières, réchaud, écritoire, passoire, plateau et fiole en argent; pots et couvercles en terre; cotons, toiles de coton; soies gréges, taffetas, soieries rayées et autres, soieries teintes; lin, chanvre, toiles, nappes et serviettes, batistes écrues, mouchoirs, toiles à voiles, cordes; tapis de feutre, cordons, tresses, crépines, galons, glands, cordons, jarretières, broderies; candélabres et dessus de table d'albâtre, nattes; voiles de femme, jarretières, ceintures, tablier, surtout, robe, chaussures, bonnets, turbans, tarbouches, bourses, chasse-mouches, éventails, narguilehs, pipes, œufs d'autruche; cachets gravés; cordes à boyaux.

Il ne faut pas oublier que c'est à la France qu'est due, plus encore qu'à Méhémet-Ali, la résurrection de l'Égypte. L'expédition du général Bonaparte a laissé dans le sol égyptien des germes que Méhémet-Ali a su cultiver et dont il a recueilli les fruits. La France avait donc le droit d'être fière en assistant à cette manifestation de la nouvelle vie du plus ancien des peuples.

C'est d'ailleurs la civilisation française qu'imite le plus volontiers la jeune civilisation égyptienne:

Les récoltes de la terre sont superbes. Les tissus de luxe, parmi les produits de l'industrie, sont surtout des œuvres remarquables.

Rappelons ici quelques-uns des jugements exprimés par les juges de l'Exposition de Londres.

Voici ce que M. Randoing, au nom du XIIe et du XVe jury[1], disait des laines de l'Égypte:

« Le Gouvernement avait envoyé de la laine brute blanche et beige de nature plus qu'ordinaire.

« Quatre autres produits en tissus de laine pure ou en soie et coton avaient été aussi envoyés par le Gouvernement. Ils consistaient en ceintures de laine blanche, en étoffes pour vêtements, en laines noires et beiges assez communes et sans cachet particulier. Les tissus de soie et coton nommés chaki et cotué étaient assez bien faits; les dessins fort simples, mais de ce style que l'on trouve dans les échelles du Levant, le long de la côte de l'Asie Mineure, avaient bien le cachet de l'Orient, et ne témoignaient en rien de l'imitation des dessins que l'Europe envoie, sur de nombreuses étoffes, à Smyrne et à Constantinople. »

M. Firmin Didot, pour le XVIIe jury[2], parlait ainsi de l'imprimerie et de la papeterie:

« Tandis qu'aujourd'hui les anciennes langues de l'Égypte sont imprimées en Europe avec des caractères hiéroglyphiques, coptes et grecs, il est intéressant de voir figurer, à l'Exposition de Londres, cent soixante-cinq volumes de tous formats imprimés en arabe, en turc et en persan, au Caire (l'ancienne Memphis). Parmi ces livres, nous en avons remarqué quelques-uns enrichis d'arabesques, exécutés typographiquement avec goût. Ceux-là sont imprimés sur un papier particulier, fabriqué à Boulac par l'ancien procédé

1. T. IV des *Travaux de la Commission française*.
2. T. V du même Recueil.

des cuves. La pâte nous a paru se rapprocher de celle qu'on obtient en Chine et dans l'Inde par l'emploi de matières premières telles que le bambou et le bananier. Peut-être l'antique papyrus reparaît-il maintenant en Égypte sous cette nouvelle forme. »

Enfin, M. Persoz (XVIIIe jury), rendait compte, en ces termes, des teintures et impressions sur tissus :

« Ce qui nous a frappé tout d'abord en visitant les travées consacrées aux produits de l'Égypte, c'est le contraste que présentait la réunion simultanée de tissus peints et imprimés, paraissant appartenir à des époques fort éloignées. Par exemple, des genres alpacas et demi-calancas, rappelant parfaitement les toiles peintes dont Pline a parlé, se trouvaient à côté d'impressions au rouleau à une ou plusieurs couleurs, d'une variété infinie de genres fonds blancs pour meubles, avec rouge, rose, violet, ou puce garancé, ou avec impression rouille, orange de chrome ou bleu de France. Parmi les produits de cette fabrication moderne, on constatait encore des différences si notables par rapport à la disposition des dessins, à l'exécution, à l'impression et enfin à la pureté des couleurs, qu'il est difficile de les admettre comme appartenant tous à la même époque. »

Ajoutons quelques détails de statistique générale qui compléteront cette notice.

La superficie de l'Égypte est de 500,000 kilomètres carrés, dont 41,500 pour la vallée du Nil et le Delta.

La population est de 3 millions d'habitants.

En 1840, le revenu montait déjà à 1 million de bourses ou 125 millions de francs.

L'état du commerce extérieur, de 1841 à 1851, présente ces chiffres :

1841	198,270,450 piastres d'Alexandrie (51,550,000 fr.).
1842	180,446,600
1843	191,538,400
1844	167,868,450
1845	185,782,206
1846	187,344,080
1847	301,343,500
1848	157,256,548
1849	203,056,222
1850	315,357,800
1851	325,804,095 (84,709,000 fr.)

Une intéressante note, insérée au *Moniteur* du 10 septembre 1855, donne des détails très-curieux sur l'une des branches du commerce de l'Égypte : elle servira à nous instruire plus amplement du mouvement intérieur de l'Afrique.

« La grande caravane du Darfour, dit cette note, est arrivée en juillet 1855 à Siout, capitale de la Haute-Égypte.

Il résulte des renseignements donnés, tant par des djellabs (ou marchands nègres), les seuls qui pénètrent dans ce pays, que par un négociant cophte qui prend part depuis plus de trente ans à ce commerce, que la capitale du Darfour (Facher), où réside le roi, a des relations directes, par le moyen de caravanes, avec Baubich, grande ville de l'intérieur de l'Afrique : Chouba, Koutem, Chakra, Fero, Darsaïd, entrepôt de gommes, dents d'éléphant et tamarin; Karsio, où l'on élève beaucoup de chameaux; Barkich, Saïah, entrepôt de plumes d'autruche et de cire, et enfin avec Mellig.

Les importations de l'Égypte sont évaluées, année moyenne, de 900,000 fr. à 1 million. Un dixième environ des marchandises est consommé à Facher, et le reste est transporté plus loin.

Les tissus de coton, appelés baftas, constituent le principal article du commerce. La consommation en est considérable; c'est l'Égypte, et surtout les fabriques du Caire, qui fournissent exclusivement cet article. Cette toile, teinte en bleu à Siout, sert à confectionner les vêtements d'hommes et de femmes, qui consistent en une longue chemise à grandes manches.

Les madapolams, les indiennes, le calicot, la mousseline brodée, l'épicerie, la quincaillerie, le drap, les châles et écharpes, imitation des Indes, sont de provenance tant française qu'anglaise. Les soieries sont, pour la plus grande partie, de provenance ou d'origine française.

La verroterie, dont l'exportation est considérable, est exclusivement fournie par Venise.

L'industrie égyptienne fournit au Darfour des tissus de laine, tels qu'abayas noirs pour vêtements d'hommes, tapis, couvertures.

On estime qu'il s'importe annuellement de Siout au Darfour :

5,000 abayas, qui, au prix de 10 fr. l'un, font	
300 tapis vendus à raison de 37 fr. l'un	50,000 fr.
600 mélaïas, vêtements de femmes, de la valeur de 20 fr. l'una	11,100
Souliers de diverses formes	12,000
Toile dite *bafta*	6,000
	250,000
On importe également quelques cachemires des Indes et des crêpes de Chine, ainsi que quelques habillements confectionnés pour les riches du pays; ces articles réunis peuvent s'élever à	100,000
Passementerie	12,000
Ambre	15,000
Corail	22,000
Étain	6,000
En y joignant divers objets de parfumerie, tels qu'essence de rose, de jasmin, savon; plus, quelques objets de ménage, tels que casseroles en cuivre, faïences du pays, plats en bois, etc., montant approximativement à	80,000
On arrive à un total de pour la part de l'industrie égyptienne dans ce mouvement commercial.	504,600

Les articles provenant d'Europe et importés d'Égypte au Darfour, peuvent s'élever de 4 à 500,000 fr.

Tout le commerce avec le Darfour est entre les mains de négociants cophtes de Siout.

L'industrie darfourienne se borne à quelques fabriques de bracelets en ivoire, et de pagnes pour l'habillement des nègres et des habitants de la Haute-Égypte.

En échange des produits importés de l'Égypte, le Darfour ne donne que les produits de son sol. En première ligne figurent les dents d'éléphant, qui sont préférées à celles du fleuve Blanc;

l'importation s'est élevée cette année à plus de	500,000 fr.
La gomme à	4,000
Le tamarin à	12,000
Les natrons à	8,000
Les plumes d'autruche à	150,000
Les chameaux à	100,000
Total	774,000 fr.

Il paraît que les relations entre l'Égypte et le Darfour étaient beaucoup plus importantes qu'elles ne le sont aujourd'hui, car, si l'on en croit les négociants susnommés, les importations n'atteignent guère qu'à la moitié de ce qu'elles étaient l'année dernière. La cause de cette décroissance est attribuée à la défense faite par le nouveau vice-roi, Saïd Pacha, d'importer des esclaves en Égypte[1]. »

Mais tout ce qu'on peut dire sur le passé n'est rien; un avenir longtemps rêvé, longtemps promis, commence. Le canal de l'isthme de Suez va enfin s'ouvrir, et M. de Lesseps a eu raison de dire dans son *Mémoire au vice-roi* :

« Un déplorable préjugé, fondé sur l'antagonisme politique qui a si longtemps et si malheureusement existé entre la France et l'Angleterre, a pu seul accréditer l'opinion que l'ouverture du canal de Suez, si utile aux intérêts de la civilisation et du bien-être général, nuirait à ceux de l'Angleterre. L'alliance des deux peuples, qui a déjà démontré la possibilité des solutions regardées jusqu'ici comme impossibles par les traditions vulgaires, permettra, parmi tant d'autres bienfaits, d'examiner avec impartialité cette immense question du canal de Suez, de se rendre un compte exact de son influence sur la prospérité des peuples, et de faire considérer comme une hérésie la croyance qu'une entreprise destinée à abréger de moitié la distance entre l'occident et l'orient du globe, ne convient pas à la Grande-Bretagne, maîtresse de Gibraltar, de Malte, des îles Ioniennes, d'Aden, d'établissements importants sur la côte orientale d'Afrique, de l'Inde, de Singapour, de l'Australie.

« L'Angleterre, aussi bien et bien plus encore que la France, doit donc vouloir le percement de cette langue de terre de trente lieues, que tout homme préoccupé des questions de civilisation et de progrès, ne peut voir sur la carte sans éprouver le vif désir de faire disparaître le seul obstacle laissé par la providence sur la grande route du commerce du monde. »

Nous n'avons nul compte à tenir de l'industrie des autres peuples de l'Afrique. Le Darfour, l'Abyssinie, l'Afrique centrale, le Congo et les côtes du sud, ainsi que les îles

1. Ce n'est pas la seule mesure digne d'un grand gouvernement, que le nouveau vice-roi d'Égypte ait prise : Saïd Pacha appartient à l'école européenne, il est plein de l'esprit de son siècle, et, en continuant l'œuvre de Méhémet-Ali, il saura la transformer.

du sud-est, ne peuvent prendre place dans notre livre. Signalons, toutefois, avec les diverses colonies de l'Afrique occidentale, le bel établissement du Cap, qui fait l'admiration des voyageurs, et qui joue un rôle si utile, jusqu'à présent, dans le mouvement commercial du vieux monde.

« Les magasins du Cap, dit un voyageur [1], sont de vrais musées de curiosités; à côté de ce que l'industrie anglaise confectionne de plus délicat et de plus utile, on y trouve les produits de l'Inde, de la Chine et des peuplades sauvages de l'Afrique. Les tissus légers et les bracelets qui parent une bayadère sont étalés à côté du petit soulier et du coffret mystérieux d'une Chinoise, le keepsake d'une lady auprès du collier en coquillages d'une négresse, ou du manteau en peau de tigre d'un roi cafre; le nécessaire d'un gentleman figure en face de la pipe grossière d'un Hottentot, et les poteries de l'Inde s'étalent pêle-mêle avec les porcelaines du Japon, de la Chine et de l'Angleterre. »

AMÉRIQUE DU NORD.

L'Amérique du Nord ne se compose guère que du Canada [2], de quelques territoires déserts, de l'Amérique Russe, des États-Unis, du Mexique et de diverses îles parmi lesquelles il faut distinguer les Antilles. Les États-Unis sont en possession d'étonner et même d'inquiéter le monde; le Mexique, dont les révolutions continuelles et stériles affligent les philosophes et les économistes, ne doit pas être traité moins bien que les États-Unis dans un livre comme le nôtre. Nous croyons, en effet, que loin de se laisser conquérir, acheter ou absorber par les États-Unis, le Mexique, dans un temps plus ou moins éloigné, grandira comme eux et contre eux.

ÉTATS-UNIS D'AMÉRIQUE.

COMMISSAIRES.

Industrie.

M. S. W. Valentine, président du Comité.

Beaux-arts.

M. Marshall Woods.

Il ne faudrait pas juger de l'industrie américaine, en ne tenant compte que des produits peu nombreux qu'elle a exposés.

1. Le docteur Yvan, dans l'ouvrage intitulé : *De Paris en Chine.*
2. V. l'article *Grande-Bretagne.*

Diverses raisons ont agi pour écarter les Américains de l'Exposition Universelle. Peut-être la plus puissante est-elle la conscience qu'ils ont eux-mêmes d'être encore trop inférieurs aux Anglais, et la crainte où ils sont de n'occuper dans les concours qu'un rang secondaire et, en effet, indigne d'eux.

Le développement merveilleux de toutes les richesses de l'Amérique du Nord est un spectacle d'une incontestable grandeur. Les hommes d'État et les économistes en ont admiré la rapidité. Ils comprennent sans peine qu'une nation qui, en un demi-siècle, s'est développée si rapidement ne saurait exceller en toutes choses, et ils n'attendaient pas de la jeune industrie des États-Unis des créations impossibles. Les États-Unis se sont défiés des appréciations de ceux qui, moins instruits, veulent tout voir avec les yeux, et, plutôt que d'être mal compris, ils ont préféré ne point se mettre en évidence.

Nous ne pouvons nous résigner à les traiter comme ils ont paru désirer qu'on les traite, et nous nous appliquerons, sans flatterie exagérée et sans engouement, à montrer quels progrès a faits cette République, si puissante déjà, si fière, et appelée, à ce qu'elle croit, à un grand avenir.

Il nous sera permis, en vertu même de l'esprit de justice avec lequel nous parlerons d'elle, de signaler quelques-uns des périls qui menacent l'accroissement de sa grandeur. L'esprit mercantile ne s'y est-il pas développé avec une sorte d'intempérance? et l'Amérique trouvera-t-elle, dans ses lois, dans ses institutions, dans les trésors de la sagesse de ses hommes d'État, de quoi se maintenir indépendante des entraînements de cet esprit?

Après qu'on les a admirés sans réserve pendant un demi-siècle, voilà qu'aujourd'hui on commence à moins flatter les Américains des États-Unis. Quelques voyageurs français nous ont rapporté récemment des peintures moins séduisantes que celles où s'était complue la France d'autrefois. On affirme que les Américains vivent trop par l'esprit et pour les affaires, et qu'ils vivent trop peu par le cœur et pour les joies de la nature. On déclare enfin que leur civilisation, si merveilleusement improvisée, se ruinera elle-même et n'aura été qu'un triste spectacle.

Nous croyons que le mal existe tel qu'on le dit, mais nous croyons aussi qu'il y a un remède à ce mal.

C'est l'industrie qui sauvera l'Amérique; le commerce, seul, la perdrait. Lorsque le sol sera reconnu entièrement, lorsque les populations ne feront plus défaut à l'espace, les arts et les sciences se feront une part qu'ils ne peuvent se faire aujourd'hui.

L'esprit mercantile ne dominera plus, et l'amour du gain sera moins terrible.

En ce moment, l'agriculture et le commerce sont les deux exercices les plus naturels de l'activité américaine; on sait si elle a réussi. L'Amérique est devenue l'un des greniers de l'Europe; ses agriculteurs ont perfectionné la charrue, ses constructeurs de machines agricoles ont remporté la plus belle récompense.

Avec le blé, elle cultive le coton.

M. Fleishmann nous a communiqué divers documents. Nous extrairons ici de ses notes la page qui a rapport au coton :

« L'histoire de la production progressive de cet article, qui est maintenant d'un intérêt vital pour les premiers pays du monde, est bien extraordinaire. Pendant un long espace d'années, depuis un siècle et demi, peut-être depuis deux siècles, on cultivait en Amérique, pour les usages domestiques, une espèce de coton, sans doute la même que le coton à graine verte ou la variété de la Nouvelle-Orléans. Mais, pendant cette période, les exportations étaient extrêmement rares. Sept balles furent expédiées de Charlestown, en Angleterre, en 1747, et il ressort des documents authentiques, que, lorsqu'en 1784 le même port envoya dans la Grande-Bretagne 71 nouvelles balles, cette cargaison fut saisie comme contrebande, sous le prétexte qu'il était impossible à l'Amérique de produire une aussi grande quantité de coton. Toutefois, le total des expéditions faites par les États-Unis fut, en 1791, de 189,000 livres; en 1795, de 6,276,000; en 1840, ce total s'éleva jusqu'à 790 millions de livres; et en 1850, jusqu'à 987 millions. La récolte de l'année dernière dépasse 1 milliard de livres.

« La machine du célèbre Whitney a trouvé l'industrie du coton complétement dans l'enfance, et lui a donné en peu d'années une impulsion extraordinaire. Avant Whitney, on égrenait le coton à la main ou bien au moyen de mécanismes grossiers et imparfaits ; ce travail était lent et cher, et, par conséquent, les articles de coton étaient des articles de luxe. Comme Whitney l'a dit dans son Rapport au Congrès, son invention a été une source de richesses pour plusieurs milliers de citoyens des États-Unis, en même temps qu'une bénédiction pour l'humanité tout entière, en réduisant le prix des articles les plus essentiels à l'homme.

« L'invention de Whitney date de 1793. Avant cette époque, un seul vaisseau suffisait pour contenir chaque année tout le coton exporté des États-Unis ; voici quelques chiffres sur l'exportation pour l'année qui se terminait au 1er juin 1854 :

« L'Angleterre a reçu 630 millions de livres de coton, évaluées à 329,690,000 fr. ; la France, non compris ce qu'elle a tiré incidemment de la Grande-Bretagne, a reçu directement d'Amérique 141 millions de livres, évaluées à 58 millions de francs. La consommation de l'Espagne, par les ports de la Méditerranée, n'est qu'un cinquième de celle de la France, et cependant elle surpasse celle de toutes les autres puissances continentales. Tel est le fruit d'une seule invention. »

Le coton et le blé, ce sont là les grandes richesses du sol. Mais ce sol est encore inconnu : il cache des richesses incomparables : il renferme du charbon, du fer et de l'or. Avec le temps, ces trésors seront mis dans le mouvement des transactions humaines.

Les arts languissent tout à fait ; peut-être s'éveilleront-ils bien tard parmi ce peuple. L'industrie viendra la première faire sa tâche ; déjà même elle l'a commencée.

On ne le sait pas en Europe, et l'Amérique ne fait rien pour nous l'apprendre : mais elle a ses machines et ses outils, elle fabrique avec succès les étoffes de coton, elle essaie de lutter avec nous dans la production des draps. Les meilleures machines à coudre sont américaines. L'Amérique a beaucoup fait pour les chemins de fer et pour la télégraphie électrique.

Son triomphe, c'est sa marine. Sans qu'on puisse encore, sous ce rapport, la comparer à l'Angleterre, elle s'est signalée par de fort beaux travaux maritimes.

L'avenir est large devant elle. Nous n'avons ici qu'à relever les étapes qu'elle a déjà parcourues.

La superficie des États-Unis, d'après le message du Président du 5 décembre 1848, est de 8,430,824 kilomètres carrés; la population, en 1848, était de 22 millions d'habitants; elle était de 23,263,488 en 1851.

Quelques budgets, ceux des dernières années, montrent en quel état sont les finances.

Un extrait du Rapport de la trésorerie du 24 décembre 1849 porte

Les recettes ordinaires........	à 31,227,882 dollars	40
Et les recettes extraordinaires,	à 59,846,632	40

Dans les recettes ordinaires, les douanes figurent pour 28,346,788 dollars 82.

Dépenses............	57,634,667 dollars 82

Les prévisions pour 1850—51 sont :

Recettes.............	54,342,594 dollars.
Dépenses............	53,853,597 —

La dette des États-Unis, au 1er octobre 1849, montait à 64,704,693 dollars 71.

Quant au commerce et à la navigation, à cette époque, le progrès se marquait ainsi :

Importations :

1845, marchandises exemptes.......	22,147,840 dollars.
— taxées	97,106,724
Total............	119,254,564
1846, marchandises exemptes.......	24,767,739 dollars.
— taxées	96,924,058
Total............	121,691,797
1847, marchandises exemptes.......	41,772,636 dollars.
— taxées	104,773,003
Total............	146,545,636
1848, marchandises exemptes.......	22,716,693 dollars.
— taxées..........	133,281,325
Total............	155,998,018
1849, marchandises exemptes.......	22,377,665 dollars.
— taxées	125,479,774
Total............	147,857,439

Exportations (années 1848 — 1849) 145,755,820 dollars.

Navigation (même année) :

Vaisseaux américains entrés.........	11,208
Vaisseaux étrangers entrés..........	8,992
	20,200

Vaisseaux américains sortis..........	11,466
Vaisseaux étrangers sortis...........	8,847
	20,313

Équipages des vaisseaux américains entrés.......		109,047	matelots.
—	— étrangers entrés........	89,684	—
—	— américains sortis.......	112,771	—
—	— étrangers sortis.	92,283	—

Au budget de 1850-51, on trouve :

Recettes ordinaires........	58,917,524 dollars.
Dépenses	48,005,876

Les douanes figurent pour 49,017,567 dollars.

La dette fédérale (au 30 juin 1851) monte à 62,560,395 dollars. En 1791, alors que la population ne dépassait pas 4 millions d'âmes, elle s'était élevée à 75,463,476 dollars.

L'ensemble du commerce extérieur (en 1850-1851) se résume ainsi :

Importations. — Marchandises exemptes.........	25,186,587 dollars.
— taxées............	191,038,343

Les marchandises taxées pendant cet exercice se décomposent ainsi :

Lainages................	19,507,[illegible]9	Cuivres.................	1,898,880
Cotonnades..............	21,714,[illegible]2	Autres métaux	9,957,252
Soieries	28,026,[illegible]1	Produits industriels.	12,415,225
Tissus de lin.	8,793,[illegible]0	Matières................	18,011,716
— de chanvre........	661,[illegible]8	Comestibles.............	33,382,553
Fers et aciers.	18,865,710	Diverses................	13,249,424
Vêtements.	4,552,0[illegible]0		

L'exportation peut se décomposer également de la sorte :

Produits de la mer.............	3,294,091 dollars.
— des forêts.............	7,847,022
— agricoles.............	145,904,378
— manufacturés...	39,644,227
Total..........	196,689,718

Voici le détail du commerce de l'Amérique avec les divers États du globe, pour cette année 1850-51 :

	Importation.	Exportation.		Importation.	Exportation.
Angleterre et colonies. .	108,323,079	136,022,774	Haïti	1,889,968	1,847,290
France................	31,767,410	26,635,214	Mexique..............	1,804,779	1,581,783
Espagne...............	5,825,308	6,724,930	Russie..............	1,392,782	1,611,691
Cuba.	17,046,934	6,524,123	Afrique	1,163,176	1,340,644
Brésil................	11,525,304	3,752,916	Suède et Norvége......	996,238	844,268
Villes anséatiques......	10,008,364	6,047,447	Turquie..............	901,236	227,733
Chine.................	7,065,144	2,485,187	Sicile.	852,924	49,936
République argentine ..	3,205,382	1,074,768	Trieste...............	730,788	2,496,467
Hollande	3,121,997	3,038,799	Nouvelle-Grenade......	698,066	3,040,822
Chili	2,734,746	1,898,305	Portugal..............	504,690	355,301
Venezuela.............	2,380,295	1,041,525	Danemark.............	274,791	1,140,086
Belgique	2,377,630	2,852,012	États divers d'Europe ..	23,344	416,202
Italie	2,051,897	1,864,210	Autres États..........	698,128	1,473,113

Quant à la navigation (1850-51), voici les chiffres les plus importants :

Entrées. — Américains......	8,951	navires de.....	3,054,349	tonneaux.
Étrangers.......	10,759	—	1,939,091	—
Total.....	19,710		4,993,440	
Sorties. — Américains......	9,274	navires de.....	3,200,519	tonneaux.
Étrangers.......	10,712	—	1,929,535	—
Total.....	19,986		5,130,054	

Le nombre total des manufactures et établissements industriels en activité (1850-51) monte à 122,995 ; on peut distinguer les spécialités suivantes :

Manufacture de coton..	1,094
Manufacture de laine..	1,559
Fonderies..................................	1,391
Forges..................................	422

Au 1er janvier 1852, la longueur des chemins de fer exploités aux États-Unis était, autant qu'on a pu le relever, de 10,814 milles ou 17,399 kilomètres 726 mètres.

Il y avait alors en construction une étendue de chemins de fer, qui pouvait être estimée à 10,898 milles ou 17,534 kilomètres 882 mètres.

Dans un discours prononcé, le 4 janvier 1851, à Washington, par M. Webster, secrétaire d'Etat, se trouvent des renseignements qui ont servi à établir un curieux tableau comparatif donné par l'*Annuaire de l'Économie politique* pour 1853 et reproduit ici à moitié :

PROGRÈS DES ÉTATS-UNIS EN 57 ANNÉES.

(De 1793 à 1850).

	Année 1793.		Année 1850.	
Nombre des États........................	15		31	
Membres du Congrès......................	135		295	
Population des États-Unis................	3,929,328		23,267,499	
— de Boston........................	18,038		136,871	
— de Baltimore......................	13,503		169,054	
— de Philadelphie....................	42,520		409,045	
— de New-York (ville).............	33,121		515,507	
— de Washington....................	......		40,075	
— de Richmond......................	4,000		27,582	
— de Charlestown...................	16,259		42,983	
Recettes du Trésor..........................	5,720,624	dollars.	43,774,848	
Dépenses..................................	7,529,585		39,355,268	
Importations................................	31,000,000		178,138,318	
Exportations................................	26,109,000		151,898,720	
Tonnage de la marine marchande..........	526,764		3,535,454	
Étendue du pays (en milles carrés)........	805,461		3,314,365	
Armée..	5,120		10,000	
Milice enrôlée................................	....		2,006,456	
Marine de guerre............................	....		76	bâtiments.
Canons..	....		2,012	
Traités avec les étrangers..................	9		90	

Si l'on passe à l'année 1851-1852, on trouve au budget :

Recettes ordinaires	60,610,032	dollars.
Les douanes y figurent pour	47,339,326	—
Dépenses	46.007,896	—

La dette fédérale, au 1er janvier 1853, montait à 65,131,692 dollars.

Commerce extérieur.

Importations :

Marchandises exemptes	29,692,944	dollars.
— taxées	178,603,921	—
Total	208,296,865	

Exportations :

Produits de la mer	2,282,342	dollars.
— des forêts	6,963,643	—
— agricoles	124,526,083	—
— industriels	54,523,482	—
Total	188,295,550	

Navigation.

Entrées. — Navires américains	8.964	de 3.235.522	tonneaux.
— étrangers	10.607	2.057,358	—
	19.571	5.292,880	
Sorties. — Navires américains	8.887	de 3,230.590	tonneaux.
— étrangers	10.438	2.047.575	—
	19,325	5.278,165	

Navires construits.

1847	1,598	dont	198	steamers de	243,732 tonneaux.
1848	1,851	—	175	—	318,075 —
1849	1,547	—	208	—	256.377 —
1850	1,360	—	159	—	272.218 —
1851	1,357	—	233	—	298,203 —
1852	1,444	—	259	—	351,493 —

Fabrication des monnaies en 1851-1852.

58,206,373 dollars (56,846,187 d'or, 1,309,555 d'argent, et 50,630 de cuivre).

En 1852, les chemins de fer des États-Unis s'étendaient sur une longueur de 14,491 milles.

D'après les renseignements recueillis par la commission de recensement, il y avait alors, sur les 19,987,597 âmes qui composent la population libre des États-Unis, 2,210,828 personnes nées en pays étrangers, ce qui fait de 11,06 p. cent la part de l'immigration dans la population totale.

Voici le détail de ces **2,210,828 immigrants :**

Nés en Irlande	961,719	Nés en Écosse	70,550
— Allemagne	573,225	— Galles	29,868
— Angleterre	278,675	— France	54,069
— Canada	147,700	— Autres pays	95,022

On estime que les descendants des personnes venues en Amérique depuis **1790, sont** au nombre de 4,304,416.

Le budget de **1852-1853 présentait :**

Recettes ordinaires	73,870,210 dollars.
Les douanes y figurent pour	58,931,865 —
Dépenses	54,026,818 —

Le budget de 1853-54 :

Recettes ordinaires	95,192,597 dollars.
Les douanes y figurent pour	64,224,191 —
Dépenses	75,354,630 —

Commerce extérieur (1852—1853).

Importations :

Marchandises exemptes : 31,383,534 dollars.

Voici le détail de ces marchandises :

Animaux destinés à la reproduction	56,559
Or	2,427,456
Argent	1,774,026
Thé	8,186,217
Café	15,525,954
Cuivre en feuilles pour doublages	1,155,114
Tableaux et statues d'artistes américains	36,712
Effets personnels des immigrants	151,037
Guano	96,563
Objets divers de science et d'art	4,505
Divers	2,932,491
Marchandises taxées	236,595,113 dollars.

Exportations :

Produits de la mer	2,824,818 dollars.
— des forêts	6,985,345 —
— agricoles	154,239,296 —
— industriels	43,800,738 —
Articles non classés	5,412,995 —
Total	213,417,697

Navigation.

Entrées. — Navires américains	9.955	de	4.004,013	tonneaux.
— étrangers	11,722		2.777.930	—
	21.677		6.781.943	
Sorties. — Navires américains	10.001	de	3.766.789	tonneaux.
— étrangers	11.680		2.298.790	—
	21.681		6.065,579	

Les navires américains avaient, à l'entrée, 144,430 hommes d'équipage et, à la sortie, ils en avaient 146,789.

On a construit, en 1853, 1710 navires, dont 271 steamers de 425,572 tonneaux.

La longueur des chemins de fer en 1853 montait à 17,146 milles[1].

De 1821 à 1852, l'ensemble du commerce extérieur de New-York s'est élevé, en valeur, de 258 millions de francs, à 866 millions. C'est surtout de 1835, que date l'accroissement.

Voilà ce qu'est devenue l'Amérique européenne. Que devenaient cependant, dans la vieille Amérique, les véritables Américains, les Yankees des races indigènes et primitives?

Le bureau des affaires indiennes vient de publier un relevé, aussi complet que possible, de toutes les tribus existantes aujourd'hui dans les divers États et territoires de l'Union.

Dispersée dans treize États, sept territoires et le long des grands fleuves de l'ouest, la population aborigène est ainsi répartie :

Alabama : 25,000 Crekes; *Californie* : 33,639 âmes en diverses tribus; *Caroline du nord et Caroline du sud* : 200 Catawbas; *Floride* : 500 Séminoles; *Indiana* : 353 Miamies : *Michigan* : 100 Chippewas du lac Supérieur, 5,152 Chippewas et Ottawas, 1,340 Chippewas de Saganaw, 138 Chippewas de Swan Creek, 236 Potowatomies, 45 Potowatomies de Huron; *Mississipi* : 16,000 Choctaws; *New-York* : 2,557 Senecas, 450 Indiens de Saint-Régis, 280 Tuscororas, 249 Oneidas, 143 Cayagas; *Texas* : 20,000 Comanches et Kioways, 3,000 Anadakhœs, Craddœs et Jonies, 950 Wichetas, 400 Toukawas, 300 Keechies, Warces et Towacarros, 960 Lipans, 400 Muscaléros ou Apaches; *Wisconsin* : 1,930 Menomonées, 4,940 Chippewas, 978 Oneidas, 240 Stockbridges.—17,530 Cherokees, sont en outre, répandus dans les quatre États d'*Alabama*, *Georgie*, *Caroline du nord* et *Tennessee*. *Territoires du Kansas* : 33 Chippewas du Swan Creek, 44 chrétiens ou Mimsees, 902 Delawares, 1,375 Kansas, 433 Iowais, 249 Ottawas, 3,440 Potowatomies de Huron, 220 Piankeshavas, Weas, Peorias et Kackaskies, 13 Stockbridges, 851 Stawnees, 1,626 Mississipies, 180 Missouris, 208 Winnedagœs; *Minnesota* : 2,206 Chippewas, 6,283 Sioux Mississipies, 2,546 Winnedagœs; *Nebraska* : 800 Homahas, 600 Ottœs et Missouris, 700 Poncas, 4,000 Pawnies; *Nouveau-Mexique* : 7,000 Apaches, 7,500 Navajoes, 10,000 Puebla; 2,500 Utahs, 17,000 Wanderings, Comanches, Cheyonnes et autres tribus; *Orégon* : 1,300 de tribus diverses; *Washington* : 554 Wyandots.

1. V. le *Hunt's Merchant's Magazine* de décembre 1852 et janvier 1853.

A l'ouest de l'*Arkansas :* 7,500 Cherokees, 1,000 Chidkasaws, 4,787 Creeks, 314 Quapaws, 180 Sanduskies, 271 Lewiston, Senecas et Shawnees, 2,500 Seminoles, 4,098 Osages.

Le long de l'*Arkansas* et de *la Platte :* 800 Arripahoes, 3,600 Comanches, 2,800 Cheyennes, 2,800 Ioways, 5,600 Sioux des Plaines.

Le long du *Haut-Missouri :* 220 Asmaboines, 3,360 Arickaris, 500 Pieds Noirs, 3,360 Crows, 650 Grosventiers, 250 Mandans, 2,500 Winaforees, 800 Creeks, 15,440 Sioux.

Sur la frontière du *Texas* habitent les Kickapoes en nombre inconnu.

Les chiffres ci-dessus accusent un total de 314,622 individus; mais on peut hardiment le porter à 350,000 en y comprenant les métis nés des rapports entre les Indiens et la population blanche et noire.

Ces vieilles races s'anéantissent et disparaissent; les jeunes races compteront peut-être à la fin du siècle 100 millions de représentants.

Mais revenons à quelques-unes des richesses spéciales des États-Unis.

De toutes les récoltes de céréales, il n'en est pas à laquelle on attache aux États-Unis plus d'importance qu'à celle du maïs. Cette graminée est la nourriture favorite d'une population rurale immense ; elle sert à l'engrais du bétail et particulièrement des porcs; enfin elle entre dans la fabrication du whisky, une des boissons fermentées dont l'usage est le plus répandu dans toutes les classes de la société américaine. L'abondance ou la rareté du maïs détermine la hausse ou la baisse des autres grains, le renchérissement ou la diminution des prix de la viande et des salaisons, et produit même une certaine influence sur le prix des boissons.

La récolte du maïs aux États-Unis avait été, en 1840, de 377,531,875 boisseaux, et 540,071,104 en 1850. En 1853, elle s'éleva à 600 millions de boisseaux (près de 212 millions d'hectolitres); mais, en 1854, elle se réduisit, par suite de l'extrême sécheresse dont eurent à souffrir nombre d'États producteurs, à 450 millions de boisseaux tout au plus (158,580,000 hectolitres).

On cultive le maïs dans presque tous les États de l'Union. Les plus forts producteurs sont ceux d'Ohio, de Kentucky, d'Illinois, d'Indiana, de Tennessee, de Missouri, de Virginie, de Georgie, d'Alabama et de la Caroline du nord.

Bien que les frais de culture ne dépassent pas, en général, 16 cents (85 c. et demi) par boisseau, le prix du maïs atteint, d'ordinaire, sur les marchés du littoral, 60, 70 et 80 cents (de 3 fr. 24 c. à 4 fr. 32 c.), et va même souvent au delà de cette limite.

Cette grande différence entre le prix de revient et le prix de vente tient à ce que, le Gouvernement n'exerçant, dans ce pays, aucune action sur les marchés, les fermiers profitent de la grande facilité des communications avec les centres commerciaux pour faire la loi aux consommateurs et ne vendre leurs récoltes que dans les moments de rareté.

Sur les marchés intérieurs, toutefois, les prix, pour la consommation, sont naturellement inférieurs. Ils y varient généralement, dans les années moyennes, du mois de septembre au mois de mai, de 35 à 45 cents par boisseau pris sur les lieux.

La consommation intérieure ne laisse à l'exportation qu'une quantité de 22 millions de boisseaux environ, et qui ne paraît jamais devoir aller au delà de 30 millions (10,752,000 hectolitres).

Voici, du reste, les quantités effectives et la valeur totale du maïs en grains et en farine exporté durant la dernière période quinquennale.

Années.	Maïs en grains. — Boisseaux.	Farine de maïs. — Barils.	Valeur totale — Francs
1849—50	6,595,000	259,000	24.459.000
1850—51	3.427,000	203.500	12.525.000
1851—52	2,627,000	181,000	11.400.000
1852—53	2,275,000	212,000	10.941.000
1853—54	7.769,000	257,000	37,156,000

Le baril de farine équivaut à quatre boisseaux de grains.

Les principaux ports d'expédition pour l'étranger sont : Philadelphie, Baltimore, la Nouvelle-Orléans et New-York, qui a seul expédié, pendant la dernière année, 4,673,000 boisseaux de grains et 67,858 barils de farine de maïs.

Le Royaume-Uni et les colonies anglaises ont tiré, à eux seuls, des États-Unis, pendant la même année, pour plus de 37 millions de francs de maïs. Les autres envois, peu considérables, comme on le voit, se répartissent principalement entre Cuba, les Antilles et la France, qui n'en reçoit encore que pour une somme de 203,500 fr.

La Grande-Bretagne réexporte, il est vrai, une grande partie du maïs qu'elle importe. Cependant la quantité qui se consomme dans le Royaume-Uni augmente dans de fortes proportions, d'année en année ; ce qui paraît surtout remarquable, quand on songe à la difficulté qu'éprouva le gouvernement anglais à introduire le maïs dans la consommation, lors de la disette de 1847.

Voilà donc encore une moisson à faire.

La production et l'exportation du coton ont présenté, aux États-Unis, pour les trois dernières années, comptées du 1er septembre au 31 août, les quantités ci-après :

	Récolte.	Exportation.
1852—53	3,262,882 livres	2.528.400 livres.
1853—54	2,930,027 —	2,319.148 —
1854—55	2,847,339 —	2.244,209 —

La fabrication indigène a employé, en 1854-55, 593,584 balles. Enfin, à la date du 31 août, 143,336 balles restaient en magasin dans les ports des États-Unis.

Quelles masses énormes ! quel élément de commerce ! Terminons cette étude de faits et de chiffres, en donnant les plus récents et les plus sûrs renseignements sur l'effectif de la marine marchande et la construction maritime aux États-Unis.

Les États-Unis ne possédaient, en 1845, que 19,720 navires, jaugeant 2,416,000 tonneaux et montés par 118,600 marins. En 1854, le tonnage s'éleva à 4,802,902 tonneaux.

1. Le boisseau ou bushel égale 35 litres 24 centilitres.

ce qui, proportionnellement, donne un chiffre de 34,000 navires et suppose l'emploi de 200.000 hommes de mer.

L'ensemble de l'effectif (tonnage) se divisait, le 30 juin 1854, de cette manière :

Navigation au long cours	2,333,820
Grand et petit cabotage	2,312,114
Pêche	146,968

Et la part des principaux ports était celle-ci :

New York	1,262,798	Bath	134,501
Boston	495,879	Waldoborough	122,735
Philadelphie	268,746	Portland	123,672
Baltimore	170,855	Barnstable	81,504
New-Orleans	483,618	Charleston	36,102
New-Bedford	465,910	San-Francisco	93,519

Les Américains des Etats-Unis ont le droit de dire, en somme, qu'ils jouent un grand rôle dans la vie générale de l'humanité.

Nous ne les voyons pas à l'œuvre en Amérique. C'est là qu'ils sont libres, qu'ils ont l'ardeur, le génie, la folie de l'entreprise. Ils veulent que l'Amérique entière soit à eux. C'est leur monde.

Dans son dernier message, le président Pierce dit :

« Il résulte du rapport du secrétaire du trésor, que les recettes, durant la dernière année fiscale, finissant le 30 juin 1855, toutes les sommes comprises, étaient de 65,003,930 dollars, et que les dépenses publiques, pendant le même laps de temps, sans compter les paiements sur le compte de la dette publique, se montaient à 56,365,393 dollars.

« Pendant la même période, les paiements faits pour le rachat de la dette publique, y compris l'intérêt et la prime, se montaient à 9,844,528 dollars.

« La balance dans le trésor, au commencement de la présente année fiscale, 1er juillet 1855, était de 18,934,976 dollars; les recettes pour le 1er trimestre, et les recettes présumées pour les trois autres, s'élèvent ensemble à 67,918,734 dollars, fournissant, comme ressources effectives de l'année fiscale courante, la somme de 86,856,710 dollars.

« Si, aux dépenses actuelles du premier trimestre de l'année fiscale courante, on ajoute les dépenses probables pour les trois trimestres restant, telles qu'elles sont estimées par le secrétaire du trésor, la somme totale sera de 71,226,846 dollars, laissant ainsi dans le trésor, au 1er juillet 1856, une balance de dollars 15,623,863 et 41 cents.

« Dans les dépenses estimées ci-dessus, pour la présente année fiscale, sont inclus 3 millions de dollars pour faire face au dernier paiement des 10 millions de dollars mentionnés dans le dernier traité avec le Mexique, et 7,750,000 dollars consacrés aux comptes de la dette envers le Texas, lesquelles deux sommes font un total de 10,750,000 dollars, et réduisent les dépenses actuelles ou calculées pour le service ordinaire de l'année à la somme de 66,476,000 dollars.

« Le montant de la dette publique, au commencement de la présente année fiscale, était de 40,583,631 dollars, et, après déduction des paiements subséquents, la totalité de la dette publique du gouvernement fédéral, telle qu'elle reste en ce moment, est de moins de 40 millions de dollars.

« Le reste de quelques autres obligations du Gouvernement, s'élevant à 243,000 dollars, et mentionnées dans mon dernier Message, a été payé depuis. »

Quelle maison de commerce mieux tenue que cette République ! Quel ordre dans les livres de l'État !

MEXIQUE.

Commissaires à l'Exposition de l'industrie et des beaux-arts :

M. Pedro Escando, premier secrétaire de la légation mexicaine ; — M. Juan Agra ; — M. le comte de Brignola.

L'Exposition universelle de 1855 aura été pour le Mexique une bonne fortune. L'Europe a pu voir que les ressources naturelles font aujourd'hui moins que jamais défaut à cette contrée, privilégiée parmi les contrées si riches du Nouveau-Monde, et le zèle que les Mexicains ont mis à se présenter au concours prouve qu'ils se soucient plus qu'on ne le croit de ce qui fait la force et la garantie de la vie des peuples modernes.

La civilisation de l'Europe trouvera un merveilleux théâtre dans ce royaume des anciens Aztèques. Aucune terre n'est mieux [illegible]née. Mais, aussi, aucune nation n'a été plus mal gouvernée en ces derniers temps et plus malheureuse.

Peut-être les discordes intérieures vont-elles enfin cesser. Ce qu'il faut maintenant que le Mexique entrave, c'est la jalouse ambition des États-Unis qui lui ont déjà pris le Texas et la Californie. L'Europe l'aidera sans doute à maintenir une indépendance qui jusqu'ici lui a coûté si cher.

Les moindres efforts suffiront pour que la nation mexicaine joue un grand rôle, sinon dans l'histoire de l'industrie, du moins dans l'histoire de la production et du commerce.

L'Espagne a perdu, en perdant ces régions, la plus magnifique des colonies, une Espagne supérieure à la mère-patrie.

Ce sont les mines, les richesses enfouies dans le sol, qui constituent le premier fonds comme le revenu insaisissable et inépuisable du Mexique. L'exposition des mines mexicaines a été complète et bien organisée.

L'École des mines de Mexico envoyait ces nombreux articles en beaux échantillons : Argent natif ; cuivre panaché avec de l'argent ; argent sulfuré noir et rouge ; argent sulfuré rouge; minerais d'argent; minerais de mercure; réalgar avec gangue d'agate; minerais de cuivre; cuivre pyriteux; malachite silicifère; zinc sulfuré; manganèse sulfuré; manganèse oxydé brun; manganèse oxydé métalloïde; manganèse oxydé psilomelan; manganèse carbonaté; étain oxydé; plomb sulfuré; plomb sulfuré antimonifère; fer oxydé oolitique; fer oxydé brun; fer sulfuré; malachite; quatre espèces de quartz résinite; kaolin; apophyllite; obsidienne; liége fossile; grenat; valencianite; topaze; neuf espèces de chaux carbonatée; deux espèces de chaux sulfatée; anthracite; houille grasse; lignite jayet et graphite granulaire.

En outre, dans les expositions faites par les particuliers on voyait :

Diverses espèces de fer; étain, sulfures de plomb, sulfures de plomb argentifère, oxyde de plomb fondu. litharge; cuivres sulfurés, cuivres aurifères; ocres; albâtres, marbres, albâtre translucide; argile, argile alumineuse-magnésienne, argile alumineuse-siliceuse, argile silicée-magnésienne, argile manganésique dite *treura-raja*, argiles ferrugineuses; ocres rouge et jaune; argile zincique; poudingue, dit *piedra de almendra;* soufre natif; combustible minéral, dit *linito;* quartz améthyste; tizar; carbonate de chaux glissant; carbonate de chaux cristallisé.

Voilà une belle collection; il n'y manque que de la houille, mais cette houille si nécessaire à l'industrie est sans doute encore enfouie dans le sol.

Le Mexique est avant tout la source de l'argent; mille fontaines d'argent merveilleusement abondantes y coulent.

Il résulte des recherches faites par M. de Humboldt[1], que la valeur de l'or et de l'argent retirés des mines de l'Amérique, de 1492 à 1803, s'élève à 5,706,700,000 piastres de 5 f. 25, dont

4,035,156,000	enregistrées	(colonies espagnoles).
684,544,000	—	(colonies portugaises).
816,000,000	non enregistrées	(colonies espagnoles).
171,000,000	—	(colonies portugaises).
5,706,700,000 piastres.		

sur les 4,851,156,000 piastres provenant des colonies espagnoles

	2,028,000,000	venant de la Nouvelle-Espagne.
	2,410,156,000	— du Pérou et de Buenos-Ayres.
	275,000,000	— de la Nouvelle-Grenade.
	138,000,000	— du Chili.
Somme égale. . .	4,851,156,000	

Ces calculs, quoique donnés avec un certain appareil officiel par un homme dont les moindres travaux ont une valeur si grande, ne peuvent être néanmoins regardés comme authentiquement exacts. Divers savants ont compté d'une autre manière; mais toujours c'est le Mexique qui est placé le premier sur les listes qu'on a dressées pour établir la part afférente à chaque État d'Amérique dans la production générale des métaux précieux.

1. *Essai politique sur la Nouvelle-Espagne*, t. I, p. 441.

« On estime, disait, en 1851, M. le duc de Luynes[1], que les quantités d'or et d'argent versées sur les marchés européens depuis le temps de Christophe Colomb, s'élevèrent, pour l'or, à 2,381,600 kilog., et pour l'argent, à 110,262,220 kilog., formant une valeur totale d'environ 32 milliards de francs. »

C'est le Mexique qui, avec le Pérou, a fourni la plus grande partie de ces métaux précieux.

Que si l'on calcule approximativement (Voy. le beau travail de Léon Faucher, publié en 1852 dans la *Revue des Deux Mondes*, pages 708 et suivantes) la production annuelle de l'or et de l'argent pour l'ensemble des mines d'argent, on peut faire ainsi la part de chaque pays :

Mexique	133,000,000 francs.
Chili	22,000,000 —
Pérou	25,000,000 —
Bolivie et Nouvelle-Grenade	12,000,000 —
Russie et Norvége	5,000,000 —
Saxe, Bohême, etc.	5,000,000 —
Hongrie	7,000,000 —
Espagne	16,000,000 —
Autres pays	5,000,000 —
	230,000,000 francs.

On voit que le Mexique figure, dans ce tableau, pour un chiffre qui est au-dessus de la moitié du chiffre total.

Le Rapport de M. Dufrenoy, au nom du premier jury français de l'Exposition de Londres, nous fournira des indications plus exactes, dans ce tableau qui représente en kilogrammes et en francs la valeur comparative des extractions de l'argent en 1851 :

	Kilogrammes.	Valeur.
Kongsberg	1,283	282,706 fr.
États-Unis[2]	1,170	257,480
Brésil	261	57,902
Mexique	530,400	117,748,800
Nouvelle-Grenade	5,088	1,146,216
Pérou	117,183	26,015,070
Bolivie	42,185	9,365,070
Chili	34,763	7,784,836
	732,635	162,616,070 fr.

A quoi il faut joindre pour l'argent obtenu des minerais argentifères :

	Kilogrammes.	Valeur.
Nord de l'Allemagne	16,165	3,588,630
Saxe	20,947	4,650,234
Autriche	28,941	6,424,902
France	1,974	446,028
Piémont	869	192,918
Espagne	46,577	10,340,094
Angleterre	16,688	3,704,736
Russie	17,930	3,980,460
Java, Bornéo, etc.	160,891	35,717,802

1. Dans le Rapport du XIIIe jury, à l'Exposition de Londres, t. VI.
2. Moins la Californie.

La part du Mexique reste encore bien belle.

Si l'on examine, à la suite de cette étude de la puissance des mines d'argent, la production de l'or en 1852, on trouve :

	Kilogrammes.		Francs.	
Piémont	134	92 ou	464,000	7,404,118
Espagne	20		68,880	
Nord de l'Allemagne	3		10,332	
Autriche	1,992	22	6,860,906	
États-Unis	872		3,003,168	48,308,988
Mexique	6,550		22,558,200	
Nouvelle-Grenade	1,900		6,543,600	
Pérou	860		2,961,840	
Bolivie	445		1,532,580	
Chili	1,200		4,132,800	
Brésil	2,200		7,576,800	
Sibérie	24,916		85,810,704	85,810,704
Bornéo, Java	245,793	44	»	»
Malacca, Sumatra, etc.			21,541,600	21,541,600
Californie			350,000,000	825,000,000
Australie			475,000,000	
	286,886	28	988,065,410	

Le chiffre attribué à la production du Mexique est considérable. Celui de la Californie est encore bien plus élevé ; mais, on n'oubliera pas que la Californie a cessé, depuis fort peu de temps, d'être une terre mexicaine.

La nature produit l'or et l'argent comme d'elle-même et sans qu'on l'aide.

Les travaux de mines, au Mexique, s'exécutent sur une échelle fort réduite[1] ; on les conduit presque uniquement sur le minerai, sans chercher à étendre le champ d'exploitation. L'intermittence de richesse, si fréquente dans les filons, fait souvent abandonner un travail, au moment même où il deviendrait productif. Aussi, bien souvent, est-ce le hasard qui sert le mineur mexicain. On en a une preuve dans la fameuse masse de Sombrezète, dite *Bonanza*, qui fut découverte par une erreur de nivellement dans la direction d'une galerie destinée à reconnaître le massif existant entre les filons de Pavilla et de Veta Madre. Construite d'après les règles de l'art, cette galerie eût passé à quelques pieds au-dessus de l'endroit où le filon a commencé à contenir cette masse d'argent qui, en peu de mois, a donné un bénéfice net de plusieurs millions de piastres.

Outre ce défaut de recherches et ces travaux faits au hasard, qui nuisent tant à la prospérité des mines, on a négligé presque tous les gîtes secondaires pour les filons de grandes dimensions[2].

Cette terre n'est donc pas épuisée. Loin de là, elle semble renfermer assez d'argent dans ses entrailles, pour qu'un jour, si on le veut, l'équilibre se rétablisse entre la production universelle de l'argent et la production universelle de l'or.

Mais, pour que le Mexique ne s'épuise pas au milieu même de cette abondance, il faut

1. V. le Rapport de M. Dufrenoy, déjà cité, p. 88.
2. V. *De la production des métaux précieux au Mexique*, par M. Saint-Clair Duport, 1843.

que l'agriculture y soit en progrès constant, il faut que l'industrie s'y exerce à imiter les arts de l'Europe, il faut que le Gouvernement y donne au commerce des canaux, des voies solides, des chemins de fer et des télégraphes.

L'empire est vaste ; toutes les moissons y seront belles. C'est peut-être au Mexique plus encore qu'aux États-Unis du Nord, que la véritable vie américaine s'exercera et se concentrera dans l'avenir.

On nous faisait de sinistres peintures de l'état d'affaissement et de décomposition auquel ce splendide pays était abandonné. Des nouvelles plus rassurantes sont déjà venues ; le spectacle de l'exposition mexicaine aura été plus efficace encore pour empêcher l'Europe de désespérer.

Cette exposition, tout bien considéré, était plus complète que celle des États-Unis du Nord.

L'art forestier étalait des bois de charpente, d'ébénisterie et de teinture ; des soies sauvages de Vera-Cruz, et les cocons qui les ont données, montraient que l'industrie séricicole peut réussir au Mexique.

Un grand nombre de graines, de fleurs, de fruits, d'écorces, de substances médicinales, la vanille par exemple, le quinquina et la gutta-percha, et aussi le sucre, le café, le tabac, le cacao, la cochenille, l'indigo et le coton attestaient la fécondité du sol. Les huiles, les cires, les farines, les eaux-de-vie étaient représentées par plus d'un échantillon remarquable.

L'industrie n'était, d'ailleurs, pas si complétement absente. Nous citerons divers articles produits par elle :

Roues de fonte de fer (IVe classe) ;

Selles et harnais, éperons, freins, étriers, une bonne voiture (Ve classe) ;

Machines pour la fabrication de l'huile, du vermicelle, du sucre et des tabacs (VIe classe) ;

Métier à tisser les *pagnos de reboso* (VIIe classe) ;

Un travail de statistique que nous aurions voulu posséder : *Statistique du commerce extérieur de la république du Mexique ; Tableaux synoptiques relatifs à la république du Mexique*, par Miguel Lerdo de Tejada, à Mexico (VIIIe classe) ;

Acide extrait du pipitzahoac, bicarbonate de soude, noir animal, essence extraite du fagara, bois d'aloès, cire animale, peaux, papiers, cigares (Xe classe) ;

Gruaux, fécules, sucre, café, chocolat, eaux-de-vie et rhums (XIe classe) ;

Appareils de chirurgie (XIIe classe) ;

Hamac, emeril, espingole (XIIIe classe) ;

Pierres et bitumes (XIVe classe) ;

Chaudière économique et plomb travaillé (XVIe classe) ;

Vases de terre cuite, porcelaines, figurines d'argile (XVIIIe classe) ;

Tissus et fil de coton (XIXe classe) ;

Jorongo, casimir et draps (XXe classe) ;

Soie grége, serge de soie, poult de soie, *pagnos de rebosa* (XXIe classe) ;

Cordes (XXIIe classe) ;

Tapis, passementerie militaire, broderie (XXIIIe classe) ;

Un buffet bien exécuté (XXIVe classe) ;

Costumes d'Indiens, bottes, fleurs et fruits de cire, de plumes, de chiffons (XXVe classe) ;

Livres, registres, etc. (XXVIe classe).

On voit qu'il y a là une liste assez fournie.

Nous citions, à la XXVe classe, des costumes d'Indiens faits par eux-mêmes ; il y a encore beaucoup d'Indiens au Mexique. Ce sont, de tous les peuples indigènes, ceux qui ont le mieux gardé les traditions de leurs aïeux et qui, chrétiens d'apparence, sont en réalité les plus fidèles observateurs des lois antiques. On sait, du reste, quelle était la splendeur sauvage de la vieille civilisation mexicaine.

Fernand Cortez, le conquérant, nous a transmis quelque chose du spectacle qu'elle présentait au XVIe siècle.

« Mexico, dit-il dans sa lettre à l'Empereur, contient plusieurs grandes places qui servent de marchés. Il y en a une, entre autres, plus grande que la ville de Salamanque, entourée de portiques, où plus de 60,000 âmes achètent et vendent continuellement toutes espèces de marchandises, de comestibles, de vêtements, des bijoux d'or et d'argent, du plomb, du laiton, du cuivre, de l'étain, des pierres de construction, des plumes, etc. On y vend des pierres brutes et taillées, des bois bruts et équarris, des briques, des mottes de terre, etc. On y trouve une rue, destinée à recevoir les produits de la chasse, où on vend toutes sortes de gibiers et d'oiseaux, comme des poules, des perdrix, des cailles, des espèces de vautours, des hérons, des poules d'eau, des tourterelles, des pigeons, de petits oiseaux, des crécerelles, et, parmi ces oiseaux de rapine, il y en a dont on vend les peaux avec les plumes, la tête, le bec et les ongles ; il y a aussi des lièvres, des lapins, des cerfs et des petits chiens qui sont bons à manger.

« Il y a dans Mexico une rue d'herboristes, où l'on vend de toutes sortes de plantes et herbes médicinales connues ; il y a des apothicaires, chez qui l'on se procure des onguents, des emplâtres et des médecines toutes prêtes à prendre ; il y a des barbiers chez lesquels on rase la barbe et les cheveux ; il y a des traiteurs où l'on donne à boire et à manger ; il y a des portefaix pour porter les fardeaux. On trouve, dans ce marché, du bois, du charbon, des brasiers en terre cuite, toutes sortes de nattes pour des lits, pour des chaises, pour des tapis. On y trouve toutes espèces de légumes et de fruits, comme oignons, poireaux, ails, cresson, cresson alénois, une espèce de chardon comestible, bourrache, oseille, cardons, cardes, etc. ; il y a des cerises, des prunes, absolument semblables à celles d'Espagne ; on y vend de la cire, du miel de cannes de maïs, du miel extrait d'une autre plante qu'aux îles on nomme *maguey* ; puis, une espèce de vin extrait de cette plante dont on tire aussi du sucre ; on y vend, en écheveaux, du coton filé de toutes couleurs. Dans un endroit semblable à celui dans lequel on débite la soie à coudre, à l'Alcayceria de Grenade, on y vend des couleurs pour les peintres, aussi bien broyées et d'aussi belles nuances qu'en Espagne ; on y vend des peaux de cerf de toutes couleurs, avec poil et sans poil ; des faïences et de la poterie de toutes formes, émaillées ou peintes; on y vend du blé de Turquie en grain ou en pain, qui, pour le goût, l'emporte sur tous les grains des autres îles et de la terre ferme; on y trouve des pâtés de poisson et d'oiseaux, ou mélangés des deux espèces, des poissons frais ou salés, cuits et crus, des œufs de tous les oiseaux possibles, ou des gâteaux d'œufs.

« En un mot, on y vend, en quantité, de tous les comestibles et de toutes les marchandises qu'on trouve dans le reste de l'univers; tout y est dans le plus grand ordre; chaque espèce de marchandise se vend dans une rue particulière, par compte ou par mesure, mais non au poids. Il y a, dans la grande place, une espèce de maison ou juridiction consulaire, où continuellement douze juges préposés prononcent sur tous les différends qui peuvent survenir dans ces marchés, et punissent sur-le-champ les délinquants. Il y a encore des commissaires destinés à examiner les mesures, et nous en avons vu briser plusieurs qui se trouvaient être fausses. »

L'exposition que le vieux Mexique eût envoyée au Palais de l'Industrie, semble décrite dans cette lettre; on y voit le mouvement de ce peuple étrange, qui si facilement se laissa vaincre et assujettir. On y sent qu'une race intelligente est depuis longtemps attachée au sol.

L'*Annuaire de la Revue des Deux Mondes*, pour 1851-52, nous offre à ce propos une page intéressante qui ne contredit en rien ce qui précède.

« Ce qu'il y a à remarquer, y est-il dit, c'est combien la civilisation chrétienne a peu pénétré, en réalité, dans l'âme de ces populations; il s'en faut que l'idolâtrie de leurs ancêtres ait été déracinée; on a démoli leurs temples, brisé leurs idoles; on les a forcés à recevoir le baptême: au fond, elles n'ont point changé; si elles ont perdu le souvenir de leurs traditions antiques, elles conservent les pratiques les plus grossières de leur culte primitif, tout en demeurant extérieurement chrétiennes. Les rites secrets de ce culte se retrouvent chez la plupart des Indiens du Mexique; ils consacrent leurs nouveaux-nés au Nagual ou démon familier du jour de leur naissance, avant même de les porter au baptême. Dans le voisinage de Tehuantepec, les Luabes célèbrent annuellement, à l'ombre mystérieuse de la nuit, par des sacrifices et des danses, les anciennes fêtes des solstices. Dans les États de Chiapas et du Yucatan, ils ont conservé des pantomimes qu'ils exécutent, à certains jours de l'année, au sein des forêts les plus épaisses. Ni blancs ni étrangers ne sont admis à ces cérémonies, qui ne se décèlent que par le bruit du tunkul, espèce de tambour de bois creux dont les sons se font entendre à une grande distance. Souvent il est arrivé que des Indiens plaçaient leurs idoles dans les niches secrètement pratiquées sous l'autel chrétien de la paroisse. Des curés ont toléré et tolèrent plus d'une fois encore des danses qui sont de véritables drames historiques. On peut voir, par ces divers détails, quel est l'état religieux, moral, social des Indiens; il est facile de conclure quelle peut être leur vie politique. En fait d'hommes marquants sortis de la race indienne, on ne connaît guère aujourd'hui que le général Almonte, le général Avalos et le licencié don Faustino Galicia, professeur de droit et de langue aztèque au collége de San-Grégorio. »

La fusion des races et des civilisations n'est pas désespérée; et, ce qui est certain, c'est que les peuples aztèques ne sont pas des peuples d'un ordre inférieur.

La domination espagnole n'a pas été utile au Mexique. Ce qui est resté des mœurs de la conquête, c'est le grand luxe de quelques familles et les revenus considérables attachés à certains postes.

« Le revenu des huit évêques mexicains, dont nous présentons le tableau suivant[1], monte à la somme totale de 2,695,000 francs.

« Rentes de l'archevêque de Mexico		430,000	piastres.
—	l'évêque de la Puébla	410,000	—
—	— Valladolid	400,000	—
—	— Guadalaxara	90,000	—
—	— Durango	35,000	—
—	— Monterey	30,000	—
—	— Yucatan	20,000	—
—	— Oaxaca	18,000	—
—	— Sonora	6,000	—

« Les biens-fonds du clergé mexicain ne montent pas à 12 ou 15 millions de francs; mais ce même clergé possède d'immenses richesses en capitaux hypothéqués sur les propriétés des particuliers. Le total de ces capitaux monte à la somme de 44 millions et 1/2 de piastres, c'est-à-dire à 233,625,000 francs. »

Mais si la conquête n'a pas été fort utile à ces belles contrées, nonobstant tout ce qui se peut dire contre elle, elle n'a pas non plus ruiné à fond le pays.

M. de Humboldt, dans son *Essai politique sur la Nouvelle-Espagne*, compare le produit des différentes branches d'impôts indiqués dans l'ouvrage statistique de Villa-Señor, publié à Mexico en 1746, avec le produit des mêmes impôts, en 1803, dans un tableau que nous croyons utile de donner ici.

Tableau comparatif du revenu de la Nouvelle-Espagne :

Sources.	1746.	1803.
Droits perçus sur le produit des mines	700,000 piastres.	3,516,000
Hôtel des monnaies	357,500	1,500,000
Alcabala	721,875	3,200,000
Almojarifazgo ou droit d'entrée et de sortie des marchandises	373,333	500,000
Tribut ou capitation d'Indiens	650,000	1,200,000
Cruzada (bulle de la Croisade)	150,000	270,000
Media Anata	49,000	100,000
Droit sur le pulque ou jus d'agave	161,000	800,000
Impôt sur les cartes à jouer	70,000	120,000
Timbre	41,000	80,000
Vente de la neige	15,522	26,000
Vente de la poudre	71,550	165,000
Combats de coqs	21,100	45,000
	3,381,880	11,592,000

« Nous n'avons indiqué, dit M. de Humboldt, que les droits dont le tarif n'a point été augmenté depuis l'année 1745; à cette époque, le monopole de la vente du

1. Note de M. de La Roquette.

tabac, dont le revenu fut d'environ 4 millions et 1/2 de piastres en 1803, n'était point encore introduit, et le produit métallique, au lieu de 23 millions de piastres, n'était que de 10 millions.

La superficie du Mexique était, avant la dernière cession de territoire faite aux États-Unis, de 2,420,000 kilomètres carrés.

La population, en 1841, montait à 6,774,000 habitants. Voici les chiffres du budget de 1851-1852.

Recettes	8,000,000 piastres.
Dépenses	11.430,020 —

Aujourd'hui, une administration nouvelle va prendre en main les affaires de l'État. Une proclamation du président intérimaire de la république, à ses compatriotes, en date du 15 août 1855, contenait dernièrement ce passage :

« Tout le monde a sous les yeux le triste état de l'administration publique, et je n'a rien à dire que tout le monde ne connaisse. La premiere nécessité est de créer les finances. Je puis offrir, pour ma part, les plus grands efforts, l'économie, la pureté : jamais on ne me verra tolérer les malversations, que je déteste cordialement. Il n'y aura de finances qu'à la condition de faire revivre les branches de la richesse publique d'où elles tirent leur origine et leur accroissement ; chacune de ces branches sera l'objet de mon attention spéciale. Dès aujourd'hui, j'indiquerai que les principes sur lesquels reposera leur amélioration ne seront pas autres que ceux qu'a adoptés le monde éclairé en harmonie avec le progrès et la liberté, etc.

Il y a donc lieu de reprendre tout espoir. Déjà de grandes réformes sont tentées. Nous n'en donnerons qu'une preuve.

Le tarif des douanes du 1er juin 1853, émané du gouvernement du général Santa-Anna, a cessé d'être en vigueur. Un autre tarif désigné, d'après son auteur, sous le nom de Tarif Cevallos, et qui, publié le 24 janvier 1854, avait été appliqué pendant quelque temps, vient d'être promulgué de nouveau dans les ports de Tampico et de Vera-Cruz.

Nous donnons ci-après la traduction de cet acte, qui constitue provisoirement le régime commercial du Mexique :

« Le président intérimaire de la république Mexicaine a décrété ce qui suit :

« Conformément à la ferme volonté de la nation de réaliser toutes les réformes pour lesquelles elle s'est prononcée ;

Considérant qu'une réforme qui n'admet pas de retard est l'établissement de règles uniformes pour le paiement des droits de douane, règles qui sauvegardent les intérêts du commerce sans porter préjudice aux intérêts généraux de la société ou à ceux du Trésor ;

« Jusqu'à l'accomplissement de la réforme générale que réclame le tarif, j'ai prescrit l'observation, dans les douanes maritimes et frontières, des dispositions suivantes qui ont pour objet de lever les prohibitions et de réduire les droits :

	Piastres [1]	centièmes.
1° Tissus de coton unis, blancs et écrus, jusqu'à 1 vare [2] de large, la vare.	»	03
2° Tissus de coton blancs et écrus, sergés et croisés, jusqu'à 1 vare de large, la vare.	»	04 1/2
3° Tissus de coton blancs et écrus, peints et teints, satinés, damassés, veloutés, brodés, à jour et clairs, jusqu'à 1 vare de large, la vare.	»	05
4° Tissus de coton de couleur, connus sous le nom de zarazas ou indiennes, jusqu'à 1 vare de large, la vare.	»	04 1/2
5° Mouchoirs de coton de couleur, jusqu'à 1 vare de large, la vare.	»	04
6° Mouchoirs de coton blancs et à bordure blanche et de couleur, jusqu'à 1 vare de large, la vare.	»	05

Nota. Tous les tissus compris aux six numéros précédents, même mélangés de lin, chanvre, yerbilla, ou de leurs étoupes, paieront les droits afférents aux tissus de coton suivant l'espèce.

7° Fil de coton retors sur bobines, jusqu'à 300 yards [3] les 12 bobines.	»	06 1/2
8° Fil de coton tors, de couleur, le quintal [4].	60	»
9° Coton en laine, égrené et non égrené.	1	»
10° Sel, à la frontière de Chihuahua, importé par les douanes d'el Paso et de Presidio del Norte, en charge de 12 arrobes [5].	»	50
11° Sucre de toute sorte, le quintal.	2	50
12° Farine, en barils de 8 arrobes, le baril.	5	»
13° Graisse, le quintal.	5	»

14° L'importateur aura à payer la totalité des droits, augmentés des droits additionnels de 1 et de 2 1/2 établis par les lois des 31 mars 1838 et 25 octobre 1842, lesquels équivalent à 10 pour 100 du droit principal, ainsi que des taxes municipales actuellement existantes;

15° Tous les droits susénoncés, y compris le droit d'*internacion*, dont la perception est maintenue, seront acquittés au comptant, c'est-à-dire dans le délai nécessaire pour effectuer les liquidations, délai qui n'excédera pas trente jours;

16° Il est accordé au commerce trente jours de magasinage, sous paiement de 6 centièmes 1/2 par colis et par jour;

17° Le droit à l'importation de l'argent monnayé est réduit à 4 et 1/2 pour 100; est maintenu le droit de circulation de 2 pour 100, qui sera perçu dans les centres d'exploitation par l'Hôtel fédéral des monnaies;

1. La piastre (100 centièmes) vaut 5 fr., 0 cent.
2. La vare vaut $0^m,838$.
3. Même mesure que la vare, $0^m,838$.
4. Le quintal (quatre arrhobes), vaut 46 kilogrammes.
5. L'arrobe vaut 11 kilogr., 500.

18° Sont maintenus le tarif général précité du 4 octobre 1845, le décret du 24 novembre 1849 qui l'a modifié, et les autres dispositions et interprétations y relatives, en tout ce qui ne sera pas contraire au présent décret dont l'application aura lieu, à dater du jour de sa publication, dans chaque port.

A la dernière page de cet article se placera, non pas comme que conclusion, mais pour en amener une, le fragment d'une lettre signée par cet aventurier si remarquable, à qui la fortune a refusé la gloire du grand homme, par M. le comte de Raousset-Boulbon.

14 décembre 1853.

« En Sonore, j'exaltais la courage de mes hommes, en leur parlant de la France : Qu'a fait pour nous la France? Et cependant, qui peut nier qu'elle est la première intéressée à mon succès?

« D'un jour à l'autre, le Sonore, Sinaloa, les hauts et magnifiques plateaux de Durango et de Chiahuahua vont devenir la proie des Américains. Il s'agit de les prévenir. En jetant sur cette partie du Pacifique les fondements d'un peuple nouveau, c'est une barrière qu'on élève, c'est une puissance rivale qu'on prépare, et, dans un avenir prochain, cette rivalité serait l'équilibre du continent américain.

« On s'émeut, en Europe, de l'agrandissement des États-Unis; on a raison. S'ils ne se disloquent pas, s'il ne s'élève pas à côté d'eux une puissance rivale; par leur commerce, par leur marine, par leur population, par leur position géographique sur les deux océans, les États-Unis seront les véritables maîtres du monde. Avant dix ans, il ne se tirera pas un coup de canon en Europe sans leur permission.

« N'oubliez pas que l'indépendance de la Sonore serait proclamée par les Sonoriens eux-mêmes; que je ne débarquerai dans leur pays, qu'appelé par eux. Le pays est si riche, que l'émigration est certaine. Quelques années doivent suffire pour assurer son indépendance et le mettre en état de seconder la politique européenne. Aussi bien que la France, l'Espagne et l'Angleterre sont intéressées à ce résultat. Qu'elles ne comptent pas sur le Mexique, il n'arrêtera rien, il n'empêchera rien.

Le Mexique doit ressusciter et ressuscitera sans se fondre dans les États-Unis; il le faut pour l'équilibre du monde.

RÉPUBLIQUE DOMINICAINE ET HAITI.

Le drapeau des nations européennes flotte sur les Antilles et sur toutes les îles qui avoisinent l'Amérique du nord; mais notre belle colonie de Saint-Domingue, devenue indépendante, a droit ici à une place particulière.

La république Dominicaine, pour les Iᵉˢ, IIᵉ, IIIᵉ et XIᵉ classes, a envoyé, sous le nom de sir Robert H. Schomburgk, consul de S. M. Britannique à Saint-Domingue, la collection des produits minéralogiques, forestiers, agricoles, alimentaires du pays.

Cette collection était riche et bien faite pour attester les richesses du sol de la république Dominicaine.

L'empire Haïtien, qui occupe la partie occidentale de l'île d'Haïti, n'a rien envoyé. L'empereur Soulouque ne jouit pas précisément des sympathies de la nation française, et il ne cesse d'être pour nous le plus ridicule des personnages, que pour paraître le plus féroce et le plus insensé des tyrans. La folie, la férocité, l'absurdité de ce nègre et de sa cour, ont tué pour longtemps la contrée qu'il gouverne. Des nouvelles récentes annoncent qu'il vient d'envahir la république Dominicaine et que les Dominicains, *les rebelles de l'Est*, comme il les appelle, lui ont fait subir un rude échec.

Nous devons faire des vœux, au nom du commerce, de l'industrie et de l'agriculture du monde, pour qu'un aussi beau pays soit le plus tôt possible délivré de ce joug.

La superficie de l'île d'Haïti est de 76,405 kilomètres carrés, et la population de 943,000 habitants dont 495,000 noirs, 420,000 mulâtres et 28,000 blancs.

On trouve, dans un mémoire adressé au ministère du commerce en 1833, que les exportations de Saint-Domingue, en 1789, étaient évaluées à 205,360,067 francs; en 1801, à 64,768,179 francs (différence 140,591,888 francs); en 1824, à 22,410,000 francs; (nouvelle différence 42,358,179 fr.); en 1819, à 12,058,000 fr,; en 1828, à 8,133,650 fr.; en 1829, à 1,493,810 francs.

L'éloquence de ces chiffres en dit assez, et le pays lui-même, plus que la France, a perdu au changement d'État.

De 1830 à 1840, voici quelles ont été les exportations principales d'Haïti :

Café	518,300,000 livres.	Acajou	48,100,000 livres.
Coton	41,300,000 —	Tabac	13,000,000 —
Cacao	8,200,000 —	Gaïac	1,900,000 —
Campêche	485,100,000 —		

La moyenne annuelle de l'exportation du café, pendant cette période de 13 ans, a été de 39,869,343 livres. En 1851, l'exportation a dépassé 50 millions de livres.

Le tabac est maintenant une culture spéciale de la république Dominicaine.

Aujourd'hui l'exportation, en somme, doit être évaluée à 25 millions de francs. Elle reviendrait bientôt au chiffre de 1789, si l'île était rendue à l'administration française.

Les revenus d'Haïti reposent presque uniquement sur les droits de douane et de navigation. D'autres impôts, récemment établis, produisent fort peu. Le revenu public a été, pour la moyenne, depuis 1846 jusqu'en 1849, de 4,623,800 fr., et les dépenses, de 5,421,420 fr.

On ne saurait maintenant obtenir de chiffres authentiques. L'émission du papier-monnaie de Soulouque, uniquement réglée par son bon plaisir, menace de ruiner ce qui reste de richesse dans l'île.

Les voies et moyens ordinaires étaient évalués, en 1852, à 1,311,587 gourdes en monnaie étrangère (métallique), et à 3,623,080 gourdes en monnaie nationale (assignats discrédités).

La république Dominicaine, sans cesse menacée par Soulouque, est presque aussi malheureuse que l'empire Haïtien. Et cependant il est peu de régions aussi richement dotées par la nature que ces deux terres.

AMÉRIQUE CENTRALE

Nous n'avons pas longtemps à nous occuper de l'Amérique centrale qui est un ensemble d'États fort petits, peu peuplés, à peine organisés et, à ce qu'il paraît, menacés de perdre dans de nouvelles querelles et au profit de quelques aventuriers militaires le peu de fortune qu'ils ont acquise. Deux de ces États seulement, Costa-Rica et Guatémala, ont pris part à l'Exposition universelle de Paris.

COSTA-RICA.

COMMISSAIRE A L'EXPOSITION DE L'INDUSTRIE : M. G. Lafond de Lurcy.

La petite république de Costa-Rica a envoyé des minerais, des bois de teinture, des nacres de perles, du caoutchouc, divers bois et plantes, du riz, du maïs, des cafés, des cacaos, de l'huile de cacao, et des échantillons de sucre.

Cette exposition témoigne de la fertilité du sol qui avoisine l'isthme de Panama.

La superficie du territoire de la république de Costa-Rica représente 95,800 kilomètres carrés; la population est de 215,000 habitants. Les revenus ordinaires s'élèvent à 150,000 piastres. L'État n'a pas de dettes.

Les importations comptent pour 1,250,000 piastres environ; les exportations, c'est principalement le café qui s'exporte, atteignent le chiffre de 1,350,000 piastres.

Le café de Costa-Rica est très-estimé.

La république de Costa-Rica vit dans le calme[1], ou du moins la vie du pays n'est pas troublée par ces constantes révolutions qui bouleversent si fâcheusement la plupart des

1. L'histoire contemporaine de ces contrées ne peut guère s'écrire. Ce qui était vrai la veille ne l'est plus le lendemain. Voilà aujourd'hui toute l'Amérique centrale occupée ou menacée par un général et une poignée de soldats.

républiques hispano-américaines. Aussi, dans sa médiocrité, voit-elle chaque jour s'agrandir sa fortune. Comme Nicaragua, elle est restée en dehors des conflits élevés dans le reste des régions de l'ancienne fédération centro-américaine.

Il est inutile de dire que les ressources de la nature y sont magnifiques, et que l'avenir réserve à la république de Costa-Rica, comme aux autres républiques de l'Amérique du Sud, même aux plus turbulentes, une longue ère de prospérité.

GUATÉMALA.

COMMISSAIRES A L'EXPOSITION DE L'INDUSTRIE : le général Garcia Granados et Émile Fournier.

La république de Guatémala est l'une des cinq républiques du centre de l'Amérique. Les autres sont Costa-Rica, Honduras, Nicaragua et Salvador.

Moins heureuse que Costa-Rica qui a vécu en ces derniers temps à peu près tranquille, la république de Guatémala a dû combattre les fédéralistes de Honduras et de Salvador, et elle a toujours à lutter pour maintenir son indépendance.

État plein d'avenir et déjà fort avancé, relativement, dans la mise en culture régulière d'un sol très-riche, Guatémala ouvre des routes, creuse un port sur l'océan Pacifique, veille à la civilisation des indigènes, et, sous le gouvernement énergique d'un homme qui a joué un grand rôle dans l'histoire de l'émancipation, prend sa place parmi les centres les plus actifs de la production américaine.

La superficie du pays est de 3,000 milles géographiques ou 159,800 kilomètres carrés, et la population d'un peu plus de 900,000 âmes. Presque toutes les capitales des jeunes États américains sont beaucoup plus peuplées comparativement que les capitales des nations européennes. Guatémala, le siége du gouvernement, a 60,000 habitants.

Le Budget pour 1851-52 présentait ces chiffres :

Dépenses	446,276 dollars [1].
Dette intérieure	800,000 —
Dette extérieure	400,000 —

Le mouvement du commerce pour 1851 se résumait ainsi :

Importation	1,384,000 dollars.
Exportation	994,486 —

Le 26 août 1851, le ministre des finances présentait à l'assemblée constituante un tableau général, d'après lequel on voit que les importations de la république pouvaient être évaluées et divisées de la manière suivante pour la plus récente période commerciale :

1. De 5 fr. 40 cent.

Angleterre	574,252 piastres.	La Havane	35,096 piastres.
Brésil	89,458 —	Belgique	29,694 —
Allemagne	64,240 —	États-Unis	45,917 —
France	56,034 —	Chine	8,336 —
Espagne	28,084 —		

A quoi il faut joindre les marchandises importées par les frontieres de Salvador et du Mexique, qui s'élèvent à 33,829 piastres.

Dans leur ensemble les importations de Guatémala ont, pour cette période, formé un total de 923,644 piastres. Elles n'avaient été dans la période antérieure, que de 446,046 piastres. C'est une augmentation de plus de moitié.

Les exportations avaient été de 896,580 piastres.

Elles avaient diminués, sur l'année précédente, de 147,995 piastres. La cochenille figurait dans ces exportations pour 1,621,920 livres et 810,960 piastres. Puis, venaient la cascarille, l'indigo et les cigarettes. Ce commerce se fait principalement, par Yzabal et Yztapan, sur le golfe des Antilles et l'océan Pacifique.

Les droits de douane qui pèsent sur les importations sont lucratifs pour l'État. Durant la période dont il vient d'être question, ils lui ont procuré un reveau de 247,149 piastres.

Le revenu total de la république Guatémaltèque a été, en 1851-52, de 626,879 piastres.

La liste des divers objets envoyés à l'Exposition universelle de Paris, par Guatemala, montre quelle est la nature de ses productions et, conséquemment, de ses exportations ordinaires. Voici cette liste :

Minerais de fer de la province de Métapan, minerais d'or, d'argent, de cuivre, de fer, de plomb et d'antimoine.

Collection d'oiseaux empaillés; bois de construction et d'ébénisterie; bois de teinture, graines, écorces et racines de plantes tinctoriales, médicinales et odoriférantes.

Cacao, café, chocolat, cire, rocou, riz, maïs, haricots, lentilles, pommes de terre, patates, plantes textiles, plantes oléagineuses, indigo, cochenille, tabac.

Objets de sellerie.

Objets dorés et argentés par la galvanoplastie.

Cigares et cigarettes de paille de maïs, peaux préparées, indigo de commerce.

Sucre brut et sucre raffiné à San-Luis.

Graines, écorces, racines, gommes et résines médicinales.

Marbres de couleur.

Vases et figurines de terre cuite.

Fils de coton à coudre.

Tissus de laine.

Soie à coudre, tissus de soie.

Dentelles faites à la main.

Objets d'ornement de marbre et de pierre, nattes.

Hamacs, chapeaux, corbeilles et porte-cigares de feuilles de palmier, cocos gravés et garnis d'argent, bassins de bois, tabletterie incrustée, imitations de fruits, de fleurs, d'animaux; pierres antiques provenant de villes dont la destruction est antérieure à la conquête.

Crucifix de bois peint.

Figures de bois sculpté.

Flûte, clarinette, guitare.

Il n'y a pas de meilleur moyen que de donner de pareilles listes pour faire connaître en leur ensemble les produits des petits États qui naissent à peine et qui, florissants ou non à cette heure, doivent prospérer un jour sur la terre féconde de l'Amérique méridionale.

AMÉRIQUE MÉRIDIONALE.

Ce sont surtout les États de l'Amérique méridionale qui ont eu de la peine à obtenir une place régulière dans le Palais de l'Industrie. Les uns annoncés, se sont fait attendre; les autres ont envoyé ce qu'ils n'annonçaient pas. Il en est résulté que les documents officiels qui concernent les diverses expositions de l'Amérique méridionale ont forcément manqué d'exactitude, et qu'il est bien difficile de déterminer nettement le rôle que plusieurs des États ont joué dans l'Exposition universelle de Paris.

NOUVELLE-GRENADE.

COMMISSAIRE A L'EXPOSITION DE L'INDUSTRIE : M. Juan de Francisco Martin.

« Le royaume de Grenade est si élevé au-dessus du niveau de la mer, que, quoiqu'il soit très-voisin de la Ligne, le climat en est fort tempéré. Ses vallées ne le cèdent pas en fertilité aux meilleures terres des autres parties de l'Amérique, et, dans les endroits élevés, on trouve de l'or et des pierres précieuses de différentes espèces. L'or qu'on y recueille n'est pas enfoncé profondément dans la terre; il est mêlé avec elle très-près de la surface, et on l'en sépare facilement au moyen de lavages répétés.

« Sans établir aucun calcul sur des exemples extraordinaires, il est certain que la quantité d'or recueillie annuellement dans ce pays, particulièrement dans les provinces de Pompayan et de Choco, est très-considérable. Les villes du nouveau royaume de Grenade sont florissantes et peuplées, et la population s'y accroît encore de jour en jour. La culture et l'industrie commencent à y être encouragées et à prospérer. Les produits et d'autres marchandises sont portés à Carthagène par la grande rivière de Sainte-Madeleine, et fournissent à cette ville la matière d'un grand commerce. D'un autre côté, le nouveau royaume de Grenade communique avec l'océan Atlantique par l'Orénoque. Mais le pays arrosé par cette rivière du côté de l'est, est encore peu connu, et les Espagnols n'y ont qu'un très-petit nombre d'établissements. »

Voilà ce que disait Robertson au livre VII de son *Histoire de l'Amérique*. Nous pourrions répéter ici ce que nous sommes obligés de dire pour presque tous les États américains, à savoir : que la terre y est jeune, que les populations y sont impatientes et imprudentes, que rien de ce qui paraît établi ne subsistera, et que l'avenir réserve une grande prospérité à ces terres et à ces nations nouvelles.

Le Gouvernement néo-grenadin, pour avoir agi souvent avec une trop vive fantaisie, n'est pas un de ceux qu'il faut le plus blâmer en Amérique.

La superficie de la Nouvelle-Grenade est d'environ 1 million de kilomètres carrés.

La population, en 1836, était de 1,686,000 habitants; en 1850, de 2,138,000; en 1853, de 2,360,000 (d'après Ot. Hubner).

Le budget de 1851 presente ces chiffres :

Recettes	15.535.126 réaux[1].
Dépenses	21.457,797 —

Le budget des dépenses se décomposait ainsi :

Dette nationale	4,906,574 réaux.
Gouvernement	4,343,336 —
Relations extérieures	852,400 —
Justice	95,400 —
Guerre	4,385,057 —
Marine	77,000 —
Travaux publics	2,821,170 —
Bienfaisance et pensions	1,773,874 —
Administration des finances et trésor	5,202,686 —
	21,457,797 réaux.
Équivalant à	10,728,898 fr. 50 c.

Le commerce entre la France et la Nouvelle-Grenade, en cette même année 1851, s'est réparti comme il suit :

Importations en France	2,467,932 francs.
Importations à la Nouvelle-Grenade	3,116,747 —

Voici les grandes divisions du budget de 1852 :

Recettes	1,553,512 dollars[2].
Dépenses	2,145,777 —

Le budget de 1852-53 se présentait un peu plus près de l'équilibre :

Recettes	22,275,674 réaux.
Dépenses	28,421,814 —

Le budget de 1853-54 est moins satisfaisant :

Recettes	19,396,623 réaux.
Dépenses	27,318,308 —

1. Le réal grenadin vaut 0 fr., 50 c.
2. De 5 fr. 41 c.

Les intérêts arriérés de la dette étrangère montaient alors à 1,248,445 réaux.

La Nouvelle-Grenade, malgré toute apparence, est dans une voie assez bonne. La question de l'isthme de Panama, question si intéressante, est une de celles qui assurent sa vitalité, si elle sait résister aux envahissements des États-Unis.

L'annulation de certaines taxes locales a été dernièrement prononcée; c'est une satisfaction donnée au commerce de l'Europe, et annoncée ainsi par le *Moniteur* du 8 septembre 1855 :

« Certaines taxes locales établies par les administrations provinciales de la Nouvelle-Grenade avaient été, à diverses reprises, l'objet des réclamations de la légation de France à Bogota auprès du Gouvernement néo-grenadin.

« L'assemblée législative de la province de Panama, notamment, avait, par une ordonnance en date du 26 octobre 1854, imposé un nouveau droit aux navires affectés au transport des voyageurs [1].

« Ces mesures constituaient des infractions à l'article de la constitution du pays, qui dispose que le Gouvernement général a seul le pouvoir d'établir des droits sur le commerce étranger. C'est ce que vient de reconnaître un arrêt de la Cour suprême de la Nouvelle-Grenade (en date du 23 avril 1855). »

L'exposition de la Nouvelle-Grenade a été assez riche; elle l'emportait certainement sur celle du Brésil. La nacre, les écailles, le quinquina, le café, et divers minéraux, faisaient cortége aux admirables tissus de paille de l'isthme de Panama.

BRÉSIL. [2]

Le Brésil a exposé divers articles, dont voici le détail :

Minerais de fer; bougies de cire de palmier; thé; coffrets; fleurs artificielles; chapeaux, tresses, nattes; cordes de palmier, etc.

Assurément, cette exposition n'est pas faite pour donner une assez grande idée des magnifiques richesses dont la nature a doté l'empire brésilien. Ce n'est pas en Amérique, et surtout dans l'Amérique du Sud, que l'Europe doit rechercher les heureuses découvertes de l'industrie moderne; mais c'est là que se trouvent, toutes prêtes, les plus abondantes ressources, les matières les plus heureuses du travail.

Le Brésil est particulièrement une terre féconde. Les mines sont pleines d'or, de diamants, d'argent, de platine, de fer; ses bestiaux si nombreux ne demandent que les soins de l'élève; ses forêts sont une source intarissable de bois utiles. Le sucre, le café,

1. Ce droit était de 2 piastres (5 fr. 82 c.).
2. L'empereur du Brésil n'avait pas désigné de commissaire à l'Exposition universelle.

le cacao, le tabac croissent facilement dans ses plaines. Mais les routes et les bras manquent à cet empire immense.

Le gouvernement brésilien ne néglige rien pour hâter la venue du jour où le travail de l'homme suffira à la culture de tant de choses fécondes; mais la tâche est rude devant de si grands espaces.

On peut se faire une idée de l'étendue du Brésil, de l'état de ses finances et de son commerce, en réunissant dans un même ensemble les détails qui suivent :

La superficie du Brésil est de 7,516,840 kilom. carrés.

La population, en 1840, était de 5 millions d'habitants, y compris les esclaves et non compris les Indiens sauvages.

Les dépenses, en 1849 et 1850, ont monté à 26,802,177,039 reis[1].

La dette était de 104,695,869,000 reis.

Voici le budget de 1852 et 1853 :

Recettes	30,500,000,000 reis.
Dépenses	27,482,829,600 —
Dette intérieure	53,659,241,610 —
— extérieure	6,009,850 liv. st.[2]
— intérieure flottante	5,658,500,000 reis.

Le budget de 1853 et 1854 :

Recettes	32,353,000,000 reis.
Dépenses	29,633,706,304 —

Les recettes des douanes, pendant les exercices 1849-1850, 1850-1851, 1851-1852, ont donné :

En 1849-1850, 23,831,879,000 reis ou 71,496,000 fr., savoir :

Importation	17,830,029,000 reis.
Exportation	3,780,453,000 —
Navigation	345,580,000 —
Droits intérieurs	2,125,817,000 —

En 1850-1851, 27,930,664,000 reis ou 83,792,000 fr., savoir :

Importation	20,471,262,000 reis.
Exportation	4,706,696,000 —
Navigation	515,581,000 —
Droits intérieurs	2,237,125,000 —

En 1851-1852, 32,233,572,000 reis ou 96,701,000 fr., savoir :

Importation	24,793,046,000 reis.
Exportation	4,527,772,000 —
Navigation	546,944,000 —
Droits intérieurs	2,365,810,000 —

1. Le reis vaut 0 fr., 006.
2. Dette ordinairement tenue à 96 et 97, à la bourse de Londres.

Le budget pour l'année 1855 et 1856 a été ainsi réglé :

Recettes	34,000,000,000 reis.
Dépenses	32,348,000,000 —

Le ministre des finances du Brésil, en 1851, calculait ainsi les chiffres du mouvement des importations depuis quelques années :

De 1847 à 1848	44,219,304 piastres [1].
De 1848 à 1849	45,455,009 —
De 1849 à 1850	47,378,286 —
De 1850 à 1851 (1er semestre)	9,922,892 —

En 1814, le revenu du pays montait à peine à 12 millions de francs ; en 1831, il s'était élevé déjà à 40 millions ; en 1852, il atteignait 150 millions.

Au surplus, le *Moniteur* du 29 septembre 1855 contient une note que nous devons reproduire ici pour achever de faire connaître le Brésil qui n'a pas pris la place qu'il devait avoir au Palais de l'Industrie :

« Le ministre de l'intérieur du Brésil a donné, dans son dernier rapport annuel présenté à l'Assemblée législative, divers renseignements sur l'industrie de ce pays. En voici un résumé :

« L'industrie, au Brésil, est encore à son début. Parmi les fabriques de la capitale qui ont reçu une subvention du Gouvernement, la manufacture de verre, connue sous le nom de Saint-Roque, et une fabrique de galons ont seules réussi. Cependant les produits réputés fins de la première, qui emploie 29 ouvriers libres, pour la plupart engagés en Europe, et 30 esclaves, ne sauraient soutenir la comparaison avec ceux des verreries de l'étranger. Une fabrique de tissus vient aussi d'être montée aux environs de Rio, et doit fonctionner prochainement.

« En dehors de la capitale, un établissement situé à Ponte-da-Arca, qui possède des ateliers pour la fonte du fer et du bronze et la confection des chaudières de machines à vapeur, ainsi que des chantiers de construction, est dans une situation très-prospère. Dans le cours de 1854, on y a construit quatre bateaux à vapeur, et il s'y trouve actuellement sur le chantier deux navires à vapeur et un navire à voiles. Le personnel consiste en 441 ouvriers diversement employés, dont 117 Brésiliens, 164 étrangers et 130 esclaves. On s'occupe de monter un établissement pour la raffinerie de sucre, la distillation et la préparation du charbon animal. Une tannerie, située à Mahury, prépare annuellement environ 5,000 cuirs.

« La province de Bahia possède quelques fabriques de tissus de coton, dont l'une, établie dans la ville de Valença, est montée sur une grande échelle. La production en est déjà supérieure à la consommation de la province, et elle exporte pour le reste de l'empire.

« Il y a dans cette province trois fonderies de fer : à Bahia, à Santo-Anaro et à Valença.

1. La piastre argent (960 reis) vaut 5 fr. 30 c.

Les deux premières prospèrent. Il existe également à Valença une grande scierie mécanique.

« Dans la province de Minas-Géraes, outre plusieurs fonderies qui emploient près de 2,000 personnes et produisent annuellement plus de 2,200,000 kilog. de fer, il existe une filature de coton qui paraît être dans de bonnes conditions.

« Fernambouc a une fonderie qui continue à progresser.

« Une fabrique de chapeaux de paille dits du Chili, fondée l'année dernière dans la province de l'Amazone, est déjà en activité; mais, par suite du manque d'ouvriers, la production en a été jusqu'à présent fort limitée.

« Un troupeau de mérinos, que le président de la province de San-Pédro (Rio-Grande du Sud) y a fait venir d'Allemagne l'année dernière, a doublé depuis cette époque. En général, le Gouvernement fait tous ses efforts pour introduire les mérinos dans les provinces qui présentent des conditions favorables à l'amélioration de la race ovine.

« Un échantillon de soie provenant de la colonie de San-Léopoldo, dans le province de San-Pedro, ayant été soumis en Prusse à l'examen de juges compétents, a été trouvé d'une qualité égale à celle des soies de la Lombardie, de la Perse et de la Chine, et estimé de 58 à 80 fr. le kilogramme.

« Des cocons de vers à soie ont été envoyés de la province de Parahiba à Rio de Janeiro. D'après l'avis de la Société impériale de sériciculture du Brésil, ces cocons seraient semblables à ceux qui ont reçu en France le nom de *paon de nuit*, pour le brillant des couleurs du papillon. La Société, cependant, déclare que, de la manière dont la soie est disposée dans le cocon, elle ne peut être dévidée, mais seulement cardée et filée, et, par suite, qu'elle ne peut servir à la confection des étoffes de prix.

« Le président de la province de San-Pedro a envoyé des échantillons d'une matière semblable à la cire, qu'on recueille en grande abondance sur certains points de cette partie de l'empire. La Société d'encouragement de l'industrie nationale, après avoir examiné cette matière, a déclaré qu'elle tenait à la fois d'une substance que les Chinois disent extraire d'un insecte et de la stéarine du carnauba, palmier du Brésil, dont le tronc sécrète une espèce de cire. Il paraît que cette matière pourrait être avantageusement employée dans l'industrie.

« Enfin, des marbres de très-belle qualité et facilement exploitables ont été trouvés dans la province même du Rio de Janeiro.

PARAGUAY.

COMMISSAIRE A L'EXPOSITION DE L'INDUSTRIE : M. Alexandre Laplace.

La superficie du Paraguay est d'environ 3,600 milles carrés géographiques; la population monte à 260,000 habitants.

S'il est un pays étrange, c'est celui-ci. La Société de Jésus y a fondé autrefois des établissements à la fois agr' s militaires qui ont excité l'étonnement de l'ancienne Europe et laissé à l'histo. , .e un modèle de gouvernement qui ne se retrouve en aucun autre temps et en aucun autre lieu. Le mystère, qui fait la force de la discipline jésuitique, a été le ressort principal de cette administration.

Lorsque l'Amérique du Sud, dans les premières années de ce siècle, a décidé qu'elle inaugurerait une ère nouvelle et se rajeunirait, le Paraguay a trouvé fatalement un dominateur que l'esprit de la Société de Jésus inspirait encore. Nous voulons parler de la dictature du docteur Francia qui, pendant de si longues années, a hermétiquement fermé les portes de l'État et si singulièrement imposé à un peuple du XIXe siècle les façons de vivre de la barbarie.

Il est facile de deviner que le commerce a joué un fort petit rôle dans la vie du Paraguay, et, aussi, qu'on ne sait pas grand'chose de cette vie intérieure.

L'administration qui a succédé à celle du docteur Francia n'a pas entièrement renoncé à sa doctrine politique.

Cependant le Paraguay a pris part à l'Exposition universelle. Il a envoyé du coton et du tabac; c'est là sa récolte principale; il a envoyé aussi des plantes médicinales et divers végétaux utiles. Le Paraguay a tout à gagner, enfermé comme il l'est, au centre de l'Amérique méridionale, en se mêlant à la vie publique des nations.

ARGENTINE (CONFÉDÉRATION).

COMMISSAIRE A L'EXPOSITION DE L'INDUSTRIE : M. Du Graty.

La Confédération argentine n'était représentée, à l'Exposition universelle, que par une dizaine d'exposants.

Six de ces exposants appartenaient à la première classe : MM. Alf. du Graty, à Parana, — or, argent, cuivre, nickel, minerais d'argent et de fer aurifère de la province de la Rioja, argiles, sables, quartz, carbonate de sulfate de chaux, pierre meulière, etc., de l'Entre-Rios; Lorenzo, — kaolin, sables, argile, sel gemme, etc., de la province de Salta; J. Le Long, ancien consul général, — minerais d'argent, agates et cristaux (Uruguay); Roque et frères, — or, argent et fer de la province de Cordova; Saint-Jean et compagnie, — minerais de cuivre, blende, galène argentifère de la province de Cordova; Segura et compagnie, — cuivre, minerais de cuivre, minerais de fer et d'argent, arséniure de nickel et fer; matériel infusible (province de Cata-Marca).

Un appartenait à la deuxième classe : M. J. Le Long, — bois des provinces de Corrientez, Entre-Rioz et Paraguay, peaux de Patagonie, animaux, oiseaux, insectes, coquillages, nacre de la Plata.

Un appartenait à la onzième classe : c'est encore M. Le Long, et lui seul aussi figure à la 13ᵉ, à la 25ᵉ et à la 26ᵉ classes, exposant de la farine de manioc de Maté, des armes et rames d'Indiens, des objets divers d'Indiens, ou des habitants de la Plata, un manuscrit du XVIIᵉ siècle, et un annuaire imprimé au XVIIIᵉ siècle dans les missions.

On voit que ce sont les minéraux qui sont à peu près les seules productions sérieuses de la Confédération argentine.

M. Alfred de Graty, fondateur du Musée argentin, a publié une brochure, datée de Parana, capitale provisoire de la Confédération, et qu'il intitule : *Mémoire sur les productions minérales.*

« La Confédération argentine, dit-il, est peu ou mal connue en Europe. L'égoïsme du régime colonial espagnol, depuis sa conquête, les guerres civiles depuis son indépendance, avaient eu pour résultat de convertir ce riche et vaste territoire en une région aussi inaccessible que la Chine. Rosas contribua à perpétuer cet isolement. La victoire de Monte-Caseros ouvrit enfin cette partie de l'Amérique du sud au commerce, à l'industrie et à l'immigration.

Ces immenses plaines et ces hautes montagnes, baignées par un grand nombre de fleuves et de rivières, sont à peine explorées, tandis que leur exploitation prépare les plus heureuses surprises aux spéculateurs, aux industriels et aux travailleurs des deux mondes. On n'a plus maintenant à conquérir le sol défendu par des populations sauvages : loin de là, on y jouira des bienfaits d'une constitution démocratique et de la protection d'un gouvernement éclairé.

C'est ce gouvernement qui, à la nouvelle de l'ouverture de l'Exposition universelle, engagea les exposants de la Confédération argentine à n'envoyer à Paris que des échantillons des richesses minérales du pays, parce qu'il jugea avec raison qu'ils offraient plus d'intérêt que les produits de l'industrie argentine à peine naissante, et encore réduite à des moyens imparfaits de fabrication.

Le territoire de la Confédération argentine sera, dans un avenir peu éloigné, le rival du territoire de la Californie et de l'Australie.

Le territoire argentin comprend toute l'étendue de l'Amérique du sud située entre le Brésil, la Bolivie, les Andes et la mer, à l'exception du Paraguay et de la république orientale de l'Uruguay.

Il s'étend entre les 59ᵉ et 74ᵉ de longitude occidentale et les 22ᵉ et 41ᵉ de latitude australe. Il a 470 lieues (de 20 au degré), du nord au sud, et 328 de l'est à l'ouest dans sa plus grande largeur. Sa superficie est d'environ 80,000 lieues carrées, et sa population est d'un peu plus de 1 million d'habitants. Si l'on y annexe la Patagonie, l'étendue du territoire s'augmente de 300 lieues de long.

La Confédération argentine possède le plus large fleuve du monde, la Plata, formé de l'Uruguay et du Parana, qui a 900 lieues de long, et est navigable pendant la moitié de son cours.

Le climat est très-sain et les conditions du sol sont très-variées.

Les provinces riveraines s'occupent de l'élève des bestiaux, branche importante du commerce d'exportation. Santa-Fe, Corrientes, et Entre-Rios, exportent chaque année pour des sommes considérables de cuirs, laines, suifs, graisses, crins et viande salée. Les provinces de l'intérieur, tout en s'occupant de l'élève des bestiaux dont les marchés sont le Chili, la Bolivie et le Haut-Pérou, se livrent à l'agriculture et à la fabrication d'étoffes, à la production du vin, du sucre, de l'eau-de-vie, des fruits secs, etc., et aussi à l'exploitation des mines.

Lorsque Buenos-Ayres se sera complétement ralliée aux principes qui dirigent la politique de la Confédération, la prospérité du pays deviendra certaine.

Le point le plus remarquable de la topographie du territoire argentin est l'immense superficie des plaines qu'il renferme dans ses limites, et dans lesquelles sont disséminées à des distances lointaines les capitales des provinces. Il faut que les centres d'activité soient mis en facile communication. Il faut aussi que ces plaines si fécondes soient cultivées en leur entier, c'est-à-dire peuplées.

La colonisation est l'affaire la plus pressée. Comme un exemple des conditions qui sont faites aux colons étrangers, nous citerons la cession faite par le gouvernement de Santa-Fe, sur les rives du Rio-Salade, de 33 hectares de terre par famille et de quatre lieues carrées de terrain par colonie, à titre de propriété communale. Les 33 hectares de terre seront acquis aux colons après cinq ans; les terres communales, inaliénables.

Le gouvernement de Santa-Fe fournit à chaque famille, remboursables en argent après deux ans, ou après trois ans si les récoltes venaient à manquer :

1° Une habitation composée de deux salles, valeur de 250 francs;

2° Six barriques de farine de 200 livres chacune;

3° Des graines de coton, tabac, blé, blé de Turquie et pommes de terre en quantité suffisante pour semer 16 hectares;

4° Deux chevaux, deux bœufs pour labourer, sept vaches et un taureau.

Les colonies jouissent de toutes les concessions faites par la Constitution, et, en plus, leurs propriétés, meubles et immeubles, sont exemptes de contributions pendant cinq ans.

Si l'on parcourt la Cordillère, depuis les confins de la province de Mendoza, au sud, jusqu'à l'équateur, l'examen des mines de métaux précieux, exploitées ou abandonnées, sur une aussi grande étendue, démontre que le versant oriental des Andes est au moins aussi riche que le versant occidental.

En se limitant au territoire argentin, on rencontre au sud de la province de Mendoza la fameuse montagne de Payen, couverte de mines d'argent qui ont été exploitées autrefois et sont aujourd'hui au pouvoir des Indiens sauvages; en continuant au nord, les mines Uspallata, riches en minerais d'or, d'argent et de cuivre. Plus au nord encore, la province de San-Juan offre les mines d'or de Gualibau et de Guachi dont l'exploitation est restreinte, et celles d'argent et de cuivre du pic de Palo; à l'est de ces mines, les célèbres mines d'or de la Carolina, dans la province de San-Luis, et celles d'argent de Cordova. En suivant de nouveau la ligne de la Cordillère, au nord de San-Juan, on rencontre la fameuse chaîne de montagnes de Famatina qui contient d'immenses richesses en minerais d'or et d'argent. Plus au nord encore, les mines d'or, d'argent et de cuivre de Anconquija, dans la province de Catamarca, et à l'est de celle-ci, les mines d'argent de Huaschacienega, de la province de Tucuman : enfin, au nord et sur les confins de la province de Jujuy, les riches minerais d'or de la Rinconada.

L'espace compris entre ces mines a été à peine foulé par le pied de l'homme depuis l'époque de la conquête de l'Amérique.

La Confédération non-seulement possède des mines d'or, d'argent et de cuivre, elle compte aussi, parmi ses productions minérales les plus importantes, le plomb, le fer, le zinc, le nickel, l'antimoine, le bismuth, l'étain, le mercure, l'arsenic, le soufre, le sel, le salpêtre, l'alun; le granit, le porphyre, l'émeraude, le saphir, la topaze, l'améthyste, la cornaline, l'agate; des grès de toutes espèces, des calcaires, des marbres; l'anthracite et la houille; des bitumes, de l'asphalte, des argiles, des marnes, des sables; les ocres jaune et rouge; le kaolin et les terres à poteries; la plombagine, l'amiante, etc., etc.

L'abondance du combustible, celle des cours d'eau, des moyens d'alimentation et de transport faciles, favorisent l'exploitation des mines qui, réparties sur une grande étendue en latitude et à des hauteurs différentes, admettent des travailleurs de tous les pays du monde, sans offrir des difficultés d'acclimatation.

Les différentes productions minérales de la Confédération sont répandues dans la plupart des provinces argentines; les plus riches d'entre elles sont : la Rioja, Catamarca, Mendoza, Cordova, Tucuman, San-Luis, Jujuy et Salta.

Nous nous sommes étendus avec quelques détails sur la Confédération argentine, à cause du grand avenir qui paraît être réservé aux régions fécondes qui constituent son territoire.

BUENOS-AYRES [1].

La Confédération argentine regrette que Buenos-Ayres se soit séparée d'elle et désire qu'elle rentre dans le sein de la république.

Buenos-Ayres est, en effet, une place très-importante et le chef-lieu d'une province pleine des ressources les plus variées.

Telle est la richesse du sol de l'Amérique du Sud, telle est l'abondance des fruits que la terre y accorde au moindre effort de l'homme, que les agitations les plus longues et les guerres les plus cruelles ne font qu'arrêter, mais ne tarissent pas les sources de la prospérité des États, qui se combattent les uns les autres ou qui se laissent eux-mêmes déchirer par des querelles intestines.

1. Bien que cet État ait exposé, il n'a pas nommé de commissaire chargé de le représenter; aussi, ne figure-t-il pas au Catalogue officiel.

Le 4 février 1852, le général Rosas, depuis longtemps dictateur de Buenos-Ayres, était vaincu et mis en fuite par Urquiza, gouverneur de la province d'Entre-Rios. Cette dictature de vingt ans, si vigoureuse, et, à certains égards, si habile, n'a presque rien fait pour le développement du commerce de Buenos-Ayres; mais elle n'a rien fait non plus ou elle n'a rien pu faire pour le paralyser, et les chiffres les plus satisfaisants témoignent officiellement de l'importance des affaires, dont les bords de la rivière de la Plata, un des plus grands fleuves du monde, peuvent et doivent infailliblement dans l'avenir, devenir le théâtre.

Par exemple, on écrivait de Buenos-Ayres, le 26 octobre 1855[1] :

Les exportations maritimes de cette place se sont élevées, pendant le premier semestre de 1855, à 42 millions de francs. Les produits de la province même de Buenos-Ayres (abstraction faite ainsi de ceux des autres provinces de la Confédération argentine), embarqués dans ce port, ont figuré, dans la somme dont il s'agit, sur les états de contrôle publiés par la douane du pays, pour 112,050,642 piastres papier[2], soit pour un peu plus de 28 millions de francs, somme à laquelle on aurait à joindre, d'après des estimations approximatives, environ 10 pour 100 sur les articles qui, passés en contrebande, ont échappé au jugement des droits d'exportation.

Voici, parmi les exportations du semestre, officiellement constatées, les quantités et valeurs des articles principaux de la province de Buenos-Ayres :

Cuirs secs de 25 livres.......	264,339 cuirs.	22,658,000 piastres papier.
Cuirs salés de 55 livres.. ...	234,008 —	24,451,000 —
Laines......................	451,193 arrobes.	23,462,000 —
Viande salée................	162,190 quintaux.	47,874,000 —
Suif et graisses............	332,019 arrobes.	16,602,000 —
Crins.......................	32,170 —	3,056,000 —

Il suffit de mentionner, en outre, les produits d'une importance secondaire, comme les autres cuirs et les peaux de veaux, de moutons, de chevreaux, de cerfs, de loutres, de renards et de guanaques, etc.; les os, cornes et sabots, les chevaux, mules, moutons et vaches, le guano, etc. On voit, d'après cette nomenclature, quelle a pu être l'exposition de Buenos-Ayres au Palais de l'Industrie.

URUGUAY[3].

Nous souhaitons vivement que la république de l'Uruguay prospère. Quand nous disons cela, nous voulons parler d'une prospérité prochaine; car toutes ces républiques sont assurées de leur avenir, si elles savent être patientes.

1. V. le *Moniteur* et les *Annales du commerce extérieur*.
2. 20 piastres papier de Buenos-Ayres équivalent à 1 piastre forte ou environ 5 fr. La livre espagnole en usage à Buenos-Ayres est de 460 grammes, et l'arrobe de cette place, de 11 kil., 512.
3. Cet État n'a pas nommé de commissaire chargé de le représenter à l'Exposition universelle.

Mais, particulièrement, Montevideo a si longtemps souffert, qu'il est juste que l'heure du repos arrive pour elle.

Pourquoi l'exposition de l'Uruguay n'est-elle représentée que de cette manière au Catalogue officiel?

***Iʳᵉ classe.* — G. Bazergue, à Montevideo : Marbres du pays.**

***XXVIᵉ classe.* — Besnes et Yrigoyen, à Montevideo : Tableaux de calligraphie.**

Voilà bien peu de chose. Les deux exposants de l'Uruguay n'en méritent que plus d'estime peut-être.

ASIE.

Que n'aurions-nous pas à dire sur l'Asie, si nous devions parler en détail des grandes populations qui l'habitent : de la Sibérie, de l'Inde, de la Perse, de l'Arabie, de l'Asie centrale, de l'Asie cochinchinoise et insulaire; mais nous ne devons nous occuper que de la Chine, parce que la Chine seule a été représentée au grand concours industriel des nations.

CHINE.

Collection de M. de Montigny.

Aucune enquête précise n'est possible sur la situation intérieure du Céleste-Empire. De récents voyageurs ont fait d'assez bonnes peintures des mœurs des Chinois, et, parmi ces voyageurs, le père Huc est l'observateur le plus fin et le peintre le plus habile: mais ces peintures ne sauraient suppléer aux documents exacts qui nous manquent et sans lesquels nous ne pouvons faire pour la Chine ce que nous avons fait ici pour les grandes contrées de l'univers.

La Chine, cet empire immense qui compte trois à quatre cents millions d'habitants, qui a une histoire si ancienne et si curieuse, qui depuis tant de siècles est instruit de quelques arts et y excelle, qui invente si peu, qui copie si bien et qui travaille à un bon marché si extraordinaire, la Chine est, aujourd'hui plus que jamais, intéressante à étudier.

Le globe entier va se connaître, l'univers s'organise en une société; la Chine jouera un rôle considérable dans cette organisation; peut-être même, l'entrée de ces innombrables travailleurs dans le concours de l'industrie universelle fera-t-elle naître une révolution qu'il faut, dès cette heure, prévoir?

Les économistes doivent se soucier de ce prochain avenir.

Mais ce n'est pas ici le lieu des spéculations philosophiques et nous avons une autre tâche à remplir.

La collection chinoise, rapportée en France et décrite par M. de Montigny, a trouvé un asile dans le palais des Beaux-Arts. Il y avait un enseignement fort agréable et une abondante matière d'étude dans le rapprochement des œuvres d'art de l'Europe qui a le souci du beau, et des œuvres d'art de la Chine qui, en fait d'idéal, n'aspire qu'à l'exécution de toutes les chimères grotesques et à la satisfaction des caprices les plus extraordinaires.

Dans une des salles de notre Musée de Marine, au Louvre, on pouvait déjà examiner des chinoiseries plus authentiques que celles dont on essaie, dans le commerce, de nous faire venir le goût. La collection du palais des Beaux-Arts a présenté le caractère d'une véritable exposition.

Exposition incomplète, sans doute, car l'industrie n'y faisait pas grande figure et on n'y allait pas pour voir des étoffes et des machines; mais très-riche néanmoins, et, en fin de compte, fort agréablement divertissante au point de vue de l'art.

M. Théophile Gautier a reproduit dans sa couleur étrange la physionomie de cette exposition incomparable. Nous détacherons la dernière des pages qu'il a consacrées à cette peinture.

Après avoir parlé des albums, des dessins, et de mille bagatelles, après avoir plus amplement décrit les émaux, les bronzes, les porcelaines, les laques, cabinets et meubles de toutes sortes, représentés par les types les plus purs, les plus anciens, les plus vrais, il ajoute :

« Les tableaux en reliefs sont très-intéressants : ce sont des vues de ports, des villes, des pagodes, des paysages, des oiseaux, des éléphants, rendus par une espèce de mosaïque saillante en pierre de couleur sur des fonds de laque de diverses teintes. Rien n'est plus riche et plus amusant à l'œil, que cette création de jaspe, de jade, de nacre, d'aventurine, de lapis-lazuli. Tantôt c'est un arbre fleuri aux feuilles de malachite, sur lesquelles des oiseaux aux plumage d'agate, de cornaline et de burgau battent joyeusement des ailes; tantôt un bonze d'ivoire oolithique, qui adore une grue sacrée en nacre de perle sur un fond laqué jaune; d'autres fois, c'est un éléphant en jade vert d'eau, qui s'avance portant un vase de fleurs en pierres précieuses ou quelque fantaisie semblable.

« Des meubles magnifiques, cabinets, étagères, lits, fauteuils, écrans, buffets, en bois de camphrier, de santal, de bois impérial, de bois d'aigle, amusent par leurs formes inusitées et la perfection avec laquelle ils sont faits. Le grand lit de Ning-po, en bois de pako et bois impérial, à pieds massifs, ornementé de médaillons d'ivoire et de buis sculptés, décrit un cercle parfait, dont le haut se courbe en dôme et le bas s'arrondit en bateau : les étagères, avec leurs cases proportionnées aux objets qu'elles doivent contenir, échappent aux habitudes de la symétrie européenne. Des échantillons, rares ou, pour mieux dire, introuvables, des plus exquises porcelaines de King-té-tchinn; des grés de Sang-haï, des poussahs en pagodite, des instruments de musique, des amulettes faites de pièces de monnaie liées ensemble, complètent cette merveilleuse collection qui ne sortira pas de France et qui vous fait, pour quelques instants, franchir la muraille de la Chine. »

On ne peut prévoir quelle sera l'issue de la guerre civile, qui, aujourd'hui, divise le

Céleste-Empire, et dont on n'a suffisamment exprimé jusqu'ici ni le caractère ni le but. Il a été de mode, au commencement, d'y voir une résurrection du peuple chinois et une tentative faite contre les conquérants tartares qui ont absorbé le pays. A ce compte, la vieille Chine, délivrée de ses maîtres militaires, ouvrirait ses portes sur-le-champ au commerce, aux sciences et aux arts de l'Europe.

Rien d'authentique n'est venu donner à ces présomptions le fond qui leur manque. La révolte triomphera-t-elle, et si elle triomphe, ouvrira-t-elle, en effet, la Chine?

C'est à la politique des cabinets de Paris, de Londres, de Saint-Pétersbourg et de Washington, qu'il appartient d'étudier ces questions. Tout ce qu'on peut dire, c'est qu'il y a déjà entre la Chine et le reste du monde des relations régulièrement établies. La guerre, dont sir John Davis, plénipotentiaire de Sa Majesté Britannique, a fait l'histoire, a été pour beaucoup dans la régularisation de ces rapports.

A Londres, la Chine figurait parmi les nations industrielles, et l'exposition de ses produits n'avait pas la physionomie qu'elle a prise à Paris. Nous rappellerons quelques-uns des jugements du jury français de Londres.

« La Chine est trop constante dans ses goûts et sa production, pour que l'exposition de ses produits, presque toujours les mêmes, ait pu surprendre, disait M. Arlès-Dufour [1]. Ce sont toujours les mêmes beaux et économiques damas, les mêmes satins épais, les riches broderies sur châles et écharpes, mais pas d'articles et de dessins nouveaux.

« Nous ne lui rendons pas moins justice pour ses qualités de bon marché et d'exécution exacte, car si sa concurrence nous touche peu sur les marchés de l'Europe qui suivent les mouvements de la mode, elle est souvent dangereuse pour nos produits sur les marchés des Amériques du nord et du sud. La Chine produit les soieries généralement à meilleur marché que l'Europe; mais son éloignement du centre de la mode, en la tenant en retard de ses mouvements et de ses caprices, neutralise souvent ses avantages de bon marché. »

Cet hommage rendu à la mère-nourrice des arts séricicoles, citons le témoignage d'un autre juge :

« La Chine a exposé de magnifiques crêpes brodés, si renommés depuis de longues années [2]. On a pu admirer un châle brodé de mille nuances différentes et représentant des oiseaux, des pagodes, des rivières, des personnages, des fleurs; le tout, il est vrai, sans beaucoup de goût ni de perspective dans le dessin, mais avec une richesse de broderies, une splendeur de nuances et une perfection d'exécution inconnues en Europe.

« On y remarquait aussi des mousselines brodées en or et une écharpe brodée en argent d'un travail merveilleux. Il n'y avait qu'un seul objet de broderie similaire à ceux de la France : c'était une robe brodée sur mousseline de l'Inde, au plumetis. Elle était remarquablement exécutée comme broderie, et la mousseline n'était nullement éraillée; mais les jours n'avaient aucune variété, ce qui donnait peu de grâce au dessin, qui lui-même laissait à désirer. »

1. Au nom du XIIIe jury.
2. Rapport de M. Félix Aubry; XIXe jury, p. 105; tome V des *Travaux de la Commission française*.

M. Randoing ayant, lui aussi, à parler de ces châles, en a parlé ainsi :

« Quant aux Chinois, tout le monde connaît leurs superbes produits nommés crêpes brodés [1]; les habitants du Céleste-Empire sont toujours nos maîtres dans ce genre, que l'on a cherché depuis quelque temps à imiter chez nous. Nous n'avons pas vu de crêpes de Chine dans l'exposition chinoise proprement dite; mais une maison de détail de Londres en avait exposé plusieurs très-riches, brodés de différentes couleurs, et qui faisaient le plus grand honneur à l'habileté des Chinois. Les écrans brodés, qui figuraient dans la partie du Palais de Cristal réservée à la Chine, se distinguaient par une finesse et une perfection de travail presque fabuleuses.

« Il paraît difficile que nous puissions jamais lutter d'une manière avantageuse avec les Indiens et les Chinois dans l'article crêpe de Chine et châle brodé imitation cachemire. Nous ne pouvons que répéter ce qui a été dit relativement aux châles espoulinés; en admettant que notre goût et notre habileté parviennent à créer des choses aussi gracieuses de dessin et aussi parfaites de travail, la question du prix sera toujours en faveur de producteurs dont les ouvriers se contentent de gagner le cinquième de la journée du travailleur européen. Ajoutons que, dans la composition du dessin des Orientaux, il y a un cachet d'originalité, une manière de comprendre la fleur et l'ornement, et, si l'on peut s'exprimer ainsi, une couleur locale étrange qui séduit et fait accepter comme charmantes des choses que condamnerait le goût sévère de nos artistes. »

Nous ne pourrions guère donner de détails sur les autres industries qui appartiennent spécialement à la Chine. Nous savons que les étoffes de coton et de laine y arrivent, en partie. des fabriques d'Europe.

Nous dirons, d'après M. Rondot, que les tissus de laine que portent les Chinois sont :

Le spanish stripe broad cloth, espèce de drap léger;

Le long-ell, espèce de serge comme celles de Picardie, de Champagne;

Le camelot, qui se faisait jadis dans les mêmes provinces;

Le polemieten, qui est aussi un camelot, tantôt en chaîne soie, tantôt en chaîne laine.

Ce qui empêche, d'ailleurs, notre commerce français de se développer en Chine, c'est le manque de retour. Nous ne consommons que peu de thé; nous n'en importons guère annuellement que 300,000 kilogrammes; tandis que les États-Unis en importent 8 millions, et la Russie, 4 millions de kilogrammes.

Dans les meilleures années, les échanges de la France avec la Chine n'ont pas dépassé 2 millions de francs. L'Angleterre et les Indes anglaises y vendent annuellement pour près de 200 millions de produits.

Notre influence morale est grande en Chine; la France y est estimée et respectée; mais nos rapports ne peuvent s'étendre que par des modifications de tarif, que le temps amènera peut-être et auxquelles on doit apporter une grande prudence et une étude approfondie de tous les intérêts commerciaux, maritimes, industriels et agricoles.

On vient de voir que la Russie développe chaque jour le commerce qu'elle fait avec

1. Rapport du XVe jury.

la Chine par la Sibérie; il est curieux de rechercher dans le passé les traces de ces premiers développements.

L'histoire du commerce russe en Chine comprend quatre périodes :

La première va de 1729 à 1763. Jusqu'à cette dernière époque, les caravanes de la Couronne faisaient seules le commerce dans ces parages; Catherine II abandonna ensuite ce commerce aux entreprises particulières.

La deuxième période, de 1763 à 1800, est celle du commerce libre des particuliers. Les Chinois, plus rusés que les Russes, cessèrent souvent tout à coup les transactions; le préjudice était grand pour les négociants isolés qui se trouvaient avec leurs marchandises à une distance immense de leurs demeures. Le Gouvernement russe sentit la nécessité de réviser le tarif des douanes par un règlement du 10 mars 1800, et forma une Compagnie de commerce russo-chinois. C'est pendant la deuxième moitié du règne de Catherine II que le thé commença à être demandé en Russie, et peu à peu il devint l'article le plus important du commerce russe avec la Chine.

La troisième période va de 1800 à 1822, époque de l'établissement des droits protecteurs, les Chinois luttaient contre les négociants russes, et inondaient le marché des produits de leur industrie. Les Russes leur envoyèrent alors les produits manufacturés d'autres pays et finirent par rétablir l'équilibre.

La quatrième période, qui s'étend depuis 1822 jusqu'à ce jour, a vu se développer l'industrie russe, grâce à la protection accordée aux fabriques nationales. Les marchandises étrangères furent remplacées sur les marchés par les produits de la Russie, qui peut, à bon droit, s'en glorifier; car aucune nation ne fournit aux Chinois des draps qui leur conviennent autant que ceux des fabricants russes, ni à aussi bas prix. En 1837, on ne vendit plus à Kiachta que très-peu de draps étrangers.

Quelques ports chinois sont déjà le centre d'un commerce très-actif; à cause de cela, on pourrait affirmer que le jour n'est pas loin où le Céleste-Empire s'ouvrira tout à fait.

Mais déjà les vieilles mœurs sont changées et les vieilles lois deviennent impuissantes. Les Chinois émigrent; ils vont apporter leur contingent de travail à la fécondation du sol américain; ils fouillent les mines californiennes; ils ont établi à San-Francisco une colonie qui a ses lois spéciales et qui a même un journal chinois. Ce ne sont pas de tous ceux qui travaillent là, les ouvriers les moins intelligents et les moins laborieux. L'émigration chinoise continue et s'accroît chaque jour.

On écrivait de Shang-haï, le 28 juin 1855 :

« Du 23 octobre 1853 au 8 juin 1855, 36,692 individus ont été transportés de la Chine aux divers ports qui appellent de préférence l'émigration chinoise. Sur les 133 navires employés à ce mouvement, ceux de l'Angleterre ont conduit 16,981 passagers, et les bâtiments américains, 7,526; la France ne compte qu'un navire qui a transporté 259 coolis chinois, de Hong-kong à San-Francisco.

« La Californie et l'Australie, entre lesquelles se partage presque toute l'émigration chinoise, ont reçu un nombre de navires à peu près égal : la première 65, et la seconde 61. Des navires hollandais ont également participé au transport en Californie.

« L'émigration des Chinois pour la Californie a commencé, il y a quatre ans. Depuis cette époque, environ 7,000 individus ont quitté les ports de la Chine pour cette destination, c'est-à-dire sont venus directement de Chine en Californie.

« L'émigration pour l'Australie n'a commencé qu'il y a dix-huit mois, pendant lesquels on n'a pas compté moins de 20,000 émigrants.

« Les émigrants pour la Californie et l'Australie ne sont pas loués comme ouvriers ou manœuvres; ils sont libres et paient eux-mêmes leur passage, dont le prix est de 45 à 75 piastres (de 225 à 375 fr.) par tête, y compris l'eau, les provisions et autres choses nécessaires.

« Quant aux Chinois engagés comme ouvriers ou manœuvres pour un certain nombre d'années, il est d'usage de leur avancer, antérieurement au départ, une petite somme sur les gages qu'ils auront à recevoir pour leur travail. Un espace d'environ 3 mètres de superficie est alloué pour chaque émigrant sur les bâtiments de transport. Le nombre des passagers y est réglé à raison d'un passager par deux tonneaux, équipage et officiers compris. »

Ainsi tout fait présager une ère nouvelle pour la Chine, et le monde entier s'en ressentira.

ILES OCÉANIQUES

C'est l'Australie, et avec elle, ce sont les colonies espagnoles et hollandaises qui forment la plus grande partie de l'Océanie. Les îles Sandwich ont seules exposé en leur nom, et ç'a été une bonne fortune pour l'Europe que de voir figurer à Paris cette exposition sauvage.

ROYAUME HAWAIEN.

Le capitaine Cook a trouvé la mort dans une des îles qui, aujourd'hui, composent le royaume Hawaïen, et le drame, qui s'y est joué alors, a laissé, dans l'imagination de tous ceux qui en ont lu le récit dans leur enfance, un triste souvenir. Il n'en est pas moins vrai que les îles Sandwich sont un petit État très-curieux et que, pour une race de la race pure des insulaires américains, le peuple qui y vit est un peuple très-industrieux.

D'habiles cultivateurs et des négociants européens s'y sont établis et y sont venus en aide à la civilisation originaire des indigènes.

Rien ne serait plus intéressant que d'entrer dans le détail de l'organisation politique, industrielle, agricole et commerciale de ces îles trop peu connues.

Le docteur W.-R. Wood a envoyé, au Palais de l'Industrie, des échantillons du kauila, bois, avec lequel les Hawaïens fabriquaient autrefois leurs lances et, généralement, leurs armes de guerre. Aujourd'hui qu'ils vivent en paix, le kauila rentre tout simplement dans la catégorie des bois très-durs qui croissent dans les forêts de l'Amérique.

Parmi les productions agricoles, nous remarquons le tabac en feuilles de Waimea (île de Kauaï) qui, rendu à bord, ne coûte qu'un franc la livre dite *avoir du pois.*

Cette même île de Kauaï (à Hanaleï) produit du café, qui, livré sur le quai, vaut 0 fr. 60 c. la livre de 16 onces *avoir du pois.*

Le café de Koalakoakua est aussi très-estimable et d'un bon marché qui étonne.

Le docteur W.-R. Wood, de Honolulu, qui a exposé le kauila dont nous parlions tout à l'heure, a envoyé aussi du sucre récolté dans les plantations des îles Sandwich. Ce sucre (de Koloa, dans l'île de Kauaï) ne coûte guère que 0 fr. 22 c. et, au plus, 0 fr. 30 c. la livre *avoir du pois.*

La population des îles Sandwich est assez considérable, et, en général, les habitants de ces îles, en même temps qu'ils sont très-intelligents, sont très-actifs. Ils offrent un contraste fort remarquable avec la plupart des petits peuples de l'ancienne souche américaine, et ils méritent de tenir le premier rang dans un compte rendu de la civilisation, du travail et de l'industrie des sauvages.

Il n'est pas, il ne pouvait pas être question de la France et de ses colonies, dans cette série de documents géographiques et statistiques, où nous avons passé en revue les différents États qui ont apporté leur contingent à l'Exposition universelle de Paris. La France politique, industrielle, commerciale, a été souvent décrite dans une foule de livres qui sont dans toutes les mains; la France, d'ailleurs, est le principal sujet de notre ouvrage; la France va revenir sans cesse sous nos yeux dans l'analyse raisonnée des différentes classes de cette Exposition magnifique, où elle a pris la première place, en s'entourant de toutes les nations qui ont si dignement répondu à son appel; la France doit être ainsi notre préoccupation continuelle, pendant l'examen que nous allons faire des produits de l'industrie et des œuvres de l'art qu'elle avait pu réunir; car la France domine partout, et à tous les titres, cet immense concours qui lui a donné la palme et qui a consacré ses droits au respect et à l'admiration du monde civilisé.

EXPOSITION UNIVERSELLE

PRODUITS DE L'INDUSTRIE

PREMIÈRE CLASSE

ART DES MINES ET MÉTALLURGIE.

L'industrie métallurgique, une des plus anciennes que les hommes aient pratiquées, est peut-être une de celles qui ont le plus tardé à atteindre ce degré relatif de perfection auquel, chez tous les peuples civilisés, est arrivé le travail humain, et c'est depuis deux siècles à peine que nous l'avons vue entrer dans cette voie de progrès et de développements où la maintiennent et où la font avancer depuis ce temps les efforts les plus persévérants. Il faut lui rendre ce témoignage, qu'en une période si courte elle y a marché à pas de géant. Pour ne citer que les deux nations qui tiennent le premier rang dans le monde entier par l'importance de leur production, l'Angleterre et la France, et les deux substances minérales qui occupent la place la plus considérable dans la consommation industrielle, le fer et la houille, on peut apprécier d'un mot les développements qu'a reçus cette industrie, en rappelant que l'Angleterre qui, en 1750, ne fabriquait pas au delà de 30,000 tonnes de fer, en apporte aujourd'hui sur le marché 2,500,000, c'est-à-dire soixante fois davantage. La houille a suivi naturellement une progression analogue, et l'extraction de ce combustible minéral s'élevait, en 1850, à 34,750,000 tonnes. L'exploitation française est bien loin encore d'atteindre des proportions aussi gigantesques; toutefois, nous venons de le dire, elle se place immédiatement après celle de la Grande-Bretagne, et dépasse celle de tous les autres pays. La Russie, la Suède et la Prusse arrivent après elle. A ne remonter que jusqu'à l'année 1819, la production française du fer n'était pas de plus de 112,500 tonnes; en 1846, elle représentait une quantité de

522,385 tonnes, qu'elle dépasse de beaucoup aujourd'hui; et quoique n'équivalant encore qu'au quart de la production anglaise, elle a presque quintuplé en moins de quarante ans. La houille extraite des gisements de notre pays s'élevait, en 1789, à 225,000 tonnes; elle fournissait, en 1855, 4,202,091 tonnes; ce n'était encore que le huitième des quantités obtenues en Angleterre, mais c'était environ dix-sept fois plus que la production constatée il y a soixante ans. En même temps que la masse minérale livrée à l'industrie s'accroît dans d'aussi vastes proportions, les procédés d'extraction se perfectionnent et les conditions du travail s'améliorent. L'Exposition de Londres, en 1851, avait déjà mis dans tout son jour la situation prospère que l'industrie métallurgique était parvenue à conquérir, et il résultait de ce mémorable concours, selon les paroles d'un juge éminent, M. Dufrenoy, en son rapport au nom du jury de la première Classe, que dans tous les pays du monde, en Amérique comme sur l'ancien continent, « l'industrie minérale avait suivi le développement des autres industries. Les méthodes de travail, ajoutait-il, acquièrent partout une certaine uniformité; les vieux procédés, dans lesquels le travail de l'homme occupait une si large place, sont remplacés par les perfectionnements modernes qui diminuent le prix de la main-d'œuvre et les dépenses générales ». Notre grande Exposition de 1855 n'apportera pas de moins utiles enseignements au monde industriel. Un intervalle trop court sans doute la sépare de la première pour qu'elle manifeste des progrès bien notables et bien nombreux; toutefois, il a suffi de l'étudier avec cet intérêt dont elle était si digne, pour se convaincre que les arts qui se rattachent à la première Classe n'ont pas ralenti cette marche qui les rapproche tous les jours de la perfection.

Toutefois, avant d'examiner les produits si nombreux et si divers qui se disputaient l'attention des visiteurs dans l'Annexe du Palais de l'Industrie, nous croyons qu'il ne sera pas ici hors de propos de jeter un coup d'œil rétrospectif sur l'industrie métallurgique, et, pour apprécier mieux les pas qu'elle a faits, de constater en quelques mots les obstacles qu'elle a eu à vaincre. Nous empruntons surtout les renseignements, que nous analyserons ici, à un écrivain dont l'expérience consommée mérite toute confiance, et dont les travaux ne se distinguent pas moins par l'élévation des idées que par l'exactitude et l'abondance des faits, à M. Le Play, auquel déjà l'Exposition doit tant, et auquel l'industrie qui fut l'objet constant de ses études devra plus encore par les leçons qu'il saura tirer du concours auquel il a présidé avec tant de sollicitude.

Les progrès de la métallurgie sont de date récente, avons-nous dit, et s'accomplirent d'abord avec une extrême lenteur. Cette lenteur est facile à comprendre, et l'on en trouve l'explication dans la nature des dépôts métalliques qu'il s'agit d'exploiter.

Les mines, même les plus riches, offrent dans leur allure de brusques et de fréquentes variations, qui font craindre à chaque instant une pénurie complète ou une extrême abondance, *et vice versa*. Ce fait fondamental, qui distingue l'industrie minérale de toutes les autres branches essentielles de l'activité humaine, entraîne, pour l'organisation de ces sortes d'entreprises, certaines conditions, sans lesquelles elles ne peuvent prospérer : une vaste exploitation, conduite à la fois sur un grand nombre de gîtes, afin que la multiplicité des chances supplée à l'intermittence de chaque gîte; de puissants capitaux, tenus sans cesse en réserve, et destinés à combler le déficit causé par des événements malheureux et imprévus; enfin, une sage prévoyance qui ménage, dans l'intérêt de l'avenir, les chances heureuses qui, par compensation, s'accumulent souvent à certaines époques de prospérité.

Ces conditions, on le conçoit, purent être parfois remplies dans l'organisation politique qui a présidé aux premiers développements de la civilisation en Europe. Elles se reproduisirent plus souvent encore, à la faveur de la paix, et sous la protection des sages institutions établies par les Romains dans les provinces conquises; au moyen âge, elles se sont parfois rencontrées exceptionnellement sous l'influence du pouvoir féodal ou des communautés religieuses; mais, plus tard, constamment menacée par les guerres et les révolutions qui ont agité l'Europe, l'exploitation des mines n'a pu prospérer sur le continent que par l'intervention directe et sous la protection immédiate des pouvoirs souverains secondés par de puissantes corporations. C'est dans ces conditions, que, depuis le Xe siècle, l'industrie minérale s'est successivement établie sur de si solides bases dans les grandes chaînes métallifères du Hanovre, de la Saxe, de la Hongrie, de la Suède, et, plus récemment, dans celles de l'Oural et de l'Altaï, où s'est si heureusement maintenu l'esprit de tradition, soit pour la direction technique des travaux, soit surtout en ce qui concerne le patronage dont les populations ouvrières ne peuvent se passer.

L'exploitation des mines ne s'est pas fondée, il est vrai, dans la Grande-Bretagne d'après des principes semblables, mais elle rencontrait, il faut le dire, des conditions bien différentes. Elle avait peu à souffrir des guerres qui ont désolé le continent; et, d'un autre côté, l'influence gouvernementale, a pu, jusqu'à un certain point, y être suppléée par des habitudes d'association, qui, avec l'appui d'immenses capitaux, s'y sont établies dans des proportions inconnues ailleurs, et par la constitution sociale même du pays.

Vers le milieu du XVIIe siècle, la grande industrie ne comprenait guère, en Angleterre, que les mines et les usines métallurgiques, possédées, en vertu du droit régalien, par les seigneurs, et exploitées déjà, pour la majeure partie, par des fermiers ou des entrepreneurs payant une redevance en nature ou en argent; ce mode d'exploitation se combinait avec une organisation corporative qu'il n'y a pas lieu d'exposer ici, et avec un mode de bienveillant patronage exercé le plus souvent par les familles aristocratiques de la localité, patronage qui complétait un vaste système d'institutions protectrices, dérivant de la grande et de la petite propriété, des biens communaux, des biens de mainmorte, de l'organisation des fabriques rurales collectives, et des corporations urbaines d'arts et métiers.

L'organisation de la propriété minière ne s'est pas sensiblement transformée depuis ce temps. On retrouve encore dans la Grande-Bretagne ces puissantes familles presque seules concessionnaires à perpétuité des mines, sur l'exploitation desquelles repose en partie leur splendeur, familles dans lesquelles cette propriété se transmet intacte de génération en génération sans morcellement et, par conséquent, sans chance de conflit entre les propriétaires, soit que le possesseur du gîte métallifère l'exploite en régie pour son propre compte, soit, comme il arrive le plus ordinairement, qu'il transmette ses droits pour de longues périodes à des compagnies solides, moyennant une redevance modérée comprise habituellement entre le quatorzième et le vingtième du produit brut; les bonnes traditions se sont maintenues; l'entente et l'harmonie continuant, comme autrefois, à régner entre les deux intérêts qui se partagent l'influence dans toute entreprise fondée sur le sol, l'intérêt du moment représenté par l'exploitant, et l'intérêt de l'avenir personnifié dans le propriétaire.

Quant aux autres institutions qui entouraient cette organisation et qui la complétaient, si, depuis deux siècles, elles n'ont guère changé pour la forme, on peut dire avec vérité, quand on les étudie avec attention, qu'elles ont été en réalité plus profondément transformées que dans les autres États de l'Occident.

Déjà, à partir du XVIe siècle, l'Angleterre était entrée avec les autres nations de l'Europe, l'Italie, la France, l'Allemagne, mais en les devançant presque toujours, dans la nouvelle phase industrielle où elle a fait depuis de si rapides progrès. Cette phase a pour origine les inventions mémorables qui conduisirent peu à peu à développer l'industrie manufacturière, aux moyens de grands ateliers établis sur les cours d'eau, ou à proximité des forêts. L'établissement des usines hydrauliques, qui furent alors créées, suivit la découverte des hauts-fourneaux ayant pour objet la fusion des minerais de fer. Des fabriques du même genre s'établirent dans la deuxième moitié du XVIIe siècle, pour l'élaboration des métaux, pour la fabrication des papiers et des poteries. Elles prirent surtout un développement considérable dans le cours du dernier siècle, par suite de la decouverte des machines à filer la laine et le coton, et, vers la fin du siècle, les grandes manufactures avaient déjà acquis une importance considérable dans l'économie industrielle de l'Angleterre.

Toutefois, ces développements inattendus produisaient, au milieu de beaucoup de biens, des maux qu'on ne peut méconnaître, et surtout modifiaient profondément et d'une façon fâcheuse la condition des classes ouvrières. Objet de la sollicitude de ses chefs, hommes pour la plupart imbus de l'esprit religieux et animés de sentiments élevés, instruits par le spectacle continuel d'une grande industrie et de la pratique de procédés ingénieux fondés sur l'intervention des sciences, l'ouvrier, dans les usines rurales du XVIIIe siècle, pouvait, il est vrai, gagner en intelligence et en moralité, mais ce nouveau régime diminuait l'intimité établie jusque-là entre lui et ses maîtres, et, en augmentant considérablement la distance comprise entre les termes extrêmes de la hiérarchie industrielle, il lui enlevait presque toute espérance d'améliorer son sort, et de devenir un jour lui-même chef d'industrie; il fondait enfin les premiers rudiments du prolétariat, en groupant autour de chaque entrepreneur un nombre d'ouvriers désormais illimité.

Le mouvement provoqué par les causes que nous venons d'indiquer, ne devait pourtant pas s'arrêter à l'établissement des usines rurales. Il a été singulièrement accéléré par deux innovations qui ont ouvert à la civilisation une ère toute nouvelle; nous voulons parler de la propagation de la machine à vapeur et de l'emploi de la houille dans la métallurgie et dans une multitude d'industries où le combustible végétal était jusqu'alors réputé indispensable. Ces découvertes ont mis, en effet, à la disposition de l'industrie, des moyens de production d'une puissance indéfinie. En l'affranchissant de la nécessité où elle était de chercher dans le voisinage des cours d'eau et des forêts son principe d'action, elles lui ont permis de concentrer son activité et de grouper ses établissements sur les mines de houille qui leur fournissent à la fois les deux éléments qui lui sont essentiels, la force motrice et la chaleur. Ainsi se sont formés tout à coup : Manchester et Liverpool, sur les houillères du Lancashire; Birmingham, sur les houillères du Straffordshire; Leeds et Sheffield, sur les houillères du Yorkshire, etc.; mais, en même temps, grâce à ces mêmes découvertes, l'abîme, momentanément au moins, s'est de plus en plus profondément creusé sous les pas de l'ouvrier. Ces brusques changements ayant détruit toutes les anciennes habitudes de solidarité, celui-ci s'est trouvé exposé à d'inexprimables souffrances, chaque fois que l'interruption des opérations industrielles l'a privé de tout moyen de travail. La dégradation physique et morale, qui a été pour lui la conséquence de ces vices funestes, constitue aujourd'hui la grande plaie sociale de l'Occident.

L'Angleterre n'a pas méconnu le danger, accru encore par l'excessive liberté laissée dans ce pays aux transactions privées, combiné avec l'antagonisme développé par la fixation des salaires. Les mémorables enquêtes, ouvertes depuis 1830, jetèrent la plus vive lumière sur ce côté hideux de l'organisation industrielle moderne, et dès ce moment les hommes d'État comprirent qu'il fallait abandonner dans une certaine mesure la doctrine absolue du *laissez-faire*. L'intervention du Gouvernement dans les relations des chefs d'industrie et des ouvriers fut résolue en principe, et la répression des abus les plus criants fut poursuivie avec sollicitude et avec énergie. Ce nouveau régime restrictif et réglementaire fut inauguré par la loi du 29 août 1833, qui concerne les enfants et les adolescents attachés aux manufactures de tissus. Ce fut une révolution dans la constitution économique et dans les traditions administratives de l'Angleterre. C'était aussi une grande conquête dans l'intérêt de l'humanité. Elle ne fut pas accomplie sans lutte, et pendant quinze années, le parti de la liberté absolue protesta contre les idées que le gouvernement anglais voulait faire triompher dans le Parlement. L'opinion publique enfin convaincue a cessé de combattre ces utiles mesures dont les rapports des inspecteurs généraux signalent chaque année les résultats.

De leur côté, les créateurs des usines fondées depuis l'inauguration du nouveau régime, ont, en général, fait de louables efforts pour faire porter aux lois nouvelles tous les fruits dont elles contiennent le germe. Ils se sont plus préoccupés que ne le faisaient leurs devanciers, de placer leurs ouvriers dans des conditions permanentes de bien-être et de moralité. Tout en respectant la liberté individuelle, qui reste la tendance dominante de cette époque, ils commencent à reprendre les traditions de solidarité auxquelles l'Angleterre semblait avoir renoncé pour toujours. En entrant dans cette voie, ils considèrent surtout que le parfait accord des chefs et des ouvriers est le seul moyen de préserver leur industrie des difficultés au sujet desquelles le Gouvernement est dorénavant décidé à intervenir. Ce bienveillant patronage, institué, à l'imitation des anciennes mœurs de l'Angleterre, dans plusieurs établissements de fondation récente, assure à une population ouvrière quelquefois très-nombreuse, et qui s'élève pour une seule usine jusqu'à 5,000 personnes, les plus indispensables éléments du bien-être matériel et du progrès social, comme un minimum qui ne doit jamais leur faire défaut, et qui, aux époques de prospérité, est complété aussi largement que le permet la nature des choses; mais il obtient aisément la confiance et la reconnaissance de ces ouvriers, traités avec tant de sollicitude, et qui, au moment des crises, se résignent temporairement à une réduction de salaire et aux privations qui en sont la conséquence. En somme, dès que l'esprit de bienveillance et de justice, qui inspire ces administrations, a établi la confiance, tous les embarras qui se rattachent ailleurs à la fixation du salaire disparaissent comme par enchantement.

Nous avons étudié avec quelque étendue la constitution de l'industrie minière en Angleterre et la situation des classes ouvrières qui demandent leurs moyens d'existence à cette industrie, parce que cette étude ne peut pas être pour nous sans de grands et utiles enseignements; nous en aurons bientôt la preuve. Il s'en faut de beaucoup, en effet, que nos établissements métallurgiques soient arrivés au degré de prospérité, auquel ont été conduits ceux de la plupart des États de l'Europe par les efforts des derniers siècles. Pour ne parler, quant à présent, que de la fabrication du fer, qui présente cependant, comme nous le dirons bientôt, les résultats les plus favorables, elle est loin d'avoir pris parmi nous les développements qu'elle semblait destinée à atteindre. Le traitement des autres métaux est à peu près dépourvu de toute importance. On a le droit de se demander quelle est, pour l'industrie métallique en général, et surtout pour celle qui traite des métaux autres que le fer, la cause de cette langueur relative; elle ne saurait être placée dans les conditions physiques du territoire, et nous ne craignons pas d'affirmer qu'il faut la chercher dans les vices de la législation, et surtout, pour ce qui concerne un passé dont les fautes pèsent encore sur nous, dans le manque d'une administration spéciale versée dans la science et les arts qui se rattachent à l'exploitation des mines, et connaissant les conditions de succès propres à ce genre d'industrie. Jusqu'à ces derniers temps, cette science a été complétement ignorée en France; ce n'est que depuis la fin du dernier siècle, et surtout depuis l'institution du Corps des mines, qu'elle a commencé à être l'objet d'un enseignement public. Il est juste aussi de compter, au nombre des principaux obstacles qu'on a rencontrés en France, la situation même des gîtes métallifères. Ceux-ci se trouvent généralement dans des contrées stériles et, par conséquent, peu peuplées et pauvres. Les éléments d'une exploitation sérieuse et durable y ont le plus souvent manqué, et l'on peut dire que les indices de la richesse minérale de la France ne se sont présentés ordinairement qu'à ceux qui n'ont eu ni les moyens ni la volonté d'en tirer parti. A la suite d'essais répétés est venu le découragement, et l'insuccès d'une tentative mal conçue a discrédité pour longtemps ces sortes de spéculations. Ceci m'amène à signaler les vices de notre organisation métallurgique qui dépendent de la législation.

En France, les fécondes influences du système anglais et du système allemand ont toujours manqué; les concessions faites par le souverain, en vertu de son droit régalien, depuis le moyen âge jusqu'au commencement de ce siècle, ont trop souvent été instituées dans l'ignorance des vrais principes de la législation des mines; elles étaient ordinairement beaucoup trop étendues, et on a poussé cet abus au point de concéder à une seule personne toutes les mines du royaume. Ajoutez à ces entraves, des droits mal définis, contradictoires et féconds en conflits; des oppositions inintelligentes, inspirées par l'esprit de localité, et appuyées souvent par les parlements; l'avidité enfin des possesseurs de mines, ne fournissant guère aux concessionnaires que la triste occasion d'épuiser dans des luttes stériles leurs moyens d'action. La loi éminemment libérale en principe, qui régit aujourd'hui la matière, concède les mines à titre gratuit, sans autre obligation pour les concessionnaires que de tenir les travaux en activité. Elle n'a jusqu'à ce jour, produit que des résultats insignifiants. Bien loin d'imiter les propriétaires anglais, dont j'ai parlé plus haut, et de s'inspirer des hautes vues d'avenir qui les guident, les concessionnaires français, impatients d'escompter les bénéfices qui peuvent résulter d'une exploitation à laquelle ils ne portent aucun intérêt, n'ont pensé qu'à vendre leurs mines à des capitalistes inexpérimentés, épuisés bientôt par une acquisition hors de proportion avec leur capital.

De son côté, l'administration a traité avec une tolérance bienveillante les concessionnaires qui ne se trouvent point en mesure de remplir leurs obligations; le système actuel n'a donc abouti, en définitive, qu'à aliéner, entre des mains incapables, une partie importante de la richesse publique.

Nous aurons bientôt à signaler, dans la mauvaise organisation de notre régime forestier, une entrave nouvelle au développement de quelques usines spéciales; mais nous devons auparavant constater la situation des usines qui chez nous travaillent le fer.

Le Rapport publié par le ministre de l'agriculture et du commerce, pour l'année 1852, nous apprend que le nombre des usines de fer concédées en France s'élevait alors à 177, embrassant ensemble un périmètre de 1,114 kilomètres, 21 hectares carrés, et divisées entre trente départements. De nouvelles demandes de concessions ou d'extensions de concessions étaient en instance pour 7 mines de pyrites de fer, et 45 de minerais de fer. Les mines et minières de fer réellement exploitées s'élevaient, en 1847, à 101 pour les mines, à 980 pour les minières. Elles étaient rapidement tombées, en 1849 (les chiffres de 1848 manquent), à 73 mines et à 829 minières, pour se relever progressivement, en 1850, 1851, 1852, les mines, aux chiffres de 78, 87, 88, les minières, à ceux de 844, 921, 864.

Les quantités de minerai extraites étaient, en 1847, de 34,636,948 quintaux métriques, représentant une valeur de 9,432,250 francs ou, en moyenne, 0,272 francs par quintal métrique; en 1852, de 20,806,334, d'une valeur de 7,717,046, ou 0,379 francs par quintal métrique.

Si, de l'extraction du minerai, nous passons à la fabrication de la fonte, nous trouvons les résultats suivants. En 1847, la fonte produite dans nos usines représente un poids de 5,915,902 quintaux métriques, et une valeur de 106,419,129 francs. En 1852, la production, déjà supérieure à celle des années précédentes, n'atteint pourtant que 5,228,434 quintaux métriques, dont la valeur ne dépasse pas 74,977,697.

Les chiffres qui expriment la puissance et l'activité de la fabrication du fer sont les suivants : en 1847, la production s'élève à 3,766,873 quintaux métriques estimés à

149,741,110 francs; en 1852, elle n'est plus que de 3,017,580, représentant 91,259,450.

Nous avons vu que, il y a peu d'années, un procédé nouveau, introduit dans l'industrie métallurgique, la substitution de la houille au fer, a profondément transformé la situation à la fois industrielle et économique des établissements anglais. Nous ne pouvons nous dispenser de constater ici, et en peu de mots, l'influence que ce nouveau mode de traitement du minerai a exercée sur nos exploitations nationales. Il s'agit d'ailleurs d'une question d'un haut intérêt et d'une nature complexe.

La quantité de fonte fabriquée au moyen du combustible minéral n'a cessé de s'accroître depuis 1819 et surtout depuis 1830 jusqu'à 1856, suivant une progression rapide, tandis que dans le même intervalle la production de la fonte, au moyen du combustible végétal, est restée à peu près stationnaire. En 1819, nos usines fabriquaient 1,125,000 quintaux de fonte. Sur cette quantité, 20,000 quintaux métriques étaient obtenus à l'aide du combustible minéral ou mélangé de charbon de bois; 1,105,000 étaient dus à l'emploi du combustible végétal seul.

En 1846, l'équilibre s'était presque établi entre les deux procédés. Depuis 1847 jusqu'en 1851, le rapport s'était un peu modifié au détriment de la fonte au coke. Mais, à partir de 1852, celle-ci se relève, et de nouveau l'égalité se rétablit. La fonte au bois, on le sait, est plus chère, mais elle est de meilleure qualité; le fer qui en résulte est meilleur aussi et se vend également plus cher.

Passons au fer forgé. L'emploi des combustibles minéraux a contribué, suivant une progression encore plus rapide que celle qui est signalée pour les fontes, à augmenter la fabrication de ce nouveau produit: en 1819, nos mines livrent à la consommation 742,000 quintaux métriques de fer, dans lesquels les fers fabriqués par l'emploi partiel ou exclusif du charbon de terre entrent pour 732,000 quintaux métriques, et les fers traités exclusivement à la houille, pour 10,000 quintaux métriques seulement. La différence, toutefois, est bien faible encore, mais ce mouvement ne fait que s'accélérer pendant la période de 1847 à 1852. En 1847, la production totale de fer forgé s'élève à 3,766,873 quintaux métriques; le fer au charbon de bois y entre pour 965,376 quintaux métriques; le fer à la houille pour 2,621,497 quintaux métriques. En 1852, nous avons pour la production totale 3,017,508 quintaux métriques, qui fournissent 646,017 quintaux métriques de fer au bois; 2,362,023 de fer à la houille.

Il résulte de l'ensemble de ces chiffres, que si le travail au bois n'a pas disparu devant la concurrence du travail au combustible minéral, il est resté stationnaire en présence du progrès continu de son rival, ce qui en industrie équivaut à reculer. Il conserve à peine un avantage insignifiant dans la fabrication de la fonte, et n'occupe plus que le second rang dans la production du fer. Un peu plus de trente années ont suffi pour opérer cette révolution. Est-il indifférent pour le sort de notre richesse forestière et de notre industrie métallurgique elle-même, que le combustible végétal soit à la fin abandonné? On ne saurait avoir une telle opinion, et la gravité du danger suffit pour nous démontrer qu'il importe de réformer les vices d'un régime forestier dans lequel on ne saurait s'empêcher de reconnaître la cause principale d'une situation aussi importante.

Jusqu'à la fin du siècle dernier, dans notre pays, les usines à fer étaient organisées sur des bases semblables à celles qui subsistent encore en Russie, en Suède et dans la majeure partie de l'Europe. Elles étaient considérées comme une dépendance nécessaire des grands massifs boisés, et avaient, en quelque sorte, pour objet de fournir le moyen d'exporter sous un poids réduit les produits forestiers qu'elles consommaient en abondance. L'exploitation forestière était alors confondue et comme identifiée à l'exploitation minérale. Toutes les deux changeaient à la fois de main, selon l'occasion, et en cas de cession à ferme, la rente attribuée à la première ne se distinguait pas ordinairement de celle qui était dévolue à la seconde. Il y a plus, la législation ne permettait pas d'établir une usine nouvelle qui n'aurait pu se pourvoir qu'en empiétant sur le rayon d'approvisionnement des usines déjà autorisées.

Cette législation subsiste encore en droit, mais elle a été abrogée en fait par l'avénement d'usines au charbon de terre, et par l'abus qu'on a fait, dans ces derniers temps, du principe de liberté en matière industrielle. Plusieurs circonstances spéciales ont encore concouru à consacrer cette tacite abrogation : par exemple, l'enchérissement des fers sur le marché national, par suite des lois de douane de 1822, enchérissement qui poussa le Gouvernement à autoriser un plus grand nombre d'usines, et qui empêcha l'administration forestière de s'opposer à leur établissement ; les nouvelles lois civiles qui, depuis 1793, favorisèrent et hâtèrent le morcellement de la propriété et rompirent dans la majeure partie de la France le lien qui rattachait la possession des forêts à celle des gîtes métalliques. Le caractère agricole qui distinguait les usines au bois disparut peu à peu; elles se placèrent, pour l'acquisition de leur principale matière première, dans les mêmes conditions que les filatures pour l'achat des matières textiles, et dans cette révolution, elles perdirent la stabilité, trait distinctif de l'agriculture et de l'industrie manufacturière. C'est seulement par le retour au principe consacré par la tradition européenne, que les usines au bois peuvent se dégager des embarras qui se sont accumulés autour d'elles.

En effet, tandis que les mines au charbon de terre, dans les frais desquelles l'acquisition du combustible entre pour une médiocre part, se trouvent en mesure de continuer leurs travaux, dans le cas même d'un abaissement notable du prix de leurs produits, et obtiennent, d'ailleurs, des producteurs de houille, qui ne pourraient entrer en chômage sans se condamner à une véritable ruine, un abaissement de prix analogue, les usines au bois sont obligées d'interrompre le travail, si le prix du bois n'est pas réduit proportionnellement au prix du fer, et c'est ce qui n'arrive presque jamais, à cause de l'état habituel d'antagonisme dans lequel sont placés, l'un vis-à-vis de l'autre, le propriétaire de forêts et le maître de forges. Que résulte-t-il de ce fâcheux antagonisme? L'état stationnaire des usines alimentées par le combustible végétal. Toute amélioration, tout progrès introduit dans les procédés de fabrication de celles-ci doit tourner au profit du propriétaire de bois, et rester stérile pour celui qui en a pris l'initiative. Il le sait et il se décourage vite de tenter des efforts dont il ne doit recueillir aucun fruit. C'est ainsi qu'au milieu du progrès général, les usines au bois continuent, pour la plupart, à opérer en France avec le matériel du dernier siècle, et restent, pour la perfection des méthodes, beaucoup au-dessous des beaux établissements du nord et du centre de l'Europe. Un tel état de choses ne saurait subsister longtemps. Il faut que, sous peine de ruine ou d'oppression, les propriétaires de forêts et les maîtres de forges reviennent, par l'association volontaire, à l'état de solidarité, qui règne dans tout le reste de l'Europe et dont ils auraient dû ne jamais s'écarter.

Mais ce n'est pas seulement d'un intérêt industriel qu'il s'agit ici; un grand intérêt social est en jeu dans cette question. Il n'est pas sans opportunité de remarquer, en effet, que l'ancienne économie industrielle faisait souvent une large part aux convenances personnelles des ouvriers. Les relations intimes qui les unissaient au patron amenaient naturellement celui-ci à prendre en considération leurs devoirs, leurs besoins, le soin de leur santé, leurs répugnances. Il est juste de dire que l'emploi de la houille et les efforts de la science moderne dont elle a provoqué les recherches, ont introduit de précieuses améliorations dans l'hygiène des ateliers; on peut affirmer, cependant que l'industrie contemporaine, forcée d'agir sur une grande échelle avec le concours des machines et de se plier à d'impérieuses nécessités, ne peut plus tenir compte, comme on le faisait autrefois, des inclinations ou des répugnances des populations laborieuses. Or, il serait infiniment regrettable que ces populations, disséminées aujourd'hui dans les usines au bois, que ces ouvriers pourvus souvent d'une petite exploitation agricole, habitués pendant le chômage à fournir à l'agriculture un complément de main-d'œuvre qui la dispense d'entretenir des journaliers agriculteurs à existence précaire, ou de faire appel à l'aide, quelquefois dangereuse, des travailleurs émigrants, fussent arrachés violemment à un genre de vie, qui leur offre un charme particulier, à d'excellentes conditions de bien-être et de moralité, et allassent grossir en quelques points du territoire ces agglomérations industrielles que provoquent l'exploitation et l'emploi du charbon de terre. Sous ce rapport, il y a encore lieu de désirer que la conservation des mines au bois continue à maintenir en France ces excellentes habitudes industrielles.

Nous n'avons, jusqu'à présent, dans cette rapide étude de la métallurgie française et anglaise, considéré que la fabrication de la fonte ou du fer; cela suffira pour qu'on apprécie la situation générale de cette industrie, et pour qu'on se fasse une juste idée des conditions qui favorisent son développement et des obstacles qui l'entravent. Nous avons passé sous silence les faits qui se rapportent à l'exploitation de métaux autres que le fer. C'est qu'en effet, en Angleterre et en France, cette exploitation n'occupe que le second rang; si toutefois, en France, elle mérite à peine d'être nommée : dans la Grande-Bretagne elle s'est fait une situation très-brillante encore. Ce pays, celui du monde entier auquel la nature a prodigué avec le plus de libéralité les richesses minérales, est resté jusqu'ici sans rival, et, sans plus parler du fer et de la houille qui constitue la base la plus solide de sa prospérité, il porte sur tous les marchés du globe une portion considérable des métaux industriels qui alimentent la consommation générale. Il partage avec la Saxe et l'archipel indien le monopole de la production de l'étain; chaque année 11,000 tonnes de minerai sont extraites de son sol, et fournissent 7,000 tonnes de ce métal. Il renferme de très-nombreux gisements de plomb dispersés sur toutes les parties de son territoire, et qui en font peut-être, malgré la redoutable concurrence de l'Espagne, sa plus puissante rivale, le premier producteur du monde. Il en livre annuellement à la consommation 50 à 58,000 tonnes. L'Angleterre enfin fournit à l'industrie les deux tiers environ du cuivre qu'elle met en œuvre, et 120,000 tonnes de ce métal représentent chaque année la production de la Cournouaille.

Pourquoi la France reste-t-elle si loin de cette activité féconde? Son infériorité doit-elle être attribuée à la stérilité de son sol et à l'insuffisance des gîtes métalliques qu'il recèle? Il n'en est rien. La France présente sur de grandes étendues et dans toutes ses principales subdivisions une constitution géologique identique à celle des contrées les plus richement dotées en mines métalliques: les gîtes minéraux qu'elle contient offrent à cette industrie des ressources comparables à celles de plusieurs districts d'Allemagne, de Hongrie, de Suède, de Grande-Bretagne, renommés par leur richesse, et présentent un vaste champ à l'activité nationale. Les immenses exploitations des temps anciens, dont la tradition conserve le souvenir, et dont le sol garde encore les traces dans de vastes travaux qui étonnent par leur importance les explorateurs contemporains, témoigneraient assez de ce que pourrait obtenir un esprit d'entreprise bien dirigé. Il suffirait de jeter un coup d'œil sur les documents rassemblés depuis le commencement de ce siècle, pour se convaincre que notre pays n'est inférieur à aucun autre pays sous le rapport de la richesse métallique. A ne considérer que les métaux autres que le fer, des terrains métalliques égaux en puissance aux plus célèbres de l'Europe constituent en tout ou en partie le sol de nos cinquante départements; sous le rapport de la distribution géographique, on y peut distinguer cinq groupes principaux: 1° le groupe des Vosges, 2° celui de Bretagne, 3° celui des montagnes centrales, 4° celui des Alpes, 5° celui des Pyrénées. Les localités où l'on peut observer des indices de minerais métalliques sont en quelque sorte innombrables, mais en ne tenant compte que des minerais qui se présentent avec une certaine étendue, le nombre des dépôts métalliques, qui existent dans chacun de ces cinq groupes de mines et qui ont été bien déterminés et même exploités dans d'autres temps est encore extrêmement considérable: il s'élève à environ 500. A mesure que l'on s'éloigne des cinq groupes que nous avons signalés et qu'on arrive aux formations plus récentes, les métaux deviennent plus rares ou manquent complétement, mais, par compensation, les minerais de fer peu fréquents dans les cinq groupes de mines se rencontrent avec une prodigieuse abondance dans les terrains plus récents, et non-seulement ils se distinguent des autres minerais par leur abondance et par la formation comparativement récente des terrains qui les renferment, mais ils y forment des dépôts superficiels d'une nature particulière, qui diffèrent essentiellement des *mines* en filons, couches ou amas, et que par ce motif on désigne sous le nom spécial de *minières*.

Malgré tant de ressources qui promettaient à l'industrie de si riches destinées, l'exploitation des substances métalliques autres que le fer est plus que languissante en France; depuis un demi-siècle elle n'a fait que déchoir. Les mines de fer sont la seule branche d'industrie minérale où l'on ait tiré parti des ressources du territoire français. Quelques chiffres préciseront les idées à cet égard; nous les prenons dans la Statistique de l'industrie minérale, publiée par le ministre de l'agriculture, du commerce et des travaux publics pour l'année 1852. Le nombre des concessions accordées pour les métaux autres que le fer, s'élevait au total de cent vingt-cinq. Elles étaient ainsi réparties selon la nature des métaux à exploiter. Les mines d'antimoine avaient donné lieu à vingt-quatre concessions, distribuées dans neuf départements, et embrassant une superficie de 137 kilom. 69 ares. Pour le manganèse, on comptait vingt concessions, dans huit départements, sur une étendue de 62 kilom. 40 hectares. Pour le plomb et l'alunifère, dix-sept concessions occupaient, dans quatorze départements, une superficie de 153 kilom. 21 hectares. Pour le plomb et l'argent, la Statistique donne vingt-quatre concessions, sur 464 kilom. 61 hectares, dans quatorze départements; pour le cuivre, dix concessions, sur 274 kilom. 89 hectares, dans six départements; pour le cuivre, le plomb et l'argent, douze concessions, sur 260 kilom. 95 hectares, dans sept départements; pour le plomb, l'argent, le zinc, le cuivre, etc., treize concessions, sur 172 kilom. 75 hectares, dans un égal nombre de départements; pour l'or et l'argent isolés ou réunis, trois concessions dans deux départements et sur un demi-kilom. 39 hectares; pour l'arsenic enfin, isolé ou réuni à l'or ou à l'argent, deux concessions dans autant de départements, sur 5 kilom. 50 hectares. C'est, comme on le voit, pour les cent vingt-cinq concessions, un ensemble de plus de 1,115 kilom. Enfin, à l'époque où le Rapport fut publié, quarante-deux nouvelles demandes de concessions ou d'extensions de concessions, pour des mines de plomb, zinc, cuivre, et autres métaux, étaient en instance auprès de l'Administration.

Mais, si insuffisant que soit le nombre de ces concessions, pour répondre aux besoins du pays et pour mettre en valeur les richesses considérables que son sol contient, les gîtes métalliques réellement et utilement exploités sont loin d'égaler, en nombre, les concessions accordées par l'autorité. Les mines exploitées, en 1847, ne dépassaient pas vingt-sept. Elles s'élevèrent, pendant 1848, au nombre de quarante, pour retomber ensuite, en 1849, à trente-six; en 1850 et 1851, à vingt-huit; et enfin, en 1852, à vingt-quatre. Mais le nombre des ouvriers occupés dans ces vingt-quatre mines, et qui s'élevait à deux mille cent trois, était supérieur à celui des années précédentes; il en était de même pour l'ensemble de leurs salaires, qui représentaient une somme de 685,505 fr.; et pour le produit total de l'exploitation, qui atteignait le chiffre de 1,398,728 fr.

En résumé, ajoutait le Rapport auquel nous empruntons ces résultats, on voit que chaque année le produit des mines métalliques autres que le fer, est pour la France infiniment peu de chose; nous sommes tributaires de l'étranger pour la plus grande partie des métaux que nous consommons, et qui sont d'une nécessité indispensable : le cuivre, l'étain, le zinc, etc.

Parmi les peuples qui se distinguent dans l'ancien ou dans le nouveau continent par l'importance de leur industrie métallurgique, il est juste de citer, au premier rang, le Hanovre et la Saxe. Ces deux pays méritent cette place par l'antiquité des exploitations qui les ont rendus célèbres, et par les notables progrès qu'ils faisaient faire à la science des mines, lorsque les autres contrées de l'Europe restaient encore attachées aux procédés qui leur avaient été transmis par la routine. Les mines les plus importantes du Hartz, en

Hanovre, sont celles de galène argentifère. Elles produisent, en moyenne, deux mille tonnes de plomb et dix mille livres d'argent. Le bassin saxon, dont Freiberg est le centre, est parcouru par environ quatre cents veines métallifères, dont on extrait par année moyenne, huit mille tonnes de plomb, trente-deux mille cinq cents livres d'argent et cent vingt tonnes d'étain.

Nous n'avons pas la prétention d'indiquer ici tous les gîtes métallifères qui alimentent l'industrie; nous croyons cependant qu'il n'est pas sans intérêt de nommer les plus considérables. La Suède et la Norvége, qui recèlent de l'argent et du plomb, sont surtout renommées par les excellents cuivres dont elles produisent deux mille cinq cents tonnes chaque année, et par ces fers de qualité supérieure, à l'aide desquels on fabrique ces incomparables aciers dont l'étude devra trouver sa place dans la notice d'une autre Classe. L'Autriche, entre autres richesses, nous présente son fer, recommandable surtout en Styrie, en Carinthie et dans la basse Autriche, et ses puissantes mines de mercure d'Indria, presque aussi fécondes que celles d'Almaden, et qui lui font une rude concurrence. Ce sont, en effet, l'Illyrie et l'Espagne qui approvisionnent de mercure le monde entier. La péninsule Ibérique prend aussi, nous l'avons vu, une très-large part, sinon la première, dans l'approvisionnement du plomb, mais elle est loin toutefois d'utiliser tous les trésors que son sol lui offre en si grande abondance.

La république des États-Unis n'est guère moins favorisée, et les explorations géologiques qui y ont été déjà entreprises permettent de constater que les gisements métallifères y sont à la fois nombreux et puissants. Le Canada, dont l'Exposition a obtenu un si légitime succès à Londres et à Paris, partage avec les États-Unis le même avantage. Les fers, des sortes les plus précieuses et comparables aux fers de Suède, y sont répandus sur de vastes surfaces, mais les mines qui méritent le plus de fixer l'attention sont les gisements de cuivre natif, gisements d'une richesse jusqu'à présent inconnue promettant aux États-Unis une exploitation de la plus haute importance, et à l'Angleterre une concurrence difficile à combattre.

La Russie, enfin, malheureusement absente du concours de l'Exposition universelle de Paris, occupe un haut rang parmi les États producteurs de métaux. Ses fers ne le cèdent guère à ceux même de la Suède, les premiers du monde pour la fabrication de l'acier. Le cuivre y est l'objet d'un commerce considérable, et enfin, dans les provinces asiatiques de son vaste domaine, elle trouve en abondance le plus précieux, si ce n'est le plus utile de tous les métaux, l'or, dont elle pouvait s'attribuer naguère encore la plus importante production.

Les nombreux échantillons d'or apportés dans le Palais des Champs-Élysées excitaient à juste titre un intérêt particulier, qu'ils n'eussent pas mérité, il y a quelques années. Ce n'était pas seulement une curiosité vulgaire qui attirait la foule vers ce métal, toujours assuré de son admiration, parce qu'il est toujours l'objet de sa convoitise. Les visiteurs studieux la suivaient pensifs dans le vestibule du premier étage, situé à l'extrémité orientale du Palais, et où brillaient les riches pépites arrachées au sol de la Californie ou du continent australien; puis gagnaient le bout de l'Annexe, pour considérer les sables aurifères de ces dernières régions. Ils se demandaient quelle serait, dans un avenir prochain, sur le monde industriel et financier, sur les transactions commerciales et sur les relations de tout genre, l'influence de ce métal, qui se révèle en si grande abondance, et qui menace d'exercer de si vastes perturbations. Déjà la Californie et l'Australie font oublier les riches dépôts de l'Altaï, et ne leur laissent plus que le troisième rang. Bientôt peut-être à son tour la Guyane recueillera cette précieuse moisson qui semble répandue sous son sol, et l'avidité des chercheurs d'or si ardemment excitée rêve encore des gîtes nouveaux dans des régions jusqu'à présent inexplorées, et qu'à des signes plus ou moins sûrs, on est disposé à placer au nombre des pays aurifères.

L'or est-il destiné à descendre, dans la hiérarchie des métaux précieux? La nature, qui jusqu'ici s'en était montrée si avare, se dispose-t-elle à révéler ax générations qui grandissent, les mystérieuses cachettes où elle l'a enfoui? La constitution économique du monde devra-t-elle en être profondément atteinte et troublée? Ce sont là des questions redoutables auxquelles sans doute un avenir peu éloigné se chargera de répondre.

Nous avons glissé rapidement sur les faits qui se rapportent à l'exposition des métaux autres que le fer. Quel que soit l'intérêt qui s'attache à ces puissantes et utiles industries, de plus longs détails en ce qui les concerne nous eussent entraîné trop loin, en dépassant de beaucoup les limites qui nous sont assignées. Toutefois, nous ne saurions, sans méconnaître le but que se proposent ces notices destinées à présenter un tableau sommaire des progrès récents accomplis dans chaque branche du travail humain, passer sous silence un produit qui se recommande à la fois par sa nouveauté, puisqu'il n'a acquis une existence industrielle que depuis l'Exposition de Londres; par les ressources précieuses et inattendues qu'il paraît devoir offrir à un grand nombre d'arts divers; par la voie toute nouvelle et féconde qu'il ouvre aux recherches métallurgiques, et enfin par l'influence qu'il semble appelé à exercer sur les théories chimiques. On a déjà deviné que nous voulons désigner l'aluminium qui a, pendant toute la durée de l'Exposition, excité une si générale et si juste curiosité. Nous ne saurions nous dispenser d'en dire ici quelques mots.

L'Exposition de 1855 était déjà depuis assez longtemps ouverte au public, lorsque le visiteur, qui pénétrait du palais principal dans l'admirable Rotonde du Panorama, toute resplendissante des produits divers des Gobelins, de Beauvais et d'Aubusson, remarqua, près de la porte, à sa droite, sur une petite console recouverte de velours vert, et confiée à la surveillance d'un gardien spécial, quelques objets inconnus, qu'à leur allure modeste et rustique il s'étonnait de voir figurer au milieu des produits de l'art le plus splendide et le plus raffiné, et que dans une autre partie du Palais il n'aurait pas trouvés dignes d'un regard, provoqué ici sans doute par l'étonnement plutôt que par un intérêt sympathique : c'étaient deux petits monceaux, formés chacun d'une dizaine de barres longues de deux ou trois décimètres, larges et épaisses d'autant de centimètres à peu près, blanches et d'un aspect métallique, de lingots enfin. On avait peine, au premier regard, à discerner aucune différence entre les deux faisceaux; cependant, avec un peu d'attention, on s'apercevait que les lingots de l'un présentaient une teinte légèrement jaune, tandis que ceux de l'autre étaient d'un blanc plus mat. Les premiers étaient de l'argent, placé là comme simple objet de comparaison; les seconds étaient de l'aluminium. Un peu plus loin, au beau milieu de la brillante exposition de M. Christophe, il fallait être averti, pour s'arrêter devant un couvert, une petite cuillère et une petite timbale, du même métal, lequel avait pris sous l'action du marteau et du brunissoir une teinte bleuâtre qui le faisait ressembler à l'étain ou au platine, et qui lui donnait, en somme, une apparence peu agréable. Enfin, quelques jours plus tard, vinrent se placer, sur la petite console verte, un timbre et un mouvement de montre. Tels sont les divers échantillons d'aluminium, qui ont figuré dans la Rotonde du Panorama.

Voulait-on étudier un peu plus attentivement ce métal qui faisait alors sa première entrée dans le monde de la science et de l'industrie, on était d'abord frappé d'une circonstance singulière. Si on le soulevait, pour comparer son poids avec celui d'un égal, lingot d'argent, on le trouvait d'une extrême légèreté, inconciliable avec l'idée que nous nous formons de la densité élevée des substances métalliques, et qui produisait sur l'observateur une impression étrange. En effet, si l'on compare, à volume égal, l'eau distillée aux métaux le plus communément employés dans l'industrie, on trouve que le poids du plus léger d'entre eux, du zinc, est exprimé par le nombre 7,19. L'étain est 7,29 fois plus pesant que l'eau; la pesanteur spécifique du fer égale 7,78; celle du cuivre laminé ou forgé, 8,95; celle de l'argent fondu, 10,47; celle de l'or forgé ou fondu, respectivement, 19,36 et 19,26; enfin, celle du platine, le plus pesant de tous, 21,53. Mais la pesanteur de l'aluminium fondu ne dépasse pas 2,56; celle du métal écroui n'atteint que 2,67. Il pèse environ, comme on le voit, trois fois moins que le zinc, l'étain ou le fer, trois fois et demi moins que le cuivre, quatre fois moins que l'argent, à peu près sept ou huit fois moins que l'or et le platine. Son poids est sensiblement égal à celui du corail, et un peu plus élevé que celui du verre de Saint-Gobain ou de la porcelaine de Chine (2,38). L'aluminium n'a pas d'odeur, ou il n'a qu'une très-légère odeur de fer; sa sonorité, excellente : son timbre pur, clair, et comparable, selon M. Dumas, à celui des bronzes les meilleurs, est d'autant plus remarquable que les métaux purs ne jouissent, en général, de cette propriété, qu'à un degré fort médiocre; aussi, est-on obligé, pour la produire, de recourir à des alliages.

Ces mérites, qu'une facile et courte observation permettait au public de constater, et qui à eux seuls attirent sur l'aluminium un très-juste intérêt, ne sont pas les seuls ni même à beaucoup près les plus importants qui recommandent ce métal : les expériences de laboratoire en révèlent beaucoup d'autres. L'aluminium est à un haut degré tenace, dur, rigide, et peut sous ce rapport être comparé au fer. Sa malléabilité et sa ductilité ne sont pas inférieures à celle du zinc, et il subit avec un plein succès le travail du laminoir ou de la filière; mieux que cela, il est à peu près inaltérable. L'oxygène ne se combine que très-difficilement avec lui, et il ne noircit pas à l'air. Les acides, si l'on excepte l'acide chlorhydrique, ne parviennent pas à l'attaquer, et les combinaisons qu'il forme avec les autres corps, à la différence de celles dans lesquelles entrent le cuivre et beaucoup d'autres métaux, ne sauraient avoir aucune influence fâcheuse sur notre santé. Il fond à une température un peu plus élevée que celle qui liquéfie le zinc, mais un peu plus basse que celle qui liquéfie l'argent. Il n'est pas moins précieux pour la manière dont il se comporte, quand on cherche à le mêler avec d'autres métaux. On ne parvient pas à l'amalgamer avec le mercure, et cette propriété négative, qu'il partage à peu près exclusivement avec le fer, lui permettra de rendre quelques services d'un ordre particulier. Mais il s'allie très-bien à l'argent, au zinc, à l'étain; l'alliage qu'il forme avec le cuivre est surtout remarquable par la dureté: il raie le verre et se casse comme l'acier. Enfin l'aluminium est bon conducteur de l'électricité, mais il ne possède que de faibles propriétés magnétiques.

Les qualités si diverses et si nombreuses de l'aluminium en font certainement une des acquisitions scientifiques les plus précieuses de ce temps-ci, et l'on a remarqué avec raison qu'elles lui permettront de remplacer à la fois avec avantage presque tous les métaux employés dans l'industrie et dont il reproduit à lui tout seul les mérites les plus intéressants. Sa dureté et sa ténacité le rendent très-propre à la fabrication des instruments agricoles, des outils industriels, des armes de guerre, pour lesquels son inaltérabilité et sa légèreté sont d'un prix inestimable. Ces derniers mérites le recommandent pour la construction des instruments de précision, pour la confection des ustensiles de chimie, des creusets, des balances et même de la bijouterie et des pièces d'orfévrerie. Il devra à l'innocuité de ses combinaisons d'être préféré souvent pour les instruments de chirurgie; sa sonorité lui marque sa place dans l'horlogerie, et sa conductibilité le fera rechercher dans la construction des télégraphes électriques. En voilà certes assez pour assurer la fortune du nouveau métal et pour lui gagner la faveur du public; et l'on se demande si la production d'une substance appelée à rendre des services si multiples et d'une si haute importance pourra suffire aux besoins d'une consommation si vaste et si étendue.

A ne considérer que l'état des sources auxquelles les manipulations chimiques empruntent l'aluminium, la réponse ne peut pas être douteuse. L'aluminium est certainement une des matières les plus répandues dans l'écorce de notre globe, et l'on estime qu'elle n'en compose pas moins de la centième partie. On le rencontre en assez grande proportion dans le granit et dans les roches primitives: l'alumine, qui lui a donné son nom, n'est autre chose qu'une combinaison d'aluminium et d'oxygène qui forme la base d'une foule de corps extrêmement communs : les argiles ordinaires, la terre à porcelaine, les halloysites, les feldspaths, qui sont connus dans la science sous les noms d'hydrosilicates ou de silicates doubles d'alumine; le mica, les ocres employées dans la peinture, appartiennent encore à la même famille. Enfin, l'alumine se rencontre dans la nature sous forme de cristaux très-recherchés; colorés en bleu ou en rouge par des oxydes métalliques, ils prennent la dénomination de saphirs ou de rubis; incolores et transparents, on les appelle corindon hyalin.

Une matière si commune et que nous foulons en si grande abondance paraît devoir être livrée au commerce à vil prix. Il n'en est rien pourtant, et la nature de ce métal le place encore au nombre des métaux précieux. Les procédés d'extraction qui viennent d'être découverts sous nos yeux, sont, comme on devait s'y attendre, imparfaits et coûteux, et l'on a de grands progrès à accomplir avant que l'aluminium puisse entrer dans la consommation courante pour tous les usages auxquels il paraît propre. Son existence même, il y a moins de trente ans, était scientifiquement inconnue. Dès le commencement de ce siècle, guidé par l'analogie que présentaient ses composés avec quelques autres combinaisons métalliques, on l'avait placé dans la liste des métaux avant d'avoir pu le saisir et sans être parvenu à l'isoler des corps avec lesquels il est en composition : ce ne fut qu'en 1827 que le célèbre chimiste allemand Vohler parvint à l'obtenir dans un état de pureté qu'il croyait alors absolu, et qui n'était, en réalité, qu'approximatif. C'était une poudre qui prenait un éclat métallique sous le brunissoir; elle s'enflammait, quand on la chauffait, au contact de l'air, et se décomposait à la température de 100 degrés. Très-difficile à dégager de l'oxygène avec lequel il était en combinaison, l'aluminium, comme on l'avait prévu, s'emparait de ce gaz avec une extrême avidité quand il en avait été à grand' peine isolé. L'expérience délicate à l'aide de laquelle on l'avait obtenu, était intéressante pour la science; c'était une curieuse opération de laboratoire, mais qui ne semblait pas devoir jamais aboutir à un résultat utile pour l'industrie et à une conquête avantageuse pour les arts.

Les choses en étaient là, lorsque M. Sainte-Claire Deville et M. Tessier entreprirent à leur tour l'étude de l'insaisissable métal. C'est seulement au mois d'août 1854 qu'ils communiquèrent à l'Institut le résultat de leurs expériences. Ce résultat était tout à fait inattendu : il changeait la face de la question et mettait en défaut les théories jusqu'à présent acceptées sur les propriétés des métaux. Les deux habiles chimistes purent constater que l'aluminium obtenu par M. Vohler n'était pas complétement pur; il contenait, en minime proportion, du platine, du potassium et du sodium ou du chlorure d'aluminium, et ces éléments avaient suffi pour lui conférer les propriétés qu'on avait remarquées, mais qu'il ne possédait pas à l'état pur. L'aluminium de M. Sainte-Claire était bien différent et se recommandait par les caractères précieux que nous avons énumérés tout à l'heure. Il offrait surtout cette particularité, inouïe jusque-là dans la science chimique et tout à fait contraire aux lois naturelles et en apparence évidentes de l'analogie, d'un metal qui, doué d'une extrême affinité pour l'oxygène tant qu'il est en composition avec lui, n'a plus aucune propension à se combiner de nouveau avec ce gaz, quand il en a été une fois séparé.

Le succès est donc complet, si l'on ne tient compte que du résultat technique. Le but économique est, nous l'avons dit, moins parfaitement atteint. L'extraction de l'aluminium qui, dans les premières expériences, revenait à un prix exorbitant, paraît être encore aujourd'hui une opération fort dispendieuse; elle présente deux phases successives : dans la première, on obtient du chlorure d'aluminium que l'on réduit, dans la seconde, à l'aide du sodium qui s'empare du chlore et laisse libre l'aluminium. Or, on doit consommer trois kilogrammes de sodium, pour dégager un seul kilogramme d'aluminium, et quand M. Deville commença ses expériences, le sodium coûtait 1,000 fr. le kilogramme; l'aluminium devenait ainsi plus cher que l'or. Aujourd'hui des procédés plus parfaits permettent à M. Deville de préparer le sodium à moindres frais, et aussi de le conserver économiquement. Il en résulte que l'aluminium a sensiblement diminué de valeur, et l'on dit que son prix s'est abaissé jusqu'à 1,000 fr. et même 500 fr. le kilogramme. Si l'on tient compte de cette circonstance, que, quatre fois moins lourd que l'argent, il présente un volume quatre fois plus considérable pour un même poids, et fournit au travail, par conséquent, quatre fois plus de matière, on en doit conclure que son prix est le même que celui de ce métal à égal volume. Mais aucun fait n'est venu encore confirmer cette nouvelle, donnée par un journal, que M. Deville était parvenu à obtenir l'aluminium à 30 francs le kilo. Il convient de mettre au rang des espérances toutes gratuites, auxquelles rien ne donne jusqu'à présent un caractère sérieux, la pensée exprimée par un chimiste, que le métal nouveau pourra être livré au commerce à 10 francs et même à 5 francs le kilogramme! Il n'en faudrait pas tant, pour que l'aluminium luttât avec toute sorte de motifs de préférence contre le cuivre, trois fois plus lourd que lui.

Quoi qu'il en soit, et dans l'état où elle est, la production déjà industrielle de l'aluminium est, nous le répétons, une des conquêtes les plus intéressantes de la science moderne; cette conquête est doublement importante, et par l'élément nouveau qu'elle apporte dans les arts, et par l'impulsion inattendue qu'elle imprime à l'étude des métaux. La chimie connaît aujourd'hui quarante-sept corps simples qu'elle désigne sous ce nom. Il n'y en a pas beaucoup plus d'une douzaine, dont on peut tirer parti à l'état métallique. « Jusqu'ici, dit M. Dumas, les métaux utilisés étaient tirés des métaux natifs ou des métaux mis à nu par des traitements qui consistaient toujours, en définitive, à réduire leur oxyde par le charbon. L'extraction de l'aluminium en grand ouvre une voie nouvelle, puisqu'elle apprend qu'on peut retirer les métaux de leurs chlorures. Pour certains métaux, ce procédé est indispensable; pour d'autres, il pourra être préféré aux anciennes méthodes. Certains métaux ignorés de l'industrie vont pénétrer dans son domaine. »

REVUE DES PRINCIPAUX OBJETS

EXPOSÉS DANS LA PREMIÈRE CLASSE.

Nous examinons les produits, en suivant l'ordre adopté par la Commission pour la classification générale; nous devons donc commencer l'examen des produits de la 1re classe, par les cartes géologiques.

La science géologique, quoique jeune encore, a déjà produit d'immenses résultats. Aussi, vient-elle en aide aujourd'hui, non-seulement aux études scientifiques, mais à l'industrie et à l'agriculture.

Le corps des ingénieurs des mines a publié, en 1841, une carte géologique de la France. Il est à regretter que ce magnifique travail, le plus considérable en ce genre fait jusqu'à ce jour, n'ait pas été exposé en entier, car il eût certainement été jugé digne de la plus haute distinction.

C'est dans les expositions étrangères que nous trouvons les cartes géologiques qui ont obtenu du jury les plus grandes récompenses.

M. W. E. LOGAN, de Montréal (Canada) : grande médaille d'honneur.

M. W. E. Logan, président de la commission géologique du Canada, assisté de M. A. Murray, fut chargé, en 1841, par la Chambre législative de la colonie, d'une exploration géologique de la contrée. Cette exploration, faite aux frais du gouvernement canadien, ne put être complétée que par les sacrifices personnels que M. Logan crut devoir s'imposer. Les résultats de ces recherches ont permis à M. Logan d'exposer : 1° une carte géologique du Canada, comprenant les deux rives du Saint-Laurent et des grands lacs, 2° une collection d'échantillons propres à compléter les connaissances géologiques et minéralogiques des savants, et une collection des minerais utiles aux exploitations industrielles.

Nous citerons, parmi ces derniers, des échantillons de fer oxydulé et oligiste, tels qu'on en rencontre dans le Calvados; du fer chromé et titané, des minerais de cuivre, argent, cobalt, nickel et zinc; des échantillons de cuivre provenant des mines de Bruce sur le lac Huron, mines aujourd'hui en pleine exploitation; enfin, de l'or, provenant des sables de la Nouvelle-Beauce, lequel renferme une certaine quantité de platine, d'osmium et d'iridium.

M. Sleeper de Québec avait ajouté, à cette intéressante collection, des minerais de cuivre et d'or. M. le docteur Wilson avait aussi apporté son contingent, en exposant de beaux échantillons de cristaux de phosphate de chaux, de gypse, d'asphalte et de carbonate de magnésie.

Devant de si remarquables et persévérants efforts, le jury de la 1re classe a cru devoir décerner à M. Logan la grande médaille d'honneur.

M. A. DUMONT, Liége, Belgique : grande médaille d'honneur.

M. A. Dumont, professeur de géologie à l'université de Liége, expose dans les galeries réservées à la Belgique des travaux pleins d'intérêt, qui comprennent :

1° Une carte géologique des environs de Spa et Pessinster, en 250 feuilles, au 20 millièmes.

2° Une carte géologique des dépôts superficiels de la Belgique, au 160 millièmes.

3° Une carte géologique dite sous-sol, c'est-à-dire dégagée des terrains quaternaires (même échelle que le n° 2).

4° Une carte géologique de la Belgique, servant à établir la relation des formations qui existent entre la France, la Belgique et les provinces rhénanes.

5° Une carte géologique de l'Europe, de l'Asie Mineure et d'une partie du nord de l'Afrique.

Dans cet important travail, M. Dumont, quoique s'écartant des méthodes et subdivisions admises, a fait preuve d'un immense talent d'observation d'autant plus remarquable qu'il est facile, sans de grands efforts, d'appliquer à son système toutes les nomenclatures connues.

Aussi, le jury, appréciant toute l'importance des travaux de ce savant géologue auquel la Belgique est redevable de toute son histoire géologique, lui a décerné la grande médaille d'honneur.

ECOLE IMPÉRIALE DES MINES (France) : grande médaille d'honneur.

L'École impériale des mines a présenté à l'Exposition :

I. Un fragment d'une *carte géologique détaillée de la France*, dressé, d'après les cartes géologiques départementales et d'après des documents inédits, par MM. Dufrénoy et Elie de Beaumont, inspecteurs généraux des mines; exécuté par report sur pierre de la carte topographique publiée par le Dépôt de la guerre, comprenant 25 premières feuilles de cette carte.

II. Le tableau d'assemblage de la *carte géologique générale de la France*, par MM. Dufrénoy et Élie de Beaumont.

III. La carte géologique du département de *Seine-et-Marne*, par M. de Sénarmont, ingénieur en chef des mines.

IV. La carte géologique du département de la *Charente-Inférieure*, par M. Manès, ingénieur en chef des mines.

V. La carte géologique du département du *Morbihan*, par MM. Lorieux, ingénieur en chef des mines, et de Fourcy, ingénieur des mines.

VI. La carte géologique du département des *Vosges*, par M. de Billy, ingénieur en chef des mines.

VII. La carte géologique du département du *Puy-de-Dôme*, par M. Baudin, ingénieur en chef des mines.

VIII. La carte géologique du département du *Pas-de-Calais*, par M. Dusouich, ingénieur en chef des mines.

IX. La carte géologique du département de la *Corrèze*, par M. de Boucheporn, ingénieur en chef des mines.

X. La carte géologique du département du *Bas-Rhin*, par M. Daubrée, ingénieur des mines.

XI. La carte géologique du département de la *Côte-d'Or*, par M. Guillebot de Nerville, ingénieur des mines.

XII. La carte géologique du département du *Nord*, en deux parties; la première sous le titre de *Flandre française*, et la seconde comprenant *la région méridionale* du département, par M. Meugy, ingénieur des mines.

XIII. Une *carte minéralogique de la France*, faisant connaître les gisements des substances minérales exploitables, et les concessions accordées pour leur exploitation.

XIV. La *coupe d'un puits foncé en Sologne*, pour l'exploitation des marnes, devant servir à l'amendement des terres dans cette contrée, par M. Bertera, ingénieur des mines.

XV. Une *carte hydrographique et géologique de la ville de Paris*, indiquant la profondeur à laquelle on rencontre les eaux souterraines qui alimentent les puits, l'écoulement de ces eaux et la nature du terrain à cette profondeur, dressée, par ordre de M. le préfet de la Seine, par M. Delesse, ingénieur des mines.

L'École des mines exposait en outre :

XVI. Une *collection de minéraux* les plus importants au point de vue industriel, et les *produits* à la fabrication desquels ils sont employés. Cette exposition renfermait :

1° Dans les vitrines horizontales, environ 300 échantillons de minéraux remarquables par la netteté de leurs formes cristallines et présentant la série des espèces minérales classées dans l'ordre adopté à l'École des Mines. Les échantillons étaient tous extraits de la collection minéralogique de l'École et pouvaient donner une idée des richesses scientifiques de cet établissement.

On ne cite particulièrement aucun de ces échantillons, car ils sont tous dignes d'être étudiés et décrits.

Comme appendice à cette série, on avait joint quelques spécimens des pierres précieuses et minéraux artificiels, obtenus par les ingénieux procédés de M. Ebelmen, dont la mort prématurée sera longtemps regrettée de ceux qui s'occupent de chimie minéralogique.

On peut citer parmi ces produits les spinelles bleues et roses, en cristaux bien nets et bien définis, dont les formes sont appréciables à l'œil nu. La péridot, l'alumine colorée en rose avec les formes cristallines du corindon; de beaux cristaux de bisilicate de magnésie, et enfin de merveilleux cristaux d'acide titanique et de cymophane.

On pouvait aussi remarquer, au-dessus des vitrines apposées sur les fenêtres, 2 tableaux renfermant plus de 150 plaques d'agate translucide, remarquables par la richesse de leurs teintes et par la variété des dispositions que présentaient leurs zones diversement colorées.

2° Dans les armoires : plus de 1,500 échantillons formant une exposition systématique abrégée du règne minéral et présentant la série de ses principales espèces accompagnées des produits les plus importants qu'en retire l'industrie.

Cette série, composée en grande partie de produits français, était bien faite pour donner à l'observateur des renseignements sommaires sur les ressources que l'on trouve dans le règne minéral, tant pour l'industrie que pour un grand nombre d'arts secondaires.

Comme introduction à cet exposé, on avait placé une suite d'échantillons, donnant l'aspect des principales roches qui composent la croûte du globe : roches cristallines auxquelles on attribue une origine ignée ou volcanique, granits, porphyres, laves, roches sédimentaires ou d'origine plutonienne, c'est-à-dire en couches stratifiées déposées par les eaux, grès, argiles, calcaires, gypses, et enfin les roches métamorphiques qui paraissent avoir subi, depuis leur éruption ou leur dépôt, des modifications, dues, en général, à l'apparition, dans leur voisinage, de roches éruptives, schistes, gneiss, calcaires, saccharoïdes.

Après cette introduction venaient successivement :

Les matières employées en agriculture comme amendements, dans leur état naturel ou modifié; marnes, sulfate de chaux; les calcaires donnant le plâtre et la chaux, le sel gemme;

Les matériaux de construction, les calcaires, pierre à bâtir, schistes ardoisiers, les différents calcaires servant à la fabrication des chaux maigres, grasses et hydrauliques; les argiles servant à la confection des briques, tuiles et carraux; les calcaires produisant le bitume et l'asphalte;

Les combustibles minéraux; houille de diverses natures, lignites, tourbes d'où l'industrie retire le coke et le charbon de tourbe, les schistes bitumineux d'où on extrait des huiles employées pour l'éclairage;

Les différents minerais métalliques, avec des échantillons de produits fabriqués; le fer et ses minerais nombreux d'où on retire la fonte, les aciers, les fers de toute nature, tôles, fils de fer, rails, etc., etc.

Le minerai de plomb, avec les produits fabriqués par l'industrie, litharge, minium, céruse;

Les minerais de cuivre, d'argent, de mercure, tous accompagnés d'un exemple de métal pur;

Le minerai de zinc et le zinc métallique, qui, allié au cuivre, donne le laiton, le maillechort, etc.; le blanc de zinc ou oxyde de zinc;

Le minerai d'étain, dont le métal allié au cuivre nous donne les bronzes de toutes sortes; métal de cloches, bronze pour coussinets de machines, bronze à canon, etc.

Le bismuth servant aux alliages d'imprimerie.

L'antimoine, allié à l'étain dans les planches pour graver la musique. Enfin les métaux de haut prix, l'or et le platine et l'aluminium, métal nouveau dû aux intéressantes recherches et aux procédés perfectionnés de M. Deville.

Les matières employées à la fabrication du verre; quartz, grès, carbonates de soude et de potasse, oxydes de plomb et de zinc employés dans la fabrication du cristal et des verres d'optique.

Les matières premières des poteries, argiles, chaux, sulfure de plomb ou alquifoux, pour les poteries communes, kaolin, feldspath pour la porcelaine.

Les roches et minéraux employés dans les décorations monumentales et dans la bijouterie: les marbres de diverses couleurs, les porphyres; puis une belle série de pierres taillées, diamant, cornalines, camées durs, grenats, émeraudes, corindon, etc.

Les minéraux employés pour polir, émeri, tripoli; les oxydes colorants, ocres, sanguine, oxyde de cobalt, lapis-lazuli, sulfure de mercure ou vermillon; les matières traçantes, sanguine, craie.

Enfin, servant de passage du règne minéral au règne organique: une série d'animaux fossiles, choisis dans les types caractéristiques des différents âges du globe.

Outre ces collections, on pouvait voir dans la partie supérieure des armoires quelques échantillons exceptionnels, tels que de belles cristallisations de quartz, chaux carbonatée, galène, sulfure d'antimoine, fer oligiste, etc. Cuivre natif du lac Supérieur, fer météorique, gros cristal d'émeraude isolé, et quelques belles pièces d'animaux fossiles isolés.

Tel était l'ensemble de cette magnifique exposition qui a été admirée par toutes les intelligences, et pour laquelle une grande médaille d'honneur a été décernée a l'École impériale des Mines (France).

GEOLOGICAL SURVEY OF GREAT BRITAIN, Angleterre, grande médaille d'honneur.

Sous la dénomination de Geological Survey of Great Britain, le gouvernement anglais a chargé une commission spéciale de coordonner et de compléter divers travaux entrepris par des géologues anglais et principalement par M. Greenough, géologue éminent qui, dès 1822, publia une carte géologique de l'Angleterre.

Le Geological Survey a exposé la partie terminée de ses travaux. Les cartes comprennent le Cornouailles, le Devonshire, le pays de Galles et une partie des contrées adjacentes.

Ce travail entrepris sur une échelle assez grande pour qu'il reproduise exactement, non-seulement les limites des divers terrains et leurs principales subdivisions, mais pour qu'il indique encore les gîtes principaux, a paru au jury tellement remarquable qu'il a décerné au Geological Survey of Great Britain, une grande médaille d'honneur.

MINISTÈRE DE LA GUERRE (France), médaille d'honneur, hors classe.

Les ingénieurs chargés du service des mines de l'Algérie, sous la direction du ministère de la guerre, ont envoyé à l'Exposition d'intéressants documents et de belles collections de minerais dignes en tous points de fixer l'attention.

L'industrie métallique a déjà sur le territoire africain plusieurs établissements pour l'exploitation des minerais de fer, plomb, cuivre, etc., qui tendent à prendre un développement considérable.

La médaille hors classe décernée au Ministère de la guerre, pour sa magnifique exposition des produits de l'Algérie, est déposée au siége du gouvernement de la colonie; mais un rapport désigne les personnes qui y ont le plus particulièrement coopéré. Nous copions textuellement ce Rapport, pour rendre à chacun la justice qui lui est due.

MM. Rozet et Bobbatz, appelés à concourir, comme officiers d'état-major, aux travaux topographiques de l'Algérie, peu de temps après la conquête de l'Afrique française, ont, l'un et l'autre, fait des recherches intéressantes sur la géologie. On doit surtout rappeler que M. Rozet a signalé le premier les beaux gisements de cuivre de Mouzaiâ.

M. Renou, attaché comme géologue à la Commission scientifique de l'Algérie, a publié le premier travail d'ensemble sur la constitution géologique de notre colonie française. Ses recherches sont réunies dans le volume in-4° qui fait partie des travaux de la Commission scientifique de l'Algérie. Il est accompagné d'une carte géologique de l'Algérie, à l'échelle de deux millionièmes.

M. Fournel, ingénieur en chef, a étudié plus tard les gisements principaux de minerais utiles. Il a publié un grand ouvrage in-4°, intitulé : *Richesse minérale de l'Algérie :* il y traite de la géologie générale de cette contrée, et il indique un grand nombre de gisements minéraux.

M. Ville, chargé depuis du service d'ingénieur en chef dans la province d'Alger, a consacré plusieurs années à l'étude et à la description des gisements de minerais; il en a fait connaître quelques-uns très-importants; il a ajouté à ces recherches un grand nombre d'analyses ayant pour but de constater la richesse de certains minerais, ainsi que leur composition, et par suite le traitement métallurgique auquel on doit les soumettre.

Cet ingénieur a fait, en outre, une étude très-circonstanciée des eaux potables et des eaux minérales de l'Algérie.

Ses travaux sont résumés dans deux grands ouvrages. Le premier, imprimé en 1853, est intitulé : *Recherches sur les roches, les eaux et les gîtes minéraux des provinces d'Alger et d'Oran.* Il contient plus de cent cinquante analyses.

Le second porte le titre de *Notice géologique et minéralogique des provinces d'Alger et d'Oran;* l'auteur y établit la relation entre les minéraux utiles et les terrains dans lesquels ils existent; sa Notice peut donc être considérée comme un guide excellent pour les recherches futures.

Ces deux ouvrages sont le fruit des observations personnelles de l'auteur.

Le second ouvrage, qui est actuellement sous presse, sera publié, comme le premier, par les ordres de l'administration.

M. Dubocq a fait, pour la province de Constantine, un travail analogue à celui de M. Ville pour la province d'Alger. Il a publié un mémoire, intitulé: *Constitution géologique des Ziban et de l'Oued-R'ir, au point de vue des eaux artésiennes de cette partie du Sahara* (*Annales des mines*, 1852).

M. Ville et M. Dubocq, chargés depuis plusieurs années du service des mines de l'Algérie, ont présidé à la création de la plupart des concessions de mines actuellement en cours d'exploitation. Les études spéciales qu'ils ont faites sur les gisements de minerais utiles, ont été très-précieuses pour les concessionnaires, et sont en partie la cause du développement de la richesse minérale de l'Algérie.

M. Delmonte a concouru aussi à ce développement, en mettant en valeur le beau gisement d'albâtre calcaire d'Aïn-Tecbalek, dans la province de Constantine.

M. Nicaise a récemment constaté qu'il existe, dans les gorges de l'Arrach, des sables qui présentent de l'analogie avec les alluvions aurifères; il a déduit cette analogie de la présence de certains minéraux qu'on trouve fréquemment associés avec les sables aurifères.

Depuis 1853, MM. Fayard et Linder ont été chargés du service des mines dans les provinces d'Oran et de Constantine.

CONSEIL ROYAL DES MINES de Bonn (Prusse).

La Prusse avait apporté au Palais de l'Industrie son contingent géologique, en exposant une carte des terrains de la Westphalie et des Provinces Rhénanes.

Cette carte, exposée au nom du Conseil royal des mines de Bonn, est d'autant plus remarquable, qu'elle complète, pour ainsi dire, la géologie de l'ouest de l'Europe, non-seulement au point de vue scientifique, mais encore au point de vue métallurgique et industriel.

Nous devons mentionner d'une manière toute spéciale le nom de M. Von Dechen, président de ce conseil, sous la direction duquel sont exécutés ces importants travaux, qui ont été récompensés par une grande médaille d'honneur.

INSPECTION GÉNÉRALE DES CARRIÈRES de la Seine, Paris.

L'Inspection générale des carrières du département de la Seine présentait à l'Exposition universelle les quatre premières feuilles de l'Atlas souterrain de la ville de Paris. Cet Atlas, commencé sous la sous la direction de M. Juncker, inspecteur général des mines, est continué sous celle de M. Lorieux, ingénieur en chef, par les soins de M. Eugène de Fourcy, ingénieur des mines.

Les carrières de Paris datent, en quelque sorte, de sa fondation : dans les quinze ou seize premiers siècles, on y venait incessamment puiser, soit pour les monuments publics, soit pour les constructions privées. L'enceinte de la ville, en s'avançant progressivement vers le sud, avait embrassé peu à peu tous les terrains fouillés par ses premiers habitants; mais la tradition seule conservait le souvenir de ces fouilles. En 1774, un effondrement considérable vint jeter l'effroi dans la population. Le Gouvernement s'en émut, et, le 4 avril 1777, une ordonnance du roi fondait l'inspection générale des carrières. Depuis cette époque jusqu'à nos jours, la consolidation souterraine des rues et monuments publics a coûté près de 7,000,000 fr., somme considérable, mais qui ne saurait surprendre en présence des renseignements statistiques produits par l'administration.

L'Atlas souterrain de Paris est le résumé d'archives qui réunissent plus de 3,000 plans. Il est dressé à l'échelle d'un millimètre pour mètre et doit comprendre 17 feuilles d'un mètre de long sur 0m,60 de large. Des signes conventionnels et des couleurs mises au pinceau indiquent, dans leurs plus minutieux détails, les massifs de pierre inexploités, les travaux de recherche, les maçonneries soit à sec, soit à mortier, les bourrages, les effondrements venus à jour, les éboulements en voie de se produire. Des hachures au burin, assez fines et assez rapprochées pour simuler une teinte à l'encre de Chine, indiquent, suivant leur degré d'intensité, les édifices publics et les constructions particulières depuis les plus importantes maisons jusqu'aux plus modestes hangars. Chaque propriétaire peut donc apprécier d'un coup d'œil la correspondance du dessus et du dessous de sa propriété. A ce point de vue, l'Atlas souterrain de Paris est à la fois une œuvre d'utilité publique et d'utilité privée. Il est, avant tout, destiné à figurer dans les bureaux des divers services de l'administration municipale; mais il pourra aussi être utilement consulté dans les études de notaires et d'avoués, pour toutes les transactions immobilières de Paris.

Le Jury a décerné, à l'Inspection générale des carrières de la Seine, une médaille de première classe.

M. Ad. BOISSE, ingénieur civil a Carmeaux (France, Tarn).

M. Ad. Boisse, a exposé une carte géologique et minéralogique du département de l'Aveyron, et de plus une collection de minerais appartenant à l'extrémité S. O. du plateau central de la France.

La dernière partie de cette exposition présente surtout un grand intérêt, puisqu'elle décèle des richesses inexploitées. Le Jury a décerné à M. Ad. Boisse une médaille de première classe.

M. LE DOCTEUR GRIFFITH, A DUBLIN (ROYAUME-UNI).

M. LE DOCTEUR GRIFFITH a aussi exposé une carte géologique de l'Irlande. Ce travail très-remarquable a été apprécié par le Jury qui, en témoignage de sa satisfaction, a accordé à M. le docteur GRIFFITH une MÉDAILLE DE PREMIÈRE CLASSE.

CONSEIL DU DUCHÉ DE CORNOUAILLES (ROYAUME-UNI).

S. A. R. le prince de Galles possède dans le duché de Cornouailles des propriétés qui renferment de grandes richesses métallurgiques. Le Conseil du duché en a exposé des échantillons peu nombreux, il est vrai, mais fort remarquables; une MÉDAILLE DE PREMIÈRE CLASSE lui a été accordée.

ADMINISTRATION ROYALE DES MINES A BOCHUM (WESTPHALIE).

L'administration des mines de Bochum a exposé une carte du bassin houiller de la Ruhr, accompagnée de coupes transversales des gisements. Ces documents sont d'autant plus intéressants, que le bassin de la Ruhr est peut-être un des plus riches de l'Europe. Indépendamment de la richesse métallurgique qui le caractérise et du minerai de Blackband, découvert il y a peu d'années, ces mines sont remarquables par leur intelligente exploitation, les ingénieux moyens de cuvelage et les modes d'extraction et d'épuisement.

Le Jury, en accordant une récompense à l'administration des mines de Bochum, a sans doute voulu couronner en même temps tous les exploitants du bassin, qui ont concouru à compléter la carte géologique, à l'aide de nombreux échantillons qu'ils y ont joints et qui forment le complément indispensable de cet important travail. (MÉDAILLE DE PREMIÈRE CLASSE.)

INSTITUT IMPÉRIAL DE GÉOLOGIE, VIENNE (AUTRICHE).

Sous la direction de M. Haidinger, directeur de l'Institut géologique, l'Autriche a exposé plusieurs cartes qui, quoique n'embrassant pas tout le territoire de la Monarchie Autrichienne, ne laissent pas cependant que de combler d'importantes lacunes scientifiques. Aussi, le Jury a-t-il cru devoir décerner une MÉDAILLE DE PREMIÈRE CLASSE à l'INSTITUT IMPÉRIAL DE GÉOLOGIE.

LA SOCIÉTÉ POUR L'ENCOURAGEMENT DE L'INDUSTRIE A PRAGUE (BOHÊME, AUTRICHE).

LA SOCIÉTÉ POUR L'ENCOURAGEMENT DE L'INDUSTRIE A PRAGUE présentait à l'Exposition une collection remarquable des produits de l'industrie minérale de la Bohême, pour laquelle il lui a été décerné une MÉDAILLE DE PREMIÈRE CLASSE.

DIRECTION GÉNÉRALE DES MINES ET SALINES DE BAVIÈRE.

C'est surtout au point de vue de la métallurgie industrielle que la Bavière a apporté à l'Exposition universelle un large contingent de produits.

Outre de magnifiques échantillons de minerais de fer, plomb, zinc, cuivre, antimoine, or et molybdate de plomb, nous avons remarqué des minerais très-variés, provenant des environs de Bodennais, des calcaires lithographiques de Solenhasen, et de forts beaux échantillons extraits des salines de Berchtesgaden-Reichenhall. (MÉDAILLE DE PREMIÈRE CLASSE.)

INSTITUT ROYAL TECHNIQUE A TURIN (ÉTATS SARDES).

L'INSTITUT ROYAL TECHNIQUE des États sardes, avait envoyé au Palais de l'Industrie une collection de minerais, produits métallurgiques, marbres, etc., etc., appartenant tous au sol de la Sardaigne.

Cette magnifique exposition, composée de douze à quinze cents échantillons, aurait bien dû être complétée par une carte géologique.

C'est peut-être à l'absence de cette carte, que l'Institut royal technique de Turin doit attribuer la décision du Jury, qui ne lui a décerné qu'une MÉDAILLE DE PREMIÈRE CLASSE, au lieu d'une grande médaille d'honneur.

LE CORPS DES INGÉNIEURS DES MINES D'ESPAGNE.

Des échantillons de minerais provenant de toutes les parties de l'Espagne avaient été adressés à l'Exposition universelle, non-seulement par le Corps des ingénieurs des mines d'Espagne, mais encore par diverses Compagnies métallurgiques : réunis en un tout, convenablement et méthodiquement classés, ces échantillons eussent formé une collection remarquable. Mais, malheureusement, ce travail n'ayant pas été fait, il en est résulté dans l'ensemble un manque d'unité scientifique qui n'a permis aucun rapport d'ensemble et peu d'appréciations particulières et personnelles.

Parmi les échantillons exposés, nous citerons en première ligne les cuivres de Rio-Tinto, des plombs du midi de l'Espagne, et des minerais d'argent de Iliendelaencina (Guadalaxara).

Ici encore, on a eu à regretter l'absence d'un catalogue explicatif et classificatif.

Le Jury a décerné, au Corps des ingénieurs des mines d'Espagne, une MÉDAILLE DE PREMIÈRE CLASSE.

M. LE BARON DE MORTEMART-BOISSE (PARIS).

Aux confins du Piémont et des carrières si renommées de *Carrara*, il existe des mines cinabrifères, (mercure sulfuré) acquises par M. le baron de MORTEMART, et qu'il exploite depuis 1843, par les procédés perfectionnés d'Almaden et d'Idria.

Dès 1843, des échantillons du minerai offerts par M. de MORTEMART à l'École des Mines de France et au Muséum du Jardin des Plantes, attirèrent l'attention et furent signalés par MM. Arago et de Quatrefages.

En 1847, la Toscane ayant ouvert ses beaux palais à l'industrie, le Jury de l'Exposition générale piémontaise décerna la médaille d'honneur aux grands travaux, et à la production si parfaite du mercure de M. de Mortemart. Ce mercure, dit le Rapport, égale en pureté le *mercure natif* de Levignani.

Aujourd'hui, on retrouve à l'Exposition universelle de Paris les merveilleux cristaux de cette même mine de *Ripa* et *Colle-Buono*.

On a eu l'heureuse idée de faire ajouter à l'exposition de M. MORTEMART un bel échantillon de minerai de schiste à filons cinabrifères, contourné en forme de selle arabe, que M. de MORTEMART a donné à M. Le Play pour l'offrir au musée du Jardin des Plantes. Cet échantillon, d'une haute curiosité, ouvre le champ le plus vaste pour apprécier l'action des feux plutoniques et la théorie des soulèvements du globe. (MÉDAILLE DE DEUXIÈME CLASSE.)

M. LEMIELLE A VALENCIENNES (FRANCE).

Le dégagement de l'hydrogène sulfuré, dans les mines, est ce qui constitue le grisou.

On remédie à ses effets désastreux, soit par l'aérage, soit par la lampe de sûreté.

L'aérage se fait, soit par des jets de vapeur qui pénètrent jusqu'à l'extrémité des galeries les plus reculées, soit à l'aide de machines aspirantes et foulantes, de manière à délayer, pour ainsi dire, l'hydrogène sulfuré dans une grande quantité d'air. Ce moyen, employé en Angleterre, a présenté jusqu'à ce jour de graves difficultés d'exécution.

En Belgique, des ventilateurs à force centrifuge, des hélices, etc., ont eu plus de succès, mais jamais on n'avait atteint le degré de perfection qu'offrent les machines inventées par M. Lemielle. Le ventilateur exposé par M. Fabry, de Charleroy, quoique très-simple et agissant avec une grande précision, ne remplit pas, comme celui de M. Lemielle, toutes les conditions du programme exigées; néanmoins, si son prix est plus élevé et son entretien plus dispendieux, il a l'immense avantage de pouvoir servir non-seulement à l'aération des mines, mais encore à la production des effets manométriques dont une masse d'industries réclame l'application.

Le Jury a accordé, à M. Lemielle, une médaille de première classe.

M. M.-L. MUESELER a Liége (Belgique).

En 1840, M. Mueseler, ingénieur belge, inventait une lampe de sûreté dont le mécanisme est des plus ingénieux et que la pratique a déjà prise sous sa haute protection.

L'Exposition universelle avait accepté tous les appareils de ce genre, depuis la lampe de l'illustre Davy, ainsi que toutes les modifications qui l'ont suivi, jusqu'à celle de M. Mueseler.

La lampe de cet habile ingénieur est construite d'après les principes suivants: L'air, apres avoir traversé un cylindre vertical, arrive à la mèche, en passant à travers un disque de gaz métallique; le mécanisme est disposé de telle sorte, que cet air arrive par le haut et non par le bas, tout en permettant à la lampe d'être toujours un appareil de sûreté, dût-on supposer même la destruction spontanée du disque métallique, et de s'éteindre aussitôt que l'air ambiant se trouve saturé d'émanations d'hydrogène sulfuré.

La lampe Mueseler a pour elle sa corrélation de forme avec la lampe Davy, sa simplicité, sa solidité et l'intensité de ses rayons lumineux, laquelle est double de celle des lampes qui l'ont précédée.

Le plus bel éloge qu'on puisse faire de cet appareil, c'est que déjà plus de 18,000 de ces lampes ont été adoptées en Belgique et notamment dans les mines à grisou de Liége et de Charleroi. (médaille de première classe.)

M. REVOLLIER, de Saint-Étienne (France).

M. Revollier a exposé quelques pièces détachées d'une machine d'épuisement, avec un plan graphique de l'ensemble de ses procédés.

Cette machine rentre dans la catégorie des machines à traction directe; elle a pour effet capital de faire mouvoir plusieurs jeux de pompe en répétition. Ces jeux sont de deux sortes, c'est-à-dire que les inférieurs sont à pistons creux, et les supérieurs à pistons pleins.

Leur solidité, leur bas prix, leur facilité d'installation, font préférer les machines à traction directe aux autres systèmes. En Belgique et en France, on n'en construit presque plus d'autres. (médaille de deuxième classe.)

M. WAROCQUÉ (ABEL), a Mariemont (Belgique).

On ne saurait trop louer les grands industriels qui, à l'exemple de M. Warocqué, s'appliquent à rendre aussi complète et aussi sûre que possible l'organisation des travaux métallurgiques, et qui, pour cet effet, multiplient ou perfectionnent les appareils d'exploitation, de protection et de sauvetage.

Il y a cela de commun entre la métallurgie et l'agriculture, que la main de l'homme fut longtemps leur premier et unique agent. Mais l'Exposition de 1855 nous a montré combien grand était aujourd'hui le concours apporté par les arts mécaniques à ces deux éléments primordiaux de la richesse publique, et elle nous fait pressentir tout ce qu'ils sont en droit d'en attendre.

L'examen des objets compris dans la 2e section de la 1re classe, *procédés généraux d'exploitation*, savoir : sondages, ouvrages de mines, matériel des mines, extraction, épuisement, aérage et éclairage; cet examen nous indique quelle part prend la mécanique à chacune de ces opérations.

Cette part est immense, et non-seulement dispense l'homme des travaux les plus pénibles, mais elle annihile presque complétement les dangers sans nombre auxquels il était exposé dans les travaux des mines.

Des lampes de sûreté, des ventilateurs, des appareils employés à l'extraction de la houille, à l'ascension et à la descente des ouvriers, des trieurs, etc., etc.; enfin, des machines à vapeur d'une construction particulière peuvent satisfaire à toutes les exigences du service des mines, bien que ces exigences augmentent de jour en jour, par suite de l'accroissement des exploitations.

Les modèles d'appareils destinés à extraire la houille et au transport des ouvriers étaient en assez grand nombre dans l'Annexe. Ils présentaient généralement un système de cages disposées de manière à recevoir les wagons venant des tailles et à servir aux ouvriers pour descendre et sortir des mines. Au moyen d'un mécanisme simple, les cages peuvent être arrêtées dans leur chute, si le câble vient à se rompre; ou décrochées, si une fausse manœuvre ascensionnelle les porte aux poulies.

De tous ces appareils, le plus remarquable était, sans contredit, l'appareil présenté par M. Warocqué, propriétaire et administrateur général des charbonnages de Mariemont, l'Olive et Bascoup (Belgique).

M. Warocqué est le premier qui, en Belgique, ait fait l'application au service des mines de ces sortes d'appareils appelés *Farhkunt*. Si, au premier coup d'œil, on croit apercevoir quelque analogie entre les appareils des mines de Hartz, cette terre classique des innovations métallurgiques, et ceux de Mariemont, on reconnait bientôt que ces derniers ont été tellement modifiés, tellement perfectionnés, que l'on ne peut plus y voir une imitation, mais bien une création véritable.

Un de ces appareils, remarquable par la perfection de son mécanisme, et mû par l'action directe de la vapeur, combinée avec l'usage d'un balancier hydraulique qui assure l'équilibre des deux tiges et la transmission de la force, porte à 540 mètres de profondeur les mineurs, au nombre de mille à douze cents, qui journellement travaillent dans quatre fosses d'extraction, éloignées de plus de 1,000 mètres les unes des autres.

La simplicité, la solidité, et surtout l'heureuse exécution des *Farhkunt* de M. Warocqué, en font une invention d'une immense utilité, et les rendent indispensables à toute exploitation de mines faite au moyen de puits. Avec ces appareils, plus de fatigue, plus d'accidents; les mineurs lui doivent des actions de grâces.

M. Warocqué présentait encore à l'Exposition le modèle d'un deuxième appareil de descente et d'ascension, à l'aide duquel on peut combiner les exigences du service des ouvriers avec l'extraction des houilles.

Là est le problème depuis longtemps cherché. Cet appareil semble l'avoir résolu : son exécution est parfaite; il fonctionne admirablement et vient augmenter les titres de M. Warocqué à une récompense de premier ordre.

Ses soins, sa sollicitude pour la classe ouvrière des mines, ses recherches, les magnifiques résultats qu'il a obtenus ont été récompensés par une MÉDAILLE D'HONNEUR.

COMPAGNIE DES MINES D'ANZIN, à Anzin (France, Nord).

La Compagnie des mines d'Anzin avait exposé une collection de produits métallurgiques d'un grand intérêt, non-seulement au point de vue de l'ensemble des travaux des mines et des forges, mais encore au point de vue de la réunion la plus complète des éléments de production et de fabrication.

On remarquait en première ligne un plan en relief d'une exploitation souterraine; venaient ensuite les appareils d'extraction et leurs accessoires; puis, l'outillage complet du mineur, depuis la lampe de sûreté, ceintures, véhicules, wagons, rails, jusqu'au parachute-Fontaine nouvellement introduit; enfin, comme complément de ce vaste musée, la Compagnie avait exposé deux systèmes appliquées récemment aux véhicules, dus à un des intelligents directeurs des travaux, M. Cabany.

Nous nous bornerons à donner ici une description du mécanisme ingénieux du parachute-Fontaine et des deux systèmes Cabany dont nous venons de parler.

Les moyens d'opérer la descente et l'ascension des ouvriers constituent une des grandes difficultés de l'exploitation; car, d'une part, il faut, comme première condition, éviter les pertes de temps toujours préjudiciables, et, d'autre part, éluder les graves dangers qui surgissent à tous moments dans ces incessants parcours verticaux. C'est ordinairement à l'aide de paniers ou *cuffats* que les descentes et les ascensions ont lieu; ces derniers sont solidement maintenus à l'aide de câbles ou chaînes qui s'enroulent autour du cylindre d'un treuil mû à bras d'hommes ou par la vapeur.

Malgré toutes les précautions, les chaînes qui soutiennent les cuffats destinés à la descente et à l'ascension des ouvriers, de l'outillage et des houilles, se rompent parfois, et alors des accidents terribles ont lieu; accidents complexes, puisqu'ils réagissent non-seulement sur ceux qui sont dans le cuffat, mais encore sur ceux qui se trouvent accidentellement dessous. Frappé des dangers incessants auxquels les ouvriers étaient exposés, M. Fontaine a imaginé un parachute, qui, dans le cas de rupture, s'écarte et retient le cuffat suspendu dans l'espace jusqu'à ce qu'un secours vienne le tirer de cette position.

Le premier système de M. Cabany consiste en un wagon, muni d'un *essieu coudé patent*, qui permet l'emploi de plus grandes roues avec des corps de chariot moins élevés. M. Cabany a su appliquer à son chariot une simplicité de construction et un système d'entretien et de graissage qui ne laisse rien à désirer.

Son second système est d'une haute importance au point de vue économique.

Dans le parcours d'une longue galerie, il peut y avoir deux, trois, quatre, et même dix stations. Le convoi en marche était précédemment obligé de s'arrêter pour recueillir et accrocher à chaque station les wagons pleins. M. Cabany a eu l'heureuse idée d'imaginer un système d'accrochage à points articulés qui a pour effet de permettre au convoi de recueillir les wagons remplis, sans que sa marche en soit ralentie. Il résulte de ce procédé une économie considérable de temps, qui réagit d'autant plus sur les dépenses, que l'installation de ce mécanisme est fort peu coûteuse.

Il y a quelques années, la Compagnie des mines d'Anzin se trouvait en arrière du mouvement progressif qui animait plusieurs Compagnies de France et de Belgique; en peu de temps les directeurs sont parvenus à regagner le terrain perdu. On comprend, du reste, l'intérêt qu'elle avait à se mettre à l'unisson des Compagnies rivales, et même à les surpasser, quand on saura qu'elle extrait 10 millions d'hectolitres de houille par an, qu'elle emploie 6,000 ouvriers au travail des mines et 1,000 autres à l'entretien du matériel, et que récemment encore elle vient d'exécuter une galerie de 4,000 mètres qui relie neuf siéges d'exploitation.

Pour couronner l'œuvre industrielle, la Compagnie des mines d'Anzin a compris qu'un aussi vaste établissement, employant une aussi grande quantité de travailleurs, devait aussi s'en faire le protecteur naturel. A cet effet, elle a fondé des institutions pour l'amélioration morale et matérielle de la classe ouvrière; aussi, le Jury de l'Exposition a-t-il parfaitement compris qu'on devait tenir compte à cet établissement, qui n'a bien certainement pas son pareil en Europe, de ses puissants efforts et de ses grandes améliorations, et il lui a décerné UNE MÉDAILLE DE PREMIÈRE CLASSE.

MM. JULES CHAGOT, PERRET-MORIN ET Cᵉ, A BLANZY (FRANCE, SAONE-ET-LOIRE).

La Compagnie des mines de houille de Blanzy a exposé :

1° Des houilles et des cokes, très-purs et de belle qualité, provenant de ses exploitations;

2° Des mines agglomérées de sa fabrication, à l'usage des appareils de navigation;

3° Un appareil de sûreté, d'une heureuse disposition, pour le cas où, par inadvertance des mécaniciens, les cages des bennes arriveraient jusqu'aux poulies. Cet appareil est armé d'un parachute à galets excentriques qui arrête instantanément la cage ;

4° Un ventilateur à force centrifuge mû par une machine oscillante autour d'un axe vertical, et qui débite 15 mètres cubes d'air par seconde.

Ces deux appareils fonctionnent avec succès dans les puits de la Compagnie.

La Compagnie de Blanzy, fondée en 1838, est constituée aujourd'hui sur un capital de 15 millions; elle possède 19,657 hectares de concessions, et elle exploite principalement deux grandes couches de 10 à 16 mètres de puissance.

En 1838, elle avait 11 puits, armés de 9 machines représentant une force de 170 chevaux; son extraction était de 800,000 hectolitres, et elle occupait 500 ouvriers.

En 1853, elle avait 22 puits, 22 machines, 516 chevaux de force; son extraction était de 2,500,000 hectolitres, et elle occupait 1,200 ouvriers mineurs.

Son extraction atteint aujourd'hui 3,000,000 d'hectolitres et s'élèvera prochainement à 5 ou 6 millions. Elle occupe environ 2,500 ouvriers.

Située sur le canal du Centre, sa position la met en communication avec les versants de l'Océan et de la Méditerranée, et lui permet d'étendre ses expéditions jusqu'aux points extrêmes de Paris, Nantes, Lyon et Mulhouse.

Il résulte de ces faits, que la Compagnie de Blanzy occupe à juste titre un des premiers rangs parmi les houillères de France.

La Compagnie s'est appliquée aussi à entourer ses ouvriers de toutes les institutions de secours et de prévoyance, qui peuvent assurer leur bien-être; outre une caisse de secours, une caisse de retraite, fondée en 1854, doit fournir aux ouvriers des pensions qui les mettent à l'abri du besoin dans leur vieillesse, alors que les forces leur font défaut. (MÉDAILLE DE PREMIÈRE CLASSE.)

SOCIÉTÉ ANONYME DES HOUILLÈRES DE DECIZE (Nièvre, France).

Les houillères de Decize avaient envoyé à l'Exposition universelle des échantillons de charbons, gras et maigres, menus, lavés et non lavés, et des cokes d'excellente qualité.

M. Schaerff, l'habile directeur de ce bel établissement, est parvenu à fabriquer le premier, des cokes de première qualité avec des houilles qui, jusqu'ici, avaient été regardées comme complétement impropres à cette fabrication.

Outre les produits houillers, la Société de Decize avait envoyé deux appareils d'outillage : 1° une sangle toute particulière pour descendre les chevaux dans les mines; et 2° un parachute inventé par M. Marchecourt, et qui est appliqué depuis un certain temps.

La sangle à cheval est faite de telle sorte, que l'animal descend comme s'il était assis. Déjà, depuis longtemps, les chevaux se descendaient dans des filets; il fallait seulement les entraver, afin que le filet ne fût pas déchiré par les secousses et les ruades. A l'aide de la sangle, l'animal se trouve si parfaitement soutenu, et toutes les parties de son corps tellement comprimées, que l'entrave devient parfaitement inutile. (MÉDAILLE DE DEUXIÈME CLASSE).

M. GLÉPIN, MINE DU GRAND-HORNU, près Mons (Belgique).

M. Glépin présentait, à l'Exposition, des dessins, sur une grande échelle, de l'installation du puits n° 12 du Grand-Hornu, qui a résolu *complétement* le problème d'une extraction de houille, la plus considérable que puisse fournir une mine, par un puits *de grande profondeur*, *très-étroit*, *très-sinueux*, *et notablement dévié de la verticale*, comme le sont généralement les puits du nord de la France et de la Belgique.

Cette installation comprend : une machine à vapeur de 150 chevaux à deux cylindres verticaux, dont les pistons sont attelés directement, et sans l'intermédiaire de roues d'engrenage, à l'arbre des bobines des câbles, situé à une grande hauteur, pour rendre aussi faible que possible l'inclinaison des câbles sur les molettes et augmenter ainsi leur durée; deux molettes de grand diamètre et de grande légèreté; des câbles plats en aloès, goudronné et à sections décroissantes, en allant de haut en bas; une remarquable charpente à molettes, liée à la machine motrice, de manière à rendre les vibrations de tout le système entièrement nulles, même pour les vitesses à fontionnement les plus considérables; des cages à quatre étages, très-légères et d'une extrême rapidité, renfermant huit wagons contenant 32 hectolitres de houille; trois recettes à la surface, dont deux pour la houille, une pour les déblais et quatre au fond de la mine, disposées, ainsi que les appareils accessoires, pour la réception des cages et des wagons, de manière à éviter l'influence des chocs et à obtenir la plus grande célérité possible dans l'exécution des manœuvres; un système de guidage des cages dans le puits d'extraction, très-simple et disposé de manière à éviter toute espèce d'accident, en ne permettant jamais aux wagons d'abandonner les cages en circulation dans l'intérieur du puits; des appareils de déchargement des wagons et de triage de la houille, construits et disposés de manière à satisfaire à toutes les nécessités du service pour une très-grande extraction, quelle que soit la variété des produits amenés simultanément ou isolément du fond de la mine à la surface; tous les appareils de sûreté, dont l'expérience a fait connaître l'utilité, tels qu'arrête-cages, frein à vapeur, engins pour les signaux, etc., etc.; et enfin, tous les agencements intérieurs et extérieurs, pour les ouvriers, les forges, l'atelier d'ajustage, la lamperie, les chefs mineurs, les matériaux et objets de toutes espèces servant au travail souterrain, à l'extraction, au triage et au chargement de la houille.

On s'est assuré que cette installation permettait d'atteindre une production d'environ 1,000 hectolitres de houille par heure de travail, lorsque la mine peut les fournir, sans interruption dans les manœuvres.

L'Exposition de M. Glépin est des plus intéressantes, et l'on peut admettre qu'aucun puits, dans aucun bassin houiller, ne présente un outillage supérieur à celui du puits n° 12 du Grand-Hornu. (Médaille de première classe.)

BERARD LEVAINVILLE et Cie, Paris (France).

La houille extraite de la mine est soumise à trois opérations : le broyage, le triage et le lavage.

Cette dernière opération a pour objet de la débarrasser des *parties stériles.*

On nomme *parties stériles*, 1° celles qui ne profitent pas au développement du calorique dans l'acte de la combustion; 2° les matières terreuses.

Dans la majeure partie des exploitations, ces trois opérations s'effectuent à bras d'hommes; l'usage des machines constitue presque une exception.

Les procédés varient; ainsi, le broyage a lieu le plus ordinairement à l'aide de cylindres cannelés; le blutage, ou triage, à l'aide de grilles à secousses, ou de véritables blutoirs; pour le lavage, on emploie soit les grilles à secousses, soit les boîtes allemandes.

MM. Berard, Levainville et Cie ont exposé une machine, qui résume ces trois opérations, et dont l'application a été couronnée de succès en France et en Belgique.

Nous l'examinerons en détail dans la 6e classe, où elle a obtenu une médaille d'honneur.

MM. MULOT père et fils, Paris (France).

L'habile ingénieur auquel nous sommes redevables du puits artésien de Grenelle, et qui est chargé des sondages pour la ville de Paris, avait exposé une série complète d'outils de forage, et, en outre, un outillage spécial, pour le percement des puits de mine ayant jusqu'à quatre mètres de diamètre.

Cette nouvelle application de la sonde, pour des puits d'une semblable dimension, a cela d'intéressant, que les procédés d'exécution sont les mêmes que pour le sondage ordinaire.

Mais l'idée première n'appartient pas aux exposants, et, avant eux, des essais avaient été tentés dans ce sens: cependant, l'outillage de MM. Mulot présente des dispositions dont la pratique pourra certainement tirer un parti avantageux.

Le Jury a décerné, à MM. Mulot père et fils, une MÉDAILLE DE PREMIÈRE CLASSE.

COMPAGNIE MINIÈRE ET MÉTALLURGIQUE DU BASSIN D'AUBIN, Paris (France).

La Compagnie minière et métallurgique du bassin d'Aubin est un de ces établissements dans lesquels, à la richesse des gissements de matières premières, à leur excellente situation, au point de vue de l'exploitation et de la facilité des moyens de transport, viennent se joindre les immenses ressources dont peut disposer une compagnie puissante.

Les établissements métallurgiques désignés sous le nom de Compagnie minière du bassin d'Aubin, et qui comprennent des mines, des houillères et des usines, ont été acquis par la Société du chemin de fer *Grand Central* de France.

A dater de ce jour, cette affaire, qui jusqu'alors s'était maintenue dans les limites ordinaires, a pris un développement considérable; d'immenses travaux ont été entrepris, d'immenses améliorations ont été faites, et leur résultat inévitable sera de placer avant peu la compagnie du Bassin d'Aubin parmi les établissements de France du premier ordre en ce genre.

Les objets exposés par la Compagnie sont des plans et coupes géologiques: minerais de fer, cuivre; galeries argentifères; houilles; cokes; fontes; rails à double champignon, de 10m53, 5m50 et 4m50; rails Brunel, de 12m58, 6m00 et 5m70 de longueur; fers marchands, au coke et au bois.

Cette Compagnie possède des mines considérables de houille, fer, cuivre, plomb, argent, dans le département de l'Aveyron, ainsi que les usines métallurgiques d'Aubin (Aveyron): de Fumel et Duravel (Lot, et Lot-et-Garonne); de Bruniquel (Tarn-et-Garonne); comprenant ensemble onze hauts-fourneaux, et les forges nécessaires à l'élaboration de leurs produits. Ses concessions de houille, dans le Bassin d'Aubin, s'étendent sur une superficie de 48 kil. carrés 81 hect. 48 ares. La houille y est exploitée à ciel ouvert, ou en galeries à niveau du sol, dans des couches qui atteignent, en certains points, jusqu'à 45 mètres d'épaisseur. Ses concessions de minerais de fer ont une surface de 14 kil. carrés 52 hect. Les minerais métalliques comprennent 78 kil. carrés 51 hect.

D'importants travaux sont en voie d'exécution pour donner aux richesses que possède la Compagnie un développement considérable; et le chemin de fer Grand-Central, mettant en communication le Bassin d'Aubin avec Montauban et le Midi, d'une part; avec Périgueux et l'Ouest, d'autre part; avec le Nord, par Aurillac, va ouvrir à ses produits d'immenses débouchés qui leur avaient manqué jusqu'à ce jour. (MÉDAILLE DE DEUXIÈME CLASSE).

ADMINISTRATION ROYALE DES MINES ET FORETS DU HARTZ (Hanovre).

La métallurgie du Hanovre était dignement représentée à l'Exposition par l'intéressante et complète collection envoyée par l'Administration des mines et forêts du Hartz.

Cette collection comprenait :

1° Cent vingt-cinq échantillons de minerais de plomb argentifères, choisis de telle manière que l'observateur avait sous les yeux la série complète des formations des filons métalliques, et pouvait suivre pas à pas le développement et les transformations qui se succèdent de siècle en siècle dans la production des métaux.

2° Une collection complète d'appareils, employés dans les usines pour la préparation mécanique des minerais.

Parmi les pièces intéressantes qui composent cette collection, nous citerons : les *spitzkasten*, dont l'usage s'est répandu jusqu'en Allemagne; les *rotirende heerde*, qui ne sont qu'une modification des *round puddles* du Cornouailles; les fourneaux à fonte crue et les fours de compellation.

3° Des échantillons de stufferr, schliehs, mattes, scories, etc..., comme produits intermédiaires, indiquant la série de transformation par laquelle le minerai, sortant de la mine, passe pour arriver à l'état de schlieh, et pour passer ensuite à l'état de produits marchands.

4° une collection de fer offrant de beaux exemples de moulages.

En présence d'une série aussi complète de produits, et surtout de l'ordre méthodique qui avait présidé à leur classification; le Jury a décerné à l'Administration des mines et forêts de Hartz la GRANDE MÉDAILLE D'HONNEUR.

COMPAGNIE DES HOUILLÈRES ET FONDERIE DE DECAZEVILLE (FRANCE, AVEYRON).

Le directeur de l'usine de DECAZEVILLE, M. CABROL, n'a pas semblé s'être préoccupé longtemps à l'avance de l'Exposition universelle. A l'encontre de bien d'autres qui malheureusement, il faut l'avouer, n'y ont apporté que des pièces établies pour la circonstance, M. CABROL n'a envoyé que des objets de sa fabrication courante. Ces objets, qui ont donné une idée véritable de la bonne exécution des travaux de l'établissement de DECAZEVILLE, comprenaient une série de fontes, de moulages, tôles, rails et fers marchands. Rien de plus simple, on le voit, et qui de prime-abord ne paraît pas devoir motiver la récompense accordée à l'établissement de Decazeville; mais, parmi ces objets *de bonne fabrication courante*, se trouvait un *rail Barlow*.

L'usine de Decazeville est *la seule* en France qui, jusqu'à ce jour, soit parvenue à surmonter les difficultés de la fabrication des rails Barlow, laquelle exige des moyens mécaniques très-puissants, et s'accommode difficilement de certaines natures de fer.

L'usine de Decazeville a du prendre des dispositions particulières et s'organiser un outillage spécial, pour accélérer et faciliter le laminage des rails Barlow et de toutes les pièces de dimensions et de poids considérables.

Ces dispositions et cet outillage comprennent :

1° Deux chariots mobiles, sur lesquels se placent les lamineurs, et qui présentent des supports disposés de manière que la base soit constamment bien soutenue pendant toute l'opération, et que chaque lamineur n'ait autre chose à faire qu'à la diriger avec ses tenailles;

2° Un système de pistons mus par l'eau ou par la vapeur, qui, au moyen d'une transmission convenable, peuvent faire rouler les chariots ci-dessus, parallèlement à l'axe des laminoirs, et les arrêter à volonté devant chaque cannelure;

3° Enfin, un ensemble de deux cages, munies chacune d'une paire de cylindres marchant en sens contraire; ces cylindres, de 0m,70 de diamètre, reçoivent une vitesse de 70 tours par minute, et sont mus par deux machines de 150 chevaux chacune.

On comprend comment fonctionne tout ce système : la barre qui traverse une première cannelure est reçue sur l'un des deux chariots; le chariot est amené rapidement devant la cannelure convenable du second laminoir; le lamineur, qui a été déplacé avec le chariot, engage aussitôt la barre dans cette deuxième cannelure; dès que la barre est passée, le chariot est ramené devant la première cage pour recevoir la barre à sa sortie d'une troisième cannelure, et ainsi de suite. Des manœuvres semblables se font de l'autre côté des cages.

Par ce système, on économise la main-d'œuvre qui est nécessaire pour le relevage des pièces dans le système ordinaire à une seule cage, et l'on évite la perte de temps qu'entraîne ce relevage. D'un autre côté, n'ayant pas, comme on le pratique dans quelques usines, à changer le sens de rotation des cylindres entre deux passes, on peut faire aller ceux-ci avec une plus grande vitesse. En un mot, on réalise une grande économie de main-d'œuvre et de temps par ces nouvelles dispositions, qui sont appelées, selon nous, à rendre de grands services, non-seulement par l'économie directe qu'elles procurent dans la fabrication des grosses pièces, mais surtout parce qu'elles tendront à vulgariser la fabrication, avec diverses natures de fer, de pièces regardées jusqu'à ce jour comme ne pouvant être fabriquées que d'une manière exceptionnelle. L'emploi toujours croissant du fer dans les constructions, l'établissement des ponts en tôle, la fabrication des chaudières à vapeur, etc., etc., ne pourront que gagner à tous les progrès que réalisera la fabrication des gros fers spéciaux et des tôles de grande dimension.

Par suite des procédés employés dans l'usine de Decazeville, un perfectionnement important a été apporté à la partie mécanique de la métallurgie du fer, et le Jury l'a reconnu en décernant à cette compagnie une MÉDAILLE DE PREMIÈRE CLASSE; de plus, pour témoigner à M. CABROL, directeur de l'usine de Decazeville, combien il appréciait la haute intelligence apportée par lui dans la direction de cet établissement, il lui a accordé aussi, en qualité de coopérateur, une MÉDAILLE DE PREMIÈRE CLASSE.

MM. C. LAURENS ET L. THOMAS, INGÉNIEURS. PARIS (FRANCE).

Une des plus remarquables expositions dans la section française, au point de vue métallurgique, est, sans contredit, celle de MM. LAURENS et THOMAS. Ces deux habiles ingénieurs ont eu l'idée de réunir, dans un petit nombre d'appareils, les nombreux perfectionnements innovés depuis vingt-cinq ans; perfectionnements auxquels ils ont eux-mêmes largement contribué.

En Écosse, depuis 1830, on a eu l'idée d'appliquer l'air chaud au soufflage des hauts-fourneaux, afin d'économiser le combustible et d'éviter la déperdition du calorique. Les appareils, pour arriver à ce résultat, étaient plus ou moins parfaits, mais aucun n'avait encore réalisé un degré de perfection aussi évident que celui de MM. LAURENS et THOMAS. Qu'il nous suffise de dire qu'un mètre de surface exposée au feu élève, à 350 degrés, deux fois et demie plus d'air que dans les appareils employés généralement.

Outre l'application de l'air chaud aux machines soufflantes, MM. LAURENS et THOMAS ont exposé un appareil propre à utiliser les gaz des hauts-fournaux. Déjà, en 1841, ces deux ingénieurs nous ont doté de leur générateur de gaz ou gazogène; aujourd'hui, ils présentent un ensemble d'appareils qui, en recueillant et brûlant les gaz qui émanent des hauts-fournaux, doit suffire: 1° au chauffage de l'air qui s'introduit incessamment dans le foyer; 2° à la production de la force motrice; et 3° à la dessiccation du combustible employé, quand celui-ci n'a pas été d'abord carbonisé. . En somme, MM. LAURENS et THOMAS sont parvenus à retirer des gaz tout le calorique qu'ils renferment.

En troisième lieu, ces deux exposants ont présenté une machine soufflante qui laisse derrière elle tout ce qui a été fait jusqu'à ce jour. Elle se compose: d'un cylindre soufflant, horizontal, dont le piston est commandé par le piston même d'une machine à vapeur placée sur le même bâtis. La distribution de l'air dans le cylindre soufflant se fait à l'aide d'un tiroir, dont les frottements sont, pour ainsi dire, insensibles, et qui remplace les clapets, dont jusqu'à ce jour on avait exclusivement fait usage.

Indépendamment de la supériorité de ce nouveau système, au point de vue de la réduction des dimensions qui est due à la vitesse de ses mouvements, il offre en outre l'avantage de coûter bien moins cher de construction et d'installation. Il est déjà fort répandu en France et paraît appelé à un brillant avenir.

Nous signalerons aussi parmi les machines de forges de ces ingénieurs leurs cylindres creux pour laminoirs, avec ou sans circulation d'eau à l'intérieur, et le moulage des cylindres lamineurs, en général, par un procédé qui a l'avantage de serrer la fonte sans la tremper. Nous terminerons en mentionnant une autre innovation qui, depuis plusieurs années, a exercé une grande influence sur la construction des usines nouvelles. Nous voulons parler de l'organisation des forges à laminoirs de MM. LAURENS et THOMAS, au moyen de machines à vapeur horizontales, attaquant directement les trains et marchant à la même vitesse que ceux-ci. Ce système facilite singulièrement la fabrication des fers de fortes dimensions et de grandes longueurs, et celle des immenses tôles, si recherchées dans la construction des navires et des ponts de chemin de fer. (MÉDAILLE DE PREMIÈRE CLASSE.)

SOCIÉTÉ ANONYME DES MINES DE LA LOIRE (France).

Une médaille de première classe a été décernée à cette Compagnie qui avait exposé une intéressante collection de houilles et de cokes. Ces dernières surtout nous ont paru d'une qualité supérieure; c'est ce qui les fait sans doute rechercher par les compagnies de chemins de fer pour le chauffage de leurs locomotives.

Nous ne terminerons pas sans mentionner l'emploi des procédés perfectionnés, que la Société des mines de la Loire a adopté depuis quelques années pour le lavage des houilles et la fabrication du coke.

BOARD OF TRADE, ministère du commerce du Royaume-Uni.

Dans la splendide exposition du Ministère du Commerce du Royaume-Uni, département des sciences et arts, se trouvait une collection d'échantillons des houilles du Royaume-Uni.

Ce qui rendait remarquable cette collection et lui donnait un cachet scientifique tout particulier, c'est la classification des échantillons, suivant le plus ou moins de qualité de la houille, pour répondre à tous les besoins, usages domestiques, génération de la vapeur, production du gaz, emploi aux fournaises aux opérations manufacturières, en général, etc., etc.

Il en était de même pour des échantillons de coke, qui étaient classés suivant leur spécialité d'emploi, soit pour les machines locomotives, soit pour les fonderies.

C'est à M. Tracy Bead, que l'on doit l'assemblage et la classification des objets composant cette intéressante exposition. (MÉDAILLE D'HONNEUR, HORS CLASSE.)

M. MIESBACH (ALOYE) a Vienne, (Autriche).

M. Miesbach, à l'aide de persévérants efforts, est parvenu à fonder un établissement d'une haute importance industrielle.

Son exposition variée de combustibles minéraux et de produits céramiques appliqués à l'industrie, tels que fourneaux, creusets, etc., était remarquable à tous égards. (MÉDAILLE DE PREMIÈRE CLASSE.)

SOCIÉTÉ JOHN COCKERILL, a Seraing (Belgique).

L'établissement de Seraing, appartenant à la Société John Cockerill, a une réputation européenne: il embrasse l'exploitation de la houille et du minerai de fer, la fabrication de la fonte et du fer, et la construction des machines sur une très-grande échelle; de sorte qu'on peut dire que le fer entre à l'état de minerai dans l'usine de Seraing, et qu'il en sort à l'état de machines prêtes à fonctionner. Cette usine produit, en outre, au moyen du puddlage et (chose remarquable et unique jusqu'à présent) avec des fontes au coke provenant des minerais ordinaires de la Belgique, toutes les variétés de produits, depuis le fer à nerf ordinaire jusqu'à l'acier le mieux caractérisé. La production de l'acier est déjà, en acier fondu seulement, de plus de 1,000 kilogrammes par jour, et six fours à puddler ont été appropriés à cette nouvelle fabrication.

Le directeur de cet établissement, M. Pastor, est très-habilement secondé par les chefs de service des différentes divisions de l'usine, qui sont :

M. Brialmont, ingénieur, pour la partie des machines;

M. Coste, chimiste-naturaliste-métallurgiste, ayant dans ses attributions la fabrication de la fonte, du fer et de l'acier;

M. Kamp, pour les houillères;

M. Th. Heidel, pour les constructions navales.

L'établissement de Seraing fabrique des bandages, dont l'extérieur, en acier puddlé, est soudé parfaitement à du fer à grain qui forme l'intérieur. Ces bandages sont recherchés en France, en Italie, en Allemagne et en Belgique; ils ont même été appréciés en Angleterre.

Ce même acier puddlé, après avoir été fondu, paraît propre à la fabrication des outils, burins, limes, etc., etc., etc. Depuis plusieurs années, on n'en emploie pas d'autres pour l'outillage du grand atelier de construction annexé à la forge de Seraing.

Les détails qui précèdent suffiraient pour motiver la distinction que le Jury a accordée à cette Compagnie. Mais nous ajoutons qu'en dehors de la spécialité dont nous venons de nous occuper, cette Société expose des produits qui sont également très-remarquables. Nous citerons seulement une machine locomotive du système Engerth, et une pièce de forge (étambot de navire) qui passe pour une des plus extraordinaires qui aient jamais été faites.

Une grande médaille d'honneur a paru au Jury ne pouvoir être mieux méritée par aucun grand établissement métallurgique, que par la Société Cockerill, à Seraing.

SOCIÉTÉ ANONYME DES MINES ET USINES DE HOERDE (Westphalie).

Un des plus beaux établissements de la Westphalie, au point de vue métallurgique, est sans contredit l'usine de Hoerde. Elle l'a, du reste, prouvé, en exposant ses minerais de fer, ses rails, ses bandages et ses essieux de wagons.

Hoerde est la première usine de la Prusse où l'essieu pour chemin de fer ait été fabriqué, et ce qu'il est important de constater, c'est que cette fabrication a lieu avec de l'acier puddlé.

La Société anonyme des mines et usines de Hoerde possède quatre hauts-fourneaux et seulement une forge à l'anglaise, qui, depuis 1850, fabrique des produits en acier puddlé provenant de fontes lamelleuses, la fonte ordinaire n'y entrant qu'en proportion presque insignifiante.

Un des plus beaux fleurons de la couronne industrielle de l'usine de Hoerde est, sans contredit, l'initiative prise par elle de l'emploi du fer carbonaté lithoïde. Ce minerai, qu'on rencontre en gisement assez considérable près des dépôts houillers, était, jusqu'en 1849, resté sans emploi, époque où les ingénieurs du pays cherchèrent à l'utiliser. Des essais furent faits à Hoerde, et en 1851 le fer carbonaté lithoïde devint définitivement un élément de la fabrication et une richesse qui dans peu influera notablement sur toute l'industrie métallurgique.

La fabrication du fer carbonaté lithoïde est aujourd'hui d'environ 1,500 tonnes par an.

La grande médaille d'honneur a été la récompense donnée à la Société anonyme des mines de Hoerde pour les services qu'elle a rendus à l'industrie.

SCHNEIDER ET Cie, SOCIÉTÉ DU CREUSOT (France).

Le bel établissement du Creusot, dirigé par M. E. Schneider, est, pour la France, ce que Seraing est pour la Belgique. Il renferme tous les éléments métallurgiques et crée tous les produits réclamés par l'industrie.

Bien que M. E. Schneider, en sa qualité de membre de la Commission impériale, fût hors de concours; le Creusot avait envoyé à l'Exposition la collection métallurgique la plus riche et la plus complète.

On y remarquait des *specimens* de tous les minerais employés dans l'usine, des fontes de moulage et d'affinage, des fers bruts et finis qui en proviennent, des fers à grains aciéreux et de l'acier susceptible d'être fondu. On pouvait ainsi suivre pas à pas la transformation des matières et comparer les effets produits par les opérations successives de la fabrication.

Parmi les innovations apportées par le Creusot, nous citerons l'application d'un courant d'air forcé, au foyer à puddler, lorsque le cendrier est clos. On a remarqué que ce courant d'air avait pour effet d'augmenter notablement la température, et que son application était surtout très-utile dans le puddlage de l'acier. En outre, on a constaté que le déchet était bien moindre, soit que l'admission de l'air se fasse plus régulièrement que par le tirage pur et simple, soit que l'excès de pression qui règne dans le laboratoire empêche l'air de pénétrer par les fissures des ouvertures du fourneau, ou même par celles de la chambre de travail.

M. le comte Egger a, du reste, obtenu un résultat analogue dans ses fours carinthiens.

Parmi les objets exposés par l'usine du Creusot, nous signalerons les plaques de fer forgé de $0^m,10$ d'épaisseur destinées aux batteries flottantes de la marine, et les locomotives, système Engerth.

LE COMTE FERDINAND EGGER, à Lippitzbach (Autriche).

M. le comte Ferdinand Egger, directeur des beaux établissements de Lippitzbach et Feistritz (Carinthie), a exposé des échantillons de fer provenant de sa fabrication, laquelle diffère de celle qui est généralement mise en usage, pour être bien comprise, cette fabrication demande quelques explications préalables.

Le fer peut être fabriqué à l'aide de la houille, du coke ou du charbon de bois. En France et dans l'ouest, ce dernier mode est celui qui est le plus employé, et c'est cependant celui qui exige le plus de main-d'œuvre, outre l'emploi d'une quantité considérable de combustible. En vue de l'économie, quelques établissements du nord de l'Europe ont songé, tout en conservant l'usage du charbon de bois, à ne plus fabriquer à la forge, dans laquelle une quantité considérable de calorique se trouve perdue, mais bien en vase clos, c'est-à-dire à l'aide de fourneaux à réverbère dans lesquels la chaleur se trouve, pour ainsi dire, concentrée.

M. le comte Egger, tout en constatant la bonté de cette première amélioration, s'aperçut que le charbon de bois, dans son état ordinaire, contenait 30 à 40 pour 100 d'eau hygrométrique, et que, lorsqu'on voulait arriver à une température très-élevée, il fallait, même dans les fourneaux à réverbère, brûler des masses considérables de ce charbon.

En conséquence, il imagina de remplacer le charbon de bois ordinaire, composé d'aubier et de ligneux, par du charbon de bois fabriqué avec du ligneux seulement. De cette manière, il obtint un combustible contenant une bien plus grande somme de calorique. Il opéra alors, par le ligneux, le puddlage et le réchauffage du fer, dans des gazoffins ou fours à gaz à réverbère de son invention.

L'air, dans ce genre de fourneau, pénètre dans le foyer en se divisant en deux courants, dont l'un vient accélérer la combustion du ligneux, et l'autre, après avoir été chauffé, vient déboucher à l'entrée du laboratoire du fourneau.

Ce qu'il y a de remarquable dans le gazoffin de M. le comte Egger, c'est que les courants d'air sont proportionnés au résultat que l'on veut obtenir; ainsi, par exemple, le premier courant se dose selon la quantité de ligneux que l'on veut brûler.

Les gazoffins de M. le comte Egger ont beaucoup d'analogie avec les gazogènes employés depuis quelques années en France. (Médaille d'honneur).

COMPAGNIE DES FONDERIES DE LA LOIRE ET DE L'ARDÈCHE, à Saint-Étienne (France).

Les fonderies de la Loire, indépendamment des mines de houilles et de fer qu'elles possèdent de longue date, indépendamment de la découverte et de l'exploitation qu'elles viennent de faire de gisements importants de minerais ferrugineux dans l'Ardèche, sont encore propriétaires de plusieurs usines qu'on rencontre dans les départements de la Loire, de l'Ardèche et du Gard, usines dans lesquelles se trouvent répartis : quinze fourneaux au coke, cinq mazeries et cent douze fourneaux à puddler et à réchauffer.

Cette usine produit spécialement des rails, des fers marchands et des moulages.

On doit aussi à la Compagnie des forges de la Loire la découverte et l'application d'une chaudière propre à utiliser les flammes perdues des fours à réverbère, d'une installation facile et d'une application commode dans toutes les circonstances.

Les produits exposés attirent l'attention de tous les métallurgistes. Un soin et une méthode parfaite avaient présidé à la mise en ordre des productions de cet établissement de première classe.

A. CHENOT, à Clichy-la-Garenne, (France, Seine).

La pensée qui a dominé M. Adrien Chenot dans toutes ses recherches a été la fabrication rationnelle du fer et de ses composés.

C'est dans ce sens particulièrement que le jury a distingué le mérite de ses travaux. Cette fabrication du fer, et plus spécialement celle de l'acier, sont les corollaires de la métallurgie rationnelle, dont la vitrine de M. Chenot contenait, pour ainsi dire, les moyens d'action classés dans un ordre méthodique et naturel.

Pour rester dans le cadre de la fabrication rationnelle et directe du fer et de ses dérivés, nous trouvons, pour cette fabrication, la même division de procédés que pour le reste de la méthode :

1° Purification des matières premières ; 2° Traitement direct des matières premières pour en obtenir un produit certain.

M. Chenot, sachant combien il est important d'opérer sur des matières pures pour arriver à un bon produit, a exposé sous la forme matérielle deux de ses procédés les plus féconds en résultats.

En première ligne, il a exposé des cokes purs de soufre, phosphore, arsenic, etc., provenant de la carbonisation de tout combustible minéral : tourbe, lignite, anthrocite, houille, etc. L'état de condensation de ces cokes est extrême, et leurs cendres, rendues fusibles, coulent en globules sphériques qui laissent la surface du coke libre pour la combustion.

Mais, avant tout, privés des matières nuisibles qu'ils contenaient, ces combustibles viennent dès lors jouer en métallurgie le même rôle que les meilleurs charbons de bois.

Après les cokes purifiés, il expose une de ses machines électro-trieuses, qui sont destinées à séparer, par l'action de l'électricité, les matières ferrifères, des gangues ou des matières étrangères avec lesquelles elles sont mêlées. Le minerai grillé et pulvérisé passe sous les électro-aimants de la machine, qui attirent sur la verticale et laissent tomber, après cette verticale, les matières ferrifères. Les gangues et les matières non altérables restent sur la toile sans fin, qui amène sous la machine les matières à trier, et sont déposées, par cette toile sans fin, dans une case séparée de celle destinée à recevoir les matières ferrifères pures. Il résulte de cette opération, que l'on se débarrasse de 25 p. 0/0 en moyenne de matières étrangères, qu'il eût fallu chauffer exactement comme si elles eussent été du minerai pur. Le triage magnétique, en dehors de la qualité des produits, correspond donc à une économie directe de 25 p. 0/0 de combustible en moyenne dans l'opération du traitement des minerais, pour leur conversion en métal.

Parfois les minerais en petits fragments étant trop difficiles à traiter, M. Chenot, avec les minerais purifiés, reconstitue économiquement des briques composées de 95 p. 0/0 de minerai pur et de 5 p. 0/0 de poussière de fer provenant de la réduction de ces mêmes minerais.

Cette utilisation des déchets de fabrication prend une nouvelle proportion et devient un chef d'industrie importante, si, au lieu de reconstituer des minerais en roche, l'on se propose la fabrication de pierres artificielles de la plus grande résistance. Les poussières de fer (éponge de fer), en effet, gâchées avec 50 p. 0/0 de silice, d'alumine, de sables siliceux, alumineux, argilo-calcaire, etc., constituent une pâte ou ciment qui, par suite de l'oxydation lente du fer, prend une grande dureté. Ce ciment est, après formation, inaltérable à l'air et à l'eau. Dans cette pâte peuvent être noyés des pierres, cailloux, graviers, cokes, laitiers, etc., qui, solidement soudés, constituent des blocs résistants et indestructibles.

M. Adrien Chenot a obtenu, pour ce produit appelé par lui *ciment métallique français*, et dont il ne présente en 1855 que de rares échantillons pour mémoire, il a obtenu, disons-nous, en 1849, une médaille d'argent, et, en 1851, à l'Exposition universelle de Londres, une médaille de prix.

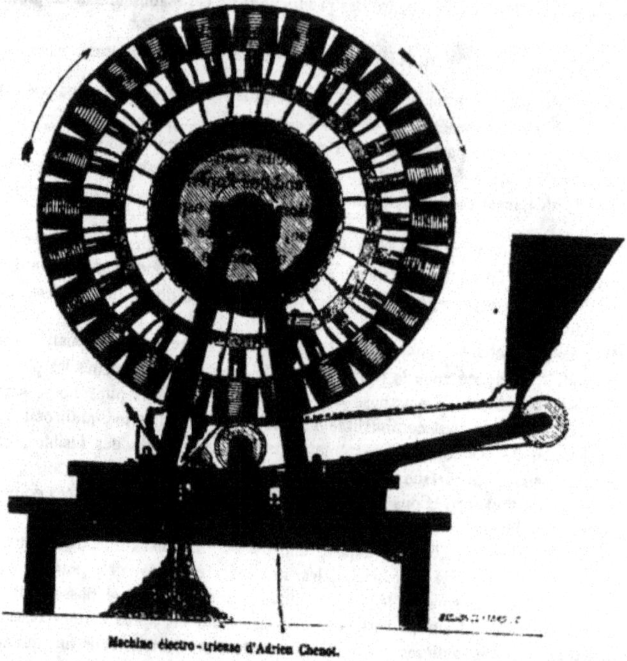

Machine électro-trieuse d'Adrien Chenot.

La préparation des matières premières a conduit aussi M. Adrien Chenot à comprimer énergiquement les éponges métalliques et les limailles et copeaux de fer surtout. Il exécute ainsi du premier coup des pièces de mécanique : écrous, roues d'engrenage et de wagons, etc., qui, après un recuit à haute température, sont exactement les similaires de celles que l'ouvrier exercé eût pu produire avec un travail long et pénible en employant du fer préalablement mis en barres.

M. Chenot, est, en outre, l'inventeur de différents procédés de fabrication, ayant pour objet la production presque immédiate de l'acier fondu. Sa méthode et la mise en œuvre de ses moyens d'action ont vivement préoccupé le Jury, qui a cru devoir rendre une visite à l'usine de M. Chenot, afin d'étudier *de visu* les procédés mis par lui en pratique.

Les résultats annoncés semblaient si exagérés, que les membres de la Commission internationale voulaient savoir par eux-mêmes, si le rapport de l'exposant était conforme à la vérité, et, il faut l'avouer, ils sont sortis des ateliers, en proclamant à l'unanimité qu'une récompense de premier ordre devait être accordée à cet habile et intelligent industriel.

Nous allons faire connaître les procédés suivis par M. Chenot; on appréciera mieux le mérite de ses perfectionnements.

Pour fabriquer de l'acier fondu, il est indispensable de faire subir au minerai quatre opérations principales, savoir : 1° *réduction du minerai à l'état d'éponge;* 2° *cémentation de l'éponge;* 3° *compression;* et 4° *fusion.*

1° *Réduction du minerai à l'état d'éponge.* Le minerai, grillé et bien concassé, est placé dans un fourneau prismatique, de treize mètres de hauteur; les chauffes extérieures sont placées à sept mètres du gueulard, et la chaleur qui s'accroît graduellement fait subir au minerai une réduction semblable à celle qui s'opère dans les hauts-fourneaux. A cet état, il arrive devant les chauffes, à la couleur du rouge-cerise, sans cependant que la chaleur soit suffisante pour le fondre, mais déjà il est réduit, et il forme une masse poreuse à laquelle les métallurgistes ont donné le nom d'*éponge.*

Cette éponge métallique en descendant se refroidit progressivement et arrive à la température ambiante; s'il en était autrement, elle se réoxyderait, ce qui serait un obstacle à sa parfaite fabrication.

Le fourneau est construit de telle sorte qu'aucun courant d'air ne peut le traverser; et le défournement se faisant à intervalles égaux, on comprend que l'opération doit marcher régulièrement.

2° *Cémentation de l'éponge.* La cémentation est une espèce de trempe; aussi, dès que la première opération a donné pour résultat une masse, que nous avons désignée précédemment sous le nom d'*éponge*, on plonge cette dernière, soit dans un bain de résine, soit dans un bain de matières grasses; seulement, on doit veiller à ce que la matière du bain soit fluide, de manière à ce que le liquide sature toutes les parties de l'éponge. On calcine alors à une suffisante chaleur, afin d'éliminer l'excès de matière carburante; et les produits liquéfiés, provenant de cette calcination, se trouvent très-uniformément saturés d'une certaine quantité de carbone. On procède parfois à une deuxième cémentation, si la première a laissé quelque chose à désirer.

3° *Compression.* Cette opération a pour objet le broyage de l'éponge et par contre la compression de toutes ses molécules. Il en résulte, d'une part, une diminution sensible de volume, et, d'autre part, un obstacle au phénomène de l'oxydation.

4° *Fusion.* La matière, une fois comprimée et concassée par fragments, est placée dans des creusets et traitée selon les anciens procédés. Seulement, si à la coulée il surnage une écume de matières terreuses, que les opérations antérieures n'ont pu chasser, on les coagule par l'addition d'un peu de sable ou d'argile, et on les fait disparaître à l'aide de la cuiller.

La méthode mise en pratique par M. Chenot présente sur l'ancienne les avantages suivants :

Dans l'ancien système, le fer coule à l'état de fonte, et les frais, pour arriver à ce résultat, sont énormes, soit au point de vue du combustible employé, soit au point de vue de l'outillage; encore n'obtient-on qu'un produit d'une constitution hétérogène; par contre, l'affinage réclame plus de soins, plus de main-d'œuvre et un déchet préjudiciable, puisqu'il réagit sur la masse du fer en fabrication. Enfin la cémentation et la fusion se faisant sur le fer en barre, c'est une opération longue et dispendieuse, comparativement aux résultats qu'on obtient lorsqu'on opère sur l'éponge.

L'éponge, à la sortie du fourneau, peut être comparée à la loupe que l'on forme dans l'affinage ordinaire. Dans cet état, c'est du fer, au milieu duquel se trouve interposée encore de la gangue minérale. Après l'opération de la compression, l'éponge est chauffée et martelée, de telle manière qu'elle passe à l'état de fer métallique. Après l'opération de la cémentation, elle est de nouveau chauffée et martelée, et le fer métallique passe à son tour à l'état d'acier ordinaire; mais, comme ces moyens de fabrication approchent beaucoup plus de la perfection que les anciens procédés, l'acier ordinaire obtenu peut être assimilé à de l'acier poule *plusieurs fois raffiné.*

Comme on le voit, les procédés de M. Chenot présentent de grands avantages, et au point de vue de l'économie, et au point de vue de la qualité des produits. Ils sont appliqués avec succès dans son usine et d'une manière toute manufacturière.

Pour en revenir à la qualité des produits, des essais ont été faits par un membre même de la Commission du Jury, et les résultats obtenus n'ont plus laissé de doute sur la valeur des perfectionnements de M. Chenot.

En résumé, ces perfectionnements ont conduit leur auteur aux résultats suivants :

1° Trie des parties d'éponge métallique, mêlées aux cendres et aux charbons, à l'aide de son *trieur électro-magnétique ;*

2° Compression des matières métalliques, qui a pour résultat essentiel une réduction de volume, et pour application, excessivement intéressante, la fabrication *par moulage* de pièces de mécanique très-fortes ou très-faibles à volonté ;

3° Réalisation de grands avantages économiques, notamment pour la *fusion de l'acier*, en donnant à la cendre des cokes un très-grand degré de fusibilité; car le but principal que s'est proposé M. Chenot, ç'a été d'enlever, au coke et aux houilles anthracites, lignites et tourbes, le soufre, le phosphore, etc., qu'elles contiennent.

Le résultat de ce problème est donc de pouvoir traiter les métaux avec ce coke préparé absolument comme avec du charbon de bois de la meilleure qualité. Aussi, dès aujourd'hui, grâce à M. Chenot, la *distinction* de fonte au bois et de fonte au coke a entièrement disparu du dictionnaire métallurgique. Le Jury a décerné à M. Adrien Chenot une MÉDAILLE D'HONNEUR.

EXPOSITION DES FERS ET FONTES DU ROYAUME-UNI.

Les maîtres de forges de l'Angleterre avaient chargé M. W. Bird et Ce, marchands de fer à Londres, de les représenter à l'Exposition universelle, et d'y installer et classer leurs produits.

Cette mission a été dignement remplie par M. W. Bird, et on lui doit d'avoir pu apprécier, dans un vaste ensemble, le haut degré de perfection auquel est arrivée la métallurgie du fer chez les Anglais.

Cette exhibition que tout le monde a admiré, était placée à l'entrée de l'Annexe; un trophée composé des produits de fonte moulée d'une des usines les plus recommandables de l'Angleterre, celle de Coalbrock Dale iron Company, en décorait le centre.

Comme les produits de l'usine de Coalbrok Dale iron Company ont été fort recherchés des acheteurs, nous donnons ci-après le dessin de son trophée, et nous nous étendrons d'une manière particulière sur ce grand établissement.

Les récompenses décernées par le Jury international à ceux des principaux établissements qui avaient contribué à cette magnifique exhibition, ont été :

14 MÉDAILLES DE PREMIÈRE CLASSE.

11 MÉDAILLES DE DEUXIÈME CLASSE.

9 MENTIONS HONORABLES.

Voici les noms et les titres de chacun à ces flatteuses distinctions :

MÉDAILLES DE PREMIÈRE CLASSE.

John Bagnall and Sons. Staffordshire. — Une des spécialités de cette usine, est la fabrication des gros fers carrés; aussi, en expose-t-elle des morceaux d'une exécution parfaite. Un fer rond, de 7^m 65 c. sur 0^m 187, et du poids de 1,650 kilogrammes, était surtout fort remarquable.

Bowling iron Company, a Bowling, près de Bradfort York. — Fers malléables pour bandages, essieux, d'une excellente fabrication et de fort bonne qualité.

The Butterley iron Company (Derbyshire). — Les objets exposés par cet établissement ont pleinement justifié la bonne réputation dont il jouit; les tôles ont été particulièrement fort remarquées.

Cwm Celyn and Blaina iron works. Pays de Galles. — Cette usine est importante et fabrique avec un soin extrême.

Cwm avon iron Company. — Produits considérables et de bonne qualité.

Derwent iron Company. — Une des pièces les plus curieuses de l'exposition des fers anglais, le plus long des rails exposés, appartenait à cette usine : il avait 24 mètres de longueur.

Derwent iron Company. — C'est un établissement de premier ordre, qui compte quatorze hauts-fourneaux; et dont les produits, surtout les tôles fortes, sont d'une excellente fabrication.

Dowlais iron Company. (Galles du Sud). — Ce qui distingue cet établissement, l'un des plus considérables de l'Angleterre, c'est l'énorme quantité de ses produits. Il doit cet avantage aux conditions économiques dans lesquelles il est placé. Une même enceinte renferme dix-huit hauts-fourneaux au coke, ainsi que les forges nécessaires ; on comprend combien, au moyen d'une pareille installation, se trouvent diminués les frais de toute nature : de là, possibilité de livrer à bon marché.

Dundyvan iron Company. (Yorshire). — Exposition remarquable; produits spéciaux.

Mersey iron and Steel Company. (Staffordshire.) — De nouveaux procédés de laminage, auxquels donne une grande importance, l'emploi, de jour en jour plus fréquent, du fer dans les constructions navales, distinguent particulièrement cette usine.

Des pièces de grandes dimensions, d'épaisseur décroissante, se faisaient remarquer par leur belle fabrication et leur bonne condition de prix.

Rhymney iron Company. — Comme preuve de la puissance de ses moyens de fabrication, cette usine avait envoyée à l'Exposition universelle, un rail Barlow, de 16 mètres de longueur sur 0m30 de large. Ses autres produits étaient aussi fort remarquables par leur qualité et leur fabrication.

Shelton iron Company. — L'importance des établissements de cette Compagnie était constatée par des vues photographiques. La bonne qualité de ses produits était constatée par ceux-là même qui figuraient à l'Exposition universelle.

Weardale iron Company.—Les fers spathiques, provenant des filons plombeux du nord de l'Angleterre, sont traités dans cette usine, qui avait envoyé une belle collection de minerais, et dont les produits étaient fort intéressants.

COALBROOK DALE IRON COMPANY.

On a plusieurs fois remarqué, pendant le cours de cette Exposition universelle, qu'un fort grand nombre d'exposants anglais, et presque la totalité de ces grands industriels, exposaient plus réellement que les fabricants des autres pays au point de vue du commerce. Sur le continent, en France surtout, ce ne sont pas toujours des échantillons d'une industrie qui se trouvent placés sous les yeux des visiteurs, ce sont des pièces particulières, soignées en vue d'un concours, et des espèces de chefs-d'œuvre destinés à satisfaire le goût plutôt qu'à répondre à un besoin général.

L'exposition de la *Coalbrook Dale Iron Company* est une de celles qui ont réuni le double caractère d'une exposition utilitaire et d'une exposition artistique. Aussi, les récompenses ne lui ont pas manqué. En outre de la médaille de première classe accordée à ses produits métallurgiques, elle a reçu, pour ses bronzes (ou fers électro-bronzés), une médaille d'argent, une médaille de bronze, et deux mentions honorables.

Établis dans le Shropshire, les usines et les ateliers de la Compagnie Coalbrook Dale forment un ensemble complet et sont organisés pour produire, dans d'aussi bonnes conditions que possible, des quantités extraordinaires de fer ouvré et de fer ouvrable.

L'article que lui consacre le Catalogue anglais est ainsi conçu : « 8e section, *industrie des bronzes d'art*, Coalbrook Dale Iron Company, à Coal Brook Dale, Shropshire, A. — *Le Tueur d'aigle*, statue de fonte ; fer forgé en barres, tôle, plaques, etc. ; fer fondu et bronze pour toute espèce d'ouvrages simples ou ornés; fer préparé avec l'électro-bronze. »

Cette rapide nomenclature suffit pour faire comprendre l'importance des travaux de la Compagnie. Elle produit en grand du fer, comme font tous nos maîtres de forge; non-seulement elle le produit, mais elle le prépare, lui fait subir un traitement, et le transforme en une multitude d'objets qui sont tous également recommandables.

Elle exploite 13 puits de charbon de terre, 14 puits de pierre de fer, et occupe 4,000 ouvriers.

Exposition des produits des usines de Coalbrook Dale iron Company.

Laissons de côté les articles de la production, tels qu'ils sont fournis par la forge, et arrêtons-nous à admirer les fers travaillés qui, aux portes de l'Annexe, du côté de la place de la Concorde, présentaient un spectacle si remarquable et si remarqué.

La science des chimistes a été appelée, par la Compagnie Coalbrook Dale, à la préparation des fers destinés aux industries spéciales dont nous allons avoir à parler. Par les soins de la chimie, d'habiles mélanges ont été faits, et l'on est arrivé à se procurer un métal d'un grain qui a toute la finesse avec tout le poli qu'on désire, en même temps qu'il se prête aux divers caprices de l'ouvrier transformateur et créateur. Le fer a ainsi fait une concurrence réelle au bronze. D'autres industries ont élevé le cuivre au rang de l'or et lui en ont donné presque toutes les apparences ; ici, nous voyons l'électricité employée à donner au fer les caractères de ce précieux métal qui, dans l'industrie et dans les arts, a trouvé de si nombreuses et de si belles applications.

Voilà l'électro-bronze produit. La Compagnie Coalbrook Dale ne s'est pas bornée à le produire ; elle-même s'est appliquée à poursuivre jusqu'au bout son œuvre, et elle a présidé avec le succès le plus grand aux transformations dernières, et, pour ainsi dire, aux transfigurations artistiques du fer déjà travaillé par elle. La fonte, le laminage, la forge, l'électro-bronzage ne sont donc rien encore. Ce qu'il faut mettre au premier rang parmi les travaux de ces ateliers importants, c'est la fabrication sur une grande échelle, avec tous les soins nécessaires et à un prix très-bas, de tous les meubles de fer, bronzé ou non bronzé, qui doivent avoir un dehors élégant.

Que d'accessoires la vie moderne réclame pour l'ornement du foyer domestique, et que de fois n'a-t-on pas souhaité que ces accessoires fussent plus commodes, moins laids et à meilleur marché ! Tout d'un coup le progrès est accompli. Voici des porte-parapluies, des vestiaires-porte-cannes, des bancs de jardin, des chaises, des canapés, des guéridons, des jardinières, des consoles, des étagères, des garde-feu, des garde-cendre, des grilles, des foyers, des portes, des vases, des statues, etc., que la fonte du fer, sous l'apparence du bronze, nous procure à bas prix et qu'on ne saurait trop louer.

Il s'agissait, pour arriver à ces résultats brillants et pour nous rendre à tous un pareil service, non-seulement de changer habilement les dehors du fer, mais de se procurer d'excellents modèles et aussi de mouler la matière avec promptitude et perfection. On y est arrivé ; les dessins les plus variés, les plus élégants, et au besoin, les plus distingués, ont servi à donner au fer bronzé la forme qu'il a prise et qui nous enchante. Ici c'est un Amour qui est armé d'un arc et du bout de cette arc indique la place où il faut que votre canne soit placée ; là, c'est une cigogne qui tient dans son bec un serpent, le serpent se cambre dans les douleurs de l'agonie, et ses anneaux serviront de gaîne à votre parapluie. Plus loin un chien barbet accroupi tient dans sa gueule la cravache de son maître. Mille autre modèles sont là qui vous attendent. Les bancs, les chaises, les canapés légers ; quel goût, quelle entente de confort, et toujours quelle variété ! Ici les rinceaux gothiques, là le feuillage de l'éternel printemps, des guirlandes de roses, des jasmins, des volubilis gracieusement courbés, et tout cela est du fer, le fer assoupli, le fer docile.

Particulièrement, nous avons distingué des guéridons dont la table découpée offre à l'œil les arabesques les plus délicates, et dont le pied est un chef-d'œuvre d'ornementation.

Du reste, on sent partout, dans l'œuvre de l'ouvrier, la main de l'artiste. La Compagnie Coalbrook Dale a eu recours à des sculpteurs de talent pour obtenir ses modèles ; elle a demandé, par exemple, à John Bell de lui donner ce *Tueur d'aigle*, qui était la pièce d'honneur dans l'élégant et utile trophée de ses produits.

Il y a toute une série d'ouvrages de fer qu'il ne faut pas oublier et qui méritent une mention spéciale. Ce sont des cheminées et des calorifères de mille formes. La Compagnie exploite deux brevets, le brevet Seringham et le brevet Cundy (pour les calorifères). Ce dernier système a obtenu en 1851 le seul prix accordé aux calorifères ventilateurs. Des dispositions étudiées avec art ont permis d'enlever à ces appareils tout ce qu'il y avait en eux de dangereux ou d'incommode, et de doubler le nombre et l'étendue des services qu'ils peuvent rendre. Les fers de la Compagnie, là encore, ont gardé leur élégance et la forme que l'art leur donne.

MÉDAILLES DE DEUXIÈME CLASSE.

MM. Barrows and Hall. — Produits de bonne fabrication et de bonne qualité.

Blaenavon iron Company. — Usine immense; produits remarquables.

Ebbw vale Company. — Exposition notable; beaux et bons produits.

M. Gartsherrie. — De cette grande usine proviennent les fontes noires qui, en France, sont très-recherchées.

Kookley iron Works Knight and Company. — La fabrication des tôles est la spécialité de cette usine, qui en exposait de très-belle qualité.

MM. Millington and Company possèdent un établissement qui avait envoyé de fort beaux produits.

Monkland iron Company. — De beaux produits constataient les titres de cette usine à une récompense.

Pontypool iron Works. — L'exposition de cette usine était fort intéressante.

Tredegar iron Works. — Production considérable; produits bien fabriqués.

Whitehouse iron Works. — Cette usine, qui avait envoyé à l'Exposition des fers d'excellente qualité, est fort importante.

Ystalyfern iron Company. — Production considérable; bonne fabrication.

MENTIONS HONORABLES.

M. Abercairn Works.
M. Bird, de Londres.
British iron Company.
Calder and Company.
M. Caw (H.), a Peterborough.
M. Litteshall.
Osier Bed iron Company.
MM. Samuelson and Company Middeberborg.
MM. Tipton Carr. et Company.

BOIGUES, RAMBOURG ET Cᵉ, a Fourchambaut (France, Nièvre).

Parmi les établissements métallurgiques du Nivernais et du Berry, Fourchambaut occupe, sans contredit, la première place, non-seulement au point de vue de ses vastes forges, mais encore par son initiative à suivre et à perfectionner les découvertes nouvelles et à participer aux progrès de la métallurgie, de manière à pouvoir livrer à la consommation les produits bruts à prix peu élevé.

Fourchambaut réunit l'exploitation de la houille à la production de la fonte, du fer au bois et au coke, de l'acier naturel, des tôles, des fers-blancs et des chaînes, étaux et enclumes.

Son exposition de fontes moulées, de chaînes et de fers-blancs, ainsi que de tuyaux appartenant à une fourniture faite à la ville de Madrid, nous ont paru d'une perfection exceptionnelle au point de vue de la qualité et au point de vue du travail. (médaille de première classe.)

BOUGUERET, MARTENOT ET Cᵉ, a Chatillon-sur-Seine (France).

Nous sommes ici en présence d'un établissement de premier ordre. Peut-être même les forges de Châtillon et de Commentry constituent-elles une des plus considérables exploitations métallurgiques que l'on connaisse.

Il suffit de jeter les yeux sur une carte géographique et géologique des départements du Cher, de l'Allier, de la Nièvre, de l'Yonne, de la Côte-d'Or, de l'Aube et de la Haute-Marne, pour comprendre l'étendue, la variété et la puissance des ressources réunies dans les divers établissements de la Société des forges de Châtillon et de Commentry, et pour se rendre compte des avantages qu'y présente la fabrication des fers de toute nature.

Des bassins houillers abondants fournissent le combustible nécessaire à une partie des hauts-fourneaux et des forges; ailleurs, lorsque le bois est voisin et d'un usage plus commode, c'est le bois qui remplace la houille. Les dépôts de minerais sont riches et autour d'eux se groupent les forges. Entre ces bassins houillers, ces dépôts de minerais, ces forges, ces hauts-fourneaux et les tréfileries ou autres établissements qui en dépendent, les voies les plus commodes circulent de toutes parts : chemins de fer en activité, chemins de fer concédés et en cours d'exécution, chemins de fer projetés, cours d'eau, canaux, grandes routes et routes particulières, le réseau est admirablement dessiné et il doit se compléter encore.

Voici le détail de ces établissements qui composent un ensemble véritablement magnifique.

Concessions houillères de Ferrières (près Montluçon), 360 hectares; de Biolles (près Néris), 380; de Bézenet, 100; de Doyet, 160.

Ces quatre concessions houillères, voisines les unes des autres, se trouvent dans un même département, celui de l'Allier.

Puis, viennent les usines, propriétés et concessions diverses de la Société :

Usine de Commentry : 6 hauts-fourneaux au coke, forges à laminoirs, tôlerie; — *Usine de Saint-Jacques :* 6 hauts-fourneaux au coke, mouleries diverses, fontes pour deuxième fusion, fonte de forges, laminoirs, tôleries (2 hauts-fourneaux sont en construction); — *Troncais* : 1 haut-fourneau, 3 feux de forge, 2 marteaux; — *Sologne :* 1 haut-fourneau, 2 feux de forge, 2 marteaux; — *Morat :* laminoirs, 8 feux de forges; — *Tronçais, Morat et Saint-Bonnet :* Étangs; — *Laugere :* Magasin et port sur le canal du Berry; — *Dun-le-Roi :* Exploitation de minerais de fer, canal des mines de Dun (conduisant les minerais au canal du Berry; — *La Chapelle :* Exploitation de minerais de fer, chemin de fer; — *Maisonneuve :* 3 fourneaux au bois, 1 fourneau au coke, concession des minerais de Thoste et Beauregard (500 hectares). — *Frangey :* 1 haut-fourneau; — *Chamesson :* 1 haut-fourneau, tréfilerie et pointerie; — *Sainte-Colombe :* 3 hauts-fourneaux, laminoirs, tôlerie, feux d'affinerie; — *Roche-Etrochey :* Tréfilerie et exploitation de minerais de fer; — *Plaines* : Laminoirs, tréfileries; — *Champigny :* 1 haut-fourneau, laminoir; — *Prusly :* 1 haut-fourneau; — *Vanvey :* 1 haut-hourneau et feux d'affinerie; — *Grancey :* Tréfilerie; — *Gurgy-la-Ville :* 1 haut-fourneau; — *Longuet :* 1 haut-fourneau; — *La fonderie de Veuxaulles :* 1 haut-fourneau et feux d'affinerie; — *Fée-sur-Iatrecey :* Concession de minerais de fer; — *Chateauvillain :* Exploitation de minerais de fer; — *Ancy-le-Frane :* Forge louée par la Société; — *Thaumiers :* 1 haut-fourneau loué; — *Meillant :* 2 hauts-fourneaux loués; — *L'Epinasse :* Exploitation de minerais de fer.

On n'a pas besoin d'insister et de montrer, à la suite d'une pareille liste, quelle est l'importance de ces nombreux établissements si heureusement réunis.

La nomenclature du Catalogue officiel, à l'article *Bouguerel, Martenot et comp.*, n'est ni longue ni explicite; c'est donc à nous de dire ce qu'elle ne dit pas; de parler, par exemple, de cette tôle de Commentry exposée dans l'Annexe, qui avait 18 mètres de long et pesait 700 kilogrammes, et de rappeler ces admirables cornières de 17 mètres 60 centimètres de longueur, dont les branches étaient hautes de 170 millimètres. Il n'y a pas longtemps que la métallurgie du fer regardait comme un travail extrêmement difficile la fabrication des cornières de 10 à 12 mètres de long avec des branches de 100 millimètres.

La tôle extraordinaire que nous venons de citer et qu'on a tant admirée n'était pas un chef-d'œuvre exceptionnellement produit, en vue d'attirer les yeux des visiteurs à l'Exposition universelle : des tôles de même nature et de même origine peuvent se voir au pont d'Asnières. Commentry a fourni, d'une manière courante, pour la construction de ce pont, des tôles de 8^m,16 sur 0^m,70 et d'un poids moyen de 600 kilogrammes. La grande tôlerie a donc un rôle éminemment utile dans les constructions civiles de notre siècle, et on a vu dernièrement, lorsqu'il s'est agi de l'établissement des chaloupes-canonnières, que le génie maritime peut s'en servir aussi avec avantage.

De même que pour les tôles, les chemins de fer ont agi efficacement pour développer la fabrication des rails. Commentry a envoyé de beaux échantillons des nouveaux rails Barlow ou à champignons, rails de dimensions fort grandes et d'une forme qui leur permet de s'appuyer directement sur le sol sans qu'ils soient soutenus par des traverses et des coussinets. Les rails pèsent 45 kilogrammes le mètre : on les rive les uns aux autres. Pour les fabriquer, il faut, dans les usines, un montage spécial et des machines d'une force considérable.

A la suite de l'Exposition universelle de Londres, M. Dufrenoy, inspecteur général des mines, a, dans les *Travaux de la Commission française*[1], donné des renseignements exacts sur la production des plus grandes usines du monde.

Au milieu des tableaux qu'il a composés à ce sujet, nous trouvons des points de comparaison intéressants entre l'usine de Commentry et plusieurs autres usines voisines.

Prix de la fabrication d'une tonne de fonte au charbon de bois, en France, de 137 fr. 75 c. à 148 fr. 50 c. (en 1854) :

Dordogne.

	fr. c.
Minerai, 2,410 kil. à 16 fr. les 1,000 kil.......	38,56
Charbon, 1,140 kil. à 62 fr. 50 c. les 1,000 kil..	71,25
Castine, 500 kil. à 2 fr. 50 c. les 1,000 kil,....	1,25
Main-d'œuvre, entretien, etc..................	20,00
Frais généraux...........................	17,50
	148,56

A Ancy-le-Franc.

	fr. c.
1^m,65 de minerai à 15 fr. 83 c...............	26,12
Main-d'œuvre, réparations, etc................	8,02
Vent, frais généraux, etc.....................	12,67
6^m,52 de charbon de bois à 28 fr. 79 c.........	93.87
Bénéfice..................................	3,75
	144,43

Fabrication de la tonne de fonte au coke, de 856 fr. 73 c. à 94 fr. 84 c. :

Commentry.

	fr. c.
1^m,48 de minerai à 27 fr....................................	39,96
1,680 kilog. de coke à 14 fr. 85 c. la tonne......................	24,95
Castine, 0,39 à 10,70..	4,17
Façon..	16,63
Bénéfice..	4,27
	90,00

Tous les établissements de la Société se divisent en deux groupes : l'un, le plus ancien, celui du Châtillonnais ; l'autre, celui du Bourbonnais. Dans le Châtillonnais, les fontes, à l'exception de celles qui sont produites par le haut-fourneau au coke de Maisonneuve, sont toutes fabriquées au bois : les fers sont, en général, puddlés à la houille ; quelques-uns cependant sont affinés au bois pour la tréfilerie et même pour le commerce.

Dans le Bourbonnais on emploie le coke, sauf dans les usines Tronçais qui sont alimentées par les forêts voisines et qui produisent des fers d'une qualité exceptionnelle.

Dans le Châtillonnais, la production de la fonte est limitée par l'importance des coupes de bois disponibles ; dans l'Allier, elle n'est bornée que par l'insuffisance relative de l'exploitation des mines et des moyens de transport.

Le groupe du Châtillonnais dispose de 824 chevaux hydrauliques et de 500 chevaux-vapeur ; le groupe du Bourbonnais dispose de 140 chevaux hydrauliques et de 2,200 chevaux-vapeur.

En tout : 3,664 chevaux (964 hydrauliques, 2,700 vapeur).

Dans le premier groupe, *Maisonneuve* produit de 7,000 à 8,000 tonnes de fonte par an : les forges

1. Rapport du Ier jury, p. 25.

d'*Ancy-le-Franc*, qui peuvent produire de 8 à 10,000 tonnes, fabriquent surtout des rails et des fers à T; la production de *Sainte-Colombe* est de 12,000 tonnes de fer de toute qualité. Désormais ces forges fabriqueront exclusivement les fers marchands, les tôles fines et les produits spéciaux. *Plaines* produit 4,000 tonnes, dont 3,000 sont couvertes sur place de fils de fer; *Champigny* fabrique de la machine et des feuillards (2,500 tonnes); la tréfilerie de *Chamesson* donne environ 1,200 tonnes de fils de fer au bois et puddlés; la pointerie, établie à Chamesson en 1854, fabrique déjà plus de 4,000 tonnes de pointes.

En somme, le premier groupe a produit: 1° 22,000 tonnes de fonte; 2° 28,500 tonnes de fer [1], savoir: 12,000, en rails et fers à T; 9,000, en fers marchands, tôles, fers spéciaux; 6,000, en fils de fer et pointes; 1,500, en fers battus au bois.

Dans le second groupe, les minerais de *La Chapelle* et de *Dun-le-Roi* alimentent les usines du Bourbonnais; l'extraction s'élève à 65,000 mètres environ. Les forges de *Tronçais*, placées au milieu d'une immense forêt, produisent 4,000 tonnes de fers tout à fait supérieurs; les fontes et surtout les tôles de *Montluçon* sont très-connues; la forge de *Commentry* peut produire de 18 à 20,000 tonnes.

Au total, la production du groupe du Bourbonnais est, environ, 50,000 tonnes de fonte; 32,000 de fer et 2,700,000 hectolitres de charbon des houillères (dont 1 million est mis en vente).

Ces chiffres et ces renseignements divers donnent la plus haute idée des travaux d'une Société qui dispose de pareilles ressources. Du reste, les produits que ses usines fabriquent sont appréciés depuis longtemps en France et à l'étranger. (MÉDAILLE DE PREMIÈRE CLASSE.)

SOCIÉTÉ ANONYME DES FORGES ET FONDERIES DE MONTATAIRE (FRANCE, OISE).

La Société des forges et fonderies de Montataire avait obtenu, dans l'Annexe, une place tout à fait digne d'un établissement de premier ordre. Elle y avait exposé des fers plats, ronds, carrés, fers au T, enfin des tôles et des fers-blancs de grandes dimensions qui, particulièrement, ont été, comme difficultés vaincues, fort appréciés des hommes spéciaux; mais il est à regretter que la Compagnie n'ait pas cru devoir indiquer à quel prix elle pouvait les livrer au commerce. Dans certaines industries, et ici surtout, les perfectionnements et les innovations n'ont un mérite véritable que si le consommateur peut en profiter avec avantage.

C'est à cette lacune que l'on doit sans doute attribuer la décision du jury, qui, malgré la magnifique mise en scène de l'usine de Montataire, ne lui a décerné qu'une MÉDAILLE DE PREMIÈRE CLASSE; car, en outre de cette récompense, il a reconnu les bons et honorables services du directeur de l'usine, M. André IROLIK, en lui décernant personnellement une MÉDAILLE DE PREMIÈRE CLASSE.

SOCIÉTÉ ANONYME DES FORGES D'AUDINCOURT (FRANCE, DOUBS).

M. PALMER, CHEF DE L'ATELIER DE PARIS. DÉCORATION DE LA LÉGION D'HONNEUR.

En s'arrêtant devant quelques-unes des expositions de nos plus importantes manufactures, on se demandait s'il n'y avait pas dans la production de toutes les belles choses que ces expositions offraient à nos regards une grande part à faire aux chefs d'ateliers, et quelquefois même à de simples ouvriers; et en songeant à ces travaux utiles qui souvent ne sont pas même récompensés par des bénéfices matériels, on se prenait à désirer de voir accorder des récompenses spéciales à ces hommes laborieux qui ont enrichi de grands établissements de leurs découvertes, et en ont ainsi assuré la fortune. De cette manière aucune espèce de mérite ne devait être laissé à l'écart, et de légitimes honneurs auraient été

1. Le complément des fontes nécessaires est acheté en Champagne.

accordés aux travaux de l'intelligence accomplis sous les ordres du capital. Une haute protection était heureusement accordée d'avance à l'idée de cette distribution nouvelle des récompenses.

Nous vivons en un temps où personne ne se plaindra, si les choses ont été ainsi décidées ; car on a compris depuis longtemps la nécessité de rendre justice aux hommes éminents qui n'ont pas eu à leur disposition l'argent nécessaire à la création d'une usine, mais qui, modestement, obscurément, augmentent chaque jour la richesse du domaine général au profit de ceux qui les emploient.

S'il nous faut un exemple, l'usine d'Audincourt (Doubs) nous le fournit.

Les forges d'Audincourt sont renommées par la bonne qualité et le prix modéré de leurs produits. Tout le monde a remarqué l'exposition si distinguée et si variée de cette usine. C'est au chef des ateliers de Paris, à M. Palmer, que sont dus la plupart des divers perfectionnements dont nous avons pu reconnaître l'importance et l'utilité.

Parmi les nombreuses études auxquelles n'a cessé de se livrer M. Palmer, et les heureux résultats auxquels il est arrivé, nous signalerons spécialement, comme le principal de ses titres, le *Système Palmer*, pour l'emboutissage des métaux.

On sait ce qu'est l'emboutissage. Une feuille de métal ronde et plate étant donnée, supposez qu'on pèse fortement sur la partie centrale, la feuille prend la forme d'une coquille : une pression plus forte rapproche cette forme de celle d'un dé à coudre ; un mandrin est alors placé dans la cavité pour soutenir le métal ; le tout passe à la filière, qui allonge, étire les parois et forme le tube.

Le procédé de M. Palmer, appliqué à divers métaux et particulièrement au cuivre rouge, au laiton, au fer, à l'acier, au zinc, au maillechort et au platine, dote l'industrie de tuyaux appropriés à tous ses besoins ; les applications qu'on en a faites sont déjà fort nombreuses et toutes très-importantes.

M. Palmer n'a pris son brevet qu'en 1848 ; à l'Exposition de 1849, *l'emboutissage Palmer* ne faisait donc que de naître ; mais, en 1851, à l'exposition universelle de Londres, il obtenait une médaille de prix. M. Palmer trouve aujourd'hui sa plus belle récompense dans les services multipliés qu'il rend à l'industrie.

Son système a permis la fabrication des appareils à vapeurs combinées, et des appareils de platine *à longs tubes sans soudures*, si remarqués à l'Exposition de Londres. M. Palmer est, en effet, parvenu à donner à ces tuyaux une longueur de trois et même de quatre mètres. Il a aussi appliqué l'emboutissage à des rondelles de cuivre, d'un assez grand diamètre, pour que les tuyaux qu'il fabrique ainsi pussent servir dans les presses hydrauliques : il obtient pour ceux-là une longueur de cinq mètres.

Trente-trois ans de services industriels ; une médaille d'argent (1849), une médaille de platine et une médaille d'or de la Société d'encouragement, un médaille de prix à Londres (1851), voilà des titres qui ont mérité à M. Palmer la croix de la Légion d'honneur.

Quant à l'usine d'Audincourt, dont l'exposition présentait aussi des canons de fusil travaillés selon le système Palmer et offrant une résistance plus grande que les autres, ainsi que le fait a été établi par des expériences qui ont eu lieu à Vincennes : il lui a été décerné une MÉDAILLE DE PREMIÈRE CLASSE.

SOCIÉTÉ ANONYME DES HAUTS-FOURNEAUX ET FORGES DE DENAIN ET D'ANZIN (France, Nord).

Quelques années ont suffi à cette Société pour mettre les anciennes forges de Denain et d'Anzin au niveau des plus grands établissements du même genre, en France.

Elles comportent aujourd'hui cinq hauts-fourneaux, produisant ensemble 100,000 kilogr. de fonte par jour, et une quantité considérable de fours à puddler et à réchauffer.

La Compagnie a exposé des fers, tôles, rails de bonne fabrication et de grandes dimensions, qui lui ont mérité une MÉDAILLE DE PREMIÈRE CLASSE.

SOCIÉTÉ DE LA PROVIDENCE, Haumont (France) : médaille de première classe.

La Société de la Providence avait envoyé à l'Exposition universelle, entre autres produits, un fer à T, de sept mètres de longueur, sur trente centimètres de hauteur, et pesant 455 kilogrammes, fort remarquable par sa fabrication, et justifiant pleinement la réputation de cette usine pour ce genre de fabrication.

Le Jury lui a décerné une médaille de première classe.

SOCIÉTÉ ANONYME DES MINES DE PLOMB ARGENTIFÈRE ET FONDERIES DE PONTGIBAUD, (France, Puy-de-Dome).

Les mines et fonderies de Pontgibaud exposaient une belle collection de minerais et de produits métallurgiques.

La pièce la plus saillante de cette exposition était un gâteau d'argent, du poids de 405 kilogrammes, et d'une valeur de 90,000 francs environ, obtenu dans une coupellation à l'anglaise.

Ce produit, très-remarquable sous le point de vue métallurgique, dénotait, en outre, une puissance financière qui, dans les exploitations minières surtout, est presque toujours l'assurance du succès.

En effet, les mines et fonderies de Pontgibaud ont eu le même avantage que les établissements métallurgiques du bassin d'Aubin, celui de passer entre les mains d'une Compagnie puissante. C'est une Société anglo-française qui possède aujourd'hui ce bel établissement en voie d'une transformation complète.

Deux ingénieurs, MM. Joan et Richard Taylor, de Londres, dont l'expérience et l'habileté sont connues de tous les métallurgistes de l'Angleterre, ont reçu la mission de donner aux exploitations des mines de Pontgibaud le plus grand développement possible, en appliquant dans les fonderies qui en dépendent tous les perfectionnements que peut leur apporter la science. Pour exécuter les améliorations, des sommes considérables ont été mises à leur disposition, aussi, tout présage-t-il qu'avant peu d'années, cet établissement rivalisera avec ceux de même nature qui sont depuis longtemps en première ligne.

Le Jury a récompensé les beaux produits de la Société de Pontgibaud par une médaille de première classe.

MM. DE DIETRICH ET Cᵉ, a Niederbronn (France, Bas-Rhin).

Ce bel établissement, dont les produits sont remarquables à plus d'un titre, comprend un outillage imposant qui lui permet de livrer à la consommation des masses considérables de fonte travaillée.

Son matériel se compose de sept hauts-fourneaux de treize fours d'affinerie, de huit fours à puddler, de laminoirs et de vastes ateliers de construction.

L'usine de Niederbronn avait envoyé à l'Exposition une riche collection de produits métallurgiques, parmi lesquels nous citerons : Des bandages d'une parfaite exécution, des pièces de moulage irréprochables, des ornementations en fonte d'une qualité et d'un fini qui ne laissent rien à désirer, des fontes émaillées d'une excellente fabrication; enfin, et surtout, de grands arbres creux pour roues hydrauliques. (médaille de première classe.)

SOCIÉTÉ ANONYME DES HAUTS-FOURNEAUX DE L'ALELIK, a Bone (France, Algérie).

Lors de nos visites à l'Exposition universelle, tout ce qui provenait de l'Algérie avait le don de fixer notre attention d'une manière particulière; aussi, dans le cours de cet ouvrage, nous arrivera-t-il souvent de donner à l'étude des produits de notre colonie une place comparativement plus large qu'aux autres.

A part cette prédilection, les produits des usines de l'Alélik, dont nous avons à nous occuper en ce moment, sont bien faits pour obtenir un examen tout spécial, car ils semblent renfermer la solution d'un problème depuis bien longtemps cherché et qui a coûté à l'industrie française une perte énorme et de temps et d'argent : la France cessera, *pour les aciers fins, d'être tributaire de l'étranger*.

Sans faire ici l'histoire de l'industrie des aciers, rappelons, en quelques mots, que le monopole de leur fabrication appartenait encore exclusivement, il y a un siècle, à quelques contrées de la Prusse et de l'Autriche. Ce fut alors que l'Angleterre songea à s'affranchir du tribut. Les aciéries de cémentation du comté d'York, traitant particulièrement des fers à acier, tirés de la Suède, entrèrent en lutte avec les établissements des Alpes et du Rhin, et démontrèrent bientôt que les fers de Dannemora n'avaient pas de rivaux en Europe pour la fabrication des aciers. A quelque temps de là, la métallurgie française se décida enfin à suivre dans cette voie la métallurgie de l'Angleterre, mais elle s'obstina à ne traiter, pour la fabrication des aciers, que ses propres minerais. Elle en obtint des aciers ordinaires de bonne qualité, mais tous ses essais pour arriver à produire des aciers fins furent inutiles. Cette longue série d'efforts infructueux n'eut d'autre résultat que de discréditer notre industrie métallurgique, à l'avantage de celle de nos voisins.

A grand' peine, l'expérience éclaira enfin nos industriels, et, à l'exemple de l'Angleterre, ils en arrivèrent à demander à l'étranger la matière première des aciers de qualité supérieure. Telle est encore aujourd'hui la situation de cette industrie, qui ne peut livrer au commerce des aciers propres à la fabrication des outils d'ateliers, à moins de 2,000 à 2,500 fr. la tonne, et des aciers fins pour rasoirs, coutellerie fine, etc., etc., à moins de 3,000 fr.

La supériorité des fers de la Suède pour la fabrication des aciers, tient à ce qu'ils sont extraits de minerais *oxydulés et magnétiques*. On comprendra donc combien dut être éveillée l'attention du Gouvernement et des métallurgistes français, quand furent signalés près de Bône de nombreux gisements de minerais de fer *magnétique et oxydulé*, d'une qualité identique, assurait-on, aux minerais privilégiés de la Suède.

Des rapports d'ingénieurs des mines vinrent bientôt constater la richesse remarquable des gisements. Divers essais prouvèrent l'excellence des produits. Dès lors, des concessions furent demandées et obtenues.

Une seule, celle de la Méboudja, devint l'objet d'une exploitation sérieuse, mais la Compagnie qui l'avait obtenue venait à peine de terminer les constructions nécessaires et de s'assurer, par quelques mois de travail, de l'excellente qualité des fontes provenant de ses minerais, qu'elle succomba à la crise commerciale de 1848.

Les créanciers de cette Compagnie, assistés des conseils d'habiles métallurgistes de France, se groupèrent en une Société nouvelle, qui bientôt devint propriétaire, par suite d'adjudications publiques prononcées à son profit, de la concession des mines de la Meboudja et de l'usine de l'Alélik, construite à grands frais pour exploiter les minerais de la localité. Cette nouvelle Société, que des enquêtes réglementaires avaient consolidée en établissement d'intérêt public, se mit à l'œuvre, et le succès vint bientôt couronner ses efforts [1].

Le Rapport officiel de la situation des établissements français en Algérie, publié en 1855 par le Ministre de la Guerre, rend compte des travaux d'exploitation de la mine de fer de la Méboudja, entrepris sur une grande échelle par la Compagnie, et contient une appréciation des frais de transport de ces minerais.

La Société avait pour mission de consacrer, par des expériences faites en grand sur ses fontes, la qualité véritablement exceptionnelle de ses produits, pour en obtenir un placement qui fût en rapport avec leur valeur. Aussi, sans se préoccuper du prix que les consommateurs pourraient assigner à ces nouvelles marques inconnues jusque là, elle livra comme échantillons à d'importantes fabriques d'acier en France des quantités qui ne s'élevèrent pas à moins de 600,000 kilogrammes, elle fit, à ses frais, transformer en acier de toutes formes d'autres quantités suffisantes pour toutes les expérimentations; enfin, sur la demande d'hommes importants dans l'industrie des aciers, elle envoya des échantillons de ses fontes

1. Les récompenses obtenues à l'Exposition de 1849 et à l'Exposition universelle de Londres vinrent corroborer les rapports des ingénieurs et constater la qualité exceptionnelle des minerais de Bône, au point de vue de la fabrication des aciers.

en Angleterre, en Belgique, en Prusse et en Autriche. Les résultats de ces expériences, constatés dans des procès-verbaux déposés au siége de la Société, établissent péremptoirement la supériorité des aciers obtenus avec les fontes de l'Alélik, sur tous les aciers d'origine française et étrangère, à l'exception toutefois des aciers de Schefield, obtenus, comme on le sait, avec les fers de Danemora ; et pour n'en citer qu'un exemple, l'Ingénieur en chef du chemin de fer de Paris à Saint-Germain et l'Ingénieur du matériel et de la traction, après avoir employé dans les ateliers de construction de la Compagnie l'acier fabriqué avec la fonte de l'Alélik, ont certifié que cet acier « se travaillait facilement à la forge ; qu'il avait un grain « égal et résistait dans les travaux les plus rudes, tels que celui du rabotage des pièces fort longues en « fer, dont on enlevait à chaque passe un fort copeau; qu'employé comme foret pour le perçage, comme « crochet pour le tour, même en opérant sur de l'acier et des fontes très-dures, il donnait d'excellents « résultats qui le plaçaient au-dessus des aciers de provenance française et de ceux qu'on trouve dans « le commerce et qui le rendaient tout à fait comparable *aux bons aciers anglais fabriqués avec du « fer de Suède.* »

A l'étranger, la plus grande usine de la Belgique, Seraing, appartenant à la Société John Cockerill, a fait convertir en acier des fontes de l'Alélik, par un procédé économique qui lui appartient; elle en a fait confectionner des outils, qui, essayés dans les grands ateliers de Paris, après l'avoir été dans ceux de Belgique, ont également donné les meilleurs résultats. Plusieurs pièces provenant de cette usine figurent parmi celles exposées par la Compagnie de l'Alélik. Tout promet donc un avenir considérable à cette exploitation, qui, restreinte, jusqu'à ce jour, à la fabrication de la fonte au bois, est en voie de se développer, par la création, sur le littoral de la Méditerranée, d'une grande usine destinée à transformer la fonte en acier, tant par les procédés employés jusqu'à ce jour que par l'application de nouveaux systèmes économiques et directs auxquels se prête singulièrement la nature exceptionnelle des produits de l'Alélik.

La Compagnie a présenté, à l'Exposition universelle, des fontes aciéreuses obtenues en Afrique, et des aciers bruts et ouvrés fabriqués avec ses fontes en France et en Belgique.

Nous ne terminerons pas ce compte-rendu sans ajouter que la question d'alimentation des hauts-fourneaux de l'Alélik, au point de vue du combustible, a été complétement résolue par la concession, faite à la Société dans les forêts de la province de Bône, d'un affouage qui permet de développer encore la fabrication actuelle.

Le Jury a dû reconnaître l'excellente qualité des produits de la Compagnie des hauts-fourneaux de l'Alélik, puisqu'il lui a accordé une MÉDAILLE DE PREMIÈRE CLASSE.

SOCIÉTÉ ANONYME DE LA VIEILLE-MONTAGNE (Belgique).

La Société anonyme des mines et fonderies de la Vieille-Montagne avait envoyé à l'Exposition universelle une masse de produits. Sa réputation industrielle est si bien faite et sa vogue tellement assise, que nous nous bornerons à citer ici quelques généralités.

La Société de la Vieille-Montagne, dont le siége est en Belgique, aux environs de Liége, possède aussi plusieurs usines métallurgiques dans les provinces rhénanes, en France, et dans le duché de Bade. C'est elle qui a propagé l'emploi du zinc, en donnant à ce métal mille formes différentes et en le substituant au cuivre, au fer-blanc, au bronze, dans une foule d'objets de ménage et d'utilité domestique.

Outre cette première application la Société a propagé l'emploi du zinc, comme couverture de bâtiments, et en cela, elle a rendu un signalé service, en permettant de réduire ainsi la force des bois de la charpente des toitures.

Comme ornementation, le zinc s'est plié à la volonté des artistes. On a pu admirer au Palais de l'Industrie des objets d'art, dont le fini ne laissait rien à désirer.

Mais un des plus grands titres de la société de la Vieille-Montagne à la reconnaissance publique est, sans contredit, la découverte et la fabrication en grand du blanc de zinc, lequel, en remplaçant avantageusement la céruse, ne jette pas, comme cette dernière substance, la maladie et quelquefois la mort parmi ceux qui l'emploient ou qui le fabriquent.

Une MÉDAILLE D'HONNEUR a été décernée à la Société de la Vieille-Montagne.

SOCIÉTÉ ANONYME DE LA NOUVELLE-MONTAGNE, À VERVIERS (BELGIQUE).

Cette usine, qui marche déjà si dignement sur les traces de celle de la Vieille-Montagne, avait exposé une fort belle collection de minerais et de produits métallurgiques.

Outre la fabrication du zinc, la Société de la Nouvelle-Montagne a aussi des mines de plomb, qu'elle a su mettre en œuvre par des méthodes nouvelles et avec une rare perfection.

Quant aux moyens de fabrication, ils ne laissent rien à désirer; c'est surtout dans la séparation des éléments minéralogiques que cet établissement est remarquable, car leur division s'effectue sous l'action de courants d'air, dont l'effet réagit puissamment sur la manipulation de la matière et sur les produits qui en résultent. (MÉDAILLE DE PREMIÈRE CLASSE.)

SOCIÉTÉ ANONYME DU PHÉNIX, ESCHWEILER-AUE (PRUSSE).

La SOCIÉTÉ DU PHÉNIX, dont le siége est à Eschweiler-Aue, exploite en Prusse plusieurs établissements d'une importance remarquable.

Nous citerons en particulier ceux d'Eschweiler-Aue, siége de la Compagnie, ceux des provinces rhénanes et de Westphalie, enfin l'usine de Ruhrort.

Cette dernière est d'autant plus remarquable que tous les nouveaux perfectionnements y sont mis en usage avec un raffinement d'application qui ne laisse rien à désirer; ainsi, dans les fourneaux, point de perte de calorique; dans les machines soufflantes, transmission mathématique du moteur; dans les laminoirs, application de la force motrice proportionnée à la résistance, etc...

La qualité des produits nous a paru très-satisfaisante; comme exemple, nous citerons des bandages d'une force supérieure. Nous ne passerons pas non plus sous silence une pièce de fer cylindrique, du poids de 3,348 kilogrammes, qui prouve que l'outillage de cet établissement est au grand complet. (MÉDAILLE DE PREMIÈRE CLASSE.)

COMPAGNIE DES MINES DE L'OUED-ALLELAH, PRÈS TENÈS (FRANCE, ALGÉRIE).

Parmi les richesses de l'Algérie, les mines de cuivre de Tenès doivent figurer en première ligne. Tenès est une petite ville, avec un port, située entre Oran et Alger, sur l'emplacement d'une cité romaine. En 1842, le maréchal Bugeaud y posa les fondements de la colonie nouvelle. En 1844, on y retrouva les mines de cuivre, dont le souvenir s'était conservé dans les traditions du pays. Tenès, *ville bâtie sur le cuivre*, dit un écrivain arabe, Sidi-ben-Yusseff. Les premiers travaux de recherche sérieuse datent de 1845. En 1852, une compagnie se constitua pour exploiter ces mines, sous la direction de M. H. FLEURY, ancien secrétaire général du ministère du commerce. La concession occupe un périmètre de 23 kilomètres carrés, traversés par la route impériale de Tenès à Orléans-ville, et à une distance de Tenès qui peut être évaluée à six kilomètres.

Les filons reconnus dans la concession sont : 1° l'*Oued-Bouchitten*, cuivre gris argentifère : 2° l'*Oued-Bouchemma*, pyrite de cuivre ; 3° l'*Aïn Seliman*, signalé par la puissance et l'ampleur de ses affleurements, riche en pyrite cuivreuse et présentant des vestiges de travaux antiques; 4° le *Camp des Gorges*, groupe qui suffirait seul à une exploitation sérieuse; 5° l'*Oued-Bouhandeck*, ensemble de filons con-

convergents dans la profondeur vers un tronc commun, avec une épaisseur variable de 0m,50 à 2 mètres; c'est, quant à présent, le principal centre de travail.

En même temps qu'elle se livrait pour son compte à des travaux d'un riche avenir, la Compagnie renouvelait la physionomie des lieux, et, au profit de la métropole, animait les solitudes. Ce n'est pas seulement la richesse matérielle qui a été donnée au district de Tenès; une grande chose a été faite, et grandement utile : les indigènes s'occupent aux travaux des mines, à côté des ouvriers français : c'est là que pour la première fois on a vu la race arabe et la race française s'unir en un même effort et conspirer pour la prospérité future de la patrie algérienne. Il n'est pas de trésor découvert qui ait pu être plus désirable que cette union dans le travail, qui doit rapidement donner de si beaux fruits. Nulle part ailleurs, avant le premier essai fait à Tenès, on n'avait songé à rapprocher ainsi les deux races. C'est un beau spectacle, en effet, que de les voir, ces kabyles, ces enfants du désert, amis de la rêverie et du silence, trier, préparer, laver le minerai, diriger les attelages, pousser des chariots qui roulent sur des rails.

Le minerai de Boukandack contient généralement 14 à 16 pour 100 de cuivre pur; trois cent cinquante ou trois cent soixante ouvriers travaillent, la moitié pour l'extraire, la moitié pour le préparer. De grands puits, des manéges, des machines à vapeur se rencontrent en ce coin d'une terre à peine conquise. Du reste, M. Fleury a voulu que le public pût jouir de la vue de cet établissement modèle : il a confié à deux artistes distingués, MM. C. de La Roche et Grandsir, le soin de représenter l'exploitation de l'Oued-Allelah. Cette œuvre, élevée au point de vue de l'art, est en même temps très-fidèle au point de vue technique.

Il y a un intérêt tout particulier à étudier les produits que M. Fleury a envoyés à l'Exposition, et dont les échantillons représentent, dans un ordre logique, la série entière des opérations qui aboutissent à la production du cuivre pur. Ce sont d'abord les minerais bruts, tels que les livre la mine; puis, de curieux échantillons du lavage par les divers procédés usités en Allemagne et en Angleterre; enfin, des échantillons de ces minerais, ayant subi le traitement métallurgique dans les usines de M. Ernest Garnier, à Dangu (Eure). Ces derniers se classent comme il suit : 1° *matte régule*, provenant des grillages et fusions du minerai; 2° *cuivre rosette* de la conversion de la matte régule à l'état métallique; 3° lingot *cuivre* pur, avant le perchage (sans affinage); 4° lingot *cuivre*, pris à moitié du perchage (demi-affinage), propre au martelage; 5° lingot *cuivre*, pris au titre de la coulée, propre au laminage (affinage complet).

Tenès est appelé à devenir un centre de travaux métallurgiques comparables à ceux de Freyberg en Saxe et de Chemnitz en Hongrie.

Autour des ateliers de la Compagnie, les cours d'eau se bordent de peupliers et de trembles; des vignes, des arbres à fruits, des mûriers grandissent. Ce n'est pas seulement une entreprise industrielle qui prospère, c'est une colonie qui se transforme à l'image de la métropole. (MÉDAILLE DE 2e CLASSE.)

M. DIHRAN-DUR-BEY, Constantinople (Turquie).

En 1845, un décret spécial modifiait le système monétaire en Turquie; et, par contre, il fallut changer les principes de fabrication et apporter des modifications au mécanisme du frappage des médailles d'or, d'argent et de cuivre.

Ce nouveau système monétaire est basé actuellement sur les principes suivants :

La piastre représente l'unité, soit 22 centimes 68.

En conséquence, on fit des pièces d'or de 25, 50 et 100 piastres, valant 5 fr. 67 c.; 11 fr. 34 c. et 22 fr. 68 c., et dont le poids varie entre 1 gramme 804 et 7 grammes 210; des pièces d'argent de une demi-piastre à 20 piastres, pesant de 0 gramme 601 à 24 grammes 055, et valant de 0,11 centimes à 4 fr. 45 c.; enfin des pièces de bronze valant de 1 à 40 paras ou de 1/40e de piastre à une piastre, et pesant de 0 gramme 801 à 32 grammes 0,72.

Dihran-Dur-Bey, nommé à cette époque directeur de la Monnaie impériale, à Constantinople, fut chargé d'apporter toutes les modifications exigées par le nouveau système. Non-seulement il fallut créer une monnaie uniforme au point de vue du titre des alliages, mais encore il fallut faire disparaître de la circulation un mélange confus et incohérent de pièces de tout titre et de tout poids.

Dihran-Dur-Bey se mit à l'œuvre, et peu d'années ont suffi pour atteindre le but que son gouvernement s'était proposé. Ainsi, le système nouveau a été substitué à l'ancien, les monnaies d'or et d'argent ont été soumises aux mêmes principes d'essais que ceux mis en usage à la Monnaie de Paris; les titres d'alliage ont été régularisés; enfin, le frappage a été tellement perfectionné, que les pièces exposées par Dihran-Dur-Bey peuvent être comparées aux monnaies des autres États de l'Europe.

MINISTÈRE DES FINANCES. ÉTATS PONTIFICAUX.

Le Ministère des finances des États pontificaux avait adressé à l'Exposition un magnifique échantillon d'alun de Rome.

Malgré les progrès de la chimie française, malgré ses puissants moyens d'épuration, la réputation de l'alun de Rome subsiste encore, et, en effet, il a l'avantage de ne pas renfermer, comme le nôtre, du sulfate de fer, condition précieuse en teinture, surtout lorsqu'on agit sur la soie et le coton.

L'alun est extrait du sous-sulfate d'alumine uni au sous-sulfate de potasse; ces deux sels forment des roches qui composent entièrement les collines de Tolfa, près de Civita-Vecchia, et de Piombino, en Italie.

Le Jury a décerné au ministère des finances des États pontificaux une MÉDAILLE DE PREMIÈRE CLASSE.

CARRIÈRES D'ONYX CALCAIRE TRANSLUCIDE, ALBATRE ANTIQUE DE LA PROVINCE D'ORAN (ALGÉRIE).

La France, dominatrice de l'Algérie, trouve déjà dans sa conquête une partie de l'héritage de Rome antique et entre en possession de l'une des sources oubliées du luxe des anciens : l'albâtre est rendu aux arts et à l'industrie.

Lorsque Salluste était gouverneur de cette Numidie qui se révolta si longtemps sous le joug romain, comme l'Algérie sous le nôtre, il ne négligeait pas les carrières de marbre, aujourd'hui rouvertes, et il envoyait à à Rome de gros blocs de cet albâtre merveilleux destinés à l'ornement des temples et des palais de la ville éternelle. Allez au Vatican; vous verrez, dans une des salles du musée, une colonne d'albâtre antique ou d'agate algérienne. Un salon du palais de Néron était vitré avec des lames de cette agate transparente.

Mais les Vandales sont venus; ils ont passé sur la terre africaine, comme une nuée de sauterelles; les temples sont tombés, les cités ont été détruites, et les carrières comblées ont caché leurs trésors. C'est à peine si l'on retrouve, après tant de siècles et de si longs ravages, quelques vestiges, un fragment de ce marbre ancien, si délicat, si fin, si élégant. A Tlemcen, dans une mosquée, on voit pourtant des colonnes qui ont été taillées dans cette précieuse matière et qui ont survécu aux outrages des Vandales et des Maures.

Désormais, chacun pourra jouir de l'albâtre, réservé autrefois aux jouissances des dominateurs du monde, et l'on peut dire, sans crainte de tomber dans l'exagération, que l'*onyx calcaire translucide* (albâtre antique) vient prendre place parmi les plus riches et les plus agréables matériaux mis en œuvre par l'industrie et les arts.

L'Exposition universelle a mis, sous les yeux des artistes, des industriels et des connaisseurs, les échantillons de tous les marbres arrachés jusqu'ici aux entrailles de la terre. On y a vu les agates de Tunis, celles de l'Égypte et celles de la Turquie; mais ces agates, de dimension si petite, ne peuvent, sous aucun rapport, soutenir la comparaison avec les magnifiques agates, qui, à côté des envois des mines de Tenès, décoraient si richement l'exposition particulière de l'Algérie.

Il faut dire comment a été retrouvé ce marbre incomparable, et comment on a mené à une heureuse fin cette découverte qui intéresse si vivement nos industries élégantes.

M. Delmonte, marbrier à Carrare, épris de sa profession et désireux de connaître l'origine de tant de beaux marbres antiques qu'on admire en Italie, à Florence, à Rome et à Venise, parcourut en vain l'Europe, l'Asie Mineure et l'Égypte, pour arriver à découvrir les carrières d'où ces marbres sont sortis. Voyant sa recherche inutile, il songea à demander aux vieux auteurs de l'éclairer sur les gisements qu'il tenait tant à connaître, et il compulsa les livres, depuis la *Genèse* jusqu'à l'*Histoire naturelle* de Pline, jusqu'à l'*Histoire pontificale* d'Anastase le Bibliothécaire. Sa joie fut grande lorsqu'il sut, à n'en pas douter, que l'albâtre antique avait pour patrie le sol algérien et lorsqu'il eut ainsi l'espoir de rendre à la civilisation une des plus merveilleuses matières décoratives.

En 1850, il arriva enfin à la découverte tant souhaitée. Mais comment nommer ce marbre qui ne ressemble à aucun marbre et qui l'emporte sur tous? C'est alors que le nom d'*albâtre antique* fut imaginé. La science, appelée aussitôt à dresser l'acte de naissance ou de résurrection du nouveau minéral, déclara que c'était un calcaire, sensiblement pur, et contenant seulement, avec des traces de carbonate de magnésie, des quantités variables de carbonate de fer. Voici ce que l'analyse quantitative a donné :

1° Pour la principale variété de calcaire, celle que recommandent à la fois l'homogénéité de sa contexture, son admirable translucidité, sa teinte à peu près uniforme d'un blanc laiteux ou à peine ondé, et son éclat nacré.

Carbonate de chaux et traces de carbonate de magnésie................	97,56
Carbonate de fer..	2,44
	100,00

2° Pour les autres variétés, une proportion beaucoup moindre de carbonate de fer, ne s'élevant pas à 1 pour 0/0, mais seulement à 0,879 et même à 0,25.

La densité varie entre 2,714 et 2,741.

C'est à peu près la composition des albâtres antiques, que nos musées conservent avec un soin religieux. Le plus beau marbre de Carrare est bien loin d'être aussi beau; et l'on ne peut guère trouver de gemme qui se puisse comparer à l'agate algérienne, si ce n'est le quartz-agate connu sous le nom de *calcédoine*. Mais ce quartz-agathe ne se rencontre qu'en rognons d'un assez faible volume, tandis que le calcaire onyx translucide (c'est là le vrai nom de l'agate algérienne) peut être livrée en lames très-longues et très-épaisses.

Lorsqu'on n'est pas familier avec les études de la minéralogie, on ne saurait croire que ce marbre si rare n'est autre chose qu'une accumulation de stalactites Supposez une caverne dans un terrain calcaire: les eaux pluviales, chargées d'acide carbonique, se saturent de principes calcaires, en s'infiltrant au travers du sol; lorsqu'elles dégouttent du plafond de la caverne, l'air enlève l'excès d'acide carbonique, et les molécules calcaires se cristallisent peu à peu, s'agrégent en tubes minces, en stalagmites, forment des colonnes, des draperies, mille et mille jeux d'architecture naturelle dont la variété et la parure capricieuse sont sans égales. Un jour arrive, où la caverne est remplie de ces riches cristallisations. Ce jour-là elle devient une carrière d'albâtre onyx. M. Delmonte vient alors, qui l'exploite.

On trouve assez souvent des stalactites et de l'albâtre commun. Jamais on n'avait vu des cavernes se transformer ainsi en carrières et fournir sous des dimensions aussi remarquables un albâtre aussi parfait. Les deux carrières de calcaire onyx translucide se trouvent à 100 kilomètres d'Oran. La plus importante est traversée par la nouvelle route qui va d'Oran à Tlemcen; l'autre n'est éloignée que d'environ 2 kilomètres.

Un cours d'eau voisin, l'Ysser, permettra bientôt d'établir, à peu de frais, un atelier de débitage des blocs et de préparation pour les objets de vente courante.

L'exploitation antique semble s'être servie de l'Ysser; on aperçoit encore quelques traces du chemin, qui, de la mine, allait au cours d'eau.

La carrière n° 1 s'appelle l'*Oued-Abdella* et aussi *Blad-Rekam* (pays des marbres). On y rencontre, à chaque instant, des vestiges certains du travail d'autrefois; on y voit même [1] des tronçons de colonnes, des fragments de chapiteaux et des vitres, en cours d'exécution, ce qui prouve l'importance que les Romains et les Numides attachaient à l'exploitation de ces carrières fécondes.

On peut évaluer à 750,000 mètres cubes la richesse minérale de l'*Oued-Abdella.*

L'autre carrière, nommée *Ars-Beyda*, est beaucoup moins vaste.

On peut tailler, dans ces carrières, des blocs qui atteignent une longueur de 7 mètres, sans fissures apparentes, sur une hauteur de 1m,20. En aucun lieu et en aucun temps, on n'était arrivé à mettre à la disposition de l'architecte de pareils matériaux. Ce sont là de véritables obélisques de calcédoine ou de cornaline. Et quel poli, quelles ondes gracieuses, quelle transparence! quelle variété de tons délicats, depuis le blanc le plus pur jusqu'au rouge le plus vif et au jaune le plus brillant, avec des teintes plus rares et plus délicates encore : telles que le vert veiné de l'asperge!

Cette matière si riche ne se présente pas la même partout. Ici, elle a la veine large et uniforme; ailleurs, des ondes, des courbes capricieuses s'y dessinent et lui donnent un aspect différent qui en augmente les délicatesses. Si l'on prend les lames à veine large pour y tailler les cheminées, les tables, les colonnes, on réservera les blocs à dessins de fantaisie pour y découper les cent mille objets d'une tabletterie originale : ornements de pendules, coupes, bénitiers, vases, cachets, camées. Aucun autre marbre se plierait-il à tant d'usages? Aucun marbre est-il à la fois prêt pour décorer les colonnades et orner nos étagères?

Les marbres ordinaires valent de 600 à 1,500 francs le mètre cube; les beaux marbres de la statuaire valent environ 3,000 francs. Le calcaire onyx translucide, si supérieur à tous les marbres, et qui offre tant de ressources à l'industrie et aux arts, coûte de 1,500 à 6,000 francs, selon qu'il est plus ou moins beau, plus ou moins riche.

Une des qualités particulières à cet onyx, c'est qu'il se travaille avec la plus grande facilité et qu'il est, pour ainsi dire, agréable à l'outil de l'artiste. Le sciage, l'ébauchage, le tour, les retouches, le ponçage et le poli s'effectuent sans peine et toujours avec succès.

M. Hector Horeau a dressé une liste des choses qui se peuvent tirer des blocs d'agate algérienne : obélisques, bases, fûts et chapiteaux de colonnes; architraves, frises et corniches; acrotères, attiques ou couronnements plus ou moins évidés; lambris, encadrements, panneaux, revêtements; balustrades, balcons, rampes et écuyers; caissons de plafonds pouvant servir de couvertures, et qui seraient transparents; chambranles de cheminées, consoles, sièges, exèdres, tables et bancs; piédestaux, gaines, trépieds, supports; vasques, vases, urnes, coupes, cassolettes, corbeilles; inscriptions, noms de rues, numéros de maisons polychromes; trophées, tribunes, comptoirs, culs-de-lampe, candélabres, lampadaires et flambeaux de toute importance; stalles, châssis, autels, chaires à prêcher, tabernacles, bénitiers, lutrins, fonts baptismaux, fenêtrages, tombeaux et sarcophages; dallage mosaïque, seuils et foyers; statues, bas-reliefs, bustes, médaillons, écussons; enfin, tous monuments et tous ornements modelés, découpés ou gravés, ou appliqués sur fonds colorés, ou encore placés en opposition de surfaces rugueuses et polies.

L'ameublement peut aussi tirer parti de cette nouvelle matière pour : fontaines, réservoirs, baignoires, lavabos, guéridons, buffets, tablettes, pilons, panneaux de meubles, horloges, cadrans, pendules, étagères, jardinières, brasiers, damiers et échiquiers; boîtes, coffrets, cuves et cuvettes; encriers et poudrières, serre-papiers; boutons de tirage des portes, boutons de serrures, de tiroirs et d'habits; manches d'outils, de couteaux, de fourchettes et cuillers et cachets; plateaux à découper, à service, poivrières, moutardières, soucoupes, sous-bouteilles, vases ou seaux à rafraîchir ou à frapper les vins.

1. Ces débris représentent au moins 250 mètres cubes.

La liste est longue et elle est pourtant incomplète. Ce que rien ne saurait exprimer, c'est la suprême élégance de cette agate miraculeusement rendue aux besoins et aux caprices de la civilisation.

On a pu en juger à l'Exposition. Plusieurs meubles, entr'autres le piano d'Érard, y étaient incrustés d'onyx translucide. Barbedienne offrait diverses figures travaillées admirablement dans des blocs d'agate : l'une de ces figures avait 1m,50 de hauteur. On cite un riche Hollandais qui a fait acquérir une certaine quantité de lames fort belles pour en lambrisser un salon.

En un mot, rien de plus noble ou de plus coquet. L'onyx d'Afrique n'a pas été trouvé pour rien dans le pays des féeries et des contes merveilleux [1].

MINE DE KEF-OUM SHEBOUL A LA CALLE (ALGÉRIE).

La Calle, ville frontière de notre colonie d'Afrique qui touche à la Régence de Tunis, avait envoyé son contingent de produits métallurgiques à l'Exposition universelle.

Cet important établissement, qui possède des mines de plomb auro-argentifères, avait adressé, outre sa collection de minerais, deux lingots, l'un d'argent, d'une valeur de 30,000 francs, l'autre d'or, d'une valeur de 12,000 francs.

En présence de cette riche exhibition, nous ne doutons pas que, secondés par nos habiles ingénieurs, les mines de la Calle ne deviennent un jour très-productives pour le pays.

LE CORPS D'ARTILLERIE A TRUVIA, ASTURIES (ESPAGNE).

Sous la direction de M. le général ELORZA, l'établissement royal de Truvia a pris un développement considérable et peut rivaliser aujourd'hui avec les établissements du même genre, existants dans les autres parties de l'Europe. A côté de l'exploitation des houilles et de la fabrication du coke, on y trouve des hauts-fourneaux, des forges et des fonderies de canons. L'exposition des pièces forgées et fondues à Truvia formait un ensemble des plus remarquables. Chacun a pu admirer aussi le fini de ses fontes moulées. Aussi, le jury lui a-t-il décerné une MÉDAILLE DE PREMIÈRE CLASSE.

Mme Ve DE WENDEL, A HAYANGE (FRANCE, MOSELLE).

Il existe, à Hayange et à Stiring, département de la Moselle, un vaste établissement qui se divise en plusieurs usines et qui occupe un des premiers rangs parmi les industries métallurgiques du nord-est de la France.

L'usine d'Hayange a cela de remarquable que sa fabrication embrasse une variété considérable de produits : les rails, les fers, les tôles de toute sorte, les fils de fer, les pointes, les chaînes, les fers-blancs, les moulages et jusqu'aux fourneaux montés, sont autant de spécialités que 13 hauts-fourneaux au coke et 3 hauts-fourneaux au bois alimentent continuellement.

L'Exposition nous a présenté des *spécimens* de ces différents objets, et l'on a généralement admiré la quantité, la diversité et la qualité des produits.

En constatant les efforts tentés par ce bel établissement pour perfectioner la fabrication, nous ne devons pas oublier de citer les tentatives qui ont été faites aux environs de Forbach, à l'effet d'établir sur ce territoire une exploitation houillère ayant pour but d'alimenter les forges et les hauts-fourneaux de la maison.

Les ingénieurs pensent que l'on doit trouver à Forbach le prolongement des couches houillères qui s'exploitent à peu de distance, en Prusse.

1. Au reste, on peut visiter, à Paris, boulevard de Strasbourg, 57, une exposition permanente des blocs et objets d'onyx translucide

MM. LALLEMAND FRÈRES ET SŒUR, A UZEMAIN (FRANCE, VOSGES).

Cette petite usine est connue par la bonté des produits qu'elle confectionne, et par la perfection de sa fabrication. Sa réputation, du reste, est établie depuis de longues années.

L'établissement d'Uzemain, qui ne possède qu'une seule forge au bois, livre tous les ans à l'industrie une notable quantité de fers destinés à la fabrication des armes de guerre et de luxe. (MÉDAILLE DE PREMIÈRE CLASSE.)

SOCIÉTÉ DE LA SAMBRE, A MAUBEUGE (FRANCE, NORD).

Cette usine, une des plus importantes parmi les nombreuses usines du Nord, avait envoyé à l'Exposition universelle des produits d'une qualité supérieure, parmi lesquels on remarquait des rails, des fers en T et autres fers spéciaux, dont la belle exécution a valu à cet établissement la MÉDAILLE DE PREMIÈRE CLASSE.

ÉLOFFE ET Ce, NATURALISTE A PARIS (FRANCE).

La vitrine qui renfermait les objets exposés par M. ÉLOFFE et Ce, mérite, à tous égards, d'être placée dans notre Revue plus en évidence qu'elle ne l'était au Palais de l'Industrie.

Elle renfermait :

1° Une série de minéraux rares et précieux, parmi lesquels on remarquaait un groupe d'antimoine sulfuré en cristaux enchevêtrés, de 40 à 50 centimètres de long.

2° Une grande collection de roches classées dans l'ordre naturel des terrains, accompagnée d'un tableau méthodique par M. NÉRÉE BOUBÉE.

3° Une collection de fossiles caractéristiques des terrains, comme complément de la précédente exposition.

4° Plusieurs petites collections d'étude à l'usage des lycées et des écoles spéciales.

5° Une collection portative de voyage très-nombreuse, contenant tous les termes de comparaison nécessaires pour reconnaître et constater exactement les terrains géologiques des contrées que l'on parcourt et les matières qu'on y rencontre.

6° Une collection technologique des roches et minéraux utiles, employés dans les arts et dans l'industrie.

7° Une série de coupes naturelles des terrains du rayon de Paris, faites sur place, et offrant en nature toutes les couches superposées, telles qu'on les voit dans les tranchées et carrières les plus classiques des environs de la capitale.

8° Enfin, une collection complète de Géologie agricole, offrant des échantillons de toutes les espèces de terres arables, des sous-sols utiles et nuisibles, et des amendements de toute espèce, soit ceux qui sont déjà usités et connus, soit ceux en très-grand nombre qui ne sont encore ni connus ni usités : cette Collection est mise en rapport avec le *Cours de Géologie agricole théorique et pratique* de M. NÉRÉE BOUBÉE, lequel est joint à la Collection pour lui servir de Catalogue explicatif.

Cette intéressante exhibition a été récompensée par une MÉDAILLE DE DEUXIÈME CLASSE.

M. SAEMANN, MARCHAND DE MINÉRAUX, A PARIS (FRANCE).

M. SAEMANN avait exposé de fort belles et fort complètes collections géologiques et minéralogiques, qui servent de types aux collections adoptées par l'Université pour l'enseignement des lycées. Le Jury lui a accordé une MÉDAILLE DE DEUXIÈME CLASSE.

M. DUSOUIX, A PARIS (FRANCE).

Comme coopérateur aux grands résultats industriels, M. DUSOUIX, ingénieur en chef des mines, a obtenu une grande MÉDAILLE D'HONNEUR. En effet, par ses recherches actives et ses intelligents conseils, cet habile ingénieur est, sans contredit, celui qui a le plus contribué à la découverte du bassin houiller du Pas-de-Calais.

M. CHAUDIFFAUD, A DENAIN (FRANCE).

M. CHAUDIFFAUD, ingénieur des hauts-fourneaux et forges de Denain et d'Anzin, a été couronné par la Commission internationale, pour son active coopération et son initiative dans la construction des appareils à recueillir les gaz, à produire la vapeur, à chauffer l'air, et pour toutes les améliorations qu'il a apportées dans le travail de la grande usine qui prospère sous sa direction; améliorations qui ont eu pour objet de transformer entièrement l'établissement de la Société des hauts-fourneaux et forges de Denain et d'Anzin.

Le Jury lui a décerné, comme coopérateur, une MÉDAILLE DE PREMIÈRE CLASSE.

M. LAROCHE, A PARIS (FRANCE).

Le Jury a accordé une mention toute spéciale à un jeune dessinateur, M. LAROCHE, pour avoir représenté avec un rare talent et dans de très-grandes proportions l'ensemble des mines de Ténès. Cette distinction était justifiée à tous égards par cette œuvre, aussi élevée au point de vue de l'art sérieux, qu'elle était remarquable comme reproduction fidèle d'une immense exploitation minérale.

Ire CLASSE. — ARTS DES MINES ET MÉTALLURGIE

RÉCOMPENSES DÉCERNÉES PAR LE JURY INTERNATIONAL.

(EXTRAIT DU *Moniteur* DU 8 DÉCEMBRE 1855.)

GRANDES MÉDAILLES D'HONNEUR.

Dumont (And.), Liége. Belgique.
Logan (J.), Montréal, Canada. Colonies anglaises.
Société de la Vieille-Montagne, Angleur, Liége. Belgique.
Société John Cockerill, Seraing. Id.
Société des mines de Hœrde, Westphalie. Prusse.

MÉDAILLES D'HONNEUR.

Administration royale des mines et forêts du Harz, Clausthal. Hanovre.
Chenot (A.), Clichy-la-Garenne. France.
Conseil royal des mines, Bonn. Prusse.
Corps impérial des mines. France.
Egger (le comte F. d'), Lippitzbach, Carinthie. Autriche.
Geological Survey of Great Britain. Royaume-Uni.
Warocqué (A.), Mariemont, Hainaut. Belgique.

MÉDAILLES DE Ire CLASSE.

Administration des forges du prince de Schwartzenberg, Murau. Styrie. Autriche.
Administration impériale des mines en Hongrie. Id.
Administration des mines, Schemnitz, Hongrie. Id.
Administration impériale des mines en Styrie, Carinthie et Carniole. Id.
Administration royale des forges, Sayn. Prusse.
Administration royale des mines, Bochum. Id.
Administration royale des mines, Essen et Werden. Id.
Agard (F.) et Ce, Marseille. France.
Atwidaberg (usines d'). Suède.
Bagnall and sons. Royaume-Uni.
Bankart et fils, Neath (Glamorganshire). Id.
Bérard, Lerainville et Ce, Paris. France.
Boigues, Rambourg et Ce, Fourchambault. Id.
Boisse (Ad.), Carmeaux. Id.
Bougueret, Martenot et Ce, Châtillon-sur-Seine. Id.
Bowling iron Company, Bowling. Royaume-Uni.
Butterley iron Company. Id.
Cabrol, usine de Decazeville. France.
Clark (W.-B.), Sydney. Nouvelle Galles du Sud.
Coalbrook-Dale iron Company. Royaume-Uni.
Compagnie de l'Escarpelle, Douai (Nord). France.
Compagnie des fonderies de la Loire et de l'Ardeche. Id.
Compagnie des houillères et fonderies de l'Aveyron. Id.
Compagnie des mines d'Anzin. Id.
Compagnie des salines de l'Est. Id.
Compagnie des mines d'argent et de plomb, Holzappel. Duché de Nassau.
Compagnie des mines de l'Alélick, Bone. Algérie.
Conseil du duché de Cornouailles. Royaume-Uni.
Corps d'artillerie (le), Truvia. Espagne.
Corps des ingénieurs des mines d'Espagne (le). Id.
Cwm Avon iron Company. Royaume-Uni.
Cwm Celyn and Blaina iron works. Id.
Degousée et Laurent. France.
Derwent iron Company. Royaume-Uni.
De Strombeck, Brunswick. Duché de Brunswick.
Dickmann (baron Eugène de), Lolling. Carinthie. Autriche.
Dihran-Dur-Bey, Constantinople. Empire ottoman.
Direction de l'Institut impérial de géologie. Autriche.
Direction des forges du baron de Rothschild, Wittkowitz, Moravie. Id.
Direction impériale et royale de Neuberg. Id.
Direction impériale des usines et forges d'Innerberg, Eisenezr (Styrie). Id.
Dowlais iron Company. Royaume-Uni.
Dundyvan iron Company. Id.
Ekman (G.), Lesjoefors. Suède.
Fabry (A.) et Colson (M.), Charleroi et Haine-Saint-Pierre (Hainaut). Belgique.
Figuéroa (L.), Marseille (Bouches-du-Rhône). France.
Gaillard fils aîné, Petit et Halbou. Id.
Gilquin (P.-G.), la Ferté-sous-Jouarre. Id.
Glépin, Grand-Hornu, près Mons (Hainaut). Belgique.
Gospel-Oak iron Works. Royaume-Uni.
Griffith, Dublin. Id.
Gueuvin-Bouchon et Ce, la Ferté-sous-Jouarre. France.
Housler (J.-C.), usine Isabelle, près Dillenburg. Duché de Nassau.
Inspection générale des carrières de la Seine, Paris. France.
Institut royal technique, Turin. États sardes.

Intendance des mines impériales, Przribram. Autriche.
Jacobi, Haniel et Huissen, Herkrade et Oberhaussen. Prusse.
Kraemer (Ad.), Quint, près Trèves. Id.
Laboratoire impérial pour l'essai des monnaies, Vienne. Autriche.
Lallemand frère et sœur, Uzemain (Vosges). France.
Landau et Andernach, Coblentz. Prusse.
Laurens et Thomas, Paris. France.
Lemielle (Th.), Valenciennes (Nord). Id.
Mayr (François), Léoben (Styrie). Autriche.
Mersey iron and steel comp., Staffordshire. Royaume-Uni.
Miesbach (Al.), Vienne. Autriche.
Mines d'argent de Kongsberg. Norvége.
Mines de Kef-oum-Theboul. Algérie.
Mines impériales de Joachimsthal (Bohême). Autriche.
Mines et usine de mercure, Idria. Id.
Ministère des finances, à Rome. États pontificaux.
Mueseler (M.-L.), Liége. Belgique.
Mulot père et fils, Paris. France.
Niodet (Adr.) et Ce, Paris. Id.
Oeschger (L.), Mesdach et Ce, Biache-Saint-Vaast (Pas-de-Calais). Id.
Pinart frères, Marquise (Pas-de-Calais). Id.
Remacle (J.) et Pérard fils aîné, Liége. Belgique.
Rhymney iron Company. Royaume-Uni.
Rosthorn et Dickmann, Preval (Carinthie). Autriche.
Saint-Hubert (E. de), Bouvignes. Belgique.
Schœller (A.), Berndorf. Autriche.
Shelton iron Company. Royaume-Uni.
Société anonyme de Grivegnée, Grivegnée. Belgique.
Société anonyme de la fabrique de fer d'Ougrée. Id.
Société anonyme de la Nouvelle-Montagne, Verviers (Liége). Id.
Société anonyme des forges d'Audincourt, Audincourt. France.
Société anonyme des forges de Montataire. Id.
Société anonyme des forges de Dillingen, près Sarrelouis. Prusse.
Société anonyme des hauts-fourneaux de Châtelineau. Belgique.
Société anonyme des hauts-fourneaux et forges de Denain et d'Anzin. France.
Société anonyme des mines de la Loire. Id.
Société anonyme des mines de Saint-Étienne. Id.
Société anonyme des hauts-fourneaux, usines, etc., de Marcinelle et Couillet (Hainaut). Belgique.
Société anonyme des hauts-fourneaux, usines, etc., de Sclessin. Id.
Société anonyme des mines et fonderies de plomb et de zinc de Stollberg et de Westphalie, Aix-la-Chapelle. Prusse.
Société anonyme des mines et fonderies de Pont-Gibaud (Puy-de-Dôme). France.
Société anonyme du Phénix, Eschweiler-Aue. Prusse.
Société de la fabrique de tôles, Wollerdorf. Autriche.
Société de la Providence, Haumont. France.
Société de la Sambre, Maubeuge. Id.
Société des mines et fonderies d'Eschweiler, Stollberg, près Aix-la-Chapelle (Prusse rhénane). Prusse.
Société des salines de Venise. Autriche.
Société forestière de la Haute-Hongrie, Iglo. Id.
Société pour l'encouragement de l'industrie des mines en Bohême, Prague. Id.
Société Radmeister, Vordernberg (Styrie). Id.
Sopwith (Ch.). Allenheads (Northumberland). Royaume-Uni.
Stumm frères, Neunkirchen. Prusse.
Tamm (baron P.-A.), Osterby. Suède.
Usine de Finspong, Finspong. Id.
Weardale iron Company. Royaume-Uni.
Wendel (veuve de), Hayange. France.
Zois (veuve du baron Ch. de), Jauerbourg (Carniole). Autriche.

MÉDAILLES DE 2e CLASSE.

Abat (T.). Pamiers. France.
Administration impériale des mines. Tyrol. Autriche.
Administration royale des mines. Sarrebruck. Prusse.
Alcochete (baron d'). Sétubal. Portugal.
Amand frères et sœurs. Ermeton-sur-Biert (Namur). Belgique.
Andrassy (comte G. d'). Dernoe (Hongrie). Autriche.
Anthracite steam fuel company, Llanelly (Carmartenshire). Royaume-Uni.
Arlincourt (d') fils. Sérifontaine (Oise). France.
Babonneau et comp. Travers (Neuchatel). Suisse.
Badoni (J.). Castello (Lombardie). Autriche.
Bailly (P.-D.). la Ferté-sous-Jouarre. France.
Barrows and Hall. Royaume-Uni.
Bastogi, Livourne. Toscane.
Besqueut, Trédion. France.
Bickford, Davey, Chanu et comp. Rouen. Id.
Birch, Selbo. Norvége.
Blaenavon iron Company. Royaume-Uni.
Bouissin (L.), Paris. France.
Boutmy père, fils et comp., Carignan (Ardennes). Id.
Brewer (de), Niedermendig. Prusse.
Burgk (baron Ch.-Fr.-A. de), Burgk. Saxe Royale.
Busson du Maurier, Londres. Royaume-Uni.
Buyer (R. de), la Chaudeau (Haute-Saône). France.
Calvert, Birmingham. Royaume-Uni.
Chagot-Perret, Morin et comp., Blanzy (Saône-et-Loire). France.
Chambre royale d'agriculture de Chambéry. États sardes.
Chimay (prince de), Chimay. Belgique.
Clason (J.-G.), Furudal (Dalécarlie). Suède.
Commissaires de la Nouvelle-Galles du Sud (les).
Commissaires de la province de Victoria (les). Australie.
Communes de l'ancienne vallée de Viedessos. France.
Compagnie charbonnière des Asturies, Jaquet d'Eichtal et comp., Espagne.
Compagnie des Indes orientales. Colonies anglaises.
Compagnie des mines de la Chazotte, Saint-Étienne. France.
Compagnie des mines de la Roche-Molière et Firminy, Saint-Étienne. Id.
Compagnie des mines de Douchy, Lourches-lez-Valenciennes (Nord). Id.
Compagnie des mines de l'Oued-Allélah, Ténès. Algérie.
Compagnie des usines de Garpenberg (Dalécarlie). Suède.
Compagnie du Bottino. Toscane.
Compagnie minière du bassin d'Aubin, Paris. France.
Compagnie minière du Morbihan, Josselin. Id.
Compagnie royale asturienne. Espagne.
Crombez-Feyerick (L.-Al.-G.), Vandœuvres-en-Brenne (Indre). France.

Daniel Ricart et Cᵉ, Alais. France.
Dehaynin père et fils, Montigny-sur-Sambre. Belgique.
Delloye (Ch.), Huy (Liége). Belgique.
Direction générale des mines de Bavière.
Direction des mines de graphyte du prince de Schwartzenberg. Autriche.
Doé frères et Cᵉ, Saint-Maurice (Seine). France.
Dresler aîné (J.-H.), Siegen (Westphalie). Prusse.
Dubrulle, Lille. France.
Dupont et Dreyfus, Ars-sur-Moselle. Id.
Ebow vale iron Company, Royaume-Uni.
Ecole des mines, Fahlun (Dalécarlie). Suède.
Ecole des mines de Mexico. Mexique.
Egger (comte G. d'), Treibach (Carinthie). Autriche.
Eloffe et Cᵉ, Paris. France.
Espy fils, Foix. Id.
Exploitation communale de pierres puddings, de Marchin. Belgique.
Ferrera Pinto Basto, Palhal. Portugal.
Fonderies royales de Lohe (Westphalie). Prusse.
Gaillard (Is.), la Ferté-sous-Jouarre. France.
Gartsherrie. Royaume-Uni.
Gouvernement Hellène (le). Grèce.
Grammont (F. de), Villersexel (Haute-Saône). France.
Great consolidated copper Mining Comp. (Devonshire). Royaume-Uni.
Güttler (W.), Breichenstein (Silésie). Prusse.
Hall, Hoane et Coppi, Florence. Grand-duché de Toscane.
Herbers, Iserlohn (Westphalie). Prusse.
Hohenlohe-Oehringen (prince Hugo de), Slaventzitz (Haute-Silésie). Prusse.
Institut philosophique de Bristol. Royaume-Uni.
Institut national Ferdinandeum, Inspruck. Autriche.
Intendance royale-générale des mines du Harz et administration ducale de Brunswick, Clausthal et Brunswick. Hanovre.
Iuengst, Dresde. Saxe.
Jacquinot et Cᵉ, Septèmes (Bouches-du-Rhône). France.
Juhos (J.-J.), Leutschau (Hongrie). Autriche.
Kolenatti (le Dʳ), Brünn. Autriche.
Kookley iron works Knight and company. Royaume-Uni.
Lagoutte (J.-M.), la Villette (Seine). France.
Létrange et comp., Bendorff. Prusse.
Lossen fils, Michelsbach et Emmerthausen. Duché de Nassau.
Mackworth (H.), Clifton (Glocestershire). Royaume-Uni.
Marcieu (le marquis de), Saint-Vincent-de-Mauruze. France.
Meinertzhagen (de) et Kreuser frères, Commern. Prusse.
Millington and company. Royaume-Uni.
Mines d'Agordo, près Belluno (Lombardie). Autriche.
Molin-Chauffour, la Ferté-sous-Jouarre. France.
Monkland iron company. Royaume-Uni.
Mortemart (baron de), Paris. France.
Mylne, Londres. Royaume-Uni.
Nadal (Et.), Vialas (Lozère). France.
Odernheimer. Nouvelle-Galles du Sud.
Paravicini, Bellefontaine (Berne). Suisse.
Perron (Fr.-E.), Gray. France.
Poensgen (C.), Schleiden (Prusse rhénane). Prusse.
Pontipool iron Works. Royaume-Uni.
Pougnet (M.), Landroff. France.
Ramsey (G.-H.), Newcastle-sur-Tyne. Royaume-Uni.
Revollier jeune et comp., Saint-Etienne. France.

I.

Robert et Cᵉ, Rappitz, Buschtiehrad et Kladno. Autriche.
Robiac (de) et Cᵉ, Bessèges. France.
Rodemann, Hambourg. Villes anséatiques.
Roger fils et Cᵉ, la Ferté-sous-Jouarre. France.
Roussel (J.), Orthes (Mayenne). Id.
Rozet et de Menisson, Saint-Dizier. Id.
Russery Lacombe et Cᵉ, Rive-de-Gier. Id.
Sacchi (Alma), Gromo. Autriche.
Saemann, Paris. France.
Saint-Hubert (X. de), Luxembourg.
Saint-Ours (J.-E. de), Sarlat (Dordogne). France.
Salines de Berro et de Rasseim (Bouches-du-Rhône). Id.
Seitre (C.-F.), Saint-Etienne. Id.
Sessler (les héritiers), Vordernberg-Krieglach (Styrie). Autriche.
Simon (A.-B.) et Cᵉ, usines de la Pise (Gard). France.
Société anonyme de l'Espérance, Seraing (Liége). Belgique.
Société anonyme d'Ongrée Ougrée (Liége). Id.
Société anonyme de Corphalie, Antheit (Liége). Id.
Société anonyme des hauts-fourneaux de Maubeuge. France.
Société anonyme des hauts-fourneaux et laminoirs de Montigny-sur-Sambre (Hainaut). Belgique.
Société anonyme des hauts-fourneaux de Monceau-sur-Sambre (Hainaut). Id.
Société anonyme des mines réunies de Westphalie et de la Mark, Iserlohn. Prusse.
Société des hauts-fourneaux d'Eintracht, Hochdahl. Id.
Société anonyme des houillères de Decize, Decize (Nièvre). France.
Société anonyme d'Eschweiler, Bergwerksverein. Prusse.
Société anonyme des hauts-fourneaux de Pommerœul. Belgique.
Société des meules belges, Lodelinsart. Id.
Société de la mine de Pont-Péan, Rennes (Ille-et-Vilaine). France.
Société des mines de Largentière (Hautes-Alpes). Id.
Société de Stadtberge, Altena-s.-Lenne (Westphalie). Prusse.
Stora Kooparberg (usine de). Fahlun. Suède.
Strombeck (de). Brunswick.
Tœpper (And.), Neubruck, près de Schebbs. Autriche.
Tredegar iron Company. Royaume-Uni.
Usine de Hellefors, Orebro. Suède.
Vogué (marquis de), Ivoy (Cher). France.
Wales (J.), Helton-Colliery (Durhamshire). Royaume-Uni.
Whitehouse Ironworks. Id.
Ystalyfera iron Company. Id.
Yvernault frères, Crozon-sous-Châtillon. France.
Zethelius (W.), Surahammar (Westmanie). Suède.

MENTIONS HONORABLES.

Abercarn Works. Royaume-Uni.
Adam (H.), Pache et Cᵉ, Paris. France.
Administration impériale des mines, Nagybania (Hongrie). Autriche.
Administration impériale des finances, Marmaros. Id.
Administration impériale des mines de Salzburg. Salzburg. Id.
Administration impériale et royale des mines, Klausenburg. Id.

Arnould (G.), Mons. Belgique.
Baron, Rambouillet. France.
Benini et Michelagnoli, au Pignone, près de Florence. Toscane.
Bird, Londres. Royaume-Uni.
Bocking frères, Asbach (Prusse rhénane). Prusse.
Boisseau, Montigny-sur-Sambre. Belgique.
Bonafoux, de Morangier et de Rochemure. France.
Bonnardet (L.) et Cᵉ, Niedertiefenbach. Nassau.
Borner (H.), Siegen (Westphalie). Prusse.
Brisgau père et fils aîné, Cinq-Mars. France.
British iron Company. Royaume-Uni.
Calder and Company. Id.
Calvet-Rognat, Espalion. France.
Caw (H.), Peterborough (Warwickshire). Royaume-Uni.
Castelyn (J.), Lens. France.
Causans (de), et Cᵉ, Grenoble (Isère). Id.
Cavé et Dutertre, Paris. Id.
Chassaing. Id.
Chitty Edward, Jamaïque. Colonies anglaises.
Christalling (comte Ch.), Saint-Jean-sur-Bruchl. (Carinthie). Autriche.
Chuard (M.), Paris. France.
Clay et Newmann. Droi wich. Royaume-Uni.
Commune de Mautern. Autriche.
Compagnie de la Persévérance, Porto. Portugal.
Compagnie Asturienne, Guipuscoa. Espagne.
Compagnie de l'Aminotte, Constantine. Algérie.
Compagnie des anthracites de la Mayenne. France.
Compagnie des mines de Mouzaïa, Médéah. Algérie.
Compagnie des tourbières de France, Mareuil-sur-Ourq. France.
Compagnie minière des Asturies, Mières. Espagne.
Compagnie Lusitanienne de l'exploitation des mines. Portugal.
Coutant-Leseigneur et Cᵉ, Paris. France.
Croft, Alcobaca. Portugal.
Darche et Corbière, la Ferté-sous-Jouarre. France.
Daubier et Cᵉ, Blanc, Meurges, Id.
Debonne (A.) et Cᵉ, Paris. Id.
Delanoue. Id.
Delmonte et Cᵉ, Oran. Algérie.
Demartin, Narbonne. France.
Direction du musée argentin de Parana. Confédération argentine.
Donny, Seraing. Belgique.
Drouault, Lesigny. France.
Dumas-Frémy, Paris. Id.
Dumont et Cᵉ, Raimes-lès-Valenciennes (Nord). Id.
Durval (E.), Massa-Maritima. Toscane.
Ebner, Bleiber et Villach (Carinthie). Autriche.
Eggert et Cᵉ, Budweis. Id
Endemann et Cᵉ, Bochum. Prusse.
Évêché de Gurk (l'), Klagenfurth (Carinthie). Autriche.
Fenzi (Emm.), Florence. Toscane.
Flachon et Cᵉ, Saint-Étienne. France.
Fontaine (P.-J.), Anzin. Id.
Forrester (J.-J.), Porto. Portugal.
Franceschi (Marc), Centuri (Corse). France.
Francfort, Sentein (Ariége). Id.
Frèrejean (B.) et Balmain (Ant.), Épierre (Savoie). États sardes.
Galewski, Corbeil. France.
Giebeler (C.), fonderie d'Adolphe, près Dillenburg. Duché de Nassau.
Goschler (Ch.), Strasbourg. France.
Goumy et Cᵉ, houillère d'Ahun (Creuse). Id.
Grange (Fr.), Raudens (Savoie). États sardes.
Haldy et Cᵉ, Sarrebruk. Prusse.
Hamilton (baron H.), Gryth. Suède.
Hellmich (Ad.), Mies (Bohême). Autriche.
Heinrich (Alb.), Brünn. Id.
Hœvel (de), Dortmund. Prusse.
Hoffmann (R.) et Cᵉ, Bendorf. Id.
Hoffmann (J.-D.), Ramshytlan. Suède.
Hotenia (les héritiers), Bleiberg (Carinthie). Autriche.
Houillères réunies de la Haute-Loire, Paris. France.
Houillères réunies de la Wurm, Aix-la-Chapelle. Prusse.
Hunolstein (comte d'), Ottange (Moselle). France.
Imaz (de), Guipuscoa. Espagne.
Jacomini (F. de), Bleiberg (Carinthie). Autriche.
Jacquet, Arras. France.
Jacquot frères et neveux, Rachecourt. Id.
Jasche (Dʳ), Isenburg. Prusse.
Javal et Cᵉ, Neffiès. France.
Jervis (J.-R.). Nouvelle-Grenade.
Karr (E.) et Cᵉ, Paris. France.
Kihlaforss (usine de). Suède.
Knight (F.-W.), Kidderminster. Royaume-Uni.
Kuhlmann, Lille. France.
L'abbé Jean Riba et Figols, Cardone. Espagne.
Lacerda de Souza, Alcanede. Portugal.
Lacharme (L.), San-Francisco (Californie). États-Unis.
Lamarche (G.-A.), Velbert (Prusse rhénane). Prusse.
Lamarche et Schwartz, Saint-Ingbert. Bavière.
Lamberty (Chr.), Viel-Salm. Belgique.
Lamberty (J.), Stavelot. Belgique.
Langen (J.-J.), Siegburg (Prusse rhénane). Prusse.
Lavorat et Cᵉ, Bologne-sur-Marne. France.
Lobbe-Pacquier-Tamby, Colombo (Ceylan). Colonies anglaises.
Leborgne (Pr.) et fils, la Rochette (Savoie). États sardes.
Lepreux (Fr.), Crouy-sur-Crucq. France.
L'Herbet et Delcros, Langeac. Id.
Lilleshall. Royaume-Uni.
Lindesmos (usine de). Suède.
Lindheim (H.-D.), Josephshette (Bohême). Autriche.
Lizerey (Adr.-R.) et Cᵉ, Belleville. France.
Lossen frères, Concordia-Hütte (Prusse rhénane). Prusse.
Malbec (A.), Vaugirard. France.
Mautern (comte de), Mautern, Autriche.
Mayerhoter (G.), Voitsberg. pr. Gratz (Styrie). Id.
Mines de fer de Zsidovar, Nadrag (Hongrie). Id.
Mines de Blidah. Algérie.
Mines de nickel, Rinderige. Norvége.
Mine Santa-Clotilde, Zamora. Espagne.
Mineur (F.-J.) Fraire (Namur). Belgique.
Mitterbacher (H.) Salzburg. Autriche.
Moreau (J. de), Yvoir (Namur). Belgique.
Morimont, Wierd. Id.
Moulins et Theill, les Molières. France.
Muller et Cᵉ, Dortmund. Prusse.
Murray (W.), Glasgow (Lanark). Royaume-Uni.
Musée de minéralogie de l'université de Christiania. Norvége.
Nicaise. Algérie.
Noak, Droitwich. Royaume-Uni.

Norrie, Sydney. Nouvelle-Galles du Sud.
Nory-Dupar, Ormes. France.
Osier Bed iron Company. Royaume-Uni.
Piednoir et comp., Laval. France.
Pioche-Bayerque et comp., San-Francisco (Californie). États-Unis.
Poitou (J.-B.) et comp., Eguzon (Indre). France.
Puricelli frères, Rhembollen (Prusse rhénane). Prusse.
Rauscher (compagnie), Saint-Veit (Carinthie). Autriche.
Reeves (J.), Modum. Norvége.
Reid (J.-J.), Chester. Royaume-Uni.
Renard (G.) et Charpentier, Paris. France.
Robert-Beauchamps frères, l'Hommaize. Id.
Robineau-Sorin frères, Paris. Id.
Rogers, houillère d'Albercran, South-Wales. Royaume-Uni.
Roswag et Cᵉ, Caceres. Espagne.
Sack (F.), Sprookhovel (Westphalie). Prusse.
Saeman (Louis), Paris. France.
Salines royales de Voiterra. Toscane.
Samuelson and company, Middlesboro. Royaume-Uni.
Santos (J.-J.-J. dos), Portimao. Portugal.
Schabas (Jean), Hernals. Autriche.
Schmidt (Ed.), Nachradt, près Iserlohn (Westphalie). Prusse.
Schomburgk, Saint-Domingue. République dominicaine.
Schreiber (R.), Joachimsthal (Bohême). Autriche.
Smet et comp., Thy-le-Château. Belgique.
Société anonyme l'Alliance, Stollberg (Prusse rhénane). Prusse.
Société anonyme des mines Cani, Battigio. États sardes.
Société anonyme des forges et laminoirs de l'Heure, Zône (Hainaut). Belgique.
Société anonyme des mines de zinc et de plomb, Membach (Liége). Id.
Société anonyme des mines et fonderies de cuivre du Rhin, Sternerhütte (Prusse rhénane). Prusse.
Société anonyme des charbonnages de Boussu et de Sainte-Croix-Sainte-Claire, Boussu (Hainaut). Belgique.
Société des mines Stahlberg et Beilhen, Müsen (Westphalie).
Société des mines de Kinzigthal, Bade.
Société des charbonnages du Levant du Flénu, Cuesmes (Hainaut). Belgique.
Société métallurgique de San-Juan-d'Alcaraz, Albacete. Espagne.
Société positiva Zamorana, Zamora. Id.
Société des mines de Segengetes et Gegenstrumarube. Autriche.
Société d'exploitation des mines d'antimoine de Goesdorf. Luxembourg.
Société des salines de Bayonne. France.
Société des salines de Pirano. Autriche.
Sousa (de), Setubal. Portugal.
Sous-directeur (le) des mines ducales; Dillenbourg. Nassau.
Soysa (de), Ceylan. Colonies anglaises.
Strombeck (de), Brunswick. Duché de Brunswick.
Sudre, Paris. France.
Suermond (B.) et Cᵉ, Aix-la-Chapelle. Prusse.
Terrisse (J.) et Cᵉ, Argentine (Savoie). États sardes.
Tipton, Carr et Cᵉ. Royaume-Uni.
Trémeau (E.), Bigny (Cher). France.
Valentine et Weelock, Boston. États-Unis.
Valpy. Indes anglaises.
Van Cutsem-Vanneerdingen, Molenbeck-Saint-Jean. Belgique.
Vogl (R.), Joachimsthal (Bohême). Autriche.
Vogler (L.), Runkel. Duché de Nassau.
Volderauer, Salzburg. Autriche.
Wagner (F.), Clausenbourg (Transylvanie). Autriche.
Wheeler (A.), San-Francisco (Californie). États-Unis.

COOPÉRATEURS.

CONTRE-MAITRES ET OUVRIERS.

MÉDAILLE D'HONNEUR.

Dusouich, ingénieur des mines. (Pour mémoire.) France.

MÉDAILLES DE 1ʳᵉ CLASSE.

Bonehill (Th.), Marchienne-au-Pont. Belgique.
Bource, Mariemont (Hainaut). Id.
Chadeffaut, Denain (Nord). France.
Coste, Seraing. Belgique.
Deposson (Antoine), Nouvelle-Montagne. Id.
Déctillieux (Émile), Berge de Borbeck. Prusse.
Dol père, Martigues (Bouches-du-Rhône). France.
Frolich (André), Montataire. Id.
Geyer, Hartu. Hanovre.
Greffiths (John), Fourchambault (Nièvre). France.
Kiefer (Charles), Trèves. Prusse.
Scheliessnigg (J.), Klagenfurth. Autriche.
Scherber, insp. des mines, Joachimsthal. Id.
Simon, Nouvelle-Montagne, Verviers. Belgique.

MÉDAILLES DE 2ᵉ CLASSE.

Audibert (Louis), près Marseille. France.
Bachard (H.), Mazières (Cher). Id.
Baildon (G.), représentant du comte Egger. Lippitzbach. Autriche.
Baudran (Antoine), Vienne. France.
Beek (J.-P.), Liége. Belgique.
Boisson (Jean). Alais (Gard). France.
Bouchaud (Félix de). Terrenoire. Id.
Bouillez, Anzin (Nord). Id.
Bovy (Joseph). Grivegnée. Belgique.
Chavatte (Jules), Anzin (Nord). France.
Chollet (Agnan), Mazières (Cher). Id.
Collober (Mathieu), Poullaouen (Finistère). Id.
Colmant (Louis), Grand-Hornu. Belgique.
Cosme (Victor). France.
Courtheoux (Albert), Eschweiler. Prusse.
Defrance (Louis), chef de fabrication à Plaines (Aube). France.
Delamotte, Paris. Id.
Deposson (Ant.), Nouvelle-Montagne. Belgique.
Deschamps, maître mineur de la société d'Aniche. Belgique.
Descotte (Pr.), Hornu. Belgique.
Desroys. France.
Dianot (Antoine). Grand-Combe (Gard). Id.
Dorguin, Fourchambault. Id.
Doye (B.-J.). Grand-Hornu. Belgique.
Drischel (M.), contre-maître du baron de Rothschild, Wittkowitz, Autriche.

Duclos (Léon). Prusse.
Dupont (Joseph), Seraing. Belgique.
Fontaine (P.-J.), Anzin (Nord). France.
Forster (Arm.), contre-maître, Vieille-Montagne, Borbeck. Prusse.
Gérard (Antoine), Montataire (Oise), France.
Griffith (John), Fourchambault. Id.
Grignard (J.), Vieille-Montagne, Welkenraedt. Belgique.
Gris aîné (Joseph), Vienne. France.
Groslier, chef de travaux de la houillère de Benezet (Allier). Id.
Guimier (E.). Prusse.
Harmegnies (Clément), Hornu. Belgique.
Hurez, Anzin (Nord). France.
Jacquemain (François). Id.
Jaumet (Antoine), Monceau. Belgique.
Kalthoff, Bergwerkirch (Prusse).
Kalzelt (G.), représentant du comte Egger, Feistritz. Autriche.
Klekner (J.), contre-maître chez M. Audressy, Dernoe. Id.
Kraus (Ant.), maître mineur chez M. H. Schreiber, Kafferberg. Id.
Krauss (Ph.), Vieille-Montagne, Moresnet. Belgique.
Le Gall (Jean-Louis), Poullaouen (Finistère). France.
Le Gall (Victor), Poullaouen (Finistère). Id.
Letaud (Henri), Bességes. Id.
Limet (Henri), Mazières (Cher). Id.
Marchipont (Nicolas), Anzin (Nord). Id.
Milhier (Jules), Dieutze. Id.
Moichine (Nicolas), chef de fabrication, Commentry. Id.
Monsée (J.), Vieille-Montagne, Angleur. Belgique.
Mouchoux (François), Alais (Gard). France.
Moysan père (Alexandre), Poullaouen (Finistère). Id.
Navarre (Marius). Id.
Navez (François), Monceau. Belgique.
Neuburger (J.), contre-maître chez M. F. Mayr, Leoben. Autriche.
Nysseh (J.-P.), Vieille-Montagne, Angleur. Belgique.
Offand (Ed.), maître lamineur chez le baron de Rothschild, Wittkowitz. Autriche.
Parnet (E.). France.
Patera (Ad.), employé aux mines d'argent de Przibram. Autriche.
Pinson. Fourchambault. France.
Renter (Charles), Seraing. Belgique.
Robinet (L.), Chamisson (Côte-d'Or). France.
Rorive (F.-F.), Grand-Hornu. Belgique.
Rœs Lewis père, la Guerche (Nièvre). France.
Schon (Pierre), maître lamineur aux forges de Rhonitz (Basse-Hongrie). Autriche.
Seelig, contre-maître des produits réfractaires, Vieille-Montagne, Borbeck. Prusse.
Simon, Verviers. Belgique.
Stirbl (Mathias), contre-maître chez M. A. Topper, Neubruck. Autriche.
Thiernesse (Henri-Joseph), Grivegnée. Belgique.
Tasquin (Eugène), Nouvelle-Montagne. Id.
Vautro, la Voulte (Ardèche). France.
Vigneron (Jean-François), Coudlet. Belgique.
Villejean (V.), chef de fabrication, Sainte-Colombe (Côte-d'Or). France.
Warloment (Hubert), Vieille-Montagne, Belgique.

MENTIONS HONORABLES.

Bernard (Jacques), Paris. France.
Berthet (Élie). Id.
Bessy (Jean-Marie), Paris. Id.
Biet (François), Montataire près Creil. Id.
Blum (H.), Mulheim-sur-Ruhr. Prusse.
Brocart, Saint-Maurice (France).
Buscher (J.-G.), directeur des mines d'antimoine de Goesdorf. Luxembourg.
Butscheck, fondeur, Vieille-Montagne. Borbeck. Prusse.
Carpentier (Jean-Baptiste), Sainte-Croix-Sainte-Claire. Belgique.
Chazelles (Augustin), Grand'Combe. France.
Chevalier (François), Sablé. Id.
Conivet, Sablé. Id.
Delhalle (Mathieu), Nouvelle-Montagne, Verviers. Belgique.
Dernoncourt (Pierre), Anzin. France.
Dozeray (Guillaume), Seraing. Belgique.
Dumondel (Eugène), Montataire. France.
Dutertre, Commentry. Id.
Falc (H.), ingénieur, usine de Badani Secco (Milan). Autriche.
Falfumière (Victor), Commentry, France.
Fayol (André), Vienne. Id.
Ferrier (Frédéric), Alais. Id.
Florian (J.), ouvrier des salines de Marmaros. Autriche.
Freis, chauffeur, Vieille-Montagne, Borbeck. Prusse.
Gascuel (André), Alais. France.
Girardet (Félicien), Vienne. Id.
Heurteur (Isidore), Montataire. Id.
Hulsen (J.), fondeur, Vieille-Montagne, Mulheim-sur-Rurh. Prusse.
Jacquemain (Charles). France.
Jognet, Nevers. Id.
La Roche, Paris. Id.
Laszlo (Joseph), Csik. Autriche.
Lérisson (Jean), Alais (Gard). France.
Massart, Grez-en-Bouère. Id.
Mennessier (Joseph), Montataire. Id.
Mersch (J.), chez M. de Saint-Hubert. Luxembourg.
Misson (Pierre), Thy-le-Château. Belgique.
Passot, Saint-Maurice (France).
Pelatan (Pierre), Grand'Combe (Gard). France.
Pernier (B.), Creil, près Montataire. Id.
Pinet (Louis). Id.
Rintsch (F.), Vieille-Montagne, Mulheim-sur-Ruhr. Prusse.
Rolineau (François), Sablé. France.
Simonet, Paris. Id.
Wiselle, Paris. Id.
Zemann (Mathias), Deruze (Hongrie). Autriche.

DEUXIÈME CLASSE

ART FORESTIER, CHASSE, PÊCHE, ET RÉCOLTES DE PRODUITS OBTENUS SANS CULTURE.

§ 1er. *Des forêts et de leurs produits.*

Les produits admis à l'Exposition universelle dans la deuxième classe dont nous venons de transcrire le titre, se distribuent en huit sections différentes et bien tranchées. Les trois premières sont consacrées aux exploitations forestières et aux industries qui s'y rattachent. Les deux sections suivantes ont pour objet la chasse et la pêche ; la sixième renferme les produits forestiers obtenus sans culture ; dans les septième et huitième, on a rassemblé tous les appareils, tous les échantillons, la description de tous les procédés qui se rattachent à la destruction des animaux nuisibles ou à l'acclimatation et à la domestication des animaux et des végétaux sur lesquels l'homme peut espérer d'étendre son empire. Ici le domaine de l'industrie est bien étroit et resserré de tous côtés par la libre expansion des forces de la nature, et il semble que celle-ci conserve encore la plus grande part dans la production des objets qui vont nous occuper. Notre effort se borne à trouver les meilleurs moyens de recueillir les richesses qui nous sont offertes, tout au plus à en régler, à en favoriser le développement par des aménagements bien entendus, et surtout à puiser avec modération à cette source féconde, qui paraît si abondante, mais qu'une exploitation imprévoyante trouve pourtant le moyen de tarir. L'homme ici, sous peine de briser dans ses mains maladroites un des instruments les plus puissants de la richesse qu'elle contient, doit suivre docilement les indications de la nature et renoncer à la dominer ; et c'est de son impuissance même à cet égard que résulte pour les produits de la deuxième classe le caractère qui les a fait, avec raison, rassembler dans un même groupe.

Nous aurions voulu pouvoir, en commençant, comparer les spécimens réunis dans le Palais des Champs-Élysées, aux objets similaires offerts à l'étude dans le Palais de cristal de Londres, constater l'importance relative des deux Expositions, et, s'il y a lieu, apprécier les progrès accomplis par les arts que nous avons en vue pendant la période qui sépare ces deux solennités ; mais une telle comparaison est impossible ; non-seulement il n'y a dans la classification anglaise aucun groupe qui corresponde à notre deuxième classe et qui en reproduise l'imposant ensemble, mais quelques-uns des arts dont les procédés trouvent place dans cette classe ont été complétement exclus du concours ouvert par nos voisins. Cette discordance est fâcheuse, on ne saurait le contester. Elle est, d'ailleurs, générale, et, s'étendant à toutes les industries appelées au concours dans les deux capitales, elle apporte à leur étude comparative un sérieux obstacle. Cette étude cependant, à quatre ans d'intervalle, par ce temps d'activité infatigable, peut offrir un puissant intérêt. Il est profondément regrettable que les diverses parties de la science technologique, moins avancée en cela que les sciences physiques ou naturelles, ne soient pas parvenues encore, comme ces dernières y ont à peu près réussi, à se coordonner dans un système de classification fixe et universellement adopté. On ne saurait méconnaître les avantages des bonnes méthodes; elles facilitent l'étude, elles hâtent les progrès, elles mettent en relief des rapports nouveaux, elles forment un solide faisceau de toutes les connaissances acquises, qui dispersées demeurent impuissantes, elles aident à comprendre l'intime solidarité qui rattache toutes les parties d'un même ensemble, et augmentent la fécondité de toutes. Mettre l'ordre dans le chaos de la technologie, faire une science de cet amas de recettes, trouver le fil qui devra nous guider au milieu de ce monceau de produits divers qui éblouissent l'œil et fatiguent la pensée, c'est une œuvre digne des grands esprits qui formaient les Commissions anglaise et française, et nous dirons de plus que c'est aujourd'hui une œuvre opportune. On demandera désormais aux Expositions industrielles des conclusions de plus en plus précises et de plus en plus étendues, et il est même douteux qu'on puisse penser, à partir d'aujourd'hui, à organiser une Exposition qui ne soit pas, dans une certaine mesure, universelle. Or, nous n'hésitons pas à le dire, ces grands concours n'auront acquis leur puissance, ils ne rendront tous les services qu'on peut en attendre, que quand ils seront exactement comparables entre eux, non-seulement pour les hommes spéciaux qui ont suivi avec persévérance les progrès de l'art auquel ils s'intéressent, mais pour les hommes intelligents de toutes les professions, pour les consommateurs enfin, pour ceux dont toutes les industries rivales s'efforcent de satisfaire les besoins ou les goûts, pour ceux-là auxquels la chose importe aussi apparemment, qui doivent à leur tour obtenir au conseil une voix au moins consultative, et dont il est essentiel d'éclairer le jugement, car ils ont de bien légitimes intérêts à défendre, intérêts que la routine, la cupidité et la peur ne sont que trop disposées à sacrifier.

Mais revenons à la deuxième classe de l'Exposition française, dont nous nous sommes pour un instant éloignés, et disons quelques mots, dans ce premier paragraphe, des forêts et de leurs produits spontanés. Nous ne pouvons, on le conçoit, qu'effleurer légèrement les sommités de ce vaste sujet, et il nous serait même impossible de noter, ne fût-ce qu'en passant, les matières si nombreuses et si variées qu'il embrasse. Et à ne parler seulement que du bois, combien de formes nous lui donnons pour l'assouplir à nos mille besoins! Combien de fonctions utiles nous savons attribuer à cette matière en apparence si commune et cependant d'un prix inestimable! Sous sa forme la plus simple, le bois en grume est encore aujourd'hui, en Europe, la source la plus abondante de chaleur artificielle. C'est à lui que nous demandons encore les principaux matériaux de nos constructions navales et de nos constructions civiles. Il est bien vrai que ces trois premières et importantes attributions lui sont de plus en plus disputées par une concurrence redoutable, celle de la houille pour le chauffage, et du fer pour les constructions; mais les besoins des sociétés civilisées se développent avec une telle rapidité, qu'il y a certainement place dans la consommation pour les trois rivaux, et qu'on ne peut craindre de voir les deux derniers chasser du marché leur aîné. Bien des emplois cependant lui restent encore, qui, pour le céder à ceux que nous avons d'abord indiqués, ne manquent pas toutefois d'importance. Le menuisier, l'ébéniste, le tabletier, le tourneur, le charron, font un usage exclusif des bois de toute nature et de toute provenance. C'est encore le bois sous diverses formes, que prépare ou travaille le scieur, le tonnelier, le boisselier, le vannier. Les forêts fournissent à d'autres industries le liége, les écorces textiles, des matières tannantes ou colorantes, et si nous voulions nommer seulement cette foule de produits accessoires, moins directement obtenus, et qu'une industrie plus avancée recueille sur le sol forestier, nous n'en finirions pas.

Les produits dont nous nous occupons étaient, on peut le dire, admirablement représentés dans les longues galeries du Palais de l'Industrie et de ses annexes. Si remarquable et si complète qu'ait été, à cet égard, l'Exposition de Londres, ainsi qu'en témoignent les Rapports des jurys anglais, nous doutons que la nôtre ait rien à lui envier. L'abondance et la richesse de ces collections de bois réunies de tous les points du globe, apportées des contrées les plus éloignées, et disposées souvent avec un art si ingénieux et une méthode si savante, frappaient d'étonnement le visiteur studieux et excitaient au plus haut point son intérêt. Toutefois, une question se présentait bientôt à son esprit, et il se demandait si le plus grand nombre de ces milliers d'échantillons devaient éternellemeut rester pour nous des objets d'une curiosité stérile, ou si nos industries de l'Occident pouvaient espérer de trouver un jour dans les richesses qu'ils nous signalent un aliment nouveau à des besoins toujours plus impérieux et toujours plus difficiles à satisfaire. C'est là une question économique de la plus haute importance, et à laquelle il n'est pas facile de répondre.

Toutefois, nous pouvons dès à présent demander aux continents les plus éloignés les bois de luxe pour l'ébénisterie, la tabletterie, etc. Quelques bons esprits pensent même que les forêts de l'Australie nous fourniraient avec avantage et en quantité notable, pour nos constructions domestiques ou navales, et pour nos chemins de fer, ces bois inaltérables qui abondent sur leur sol. Des faits incontestables semblent déjà confirmer cette opinion. Il ne saurait donc être sans intérêt dès à présent même, au point de vue purement industriel, de tracer une rapide esquisse des richesses forestières du globe. Nous en prendrons les traits principaux dans le substantiel ouvrage de M. Alfred Maury sur les forêts de la Gaule; cet ouvrage est de date récente, et l'auteur a pu puiser aux sources les plus nouvelles ses informations.

C'est, sans contredit, le continent américain qui mérite d'être nommé le premier pour l'importance de sa végétation forestière. Dans aucune autre partie du monde, les contrées boisées ne couvrent de plus vastes espaces, et n'étalent devant l'œil du voyageur un spectacle plus magnifique et des richesses plus abondantes; l'Amérique méridionale renferme

571,000 lieues marines carrées, dont une notable partie est abandonnée aux forêts. « La région boisée, dit M. de Humboldt, qui occupe toute l'Amérique méridionale depuis les savanes de Venezuela (los llanos de Caracas) jusqu'aux pampas de Buenos-Ayres, entre 8° de latitude nord et 19° de latitude sud... ce hylée de la zone tropicale, dépasse en étendue toutes les autres contrées boisées du globe; sa superficie est environ douze fois celle de l'Allemagne. » Là croît une multiplicité incroyable d'espèces végétales diverses, qui, toutes confondues, et non cantonnées comme celles des forêts de l'Europe ou de l'Asie septentrionale, se développent avec une indescriptible énergie, donnant aux forêts du Nouveau-Monde une variété et une beauté incomparables. Dans celles de la partie septentrionale toutefois la végétation est plus austère et plus monotone. Non-seulement ces forêts presque encore inaccessibles sont les plus vastes du monde, mais elles sont aussi celles qui produisent les arbres les plus gigantesques. « La nature des essences qui composent les forêts de l'Amérique, écrit M. Maury, offre cela de particulier, qu'elle est soumise à des changements en quelque sorte périodiques, à une espèce de rotation qui fait succéder certains arbres à tels autres que le défrichement ou l'incendie ont fait disparaître. Le déboisement n'est pas tant, en Amérique, un agent de destruction des arbres, comme il l'est dans nos climats, qu'un moyen de transformation des espèces qui croissent dans un district. »

Si nous remontons vers le nord, nous trouvons un pays, qu'aucun autre certainement ne dépasse pour son admirable fécondité et pour la variété des essences forestières qui s'y développent: c'est la Guyane. Malheureusement l'exploitation de ses richesses est aujourd'hui à peu près impraticable, et sans doute restera telle encore longtemps. M. Roger ne compte pas, dans la Guyane française, moins de 259 espèces de bois divers, parmi lesquelles les bois de chauffage et de construction entrent pour 129. La belle collection de bois exposés par la Guyane anglaise renferme environ 111 espèces différentes, et encore le commissaire, dans une note substantielle que nous avons sous les yeux, prend-il soin de nous avertir que de nombreux spécimens d'un haut intérêt manquent à l'appel. Il ajoute: « Les forêts de la Guyane, il est presque inutile de le dire, sont en mesure de fournir, dans une certaine limite, pour les constructions maritimes ou civiles, des approvisionnements de bois de charpente qu'aucun autre pays ne pourrait surpasser, quant aux dimensions et à la durée, et des bois très-propres à l'ébénisterie dans l'usage domestique. » Et plus loin: « Si ces bois avaient été introduits et employés sur une plus grande échelle dans les arsenaux de la marine royale, depuis 15 ou 20 ans, les juges compétents restent convaincus que nous n'aurions guère entendu parler de la pourriture des vaisseaux; et, sans mentionner ici la détérioration rapide des bâtiments construits avec les chênes d'Angleterre et d'Afrique, ainsi que les fréquentes réparations auxquelles ils donnent lieu, quelles énormes économies le Gouvernement anglais n'aurait-il pas pu réaliser! Si, en conséquence, l'attention du bureau de la Marine pouvait être appelée sur cette considération importante que la Guyane anglaise est à même de fournir les bois les plus beaux et les plus durables du monde, en quantité suffisante pour approvisionner tous les établissements de construction navale de la Grande-

Bretagne, il en résulterait un double avantage, c'est-à-dire une économie pour le Gouvernement, et une demande plus considérable des produits de la colonie. » On voit par cette citation le parti qu'on peut tirer, en Europe, où le bois commence à faire défaut, des matériaux fournis par les forêts lointaines.

Nos colonies avaient rassemblé dans le Palais de l'Industrie plus de 500 échantillons de bois, qui attestent assez leur particulière fécondité, et dont quelques-uns méritent la plus sérieuse attention. Déjà ils s'introduisent peu à peu dans l'ébénisterie parisienne, et il importe que ce mouvement s'accélère. Nous devons citer ici particulièrement le bois de natte ou ébène vert, dont on peut faire le plus gracieux emploi; nommons aussi, pour n'y plus revenir, le cam-wood et le bois de santal, apportés du Gabou et du Sénégal.

Le Canada ne s'était pas moins distingué dans l'exposition de ses bois que dans toutes les autres parties de son exposition industrielle; une élégante pyramide formée de tous les produits de son sol forestier, haute de 14 mètres et appuyée sur une base de 8 mètres de diamètre, s'élevait, dans l'Annexe, au milieu de l'emplacement réservé à cette colonie anglaise, et donnait une très-avantageuse idée de son goût et de ses richesses, par la gracieuse apparence et par la beauté des matériaux qui la composaient. On distinguait surtout parmi eux le noyer noir (*butter-nut*), plein de jolies veines, très-propre à l'ébénisterie, et qui n'est pas, dit le Jury de Londres, aussi apprécié qu'il le mérite.

Pour se rendre compte de la haute importance des forêts qui sont répandues sur le sol de l'Asie, il suffit de parcourir rapidement les admirables collections que cette partie du monde avait envoyées à l'Exposition universelle. Les contrées de l'Hindoustan et de l'Hymalaya produisent en abondance les grandes espèces: le précieux bois de teck, le tamarin, le mango, l'ébénier, le bambousier; le Népaul, qui voit croître des espèces innombrables, avait envoyé à l'Exposition de Londres 223 échantillons; les forêts de Ceylan en ont fourni 300 à celle de Paris. La presqu'île au delà du Gange ne le cède pas à l'Hindoustan pour la fécondité et pour la qualité de ses essences. Beaucoup de ces bois ont été très-incomplétement étudiés; leur nature et leurs propriétés diverses sont à peine connues encore; les deux Expositions universelles, où ils ont tenu une place si honorable, auront certainement pour conséquence de diriger vers eux l'attention, et le Jury anglais ne doute pas que de cette enquête il ne résulte des demandes plus nombreuses de la part de l'industrie européenne, et une importation plus considérable de ces matériaux exotiques si dignes d'intérêt.

L'archipel Indien, qui occupe sur le globe deux millions de kilomètres carrés, possède aussi de magnifiques forêts. Dans les montagnes de Java, on rencontre jusqu'à cinquante espèces de figuiers, et la Hollande avait présenté à l'Exposition universelle, au nom de ses colonies de l'Inde, une vaste collection de bois, qui paraissait complète, et qu'on aurait étudiée avec plus de fruit sans doute, si les échantillons avaient joint à des dimensions plus grandes une meilleure ordonnance.

L'Australie est une terre encore inexplorée, et déjà pourtant elle nous livre, dans l'ordre des produits forestiers, une magnifique collection d'échantillons, dont l'Europe, nous l'avons vu, peut espérer de faire bientôt son profit, et qui sont pour elle comme une révélation. Les bois de l'Australie sont durs, consistants et à peu près inaltérables; ces qualités, il est vrai, les rendent difficiles à travailler, mais il est hors de doute que les machines, introduites depuis quelques années dans le travail du bois, auront facilement raison des matériaux les plus rebelles.

L'Afrique, il est vrai, vient dans l'ordre des contrées sylvaires bien après l'Amérique et probablement après l'Asie; mais elle tient encore un rang considérable, soit par l'abondance, soit par la qualité de ses produits. Ses forêts sont peuplées d'espèces nombreuses, qui, pour Maurice seulement, atteignent le nombre de 240. Parmi celles du cap de Bonne-Espérance, nous ne pouvons omettre une essence nouvelle, qui paraissait peut-être en Europe pour la première fois en 1851, et qui constitue incontestablement, selon l'expression du Jury anglais, une précieuse addition aux bois durs d'ornement déjà connus: c'est l'ébène rouge de Natal. C'est une matière compacte et lourde, d'un grain fin et d'une belle couleur rouge, qui, par la nature de sa substance, se rapproche de l'ivoire, et qui est une acquisition du plus haut prix pour l'ébénisterie de luxe.

Nous voici arrivés à l'Europe; ce vieux continent, exploré dans tous les sens, n'a rien de nouveau à nous apprendre, et l'histoire de ses forêts n'est, dans beaucoup trop de cas, que le récit lamentable des dévastations auxquelles elles ont été condamnées par une exploitation imprudente, par la cupidité, par les haines, et aussi, il faut le dire, par la marche naturelle de la civilisation. Car la civilisation, comme le remarque avec raison M. Maury, est l'ennemie acharnée des forêts; elle a deux raisons à la fois pour les détruire: l'utilité qu'elle en retire, et l'obstacle qu'elle y trouve à son développement. Elle en abat une partie pour livrer des espaces toujours plus vastes aux cultures que réclame une population toujours croissante; elle ravage le reste, pour fournir à la consommation de cette population même, et pour alimenter le travail industriel.

Les forêts de l'Europe contiennent environ 150 essences différentes, qui se distribuent dans les diverses régions du continent, selon la nature des climats, selon les circonstances plus ou moins favorables de la propagation forestière. En somme, et sans insister sur des détails pour lesquels la place nous manque, voici, d'après M. Schnitzler, l'étendue des surfaces boisées pour les principaux États de l'Europe. Les forêts couvrent, en Russie et en Pologne, 76,590,000 hect.; en Autriche, 19,056,536 hect. Elles s'étendent, en Suède et en Norvége, sur 50,549, 400 hect.; en Suisse, sur 6,574,996; en Espagne, sur 3,829,500 hect.; enfin il ne leur reste, dans la Grande-Bretagne, que 378,364 hect.

Les forêts de la France forment, suivant le même auteur, un ensemble de 5,867,815 hect. répandus sur un territoire de 53,219,000 hect. M. J.-B. Thomas, dont les informations remontent à une époque un peu antérieure et sont plus exactes, les évalue à 7,372,000 hect., c'est-à-dire environ 23 ares ou 66 perches par habitant; mais il faut distraire de cette quantité, selon lui, 372,000 hect. tout à fait inaccessibles, et, par conséquent, inutiles pour la consommation. Les départements les plus abondamment boisés de notre pays sont ceux de la Haute-Marne, des Vosges, des Ardennes, de la Meurthe, du Bas-Rhin, du Jura, de la côte d'Or et de la Nièvre. Vingt-trois essences différentes peuplent nos forêts; six espèces de bois blancs, et trois d'arbres résineux ou arbres verts. Mais il convient d'exclure quelques essences qui ne méritent pas d'être mises en ligne de compte, et il n'en reste en réalité que dix-sept qui se recommandent par leur utilité et leur importance.

On a le droit de s'inquiéter pour l'avenir, quand on compare la situation actuelle de notre sol forestier à ce qu'elle était il y a quelques siècles, et quand on songe que les causes sous l'influence desquelles cette situation s'est faite n'ont pas sensiblement diminué d'énergie. Sans remonter à l'époque gauloise où il était possible de traverser notre pays dans toute son étendue en ne sortant pas des bois, il suffit de rétrograder d'un peu plus de quatre siècles pour apprécier toute l'importance de la transformation qu'a subie à cet égard notre sol. Vers la fin du XIIIe siècle, sous le règne de Philippe le Bel, le rayon d'approvisionnement de Paris, qui dépasse aujourd'hui soixante-quinze lieues en ligne droite (cent lieues, si l'on tient compte des sinuosités des rivières), ne s'étendait pas au delà de Boulogne, Saint-Germain, Bondy, Vincennes et Montereau; la ville elle-même consommait chaque année quatre à cinq cents stères de bois, c'est-à-dire ce qu'absorbe à lui seul notre ministère des finances. Le régime féodal avait été favorable au développement de la richesse forestière. L'aménagement de ces bois était, il est vrai, bien imparfait, et ils se trouvaient soumis à bien des causes de dégradation. « Ils servaient d'asile, nous dit M. Maury, à une population sylvestre livrée exclusivement aux industries qui naissent de l'exploitation des bois. Elle formait en certains lieux des corporations particulières: telles étaient celles des *boucaniers des bois* et des *charbonniers*. » On conçoit qu'une telle population n'était pas facilement disciplinable, et qu'elle n'apportait pas, dans l'exploitation dont elle tirait sa subsistance, des procédés bien conservateurs. Toutefois, notre richesse forestière n'en éprouvait pas de fort graves atteintes, et elle allait être exposée à de bien autres dangers. C'est vers le commencement du XVe siècle que ces dangers prirent des proportions vraiment alarmantes, et ils ne cessèrent pas de faire des progrès rapides depuis ce moment. Plusieurs causes, qu'il serait trop long de mentionner ici, concoururent à ce fâcheux résultat. Vers la fin du XVIIe siècle, on réussit à introduire dans nos forêts des espèces nouvelles. Les progrès de la botanique et de l'art forestier assurèrent une meilleure exploitation, mais tout cela ne fut qu'un faible palliatif à un état de choses si funeste.

Depuis 1789, cet état de choses, on le comprendra facilement, ne s'est pas amélioré, et l'impulsion donnée depuis si longtemps n'a fait qu'accélérer le mouvement. Vers 1790, on tenta bien quelques reboisements insuffisants, mais la Révolution, qui éclata bientôt, déclara à nos forêts une guerre sans trêve, autant par haine politique que par cupidité; et, par d'autres causes encore, depuis le commencement de ce siècle, les déboisements n'ont cessé de s'étendre.

Les circonstances que nous avons exposées doivent attirer notre plus sérieuse attention sur les ressources inestimables qu'il nous sera permis sans doute, dans un temps assez rapproché, de tirer de l'Algérie. Cette France africaine, dont la fortune a pour nous un si puissant intérêt, a paru, on sait avec quel éclat, à notre Exposition, et, parmi les plus importantes richesses que lui promet l'avenir, il faut compter ses produits forestiers. Les bois de l'Algérie ne combleront jamais l'immense lacune que notre imprevoyance a mise entre notre production et nos besoins, mais ils pourront, à l'aide d'une exploitation bien entendue, se créer une place importante parmi nos sources d'approvisionnement. Nous y reviendrons dans une autre partie de cet ouvrage.

Nous voudrions encore, avant de terminer ce paragraphe, dire quelques mots sur ces substances que la Commission française désigne sous le nom de *produits obtenus sans culture*.

Au premier rang se présentent les gommes et les résines qui sont d'un usage très-répandu dans une foule d'arts industriels, et qui forment un commerce spécial, dans lequel sont engagés d'énormes capitaux. Mais, parmi les substances dont nous nous occupons, il en est deux surtout, dont on n'a constaté les précieuses et multiples propriétés que dans ces dernières années, et l'esprit industrieux de notre temps a donné immédiatement la plus vaste extension aux applications qu'il en a su faire. Nous voulons parler du caoutchouc et de la gutta-percha. On peut dire que l'introduction de ces résines dans les arts y a opéré une sorte de révolution, et il n'est pas possible encore de déterminer avec précision les limites du domaine sur lequel elles sont destinées à étendre leur bienfaisante influence. Nous nous proposons de placer, dans une autre partie de notre livre, les détails nécessaires sur cet intéressant sujet; nous nous contenterons de noter ici que l'exposition universelle de Londres semble avoir révélé à l'Europe l'existence d'une troisième résine, digne, selon le Jury, d'une attention particulière. Cette substance, originaire de Vizagapatam, a reçu dans le pays le nom de cutte-moodoo, ou kattimoodoo. On l'extrait du akos-chemoodoo, ou brahma-chemoodoo (*euphorbia antiquorum*). Elle est opaque, si ce n'est quand on la réduit en feuilles minces; sa couleur est d'un brun foncé; elle est dure, mais, ramollie par la chaleur, elle reste insoluble dans l'eau bouillante, fond quand elle est chauffée, et brûle avec une flamme brillante. Le cutte-moodoo, analogue aux deux résines dont nous avons parlé plus haut, présente pourtant des qualités estimables et qui n'appartiennent qu'à lui. La Commission d'examen ne doute pas qu'il ne puisse rendre à nos arts plus d'un service, et elle indique notamment, d'après les renseignements qu'elle a reçus et sans se rendre garante de cette allégation, que cette troisième résine, complément précieux des deux autres, peut servir à souder les métaux et à monter les manches de couteaux. L'Exposition de 1855 n'a pas répandu de lumières nouvelles sur l'importance commerciale de ce nouveau produit.

§ 2. *Chasse, pêche, acclimatation des espèces utiles.*

L'âge héroïque de la chasse est passé; son âge industriel n'est pas encore venu, et probablement n'arrivera jamais. Comment pourrait-il naître, en effet! A mesure que la civilisation fait de nouveaux progrès, que les populations se multiplient, que les arts industriels se propagent, l'aire des forêts se rétrécit, comme nous l'avons vu plus haut, et n'offre plus aux bêtes fauves qu'un asile insuffisant et mal assuré. L'homme, qui ne peut exercer qu'une très-faible influence sur leur multiplication, les poursuit et les détruit avec acharnement, soit pour se procurer dans les espèces comestibles un aliment recherché, soit pour se débarrasser de celles qui compromettent sa sécurité. Le temps n'est peut-être pas fort éloigné où tous les animaux qui échappent aux soins et au gouvernement de l'homme auront à peu près disparu des contrées de l'Europe occidentale, et alors la chasse ne sera plus guère qu'un souvenir. Pour trouver ce noble exercice entouré de tout le faste et de toutes les magnificences, il faut remonter le cours des âges jusqu'aux temps antiques ou pénétrer dans les contrées de l'Inde Orientale, au milieu de ces populations belliqueuses auxquelles cette image de la guerre offre un indicible attrait.

La noblesse féodale du moyen âge était, comme chacun sait, passionnée pour la chasse. C'était à peu près là le seul délassement que lui permît la vie calme et solitaire de ses habitations rurales; mais il s'en faut de beaucoup que son exercice favori ait atteint jamais en Europe les proportions immenses que nous lui avons vu prendre en Orient. Seulement il gagna en science, en précision, ce qu'il perdit en magnificence. La vénerie devint un art compliqué, difficile, plein de ressources, et qui se créa une langue originale et colorée dont les vestiges nombreux, déposés dans notre langue usuelle, sont à peu près tout ce qui est resté de son ancien éclat. Cet art développa très-puissamment l'habitude de l'observation appliquée à l'étude de la nature, et il n'est pas douteux qu'en rendant nécessaire la connaissance très-approfondie des mœurs et des instincts des animaux, il n'ait servi le développement des sciences naturelles. A-t-il dans la même mesure concouru à améliorer l'état économique du pays? il est permis de le contester, et, s'il est vrai que les gentilshommes, en détruisant les bêtes sauvages, rendaient quelque service à l'agriculture, il est bien plus vrai de prétendre que les lois sévères rendues par eux pour favoriser la multiplication et pour assurer la perpétuité de leurs plaisirs, avaient exercé dans les campagnes une influence dévastatrice.

Aujourd'hui les choses ont bien changé, et nous avions bien raison de dire, en commençant, que la vénerie s'en va. Quelques chasses princières restent à peine comme un souvenir effacé des grandes expéditions d'autrefois. Un petit nombre de piqueurs habillés de vert et de gentlemen habillés de rouge en font tous les frais, et quelque cerf, apporté en chemin de fer pour la circonstance et lâché dans de maigres futaies, en est la seule victime. Mais le représentant véritable de l'art de la chasse, dans notre temps, c'est ce propriétaire modeste, qui le matin, dès l'aube, quitte son habitation confortable, ou le fermier, tout au plus aisé, profitant de quelques loisirs, qui, le fusil sur l'épaule et suivi d'un chien à peine, l'un, vêtu du costume élégant et mondain que la mode lui impose, muni de tous ces petits accessoires luxueux qui composent un équipement de chasse; l'autre, couvert de sa blouse, de la poudre dans une poche et du plomb dans l'autre; se fatiguent, tout un grand jour brûlant, à la poursuite de quelques perdrix qui se tiennent sur leurs gardes, ou de quelque lièvre déjà instruit par l'habitude du feu. Ou bien encore, c'est le braconnier mystérieux, actif, adroit, fécond en ruses, prêt à tout, même au meurtre, et infatigable ennemi du bien d'autrui. La contribution des articles de chasse à l'Exposition est une fidèle image de cette décadence, et le Catalogue français ne porte pas, pour cette section, plus de huit exposants.

La chasse ne forme donc pas véritablement chez nous une industrie, ou si, dans certains cas, c'en est une, elle est tout à fait dépourvue d'importance. Les animaux qui en font surtout l'objet et dont on recherche ou la chair ou la fourrure, sont : le lapin, le lièvre, qu'on trouve encore en assez grande quantité ; le sanglier, le cerf, le chevreuil, le daim, déjà devenus rares ; l'ours, dont un très-petit nombre de spécimens se rencontrent dans les Pyrénées ou dans les Alpes ; la taupe, la martre, le putois, la fouine, la loutre, et une multitude d'oiseaux.

La seule espèce de chasse qui soit parvenue à se constituer à l'état d'industrie et qui donne lieu à un commerce de quelque intérêt, est celle qui a pour objet la conquête des pelleteries. Elle fournit au luxe des classes opulentes un de ses éléments les plus appréciés, et, dans bien des cas encore, elle concourt à augmenter le bien-être et le comfort du pauvre ; car toutes les fourrures ne sont pas des objets de grand prix, et depuis bien des siècles, ces produits utiles ont été accueillis avec une faveur qui ne s'est pas un instant amoindrie.

Pendant tout le moyen âge, les villes commerciales de l'Italie restèrent maîtresses exclusives du commerce des fourrures qu'elles tiraient d'Orient, et dont elles approvisionnaient tous les peuples de l'Europe occidentale. Ce sont principalement les régions arctiques du globe : la Sibérie, la Russie septentrionale, la Suède, la Norvége et le nord de l'Amérique, qui les fournissent aujourd'hui ; mais c'est dans les vastes déserts glacés, qui terminent, vers le pôle, ce dernier continent, que le commerce trouve des ressources inépuisables. L'établissement de la baie d'Hudson est peut-être le lieu de production le plus considérable.

L'Exposition universelle de Paris, comme celle de Londres, avait rassemblé une collection assez complète de toutes les fourrures qui sont répandues dans le commerce, et, si l'on a lieu de regretter que la Russie ait fait défaut, les autres pays de production avaient avec empressement répondu à l'appel. Parmi les espèces européennes, nous devons citer le putois, l'écureuil, qu'on chasse dans le nord de notre continent en même temps que dans la Sibérie asiatique. C'est la Russie qui en fournit l'Angleterre, et l'on assure que les chasseurs détruisent chaque année quinze millions de ces animaux.

Bien que les régions arctiques, comme nous l'avons dit, dépassent de beaucoup toutes les autres par l'abondance des animaux à fourrures, on rencontre dans les contrées chaudes quelques espèces que les amateurs recherchent et dont le commerce s'alimente. Le chinchilla est originaire du Pérou et de l'État de Buénos-Ayres ; il trouve, surtout en France, en Allemagne et en Russie, un placement facile. Le coypon appartient aussi à l'Amérique du Sud. L'Australie, de son côté, apporte son contingent, et plus de 100,000 peaux de kangurou-walleby, produit de la chasse d'une année, ont été vendues sur le marché d'Hobart-town : une partie de ces peaux étaient destinées à l'Europe.

L'industrie travaille encore les peaux ou les fourrures de quelques animaux des contrées chaudes, comme le lion, la panthère, etc., que nous approprions à divers usages dans nos habitations. Si l'espace nous permettait d'insister sur ces grandes chasses industrielles, dont l'histoire, que nous sachions, n'a pas encore été faite et mériterait d'être écrite, nous ferions remarquer qu'on ne fait pas seulement la guerre aux mammifères, pour en obtenir des fourrures ou des peaux, mais aussi pour leur arracher des dépouilles de natures diverses; telles sont les soies de sangliers et les dents d'hippopotames; tels sont les bois de cerfs et de quelques animaux de la même famille; telles sont surtout les défenses des éléphants, ces gigantesques pachydermes, dont la chasse est l'entreprise la plus périlleuse et la plus héroïque que l'homme puisse tenter contre les hôtes des forêts.

Les mammifères ne sont pas les seuls animaux, dont on recherche les dépouilles. Plusieurs espèces d'oiseaux fournissent leurs plumes au tissu léger ou aux couleurs éclatantes, à notre luxe et surtout à la parure des femmes. En tête des oiseaux, il est juste de placer l'autruche qui habite l'État de Buenos-Ayres, les contrées voisines d'Alep, le cap de Bonne-Espérance, l'Égypte, le Maroc et notre colonie africaine. L'Afrique française tire encore un bon parti des fourrures des oiseaux d'eau, qui constituent une des branches les plus importantes de la pelleterie algérienne. Le cygne, le plongeur à gorge noire, le flamant, la poule d'eau et le canard siffleur alimentent cette industrie, mais le grèbe semble y occuper la première place. « Le grèbe s'emploie surtout dans la toilette des femmes, où il est d'un effet charmant. Celui du lac Fezrzara est, pour sa nuance du plus beau blanc, supérieur au grèbe de Genève, le seul qu'il rencontre en concurrence sur les marchés européens. » Le grèbe n'est pas, d'ailleurs, une parure d'un haut prix. « Pendant les années 1852 et 1853, il s'est vendu plus de 40 mille de ces fourrures à Rome, ce qui représente une valeur brute de 40 à 50,000 fr., et de 180,000 à l'exportation, les peaux étant préparées. » Avant la guerre d'Orient, notre commerce en expédiait un grand nombre en Russie. L'oiseau de paradis, qu'on trouve aux îles Manilles, fournit un plumage beaucoup plus précieux et d'une valeur beaucoup plus élevée.

La France et l'Angleterre sont à peu près seules en possession de l'industrie, qui a pour objet la préparation des plumes, industrie qui réclame surtout le travail des femmes.

Il n'en est pas de la pêche comme de la chasse; la recherche des poissons, dans nos fleuves, sur nos côtes ou dans la haute mer, entretient en de vastes pays une activité féconde, procure l'aisance à des populations innombrables; elle a servi de fondement à la prospérité de plus d'un État, et tant qu'elle y a été prospère, elle leur a assuré de hautes destinées. Le progrès, qui accompagne toujours la civilisation, loin de ralentir le développement de cette industrie, en décuplent la force, soit en perfectionnant la navigation, soit en améliorant les procédés techniques de la pêche, soit en éclairant la pratique aux lumières des sciences naturelles plus approfondies, soit enfin en multipliant les applications dont elle est susceptible.

On conçoit qu'on n'a pas, sur les procédés techniques de la pêche dans l'antiquité, des renseignements complets et circonstanciés; cependant on peut, à l'aide des témoignages qui nous ont été laissés dans les auteurs anciens, se faire une idée assez juste de l'état où était arrivé cet art. Chez les Grecs comme chez les Romains, la pêche était ou mobile ou stationnaire. Noël de La Morinière, dans son *Histoire générale des Pêches anciennes et modernes*, nous apprend que pour la pêche mobile, on employait les madragues, les nasses, les filets déployés sur des palis; la pêche stationnaire se faisait à l'aide de lignes ou de filets manœuvrés en pleine mer et sur les côtes, à bras d'homme ou tirés par des barques. Les principaux instruments de pêche des Romains étaient le harpon, le filet, la ligne et la nasse ; c'est à l'aide des premiers qu'on luttait contre les petits cétacés et les grandes espèces de poissons ; le filet était l'engin le plus employé ; quant à la ligne, elle n'avait pas encore reçu les perfectionnements dont elle a été depuis l'objet, et l'on y avait moins souvent recours.

Le déclin de la pêche chez les nations antiques répond à l'époque où l'Empire romain se divisa en deux empires. Les invasions des Barbares jetèrent dans l'Occident une perturbation dont se ressentirent les arts, et autant que tous les autres, l'art de la pêche.

Il faut traverser toute la première période de notre histoire et dépasser le temps où les Normands, par leurs incursions maritimes, dispersèrent les pêcheurs de nos côtes, pour arriver au moment où l'art de la pêche commença à prendre quelque extension. Ses progrès furent d'abord fort lents.

L'ichthyologie fut peu cultivée pendant tout le cours du moyen âge et fit un très-petit nombre d'acquisitions. La pratique de la pêche, pendant cette période, nous est imparfaitement connue. Quelle était alors la forme des filets, quelle matière servait à leur fabrication ? ce sont là des questions auxquelles le savant historien des pêches, Noël de La Morinière, n'est pas à même de répondre ; seulement il affirme que la plupart des engins employés alors étaient préjudiciables au repeuplement des eaux.

Bien que la législation moderne qui régit la pêche ait entrepris d'entrer dans les plus minutieux détails et de déterminer, par les dispositions les plus techniques, les conditions du travail dans chaque branche de cette industrie, elle n'est pas complétement à l'abri des reproches que méritait l'ancienne législation. Elle règle la forme et la dimension des engins et filets qu'il est permis d'employer, elle fixe les époques où la pêche est autorisée pour les diverses espèces de poissons, elle précise la grandeur des poissons qui peuvent être livrés au commerce, etc., etc. ; mais, dans bien des cas, elle commet le tort grave de ne pas s'appuyer sur la science ichthyologique, et reste en arrière des découvertes accomplies dans les derniers temps ; de telle sorte que ses prescriptions sont parfois inutiles, ou impossibles à exécuter, ou contraires même au but qu'elle se propose.

La pêche, considérée dans son ensemble, forme trois industries qui s'exercent dans des circonstances très-diverses, et qui sont régies par des législations particulières. La grande pêche, qui donne lieu à des expéditions lointaines et qui a pour théâtre la haute mer, fournit principalement à la consommation la baleine et les autres poissons à lard et la morue. Le hareng, le maquereau et même le saumon donnent lieu quelquefois à la grande pêche ; une récolte d'une nature toute différente, le corail, entre aussi dans ses attributions. Cette pêche occupe plus de 6,000 navires et de 40,000 hommes, et produit un approvisionnement de 120,000 tonneaux. La petite pêche se fait sur les côtes : le hareng, le maquereau, la sole, le merlan, la raie, le congre, le saumon, la sardine, l'anchois, le thon, etc., les huîtres et les moules sont principalement de son domaine. Enfin, vient au dernier rang la pêche fluviale, dont le nom seul nous dispense de toute définition.

Moins heureuse que la pêche maritime, la pêche fluviale semble avoir décliné depuis le moyen âge, et le commerce des poissons d'eau douce est loin d'avoir fait des progrès. Nos cours d'eau, nos lacs et nos étangs ont été, dans beaucoup de cas, soumis à une exploitation imprudente, et leur épuisement est aujourd'hui un danger dont nous verrons bientôt qu'on se préoccupe avec juste raison. Le goût public, d'ailleurs, semble s'être, dans une certaine mesure, éloigné de l'aliment que nous fournissent nos fleuves. Le nombre des espèces préparées par le moyen de la salure a diminué. Le brochet, l'anguille, la perche, la lamproie et l'alose salés étaient autrefois des articles de commerce, aujourd'hui à peu près inconnus. Si on ne s'occupe que de notre pays, les cours d'eau de la France présentent dans leur ensemble une longueur totale de 197,215 kilom.; les étangs et les rivières couvrent une surface de 220,000 hectares; c'est là certes un vaste champ, et qui pourrait rapporter des moissons abondantes. Il n'en est rien pourtant, et l'on a peine à croire, malgré le témoignage de deux hommes expérimentés, MM. Detzem et Berthot, que ce réseau hydrographique ne contient pas plus de 25 millions de poissons. Il n'y a pas plus de 7,570 kilom. de cours d'eau affermés par l'administration, à laquelle ils rapportent en moyenne 69 fr. par kilom., c'est-à-dire, en total, 520,395 fr., et l'ensemble des produits récoltés par la pêche d'eau douce sur notre territoire ne s'élève pas annuellement à 6 millions de francs.

La VIIIe section de la IIe classe est consacrée aux procédés d'un art dont la connaissance est bien peu répandue encore, et dont la pratique a été à peine entreprise, mais qui, par l'importance des travaux qu'il a provoqués dans ces derniers temps, et par la grandeur des espérances qu'il permet de concevoir, mérite de trouver ici une courte mention. C'est celui qui s'occupe de l'acclimatation et de la multiplication des espèces utiles. Les acquisitions dont nous profitons tous les jours remontent aux premiers âges des sociétés. Elles sont, d'ailleurs, le produit spontané du hasard ou de quelques circonstances favorables, que la science n'avait pas fait naître, et auxquelles elle était restée toujours étrangère. Depuis ces temps reculés, le travail de domination de l'homme sur les êtres qui l'entourent semblait s'être arrêté, et il vivait assez insouciant et content du lot qui lui était échu au milieu des créatures nombreuses qu'il pouvait transformer pour ses besoins, sans paraître se douter des richesses que lui offrait à pleines mains ce monde qui échappe encore à son action. Il s'agit aujourd'hui de reprendre l'œuvre si longtemps interrompue; le plus facile s'est fait, en quelque sorte, de soi-même; il s'agit de l'achever aux lumières d'une science précise et d'une observation rigoureuse. Parmi les hommes qui cherchent à nous ouvrir cette voie salutaire, il est juste de nommer au premier rang M. Isidore-Geoffroy Saint-Hilaire, qui, dès 1838, a, par des travaux du plus curieux intérêt, appelé sur ce point l'attention publique. Nous emprunterons à ces travaux un petit nombre de renseignements que nos lecteurs, nous l'espérons, ne se plaindront pas de trouver ici.

Des vingt-quatre classes dans lesquelles les géologistes ont distribué le règne animal, il n'y en a pas plus de quatre auxquelles nous soyons parvenus à emprunter des races utiles, et dans ces classes, le nombre des espèces asservies est très-médiocre. Il ne s'élève pas à plus de quarante-trois pour le monde entier. L'Europe, considérée isolément, n'en compte que trente-cinq, et la France n'en possède que trente-trois. Ces trente-trois espèces se rangent ainsi dans chaque classe : mammifères : onze ; oiseaux : dix-sept ; poissons : trois ; insectes : deux ; animaux auxiliaires : six ; animaux alimentaires : quatorze ; industriels : deux ; accessoires : onze. Les espèces domestiques étrangères à la France, et qui sont au nombre de dix, comprennent sept ruminants et trois insectes. Sur les trente-sept espèces devenues européennes, quatre sont originaires d'Amérique ; deux, de l'Afrique ; trois, de l'Afrique et de l'Asie ; toutes les autres nous viennent de ce dernier continent et surtout de ses régions centrale, méridionale et occidentale. Les espèces les plus nombreuses, ce sont encore les plus utiles ; ce sont celles des animaux qu'on peut appeler, les collaborateurs les plus dévoués ou les hôtes les plus assidus de l'homme, le chien, le chat, le cheval, l'âne, le bœuf, le mouton, la chèvre, le cochon, le pigeon bizet, la poule, et enfin le ver à soie, dont les Chinois savaient utiliser les produits deux mille sept cents ans avant Jésus-Christ.

Comme cette liste incomplète suffit à le prouver, le plus grand nombre des animaux que nous sommes parvenus à nous approprier, nous étaient acquis dès la plus haute antiquité, et les conquêtes en ce genre que nous avons faites depuis lors, sans manquer cependant d'importance, ne sauraient être comparées aux premiers résultats. La découverte de l'Amérique donna une nouvelle, mais peu durable impulsion aux efforts des peuples de l'Europe pour naturaliser des espèces utiles. Nous lui devons le dindon, le canard musqué et le cabiaie, qui, avec le serin, ont été importés chez nous par les Espagnols. Là s'arrêtent les acquisitions d'une utilité générale, et depuis le XVIIIe siècle, on n'est parvenu à réduire à l'état domestique que quatre espèces d'oiseaux propres seulement à peupler les faisanderies ou à parer les bassins de luxe.

Il serait toutefois peu sage de prendre pour la limite du possible la limite de nos désirs, et de penser que l'homme peut s'approprier tout ce qui lui présente une apparence d'utilité. On a donc le droit de se demander s'il lui est permis aujourd'hui d'étendre son domaine sur le règne animal, si les espèces déjà asservies ne sont pas les seules susceptibles de servitude, ou si, au contraire, il lui est donné de transporter sur tous les points du globe les races dès à présent domestiques et de multiplier indéfiniment celles qu'il peut acclimater dans une région déterminée. Un seul fait, en établissant la docilité et en quelque sorte la souplesse de la nature, semble présager des succès si fort étendus, pourvu qu'on veuille s'engager avec résolution dans la voie qui s'ouvre devant nous. Si l'on jette un coup d'œil sur nos animaux domestiques, on s'aperçoit tout d'abord qu'ils ont pris leur origine dans des climats étrangers, qui ne sont pas même analogues au nôtre. Fort peu nous viennent des pays froids. Presque tous, au contraire, sont originaires de contrées plus chaudes et même beaucoup plus chaudes que les nôtres. Pourquoi désespérerait-on de transformer encore un grand nombre d'espèces, comme déjà celles qui nous sont définitivement acquises se sont transformées ? Toutefois, on hésite, quand on veut essayer d'énumérer les races qui sont susceptibles ou d'acclimatation ou de domestication. L'état de la science et l'avancement des expériences déjà faites ne permettent pas de les désigner encore et d'en arrêter la liste ; quelques présomptions seulement nous en signalent un petit nombre, et nous laissent entrevoir les résultats les plus prochains. M. I. Geoffroy Saint-Hilaire a essayé de fixer la tâche que doit se proposer l'avenir le plus immédiat, et voici quelles sont les opinions qu'il exprime. Parmi les sept espèces de mammifères domestiques qui sont étrangères à la France, il en est deux, le renne et le gayal, à l'égard desquelles toute tentative d'acclimation lui paraîtrait aujourd'hui prématurée. Pour trois autres espèces, le buffle et deux espèces de chameaux, il est temps de se livrer à des études expérimentales dont on a tout lieu d'espérer le succès; les dernières espèces enfin, et, parmi elles le yack, ont donné lieu déjà à des essais pratiques qui méritent la plus sérieuse attention.

Le savant naturaliste compte, en outre, douze espèces de mammifères sauvages appartenant à quatre familles à l'égard desquelles il voudrait voir entreprendre des expériences. Ce sont, parmi les rongeurs, l'agouti, le cabiai, le paca; parmi les pachydermes, le tapir, l'hemyone, le dauw; parmi les ruminants, la vigogne, l'antilope, la gazelle; parmi les marsupiaux, le grand kangurou, le petit kangurou et le phascolome. Ces animaux se divisent ainsi, quand on considère le genre d'utilité que l'on en pourrait tirer: cinq espèces alimentaires, deux espèces auxiliaires, trois espèces industrielles et alimentaires à la fois, une espèce alimentaire et auxiliaire, une espèce alimentaire et d'ornement; sept d'entre elles nous sont promises par les régions intertropicales; une appartient à ces mêmes régions, mais habite à de grandes hauteurs; les quatre autres vivent dans les régions tempérées de l'hémisphère austral. Enfin les pays d'origine sont l'Inde pour une race, l'Amérique méridionale pour cinq, l'Afrique pour trois, et l'Australie pour trois.

Les espèces d'oiseaux qui se trouvent dans le même cas que les mammifères dont les noms précèdent, sont au nombre de seize, c'est-à-dire six oiseaux d'ornement, cinq espèces tout ensemble alimentaires et d'ornement, quatre espèces alimentaires, une espèce auxiliaire; douze appartiennent aux régions tropicales ou sont voisines des tropiques; quatre se propagent dans les régions tempérées de l'hémisphère central. Notons enfin leurs pays d'origine : pour deux, c'est l'Afrique et l'Inde; pour deux, l'Océanie; pour une, l'Amérique méridionale et centrale; pour trois, l'Amérique meridionale seulement; pour deux, l'Inde; pour une, l'Afrique; pour une, la Chine; pour quatre, l'Australie.

Ainsi, vingt-huit espèces nouvelles, c'est-à-dire un nombre presque égal à celui que nous possédons déjà, vingt-huit espèces, qui nous sont inconnues ou qui ne paraissent encore que comme des objets de curiosité dans nos collections géologiques, vingt-huit espèces à acclimater ou même à domestiquer parmi nous, à plier à nos besoins, à faire servir aux progrès de notre bien-être, telle est la conquête qui appelle tous nos efforts : il vaut la peine de la tenter. Cette grande question, d'ailleurs, de l'acclimatation, dont la solution peut devenir un des plus notables bienfaits et un des caractères originaux de notre époque, n'est plus tout à fait à l'état de théorie; déjà les habiles promoteurs de ce mouvement ont obtenu des résultats dont il leur est permis de se montrer satisfaits. Deux espèces indiennes de cerfs ont été, dans ces derniers temps, naturalisées au Muséum de Paris, le cerf d'Aristote et le cerf-cochon; cette dernière espèce pourra probablement devenir domestique. On les avait même abandonnées toutes les deux à l'état sauvage dans les parcs qui environnent Paris, et, si elles n'y ont pas prospéré, comme on avait le droit d'y compter, il faut s'en prendre à des causes tout à fait étrangères aux procédés employés pour les naturaliser, c'est-à-dire à l'avidité imprévoyante des chasseurs et des braconniers. L'axis, une troisième espèce de cerf, a été introduite récemment avec succès en Angleterre. Enfin, tout Paris a vu le beau troupeau de yacks rapportés de Chine par M. de Montigny. Ces précieux animaux, qui sont originaires du Tibet, peuvent nous fournir à la fois leur chair, leur laine et leur travail, et bien que la possibilité de leur acclimatation ne soit pas encore démontrée, rien n'indique encore qu'on doive désespérer d'y réussir. On sait enfin que, dans ces dernières années, de très-persévérants efforts ont été faits pour multiplier chez nous de nouvelles espèces de vers à soie.

Espérons donc, en finissant, que les mesures proposées par M. Geoffroy Saint-Hilaire seront enfin adoptées, et que nous pourrons, avant qu'il soit longtemps, voir s'élever en France deux haras de naturalisation, destinés à recueillir les espèces de divers climats et à ménager, pour les espèces méridionales, la transition des contrées chaudes qu'elles quittent à nos pays plus tempérés, l'un de ces haras sur les bords de la Méditerranée, l'autre dans le nord de la France et dans le voisinage de Paris.

L'art de multiplier les poissons, de transporter dans nos eaux des espèces nouvelles et de repeupler nos rivières et nos étangs, a trouvé, dans les études de la science moderne et dans les travaux d'une infatigable et intelligente pratique, un instrument d'une incroyable puissance, la fécondation artificielle. Les applications toutes récentes que l'on a faites de ses procédés ingénieux ont assez ému l'opinion publique, pour qu'il nous suffise de rappeler ici, en peu de mots, les faits principaux qui se rattachent à cette question. La fécondation artificielle n'est pas, à vrai dire, une découverte récente de la science. La science l'a remise au jour, elle en a fait comprendre toute l'importance. Mais c'était surtout à deux simples pêcheurs de la Bresse, Remy et Gehin, fort ignorants des travaux de leurs devanciers, mais doués d'un admirable esprit d'observation, d'une intelligence vive et d'une patience à toute épreuve, qu'il était réservé du même coup de retrouver encore un art, déjà trouvé deux fois, et d'imprimer enfin à la pratique de la pisciculture une impulsion vraiment décisive, en frappant l'opinion publique qui comprit vite ce qu'une telle découverte recélait de promesses. L'Académie des sciences fut informée, au commencement de 1849, des résultats décisifs qu'avaient obtenus les deux pêcheurs, à propos d'une communication de M. Quatrefages qui avait appelé l'attention sur les travaux de Jacobi, et sur l'importance qu'il y avait pour la France à s'approprier cette ingénieuse et féconde pratique. M. Haxo apprenait à l'Académie, que dès 1843 le préfet du département des Vosges avait été instruit des recherches poursuivies par Remy et Gehin, et dont l'initiative appartenait au premier; que l'année suivante ces recherches avaient été suivies de succès assez notables pour que la Société d'émulation des Vosges accordât une récompense aux inventeurs qui déjà avaient sérieusement amélioré le régime des rivières locales. M. Milne-Edwards reçut mission de vérifier les faits exposés par le savant secrétaire de la Société d'émulation; il put s'assurer que rien n'avait été exagéré, et n'hésita pas à déclarer que les pêcheurs Remy et Gehin étaient non-seulement les inventeurs des méthodes appliquées par eux, mais les créateurs d'une industrie nouvelle. Il exprima le vœu que des expériences en grand fussent entreprises sous le patronage du Gouvernement, et qu'elles fussent confiées aux pêcheurs bressois.

Ce vœu ne se réalisa pas, mais la science de la fécondation artificielle, désormais appréciée comme elle mérite de l'être, n'a pas cessé de faire des progrès, et si elle n'a pas tenu toutes les promesses que des sectateurs un peu enthousiastes avaient faites en son nom, elle ne peut manquer cependant de rendre, dans un avenir plus ou moins long, à nos cours d'eau et à nos étangs, une fertilité qui s'épuisait. Nous n'avons pas encore les 3 milliards 775 millions de poissons que nous faisaient espérer, après quatre ans de pratique, MM. Detzem et Berthot, et qui devaient assurer à la France un revenu de 900 millions; nous n'avons pas même, si nous ne nous trompons, les 600 mille truites ou saumons que nous annonçait M. Coste, pour 1853, et qui devaient s'échapper de l'établissement de Huningue, fondé en 1852 par MM. Detzem et Berthot, pour se répandre dans toutes nos rivières; mais pouvait-on s'attendre à des miracles? Toute œuvre entreprise sur la nature a besoin du temps, et il n'en est pas moins juste de nommer, parmi les hommes, dont l'histoire de la pisciculture gardera les noms après ceux de Jacobi, de Remy et de Gehin, MM. Milne-Edwards, Valenciennes, Coste, Detzem et Berthot, Millet, etc.

REVUE DES PRINCIPAUX OBJETS

EXPOSÉS DANS LA DEUXIÈME CLASSE.

De même que dans la première classe, l'examen des produits appartenant à la deuxième classe, doit commencer par les cartes forestières, botaniques, hydrographiques, zoologiques et cartes physiques en général ; malheureusement, ces éléments d'étude ont presque entièrement fait défaut à l'Exposition universelle de 1855. Les exposants qui ont fait preuve de bon vouloir n'en sont donc que plus méritants.

M. MILLET (L.-E.-A.), A PARIS (FRANCE).

M. MILLET, inspecteur des Forêts de l'État (France), a exposé une carte forestière concernant le département de l'Aisne ; carte qui eût été complète, s'il n'avait omis, sans doute parce que la chose était trop facile, d'indiquer les essences dominantes sur les cantons forestiers qu'il signale.

M. MILLET exposait, en outre, une collection de deux cent quarante échantillons de bois, faisant partie, a-t-il dit, d'une grande collection de deux cent quarante échantillons de variétés d'essences françaises. Une notice renfermant des notes sur les terrains dans lesquels les bois ont été abattus, augmentait, encore l'intérêt de cette exposition.

Le Jury de la deuxième classe, auquel on ne peut faire le reproche d'avoir prodigué les récompenses, mais qui les a rendues ainsi plus honorables, a décerné à M. MILLET, une MÉDAILLE DE DEUXIÈME CLASSE.

INSTITUT IMPÉRIAL ET ROYAL TECHNIQUE DE TOSCANE, A FLORENCE.

La riche collection d'échantillons de produits naturels, et plus particulièrement de bois, exposée à Londres par l'Institut impérial et royal technique de Toscane, avait été envoyée de nouveau à l'Exposition universelle de 1855. Les Rapports du Jury de Londres en ont fait le plus grand éloge, et le Jury international de Paris l'a récompensée par une MÉDAILLE D'HONNEUR HORS CLASSE.

S. M. LA REINE D'ESPAGNE.

Sa Majesté la Reine d'Espagne elle-même a bien voulu nous faire connaître les ressources forestières de son royaume. Deux cent trente et un échantillons de bois ont été, par ses ordres, adressés à l'Exposition universelle : ils appartenaient à cent quarante-huit espèces, cent dix-neuf provenaient des forêts et jardins royaux d'Aranjuez ; cinquante-sept, de San Lorenzo ; trente-huit, de San Ildefonso, et onze, du Pardo.

Ces bois font non-seulement partie des essences qui croissent spontanément dans les forêts de l'Espagne, mais encore ils proviennent des arbres que la culture a su acclimater dans les jardins royaux. Les Catalogues et documents qui devraient accompagner de semblables produits, ont, là encore, manqué. Ces omissions constituent malheureusement de véritables lacunes scientifiques. (MÉDAILLE DE PREMIÈRE CLASSE.)

L'ÉCOLE FORESTIÈRE DE VILLAVICIOSA (ESPAGNE).

L'École forestière de Villaviciosa, créée pour la conservation et la propagation des espèces forestières qui peuplent le sol de l'Espagne, avait adressé à l'Exposition universelle, outre un Catalogue très-complet et très-scientifiquement rédigé :

1° De trois cent dix-neuf échantillons cent quatre-vingt-deux espèces forestières provenant de toutes les parties du royaume, lesquels étaient étiquetés avec un soin tout particulier, et auxquels, indépendamment du nom espagnol, on avait joint le nom latin et le lieu de la provenance.

Nous extrayons de cette riche nomenclature, comme un spécimen curieux, la liste des genres *Pinus*, *Juniperus* et *Quercus*.

ESSENCES FORESTIÈRES D'ESPAGNE. — Genre *Pinus*.

Pinus sylvestris, L., pino sylvestre. Segovia.
P. rubra, L., pino rojo. Huesca.
P. pinea, L., pino pinomero. Avila, Segovia, Murcia, Jaen.
P. pinea fragilis, pino unal. Avila.
P. maritima, pino maritimo. Segovia.
P. laricio, D C., pino laricio. Segovia, Guadalajara, Jaen.
P. hispanica, Cook, pino salgareno. Huesca, Avila, Jaen.
P. halepensis, DC., pino de Alepo. Cuença, Jaen, Guadalajara, Avila, Aranjuez.
P. cedrus, L., cedro del Libano. Aranjuez.

Genre *Juniperus*.

Juniperus communis, L., enebro. Toledo, Huesca, Jaen, Cuença.
J. hispanica, L., cedro de España. Cuença.
J. phœnicea, L., enebro de Fenicia. Huesca.
J. oxycedrus, L., enebro. Guadalajara.
J. sabina, L., sabina. Huesca, Murcia, Guadalajara, Jaen.

Genre *Quercus*.

Quercus bellota, Wild, encina dulce. Avila.
Q. castanea, Wild, roble. Santander.
Q. cerris, L., rebollo. Murcia.
Q. coccifera, L., coscoja. Toledo, Huesca.
Q. crinita, L., carrasca. Santander.
Q. fastigiata, Pers., roble piramidal. Coruña.
Q. hispanica, L., mesto. Aranjuez.
Q. humilis, Wild., chaparro. Segovia.
Q. ilex, Brot., encina. Jaen, Cuença, Toledo, Huesca, Segovia, Avila.
Q. lusitanica, L., quegigo. Toledo, Cuença.
Q. muricata, DC., quegigo. Santander.
Q. pedunculata, Ehrh., roble. Navarra, Avila, Segovia, Santander, Toledo.
Q. sessiliflora, Smith, roble. Santander, Jaen.
Q. suber, L., alcornoque. Toledo, Gerona, Santander, Avila.
Q. tozza, Bosc., melojo. Jaen, Cuença, Coruña.

2° Des collections de charbons et charbonnailles, la première, renfermant soixante-trois échantillons, et la deuxième, sept. Chacun des échantillons était accompagné d'une note indiquant l'essence du bois dont il provenait. Ces bois appartenaient, pour la majeure partie, aux familles des conifères, des salicinées, des cupulifères, des ulmacées et des rosacées.

3° Trente-quatre échantillons de résines, gommes, colophane, galepot, poix, goudron, etc., récoltés dans des localités différentes.

4° Vingt-sept échantillons de matières fibreuses destinées à la marine, parmi lesquelles dominent les spartes (*Ligeum spartum*, L.)

5° Vingt-deux échantillons d'écorces pour la tannerie.

6° Vingt outils, employés le plus usuellement dans les exploitations forestières.

7° Un tableau des mesures forestières usitées en Espagne.

8° Vingt échantillons de liége provenant de six localités différentes.

9° Enfin, trente-cinq espèces de rameaux de chêne, munis de leurs fruits ou glands.

En présence d'une aussi riche exhibition, et des utiles renseignements scientifiques fournis par l'École forestière de Villaviciosa, le Jury lui a décerné une MÉDAILLE DE PREMIÈRE CLASSE.

De plus, pour reconnaître les services rendus par les hommes éminents qui ont présidé à la réunion et à la mise en ordre des documents forestiers que nous venons d'énumérer, il a accordé à M. DE LA JORRE, directeur de l'Ecole de Villaviciosa, et à M. PASCUAL. D. AUGUSTIN, professeur à la dite École, des MÉDAILLES DE DEUXIÈME CLASSE.

L'ADMINISTRATION FORESTIÈRE DE LA CORSE (FRANCE).

Après le compte rendu que nous venons de faire de la riche et savante exposition de l'École forestière de Villaviciosa, qu'il nous soit permis de témoigner nos vifs regrets de ne pas avoir trouvé en concurrence avec elle l'École forestière de France. Ce n'est certes pas impuissance de la part de cette dernière, c'est un oubli; mais cet oubli est une faute.

Les forêts de la Couronne ont aussi cru devoir s'abstenir, et cependant dans leur personnel se trouvent, dit-on, les meilleurs élèves de l'École forestière de France. Nous le répétons, c'est là une lacune fort regrettable.

Nous n'aurions donc pas eu à prononcer, dans ce compte rendu, le nom d'Administration forestière, si les agents forestiers de la Corse, animés sans doute par le feu sacré que doivent conserver, dans leurs mystérieuses retraites, les vieilles forêts de cette île, n'avaient pas pris part au concours, en y envoyant des échantillons d'une cinquantaine d'essences, mais aucun mémoire n'accompagnait cette collection. Aussi l'Administration forestière de la Corse n'a-t-elle obtenu du Jury qu'une MENTION HONORABLE.

LE GOUVERNEMENT HELLÈNE (GRÈCE).

Des forêts de l'État, en Grèce, avaient fourni à l'Exposition universelle, une collection de soixante-dix espèces de bois des forêts de l'État en Achaïe et en Élide.

La Grèce qui, autrefois, était couverte d'une si luxuriante végétation, est bien déchue de son ancienne splendeur, et a grand besoin de rappeler la fécondité sur son sol. Heureusement les éléments ne lui manquent pas. Sa position topographique et son climat lui permettront bientôt d'atteindre cet heureux résultat, la paix venant en aide à la marche toujours incessante du progrès. (MÉDAILLE DE DEUXIÈME CLASSE.)

DIRECTION DE L'ALGÉRIE. MINISTÈRE DE LA GUERRE (FRANCE).

M. LAMBERT DE ROISSY, PARIS (FRANCE)[1].

On sait avec quel éclat l'Afrique française a paru à l'Exposition universelle de 1855. Ses riches productions, exposées dans une section de l'Annexe, ont fait l'admiration du public européen, et la France qui, jusqu'alors, avait considéré d'un œil indifférent, et souvent avec une sorte de défiance, ce territoire magnifique dont la conquête lui a coûté tant de peine et de sang, s'est tout à coup sentie prise d'une légitime sympathie pour cette colonie ou plûtôt pour cette province, dont l'inépuisable fécondité promet de si énergiques auxiliaires aux travaux de la France.

Dans toutes les classes où la Commission impériale a distribué les matières premières qui servent de base à l'industrie, l'Algérie avait apporté à pleines mains, comme des témoignages assurés de ce qu'on peut attendre d'elle, une foule de produits naturels qui méritent la plus sérieuse étude. La foule, curieuse et charmée, se pressait devant les échantillons de minéraux arrachés à son sol, l'argent, le plomb, le cuivre, dont il y a de nombreux gisements en Afrique, le fer si abondant, et qui donne des aciers destinés à rivaliser peut-être un jour, sur le marché du monde, avec les aciers supérieurs de la Suède; elle admirait surtout cette incomparable agathe onyx, cette résurrection inattendue, aussi précieuse pour les arts que pour l'industrie: elle s'arrêtait avec surprise devant les beaux bois d'ébénisterie, si habilement mis en œuvre; les céréales, les cotons, les laines, d'une beauté merveilleuse, attiraient tour à tour et se disputaient son attention.

C'était comme une seconde conquête. En effet, le travail intérieur, silencieux, mais fécond de notre colonie, avait jusqu'à présent échappé aux yeux inattentifs du public. Faute d'une occasion solennelle comme celle qui s'est présentée naguère, on ne savait pas encore le chemin parcouru. On niait volontiers des résultats qu'on ignorait, et l'on commençait à perdre patience: on se disait qu'après vingt-quatre ans d'une possession onéreuse, la colonisation était encore à faire! Double erreur contre laquelle il importe de se prémunir: erreur de croire que nous n'avons rien fait; car, on doit maintenant le reconnaître, sur toutes les portions du territoire cultivées par les Européens, nous avons obtenu des résultats remarquables, résultats qui, dans quelques années, répondront à l'importance des efforts qu'ils ont coûtés: erreur de faire remonter à vingt-quatre ans une conquête, qui, il y a peu d'années encore, était contestée, et n'a pu être assurée entre nos mains que par des luttes aussi longues qu'acharnées.

Avons-nous besoin, en effet, de rappeler que, de 1830 à 1839, on ne sut prendre aucun parti à l'égard de l'Algérie? Les uns voulaient l'abandon pur et simple; d'autres, l'abandon déguisé sous forme d'occupation restreinte. Quant à ceux qui demandaient la domination, ils ne savaient même pas quel système il fallait suivre pour l'établir.

Ce fut à la fin de 1839 que à proprement parler, l'occupation de l'Algérie, devint un fait accompli, et elle ne fut définitivement achevée qu'au mois de décembre 1847, par la soumission d'Abd-el-Kader. Huit ans d'une guerre sans trêve furent employés à abattre cet ennemi redoutable qui n'avait pu cependant organiser la résistance des Arabes que dans les provinces d'Oran et d'Alger.

A partir de ce grand événement, l'Algérie devait entrer dans une ère nouvelle, l'ère de la sécurité et du travail; aussi, sans nul doute, l'année 1848 allait-elle voir prendre à notre colonie un développement rapide, lorsque la révolution qui ébranla si violemment la France fit sentir son contre-coup au delà de la Méditerranée, et augmenta ainsi les embarras d'une position déjà difficile, car l'Algérie sortait à peine de la crise financière qu'elle avait dû traverser en 1846.

1. Nous profitons du compte-rendu que nous avons à faire de la magnifique exposition des produits de l'Algérie, due aux soins de Son Excellence M. le ministre de la guerre, pour combler la lacune qui existe dans nos prolégomènes au sujet de notre belle colonie, et nous réunissons à cet article la revue de l'exposition si pleine d'intérêt, des bois d'ébénisterie de l'Algérie, de M. Lambert de Roissy.

Pour relever la colonie de l'état de découragement dans lequel elle fut plongée à la suite de cette crise violente, une grande mesure était nécessaire; la loi de douane intervint, et l'Algérie fut sauvée. La conquête matérielle de ce pays date donc seulement du mois de décembre 1847, mais l'ère commerciale, industrielle, agricole, ne date que de la loi du 11 janvier 1851.

L'élan est donné maintenant à la prospérité de notre colonie. Cette prospérité ascendante ne s'arrêtera plus désormais. Les premiers pas, comme toujours, ont été lents et difficiles; on a pu voir cependant qu'ils n'ont pas été faits en vain, et l'examen, auquel nous nous proposons de nous livrer, ne fera, nous le croyons, que confirmer cette conviction.

Parmi les produits les plus remarquables de l'Algérie, parmi ceux qui donnent les espérances les mieux fondées, il faut compter les produits forestiers. Ils ont été principalement réunis par les soins du MINISTÈRE DE LA GUERRE, qui a ainsi rendu à la colonie un éclatant service, et par les soins de M. LAMBERT DE ROISSY, qui a secondé l'administration avec dévouement et intelligence. Nous avons vu, dans la notice qui précède l'examen des produits de la seconde classe, la situation de jour en jour plus fâcheuse, dans laquelle la France se trouve placée en ce qui touche la production du bois. En présence du résultat déplorable obtenu chez nous par l'adoption depuis vingt-cinq ans, dans l'exploitation des forêts, d'un système improprement appelé *système allemand*, on est heureux de penser que la France possède dans l'Algérie des ressources considérables. Nous allons donc, en détail, examiner l'étendue de ces ressources, en apprécier la qualité et la quantité, et étudier enfin les avantages que leur exploitation peut présenter aux spéculateurs. Et d'abord, constatons l'état du sol forestier de l'Algérie.

Des derniers documents fournis par le Ministère de la guerre, il résulte que les forêts déjà reconnues dans les trois provinces d'Alger, Oran et Constantine, non compris la Kabylie, s'étendent sur une superficie de 1,250,497 hectares qui se distribuent ainsi qu'il suit :

PROVINCE D'ALGER.

	Étendue approximative en hectares.		Étendue approximative en hectares.
		Report.	86,561
Alger.	4,422	Medeah.	34,190
Aumale.	23,000	Boghar-Djelfa-Laghouat.	20,520
Blidah.	23,200	Milianah et Teniet-el-Haad.	24,008
Coleah.	8,480	Orléansville.	37,612
Cherchell.	19,894	Tenez.	3,715
Dellys.	9,565		
A reporter.	88,561	Total.	208,606

PROVINCE D'ORAN.

Les documents officiels nous donnent, pour la province d'Oran, un chiffre de 411,291 hect. de bois ou forêts, mais sans indiquer la contenance individuelle de ces bois ou forêts qui sont au nombre de 53, savoir :

Forêt de Muley-Ismaël; forêt de M' Silah; bois de Chabba-el-Ham; bois de l'Oued-el-Melah; bois des Oudel-Zeïr; bois du Djebel-Khar; bois de tamarins; forêt de la Maëta; bois d'Aïn-Narc; forêt de l'Agboub; bois de l'Habra; forêts de Flittas; forêt d'Ammi-Moussa; bois de Boughraïd; bois de Gamaout; forêt de Tagdempt; forêt des Damas; forêt des Assassna; forêt de Khenifer; forêt de Nosmoth; forêt de Zelamta; forêt de Boughalzid; forêt de l'Onizert; bois de Bouziri; forêt de Benni-Chougram; forêt de Keiri Onia; forêt de Ben-Hameida; forêt des Guentor; forêt de Kalaa; bois des Ouled-Mimoun; forêt des Beni-Smiel; bois de l'Oued-Chouly; forêt de Nador; forêt de Ouargla; forêt de Sebdou; bois d'El-Oguiba; bois de la Tafna; forêt de Mahzet; forêt d'Absir; forêt des Oulad Riah, terrains assez vastes plantés d'oliviers sauvages aux environs de Lalla-Maghrnia; bois de Bthain; bois du Gouverneur; bois de Sidi-Azziz; bois de Ausor; bois de Sidi-Sofi; bois de Zitoun-Seba; bois de Filhaoussen; bois de Tedjera; bois de Sidi-Oucha; bois de Sidi-Bou-Djenan; forêt de Guetarnia et forêt de Daya.

PROVINCE DE CONSTANTINE.

La province de Constantine est, de toute l'Algérie, la plus richement dotée en forêts; leur étendue, la vigueur de certains arbres, les massifs impénétrables qu'ils forment, les proportions auxquelles ils parviennent très-promptement, attestent la prodigieuse fécondité de ce territoire.

Bien que ces forêts aient été jadis livrées à des exploitations déréglées, et que les indigènes y aient puisé sans mesure et sans aucun souci de l'avenir, elles offrent, encore telles qu'elles sont, d'incalculables ressources. Les essences dominantes, celles qui atteignent les plus hautes dimensions et le plus large développement, sont : le cèdre, le pin d'Alep, le chêne zéen, le chêne liége, le frêne et l'orme.

Le nombre d'hectares des bois et forêts, reconnus dans la province de Constantine, est de 630,700 72. Savoir :

Cantonnements	de Constantine. . . .	52,327 75
—	de Batna	42,800 00
—	de Setif.	69,800 00
—	de Philippeville. . .	34,933 89
—	de Jemmapes. . . .	60,278 88
—	de Bougie.	191,462 77
	A reporter.	451,603 29
	Report.	451,603 29
Cantonnements	de l'Edough.	33,242 43
—	de Beni-Salah. . .	20,200 00
—	de Guelma.	98,400 00
—	de la Calla.	27,255 00
	Total.	630,700 72

RÉCAPITULATION.

Province	d'Alger.	208,606 »
—	d'Oran.	411,291 »
—	de Constantine.	630,700 72
	Total du nombre d'hectares. . . .	1,250,597 72

Les forêts de l'Algérie ne sont pas moins remarquables par la multiplicité et la variété des essences qui s'y développent, que par leur étendue. Toutes sans doute ne provoquent pas le même intérêt, mais il en est, parmi elles, de tout à fait précieuses; on s'en convaincra bientôt. La France algérienne peut produire à la fois des bois de chauffage, et déjà en 1855 elle a commencé à en exporter (pour notre armée d'Orient), des bois excellents de construction maritime ou civile, et des essences admirablement appropriées aux plus splendides travaux de l'ébénisterie. Le grain de tous ces bois est, en général, d'une grande finesse. La végétation se distingue en Afrique, par une énergie remarquable, et l'on pouvait en acquérir une preuve décisive, en considérant dans l'Annexe le tronc d'un *camarina equidetifolia*, beau bois d'ébénisterie originaire des îles Moluques. Ce tronc, dur et compacte, qui n'avait pas moins d'un mètre dix centimètres de circonférence, avait été, depuis dix ans à peine, planté à l'état d'arbrisseau.

Parmi les espèces arborescentes qui peuplent notre colonie, nous devons nous contenter de nommer celles auxquelles s'attachent surtout les espérances de l'industrie africaine. Les unes se réunissent en forêts; ce sont le chêne zéen, le chêne liége, le chêne à glands doux, le chêne vert, le cèdre, le pin d'Alep, le thuya, l'olivier et le genévrier; on les trouve, soit à l'état de futaie, soit à l'état de taillis sous futaie. D'autres forment des bosquets ou petits bois, d'une étendue fort restreinte, sur la bordure des routes, comme le frêne, l'orme, l'aulne, le peuplier, le saule, et le tamarin. Parmi ceux qui composent les taillis, il faut indiquer le lentisque, le chêne vert, le myrte, et, sur certains points seulement, le sumac des corroyeurs, le houx, le buis, le nerprun, le phihrée, enfin, le laurier rose qui garnit et embellit les bords de presque tous les cours d'eau et les terrains inondés. Il est aussi des arbres qui croissent isolés, et parmi eux il faut particulièrement citer le caroubier, le pistachier de l'Atlas et le micocoulier. Les autres n'ont que peu d'importance.

Le chêne zéen, le chêne vert, le pin d'Alep, fourniront d'excellents bois de construction ou de menuiserie; le dernier est, dit-on, supérieur au sapin du Nord et lui fera une vigoureuse concurrence; mais le plus précieux de tous ces bois est peut-être le cèdre : nous y reviendrons, en parlant des bois d'ébénisterie.

Encore à peu près inexploitées, les richesses forestières de l'Algérie ne sont connues que depuis quelques années, et l'on ne fait qu'entrevoir le profit qu'il est permis à une exploitation intelligente d'en espérer. Que de soins, que de labeurs, que de détails en effet, exige la gestion de ce vaste domaine, qui s'accroît encore tous les jours par des explorations et des reconnaissances nouvelles! Nous ne saurions nous empêcher de rendre ici justice au zèle, à la rare habileté, à la profonde intelligence dont font preuve les agents forestiers du service algérien. Leurs courageuses et incessantes investigations donnent sans cesse d'importants résultats, et de précieuses découvertes viennent continuellement ajouter aux richesses naturelles de la colonie. Malheureusement, c'est peut-être ici le lieu de le remarquer, les services rendus par l'administration forestière, en Algérie, en trouvent pas des encouragements en rapport avec leur importance, et nous croyons exprimer le sentiment de la colonie tout entière, en émettant le vœu que ces services deviennent, comme cela a lieu dans l'armée, un motif d'avancement plus rapide pour tous et de récompenses honorifiques pour les plus dignes. Le département de la Guerre peut être certain que tout ce qu'il jugera convenable de faire dans ce sens sera bien accueilli par l'opinion publique, car chacun y verra non-seulement la juste récompense des services rendus et d'un passé laborieux, mais encore le moyen de s'assurer pour l'avenir le concours des agents actuels, façonnés aux exigences de leurs rudes fonctions, doués de l'expérience locale, et qui, sans cet espoir et dans l'intérêt de leur avenir, seraient obligés de quitter la colonie et de venir redemander à l'administration de la métropole les grades supérieurs qu'on fait peut-être trop longtemps attendre au delà de la Méditerranée.

On nous pardonnera cette courte digression, dont la justice nous faisait un devoir. Revenons à l'histoire lamentable des premières tentatives d'exploitation forestière : elles furent, il faut bien l'avouer, malheureuses. Ceux qui les avaient faites n'y avaient apporté ni la prudence, ni l'habileté, ni l'expérience nécessaires; le peu de ressoures des exploitants, les besoins pressants des nouveaux colons étaient des obstacles à la constitution d'une industrie solide et sérieuse. On voulut se hâter de recueillir des bénéfices, on employa des bois peu ou trop précipitamment desséchés, qui se brisèrent ou se tourmentèrent. Le commerce, jugeant l'effet sans en rechercher la cause, rejeta tout d'abord les bois de notre colonie. Heureusement, des expériences mieux conduites concouraient à dissiper ces fâcheux préjugés : on reconnaissait que, sous l'action du soleil ardent de l'Algérie, il fallait, avant d'ouvrager les bois, les laisser sécher lentement à l'ombre, sous le tutélaire abri de leur écorce, et qu'une fois leur dessiccation ainsi obtenue, on pouvait les employer sans crainte et les exposer à toutes les variations de la température. Dès lors l'excellente qualité des bois de l'Algérie ne fut plus contestée, et le Génie n'en employa plus d'autre dans les constructions.

Toutefois, les difficultés ne furent pas toutes levées par cette expérience favorable, car le commerce ne revient pas facilement d'une mauvaise impression : aussi, malgré l'évidence, on hésitait à employer les bois de l'Algérie. Les choses en étaient là, lorsque M. Lambert de Roissy porta son attention sur l'exploitation forestière de notre colonie. Il résolut de prêcher d'exemple, pour ouvrir à la spéculation un vaste champ, où l'attendent des récoltes assurées et d'achever ainsi ce que l'administration militaire ou civile avait si bien commencé. Il fit entrer, dans le domaine de l'activité commerciale, des produits dont les agents publics n'avaient pu que démontrer les qualités; et à ce titre, son nom méritera d'être cité dans l'histoire de la colonisation africaine. Pour reconnaître et constater l'état des forêts il entreprit des expéditions lointaines et non sans danger qui lui permirent de se former à cet égard une opinion établie sur des faits certains. Il comprit, après cette enquête persévérante, que ce sont les bois de l'ébénisterie qui promettent de devenir pour l'Afrique française l'objet de la plus importante branche de commerce, et que d'ailleurs, les autres essences dussent-elles un jour obtenir le premier rang, c'étaient eux qu'appelait d'abord la consommation et qu'il fallait utiliser pour frapper l'opinion publique et la ramener ainsi à une appréciation plus juste des produits forestiers de l'Algérie. Il étudia avec soin les diverses essences de bois de luxe algérien, il en détermina le nombre et la nature, il en constata les qualités variées, et, pour rendre manifeste aux yeux de tous leur aptitude à servir aux usages auxquels il les destinait, il employa un moyen décisif: il les fit mettre en œuvre. Il exposa d'abord partiellement, sous les auspices du ministre de la guerre, au Musée algérien de Paris, un assortiment complet de meubles habilement travaillés. Cette exhibition produisit un merveilleux effet. C'est ainsi qu'on reconnut tout ce que ces belles et gracieuses essences renferment de promesses. Elles fixèrent l'attention des fabricants, et dès lors plus de la moitié du chemin se trouva fait; on peut dire que, grâce à l'Exposition universelle, le reste a été franchi d'un bond. M. Lambert de Roissy, en homme avisé et qui sait que, pour croire, le public a besoin de voir et de toucher, proposa au ministre de la guerre et fit accepter cette heureuse combinaison, au moyen de laquelle étaient réunis côte à côte, dans l'Exposition universelle, les graves échantillons à l'aspect monotone et sévère, pleins d'instruction pour les hommes de science et pour les hommes du métier, qui comprennent à demi-mot, et ces beaux meubles disposés avec tant d'art, exécutés avec tant de délicatesse par les artistes les plus habiles et les plus renommés, les Fourdinois, les Tahan, les Christophe-Charmois, etc., etc. On se rappelle l'effet saisissant que cette exposition produisit sur le public de toutes les classes. Désormais les bois d'ébénisterie algériens furent appréciés selon leur mérite. Le public les accueillit avec une juste faveur, et l'ébénisterie parisienne s'empara de ces matériaux remarquables pour leur donner les formes élégantes qui ont établi la réputation de nos modèles dans le monde entier. C'est donc au point de vue de l'ébénisterie que nous allons maintenant nous occuper des bois algériens; peu de mots nous suffiront pour dire beaucoup.

Parmi les essences algériennes, une des plus intéressantes est sans aucun doute le cèdre du Liban. Nous citerons à ce sujet les paroles du savant président du Jury de la deuxième classe : « Il y a relativement assez peu de temps que le cèdre du Liban est connu comme une des essences naturelles du mont Atlas. Loudon, qui écrivait en 1838, dit que le cèdre du Liban vient aussi d'être découvert dans l'Atlas. En Angleterre, ce bois n'est pas estimé, sans doute parce qu'il n'y arrive pas à sa perfection : mais on voit à l'Exposition une grande table faite d'une seule pièce circulaire de cèdre du Liban, et qui mesure un mètre quarante centimètres de diamètre. Certainement, cette table est extrêmement belle; elle a pris un poli très-fin. Dans leurs montagnes natales, le cèdre et le déodor deviennent un bois tout à fait supérieur à ce qu'on peut en attendre dans nos contrées de l'Angleterre. »

Au point de vue industriel, le cèdre est un bois du plus grand prix, à cause de ses énormes dimensions, de sa roideur, de sa belle coloration rouge; fin, sans être trop pesant, il est facile à travailler, ne gauchit pas, et, par son odeur agréable et pénétrante, se garantit bien des atteintes des insectes. Le cèdre ne croît que dans trois régions du globe : le Liban, les monts Himalaya et l'Algérie. Dans l'Algérie surtout, il atteint des proportions gigantesques et se développe abondamment dans la province de Constantine et dans celle d'Alger; les forêts d'Aïn-Talazit et de Teniet-el-Had en sont presque uniquement formées.

L'olivier doit aussi être signalé. On peut estimer à cinquante mille hectares au moins la superficie que couvrent en Algérie les massifs d'oliviers. Mais, parmi les bois algériens auxquels appartient sans contestation la première place, celui, à la propagation duquel M. Lambert de Roissy s'est plus particulièrement attaché, celui qui, grâce à ses soins, est aujourd'hui le plus avidement recherché pour la fabrication des meubles de luxe, c'est le thuya; le thuya qui remplace avec avantage l'acajou, et qui, si on en croit les rapports des voyageurs qui ont parcouru l'Algérie, se développe sur une superficie de deux cent cinquante mille hectares.

Homère, dans son Odyssée, à une époque bien antérieure à Théophraste, dit que Circée, dont il faisait une déesse, brûlait le thuya, parmi d'autres parfums.

Pline, dans le livre XIII de son *Histoire naturelle*, donne des détails fort curieux sur le *citrus*, qui n'est autre que le thuya.

« La Mauritanie, située près de l'Atlas, produit une grande quantité de *citrus*, ce qui a donné lieu à l'extravagante manie des tables; aussi, les femmes les reprochent-elles aux hommes, quand ceux-ci leur reprochent les perles. Celle de Cicéron existe encore, et ce qui est étonnant, c'est que malgré son peu de fortune, il la paya cependant alors 1,000,000 de sesterces (210,000 francs). On cite aussi la table d'Asinius Gallus qui coûta 1,100,000 sesterces (232,000 fr.); une autre un peu moins. Récemment dans un incendie, il en brûla une qui avait appartenu à la famille de Cethegus; elle avait été achetée 1,400,000 sesterces (294,000 fr.), ce qui équivaut à la valeur d'un vaste domaine, en supposant que l'on veuille payer même aussi cher une propriété foncière. La table dont la dimension était la plus grande, celle de Ptolémée, roi de Mauritanie, était faite de deux demi-circonférences; elle avait quatre pieds et demi de diamètre sur trois pouces d'épaisseur. Mais ce qui était plus merveilleux, c'était l'art avec lequel on avait caché la jointure des deux ronds, de manière qu'elle était plus belle qu'on n'aurait pu l'espérer, quand même elle aurait été naturellement d'un seul morceau. Nomius, affranchi de Tibère, donna son nom à une table d'un seul morceau; elle avait quatre pieds moins trois quarts de pouce de diamètre sur six pouces moins une fraction d'épaisseur. A ce sujet, n'oublions pas d'ajouter que Tibère lui-même en possédait une de quatre pieds deux pouces moins un quart de diamètre, mais dont l'épaisseur n'était que d'un pouce et demi, et qui n'était que plaquée de citre, tandis que celle de Nomius, son affranchi, était si riche. Les nœuds de la racine servent ordinairement à faire des tables, mais ceux qui sont entièrement sous terre sont appréciés par-dessus tout, et comme ils sont plus rares que ceux qui viennent au-dessus du sol et que ceux des branches, il arrive que ce qui est acheté si cher aujourd'hui n'est que le rebut de ces arbres, dont on peut évaluer la grosseur, ainsi que celle de leurs racines, d'après la largeur des coupes transversales des tables faites avec les ronds de ce bois. Les citres ressemblent au cyprès femelle et même au sauvage, par le feuillage, l'odeur et la tige (*caudice*). Le mont Ancorius, dans la Mauritanie intérieure, était celui qui fournissait les citres les plus estimés; mais ses forêts en ont déjà été dépouillées.

« Les tables les plus remarquables sont celles qui ont des veines ressemblant à des cheveux crêpés ou bien à de petits tourbillons. Celles dont les veines se produisent en long s'appellent *tigrines;* au contraire, celles dont les veines reviennent sur elles-mêmes ont le nom de *panthérines*. Il y en a aussi à ondulations crêpues, et qui sont très-estimées, lorsquelles imitent les œils de la queue du paon; après celles-ci et les précédentes, on aime encore beaucoup celles dont les veines sont comme des grains étroitement rapprochés les uns des autres, et que par cela même on appelle *assiates*. Mais la condition de beauté importante pour ces tables consiste dans la couleur. Ici, l'on préfère à toute autre la nuance du vin miellé, avec des veines brillantes. Après la couleur, c'est la grandeur que l'on recherche le plus. Généralement enfin, l'on désire qu'elles soient faites d'un tronc entier; cependant, on en forme de diverses pièces. »

Les colons de l'Algérie et les ébénistes de Paris ne sauraient espérer de voir se renouveler les somptueuses folies que nous venons de raconter, qui ne convenaient qu'au peuple roi, et que personne de nous n'aurait le moyen de payer. Mais on peut véritablement compter qu'à l'aide des moyens perfectionnés dont l'ébénisterie actuelle dispose, le thuya va devenir le bois privilégié des appartements luxueux ou élégants. La description qu'en donne le Catalogue spécial de l'Algérie est parfaitement exacte et nous la transcrirons ici : « Aucun bois n'est aussi riche de mouchetures, de moires ou de veines flambées, que la souche de thuya. Ses dispositions présentent beaucoup de variétés; son grain fin et serré le rend susceptible du plus parfait poli; ses tons chauds, brillants et doux, passent par une foule de nuances, de la couleur de feu à la teinte rosée de l'acajou, et ces nuances, quelles qu'elles soient, restent immuables sans pâlir comme le bois de rose, sans brunir comme l'acajou, sans devenir ternes comme le palissandre. Il réunit tout ce que l'ébénisterie recherche en richesses de veines et de nuances dans les différents bois des Iles : la mouche, la moire, la chenille, qui s'y rencontrent avec une profusion vraiment extraordinaire et que l'on chercherait vainement dans aucun autre bois. Un seul pourrait être comparé au thuya sous le rapport de la qualité, l'*emboéme*, mais celui-ci est spongieux à la colle et au vernis; fini, il est terne de nuances par l'absorption de ces deux agents; tandis que le thuya a le grain serré, ferme, non poreux, susceptible de conserver indéfiniment, sans s'altérer, ses belles couleurs et le vernis. » Ajoutons encore que le thuya possède le précieux avantage d'être inaltérable, qu'il résiste avec succès aux agents atmosphériques, qu'il passe pour chasser les insectes, que les Arabes l'emploient pour la construction de leurs tombeaux, et que l'on cite une bibliothèque exécutée avec une poutre de thuya, extraite d'une ruine romaine, et qui est aussi fraîche, aussi éclatante, que si l'arbre qui a fourni le bois avait été récemment coupé. Enfin, pour tout dire, citons le *Moniteur* du 21 octobre 1855 :

« Une des richesses de l'Exposition française, qui a le plus vivement captivé l'attention de Son Altesse « Impériale et de toute la Commission, c'est la mise en œuvre de nos bois d'Algérie, traités d'une façon « magnifique par presque tous nos fabricants de grands et petits meubles. Le *thuya*, notamment, dont « nous avons parlé en rendant compte de la deuxième classe (*Moniteur* du 2 août), brille dans la vingt- « quatrième classe d'un éclat et d'une puissance tout à fait hors ligne. »

Après le bois de thuya, et dans une place honorable, on peut encore nommer, parmi les bois d'ébénisterie, le chêne à glands doux, dont la maille rosée produit pour certains emplois l'effet du bois de rose, et qui n'a pas son égal pour intérieur de meubles; enfin, le pistachier de l'Atlas, qui ressemble au noyer, mais avec un grain plus fin.

Il est temps de passer en revue les principaux objets d'ébénisterie confectionnés avec les bois algériens, qui ont figuré à l'Exposition de 1855, et de noter les récompenses auxquelles ils ont donné lieu, si intéressantes pour l'avenir de notre colonie.

M. N.-J. Maréchal, de Paris, a employé le bois de thuya à l'établissement de caves à liqueurs, qui ont été trouvées ravissantes; M. Maréchal est, sans contredit, un de ceux qui emploient le mieux le thuya.

M. F. Gosset, de Paris, a exposé des paniers en bois de thuya, qui servent admirablement à faire valoir le talent de l'habile tourneur.

M. Audot, l'a employé à la construction d'un magnifique bureau, dont la facture prouve, par une infinité de gracieux contours, combien, pour le placage, le thuya a de souplesse, et se prête aux fantaisies artistiques d'un habile ouvrier.

MM. A. Kapp et Staudinger, de Paris, ont exposé de charmantes boîtes, dans lesquelles le thuya se marie admirablement avec l'or et l'argent.

Un serre-bijoux, commandé par S. M. l'Impératrice à MM. Daubet et Dumarest, de Lyon, au prix de 40,000 fr., était aussi en thuya.

Tahan, l'a employé dans de charmantes étagères, et Fourdinois s'en est servi pour le fond de ce meuble admirable auquel avait été accordée une place d'honneur dans la nef principale. Enfin, que d'éloges ne pourrait-on pas donner au buffet sorti des ateliers de M. Christophe Charmois, et aux meubles de salon exécutés par M. Hoefer avec un goût parfait ! Dans un autre genre, le piano, le palissandre et l'acajou offraient des objets d'une rare élégance; mais cependant leur emploi ne présentait rien qui pût rivaliser avec les instruments confectionnés par MM. Pleyel, Montal et Kriegelstein, en bois de thuya, ni surtout avec celui du même bois, pour lequel une GRANDE MÉDAILLE D'HONNEUR a été décernée à M. Herz!

Voici la liste des ébénistes qui ont exposé des articles fabriqués en bois d'ébénisterie algériens, et qui ont été récompensés dans différentes classes.

MÉDAILLE D'HONNEUR, M. Fourdinois.

MÉDAILLES DE PREMIÈRE CLASSE. — MM. Tahan, ébéniste de l'Empereur; Christophe Charmois, ébéniste; Hoefer, ébéniste; Rivart, ébéniste; Audot, fabricant de nécessaires; Mercier, fabricant de tabatières; Marcelin, fabricant de mosaïques et de menuiserie de luxe.

MÉDAILLES DE DEUXIÈME CLASSE. — MM. Kapp et Staudinger, fabricants de nécessaires; Becker et Otto, fabricants de nécessaires; Laurent et Léruth, fabricants de nécessaires; Barthélemy, fabricant de billards; Bouhardet, fabricant de billards; Daubet et Dumarest, ébénistes à Lyon.

MENTIONS HONORABLES. — MM. Brière, fabricant de nécessaires; Marechal, spécialité de caves à liqueurs; Gradé, ébéniste; Mme veuve Allard et fils; MM. Van Loo; Guyot; Knefenbrunner.

Dans la fabrication des pianos, où l'ébénisterie n'est qu'un accessoire, nous pouvons citer au nombre des lauréats qui ont employé le thuya, MM. Pleyel, Herz, Montal, Kriegelstein, Autier, Mercier, Blondel et Scholtus.

Nous avons fait comprendre, et il nous semble démontré que les bois de luxe de l'Algérie peuvent servir de fondement à une industrie brillante, digne du degré de perfection où est arrivé le travail national. Il nous reste à signaler les avantages qui résulteront de l'exploitation en grand des bois ordinaires de cette précieuse colonie.

Les bois d'Afrique sont appelés à combler un déficit dans la production de la métropole; et c'est précisément dans le midi de la France où l'insuffisance des produits forestiers se fait sentir, que ceux d'Algérie peuvent être envoyés avec avantage. Or, quand il est constant que le midi de la France consomme pour environ 7,000,000 de francs de merrains par an; que notre pays est obligé de tirer chaque année de l'étranger, en bois commun de toute nature, pour 69,000,000 de francs; quand on sait que l'Algérie elle-même consomme annuellement pour environ un million et demi de pin du Nord, qui peut être remplacé avantageusement par le pin d'Alep et le cèdre; que l'ouverture probable, dans un bref délai, de chemins de fer dans la colonie, exigera une masse considérable de traverses; rien ne paraît plus certain que l'importance de l'avenir qui est réservé à nos bois algériens, et nous ne doutons pas que les capitaux ne se portent bientôt vers leur exploitation, car ils doivent y trouver une très-fructueuse rémunération.

Voici des données sur l'exploitation des bois en Afrique, d'après des documents qui paraissent mériter pleine confiance :

Bois propres aux services de la marine.

Prix de revient par mètre cube :

Abatage, équarrissage et redevance à payer à l'État	25 fr.	80 fr.
Transport, en moyenne, de la forêt au port d'embarquement	40	
Fret du port d'embarquement à Toulon, chargement et déchargement compris.	15	
Prix de vente à l'État, en moyenne		180
Moyenne de bénéfice par stère		100

Bois de construction et d'industrie.

Exploitation et redevances	24 fr.	49 fr.
Transport au lieu de consommation ou au port, en moyenne	25	
Prix actuel de vente en Algérie		150
Moyenne de bénéfice		101

Bois de charbon.

Prix de revient :

Redevance à l'État par stère	0 fr.	50 c.	6 fr.
Abatage	1	»	
Façon et cuisson	2	»	
Transport du charbon provenant d'un stère, au lieu de consommation.	2	50	
Un stère de bois donne 100 kilog. de charbon qui se paient en Afrique, en moyenne			10
Bénéfice par stère			4

Il est d'autres produits algériens qui se rattachent à l'exploitation des forêts, et sur lesquels il importe d'appeler encore l'attention des amis de notre colonie. Au premier rang, nous devons noter le chêne liége.

« Le liége qui est l'écorce du *quercus suber* » nous dit le Catalogue de l'Algérie, « constitue un des produits les plus abondants de la végétation forestière en Algérie. Les chênes liége y forment des forêts étendues. La qualité supérieure du liége algérien résulte de la réunion de toutes les conditions naturelles les plus favorables : coteaux secs, terre peu profonde, lieux découverts, absence de froids aigus et prolongés, chaleur diurne élevée, ondées nocturnes très-abondantes. Dans ces conditions, le liége devient plus fin de substance, plus élastique, moins poreux, plus exempt de parties terreuses... »

« Utiliser ces richesses, » dit encore le tableau de la situation de l'Algérie en 1854, publié par le ministre de la guerre, « utiliser ces richesses dont la nature a si heureusement doté la province de Constantine, doit être un des buts les plus importants de la colonisation. » Ajoutons que ce doit être aussi le principal attrait des capitaux, car une mise de fonds de 100,000 francs, dépensés une fois pour toutes, à débroussailler, démascler et mettre en produits mille hectares de chêne liége, doit fournir, à partir de la huitième année, et sur le pied de 7 fr. net par arbre, un revenu annuel et permanent, qui varie de 87,500 fr. à 131,250 fr., suivant que la concession renferme cent ou cent cinquante arbres démasclés par hectare.

Après le liége viennnent les fibres textiles. Elles sont nombreuses en Algérie et dignes du plus grand intérêt.

Les fibres textiles, proprement dites, sont principalement l'Alfa, que l'on emploie beaucoup pour la confection des sparteries, et dont la pâte est apte à faire du papier; et le Diss, qui sert aux mêmes usages. M. Lafon de Caudaval en a fait connaître les produits; et il a démontré comment, par des procédés simples et économiques, il est parvenu à établir une pâte brute, de la plus incontestable qualité, et dont le prix de revient ne s'élève pas à plus de vingt francs les cent kilog. rendus à Paris.

Nous n'avons à parler ici ni du palmier-nain, ni de quelques autres plantes, qui fournissent des fibres que l'industrie peut utiliser, mais qui n'appartiennent pas à la végétation fruticale.

Nous en avons fini avec les forêts de l'Algérie, non que nous ayons épuisé un si vaste sujet, mais parce qu'il faut s'arrêter. Toutefois, nous ne terminerons pas sans constater quelques chiffres pleins d'intérêt sur les différentes productions du sol privilégié de l'Algérie. Nous les placerons ici, bien qu'ils appartiennent en réalité à une autre classe de l'Exposition universelle; nous imiterons en cela l'exemple que nous ont donné les ordonnateurs des produits eux-mêmes, en groupant en un même faisceau et sous un même regard toutes les richesses que nous avaient envoyées avec profusion nos compatriotes de l'Afrique française.

Il y a peu d'années, la France était forcée d'importer du blé en Algérie. En 1854, l'étendue des cultures consacrées au blé tendre et au blé dur par les colons européens et par les indigènes, c'est-à-dire en territoire européen et en territoire arabe, a eté environ, de 483,616 hectares, qui ont procure un rendement approximatif de 5,261,358 hectolitres de blé, sur lesquels 207,082 hectolitres appartenaient à l'essence tendre. Il faut reconnaître cependant que colons et indigènes, surexcités par le haut prix des blés, avaient, pour ainsi dire, doublé leur culture. Ce même mobile a dû agir nécessairement sur la production des céréales en 1855.

En admettant que, sur cette quantité de 5,261,358 hectolitres de blé récoltes en Algérie pendant la campagne de 1854, 4,000,000 hectolitres (et ce chiffre est certainement élevé) soient demeurés dans le pays pour la consommation des habitants et pour les exportations dans les contrées du sud, il est resté 1,261,000 hectol. disponibles pour l'exportation européenne. Les envois considérables des grains faits cette année, soit en France, soit en Orient, en sont la preuve.

Cette vigoureuse impulsion donnée par les événements à la culture des céréales en Algérie, influera inévitablement sur l'avenir de cette importante production, qui ne pourra que s'accroître en raison des débouchés certains et avantageux qui lui sont ouverts désormais, tant en France que dans les autres pays d'Europe; en raison aussi de l'extension donnée à toutes les autres cultures de la colonie.

Quant aux orges, elles ont, en 1854, donné un rendement total de 3,742,000 hectolitres pour 216,888 hectares de terre. Il est assez difficile d'apprécier au juste quel seront les envois extérieurs, mais on peut croire qu'ils s'élèveront, grâce aux exportations faites en Orient, à 6 ou 700,000 hectolitres.

Le maïs, le seigle, l'avoine et les fèves ont occupé, en 1854, environ 21,000 hectares de culture, et ont produit 368,000 hectolitres de graminées, dont une partie restera dans la colonie pour sa propre consommation, tandis que l'autre partie ira se vendre à l'extérieur.

En résumé, la culture des céréales, y compris les fèves, s'est effectuée, pendant la campagne de 1854, sur 761,470 hectares qui ont fourni un rendement de 0,371,000 hectolitres, d'une valeur totale approximative de 137,744,000 francs.

Si on jette un regard sur les cultures industrielles, on les trouve d'une valeur bien autrement productive. Le coton, la garance, le tabac et la cochenille réussissent on ne peut mieux sous cet heureux climat. Le coton rend, en valeur numéraire, 800 à 1,500 fr. nets par hectare. Le tabac, dont la culture n'est pas monopolisée et, par cela seul, se propage rapidement, donne par hectare pour 2,200 fr. de tabac en bonne qualité; ce qui, déduction faite de 587 fr. pour main-d'œuvre, de 600 fr. pour dépenses imprévues, constitue un bénéfice réel de 1,013 fr. par hectare. Le nopal à cochenille, dont la culture est encore à son début, produit néanmoins, au prix de 15 fr. le kilog., 1,500 à 2,000 fr. de revenu net par hectare. La garance, par an et aussi par hectare, 854 fr. Le pavot à opium, 1,000 fr. La vigne croît avec une vigueur sans pareille, et procure d'excellents et prodigieux résultats.

L'olivier croît spontanément en Algérie et y atteint de gigantesques proportions. On en trouve qui mesurent 10 mètres de circonférence. Favorisé par une atmosphère où la gelée n'a point d'action délétère, il donne des produits plus assurés et de beaucoup plus abondants que dans le midi de la France[1]. La situation souvent précaire ne permet pas malheureusement de lui donner tous les soins qui assureraient une récolte abondante. Mais on peut compter sur l'avenir pour réaliser les espérances que son exploitation permet de concevoir.

L'Algérie a montré à l'Exposition universelle de 1855 les échantillons de toutes ses richesses; chacun a pu les apprécier. Si sa conquête a été une des gloires de derniers règnes, sa colonisation, puissamment développée, peut devenir une des gloires de l'Empire. Cette œuvre immense est digne certainement d'être l'objet des grandes préoccupations de Napoléon III; il ne faut que quelques actes de sa puissante volonté, pour supprimer certains obstacles résultant d'institutions qui ont rendu de grands services lors de la période de la conquête, mais qui n'ont plus aujourd'hui leur raison d'être; il faut aussi une bonne loi qui fasse pour les produits fabriqués de la colonie ce que la loi si bienfaisante de 1851 a fait pour les produits bruts, c'est-à-dire qui abolisse les prohibitions ou les droits d'exportation; il faut substituer le régime américain, nous voulons dire la vente des terres et la colonisation par l'entremise de grandes Compagnies, au régime des concessions gratuites et individuelles, dont les formalités et les lenteurs désespèrent et éloignent les colons; il faut encore liberté complète et concours moral pour tout ce qui concerne la colonisation proprement dite, et concentration de toutes les ressources et de tous les sacrifices de l'État pour les grands travaux de route, assainissement, canalisation et port: avec cela, on peut être sûr que dans un avenir prochain l'Afrique redeviendra pour nous ce qu'elle a été pour Rome, le grenier de l'Empire.

Le Jury a décerné une MÉDAILLE D'HONNEUR HORS CLASSE au Ministère de la Guerre, et à M. de Roissy une MÉDAILLE DE DEUXIÈME CLASSE.

1. Un arbre rapporte net, par année, 15 à 20 francs, soit, pour un hectare comportant cent arbres, 1,500 à 2,000 francs.

M. JOHN LE LONG, Paris (France).

Depuis plus de seize années, M. John Le Long s'est efforcé d'appeler l'attention de la France et de son Gouvernement sur une partie du Continent américain, les États de Rio de la Plata, qu'arrosent les plus beaux fleuves du monde.

Du moment où la population française a commencé à prendre un certain développement dans ces contrées (1839-1840), il y avait déjà quinze ans que l'Angleterre nous y avait devancés par son commerce. C'est vers cette époque que nos nationaux, victimes des déprédations et des spoliations de Rosas, trouvèrent en M. Le Long un défenseur aussi infatigable que zélé.

Pendant trois années consécutives, M. Le Long a parcouru l'intérieur de ces vastes et fertiles régions, il en a rapporté des renseignements précieux pour notre commerce, avec les échantillons des produits naturels de toutes espèces dont notre industrie devra s'enrichir.

Dans l'espace de ces trois années, cet intrépide voyageur a exploré quelques provinces du Brésil, le territoire de la République orientale de l'Uruguay, la province de Buenos-Ayres, plusieurs provinces de la Confédération argentine, et enfin un pays, pour ainsi dire, inexploré et peu connu, le Paraguay.

Notre cadre ne nous permet pas d'énumérer les produits si nombreux et si variés exposés par M. Le Long; nous ne citerons que les principaux, savoir :

Minerais d'or, d'argent et de cuivre de la Confédération argentine; minerais de plomb argentifère et de cuivre et des échantillons de houille de la République orientale de l'Uruguay; des fourrures, des pelleteries de la Patagonie; des bois d'ébénisterie, des racines et des plantes tinctoriales et médicinales des provinces argentines et du Paraguay; une collection de reptiles, oiseaux, insectes, etc.

Le Jury a récompensé M. John Le Long par une médaille de deuxième classe.

COMPAGNIE DES INDES (Angleterre).

La Compagnie des Indes orientales, dont la richesse et la puissance font depuis plusieurs siècles l'admiration du monde, a voulu profiter de l'Exposition universelle de 1855 pour justifier encore sa renommée.

Elle a exposé une magnifique collection de produits de toute nature, dont le classement avait été confié à M. le docteur Forbes Royle. Une partie de cette exposition appartenait à la deuxième classe.

A l'Exposition universelle de Londres, la Compagnie des Indes avait envoyé une collection de plus de douze cents échantillons de divers bois. Elle n'a pas jugé devoir la représenter en entier à Paris, mais elle a fait en sorte que la collection qu'elle y exposait fût le complément de celle de Londres.

Elle avait fait rassembler les matières fibreuses les plus communément employées, et toutes propres à la confection des cordages, câbles, nattes, vêtements, papiers, etc., ainsi que les nouvelles substances qui s'emploient plus ou moins heureusement aux mêmes usages.

Voici les noms des principales :

Corchorus olitorius, jute.
Hibiscus cannabinus.
H. striatus.
H. fragrans.
Sida periplocæfolia.
Triumfetta lobata.
Bombax malabaricum.
Sterculia villosa, oadal.
Daphne cannabina.
Musa paradiisaca.
M. sapientum.
M. textilis, Manilla, etc., etc.

Substances fibreuses, feuilles, tiges ou racines employées à l'état brut ou après la plus grossière préparation.

Antiaris saccidira; dont l'écorce, après avoir été simplement séchée, est employée à faire des sacs.

Cyperus segetum.

Papyrus pangorès.

Eriophorum cannabinum, bhahur.

Typha elephantina.

Andropogon muricatus; dont la racine se vend sous le nom de *vetiver*.

Cocos nuciferus.

Caryota urens, Kittul, etc., etc.

Parmi les échantillons de bois, ceux du *Cedrus Deodara*, acclimaté aujourd'hui en Europe, démontrent l'importance de cette acquisition.

Diverses substances végétales intéressaient aussi au plus haut point l'industrie et le commerce.

1° Des échantillons de six variétés de thé vert, *thea viridis*, provenant de plants cultivés dans les Himalayas, lequel ne revient sur les lieux qu'à 5 ou 6 schellings la livre, et qui peut parfaitement rivaliser avec les thés de Chine.

2° Des sucres, venant de Bengale, et extraits du *Saccharum officinarum*, par les procédés ordinaires; d'autres, venant de Mergin et de Bekanère, obtenus par évaporation au soleil; un troisième, exprimé du calice du *Bassia latifolia*; enfin, un quatrième échantillon, provenant du palmier gommite, auquel les botanistes ont donné le nom d'*Arenga saccharifera*.

La collection des produits animaux était des plus curieuses, au point de vue de sa valeur scientifique et industrielle. Elle se composait de cornes de diverses espèces de bœufs, souvent accompagnées du crâne entier, parmi lesquelles nous citerons :

Le *Bos cavifrons* ou Gour; le *Bos frontalis* ou Gyal; le *Bos taurus* ou bœuf domestique; le *Bos bubalus* ou Buffle.

Outre ces échantillons de cornes, dont le commerce tire un si fructueux parti, se trouvaient des bois de cerfs en grande quantité, parmi lesquels nous avons remarqué :

Le *Cervus Aristotelis* ou Elk; le *Cervus Duvaucellii* ou Bara et Sinha; et le *Cervus hyppelaphus* ou Samber.

Nous signalerons aussi quelques cornes de moutons et d'antilopes avec leurs crânes, produits fort rares industriellement parlant et du plus grand intérêt scientifique.

Capra hymalaica; *Ovis polii*; *Ovis ammon* ou Argali; *Ovis ammonoïdes*.

Indépendamment du cornage des animaux indigènes de l'Inde, une exposition qui offrait un puissant intérêt industriel, était celle des pelleteries, parmi lesquelles se distinguent celles provenant :

Du *Felis tigris* ou tigre; du *Felis leopardus* ou léopard; du *Sciurus maximus*; du *Sciurus triticatus*; de l'*Equus caballus*, cheval sauvage à pelage semblable à celui des hemiones; du *Bos Grunniens* ou Yack.

Enfin, pour terminer l'énumération de cette série de productions diverses, si remarquables pour la science et l'industrie, nous citerons en dehors de la classe des mammifères :

De très-beaux échantillons de laque, *Coccus lacca* d'ichthyocolle, provenant du *Polynemus plebeius*, des nageoires de squales, dont les Chinois font un mets qu'ils trouvent exquis; des huiles de poisson propres à l'éclairage; une collection d'insectes de l'Himalaya et quelques beaux échantillons de soie provenant en particulier des trois variétés suivantes : le *Bombix mori* ou pat; l'*Attacus cynthia* ou eri et Eriah; le *Saturnia myletta* ou tussah.

Bien que la plus grande des récompenses, la GRANDE MÉDAILLE D'HONNEUR HORS CLASSE ait été décernée à la Compagnie des Indes, le Jury a cru devoir reconnaître de la manière la plus éclatante les services rendus à la science et à l'industrie par M. le docteur ROYLE : il lui a décerné aussi, comme coopérateur, une GRANDE MÉDAILLE D'HONNEUR HORS CLASSE.

Le Jury a, en outre, décerné aux autres coopérateurs, les récompenses suivantes :

A Mme ROYLE, une MÉDAILLE DE PREMIÈRE CLASSE.

A S. M. le RAJAH D'OODYPORE, une MÉDAILLE DE DEUXIÈME CLASSE.

A M. UNDERWOOD esq., une MENTION HONORABLE.

COLONIE ANGLAISE DU CANADA (Amérique).

Le visiteur, en arrivant, dans l'Annexe du Palais de l'industrie, à la partie réservée à l'exposition canadienne, était frappé tout d'abord par l'aspect d'un magnifique trophée qui en occupait le centre.

Ce trophée, de dix-huit mètres d'élévation sur une base octogonale de quatre mètres de diamètre, se composait de trois étages surmontés d'un pignon. Un escalier intérieur montait en colimaçon jusqu'au haut de la pyramide, et desservait les galeries de chaque étage; la dernière de ces galeries était le point le plus élevé d'où l'on pût embrasser du regard, l'admirable ensemble des produits exposés dans l'Annexe.

Bien que par son architecture et son ornementation, le trophée canadien fût un objet fort remarquable, ce n'était là que son moindre mérite; le trophée canadien était toute une exhibition d'objets appartenant à la deuxième classe.

Construit avec soixante-quatre variétés de bois du Canada, représentés par plus de deux cents échantillons sous forme de planches ou de madriers, dont quelques-uns d'un mètre de large sur quatre de longueur, il était décoré avec des portes, fenêtres, persiennes, boîtes, articles de boissellerie, rames, pelles en bois, manches de hache et d'outils; avec des cercles et des échantillons de placage en érable piqué; enfin avec des fourrures et quantité d'autres produits naturels. D'énormes disques de bois, formés de sections transversales des arbres encore recouverts de leur écorce et destinés à faire connaître la texture des différentes essences, garnissaient sa base.

Tous ces bois étaient déjà connus, mais ces échantillons dénotaient une si grande puissance de végétation, que cette exposition spéciale était extrêmement intéressante.

Nous empruntons au travail publié par M. Taché, commissaire du Gouvernement canadien à l'Exposition universelle, quelques chiffres qui suffiront pour établir l'importance des produits forestiers du Canada.

En 1853, la vente de ces produits forestiers a donné, savoir :

Pour les bois exportés.	58,881,375 fr.
Pour les bois employés à Quebec aux constructions maritimes.	15,504,675
Enfin, pour bois consommés dans l'intérieur du pays.	50,000,000
Soit au total, de.	124,386,050

Un pareil résultat dispense de tous commentaires.

Une médaille d'honneur a été décernée à la Colonie anglaise du Canada; le Jury a, en outre, récompensé les services rendus par MM. Andre Dickson, John Sharples, Farmer, et Deblaquiere, en leur accordant à chacun une médaille de deuxième classe.

SOCIÉTÉ NÉERLANDAISE DU COMMERCE, a Amsterdam (Pays-Bas).

Les Pays-Bas n'avaient pas publié de Catalogue spécial; aucune des importantes collections qu'ils avaient envoyées au Palais de l'Industrie, ne portait de noms scientifiques; il en est résulté de grandes difficultés pour le compte rendu de l'exposition hollandaise.

La Société néerlandaise du commerce avait rassemblé une superbe collection de produits obtenus aux Indes orientales avec ou sans culture.

Ces produits, dont quelques-uns étaient renfermés dans des tonnes, des caisses ou des vitrines, étaient superposés avec beaucoup de goût, et formaient au milieu de la Grande Galerie de l'Annexe un trophée, surmonté de drapeaux, d'un aspect fort original; le classement des échantillons, intelligemment fait, permettait de les étudier avec suite et d'en apprécier la richesse.

Tous les produits enfin obtenus au moyen d'une culture perfectionnée, notamment les espèces de différentes variétés de café, y abondaient à côté des produits spontanés du sol. Nous n'avons ici qu'à nous occuper de ces derniers.

Parmi les bois, on remarquait le *Bauhinia variegata*, ébène des îles Moluques; le *Bauhinia purpurea*, id.; le *Cæsalpina Sappan*, bois de Sappan, qui fournit une belle teinture rouge; le *Xanthoxylum montanum*, mûrier de Java, qui fournit à la teinture, du jaune, du vert, de l'olive, et d'autres bois, provenant d'Amboise ou de ses environs, propres à l'ébénisterie ou aux constructions, mais dont on avait omis d'indiquer les noms.

Parmi les végétaux, on distinguait : le Pakoc-Kidany, espèce de fougère de Sumatra, très-recherchée pour ses propriétés hémostatiques; l'Agar-Agar, *sphærococcus spinosus*, espèce d'algue dont on a fait des gelées très-estimées, et que les hirondelles emploient, dit-on, à construire des nids qui sont un mets fort recherché en Chine.

Le Jury a décerné à la Société néerlandaise du commerce une MÉDAILLE DE PREMIÈRE CLASSE.

M. J. VON HALMAEL, A AMSTERDAM (PAYS-BAS).

Une des plus importantes collections de bois présentées à l'Exposition universelle de 1855, était bien certainement celle envoyée par M. J. VON HALMAEL d'Amsterdam; elle se composait de trois cent cinquante échantillons provenant de Java, Sumatra, Riew et Mascassar, mais l'absence complète de documents et de noms scientifiques n'a pas plus permis au Jury qu'à nous de la bien apprécier, car il n'a accordé à M. HALMAEL qu'une MENTION HONORABLE.

CONSEIL DES COLONIES PORTUGAISES (PORTUGAL).

Le Conseil des colonies du royaume de Portugal avait envoyé à l'Exposition universelle une collection de produits forestiers, parmi lesquels plusieurs appartenaient à la deuxième classe. Ils provenaient, de Madère, d'Angola, de Benguela ou de la Guinée portugaise, de Mozambique, Solor et Tenior. Les plus intéressants étaient les matières textiles, parmi lesquelles il faut citer le *Sansiviera angolensis*, magnifique filasse d'une espèce nouvelle; des échantillons d'ampelodesmos-Tenax, qui s'emploie habituellement à la confection des nattes; des cordages et fibres de cocos, de musares, d'ananas; puis, le *Lavatera arborea* dont les fibres sont très-propres à la fabrication du papier. A côté de celui des gommes, des résines, des orseilles, et enfin, des échantillons de *coffea arabica*, récoltés sur des cafiers venus sans culture.

Une MÉDAILLE DE DEUXIÈME CLASSE a été décernée au conseil des Colonies du royaume de Portugal.

M. LE Dr BARRAL, A LISBONNE (PORTUGAL).

L'île de Madère a voulu aussi nous faire connaître ses ressources forestières; elle a envoyé à l'Exposition universelle une soixantaine d'échantillons des bois de ses forêts. Cette collection se distinguait de bien d'autres par le soin avec lequel chaque échantillon était étiqueté, ce qui permettait d'en apprécier l'ensemble.

Bien que toutes les espèces fussent déjà connues, le Jury, rendant hommage aux soins apportés par M. BARRAL, lui a décerné une MÉDAILLE DE DEUXIÈME CLASSE.

PROVINCE DE TRIPOLI, BARBARIE (EMPIRE OTTOMAN).

Le gouverneur de la province de Tripoli, S. E. Mustapha Noury Pacha, avait envoyé à l'Exposition universelle une assez grande quantité de produits naturels, et, entre autres, une magnifique collection de pelleteries provenant d'animaux qui peuplent non-seulement les contrées méditerranéennes, mais encore diverses régions de l'Asie. Ces échantillons, d'une dimension parfois merveilleuse, eussent présenté un bien plus grand intérêt, si une notice eût précisé leur provenance.

Voici les noms des divers animaux dont nous avons plus particulièrement admiré les dépouilles :

Ursus arctos. — Ours brun.
Ursus meles. — Blaireau.
Mustella Martis. — Marte commune.
Mustella foina. — Fouine.
Lutra vulgaris. — Loutre commune.
Vulpes vulgaris. — Renard ordinaire.

Canis corsac. — Petit renard jaune.
Canis aureus. — Chacal.
Canis lupus. — Loup.
Hyena striata. — Hyène rayée.
Felix catus. — Chat sauvage.
Felix leo. — Lion du Sennaar.
Felix pardma. — Lynx.
Felix cervoria.
Felix perdalis. — Panthère.
Cervus dama. — Daim.
Lepus tunidus. — Lièvre commun.
Struthiocamelus. — Autruche.

Des produits du règne végétal, consistant en matières tinctoriales et tannantes, et en substances médicamenteuses, sous forme de gommes et huiles, faisaient partie de cette exposition : ils étaient fort remarquables.

Le Jury a décerné une MÉDAILLE DE DEUXIÈME CLASSE à la province de Tripoli.

J. CHAMBRELANT, A BORDEAUX (FRANCE).

En 1850, sur un domaine situé dans les Landes, M. CHAMBRELANT, ingénieur des ponts et chaussées pour le département de la Gironde, a exécuté des semis de pin maritime et de chêne blanc, d'après un système parfaitement appliqué et qui a été couronné d'un plein succès.

Il exposait des pieds de pins maritimes et de chênes blancs provenant de ces semis.

M. Kreuter, ingénieur au service de l'Autriche, adjoint comme expert au Jury de la deuxième classe, fut chargé d'aller sur les lieux examiner les plantations de M. CHAMBRELANT et de faire un rapport. D'après quelques renseignements qu'a bien voulu nous fournir M. Kreuter, sur le résultat de sa mission, il résulte que cinq cents hectares de sables mouvants ont été mis en culture par M. CHAMBRELANT, et que ce résultat a été obtenu à l'aide d'une méthode qui consiste :

1° A assainir la lande par des fosses d'écoulement;

2° A diviser le terrain en larges plates-bandes;

3° A creuser des puisards pour fournir l'été un arrosement indispensable aux jeunes plants.

La dépense, pour frais d'ouverture des fosses, défrichements, fournitures de graines et ensemencement, ne s'élève, par hectare, qu'à 52 fr. 20 c. L'eau étant presque à la surface, le forage d'un puits ne coûte que 1 fr. 50 c.

Le Jury a décerné à M. CHAMBRELANT une MÉDAILLE DE PREMIÈRE CLASSE, et S. M l'Empereur l'a promu au grade d'officier de la Légion d'honneur.

LE BARON BRISSE (LÉON), A PARIS (FRANCE).

Le petit instrument modeste, qui, dans la Galerie des machines agricoles, portait sur sa légende : *Forêts, reboisements, plantoir Brisse*, n'a pas été inscrit au Catalogue officiel, à cause de sa venue tardive; il n'a donc pu être examiné par le Jury.

On nous pardonnera si nous parlons ici avec quelque détail de cet outil si simple, qui nous a permis de prendre part, comme Exposant, au grand concours dont nous voulions écrire l'histoire et qui, à notre avis, peut rendre des services très-utiles.

En 1847, le Comice de Blois, puis la Société centrale d'agriculture et le Jury de l'Exposition de 1849 ont favorablement jugé notre plantoir; des médailles d'or et d'argent lui ont été décernées. Il est vrai de dire que cet instrument se présentait alors accompagné d'une méthode nouvelle de silviculture pour le repeuplement des vides et clairières des forêts.

Le Jury de 1855 a regretté de ne pas voir les auteurs des différentes méthodes de silviculture, à l'exemple de M. Chambrelant, soumettre à l'appréciation du public leurs procédés et les résultats qu'ils ont obtenus. Peut-être comblerons-nous en partie une lacune regrettable.

La Commission chargée par le Comice de Blois, en 1847, d'examiner notre méthode et nos travaux, s'exprimait ainsi :

« Ce que votre Commission a trouvé de plus remarquable, c'est un travail exécuté par M. le baron Busse, dans la forêt de Montrichard, pour le repeuplement des clairières de cette forêt, travail tout spontané de sa part, exécuté d'après un plan et des idées toutes à lui, ce qui lui assure un caractère tout à fait personnel.

« Son travail, appliqué presque uniquement au chêne, repose essentiellement sur le principe de la plantation substitué à celui du semis; principe si fécond dans les forêts du Nord, et déjà si brillamment mis en pratique ici par notre honorable président [1], qu'il faut retrouver le premier à la tête de toute amélioration.

« Sur un mode de rigolage et de plantation, à lui propre, qui répond à trois conditions essentielles :

« 1° De reprise, en plaçant le plant dans un sol artificiel, composé uniquement de terre végétale et de détritus végétaux, et suffisamment ameubli;

« 2° De parfait égouttement du sol, condition à laquelle il attache physiologiquement une grande importance;

« 3° D'économie, par la facilité, le peu de durée des cultures subséquentes, le peu d'étendue du sol attaqué.

« Un hectare de terre regarni par ce mode et ayant reçu 3,300 mètres de rigoles, et 4,500 forts plants de chêne, ne coûte pas plus de 118 fr. 50 c.

« La beauté économique de ce résultat, celle du produit, ayant conquis à ce système tous les membres de votre Commission, qui, pour la plupart, se sont promis de l'utiliser à leur usage, a semblé à celle-ci devoir mériter à son auteur un encouragement et une récompense. En conséquence, elle s'est réunie pour décerner à M. le baron Busse le prix de sylviculture et le remercier d'avoir dirigé vers ce but d'utilité publique ce qu'elle connaissait des ressources de son esprit et de l'énergie de son caractère.

Pont-Levoy, ce 20 juin 1847. « DE FERRIÈRE LE VOYER. »

En effet, repeupler sûrement et à bon marché les vides des forêts, tel est le problème dont la solution nous a occupé pendant toute notre carrière forestière.

Il y a une vingtaine d'années, il résultait de documents officiels, qu'en France, sur les 8,000,000 hectares dont se composait la surface boisée, 2,000,000 hectares environ étaient en parties vagues; c'est-à-dire qu'il existait dans les forêts 2,000,000 hectares de terrains, dont on payait l'impôt, dont on payait les frais de surveillance, sur lesquels même on exécutait des travaux de route et d'assainissement, et qui étaient complétement improductifs! Depuis ce temps, malgré les efforts qu'on a faits pour opérer le repeuplement forestier, cette situation n'a pas changé, et elle est même devenue pire.

Dès que l'expérience nous eut instruit, il nous sembla que c'était une erreur grave que de s'occuper de la création de forêts nouvelles, avant d'avoir rendu à la culture ces 2,000,000 hectares du sol forestier.

A dater de ce jour, toutes nos études, tous nos efforts tendirent à trouver le moyen d'y arriver certainement et avec économie.

Agent du service actif des forêts royales, les essais nous furent faciles; ils nous réussirent, et, après quelques années de travail, nous avions mené à bonne fin un système, dont les résultats obtinrent des propriétaires, nos voisins, qui avaient suivi toutes les phases de nos expériences, l'appréciation contenue dans le Rapport que nous avons cité plus haut.

Dans les taillis de chêne pur, en outre des parties du sol forestier rendues vagues par l'effet du parcours des bestiaux, du séjour des eaux à la surface, par l'envahissement des herbes et des bruyères, par l'incendie, etc., etc., il en est d'autres qui se dépeuplent chaque année, en vertu d'une loi de la nature qui semble s'opposer à ce que le chêne s'y reproduise de semence. Dans ces taillis, il arrive un moment où

[1] M. Malingier (agronome, à la Charmoise) de si regrettable mémoire.

les souches, trop vieilles, ne végétant plus ou végétant à peine, l'humidité, qui, en forêt, augmente en raison inverse de la quantité de bois existant sur le sol, s'en empare peu à peu, s'oppose à la bonne venue des rejets et accélère ainsi le dépérissement : la souche meurt, les herbes la recouvrent.

Or, sur nos 8,000,000 hectares de forêts, 6,500,000 sont en taillis, dont la partie la plus productive est celle où domine presque exclusivement l'essence de chêne.

C'était donc dans ces taillis l'espoir de l'avenir pour les bois de construction et de marine (car la majeure partie des futaies tendent à disparaître), c'était dans ces taillis, disons-nous, qu'il fallait songer à apporter un remède efficace, en remplaçant le chêne par le chêne. Y arriver était, du reste, résoudre complétement le problème du repeuplement des clairières, car la culture du chêne est à bon droit considérée comme la plus difficile parmi les cultures des diverses essences forestières. Voici comment nous avons procédé :

Pour planter dans de bonnes conditions, il faut un sol 1° *assaini*, 2° *enrichi* et 3° *contenant de la terre meuble*.

1° Pour *assainir*, et faire écouler les eaux, qui presque toujours séjournent dans les places vagues; après avoir déterminé la pente du terrain sur lequel on veut planter, on ouvre, dans la direction de cette pente, une rigole de 55 à 60 centimètres de largeur sur une profondeur de 12 à 15 centimètres; à cette rigole, on en rattache d'autres de même dimension, que l'on dirige partout où se trouve une place à repeupler, en ayant le soin de ne donner à ces rigoles que l'inclinaison rigoureusement indispensable pour que les eaux pluviales, trop brusquement enlevées, n'appauvrissent point le sol au lieu de l'enrichir; et, aussi, de leur donner dans certaines parties, suivant les accidents du terrain, un peu plus de profondeur.

2° Pour *enrichir le sol*, on ouvre les rigoles à l'aide d'une large tranche ou pioche, qui permet d'en enlever la surface gazonnée par fragments de 30 centimètres de largeur; on dépose ces fragments à droite et à gauche de la rigole, deux par deux, côte à côte, la surface gazonnée en dessous; on obtient ainsi des places à planter où se trouve doublée la couche de terrain qui contient les détritus si nécessaires à la végétation des bois.

3° Pour *avoir de la terre meuble*, lorsque, après un laps de temps qui varie suivant la nature des terrains et la saison, il y a parfaite adhérence entre les gazons rapportés et le sol, on ouvre sur leur milieu, un trou qui doit pénétrer dans le sol primitif à une profondeur de 7 à 8 centimètres, afin d'en ramener une partie à la surface. Ce qui est extrait de ce trou, laissé pendant quelques jours exposé à l'action de l'air, fournit une terre excessivement *meuble*, pour recouvrir les racines du plant, et des gazons consommés, qui, placés autour du plant, le fument et y entretiennent la fraîcheur vivifiante.

La plantation est l'opération la plus intéressante et la plus délicate. Pour bien planter dans notre système, on se sert de notre plantoir [1].

A l'aide de sa griffe, on déchire les bords et les parois du trou, et on obtient une espèce de terreau très-friable qui tombe au fond du trou et sur lequel on pose le plant; on gratte de nouveau pour obtenir la terre nécessaire pour recouvrir ses racines, et lorsqu'elles sont complétement recouvertes, on secoue le plant : et on le plombe avec la partie plate ou avec le manche de l'outil.

Cela fait, on divise avec le taillant de l'outil les gazons et les mottes qui proviennent presque toujours de l'ouverture des trous. On les attire au moyen de la griffe et on les place, en appuyant bien au pied du plant ; pour butter le plant, on se sert de la griffe et du taillant du plantoir.

La plantation effectuée, on doit l'entretenir pendant deux ans, donner chaque année deux binages, et remplacer avec soin les manquants.

Les avantages de ce mode de culture, sont :

1° De garantir le plant de l'excès d'humidité, par suite du voisinage des rigoles;

1. Comme cela arrive presque toujours, c'est au hasard qu'est dû ce petit outil si utile. Un jour, en me rendant à mes plantations, j'avais fait enlever à un maraudeur une de ces griffes dont on fait usage pour ramasser de la mousse dans les jeunes ventes. Je l'avais à la main, en arrivant sur les travaux où les ouvriers étaient occupés à planter suivant leur usage à l'aide de lourdes pioches. Je pris un plant et le mis en terre à l'aide de cette griffe. Mon plantoir était imaginé.

2° De le mettre à l'abri de la sécheresse au moyen des gazons décomposés qui en garnissent le pied et y entretiennent la fraîcheur.

3° De le placer, pendant les premières années de la transplantation, dans un terrain profond et rapporté, et de l'obliger par là à prendre plus de développement et plus de force;

4° D'offrir toute facilité pour la culture subséquente des plants et pour le remplacement des manquants;

5° De parfaitement se prêter au mélange régulier des essences;

6° D'être applicable en plaine comme dans les terrains en pente, où les rigoles deviennent alors d'une grande utilité;

7° De pouvoir, en certains cas, servir à l'irrigation des plantations;

8° D'être d'une surveillance facile, et de réaliser d'importantes économies sur tous les systèmes en pratique.

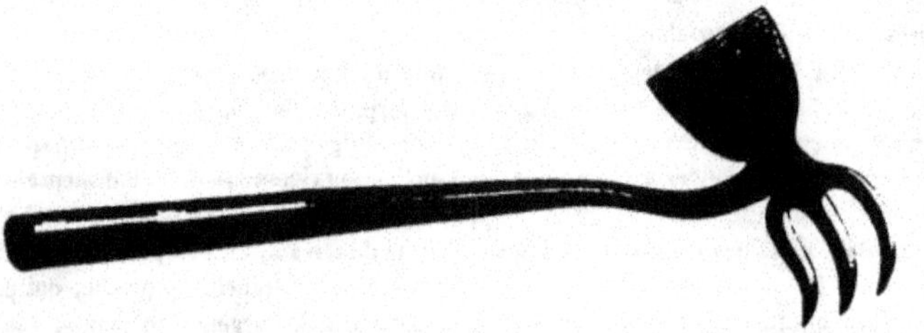

Plantoir Brisse.

Quant au prix de revient des travaux, en prenant pour base le prix de la journée d'hiver dans les forêts, qui est de 1 fr. 50 c. pour les hommes et de 1 fr. pour les femmes et les enfants, on peut les établir ainsi :

L'ouverture de 100 mètres de rigoles, produisant 170 places à planter, revient à 2 fr.

Donc, pour 1,000 places à planter et 633 mètres de rigoles	12 fr.	66 c.
Ouverture de 1,000 trous	4	50
Plantation de 1,000 plants	5	»
4 cultures données par des femmes ou des enfants	6	64
Plantation de 100 manquants	»	50
1,100 plants	6	05
Donc, pour 1,000 plants et 633 mètres de rigoles	35	35

Ce prix de 35 fr. 35 c. est le prix de revient des travaux dans les terrains forts et très-herbeux ; dans les terrains doux, il peut diminuer d'un tiers.

Disons maintenant comment on doit choisir le plant.

Contrairement à l'habitude de ne planter que des plants de chêne de 2 à 3 ans, il faut prendre des plants de 6 à 7 ans. Ils réussissent beaucoup mieux, et ont de plus l'avantage d'être assez forts pour se défendre contre la plupart des accidents, auxquels, en plein bois, ils sont exposés, et pour lancer dès la première année des jets vigoureux.

La meilleure manière de se procurer du plant, est l'établissement d'une pépinière, mais, comme il faut attendre 6 ou 7 ans pour qu'elle en fournisse de convenable, voici le moyen de s'en procurer pendant les premières années.

On fait extraire, dans les recrues de futaie où il est abondant, du plant de 6 à 7 ans. Ce plant, dépourvu de racines, présenterait peu de chance de reprise : il faut donc, après l'avoir habillé, le placer dans une *bâtardière* ou pépinière de transition, préparée de telle sorte, que la surface en soit meuble et riche, et le sol très-dur en dessous. Dans une bâtardière ainsi organisée, le plant de chêne, au lieu de refaire son pivot, pousse des racines latérales garnies de chevelu qui assurent sa reprise. Après un an, le plan peut être extrait, rafraîchi et mis définitivement en place [1].

Le prix de ce plant est, pour 1,000 :

	2 fr.	» c.
Arrachage en forêt		
Transport à la bâtardière, qui doit toujours se trouver parmi les places à repeupler	»	50
Habillage et mise en terre	2	»
Extraction de la bâtardière	1	»
Soit pour 1,000	5	50

Ce qui est un prix fort raisonnable pour des plants aussi forts et aussi bien préparés.

Il est encore un soin très-important à apporter dans les plantations ou repeuplements de chênes, c'est celui de ne confier au sol que les espèces qui conviennent à sa nature. Nous allons, pour terminer ce rapide exposé de notre méthode, indiquer à quels signes on peut les reconnaître.

C'est une théorie toute nouvelle que celle que nous allons émettre. Nous la livrons et la recommandons à l'étude des hommes spéciaux, car sa simplicité la rend précieuse pour la pratique.

Contrairement à Duhamel, Michaut, etc., etc., nous partageons l'opinion de Secondat, à savoir, que les chênes à feuilles caduques, en France, se divisent, non pas en deux, mais bien en trois familles distinctes, dont dérivent toutes les variétés.

1° Le chêne blanc, *Quercus pedunculata*.

2° Le chêne mâle, durelin, *Quercus*.

3° Le chêne noir, *Tauza*, *Robur*.

Au *chêne blanc*, les bas-fonds, la bordure des prairies, les terrains profonds. Son fruit est attaché à la branche par un long pédoncule, mais sa feuille n'a pas de queue du tout, elle est adhérente à la branche, et entièrement glabre en dessous.

Au *chêne mâle*, les plateaux, ceux-là surtout dont le sous-sol est argileux. C'est le roi des chênes, car il réunit une partie des qualités des deux autres sans en avoir les défauts. Son gland est attaché à la branche par un pédoncule moyen, et sa feuille, attachée par un pétiole de moyenne longueur. La feuille est légèrement pubescente ou velue sur les nervures.

Au *chêne noir*, les terrains arides et pierreux; son gland n'a pas de pédoncule; il est adhérent à la branche, et sa feuille, qui y est attachée par une longue queue, est complétement velue en dessous.

Si on représente les trois différentes qualités de terrain par les chiffres 1, 2, 3, à savoir : 1, bas-fonds, 2, plateaux, 3, hauteurs, terrains arides, et les trois familles de chênes par les mêmes chiffres, à savoir :

1. Chêne blanc, — 2. Chêne mâle, — 3. Chêne noir,

on pourra, en toute assurance, au terrain n° 1, confier le chêne n° 1.

Signes caractéristiques de ce chêne : Longue queue au gland et pas à la feuille, ou plus simplement encore, la feuille sans queue et très-lisse en dessous.

Au terrain n° 2, le chêne n° 2.

Signes caractéristiques : Une petite queue au gland, et une petite queue à la feuille, ou plus simplement, la feuille avec une queue moyenne et légèrement velue sur les nervures.

Au terrain n° 3, le chêne n° 3.

1. Rien de plus simple que l'établissement d'une bâtardière. Au moyen de fossés parallèles de 4 mètres, on forme des bandes de 2m 50 de large, sur chacune desquelles, après en avoir au préalable extrait les souches et les broussailles, on jette la terre d'un des fossés, les gazons en dessous et la terre meuble par dessus, de manière à ne laisser nulle part le sol prendre jour. Deux ou trois mois après, suivant le temps et le terrain, on donne une bonne façon, au moyen de laquelle tous les gazons provenants de l'ouverture des fossés sont brisés. Quant au sol primitif, on se contente de le remuer légèrement pour mélanger à la terre rapportée le produit de la décomposition des gazons qui le couvraient.

Signes caractéristiques : Pas de pédoncule au gland, une longue queue à la feuille, ou simplement une longue queue à la feuille, qui est entièrement velue en dessous.

Nota. Dans aucun cas, le chêne n° 1 ne peut être confondu avec les deux autres; quant au n° 2, il se distingue du n° 3 en ce que ce dernier a son jeune bois pubescent.

Indiquons enfin comme l'époque la meilleure pour effectuer des travaux de repeuplement dans les taillis, l'année qui suit leur exploitation.

On pourra trouver bien simple cette méthode; on se défiera peut-être du peu d'appareil que notre exposé présente et de la facilité avec laquelle tout le monde peut s'en rendre compte. Il n'en est pas moins vrai que le succès a suivi la pratique du système que nous recommandons; et quiconque voudra l'appliquer pourra bien vite se convaincre de son utilité. Notre plantoir est l'instrument nécessaire au système.

Lorsqu'il s'agit d'une question aussi importante que celle du repeuplement des vides et clairières de nos forêts, nous croyons qu'il y a un intérêt public à ce que toutes les méthodes soient examinées. En les supposant toutes d'une égale utilité, la meilleure est la plus simple.

Il est impossible de trouver une méthode plus simple que la nôtre.

M. LE DOCTEUR BOUCHERIE, à Paris (France).

L'industrie est redevable à M. le docteur Boucherie d'un procédé, au moyen duquel les bois les plus altérables sont mis à l'abri des insectes et de l'humidité, et les bois blancs rendus dans certains cas susceptibles des mêmes services que le chêne.

Le procédé de M. le docteur Boucherie et l'application qui en est faite par les chemins de fer et les lignes télégraphiques, les uns pour leurs traverses, les autres pour leurs poteaux, sont tellement connus qu'il est inutile de les rapporter ici; nous ne pouvons qu'émettre le vœu de voir la science trouver un moyen plus économique de pratiquer le procédé Boucherie; il deviendrait alors une des plus grandes découvertes des temps modernes.

Le Jury n'en a pas moins accordé à M. Boucherie la grande médaille d'honneur.

M. GUIL DAPSY, à Rima-Szombath (Autriche).

L'Esclavonie et la Hongrie fournissent annuellement au commerce de l'Angleterre et de l'Allemagne 1,500 à 2,000,000 kilogrammes d'une matière tannante, fort curieuse, produite par le *quercus elaguosa*, qui croît vulgairement dans leurs forêts.

Ce produit, désigné sous le nom de *knoppern* ou *avelanèdes*, consiste en une excroissance de la nature des galles; possédant, pour le tannage des peaux, des propriétés précieuses.

C'est une petite mouche qui, par sa piqûre sur la feuille, provoque cette excroissance. Au soleil, la sève suinte par cette piqûre et s'organise en une masse festonnée et de dimensions variables.

Un seul arbre, dans une bonne année, peut, dit-on, en fournir jusqu'à 120 kilogrammes, dont le prix est de 1 fr. au moins par kilogramme.

M. Guil Dapsy, qui a exposé cet intéressant produit, a obtenu une médaille de deuxième classe.

M. ARM. MOUSSILLAC, à la Réole (France, Gironde).

M. Moussillac a présenté à l'Exposition universelle des meules de cercles de tonneaux en acacia, qu'il peut céder à 1 fr. 10 c. la meule. M. Moussillac avait envoyé ces mêmes produits à Londres. Là, comme à Paris, le Jury a cru devoir lui donner un encouragement; en effet, on doit savoir gré à M. Moussillac de son insistance à rappeler aux cultivateurs que les tailles d'acacia peuvent, dès l'âge de 6 ans, donner des bois propres à faire d'excellents cercles, et, qui plus est, d'excellents échalas. (mention honorable.)

COMPAGNIE DE LA BAIE D'HUDSON (Canada, Colonies anglaises).

Le commerce de fourrures et de pelleteries le plus considérable du monde, est encore fait par la Compagnie de la Baie d'Hudson, sous le nom de S. G. Simpson, son gouverneur, car la moitié des fourrures qui se consomment annuellement en Europe arrive par son intermédiaire.

La Compagnie avait envoyé à l'Exposition des échantillons de fourrures en petit nombre, il est vrai, mais d'une grande richesse. Nous n'indiquerons que les principales :

Fourrures d'ours noir, glouton, raton, loutre du Canada, renard argenté, renard roux, loup blanc, martre du Canada, martre commune, vison, etc, etc.

Le Jury a accordé à la Compagnie de la baie d'Hudson une médaille de première classe.

LA DIRECTION ROYALE DU COMMERCE DU GROENLAND ET DES ILES TARO (Danemark).

La Direction royale du commerce du Groenland, à Copenhague, occupe aussi une place importante dans le commerce de fourrures et pelleteries de l'Europe. Elle avait envoyé à l'Exposition universelle de fort beaux échantillons, dont les plus remarquables étaient des peaux d'ours blancs, de phoque commun, de calocéphale marbré, de renards blancs et bleus, de renne, de chiens du Groenland; puis, des dents de narval et de morse; enfin, des cornes de renne.

Le Jury lui a décerné une médaille de deuxième classe.

MM. ROME, JOURDAN ET Ce, a Grenoble (France).

L'un des six prix que, dès la première année de sa fondation (l'an IX), mit au concours la Société d'encouragement, fut la *fabrication des filets de pêche* par des moyens mécaniques. Les essais furent nombreux, mais le problème non résolu. L'Exposition universelle nous a montré des produits en ce genre qui semblent ne rien laisser à désirer.

MM. Rome, Jourdan et Ce, de Grenoble, exposaient des filets de pêche et de chasse fabriqués mécaniquement.

Ces filets, employés déjà par les pêcheurs de la Manche, réunissent toutes les qualités des filets faits à la main et ont sur eux l'avantage de pouvoir être livrés à 25 p. 0/0 meilleur marché. Si l'on ajoute à cet avantage la facilité d'une fabrication rapide, on comprendra la médaille de deuxième classe décernée par le Jury à MM. Rome, Jourdan et Ce.

FRANC ALEXANDER, a Paris.

La maison Franc Alexander, de Paris, avait exposé une magnifique collection de fourrures, les unes dans leur état naturel, d'autres teintes et lustrées, d'autres, enfin, confectionnées en manchons, camails, ou garnissant des vêtements. Par l'activité de ses chefs, par l'ancienneté et l'étendue de ses relations, par la haute qualité des produits qu'elle recherche, cette maison exerce depuis longtemps en France l'influence la plus heureuse sur le commerce des fourrures et imprime au loin à cette industrie un élan tout particulier.

Cette position acquise, le Jury a dû la reconnaître et vouloir la récompenser; il a décerné à cette importante maison, ou pour mieux dire à cet important *comptoir*, une médaille de deuxième classe.

M. JOURDAN, a Lyon (France).

Parmi les insectes utiles, il en est peu qui offrent autant d'intérêt que le ver à soie, mais il en est peu aussi dont l'acclimatation réclame plus de soins et plus d'études.

M. JOURDAN, de la Faculté des sciences de Lyon, ne reculant devant aucune difficulté, a fait faire un grand pas à l'acclimation des vers à soie, en introduisant dans les magnaneries françaises le Bombyx Pernyi, nouvelle espèce qui offre d'immenses avantages de production. (MÉDAILLE DE PREMIÈRE CLASSE.)

M. GUÉRIN MENNEVILLE, À SAINTE-TULLE (FRANCE).

L'Agriculture est redevable à M. GUÉRIN-MENNEVILLE de procédés pour la destruction des insectes nuisibles et pour la propagation d'insectes utiles. A la suite de longues et intelligentes expériences, il est parvenu à introduire et à aclimater en France différentes espèces de vers à soie exotiques, parmi lesquels nous citerons les *Bombyx Persyi*, *Mystilla* et *Cynthia*.

Le Jury lui a décerné une MÉDAILLE DE DEUXIÈME CLASSE.

CONGRÉGATION DES MISSIONNAIRES DE LA FOI, À LYON (FRANCE).

Le Jury, dans sa haute impartialité, n'a pas non plus oublié ceux qui des régions lointaines nous ont fait parvenir des documents utiles. C'est ainsi, par exemple, que des cocons de vers à soie, arrivés de l'Inde à l'Exposition universelle dans un parfait état de conservation, et adressés par le père PERNY et MONSEIGNEUR DE VÉROLLES, membres de la Congrégation des missionnaires de la foi à Lyon, ont été récompensés par une MÉDAILLE DE PREMIÈRE CLASSE.

M. WEDDEL, À PARIS (FRANCE).

On ne saurait avoir trop de reconnaissance pour les hardis voyageurs auxquels ne coûtent ni peines ni périls pour faire progresser quelques parties des connaissances humaines. M. WEDDEL est dans ce cas. On lui doit des indications intéressantes sur le quinquina, dont les services sont si éminents en médecine. Aucune espèce vivante de cet arbre n'avait été vue en Europe, avant le voyage de ce savant. D'après ses enseignements, publiés dans une remarquable relation de ses voyages, on a tenté des essais au Jardin-des-Plantes de Paris, où sont éclos les premiers germes de cette précieuse culture. L'application en grand a été ensuite tentée en Algérie; mais les essais ont échoué : les hivers sont encore là trop rigoureux. La Compagnie des Indes orientales, dans un pays plus favorable, il est vrai, a été plus heureuse, et les *cinchonas* commencent à se multiplier dans ses possessions. Le gouvernement hollandais, qui a vu cette culture parfaitement réussir dans les montagnes de l'intérieur de Java, la fait continuer avec succès. Aujourd'hui l'Europe n'aura donc plus à craindre que le quinquina vînt à lui manquer, et cela, grâce aux renseignements de M. WEDDEL. Le Jury de l'Exposition a apprécié les services rendus par ce botaniste, en lui accordant une MÉDAILLE DE PREMIÈRE CLASSE.

MM. BIENERT ET FILS, À MADERNHAUSEN (AUTRICHE).

Les forêts de la Bohême renferment des essences de bois très-propres à la fabrication des instruments de musique; ces bois restaient inexploités, et c'est à MM. BIENERT ET FILS que le pays en doit la découverte.

Cette maison fournit aujourd'hui les premiers facteurs de Londres et de Paris. (MÉDAILLE DE PREMIÈRE CLASSE).

M. LE COMTE DE SAINT-GENOIX, À KLOSTER-HRUBISCH (AUTRICHE, MORAVIE).

M. LE COMTE DE SAINT-GENOIX, propriétaire de vastes forêts, avait envoyé à l'Exposition universelle des spécimens de leurs produits, consistant en sept disques, dont plusieurs avaient jusqu'à 2 mètres de diamètre, en chêne, hêtre, frêne, orme, sapin, mélèze et pin, comme pour constater la puissante végétation de ces contrées. Ce qui distingue les exploitations de M. le comte de Saint-Genois, c'est surtout l'excellence de ses aménagements, au moyen desquels on ne prend annuellement dans ses forêts que la quantité vraie de bois dont elles s'accroissent. En engageant sans doute tous les forestiers à imiter M. le comte de Saint-Genois, le Jury lui a décerné une médaille de première classe.

MM. PARADE ET LORENTZ, à Nancy (France).

L'École forestière de France, fondée en 1824, eut pour premier directeur M. Lorentz, et c'est à lui en réalité qu'en est due l'organisation.

En 1836, en collaboration de M. Parade, il publia le seul et unique livre élémentaire de la science sylvicole que nous possédions encore aujourd'hui; ce *Cours élémentaire de la culture des bois* est écrit avec un grand savoir et surtout avec cette grande prudence, que, dans l'application, on ne peut trop recommander à nos agents forestiers.

En 1836, M. Parade a succédé à M. Lorentz dans la direction de l'École de Nancy, et a noblement marché dans la route ouverte par son prédécesseur.

Le Jury a donc décerné à l'un et à l'autre de ces messieurs, comme coopérateurs véritables, une médaille de première classe.

BIERMAN, agent forestier à Langerwehe (Prusse).

Le Jury de la deuxième classe n'a décerné à M. Bierman, agent forestier et directeur d'une école forestière pour les gardes et les maîtres ouvriers, qu'une médaille de deuxième classe. Si, comme on l'a fait pour M. Chambrellant, il eût été possible de charger un des membres du Jury d'aller visiter les reboisements exécutés depuis nombre d'années par M. Bierman, d'après une méthode toute à lui, nul doute qu'une récompense d'un ordre plus élevé ne fût venue récompenser les services rendus à la sylviculture par l'éminent praticien, auquel, il faut bien l'avouer, nous tous, auteurs de systèmes de reboisement, avons emprunté quelque chose et souvent beaucoup.

Nous sommes heureux de pouvoir donner ici à notre confrère ce témoignage de notre haute estime personnelle.

C'est en qualité de coopérateur seulement, que le Jury a accordé à M. Bierman une médaille de deuxième classe.

M. BOURSIER DE LA RIVIÈRE (France).

M. Boursier, consul à San-Francisco (Californie), a introduit en Europe différentes espèces de conifères aujourd'hui fort répandues en France. Parmi les espèces les plus remarquables, nous citerons le *Pinus sabiniana*, le *Pinus wellingtonia* et le *Pinus gigantea*.

En récompense de ses efforts, M. Boursier a reçu, en qualité de coopérateur, une médaille de deuxième classe.

MM. PEPIN, AUDIBERT, LEROY et JAMES WEITCH (France).

La Commission internationale, a voulu aussi récompenser les services rendus par quelques hommes placés à la tête de grandes pépinières, et dont le zèle et les soins ont de tout temps été si utiles à l'amélioration des plantes connues et cultivées, comme à l'acclimatation des végétaux qui peuvent offrir quelques avantages.

Aussi, a-t-il été décerné, des MÉDAILLES DE PREMIÈRE CLASSE, à :

MM. PEPIN, directeur des cultures au Jardin-des-Plantes de Paris.

AUDIBERT, pépiniériste à Tarascon.

LEROY, pépiniériste à Angers.

JAMES WEITCH, chef des pépinières d'Exetex et Chelseau (Royaume-Uni).

M. LECLERC, A FONTAINEBLEAU (FRANCE).

En 1843, M. LECLERC, aujourd'hui inspecteur des forêts à Fontainebleau, aidé par la Société d'agriculture du Puy-de-Dôme, où il était alors en résidence, entreprit, dans ce département, des travaux de reboisements sur une vaste échelle, pour l'exécution desquels il fit preuve d'une grande intelligence et d'une rare énergie.

1,124 hectares furent reboisés par ses soins.

Le Jury, heureux d'avoir à décerner des récompenses à des agents de l'administration forestière, a accordé à M. LECLERC, en qualité de coopérateur, une MÉDAILLE DE PREMIÈRE CLASSE.

Il a de même accordé des MÉDAILLES DE DEUXIÈME CLASSE à MM. HUART DE LA MARRE, inspecteur des forêts de Seine-et-Oise; LABUSSIÈRE, inspecteur des forêts du Puy-de-Dôme; et des MENTIONS HONORABLES à MM. COLONIES et MORIN, agents des forêts du Puy-de-Dôme.

MM. JEAN ET GAETAN PERELLI-ERCOLINI, A TURIN (SARDAIGNE).

Une commission de savants piémontais avait été chargée de l'examen d'un procédé récemment breveté, par lequel MM. JEAN et GAETAN PERELLI-ERCOLINI, à l'aide de moyens chimiques et de machines, enlèvent aux fibres d'agave et autres la gomme qui les agglutine et les durcit; et, par ce moyen, les rendent aussi texiles que le chanvre et la soie. Les produits de MM. PERELLI, arrivés trop tard à l'Exposition, n'ont pu être examinés par le Jury; mais cette découverte nous a paru trop importante pour ne pas la mentionner ici.

IIᵉ CLASSE. — ART FORESTIER, CHASSE, PÊCHE ET RÉCOLTE DE PRODUITS OBTENUS SANS CULTURE.

RÉCOMPENSES DÉCERNÉES PAR LE JURY INTERNATIONAL.

GRANDE MÉDAILLE D'HONNEUR.

Boucherie (Dʳ J.-A.), Paris. France.

MÉDAILLES D'HONNEUR.

Colonie anglaise du Canada.
Colonie de la Guyane anglaise.
Mac-Arthur, Sydney. Colonies anglaises.

MÉDAILLES DE 1ʳᵉ CLASSE.

Administration des travaux publics d'Irlande. Royaume-Uni.
Bélanger, Martinique. Colonies françaises.
Berry (W.), Ellys et Prestwidge, Jamaïque. Colonies anglaises.
Bienert (Fr.) et fils, Maderhaeuser. Autriche.
Colonie de l'île de Ceylan. Colonies anglaises.
Chambrelent (J.), Bordeaux. France.
Compagnie de la baie d'Hudson, Canada. Colonies angl.
Colonie de la terre de Van Diémen. Id.
Colonie de Victoria, Australie. Id.
Denison (sir W.), terre de Van-Diémen. Id.
Dickson (And.), Canada (Kinston). Id.
École forestière de Villaviciosa. Espagne.
Herpin (Dʳ J.-C.), Paris. France.
Jourdan, Lyon. Id.
Moore (Ch.), Sydney. Colonies anglaises.
Philibert Voisin, Guyane française. Colonies françaises.
Saint Genois (comte de), Kloster. Autriche.
Schomburgh (sir R.-H.), Saint-Domingue. République dominicaine.
Siemoni (Ch.), Casentino. Toscane.
Société des arts de la Jamaïque. Colonies anglaises.
Société néerlandaise de commerce, Amsterdam. Pays-Bas.
Wilson (N.), Jamaïque. Colonies anglaises.

MÉDAILLES DE 2ᵉ CLASSE.

Administration de la Guadeloupe. Colonies françaises.
Administration de l'île de la Réunion. Id.
Arsenal de la marine, Lisbonne. Portugal.
Averseng, Delorme et Cᵉ., Toulouse. France.
Barral (Fr.-Ant.), Lisbonne. Portugal.
Bleekrode (S.), Delft. Pays Bas.
Carrero (F.), Girone. Espagne.
Chitty (Edw.), Jamaïque. Colonies anglaises.
Clarke (And.), Victoria. Id.
Colonie du cap de Bonne-Espérance. Id.
Conseil des colonies portugaises. Portugal.
David (Cl.), Batignolles, près Paris. France.
Descoublanc, Martinique. Colonies françaises.
Direction royale du commerce du Groënland et des Feroë. Danemarck.
Domaine impérial de Brendeis. Autriche.
Dubouchage (G.), Melah, Nîmes et la Calle. Algérie.
Farmer et Deblaquière, Woodstock (Canada), Colonies anglaises.
Fonolleras (F.), Girone. Espagne.
Franc-Alexander, Paris. France.
Gouvernement hellène. Grèce.
Gouvernement mexicain. République mexicaine.
Guérin-Meneville (E.), Sainte-Tulle (Basses-Alpes). France.
Hardy, Alger. Algérie.
Heyrim, Bordeaux. France.
Lambert de Roissy. Algérie.
Layard, Ceylan. Colonies anglaises.
Le Long (John), ancien consul général, ancien délégué de la population française de la Plata. France.
Mannerskantz (Ch.-Ax.), Warnanas. Suède.
Millet (L.-E.-A.), Paris. France.
Puppo et Zeyer, le Cap. Colonies anglaises.
Pocoul (A.), Martinique. Colonies françaises.
Perrotet, Pondichéry. Id.
Polo et Pouget, Guyane française. Id.
Province de Tripoli, Barbarie. Empire ottoman.
Prunier, Martinique. Colonies françaises.
Raboutet, Martinique. Id.
Rajah d'Oudeypore, Inde. Colonies anglaises.
République du Paraguay. Confédération argentine.
Rome, Jourdan et Cᵉ, Grenoble. France.
Royer, Saint-Ferdinand. Algérie.
Sharpless (G.), Québec (Canada). Colonies anglaises.
Simounet, Alger. Algérie.
Tauïrua, Océanie. Colonies françaises.
Testut, Alger. Algérie.
Thompson (Z.), Vermont. États-Unis.
Zamoyski (comte Adam), Lemberg. Autriche.

MENTIONS HONORABLES.

Administration forestière de la Corse. France.
Alicante (le gouverneur d'). Espagne.
André, San-Francisco. États-Unis.
Bazin (Arm.), le Mesnil-Saint-Firmin (Oise). France.
Borne (B.-S.), Saint-Arnould (Seine-et-Oise). France.
Bousfield (Mme), Nouvelle-Galles-du-Sud. Colonies angl.
Carray. Brésil.
Chavannes (Aug.), Lausanne. Suisse.
Coste, Paris. France.
Coxen, Nouvelle-Galles-du-Sud. Colonies anglaises.
Depsy (G.), Rima-Szombath. Autriche.
Delage-Montignac, Paris. France.
Delarbre (F.), Porto-Vecchio (Corse). Id.
Duggin, Guyane anglaise. Colonies anglaises.
Elz (comte d'), Esclavonie, Autriche.
Escalante (R.), San-José. République de Costa-Rica.
Feutray, Océanie. Colonies françaises.
Gouvernement de la Nouvelle-Grenade.
Gouvernement de la république de Guatemala.
Kempner (M.), Esseg. Empire d'Autriche.
Klingemberg, Trondhjem. Norvége.
Kress (A.), Paris. France.
Kubinyi (Aug. de), Pesth. Empire d'Autriche.
Lamb (Nouvelle-Galles-du-Sud). Colonies anglaises.
Lépine, Pondichéry. Colonies françaises.
Pachero (Manoël-José-Pereira), Cara. Brésil.
Mecquerys, Rouen. France.
Meitrier, Nancy. Id.
Moussillac (A.), la Réole. Id.
Murcie (la municipalité de). Espagne.
Nauplie (Dème de). Grèce.
Rosenthal (Ch.), Greifswald. Prusse.
Ross (capitaine), Victoria. Colonies anglaises.
Stewart, Ceylan. Id.
Stormes frères, Nyac (New-York). États-Unis.
Underwo, Inde. Colonies anglaises.
Van Halmael, Amsterdam. Pays-Bas.

COOPÉRATEURS,

CONTRE-MAITRES ET OUVRIERS.

MÉDAILLES DE 1re CLASSE.

Audibert, pépiniériste, Tarascon. France.
Congrégation des missionnaires de la foi, Lyon. Id.
Leclerc, inspecteur des forêts, Fontainebleau. Id.
Leroy, pépiniériste, Angers. Id.
Lorentz, inspecteur des forêts en retraite, Nancy. Id.
Lucas de Montigny, consul. Id.
Parade, directeur de l'école forestière, Nancy. Id.
Pépin, pépiniériste, Paris. Id.
Ratzburg, professeur, Berlin. Prusse.
Boyle (Mme). Royaume-Uni.
Société d'agriculture du Puy-de-Dôme. France.
Veitch (James), pépiniériste, Exeter. Royaume-Uni.
Vibraye (marquis de), propriétaire à Chaverny (Sologne). France.
Weddell, Paris, botaniste. Id.

MÉDAILLES DE 2e CLASSE.

Audibert, Sénégal. Colonies françaises.
Biermann, forestier, Languewhe. Prusse.
Boursier de la Rivière, consul à San-Francisco. France.
Bousfield (Nouvelle-Galles. Colonies anglaises.
Clarke (Rev. W.-B.), Sydney. Id.
De la Torre (don Bernardo), directeur de l'école forestière de Villa-Viciosa. Espagne.
Gehin, pisciculteur. France.
Huart de la Mare, inspecteur des forêts, Seine-et-Oise. France.
Labussière, inspecteur des forêts, Puy-de-Dôme. Id.
Pascual (don Augustin), professeur à Villa-Viciosa. Espagne.
Richard, botaniste, Ile de la Réunion. Colonies françaises.
Smith (le Dr), professeur de chimie, Sydney. Colonies anglaises.
Stephen (Alfred), chef de justice, Nouvelle-Galles. Id.

MENTIONS HONORABLES.

Autier, marchand de bois, Paris. France.
Colomes, agent forestier, Puy-de-Dôme. Id.
Deymann (Antoine), contre-maître chez le prince Sapieha, Mithow. Autriche.
Maurin, agent forestier, Puy-de-Dôme. France.
Reid (sir W.), gouverneur, Malte. Royaume-Uni.
Strelecki (Henri), intendant du comte Zamoiski. Lemberg. Autriche.
Tar (François), contre-maître du comte Szechenyi, Gross-Zinkendorff. Autriche.

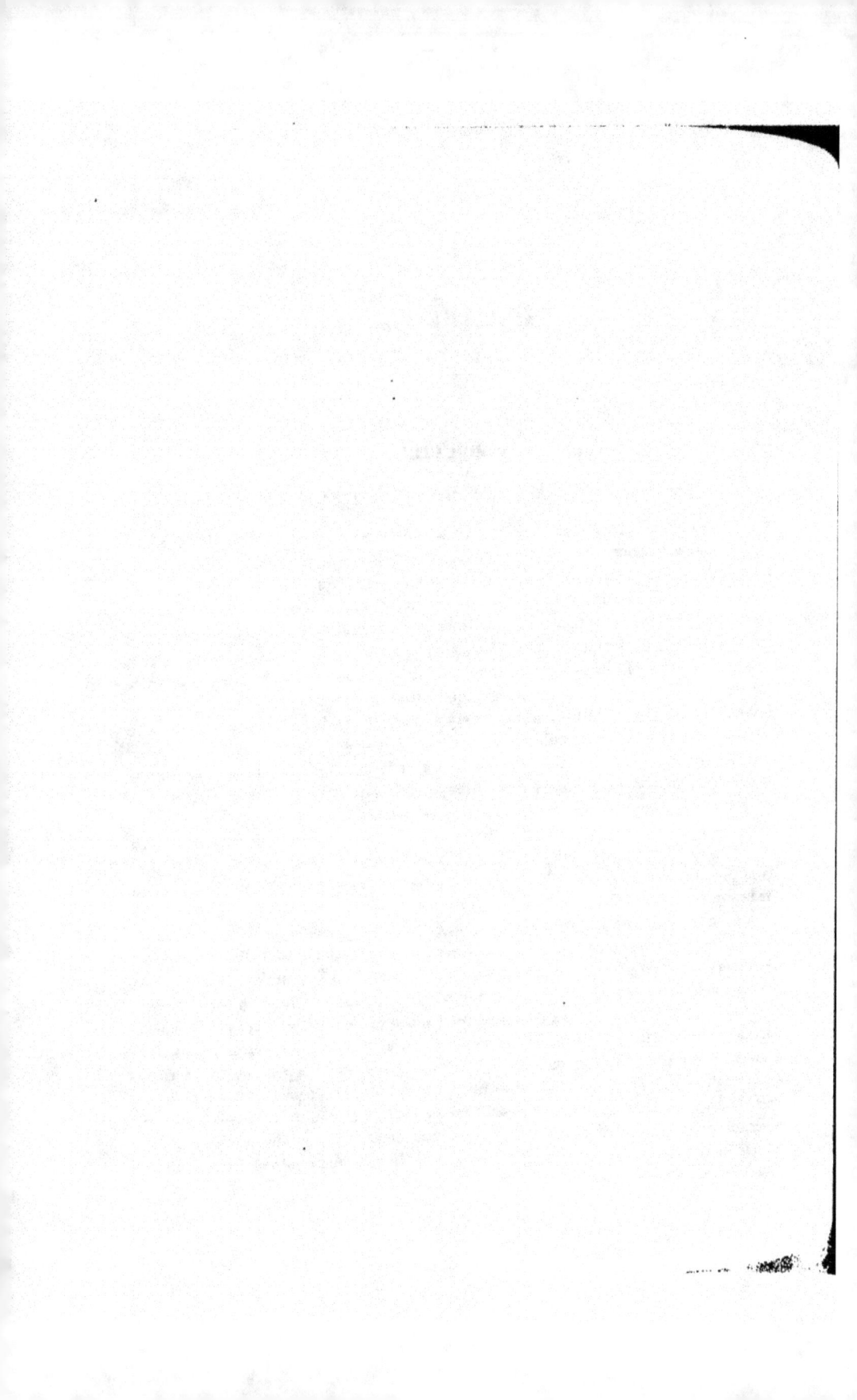

TROISIÈME CLASSE

AGRICULTURE

Y COMPRIS TOUTES LES CULTURES DE VÉGÉTAUX ET D'ANIMAUX.

L'agriculture peut être considérée comme le plus ancien des arts ; c'est elle que l'on trouve comme le premier produit de l'industrie humaine à l'origine des sociétés, et qui les introduit, pour ainsi dire, dans cette longue et magnifique carrière de progrès qui s'ouvre devant elles; car on ne peut guère donner le nom de *société* à ces groupes peu nombreux, dispersés et menant une existence précaire, qui vivent de leur chasse ou de leur pêche. Chez ces nations primitives qui pour la première fois se fixent au sol, et chez lesquelles la propriété foncière se constitue, imparfaite encore et collective, mais réglée par des usages certains, tous les travaux que nécessite une vie simple et rude, se rapportent à l'agriculture; tous les arts grossiers à l'aide desquels les membres de la tribu satisfont leurs besoins peu nombreux et peu compliqués, sont des arts agricoles, accessoires encore bien faibles de l'élève des troupeaux ou de la culture des champs ; rien ne se dégage de cette industrie primitive et suprême; tout s'y absorbe, au contraire ; aucune des fonctions de la communauté n'a acquis assez d'importance pour vivre d'une vie propre et indépendante. Plus tard, quand les siècles se furent écoulés, quand la division se fut peu à peu introduite dans le travail, quand des classes entières, étrangères aux occupations de la campagne, eurent constitué à l'état de professions spéciales diverses branches de l'industrie manufacturière, l'agriculture qui cessa d'être le seul objet de l'activité des peuples en resta encore le plus important, car c'est à elle qu'ils demandaient leur subsistance et toutes les matières dont les autres arts s'alimentaient; c'est à elle que se rattachaient encore leurs plus graves et leurs plus chers intérêts. Il y avait donc lieu de croire que, mettant à profit son droit d'aînesse et les siècles d'avance qu'elle avait sur les autres tour à tour émancipés, elle ferait de constants et d'heureux efforts pour conserver, par le développement de la prospérité, par le perfectionnement de ses méthodes, par la progression de ses produits, son ancienne suprématie. Il n'en fut rien pourtant, et l'agriculture, pendant tant de siècles, sauf dans quelques contrées privilégiées, est restée à peu près stationnaire. C'est le dernier des arts qui ait senti le besoin de renouveler ses procédés, de mettre à contribution les conquêtes sans nombre accomplies par les sciences auxquelles il peut demander tant d'inspirations et de secours ; c'est celui qui, aujourd'hui encore, est le moins avancé.

A quelles causes attribuer un état de choses si préjudiciable au bien-être des classes les plus nombreuses, un état de choses qui, maintenant à un prix élevé les denrées de tous genres au milieu d'une société dont les besoins se multiplient chaque jour, rend pour le peuple la vie si difficile? On trouverait des causes fort diverses, sans doute, mais, parmi les plus réelles, il faut certainement compter l'excessive circonspection, la défiance et la crainte de tout ce qui est inconnu et nouveau, l'attachement irréfléchi aux pratiques consacrées par le temps, l'esprit de routine, pour tout dire enfin, qu'entretient chez l'habitant des campagnes la vie solitaire, immobile et calme, étrangère à cette activité intellectuelle, quelquefois poussée jusqu'à la fièvre, que provoquent sans cesse les grands centres de population. La nature, d'ailleurs, dans toute sa puissance et dans toute sa majesté, garde une si vaste part dans l'ensemble des opérations d'où résultent les récoltes que nous arrachons à la terre, que l'homme, si petit et si faible auprès d'elle, renonce à l'espoir de la violenter, et s'habitue à l'abandonner à sa seule action. Et puis, en agriculture, les produits étant plus réguliers, mais moins élevés que dans les autres industries, ils ne suffisent pas à solliciter l'esprit d'entreprise; ils semblent même ne pouvoir parvenir à rémunérer des avances trop hardies, car ils sont limités par la nature des choses, tandis que ceux que fait espérer l'industrie manufacturière n'ont pas de limites.

C'est par ces motifs, et bien d'autres qu'il serait trop long d'indiquer ici, que l'agriculture, il y a moins d'un siècle, chez les peuples les plus industrieux du monde, était toujours dans l'état de barbarie où l'avaient laissée les peuples de l'antiquité, et, aujourd'hui même nous pouvons, sans quitter les contrées habitées par les nations civilisées, nous donner l'intéressant et curieux spectacle de tous les systèmes de culture qui ont tour à tour marqué les étapes peu nombreuses de la science agricole. Un savant économiste, un Allemand, M. Roscher, en a tracé l'instructif tableau dans un *Essai sur la politique et la statistique de différents systèmes de culture*, dont M. Wolowski a donné une substantielle analyse dans la *Revue des économistes*. Il n'est pas hors de propos d'en transporter ici quelques traits. On retrouve encore maintenant, selon l'éminent écrivain, la pratique de l'agriculture primitive, dans quelques régions de la Russie, et dans les défrichements de l'Amérique septentrionale. Dans la Sibérie méridionale, l'indigène attend le mois de mai pour jeter sur la steppe grasse la graine du sarrasin. Quand l'automne est venu, il bat sa récolte sur le champ même qui l'a produite, il y brûle ensuite la paille, et le grain laissé sur le sol par les moissonneurs suffit à l'ensemencement. Ces opérations élémentaires se continuent pendant cinq et quelquefois pendant huit années. Le champ est alors épuisé, et le cultivateur se transporte sur un sol plus fécond. Du reste, il n'est jamais question de fumier sur ces terres fertiles; le bétail y paît en liberté pendant la saison chaude, et comme on n'a ménagé pour lui que des réserves insuffisantes, il est réduit pendant l'hiver à une existence misérable, dans laquelle il perd à la fois et sa chair et ses forces.

Dans les États-Unis, ce n'est plus à la steppe, mais à la forêt, que l'on demande le sol cultivable. Vers le mois de juin, les grands arbres sont abattus; on attend alors près d'une année, et on les brûle au mois de juin suivant. Puis, quand les pluies sont venues, on étale la cendre et on jette la semence, en même temps qu'elle. Les arbres reprennent le cours de leur végétation, et on les détruit de nouveau par l'incendie, jusqu'à ce que l'envahissement des mauvaises herbes force d'abandonner des champs épuisés. A cette façon barbare d'exploiter le sol succède un mode de culture qu'on peut à peine considérer comme un progrès, mais qui du moins en trace la route. Le cultivateur d'abord commence à rester un peu plus attaché au sol. Il ensemence pendant quatre ou cinq années la terre sur laquelle il a brûlé les arbres; puis, il laisse les broussailles en prendre de nouveau possession pendant une vingtaine d'années, et après cette longue période, il recommence la culture. C'est la première phase de cette nouvelle ère agricole. Plus tard, il rend au sol, par quelques engrais faibles encore et insuffisants, la fécondité qui lui échapppe; enfin, et ces nouveaux procédés marquent la troisième phase, il pratique des tranchées pour enlever la tourbe; il ménage par des travaux déjà intelligents, l'écoulement des eaux; il amène sur sa terre un bétail plus considérable, en vue de l'engraisser; il acquiert des instruments pour travailler. On peut dire désormais que l'art a commencé. C'est à ces trois formes, qu'il se réduit encore dans quelques parties du nord-ouest de l'Allemagne. L'Allemagne, le centre de la France, la Hongrie et les provinces les plus avancées de la Russie nous offrent un autre type déjà moins imparfait, dans lequel se combinent l'assolement triennal et le pâturage perpétuel. Ici le domaine se divise en deux parties; l'une est consacrée au pâturage, l'autre est livrée à la culture. Dans cette dernière, on établit trois parts, dont une successivement est laissée en jachère. Il reste encore un pas à faire, avant d'arriver à ce qu'on peut appeler la culture savante. Dans cette nouvelle période, le pâturage permanent disparaît, et ce système, qui entraîne plus de frais, donne aussi un produit brut plus abondant. Nous pouvons citer comme exemples plusieurs régions où ce système a été adopté, l'ouest de la France, quelques comtés de l'Angleterre, la Suisse, les contrées méridionales et montagneuses du Holstein, le midi de l'Autriche, la Courlande et le Danemark.

Après ce progrès accompli, l'agriculture enfin a atteint, non pas certes la plus grande perfection dont elle soit susceptible, mais celle au moins qu'on n'a pas jusqu'à présent dépassée. Elle est devenue une science; un caractère dominant la distingue, c'est la suppression des jachères, qui lui a fait donner le nom de *culture alterne*. Le cultivateur, désormais mieux instruit de l'action qu'exercent sur le sol les différentes espèces de végétaux, ainsi que des éléments particuliers que chacune lui emprunte et de ceux qu'il repousse, demande successivement des récoltes de diverse nature au même champ; récoltes qui se succèdent de telle sorte qu'elles n'exigent pas les principes, dont les récoltes précédentes l'ont épuisé, et qui, lui enlevant au contraire ceux qu'il contient encore en abondance, lui laissent le temps de se reposer en produisant toujours. C'est la culture des sociétés prospères, chez lesquelles le développement de la population multiplie les besoins de la consommation et appelle une production plus abondante. Tandis qu'un mille carré nourrit à peine dans le Mecklembourg trois mille habitants, la même superficie de territoire peut, en Belgique, fournir des aliments à sept mille personnes. Mais ce système si fécond nécessite à la fois des intelligences plus exercées, un travail plus persévérant, des capitaux plus abondants. Il faut que l'homme enfin ait mesuré toute l'étendue de sa puissance sur la nature qui semblait prête à l'écraser; il faut qu'il soit déterminé à vaincre la nature. Le large emploi des engrais perfectionnés, l'augmentation des troupeaux, l'outillage entretenu avec soin et toujours au niveau des progrès de la science, des constructions bien entendues, commodes et spacieuses, telles sont les conditions qui permettent seules d'obtenir de ce système de culture tous les produits qu'il peut donner. Il n'est pas encore très répandu, et l'avenir a beaucoup à faire pour en généraliser l'application. Un des moyens les plus efficaces sans aucun doute de hâter sa propagation, c'est de vulgariser les connaissances agricoles, et de les faire pénétrer dans les campagnes. Déjà plusieurs tentatives, insuffisantes il est vrai, mais dignes d'être notées, ont été faites pour atteindre ce but, et il faut remonter jusqu'à 1558, pour en trouver la première trace.

C'est à cette époque, en effet, que Pierre Belon proposa d'enseigner publiquement les sciences naturelles appliquées; sa voix ne fut pas entendue, et ce n'est que trois quarts de siècle plus tard, que le Gouvernement prit une mesure qui devait exercer sur cet enseignement une haute influence. En 1626, le Jardin des Plantes est fondé; en 1640, des cours publics s'ouvrent pour la botanique et la chimie. Plus tard, le grand Buffon, avec le regard du génie, vit tout le parti que les sociétés pouvaient tirer, sous le rapport de leur approvisionnement alimentaire et industriel, de l'étude de la nature, dirigée dans la voie des applications. Il donna la première impulsion à des travaux, dont nous sommes à même d'apprécier l'heureuse et féconde influence. Deux hommes d'un mérite supérieur comprirent l'importance d'une telle tâche et s'offrirent à le seconder. Daubenton se chargea d'étudier le règne animal et les moyens à l'aide desquels on pouvait accroître les services qu'il rend à l'homme; nous devons à ce modeste naturaliste, qui mourut trop tôt pour achever son œuvre, nos belles races de mérinos. André Thouin, alors âgé de dix-sept ans, et fils du jardinier en chef du Jardin des Plantes, eut en partage le règne végétal. Cet habile horticulteur a continué jusqu'à ces dernières années son utile enseignement, et l'on sait à quel degré de perfection il a porté son art.

Pendant que ces faits s'accomplissaient en France, l'Angleterre suivait une voie peut-être plus exclusivement pratique, et y marchait d'un pas bien autrement rapide à la suite d'un grand homme, Arthur Young, qui introduisit de l'autre côté du détroit l'assolement quatriennal, aujourd'hui universellement adopté dans le comté de Norfolk, où il prit naissance, et dans quelques autres régions : cet assolement fait succéder au froment les racines, les céréales de printemps et les fourrages artificiels.

Depuis ce temps, la Grande-Bretagne a fait faire à son agriculture des progrès inattendus et gigantesques; il n'y a aucun pays du monde qui puisse lui disputer le premier rang. La Belgique mérite d'être classée au second rang, car elle a, par d'intelligents efforts, porté au plus haut degré de perfection l'exploitation de son sol. L'Italie supérieure et le grand-duché de Toscane ont droit d'être placés sans trop de désavantage à côté de la

Belgique. La Hollande et l'Espagne doivent, après elles, être signalées avec une particulière distinction. Malheureusement, il nous en coûte de le dire, ce n'est peut-être qu'après avoir épuisé cette liste déjà longue, qu'il est permis de mentionner la France, où la rareté des capitaux qui s'aventurent dans les entreprises agricoles, et l'esprit routinier des cultivateurs, ont maintenu notre agriculture dans un état stationnaire et imparfait, d'où il importe que des efforts vigoureux la fassent enfin sortir. C'est seulement en 1789 que les prairies artificielles ont été connues dans notre pays; depuis ce temps, elles se propagent avec une extrême lenteur dans le nord, sur les rives du Rhin et sur celles de la Garonne. Mais les excellentes méthodes de culture, introduites avec tant de profit chez nos voisins, sont encore, dans la plupart de nos provinces, à l'état de simple théorie qu'on discute, qu'on loue ou qu'on conteste, mais qu'on n'applique ou qu'on n'essaie que dans de rares exceptions.

Toutefois, il faut l'avouer, même dans les pays les plus favorisés, l'agriculture est loin d'être au niveau de l'industrie manufacturière qui marche à pas de géant. Elle cherche encore, elle hésite, tandis que l'autre, arrivée déjà, pour ainsi dire, à l'âge mûr, est en possession de toute sa vitalité, et nous étonne par le déploiement de son incomparable puissance. L'industrie a dompté la nature; elle a mis à contribution toutes ses lois; elle a tiré profit de toutes ses forces, elle a réglé toutes ses énergies; elle a imaginé par milliers les machines, les appareils, les engins, les outils, pour les substituer à la main de l'homme; elle a demandé à des mécanismes puissants l'incomparable précision du travail, l'économie du produit, et elle a obtenu ces deux résultats. Provoquée par les magiques succès de sa rivale; excitée de proche en proche par cet esprit inquiet de recherche et d'efforts pour mieux faire, qui de l'atelier enfin déborde et se répand jusqu'à la ferme; l'agriculture a senti qu'une nouvelle ère devait s'ouvrir pour elle, et qu'elle n'interrogerait pas en vain, elle qui vit au milieu de ce qu'on peut appeler le *laboratoire de la nature*, les sciences naturelles qui avaient répondu avec une libéralité si magnifique aux appels de l'industrie. Elle s'est dit que, si cette dernière s'était créé tant de forces auxiliaires, il n'y avait aucune raison, pour qu'elle-même en restât dépourvue. Bien des ambitions nouvelles germent aujourd'hui dans l'esprit du cultivateur, que l'avenir se chargera de satisfaire. La routine lutte encore et ne s'avoue pas vaincue, mais elle perd tous les jours du terrain. Et puis, la facilité des communications, ces mille voies ferrées qui sillonnent le pays dans tous les sens, ces locomotives innombrables qui le traversent avec la rapidité de l'éclair et qui en pétrissent, qu'on nous permette l'expression, tous les éléments qu'elles mélangent, ne resteront pas inutiles dans cette œuvre de transformation; car elles multiplient les contacts intellectuels, elles familiarisent les plus obstinés avec les idées les plus nouvelles, elles font pénétrer peu à peu dans les volontés les plus arrêtées le désir de voir et d'apprendre, l'envie de tenter l'inconnu. Depuis quelques années, de nouveaux éléments de force, des éléments dont l'efficacité est encore incalculable, sont venus prêter leur concours à la science agricole, et la pratique les accueille avec une faveur de plus en plus marquée. L'agriculture commence à demander, avec assurance en Angleterre et en Belgique, avec plus d'hésitation en France, des renseignements à la chimie, des moyens de travail à la mécanique. C'est ici le lieu d'indiquer sommairement et en très-peu de mots les résultats déjà obtenus et manifestés par les deux Expositions universelles de 1851 et de 1855.

Parmi les nouvelles pratiques agricoles, celle qui se présente la première dans l'ordre logique des travaux que nécessite une exploitation rurale, et peut-être aussi sous le rapport de son importance, c'est le drainage. On sait que le drainage a surtout pour objet d'enlever à la terre l'humidité surabondante, qui porte obstacle à la végétation des récoltes. Le drainage n'est pas, à proprement parler, un procédé moderne. Ce qu'il y a de nouveau en lui, ce sont les méthodes qui l'ont, dans ces derniers temps, transformé en une science difficile et féconde, la large application qu'on se prépare à en faire. Le drainage fut connu des Romains, et même des Égyptiens et des Perses, mais le procédé primitif était fort grossier. Il consistait d'abord à pratiquer, dans la campagne, des fossés ouverts, qu'on remplissait de pierres, de broussailles ou même de paille, et dans lesquels s'écoulaient les eaux. Plus tard, ces fossés furent recouverts de terre, et l'écoulement des eaux se fit par un conduit souterrain construit quelquefois en pierres sèches, ou formé de branches supportées par des morceaux de bois attachés en croix. Par un nouveau progrès, on substitua, à ces matériaux insuffisants, des tuiles courbées, posées sur le sol, de manière à protéger le courant des eaux expulsées; enfin ces tuiles, furent remplacées à leur tour par des briques creuses ou des tuyaux en terre cuite. Désormais, l'art du drainage était trouvé, et il n'y avait plus qu'à en perfectionner les détails. On trouve en France les vestiges de quelques travaux de drainage exécutés d'une façon irréprochable, avant l'année 1620, par les moines de Maubeuge. On voit que le drainage peut être considéré comme un art français; malheureusement, comme beaucoup d'autres, il n'a pu faire fortune qu'à l'étranger. Les Anglais, au temps de Charles Ier, ne l'avaient pas encore poussé aussi loin que les bons moines de Maubeuge, mais ils devaient bien rattraper le temps perdu. Il y a environ une quarantaine d'années que nos voisins introduisirent chez eux l'usage des tuyaux de terre cuite; toutefois, c'est seulement depuis un peu plus de dix ans et vers 1843, qu'il se répandit et devint général. Les tuyaux le plus communément employés ont de trente à quarante centimètres de longueur; leur diamètre à l'intérieur varie de vingt-cinq millimètres à vingt centimètres; leur enfouissement dans le sol est une opération délicate qui exige une expérience consommée et une connaissance approfondie de toutes les circonstances au milieu desquelles elle s'accomplit. La profondeur des tranchées, leur écartement, la pente et la direction qu'il convient de leur donner ne sont pas des éléments indifférents de ce problème, et cependant aucune règle absolue ne peut être fournie pour guider l'opérateur; les règles sont nécessairement variables, et dépendent de la nature du sol, des matériaux que l'on a à sa disposition et de mille autres circonstances. La pose des tuyaux au fond de ces tranchées n'exige pas moins de soins et de pratique.

Le drainage des terres humides entraîne des frais considérables et que seule peut supporter une culture perfectionnée et une exploitation pourvue de capitaux. On estime en Angleterre que le prix du drainage varie de 200 à 260 fr. par hectare; mais, quand il est exécuté avec habileté et avec à-propos, il donne des profits qui font plus que compenser les avances auxquelles on s'est déterminé. L'opinion générale est, en Angleterre, que dès la première année l'excédant des produits équivaut à 10 p. 0/0 au moins du capital employé dans les travaux; quelquefois, ce chiffre est de beaucoup dépassé; souvent il atteint 15, 20 et même 25 p. 0/0. On l'a vu même en une seule récolte rembourser les avances qu'il avait nécessitées. Cependant il faut ajouter qu'un exemple de ce genre est fort rare. Il arrive fréquemment que les fermiers proposent à leur propriétaire d'ajouter 5 p. 0/0 au prix de leur fermage, si ce dernier consent à faire drainer le sol.

Des résultats si profitables semblent naturels et facilement intelligibles à quiconque a étudié l'action exercée sur le sol par cette opération bienfaisante et a suivi dans ses détails la transformation qui s'y opère. « Le drainage bien fait, dit dans un beau travail sur cette méthode agricole un économiste dont le nom fait autorité, le drainage bien fait agit en double sens. D'une part, il enlève la masse d'eau surabondante et nuisible à la culture; d'autre part, il entretient le degré de fraîcheur et d'humidité convenable à la germination et au développement des plantes. En diminuant l'évaporation de l'eau qui se produit à la surface de la terre, il élève dans une forte proportion la température du sol; il modifie profondément la constitution de la couche arable; il en augmente prodigieusement la fertilité, par l'introduction dans la terre des gaz et des substances nécessaires à la végétation. » Si l'on veut se faire une idée de la quantité considérable d'eau superflue que le drainage enlève à la terre, et de la quantité de chaleur qu'il lui restitue ou plutôt qu'il lui conserve, il suffit de lire les lignes suivantes que nous empruntons à un petit et excellent traité de drainage pratique: « M. Lecler établit, d'après les calculs météorologiques de l'Observatoire de Bruxelles, que la surface d'un hectare reçoit par an 6890 mètres cubes ou 6,890,000 kilog. d'eau; la partie de cette eau qui n'a pas un écoulement ou une évaporation libre, et qui n'est pas nécessaire à l'alimentation des plantes, est forcée de rester à l'état stagnant près de la surface du sol. Cette partie, évaluée à 42 1/2 p. 0/0 au lieu de 50 1/2 de la masse totale, devra être aussi restituée à l'atmosphère sous forme de vapeur. Le poids de l'eau ainsi dégagée sera donc de 2,928,250 kilog. Comme un kilog. d'eau exige pour se transformer en gaz 1/11 de kilog. de houille environ, il en résulte que la chaleur perdue en 365 jours par l'aire d'un hectare, pour l'évaporation de son excédant d'humidité, équivaudra à 266,205 kilog. de charbon ou 730 par jour. » Cette chaleur, le drainage la conserve, et l'on ne s'étonnera pas en conséquence qu'il puisse hâter, de quinze jours, ou même dans certains cas d'un mois, la récolte.

Ainsi: conservation de la chaleur nécessaire à la végétation des plantes, accélération de leur maturité, ameublissement du sol, accroissement de fertilité, écoulement des substances nuisibles aux végétaux entraînées par l'eau drainée, tels sont quelques-uns des avantages de cette pratique agricole. Elle en a d'autres encore qu'il suffit d'indiquer. Elle augmente la surface cultivable en supprimant les fossés, elle fournit dans l'occasion de l'eau à l'irrigation; enfin elle améliore les conditions de salubrité des lieux où elle est usitée, au grand profit des hommes qui les habitent, des bestiaux qui y sont une source de richesse, et qui échappent à la plupart des épidémies auxquelles l'humidité de la contrée les avait d'abord exposés.

Il est à peine besoin de dire que l'Angleterre est de tous les pays du monde celui où le drainage a jusqu'ici reçu l'application la plus large et la plus intelligente. Il entre de plus en plus dans les habitudes du cultivateur anglais, et n'a pas peu contribué à élever l'agriculture de ce pays au degré de prospérité où nous la voyons. L'État, d'ailleurs, n'a rien épargné pour accélérer ce mouvement favorable, et, par de larges avances faites avec prudence, mais avec libéralité, il a atteint ce double et utile résultat d'augmenter parmi les propriétaires et les fermiers la confiance dans un système d'amélioration, à l'égard duquel il se montrait lui-même si confiant, et d'en faciliter la réalisation. De 1846 à 1850, les prêts faits à l'agriculture par le gouvernement anglais ne se sont pas élevés à moins de 181,250,000 fr., savoir : 100 millions consacrés à l'Angleterre et à l'Écosse, 81,250,000 destinés à l'Irlande, si déshéritée, si inférieure aux deux autres parties de la Grande-Bretagne, et qui, grâce à cette protection féconde, pourra dans un avenir prochain se placer à leur niveau. Des compagnies industrielles se sont fondées à Londres pour offrir leurs services aux propriétaires et se charger à forfait des travaux, tandis que, dans chaque centre de la province et plus à portée des fermiers, s'établissaient des entrepreneurs intelligents pour remplir le même office. Dans un savant mémoire où sont exposées d'une façon supérieure toutes les questions qui se rapportent au drainage en Angleterre et dans quelques autres États de l'Europe, M. Mangon évalue à 4 ou 500,000 hectares la superficie des terres drainées en Angleterre et en Écosse depuis 1846 ; cette superficie équivaut environ au 30me du sol agricole. En Irlande, les travaux n'ont pas été poussés avec une moindre activité : ceux qui présentent un caractère général et un intérêt collectif, et qui étaient, à l'époque où M. Mangon visitait la Grande-Bretagne, soit achevés, soit en cours d'exécution ou seulement approuvés, s'appliquaient à 184,329 hect. Le prix de ces travaux s'élevait à 228 fr. par hectare ; ils avaient nécessité l'ouverture de 3,874 kilom. de canaux, parmi lesquels on comptait 805 kilom. de canaux navigables. En ce qui concerne les travaux d'intérêt privé, l'État avait, au 31 décembre 1851, concédé, à titre d'encouragement, une somme (remboursable par annuités, comme toutes les avances faites par la caisse publique) de 45,608,000 fr. Les opérations de drainage étaient achevées pour 52,000 hect.

C'est aux populations actives et industrieuses de la Belgique qu'appartient l'honneur d'avoir les premières obéi à l'impulsion qui partait de la Grande-Bretagne, et d'avoir suivi de plus près l'exemple de l'Angleterre. Ce n'est pas sans hésitation cependant qu'elles adoptèrent la méthode nouvelle, et la crainte de compromettre des capitaux importants, pour des résultats qu'on ne faisait qu'entrevoir vaguement, arrêtait les cultivateurs. En Belgique comme en Angleterre, le Gouvernement se mit avec résolution à la tête de cette révolution agricole, et l'encouragea par des sacrifices peu considérables, mais bien entendus. Il fit appel au zèle des comices agricoles, qui sont nombreux dans ce petit pays ; il offrit aux propriétaires les services gratuits d'un ingénieur d'État pour diriger les travaux, il fournit les outils et donna les tuyaux, de telle sorte, que les frais de main-d'œuvre restaient seuls à la charge du propriétaire ou du fermier. Les comices profitèrent de ces offres habilement généreuses, et cinquante-sept propriétaires demandèrent à participer à la même faveur. D'un autre côté, certains propriétaires consentaient à acheter les tuyaux. Le résultat des premières opérations se montra ce qu'il est toujours quand ces opérations sont poursuivies avec intelligence, c'est-à-dire largement rémunérateur, et l'agriculture belge, instruite par l'expérience, multiplia de plus en plus les applications de cette méthode. La superficie des terres drainées en 1850 ne dépassait pas 150 hect. ; en 1851, elle s'élevait à 600; en 1852, elle atteignait environ 1,200 hect. Déjà, à la fin de 1851, vingt tuileries étaient établies chez nos voisins, avec la protection et avec l'aide du Gouvernement, pour la fabrication des tuyaux, et douze seulement d'entre elles livrèrent, en une seule année, 1,788,882 tuyaux.

Pendant que la Russie, l'Autriche, la Hollande et quelques autres contrées de l'Europe étudient à leur tour la pratique du drainage, ou commencent à s'en approprier les avantages, la France s'engage avec une extrême lenteur dans cette voie ouverte au progrès agricole. Ce n'est pas certes que notre sol n'ait aucun profit à tirer des travaux de dessèchement; peu de pays, au contraire, auraient autant à y gagner. On estime à sept millions le nombre des hectares qui pourraient être avantageusement drainés, et c'est par conséquent par millions qu'il faut compter l'excédant de produits qui en résulterait pour la culture nationale. Une si belle perspective n'a pas suffi encore pour imprimer aux travaux l'activité désirable. Toutefois, on doit citer avec éloges l'initiative prise par un certain nombre de grands propriétaires sur les diverses parties de notre territoire. Ils n'ont pas hésité à donner l'exemple; le nouveau système peut être maintenant étudié, et les cultivateurs, qui ne craignent les nouveautés que parce qu'ils ne croient pas à leur efficacité, peuvent aujourd'hui étudier par eux-mêmes, et vérifier si les bienfaits du drainage réalisent les promesses que l'on a faites en son nom. On ne saurait douter que ces exemples ne leur profitent. Plus le mouvement aura été long à se décider, mieux le procès sera instruit, et plus sans doute la révolution sera profonde et décisive. Notre agriculture a beaucoup à faire pour se placer au niveau des pays les plus avancés, mais aucun sol n'est plus capable que celui de la France de récompenser généreusement les efforts que l'on tentera pour l'améliorer.

L'étude approfondie de la chimie et son application à l'agriculture a constitué une science nouvelle, et tend de plus en plus tous les jours à devenir une source inattendue de prospérité et de richesse. La chimie est pour le cultivateur un guide sûr et éclairé. Elle substitue l'observation précise et l'expérience directe à des tâtonnements longs et coûteux; elle remplace par des méthodes rigoureuses les pratiques incertaines d'un empirisme aveugle; elle pénètre dans la nature intime des matières que l'agriculture appelle à son secours ou qu'elle cherche à produire; elle en décompose, elle en étudie, elle en pèse les éléments; elle se rend compte des services qu'elle a le droit de leur demander, en appréciant les diverses fonctions que ces matières remplissent dans la pratique agricole, ainsi que les procédés les plus propres à les développer et à leur fournir l'aliment qui leur convient. La chimie, ses réactifs et ses balances en main, combine les plus favorables assollements, détermine les principes que chaque plante emprunte à la terre, avec les meilleurs moyens de les lui restituer; elle règle la succession qu'il convient d'établir entre les différentes cultures, afin qu'elles viennent tour à tour absorber et réassimiler les éléments les plus abondants. Les espèces animales qui peuplent nos fermes ne sont pas de sa part l'objet d'investigations moins assidues. Elle enseigne le régime auquel on doit les soumettre, suivant le genre d'utilité qu'on en veut retirer; elle analyse la composition des aliments divers dont on forme leurs rations, les substances variées qu'ils présentent à la nutrition, et les produits particuliers dont ils favorisent le développement. Elle sait à son gré assouplir et diriger l'organisme de chaque animal. Elle fait prédominer dans chacun, selon les besoins de la consommation, la production de la force musculaire, de la viande, du lait, de la laine. Parmi les hommes dont les travaux ont marqué au premier rang leur place dans cet ensemble d'efforts, il faut surtout nommer MM. Boussingault et Payen, qui, plus que tous, ont réussi à donner aux procédés agricoles ce caractère de certitude qui commence à les distinguer, et qui de plus en plus en fera une science véritable.

De belles études ont été entreprises sur les engrais, sur leurs diverses propriétés et sur leurs meilleurs modes d'emploi ; elles ont enrichi l'agriculture d'une quantité déjà notable d'instruments puissants qui accroissent la fécondité du sol dans des proportions qu'on n'aurait osé prévoir il y a cinquante ans. Ces conquêtes sont nouvelles, mais déjà elles fixent l'attention des hommes intelligents, et le temps promet de les accroître. En Angleterre, sir John Saint-Clair et M. Pairs sont parvenus à faire reconnaître l'intérêt qui s'attache à l'usage de la chaux et de la marne comme amendement. Cet engrais convient surtout aux terrains argilo-siliceux; il y dépose des sels calcaires et des sels alcalins indispensables à la végétation; il y fixe les substances azotées, et dans certains cas, sous son heureuse influence, on a vu doubler ou tripler les récoltes. Depuis longtemps déjà on connaissait l'efficacité du plâtrage des prairies artificielles, découvert par le docteur Meyer, et auquel Franklin avait donné son assentiment. Plus récemment, ce procédé a été perfectionné, on a pu constater que le plâtre cru, broyé fin, est préférable au plâtre cuit. Tout le monde connaît l'utile emploi que nos provinces maritimes font de la tangue et d'autres sables puisés sur le rivage de la mer. Cet emploi bientôt pourra se généraliser sans doute, et l'on annonçait récemment qu'en vertu d'une autorisation du Gouvernement, un industriel allait établir un chemin de fer, du Mont-Saint-Michel à Rennes, pour le transport de ce nouvel engrais. Nous dépasserions les limites d'un simple résumé si nous voulions énumérer les substances appropriées à l'amendement du sol. La potasse et le nitre sont appelés à rendre encore d'importants services, quand on pourra les obtenir à des prix plus modérés. Les phosphates de chaux possèdent une puissance fertilisante dont on peut tirer un parti excellent. L'Angleterre en consomme annuellement quinze millions de kilogr. L'Espagne en fait un usage intelligent. Les progrès introduits dans la production de sels ammoniacaux, ont permis d'en consacrer une plus grande quantité à la culture, et l'on espère que ces progrès n'en resteront pas là. La Suisse, la première, a introduit au nombre des engrais le sulfate de fer, qui a fourni des résultats utiles, et dont les bonnes qualités sont chaque jour mieux connues. Les déjections animales, le plus ancien de tous les engrais, sont à leur tour étudiées; mises en œuvre avec plus d'art, elles donnent des résultats plus avantageux. Le nom de M. Boussingault se rattache à un des perfectionnements les plus considérables qui aient été accomplis dans le traitement de ces matières. Le savant académicien a eu l'idée de substituer à la paille, dans laquelle elles sont reçues, et qui en laisse échapper facilement les principes azotés, l'argile qui en conserve les neuf dixièmes ou la chaux caustique qui les fixe encore en plus grande proportion. Cette méthode, que l'on applique en Angleterre et qui commence à se répandre en France, augmentera dans une proportion notable la puissance fertilisante des fumiers. Dans le premier pays, d'ailleurs, l'art de les distribuer sur le sol a acquis dans certaines exploitations une perfection notable. On en cite une notamment où des conduits souterrains parcourant toute la propriété vont répandre la fécondité jusqu'à ses limites extrêmes; de deux cents en deux cents mètres, une communication est établie entre ces canaux et la surface du sol, et une machine à vapeur allant prendre la matière fécondante à chacun de ces points de communication, la répand sur le terrain. Un homme et un enfant, armés de cet appareil peuvent en un jour fumer deux hectares.

Mais un des engrais les plus actifs et les plus puissants dont l'agriculture puisse encore disposer est celui qui est connu sous le nom de *guano*. Le guano se compose, comme on sait, des déjections de certaines espèces d'oiseaux qui se rassemblent en troupes innombrables dans quelques îles lointaines et dans quelques contrées solitaires. Ces oiseaux y déposent des masses de substances animales, qui s'accumulent avec les siècles, et y forment, sur des surfaces considérables, des bancs de plusieurs pieds d'épaisseur. Le gisement le plus important de ce singulier produit appartient au Pérou; il est situé dans les îles Chincha, à quarante lieues au sud de Lima. On en trouve aussi en Bolivie, au Chili, en Patagonie, en Afrique et sur quelques autres points du globe. Quelque éloignés que soient les pays qui les produisent, et quelque coûteux qu'en soit le transport, il y a encore, dans les pays où l'agriculture est perfectionnée, un grand profit à s'en approvisionner. C'est une opinion généralement acceptée de l'autre côté du détroit, parmi les hommes compétents, qu'une tonne de guano fournit une récolte de cent hectolitres de froment, et qu'un quintal de cette matière fait végéter dix quintaux de foin. Aussi, on en fait chez nos voisins un large usage, et ils en consomment à eux seuls plus que tous les autres pays réunis. On n'évalue pas à moins de cent cinquante ou deux cent mille tonnes les quantités qui y sont importées chaque année. Loin de lui faire une place aussi belle dans notre consommation nationale, nous en recevons à peine chaque année six ou huit mille tonnes, un peu moins que n'en répand sur son sol la seule île Maurice.

Nous nous contentons d'indiquer ici, que dans ces derniers temps on a composé, avec le résidu de quelques poissons et surtout du hareng, un engrais des plus riches et qui promet d'égaler, sinon de surpasser le guano.

Nous ne mentionnons pas ici, car ce sujet nous entraînerait trop loin, les services de l'ordre le plus élevé que la chimie a rendus indirectement à l'agriculture, en créant de riches industries, qui utilisent des produits, jusque-là négligés ou bornés à un petit nombre de fonctions sans importance, et qui donnent lieu à des cultures nouvelles, à des exploitations plus variées et plus profitables au sol. Au premier rang de ces industries nouvelles, il faut compter celle qui a pour objet d'extraire le sucre de la betterave et celle plus récente qui en tire l'alcool.

Au drainage qui assainit le sol, à la chimie qui le modifie et qui lui restitue les principes que la végétation lui a enlevés, succède la mécanique qui multiplie ou perfectionne les instruments du travail. Ce n'est pas d'aujourd'hui que l'agriculture a demandé des renseignements à la mécanique, et la plus grossière charrue, la herse la plus imparfaite et le plus lourd charriot étaient, en somme, une application instinctive des lois qui président à cette science. On avait tenté même d'aller plus loin, et deux auteurs anciens, Pline et Columelle, parlent d'une machine à moissonner. Mais ces essais restèrent incomplets et sans résultats; le mobilier agricole, incommode et mal entendu, n'apporta aux bras de l'homme qu'un secours insuffisant, et c'est seulement depuis quelques années qu'on a entrepris, à l'imitation de ce qui se pratique d'une manière scientifique dans l'industrie, d'appliquer les ressources de la mécanique à la construction du matériel des fermes. Une large application de ce principe peut opérer dans l'agriculture une révolution salutaire. C'est elle qui lui permettra de prendre, à côté de l'industrie qui s'est avec tant d'ardeur élancée en avant dans le champ des découvertes, la place qui lui convient et qu'elle n'aurait jamais dû abdiquer. Une exploitation agricole sera une véritable usine, pourvue de tous les moyens d'action qui font, de nos manufactures, des instruments si parfaits. Peut-être, à de certains égards, y aura-t-il lieu de regretter cette transformation de l'agriculture, mais au point de vue économique elle est inévitable, disons plus, elle est nécessaire, et il serait puéril de lutter contre un courant qui doit tout emporter. La grande culture pourra recevoir la précision et la perfection de la petite. Bien plus, la petite culture, devenue trop onéreuse par l'impossibilité d'user des instruments perfectionnés, tendra à disparaître, sans entraîner avec elle la petite propriété. Celle-ci, en effet, pourra emprunter au régime féodal du passé et faire tourner à son profit quelques-uns des procédés qui étaient autrefois un prétexte d'exactions et une cause de misère, pour en faire une source de richesses; il sera facile, par exemple, à de petites associations rurales, d'acquérir à frais communs et d'utiliser, pour les besoins de chacun de leurs membres, ce matériel ingénieux, mais d'un haut prix qu'aucun d'eux, abandonné à ses propres forces, n'aurait été en mesure de se procurer.

On a remarqué avec raison que l'introduction de grands appareils devait amener un résultat plus général encore. Les agriculteurs, dont jusqu'ici les avances consistaient en frais de main-d'œuvre, et qui, pour entretenir leur exploitation, avaient à acheter peu de produits fabriqués, se croyaient intéressés à défendre les lois de restriction, appelées protectrices, et pensaient que le maintien de ces lois assurait le haut prix de leurs denrées, sans frapper le travail qui les produit. Cette opinion, si peu fondée qu'elle fût, paraissait difficile à combattre, et l'on n'osait qu'avec une extrême lenteur tenter les expériences qui seules auraient pu jeter une pleine lumière sur les systèmes économiques. L'application de plus en plus étendue de la mécanique à l'agriculture, place désormais le cultivateur dans la situation du fabricant; non-seulement il doit chercher les moyens de placer son produit aux meilleures conditions possibles, mais, obligé de se pourvoir d'un matériel compliqué, dans lequel il engage des capitaux considérables, il doit désirer qu'il lui soit permis de se procurer ce matériel aux conditions les plus avantageuses. Il sentira alors les obstacles que des restrictions sans nombre opposent au perfectionnement des instruments qui lui seront devenus nécessaires, ainsi qu'à l'abaissement de leur prix; il sera donc le premier à repousser cette arme perfide qui semblait le défendre, mais qui le blessera tout à coup en doublant l'étendue des sacrifices qu'une science plus avancée lui impose.

Mais revenons au présent, et considérons d'un regard l'état actuel de la mécanique agricole; elle date d'hier, nous l'avons dit, et sans doute elle est bien loin d'égaler encore sa rivale, la mécanique industrielle, qui cependant lui a ouvert la voie. Elle marche, elle essaie, et, si plus d'une tentative n'a abouti qu'à un succès douteux, d'autres ont produit de bons résultats. On a perfectionné les outils anciens. on en a imaginé de nouveaux; on a inventé de grands appareils, qui épargnent les bras, qui font mieux, plus vite et plus économiquement. Près de trois cents fabricants avaient envoyé, à l'Exposition universelle de Londres, en 1851, des machines aratoires, et ce fait seul témoignait de l'attention curieuse dont les applications nouvelles étaient l'objet. Ces mêmes exposants ne sont pas accourus certainement en moins grand nombre à l'Exposition universelle de Paris, et l'on pourrait dire, sans trop d'exagération, qu'ils ont accumulé dans l'Annexe et dans les jardins du Palais de l'Industrie une masse innombrable d'appareils divers. Hâtons-nous de le proclamer, ce ne sont pas de simples objets de curiosité, car, chez nos voisins, ils passent tous les jours dans la pratique; les fabricants qui les exposent, les livrent par milliers à la consommation, et leur valeur représente des millions. On a remarqué que les machines anglaises sont d'un aspect plus rude et d'une construction plus simple, peut-être quelquefois mieux entendues que les nôtres. Nos constructeurs français recherchent plus volontiers l'élégance et ne fuient pas le luxe : l'artiste a pris toujours sa petite place à côté de l'ingénieur. L'Amérique, cela va sans dire, exagère les dispositions *utilitaires* de son ancienne métropole; elle ne se contente pas de dédaigner la parure, elle semble la mépriser.

Il nous faudrait plusieurs pages pour nommer seulement les divers modèles de charrues, de herses, de rouleaux, d'extirpateurs, de scarificateurs, qui se disputaient la préférence des agronomes. En général, ils produisent un travail utile, et quelques-uns se distinguent par des dispositions véritablement ingénieuses. Toutefois, parmi ces machines destinées à donner les premières façons à la terre, on trouve encore avec regret bien des lacunes, et les combinaisons proposées sont souvent impropres aux fonctions auxquelles on les destine.

Plusieurs semoirs excitaient un intérêt très-légitime. On ne calcule pas sans surprise l'importance des services que pourrait rendre un instrument de ce genre, qui répondrait à toutes les conditions du programme qui lui est imposé. L'ensemencement à la volée est un procédé tellement défectueux, que, malgré l'énormité des frais, on trouverait encore du profit (si cette méthode était matériellement praticable, dit un agronome expérimenté), à faire déposer grain à grain par des femmes et des enfants la semence dans des trous pratiqués avec le doigt ou un bâton, et disposés en lignes parallèles. Malheureusement, il n'y a pas de population qui puisse suffire à ce labeur. En France, où les machines à semer sont encore à peu près inconnues, la moitié de la semence est confiée en pure perte à la terre, et, si l'on réfléchit que notre pays produit annuellement cent millions d'hectolitres environ de céréales, que les semailles en absorbent de treize à quatorze millions d'hectolitres, on en conclut, non sans étonnement, qu'il serait possible de réaliser parmi nous, par le perfectionnement de cette seule opération, une économie d'environ sept millions d'hectolitres équivalant aux déficits qui suffisent pour produire une crise alimentaire.

Les *moissonneuses* semblent avoir dès à présent réalisé tout ce qu'on est en droit d'attendre. Déjà elles fonctionnent bien, et les récoltes qu'on en obtient sont le gage d'un succès complet. Appliquées au fauchage, on peut, il nous semble, remarquer avec justice qu'elles ont de nouvelles difficultés à vaincre, et qu'elles ne les surmontent pas avec un égal bonheur. La tige molle et flexible des graminées s'incline souvent, au lieu de résister, et l'appareil qui ne peut pas la couper se contente de la courber; mais c'est, nous le croyons, par un excès de prudence, qu'à l'égard de ces utiles machines, les agronomes gardent encore un peu l'attitude de l'observation et de l'attente.

Les *batteuses* semblent s'être approchées plus près du but, et déjà on peut, dans les fermes, les employer avec avantage et économie. L'usage même s'en répand de plus en plus, et il s'est déjà bien généralisé chez nos voisins.

Nous passerons, sans nous y arrêter, à côté des trieurs, des hache-paille, et de quelques appareils destinés à la conservation des grains, quoique ces appareils soient dignes pourtant de provoquer l'étude des hommes compétents.

Il y a aussi les curiosités de la mécanique agricole, idées ingénieuses, de peu d'importance au premier abord, mais qui, sous un aspect modeste et simple, cachent toutefois une ambition assez haute, et visent à des résultats importants. Dans cette classe peut être placée une petite brouette, destinée aux jeunes pâtres, et remplie d'outils divers pour travailler le bois, pour labourer la terre ou pour récolter les engrais naturels. L'inventeur s'est livré, à propos de ce joujou, à des calculs qui ne manquent pas d'intérêt. Quatre cent mille enfants, dit-il, sont sur toute la surface du territoire occupés à la garde des bestiaux. C'est une occupation qui n'absorbe guère leur intelligence et leurs bras; souvent ils dépensent fort mal ce temps, dont l'oisiveté, mauvaise conseillère, est l'emploi le plus légitime. Donnez-leur cette brouette magique. Ils peuvent facilement, à l'aide du petit arsenal qu'ils y rencontreront, gagner 30 cent. par jour. Comptez cent cinquante journées de ce travail par année, c'est pour chaque enfant 45 francs de bénéfice, et, pour les quatre cent mille enfants, 18 millions; somme énorme, en effet, et résultat bien heureux et bien désirable. Mais qui surveillera ces enfants abandonnés, et les soumettra à la laborieuse discipline qu'on exige d'eux? Ne craignez-vous pas qu'au fond de votre brouette, reste inemployé, comme l'espérance au fond de la boîte de Pandore, un petit outil indispensable dans l'occurrence, l'amour du travail?

Le chef-d'œuvre de la mécanique agricole, l'appareil par l'indication duquel nous terminerons cette étude, celui qui marque un nouveau progrès dans la science dont nous nous occupons, c'est la *locomobile*; avec elle, la vapeur, c'est-à-dire l'agent le plus parfait et le plus puissant de l'industrie, fait son entrée dans l'agriculture, et quand il y aura marqué largement sa place, l'exploitation des campagnes sera mise au niveau du travail manufacturier. On sait que, par ce nom barbare de *locomobile*, on désigne une machine à vapeur, facile à transporter et dont on applique la force à un travail quelconque. C'est un moteur mobile lui-même, condition essentielle dans un atelier où il est impossible de réunir le travail sur un seul point. Ainsi, la locomobile n'est point, à proprement parler, une machine agricole, c'est une force appliquée à l'agriculture, et destinée à mettre en mouvement des appareils spéciaux. C'est, comme on l'a dit avec esprit, de la vapeur à l'état nomade; c'est une usine improvisée et transportable. Cette machine à vapeur est placée sur un chariot et conduite par un cheval ou un attelage plus complet, selon sa force, sur le lieu où elle doit fonctionner. Avec la force qu'elle prête au cultivateur, ou plutôt qu'elle lui vend, il peut battre son beurre, scier du bois, élever l'eau dans une pompe, battre les gerbes, hacher la paille, et exécuter mille autres manœuvres; bientôt peut-être il pourra labourer son champ ou couper sa moisson. Les Anglais, on doit s'y attendre, nous ont devancés dans l'emploi de ces utiles appareils. L'usage s'en repand chez eux avec une extrême rapidité, et un économiste éminent, M. de Lavergne, ne craint pas d'affirmer que dans dix ans on citera comme une exception la ferme qui en sera dépourvue. Les chemins de fer portatifs rendront plus commode et plus prompte la manœuvre de la locomobile. M. Clayton, le fabricant le plus renommé de ces appareils, en a déjà livré douze cents à la consommation, et, dans une seule année, il en a construit trois cent soixante-dix. Une locomobile Clayton, de la force de quatre chevaux, pèse quatre cents livres anglaises et coûte 4,375 fr. au prix de 1,100 fr. par cheval. Elle consomme en dix heures trois à quatre cents livres de charbon et quatorze cent cinquante-trois litres d'eau; elle bat soixante-sept à soixante-quinze hectolitres de froment. A mesure que la force augmente, le prix s'abaisse relativement, et une machine de dix chevaux ne coûte plus qu'environ 712 fr. par cheval. On peut estimer que, comparé à l'emploi des chevaux, l'usage des locomobiles présente une économie d'environ 33 p. 0/0.

L'introduction des locomobiles en France est de date encore toute récente. En 1851, au moment de l'Exposition de Londres, il n'en était pas sorti une seule des ateliers de notre pays, et la première qui ait été vue parmi nous était de fabrique anglaise, et avait été achetée par le Conservatoire des arts et métiers. Depuis ce temps, nous avons fait des progrès qu'il est intéressant de noter. Des ateliers de construction se sont établis chez nous, à Paris, à Nantes, à Orléans, à Saint-Quentin, et non-seulement ils produisent ces utiles instruments, mais ils les vendent, ce qui n'est pas toujours la même chose chez nous, quand il s'agit d'applications utiles. Parmi les nombreuses locomobiles qui figuraient à notre Exposition universelle, on en remarquait plusieurs de fabrique française, qui ne le cédaient pas à celles d'aucun autre pays.

Tel est en Europe, autant qu'il nous a été permis de la tracer en quelques pages, la situation actuelle de la science agricole. Restée pendant des siècles stationnaire, et réveillée enfin par le bruit des progrès qu'ont accomplis les arts manufacturiers, elle s'est frayé une voie nouvelle de développement et de progrès où elle marche avec des succès divers; dans le cours des vingt dernières années, elle a plus fait pour perfectionner ses méthodes, pour augmenter la masse des produits, pour améliorer les conditions économiques de la production, qu'elle n'avait fait pendant vingt siècles d'engourdissement. Cette situation est pour tous pleine d'espérances; pour quelques-uns déjà, elle a été prodigue de résultats heureux. Pour nous, il faut bien l'avouer, elle est surtout féconde en enseignements. Il est à souhaiter que nous en sachions profiter, et qu'éclairés par une expérience dont nous avons peut-être attendu trop longtemps les avis, nous rattrapions le temps perdu, en nous plaçant au même rang que nos pacifiques rivaux qui n'ont jamais eu, pour l'emporter sur nous, d'autre avantage qu'une volonté plus ferme et une résolution plus hardie.

REVUE DES PRINCIPAUX OBJETS

EXPOSÉS DANS LA TROISIÈME CLASSE.

Ici encore, l'examen des produits exposés doit commencer par celui des cartes agronomiques. L'idée de l'exécution de ces sortes de cartes ne remonte qu'à un petit nombre d'années. C'est M. de Caumont, qui le premier la mit à exécution, en publiant, en 1834, la carte agronomique du Calvados. Depuis cette époque, plusieurs savants se sont livrés à ces utiles travaux; l'Exposition universelle leur fournit l'occasion de les mettre en évidence. Parmi les plus remarquables, nous citerons : 1° des cartes agronomiques faisant connaître les qualités des terres en culture de l'Irlande, établies sous la direction de sir Kane, d'après les analyses chimiques du docteur Sullivan et de M. Gayes; d'autres, dues au docteur Griffiths, à Dublin, et présentant les évaluations officielles des terres cultivées des comtés d'Irlande; 2° les cartes agronomiques de l'arrondissement de Châtillon-sur-Seine, de M. J. Beaudoin, et enfin la carte de la culture de la vigne dans la Côte-d'Or, par M. le docteur J. Lavalle.

M. LE Dr S. LAVALLE, à Dijon (France).

M. le Dr Lavalle, professeur d'histoire naturelle médicale à l'École de médecine de Dijon, exposait une carte de la culture de la vigne dans la *Côte-d'Or* accompagnée d'un livre remarquable sur l'histoire et la statistique de la vigne et des grands vins de cette contrée si célèbre par ses vignobles.

La carte de M. Lavalle est à un trente-millième, ce qui permet au lecteur d'y retrouver sans peine les climats vignobles les moins étendus. Toutes les divisions de ces climats ont été scrupuleusement relevées, les hauteurs des principaux points au-dessus du niveau de la mer indiquées, et les hachures du plan topographique tracées avec assez de soin pour qu'elles servent non-seulement à indiquer les accidents de terrain, mais aussi à retrouver la hauteur approximative de tout autre point. Ce travail remarquable a été récompensé par une médaille de première classe.

COMPAGNIE GÉNÉRALE DES ENGRAIS DE LONDRES (Royaume-Uni).

L'emploi des engrais artificiels, sur une échelle un peu vaste, ne date que d'un petit nombre d'années. Le guano, le nitrate de soude, les débris des animaux morts, les matières des vidanges, les résidus d'un grand nombre d'usines rentrent chaque jour de plus en plus dans la consommation générale. Sans doute ces engrais ne peuvent avoir la prétention de se substituer aux fumiers des fermes, mais ils peuvent être d'un grand secours comme complément, surtout dans une agriculture perfectionnée où les fumiers sont presque toujours insuffisants.

La Compagnie générale des engrais de Londres avait exposé une collection remarquable d'engrais; on y trouvait deux guanos, l'un du Pérou, l'autre de la Bolivie : ces deux guanos sont très-riches et méritent d'entrer pour une forte part dans la consommation agricole.

La même Compagnie exposait également plusieurs échantillons d'un engrais, dont les comtés de Suffolk et de Cambridge présentent des gisements très-importants, signalés en 1842. Cet engrais qui provient, d'après l'opinion générale, des excréments de sauriens et autres animaux fossiles, contient de 52 à 55 pour 0/0 de phosphate de chaux. On lui donne le nom de *coprolite*. Il est vendu par la Compagnie générale au prix de 60 à 90 fr. les 1,000 kilogr., selon la plus ou moins grande quantité de phosphate de chaux qui s'y trouve.

Il faut se féliciter de voir s'accroître dans de grandes proportions la production d'un engrais aussi précieux, qu'on n'avait pu se procurer jusqu'à présent que dans des limites très-restreintes, tant qu'on n'avait eu d'autres ressources que le noir animal des sucreries ou des raffineries, ou les os eux-mêmes, les gisements considérables de l'Estramadure, connus depuis longtemps, n'ayant jamais été exploités au point de vue agricole. (Médaille de première classe).

M. J. FICHTNER ET FILS, à Atzgersdorf (Autriche).

M. J. Fichtner et fils exposaient des poudres d'os. Quelques détails sur les procédés suivis à l'usine d'Atzgersdorf et sur les produits livrés au commerce par les fabricants feront comprendre toute l'importance de leur industrie.

Les os frais, tels qu'ils proviennent des abattoirs, sont placés dans des chaudières où on les soumet à l'action de la vapeur ; rendus plus friables, il sont ensuite pressés sous des meules qui les pulvérisent. Les eaux qui proviennent des chaudières sont employées à fabriquer des engrais ammoniacaux.

La poudre d'os sert, en Allemagne, pour le blé; en Angleterre, on l'emploie pour les turneps et les prairies.

Les Allemands combinent les os avec l'acide sulfurique et les font servir pour les racines et le colza. La poudre d'os revient, dans l'usine de M. Fichtner, à 10 fr. 75 c. par 100 kilos; les os concassés se vendent 9 fr., et les os guanisés, 12 fr. 50 c. On fabrique trois sortes de pâtes d'os acidifiés, l'une à 12 fr. 50, la seconde à 14 fr. 50 et la troisième à 18 fr. les 100 kilos. Les prix sont proportionnés à la quantité d'acide sulfurique employé dans la combinaison, 15 pour 0/0 dans la première sorte, 25 pour 0/0 dans la seconde, 40 pour 0/0 dans la troisième.

Cet engrais s'emploie mélangé par parties égales avec la terre végétale; le mélange se remue à la pelle et on le laisse s'échauffer plus ou moins de temps suivant les sortes. Le grain semé, on sème ensuite l'engrais qui doit être enterré légèrement. Il en faut de 300 à 600 kilos par hectare.

M. Fichtner fabrique aussi de la pâte d'os et de la poudre d'os, pour le pralinage des grains de semence. On emploie 14 kilos d'engrais mouillés avec 70 litres d'eau pour un hectolitre de grains. Le prix des 100 kilos varie de 12 fr. 50 c. à 13 fr. 10 c. (Médaille de première classe).

COMPAGNIE DU GUANO SARDE, à Sassari (États Sardes).

L'Exposition universelle a mis en évidence des gisements de guano, qui, jusqu'à ces derniers temps, avaient été négligés. La Compagnie du guano sarde avait envoyé, sous le nom de guano sarde, plusieurs échantillons d'une substance de couleur brunâtre, avec des points blanchâtres, présentant souvent des débris reconnaissables d'oiseaux, et composés de fiente et de détritus divers déposés par les chauves-souris dans les grottes de l'île de Sardaigne. Aussi, le nom de cet engrais serait-il bien plus véritablement celui de *guano de chauves-souris*.

Il est difficile d'évaluer la quantité de guano qui existe dans les grottes de la Sardaigne; dans quelques-unes la couche n'est que de quelques décimètres, tandis qu'ailleurs elle est de 5 à 6 mètres. Puis, ces grottes varient de grandeur; quelques-unes ont peu d'étendue, d'autres sont tellement grandes qu'on ne peut les parcourir en une heure. La Compagnie a déjà extrait 400,000 kilogrammes de la grotte de Boratta, et l'on évalue à 15 millions de kilos ce qu'il peut y en avoir en Sardaigne. Cet engrais, qui a été reçu avec faveur par les agriculteurs de la plaine lombarde, se vend, à Gênes, 25 fr. les 100 kilos. (MÉDAILLE DE PREMIÈRE CLASSE).

DE SUSSEX F. S. ET Cᵉ, A PARIS (FRANCE).

La Société des Manufactures de Javel s'est assuré, par des contrats, la propriété exclusive des produits propres à la fabrication d'un engrais entièrement composé de matières fertilisantes. C'est dans ce but qu'elle a obtenu la concession des vidanges des Abattoirs de Paris.

S. E. le Ministre de la Guerre l'a chargée, en outre, du service des fossés des fortifications de Paris.

Par des procédés brevetés, la Manufacture de Javel produit des silicates de soude et de potasse d'une qualité supérieure; elle fabrique encore sur une grande échelle les phosphates de chaux.

L'engrais de Javel étant aussi composé des produits secs de la vidange, de sang coagulé, de phosphates, de sels nécessaires à la végétation, constitue un engrais doué d'une grande puissance.

De plus, cette Société s'est acquis un titre à la reconnaissance des cultivateurs, en prenant l'initiative de la VENTE SUR ANALYSE de ses engrais.

L'analyse de l'engrais préparé pour la saison de 1855, a donné :

Matières organiques contenant en azote l'équivalent de 5, 40 d'ammoniaque..	42,60
Phosphates, carbonates, chlorures, alcalins..................	12,10
Matières minérales, silicates, silice, etc..................	25,50
Humidité..................	19,80
	100,00

L'avantage de connaître la composition d'un engrais est immense, car cela permet de l'employer en plus ou moins grande quantité suivant la nature des récoltes que l'on veut obtenir.

Le prix de l'engrais de Javel est de 16 fr. les 100 kil. pris à Paris.

Le jury de la Xᵉ classe, ARTS CHIMIQUES, a décerné à M. DE SUSSEX et Cᵉ une MÉDAILLE DE PREMIÈRE CLASSE.

M. LE MARQUIS CH. DE BRYAS, AU TAILLAN, GIRONDE (FRANCE).

Le nom de M. DE BRYAS, un des grands propriétaires de la Gironde, prend sa place parmi les noms des agriculteurs français qui se sont voués avec le plus de zèle et d'intelligence aux études et aux travaux du drainage.

Le drainage n'est pas en lui-même une invention nouvelle. Les Grecs et les Romains savaient bien qu'en creusant sous le sol, à une profondeur convenable, des conduits qui aboutissent à des réservoirs, on débarrasse les terres humides des eaux nuisibles qui, n'ayant pas d'écoulement, empêchent le développement régulier des plantes; nos aïeux eux-mêmes (et un texte d'Olivier de Serres le prouve) pratiquaient, lorsqu'ils le pouvaient commodément, ces desséchements si utiles; mais le drainage a mérité d'avoir un nom moderne et de figurer parmi les plus grandes ressources de notre agriculture, dès que l'Angleterre a recherché et trouvé les moyens d'en faire usage à peu de frais et d'en rendre ainsi la pratique accessible à tout le monde.

Une découverte inapplicable n'est point une vraie découverte; les inventeurs réels de l'art de dessécher les terres et de doubler les récoltes en desséchant le sol, sont ceux qui ont étudié tous les détails matériels de cette grande question agricole, et qui ont enfin déterminé la manière d'ouvrir les tranchées, de poser les drains de poterie qui absorbent l'humidité, et de faire tout le travail avec le moins de dépense possible.

Établir des fabriques de tuyaux dans le plus grand nombre de centres agricoles, faire que ces tuyaux soient de la forme la plus commode, c'est-à-dire qu'ils restent stables dans le lit des conduites; veiller à ce que leur solidité soit parfaite, les disposer de la manière la plus convenable, en couvrant de demi-manchons les jointures; établir pour le mieux l'appareil des collecteurs, ouvrir et façonner les tranchées, puis les fermer avec tous les soins, toute la promptitude et toute l'économie désirable, voilà les diverses parties du problème posé devant les agriculteurs.

Chalet renfermant l'exposition de M. le marquis de Bryas (Galerie de l'agriculture).

M. de Bryas a drainé plus de 150 hectares de sa propriété du Taillan. Lorsqu'il commença ses travaux, il avait étudié les divers procédés employés par les nations étrangères, il avait fait venir des ouvriers et des outils belges; aujourd'hui il marche seul, et à l'exception d'un seul outil, celui qui sert à établir le lit des tranchées, tout le drainage s'exécute chez lui à la française et pour l'exemple de la France. Selon la nature présumée du sol, il trace les sillons à des distances inégales qui vont jusqu'à 30 mètres; et il a passé un marché avec un fabricant voisin qui lui fournit, au prix moyen de 22 fr. le 1000, des drains de

$0^m,03$, $0^m,05$, $0^m,07$ de diamètre et d'une longueur de $0^m,36$. Ces tuyaux entièrement cylindriques sont recouverts aux points de jonctions par des demi-manchons d'une longueur de $0^m,08$. Les drains sont essayés, c'est-à-dire trempés dans des bassins, ce qui établit leur résistance à la désagrégation par la voie humide; une fois placés, on marche dessus avec des sabots, pour s'assurer de leur solidité. Le prix moyen du mètre de drain, tout posé d'après ce système, est inférieur à celui qui résulte de tout autre mode de drainage.

Quelques agriculteurs emploient des tuyaux qui présentent à l'une de leurs extrémités une sorte de collier tenant lieu de demi-manchon, et les drains sont placés ainsi avec une facilité plus grande. M. de Bryas a prouvé sans peine que ces espèces de manchons qui sont adhérents au drain présentent un inconvénient très-grave, puisqu'ils ne reçoivent l'eau que d'un côté et précisément ne la reçoivent pas du côté de la pente.

Il y a une foule de détails dans une opération qui paraît aussi simple que l'ouverture des tranchées et la pose d'une série de tuyaux en poterie. Les détails sont de bien des espèces différentes. Il n'en est guère dont M. de Bryas ne se soit rendu compte et qu'il n'ait réduits à leur expression la plus simple en s'inspirant des conseils de la raison et en s'instruisant chaque jour aux leçons de sa propre expérience. Il a résumé ses travaux dans un *Exposé pratique* qui est un guide clair et un excellent instituteur à indiquer aux agriculteurs timides. Lors des expériences agricoles qui eurent lieu à Trappes le mardi 14 août 1855, en présence de S. A. I. le prince Napoléon, d'après le programme dressé sous ses auspices, les travaux de drainage de M. de Bryas furent la première étude de la journée et méritèrent d'en être le premier succès.

Des terres, qui n'étaient louées que 50 ou 60 francs l'hectare avant le drainage, se sont louées 145 et 180 francs, dans cette belle propriété de 284 hectares, qui s'appelle le Taillan, et qui, à 8 kilomètres de Bordeaux, se divise en jardins-maraîchers, prairies, terres, vignes et bois. Que chacun suive l'exemple et écoute les enseignements pratiques de M. de Bryas, et bientôt les récoltes doubleront de quantité; les terres desséchées, débarrassées de leurs humeurs mauvaises, jouiront d'une santé nouvelle, et cette vigueur, cette jeunesse florissante, s'épanouira, au milieu d'un air plus pur, en moissons plus épaisses et en plus riches vendanges.

M. de Bryas n'a rien négligé pour faire du drainage une chose connue de tous; il a prêché d'exemple : il veut que tout cultivateur, comme lui, s'intéresse à cette rénovation, à cette régénération de notre agriculture.

Une de ses dernières démarches est la présentation d'une adresse à l'Académie des sciences, afin de déterminer cet aréopage à mettre à l'étude la question de la fabrication des drains. La question est essentiellement du domaine de l'Académie, car, pour que les drains soient tout à fait solides, il faut que la pâte qui sert à les faire soit constituée chimiquement dans des conditions particulières.

L'Académie des sciences a compris l'importance de la requête que lui présentait M. de Bryas, et le secrétaire perpétuel, M. Flourens, lui a annoncé que des commissaires avaient été choisis pour s'en occuper. Ces commissaires sont : MM. Boussingault, le comte de Gasparin, Payen, Rayer, Decaisne et Péligot.

Le Jury a décerné à M. le marquis de Bryas une médaille de première classe, et S. M. l'Empereur l'a nommé officier de la Légion d'honneur.

Pour clore cette notice, disons quelques mots des expériences agricoles faites à Trappes, et dans lesquelles le drainage a joué un si grand rôle.

Le Jury, par des expériences spéciales faites loin des yeux du public avec tout le calme que réclame un pareil examen, s'était rendu compte de la valeur propre de chacun des instruments agricoles présentés au concours. Le prince Napoléon, prenant une heureuse initiative, voulut que les agriculteurs pussent voir ces instruments, non pas à l'état de repos dans les galeries, mais en mouvement sur le terrain. Il invita donc le Jury à choisir les meilleures machines de chaque espèce, et à les envoyer à la ferme de Trappes (Seine-et-Oise), que M. Dailly, maître de poste, à Paris, et membre du Jury, avait gracieusement mise à la disposition de S. A. I. En même temps, M. Barral, membre du Jury d'agriculture et rédacteur en chef du *Journal d'Agriculture pratique* [1], recevait du prince pleins pouvoirs pour organiser un essai complet et simultané de tous les appareils désignés par ses collègues du Jury. Cette imposante et curieuse solennité eut lieu le 14 août.

M. Barral avait choisi un terrain très-convenable, à 2 kilomètres de la station de Trappes, près de la route qui conduit au bois d'Arcy, ayant une surface de 7 hectares. C'était un vaste parallélogramme en plaine, bordé d'un côté par des terrains couverts de récoltes, et de l'autre, par un ruisseau assez profond. Sur la berge de ce ruisseau, on avait établi une allée, large de 10 mètres, ombragée par de jeunes arbres et suivant un côté du parallélogramme dans toute sa longueur. Cette allée s'étendait, en ligne droite, jusqu'à la porte de l'enceinte. De cet endroit, un peu plus élevé que le champ des épreuves, on pouvait tout voir, sans être gêné et sans gêner les travailleurs. Ainsi, en entrant, on avait le ruisseau à gauche, et le parallélogramme, où les essais devaient avoir lieu, à droite.

Ce parallélogramme était divisé dans sa largeur en bandes transversales, entourées de cordes tendues et destinées à former le lot de chaque atelier, autour desquels étaient, en outre, disposées des allées pour la circulation; de la grande allée, on prenait chaque chantier en enfilade. Les concurrents rangés sur une longue ligne, devaient tous partir de l'allée, pour labourer, herser, etc.; de distance en distance, des poteaux indiquaient le genre de concours et les noms des propriétaires des instruments. A l'extrémité du parallélogramme, opposée à la porte d'entrée, était une luzerne destinée à être fauchée; en face, de l'autre côté du ruisseau, était le champ de blé que l'on devait moissonner.

Chaque instrument, chaque machine était en place dès le matin. M. Barral avait tout visité pour s'assurer que les machines et instruments étaient en bon état et prêts à bien marcher. Un atelier de mécaniciens et une forge avaient été, du reste, installés sur le terrain par ses soins, afin de réparer au plus vite les accidents qui pouvaient être arrivés pendant le transport, lequel avait dû se faire si brusquement de Paris à Trappes. Cette mesure de prudence, qui n'a pas été inutile, était aussi bien prise dans l'intérêt du public que dans celui des exposants.

Grâce à M. Barral, à sa haute intelligence, à son incroyable activité, le concours, en tout point, fut digne de notre grande Exposition universelle. Dans une séance de six heures, la foule, accourue à Trappes, put voir ainsi fonctionner toutes les machines agricoles nouvelles, et se rendre compte du brillant avenir que le progrès de la mécanique promet à l'agriculture.

Nous devons dire que, dans cette circonstance, M. Barral fut admirablement secondé par l'administration supérieure de l'Exposition, et particulièrement par MM. Trescat et Trelat, chargés particulièrement de suivre les expériences des diverses classes du Jury; Baron, régisseur de la ferme de Trappes; Émile Pluchet, maire de Trappes; Bella, directeur de l'École d'agriculture de Grignon; Heuzé, professeur dans cet établissement; Henri Blaise; Masson, inspecteur de la galerie agricole; Ed. Combes, ingénieur agricole anglais; Auteroche, ancien élève de Grignon, etc., etc.

Le Concours de Trappes restera dans les annales de l'agriculture comme un des plus heureux et des plus grands événements de notre siècle. Quel magnifique spectacle, en effet, que de voir des agriculteurs, des propriétaires, des savants, appartenant à toutes les nations du globe, réunis, à un jour donné, dans une modeste commune de France, pour éprouver simplement et loyalement tout ce que le monde a inventé de plus parfait, de plus complet en fait de machines agricoles et d'instruments aratoires. La France et l'Angleterre, la Prusse et l'Italie, l'Autriche et l'Amérique, la Suisse et la Belgique, la Suède et le Danemark, l'Afrique et la Norvége, se sont donné fraternellement la main sur ce champ de bataille béni du ciel.

1. Nous avons emprunté à cet excellent journal, et aux rapports officiels qu'il a publiés, une partie du compte-rendu de la troisième classe

Vue générale des expériences agricoles faites à Trappes, par le Jury international, le 14 août 1855, en présence de S. A. I. le prince Napoléon.

M. LE VICOMTE DE ROUGÉ, au Charmel, France (Aisne.)

Ce que M. le marquis de Bryas a fait dans le midi, M. le vicomte de Rougé l'a également pratiqué au nord dans de grandes proportions. Plus de 190 hectares ont été déjà drainés par lui, et il a fondé une fabrique de tuyaux et d'outils pour le drainage, qui se recommandent par leur excellente qualité. M. le vicomte de Rougé a formé des ouvriers habiles dont les expériences de Trappes ont permis d'apprécier le mérite, et qui sont aujourd'hui répandus dans plusieurs départements français. (médaille de première classe.)

M. CHAVIGNY, a Bezé, France (Côte-d'Or).

La tuilerie de Bezé, dirigée par M. Chavigny, a livré à l'agriculture, en 1855, deux millions de tuyaux de drainage, six cent mille tuiles, façon Altkerch, deux cent mille tuiles ordinaires, cent mille pots à fleurs, etc., etc. On aime à voir des usines montées sur une aussi grande échelle et capables de rendre à l'agriculture des services multiples. Il serait à désirer que l'exemple donné par la fabrique de Bezé fût suivi partout, et l'on verrait peu à peu disparaître les constructions en pisé et les constructions en chaume qui déshonorent nos campagnes, outre qu'elles présentent sans cesse un grand danger d'incendie.

La fabrique de Bezé emploie encore un four de nouveau système, imaginé par MM. Péchiné et Colas. On a cherché, dans la construction de ce four, le moyen de cuire la poterie d'une manière continue, en utilisant le plus possible la chaleur de la combustion, de telle sorte que la fumée ne s'échappe jamais dans la cheminée à une température supérieure à 200°. En outre, une étuve chauffée par la chaleur perdue des marchandises permet de travailler pendant les temps les plus humides.

M. Chavigny a obtenu une médaille de première classe.

M. MAC CORMICK, a Chicago, Illinois (États-Unis).

M. Mac Cormick est le véritable inventeur du système qui a assuré dans la pratique le succès des machines à moissonner. Deux concours successifs, dans lesquels quinze *moissonneuses* se trouvèrent en présence, ont établi la supériorité de la machine de cet habile constructeur.

Cette machine est traînée par deux chevaux attelés en avant; sur le côté de la flèche, est une large roue en fer au périmètre de laquelle sont placées de petites saillies transversales destinées à mordre la terre et à augmenter la résistance. Cette roue distribue le mouvement à toute la machine. Une roue dentée transmet le mouvement au pignon; ce pignon entraîne une roue d'angle, qui, à son tour, fait marcher le petit pignon du volant. Ce volant fait mouvoir un arbre coudé, auquel est adaptée une tige ou manivelle qui imprime un mouvement horizontal de va-et-vient à la lame de la scie.

Les dents, qui pénètrent dans le chaume et séparent les tiges en petites javelles, sont percées horizontalement pour laisser passer la lame de la scie. Cette scie est formée de grandes dents triangulaires offrant un angle très-obtus.

Les tiges tombent sur une plate-forme qui est recouverte d'une lame de zinc, destinée à empêcher les dents du râteau de s'user. Des planches adaptées à la plate-forme, sous un angle un peu obtus, empêchent les tiges coupées de s'échapper de la plate-forme, avant que le râteau du moissonneur les ait enlevées. Un soc pénètre profondément dans le champ de blé et divise la part que la machine doit couper.

Une poulie, adaptée intérieurement à la grande roue génératrice, transmet, au moyen d'une courroie, un mouvement inverse à un axe élevé au-dessus de la scie, et armé de quatre ailes de forme de hélicoïdale. Cet axe est mobile dans le sens vertical; on peut régler ainsi le battage des ailes.

La figure fait suffisamment apprécier la fonction des ailes du volant : elles appuient le blé sur la scie et le renversent doucement sur la plate-forme.

Un homme, assis sur le siége de la machine, et armé d'un râteau, ramasse les tiges et les dépose en javelles sur le côté.

Machine à moissonner de Mac Cormick.

La machine Mac-Cormick est celle qui a le mieux réussi aux expériences du 2 août. Elle fonctionnait avec une régularité parfaite, et elle a moissonné près de 2,000 mètres carrés en 7 minutes.

Le Jury a décerné à son auteur la seule GRANDE MÉDAILLE D'HONNEUR accordée à l'agriculture.

JAMES ET FRÉDÉRICK HOWARD, A BEDFORT (ROYAUME-UNI).

Les charrues et les herses de ces fabricants leur ont acquis une haute réputation parmi les agriculteurs de tous les pays. Ils avaient envoyé à l'Exposition universelle :

Charrue de MM. Howard.

1° Une charrue construite entièrement en fer avec deux rouelles inégales pour avant-train, un coutre à manche rond et les dispositions usitées dans les araires écossais; essayée au dynamomètre, elle a présenté un tirage de 93; son prix est de 112 fr.

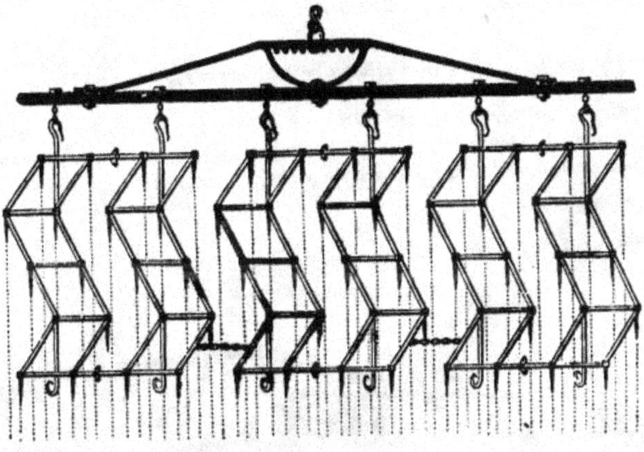

Herse de MM. Howard.

2° Des herses complétement en fer, composées de trois ou quatre barres longitudinales de fer égales entre elles, deux fois coudées en sens contraire, et réunies entre elles par quatre ou cinq barres transversales. Aux jointures des barres sont vissées des dents qu'on serre fortement à l'aide d'écrous. Le tout devient ainsi d'une rigidité complète, et les dents, au nombre de 20 à 36, sont espacées de manière à tracer leurs raies à des intervalles égaux. On attache trois herses semblables, à l'aide de deux crochets chacune, à la balance extrêmement longue de la volée d'attelage, qui les traîne sans qu'elles puissent monter les unes sur les autres. Avec trois chevaux, on ameublit une surface de 3 mètres de large, à l'aide de 60 dents qui tracent leurs 60 raies à 5 centimètres de distance l'une de l'autre.

Râteau de MM. Howard.

3° Un râteau à cheval composé de 24 dents d'acier recourbées, isolément mobiles, à l'aide d'une charnière placée sur un bâti traîné par deux roues. Un levier permet de les soulever toutes ensemble lorsqu'elles sont engorgées. Si elles rencontrent un obstacle, elles cèdent sans se briser. Cet instrument coûte 200 francs; il a été placé par le jury en première ligne. Une MÉDAILLE D'HONNEUR a été décernée à MM. JAMES et FRÉDÉRICK HOWARD.

M. DECROMBECQUE, A LENS, FRANCE (PAS-DE-CALAIS).

M. DECROMBECQUE exposait une collection formée d'une charrue fouilleuse, d'une charrue Dombasle, d'une charrue pour défoncer le sol et pour arracher les betteraves, d'un rouleau Crosskill et d'une herse norvégienne, tous instruments fabriqués sous sa direction, qu'il a perfectionnés et introduits, pour la plupart, dans sa contrée. Le Jury lui a accordé une MÉDAILLE DE PREMIÈRE CLASSE.

MM. RANSOMES ET SINS, A IPSWICH (SUFFOLK), ROYAUME-UNI.

Les charrues, les concasseurs d'avoine et de fèverolles, les coupe-racines et autres instruments perfectionnés par ces fabricants, ont montré que l'établissement célèbre d'Ipswich continue à rester au premier rang pour les instruments agricoles solidement et ingénieusement construits.

Charrue de MM. Ransomes et Sins.

Une de leurs charrues, age doublé en fer, deux roues à tige mobile, régulateur vertical à crémaillère, a été expérimentée à Trappes, et a présenté un tirage de 219; son prix est de 117 fr.

Le coupe-racines de MM. Ransomes et Sims est à double action, c'est-à-dire que quand on tourne la manivelle dans un sens, on débite les racines en tranches pour la nourriture du gros bétail, et que quand on tourne dans l'autre sens on les débite en prismes allongés pour l'alimentation des moutons. Les couteaux, de formes convenables, sont disposés sur un cylindre creux légèrement incliné, dans lequel tombent les racines découpées, pour glisser ensuite dans la corbeille destinée à les recevoir. Cet instrument, inventé par Gardner, coûte 137 à 150 francs, selon qu'il est fixe ou qu'il est monté sur des roues pour être facilement transporté. Destiné surtout à couper, dans les parcs mêmes, les turneps pour la nourriture des moutons, il est établi de manière à pouvoir résister aux intempéries atmosphériques.

Le concasseur d'avoine et de fèverolles de Biddell, construit par MM. Ransomes et Sims, a obtenu le plus grand et le plus légitime succès aux expériences de Trappes; il a été acheté par le prince Napoléon pour le service de ses écuries.

Ce concasseur est le plus parfait que l'on connaisse jusqu'à ce jour; le prix varie de 95 à 120 francs. (MÉDAILLE D'HONNEUR.)

GARRETT RICHARD ET FILS, A SAXMANDHAM (ROYAUME-UNI).

Ces constructeurs avaient exposé deux semoirs, deux houes à cheval à levier, une houe tournante, un distributeur d'engrais, un concasseur de tourteaux, qui méritent de fixer l'attention. Le semoir et la houe bineuse qui l'accompagne comme complément presque indispensable d'une culture soignée, sont deux machines justement estimées pour les inventions qui les caractérisent et pour les bons services qu'elles rendent; malgré leur complication pour une agriculture moins riche que l'agriculture anglaise, elles sont appelées à se répandre dans les autres contrées à mesure que le progrès agricole s'y développera. (MÉDAILLE D'HONNEUR.)

M. WILLIAM CROSSKILL, A REVERTEY (ROYAUME-UNI).

L'exposition remarquable de ce constructeur présentait notamment un rouleau à disques articulés qui est une des plus heureuses inventions agricoles de ce temps, et une charrette-tombereau qui se dis-

Rouleau de M. William Croskill.

tingue par une construction extrêmement soignée, en même temps que par diverses dispositions ingénieuses pour la bonne répartition de la charge et pour la solidité des roues. (MÉDAILLE D'HONNEUR.)

M. BENTALL, A HEYBRIDGE-MALDON (ROYAUME-UNI).

M. BENTALL présentait à l'Exposition universelle un dynamomètre agricole muni d'un avant-train à essieux mobiles dans le sens de la largeur et de la hauteur, que l'on s'est empressé d'imiter pour monter le dynamomètre si exact de M. le général Morin.

Grâce à M. BENTALL, l'agriculture possède maintenant, dans le dynamomètre de M. le général Morin, un appareil qui ne laisse rien à désirer, pour calculer le tirage des charrues, et pour étudier la valeur des divers instruments aratoires dans les diverses natures du sol. Nous reviendrons sur cet instrument dans la IVe classe à laquelle il appartient.

En outre, M. BENTALL est inventeur une charrue à large soc, pour le déchaumage, qui a été expérimentée à Trappes et qui marche parfaitement. (MÉDAILLE DE PREMIÈRE CLASSE.)

M. WILLIAM BALL, A ROTWEL-KETTERING (ROYAUME-UNI).

La charrue de ce constructeur s'est placée au premier rang, à côté des meilleures charrues de l'Exposition universelle; elle a remporté souvent les prix de charrues aux concours de la Société royal d'agriculture d'Angleterre. M. BALL avait, en outre, exposé un chariot remarquablement construit. (MÉDAILLE DE PREMIÈRE CLASSE.)

Charrue de M. William Ball.

M. FL. MAURER, A GAGENAU (GRAND-DUCHÉ DE BADE).

M. MAURER a exposé le meilleur coupe-racines de l'Exposition. Quoique construit sur une si grande échelle, qu'il paraissait plutôt destiné à une usine telle qu'une sucrerie ou une grande distillerie qu'à une exploitation rurale, le coupe-racines de M. MAURER a vivement intéressé les connaisseurs, et a figuré aux expériences de Trappes.

Cet instrument taille les betteraves, les pommes de terre, les navets en prismes rectangulaires d'une précision presque géométrique; il eût sans doute mérité à son constructeur, de la part du Jury d'agriculture, une récompense d'un ordre plus élevé, s'il avait été établi sur une échelle plus petite, de manière à pouvoir être conseillé immédiatement dans toutes les exploitations agricoles. (MÉDAILLE DE DEUXIÈME CLASSE.)

M. ARMELIN, à Draguignan (France).

M. Armelin a exposé une charrue, destinée surtout aux terrains pierreux; elle présente, adaptée au versoir de Dombasle, une pointe de soc qu'on peut avancer facilement à mesure qu'elle s'use; elle est bien construite et d'un prix peu élevé. (Médaille de première classe.)

Charrue de M. Armelin.

M. FRANÇOIS BELLA, directeur de l'École Impériale d'agriculture de Grignon (France).

La Société agronomique de Grignon, qui a été fondée sous le patronage des plus grands noms de France dans un but d'intérêt public, et dont les excellents exemples ne sont plus contestés, a exposé une partie du matériel agricole fabriqué dans ses ateliers.

Ce matériel porte un cachet de simplicité qui en rehausse la valeur. Ce sont des objets usuels, à la portée d'une agriculture peu riche, et cependant à la hauteur des progrès de la science.

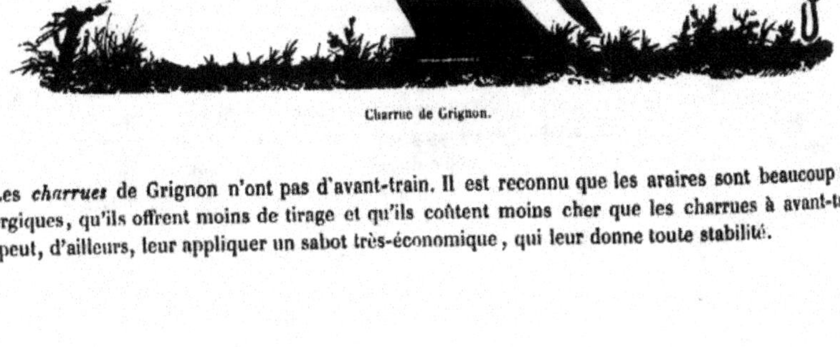

Charrue de Grignon.

Les *charrues* de Grignon n'ont pas d'avant-train. Il est reconnu que les araires sont beaucoup plus énergiques, qu'ils offrent moins de tirage et qu'ils coûtent moins cher que les charrues à avant-train. On peut, d'ailleurs, leur appliquer un sabot très-économique, qui leur donne toute stabilité.

Le régulateur est à triangle; le soc, qui est en fonte ou en acier, de très-petite dimension, peut être ajusté par le laboureur lui-même. Le versoir est en fonte ou en fer battu; c'est une surface héliçoïde engendrée par une génératrice oblique à l'axe, du système de M. François Bella, le directeur actuel.

Le sep est en fonte; il est muni d'un talon mobile en fonte, qui supporte toute l'usure.

Le n° 1, de la force d'un petit cheval, ne coûte que 85 fr. On en peut faire une charrue triple, du prix de 100 fr., qui est préférable, pour les déchaumages, aux scarificateurs.

Le n° 2, qui est de la force de deux petits chevaux et qui ne coûte que 50 fr., a été désigné par le Jury pour les épreuves de Trappes, et a lutté avantageusement avec les magnifiques charrues anglaises qui coûtent 140 fr.

La charrue n° 3 porte un coutre adhérent au soc, qui lui donne beaucoup d'énergie dans les défrichements, et qui se débarrasse lui-même du fumier et des racines que le labour accumule devant les coutres ordinaires.

La charrue tourne-oreille est d'une manœuvre très-facile; le versoir se change, par la seule pression de la bande de terre, et l'attelage se transporte aux deux extrémités de l'axe.

La charrue à rigoles paraît aussi simple qu'énergique. La *herse de Grignon* est en fer, parallélogrammique. Le *scarificateur* est à sept socs, de formes variables et très-économiques.

L'École de Grignon exposait *deux rouleaux*, l'un composé de disques en bois et brisé, d'une compression plus uniforme que les rouleaux ordinaires, l'autre dit *brise-mottes*, dont les dents en fonte sont disposées de manière à produire un double effet. La monture de ce dernier a été remarquée, à cause de sa commodité.

On a remarqué aussi une houe à cheval, d'un usage récent.

Houe à cheval de Grignon.

Les *semoirs* de Grignon sont à cuillers et des plus simples, bien qu'appropriés à toutes espèces de graines. Le semoir à brouette n° 1, pour la petite culture, n'est coté que 50 fr. Le semoir n° 5, à 7 socs, est muni de cuillers, à grandeurs variables instantanément, sans qu'il y ait arrêt : il est accompagné d'une houe à cheval, qui s'adapte sur le train même du semoir, et qui, par une disposition ingénieuse, se prête à toutes les cultures et, entre autres, à celle des céréales en ligne. Le prix est 300 fr.

La *pelle à cheval* de Grignon a pour but de charger et de transporter tout à la fois les terres qui ont été ameublies par la charrue; elle est plus énergique et plus commode que l'ancienne pelle flamande.

Le *râteau à cheval*, analogue au râteau américain, est plus simple et plus solide. Il ramasse le foin et les épis qui restent sur le sol, après l'enlèvement des veillottes et des gerbes. Il ne coûte que 50 fr.

Râteau à cheval fabriqué à Grignon.

Le *coupe-racines* de Grignon est un cylindre conique, garni d'un nombre variable de couteaux; il s'est montré très-énergique.

Parmi les autres objets de cette exposition si intéressante, il faut noter une *puceronnière* ingénieuse, destinée à prendre et détruire les altèses qui dévorent les colzas, navets, etc., des *couteaux à foin et à fumier*, un *transplanteur* pour plantes sarclées, un *sarcloir circulaire* qui semble destiné à rendre d'immenses services à ces cultures, et des *harnais à bœuf* et *à cheval*, qui concilient la solidité avec la légèreté.

Bien que la Société agronomique ait cédé à l'État la célèbre école qui est devenue l'Institut impérial agronomique de Grignon, ses travaux ne cessent pas d'être dirigés de manière à développer l'enseignement pratique des nombreux élèves français et étrangers qui fréquentent cet établissement.

L'école et la Société agronomique, qui ont le même directeur, M. F. Bella, fils du fondateur de l'établissement, concourent au même résultat : l'amélioration économique et la production à bon marché.

En présence d'une aussi remarquable exposition, d'aussi utiles enseignements, on se demande comment le Jury international n'a décerné à M. François Bella, directeur de l'École impériale d'agriculture de Grignon, qu'une MÉDAILLE DE PREMIÈRE CLASSE.

M. BODIN, à Rennes (France).

La houe à cheval, l'extirpateur, la herse à couvrir et les charrues de la fabrique de M. Bodin, directeur de l'École d'agriculture des Trois-Croix, sont à la fois d'une bonne exécution et d'un prix peu élevé, ce qui leur assigne une place distinguée parmi les instruments agricoles admis à l'Exposition universelle.

Houe à cheval de M. Bodin.

La houe de M. Bodin se recommande surtout par l'emploi de clavettes bien préférables aux vis de pression qui s'usent promptement.

Herse à couvrir de M. Bodin.

Le Jury a décerné à cet habile constructeur une MÉDAILLE DE PREMIÈRE CLASSE.

M. BONNET, à Rousset (France).

Le midi de la France n'était pas représenté à l'Exposition universelle selon son importance agricole, mais du moins il avait envoyé une de ses meilleures charrues, celle inventée par un simple maître-valet, M. Bonnet. Cette charrue, excellente pour les défoncements, est aussi employée pour plusieurs cultures et pour l'arrachage de la garance. Elle demande relativement peu de tirage, si on tient compte de la grande profondeur des labours qu'elle exécute. (MÉDAILLE DE PREMIÈRE CLASSE.)

Mme VEUVE CAPPELEN, A DRAMMEN BUSKERUD (NORVÉGE).

La herse présentée par Mme Ve Cappelen (cette herse porte aujourd'hui le nom de *herse norvégienne*) est très-répandue en Angleterre et commencé à être employée dans les autres pays agricoles.

C'était la seule herse roulante qui méritât d'être remarquée entre toutes celles qui figuraient au concours. Elle est surtout excellente pour l'ameublissement des labours.

Cette machine inventée dans les régions septentrionales les plus reculées, n'a pas été naturalisée en Angleterre et en France, sans que le génie agricole propre aux peuples anglais et français lui imposât des modifications très-importantes.

Les herses roulantes, envoyées à l'Exposition universelle par Mme veuve CAPPELEN, ont été fabriquées en Norvége même; ce sont simplement trois essieux en fer parallèles, sur lesquels sont enfilés des anneaux en fonte armés de pointes de 0^m^,12 à 0^m^,18 de longueur, qui en font trois hérissons cylindriques dont les dents s'entre-croisent lorsque le cadre qui porte les essieux se met en mouvement. On conçoit que les pointes s'enfonçant dans le sol pulvérisent les mottes, et font tourner les hérissons autour de leurs axes.

Herse norvégienne de Mme Ve Cappelen.

La herse norvégienne de Mme CAPPELEN a fonctionné aux expériences de Trappes, de façon à convaincre tous les spectateurs de l'efficacité de son action, et, bien que l'on doive admettre qu'elle puisse être perfectionnée, son inventeur n'en méritait pas moins une récompense, aussi le Jury a-t-il décerné à Mme Ve CAPPELEN une MÉDAILLE DE PREMIÈRE CLASSE.

M. WILLIAM BUSBY, à Newton-le-Williosws, Bedale (Royaume-Uni).

M. W. Busby exposait une charrue en fer, excellente de construction et digne d'être placée parmi les meilleures de l'Exposition. Age en fer avec deux roues mobiles; coutre avec un étau à vis; écroûteur à tige ronde fixée à l'age à l'aide d'une chape; régulateur à crémaillère verticale.

Charrette de Busby.

M. Busby exposait, en outre, une charrette de forme légère, munie d'un bon mécanisme pour la répartition de la charge dans les descentes et dans les montées. (médaille de première classe.)

MM. CLAËS, frères, à Lanbecq (Belgique).

La fabrique de MM. Claës s'est placée au premier rang dans l'opinion publique, non pas seulement à cause de la réputation agricole de ses directeurs, mais encore à cause de la bonté des instruments qu'on y prépare : un rouleau, un semoir, une baratte, une houe à cheval, ont donné de très-bons résultats dans les essais auxquels ils ont été soumis. (médaille de première classe.)

M. de CELSING, à l'usine de Hellefors (Suède).

Charrue de Hellefors par M. de Celsing.

Charrue en fer, dite de Hellefors, remarquable par sa bonne construction et son prix peu élevé. (médaille de première classe.)

M. RICHARD COLEMAN, à Chelmsford (Royaume-Uni).

Ce fabricant a inventé un extirpateur très-puissant : dans les expériences qui ont eu lieu devant le Jury, cet instrument, employé pour l'arrachage des racines de colza, a justifié la célébrité dont il jouit en Angleterre.

Scarificateur Coleman.

La *herse de trait* ou *sacrificateur*, de M. Richard Coleman tranche la terre, suivant des plans verticaux parallèles, en même temps qu'elle coupe sous le sol des tranches horizontales. On règle l'entrure des socs, à l'aide du levier vertical, qu'on peut élever ou abaisser. (médaille de première classe.)

M. Urbain COURMIER, à Saint-Romans (Isère), France.

M. Urbain Courmier est l'inventeur d'une machine à moissonner, qui a été expérimentée à Trappes. Quoiqu'elle ne soit pas arrivée dans les détails de la construction au degré de perfectionnement des machines américaines de MM. Mac-Cormick et Manny, cette machine a été jugée par le Jury une des meilleures de l'Exposition. Elle a déjà fonctionné avec succès durant deux moissons, et tout fait espérer que, au moyen de quelques améliorations faciles, elle s'élèvera tout à fait au premier rang. Construite intégralement en fer, elle est d'un prix assez réduit : elle ne coûte que 650 fr., tandis que les machines américaines et anglaises coûtent 750, 850 et 1,050 fr. Elle est mue par un seul cheval, et cependant elle ne met qu'un tiers de temps de plus que les machines rivales conduites par deux chevaux, pour effectuer le même travail. Enfin, elle est assez légère pour que deux hommes puissent la porter et lui faire franchir instantanément des obstacles qui arrêtent longtemps les machines américaines les plus parfaites. (médaille de première classe.)

Moissonneuse de M. Cournier de Saint-Roman (Isère).

COLONIE AGRICOLE DE METTRAY, A METTRAY (FRANCE), INDRE-ET-LOIRE.

La colonie de Mettray, outre plusieurs instruments bien construits, a exposé un araire excellent, copié sur celui que l'on doit à l'illustre Matthieu de Dombasle. En décernant une MÉDAILLE DE PREMIÈRE CLASSE à la colonie de Mettray, qui prépare avec ses jeunes colons de bons ouvriers agricoles, le Jury a sans doute voulu récompenser l'honorable M. Demesz, conseiller honoraire à la Cour d'appel de Paris, directeur-fondateur de la société paternelle de Mettray, qui a tant fait en faveur de la classe si intéressante des jeunes détenus.

MM. GAMST ET LUND MINISTÈRE DE L'INTÉRIEUR, A COPENHAGUE (DANEMARCK).

Un bon dynamomètre, dont le système est fondé sur l'emploi d'un ressort à boudin, a été essayé à Trappes; c'est celui construit par MM. GAMST et LUND, et exposé par le ministère de l'intérieur du royaume de Danemark. Ce dynamomètre, d'un petit volume, consiste en une caisse rectangulaire montée sur deux roues; cette disposition ne permet pas de l'adapter facilement, comme celui de M. Bentall, à toutes les profondeurs et à toutes les largeurs des sillons. Toutefois, ses indications sont parfaitement exactes. Un crayon, selon la plus ou moins grande tension du ressort, trace les indications sur une bande de papier qui se déroule de dessus un premier cylindre et s'enroule sur un second; ces deux cylindres sont commandés directement, à l'aide d'un engrenage, par les roues qui portent la caisse et qui s'appuient sur le sol. En mesurant les ordonnées de la courbe tracée par rapport à une droite menée parallèlement aux abords du papier par le point de départ, et en prenant leur longueur moyenne pour les rapporter à des divisions d'une règle graduée, on a le tirage moyen exprimé en kilogrammes. (MÉDAILLE DE PREMIÈRE CLASSE.)

M. GUSTAVE HAMOIR, A SAULTAIN (FRANCE), NORD.

Cet agriculteur, qui possède et dirige, dans le département du Nord, une très-grande exploitation rurale et une fabrique de sucre importante, a voulu doter sa contrée d'un atelier de construction de bons instruments aratoires.

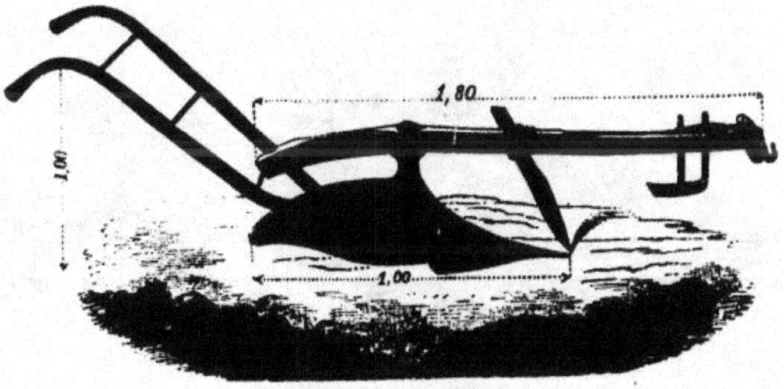

Charrue de M. Gustave Hamoir.

Il a choisi dans ce but les meilleurs modèles de l'Angleterre, de l'Écosse, de la Belgique et de l'Amérique, et il les a modifiés très-ingénieusement pour les approprier aux besoins de l'agriculture française.

Une de ces charrues, expérimentée à Trappes et dont on a sur le terrain consacré la perfection et la régularité du travail, est une importation américaine; le modèle avait été acheté à l'Exposition de Londres, en 1851, et sortait des ateliers de MM. Starbuch et Son de New-York. M. G. Hamoir a fait subir plusieurs modifications à ce modèle; il a d'abord supprimé les roulettes de l'avant-train et en a fait un araire simple avec patin; il y a ajouté une tête d'age en fonte qui permet de régler la marche et l'entrure avec la plus grande facilité.

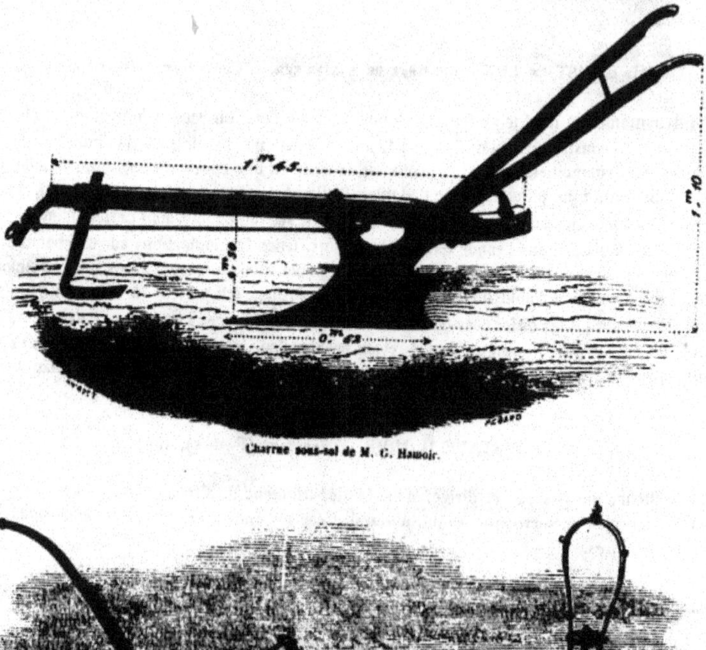

Charrue sous-sol de M. G. Hamoir.

Charrue tourne-oreille de M. Gustave Hamoir.

La charrue sous-sol et la charrue tourne-oreille de M. Hamoir ont été aussi fort appréciées; enfin, un semoir, une houe à cheval, un extirpateur, un rouleau à disques articulés, complétaient cette intéressante exposition qui a valu à M. Hamoir une médaille de première classe.

L'INSTITUT ROYAL POUR L'AGRICULTURE ET L'ART FORESTIER
A HOHENHEIM (WURTEMBERG).

La fabrique d'instruments aratoires qui est annexée au célèbre Institut agricole d'Hohenheim, a exposé une collection d'instruments de grandeur naturelle, et une collection de modèles réduits des meilleures machines inventées pour les divers besoins de l'agriculture dans tous les pays. Un semoir d'une grande simplicité, une houe à cheval, dite trisoc, et un buttoir, qui portent le nom de l'Institut, se faisaient remarquer dans cette exhibition. Ces divers instruments, et principalement les charrues, sont à un prix extrêmement modéré, eu égard surtout à leur bonne confection. La collection de modèles est très-

Charrue de Hohenheim.

utile pour l'enseignement de l'agriculture. On trouve des instruments de la fabrique d'Hohenheim dans toutes les parties du monde, de même que de toutes parts les jeunes agriculteurs viennent chercher un complément d'instruction auprès des professeurs de cet excellent Institut. Au commencement de 1855, il avait été vendu 4,827 charrues, 529 herses, 1,037 trisocs et buttoirs, 480 semoirs, 72 hache-paille et coupe-racines, 80 collections d'outils de drainage, etc. Ces chiffres seuls démontrent l'importance de la fabrique d'Hohenheim, que le Jury aurait sans doute cherché à reconnaître par une récompense d'un ordre plus élevé, si les règlements de l'Exposition le lui eussent permis. (MÉDAILLE DE PREMIÈRE CLASSE.)

M. G. MABÉE, A ROCKFORD (ÉTATS-UNIS), ILLINOIS.

M. MABÉE est le fabricant de la machine à moissonner de M. Manny. Cette machine est plus récente que celle de M. Mac Cormick, mais elle la suit de bien près pour la multiplicité des perfectionnements qu'on y a déjà faits. Elle s'est placée au second rang dans les diverses expériences du Jury international, et elle a disputé de très-près la victoire remportée par la machine rivale. Elle sera probablement moins sujette à se déranger que celle de M. Mac Cormick; elle a un mode d'embrayage et de débrayage très-remarquable et très-rapide; enfin, elle se transforme en une minute, de machine à moissonner, en machine à faucher. (MÉDAILLE DE PREMIÈRE CLASSE.)

M. WILLIAM SMITH, A KETTERING (ROYAUME-UNI), NORTHAMPTON.

M. WILLIAM SMITH exposait une houe à cheval, en fer forgé, d'une grande simplicité, appropriée à tous les genres d'exploitation rurale qui lui a valu une MÉDAILLE DE PREMIÈRE CLASSE.)

Houe à cheval de M. William Smith.

MM. SMITH ET ASHBY, A STAMFORD (ROYAUME-UNI), LINCOLN.

Machine à faner le foin, qui, dans les expériences du Jury, a marché de manière à convaincre les esprits les plus rebelles de la possibilité d'appliquer utilement toutes les ressources de la mécanique la plus perfectionnée aux besoins de la pratique agricole. Avec une machine à faucher, la machine à faner

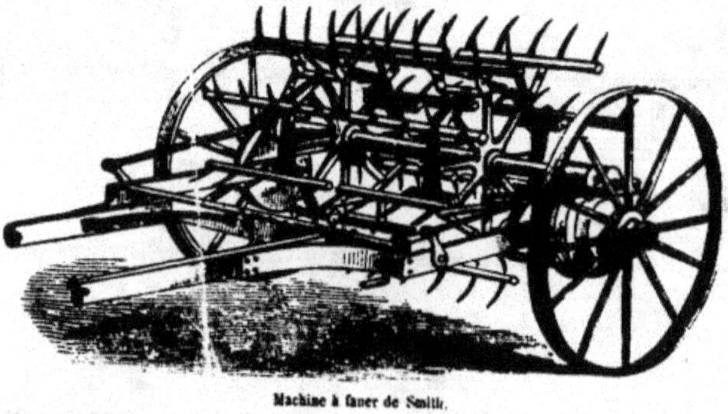

Machine à faner de Smith.

et les râteaux à foin, on pourra couper, sécher et rentrer les fourrages en un seul jour, service éminent rendu à l'agriculture. (MÉDAILLE DE PREMIÈRE CLASSE.)

M. le major G. M. STJERNSVARD, à Stockholm (Suède).

La baratte, dite centrifuge, de M. le major Stjernsvard, est celle qui a le mieux réussi dans les expériences du Jury, et qui a révélé les meilleures conditions dans lesquelles il faut se placer pour fabriquer directement le beurre avec le lait. (MÉDAILLE DE PREMIÈRE CLASSE.)

Baratte, dite centrifuge, de M. le major Stjernsward.

M. Ed. VAN MAELE, à Thielt (Belgique), Flandre occidentale.

Charrue fouilleuse de M. Van Maele.

M. Van Maele s'est élevé de la position de simple ouvrier à celle de chef d'un établissement de construction d'instruments aratoires assez important. Des charrues et hache-paille, présentant plusieurs bonnes dispositions de son invention, ont appelé l'intérêt du Jury.

Charrue de Van Maële.

Dans son hache-paille, des lames courbes tranchantes sont fixées sur un volant; devant l'issue, est une auge qui sert à diriger la paille; celle-ci est serrée entre deux cylindres cannelés qui se meuvent en sens contraire et qui alimentent la machine; l'un des cylindres peut se soulever pour laisser passer les corps

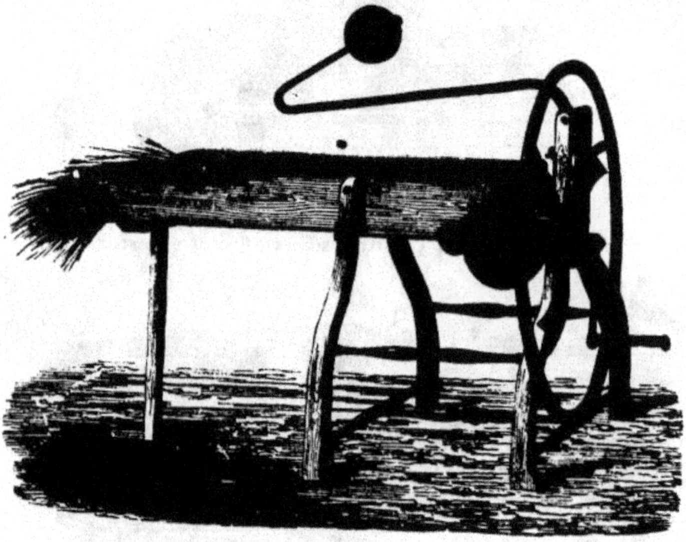

Hache-paille de Van Maële.

étrangers ou des poignées de paille trop fortes, et les engrenages se modifient de manière à ce qu'on puisse couper les fragments de plus ou moins grande largeur. (MÉDAILLE DE PREMIÈRE CLASSE.)

M. F. BERG, à Grand-Jouan (France), Loire-Inférieure.

Les charrues de M. Berg, directeur de l'École impériale d'agriculture du Grand-Jouan, se distinguent par un bon régulateur qui est une modification heureuse du régulateur américain; modification dont l'honneur revient à M. Bouscasse. Ces charrues sont, du reste, imitées des araires de Dombasle. (Médaille de deuxième classe.)

Charrue de M. Berg (Grand-Jouan).

MM. BARRETT, ANDREWS et EXALL, à Reading (Royaume-Uni), Berks.

La machine à ébarber l'orge de MM. Barrett, Exall et Andrews, de Reading, dans le Berkshire (Angleterre), est entièrement construite en fer. L'orge, placée dans la trémie supérieure, tombe dans le cylindre que l'on aperçoit au-dessous. Une manivelle, adaptée à un point de la circonférence du volant

Machine à ébarber l'orge de MM. Barrett, Exall et Andrews.

en fonte, fait mouvoir, au moyen d'une poulie d'engrenage et d'un pignon, l'axe qui traverse le cylindre inférieur.

Cet axe est garni de lames oblongues, lesquelles, pénétrant au milieu de la couche d'orge qui tombe dans le cylindre, enlèvent la barbe du grain et le rendent, à l'orifice, parfaitement nettoyé. Cet instrument, qui a fonctionné à Trappes avec succès, vaut 131 fr. 25 c., pris sur le quai de Londres. (MÉDAILLE DE DEUXIÈME CLASSE.)

M. W. P. STAULAY, A PÉTERBOROUGH (ROYAUME-UNI), NORTHAMPTON.

M. W. P. STAULAY exposait un appareil pour cuire à la vapeur les aliments du bétail; ces appareils, lorsqu'ils seront plus connus, se répandront certainement dans tous les pays où l'agriculture progresse. Cet inventeur exposait aussi un rouleau de Cambridge, fabriqué par lui. Bien que ce rouleau soit inférieur

Rouleau de Cambridge.

pour écraser les mottes au rouleau Croukill, il peut être employé avec succès pour rouler les prairies et raffermir les récoltes en terre après la gelée. (MÉDAILLE DE DEUXIÈME CLASSE.)

M. L. MORSE, A MILTON, CANADA (COLONIES ANGLAISES).

M. MORSE exposait une charrue ayant l'age et les mancherons en bois; age garni de bandes de fer sur ses quatre côtés et portant à son extrémité le régulateur, à son milieu le coutre; muraille en fer entre les deux étançons, mancheron de droite fixé sur le versoir. Cette charrue, expérimentée à Trappes, a mérité à son auteur une récompense.

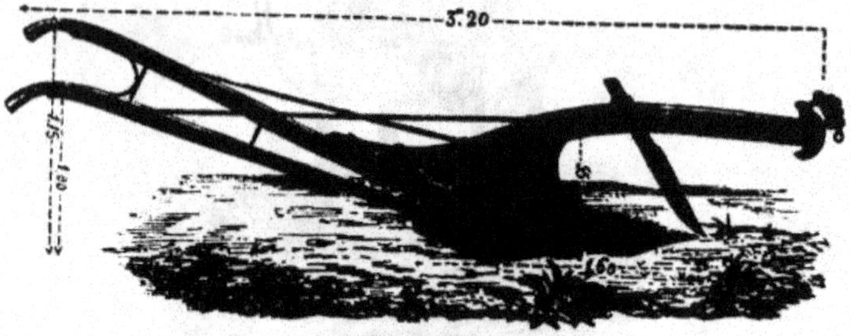

Charrue de M. Morse.

Le Jury lui a décerné une MÉDAILLE DE DEUXIÈME CLASSE.

MM. RICHARD HORNSBY ET FILS, A GRANTHAM, ROYAUME-UNI.

Parmi les machines et instruments présentés à l'Exposition par ces habiles constructeurs, on remarquait des semoirs, des machines à battre et locomobiles qui dénotent chez eux une haute entente des bonnes constructions mécaniques et un grand esprit d'invention.

Les semoirs de MM. HORNSBY sont surtout fort remarquables. Dans ces instruments, les tubes conducteurs sont disposés en avant, en forme de coutres qui ouvrent la raie dans laquelle un cylindre juxtaposé laisse tomber les semences. Des tubes spéciaux déversent l'engrais pulvérulent, de telle sorte qu'il n'y ait qu'une mince couche de terre entre cet engrais et les graines. Des tubes élastiques, flexibles, faits en caoutchouc, viennent s'adapter aux entonnoirs, dans lesquels l'engrais et les semences sont déversés par les distributeurs.

Le charretier, placé en avant du semoir, derrière l'avant-train, tient dans la main un régulateur qui permet, malgré l'irrégularité de la marche de l'attelage, de diriger l'instrument de la manière la plus précise pour avoir des lignes parfaitement parallèles entre elles dans les diverses allées et venues du semoir.

Rien n'est plus ingénieux que toutes ces dispositions, dont la complication apparente est cependant de nature à effrayer les agriculteurs dont l'exploitation se trouve éloignée des lieux où de telles machines peuvent être réparées. (MÉDAILLE D'HONNEUR.)

INSTITUT AGRICOLE D'HOHENHEIM (WURTEMBERG).

Le célèbre Institut agricole d'Hohenheim avait envoyé à l'Exposition universelle une collection de 37 modèles des principaux instruments agricoles tels que : charrues, herses, rouleaux, semoirs, coupe-racines, hache-paille, machines à battre, moulins, pressoirs, machines à faire des tuyaux de drainage, etc., parfaitement exécutés et dont chaque pièce peut se démonter. C'est un ensemble extrêmement utile pour les démonstrations dans les cours; qui de plus peut très-bien servir pour la construction. Le prix n'en était pas très-élevé; on offrait le tout pour 660 fr.

Le Jury a décerné à l'Institut agricole de Hohenheim une MÉDAILLE DE PREMIÈRE CLASSE pour l'ensemble remarquable de son exposition.

LA SOCIÉTÉ D'AGRICULTURE DE BOHÊME, A PRAGUE (AUTRICHE).

Une MÉDAILLE DE PREMIÈRE CLASSE a été décernée à la Société d'agriculture de Bohême pour les soins et le zèle avec lesquels elle a organisé une collection composée de plus de deux cents échantillons très-remarquables de froments, d'orge, d'avoine, de graines fourragères, de légumes divers, de colzas et d'autres plantes oléagineuses, de plus la Société d'agriculture de Prague a eu la bonne pensée de concourir à la splendeur et à l'utilité pratique de l'Exposition universelle, en y envoyant l'excellente collection d'instruments et de machines agricoles que possédait l'École polytechnique de cette ville, qui les a fait construire pour l'instruction de ses élèves. On y trouvait, non-seulement les machines modernes perfectionnées, mais encore beaucoup d'autres machines destinées à retracer l'histoire des progrès de la mécanique agricole. (MÉDAILLE DE PREMIÈRE CLASSE.)

M. ARNHEITER, A PARIS (FRANCE).

L'exposition de M. ARNHEITER se faisait remarquer par une foule d'inventions qui, pour être de peu d'importance, quant au but à atteindre, n'en dénotent pas moins un grand esprit d'observation.

Ce fabricant a vieilli dans la recherche du mieux. Son établissement remonte à 1820, et depuis cette époque il a su constamment augmenter sa bonne renommée. M. Arnheiter est le fournisseur habituel des horticulteurs amateurs auxquels il offre des outils bien faits, commodes, présentant parfois un certain luxe que recherche nécessairement la classe riche à laquelle il s'adresse; nous signalerons particulièrement : l'effeuilloir, destiné à atteindre les fleurs dans les serres sans avoir besoin de recourir à une échelle; un bon cueille-fruit, un greffoir à étui avec serpette, un sécateur à deux lames mobile, des émondoirs, un enfumoir-pompe, une pince à plomber, commode pour s'assurer que le marchand pépiniériste livrera bien les arbres ou arbustes choisis, une cisaille à chariot pour tondre les bordures, une hache forestière avec scie dans le manche; un soufflet pour soufrer la vigne, etc., etc.

Le Jury international, appréciant les services rendus par M. Arnheiter aux horticulteurs, et le soin apporté dans sa fabrication, lui a décerné une médaille de première classe.

M. GROULON, à Paris (France).

M. Groulon est plus jeune que M. Arnheiter; sa clientèle est plutôt celle des jardiniers de profession cependant, les instruments qu'il a exposés sont également remarquables par le fini de leur exécution e par un grand nombre de dispositions utiles.

Nous signalerons particulièrement un fumigateur-ventilateur à jet continu pour asphyxier les pucerons avec la fumée de tabac; une pompe pour les serres et les jardins, qui permet d'arroser les plantes par dessous, un instrument à coulisse pour mesurer les progrès de la végétation, un échenilloir que l'on manœuvre sans secousse, sans recourir à une corde, et avec lequel on n'a pas l'inconvénient d'accrocher les branches; des sécateurs dits excentriques qui coupent en sciant sans arracher; des greffoirs, des cueille-fruits, etc., etc.

L'exposition de M. Groulon lui a valu une médaille de première classe.

M. LAUMEAU, à Versailles (France), Seine-et-Oise.

Une exposition d'instruments horticoles méritant aussi l'attention, était celle de M. Laumeau, de Versailles; elle contenait des outils d'une autre nature, des bêches, des serpes, des couteaux à foin, deux ratissoires, l'une à cheval, l'autre pour nettoyer les allées des parcs et des jardins. Tous se distinguaient par leur solidité.

Ce fabricant emploie l'acier fondu de MM. Jackson et Cᵉ; convaincu que la bonté de la matière première est une condition de durée dans des outils qui, soumis à de nombreux frottements, sont sujets à s'user rapidement. Il cherche, comme on voit, à bien faire, plutôt qu'à renouveler souvent l'outillage de ses clients. (médaille de première classe.)

COMITÉ DE L'EXPOSITION UNIVERSELLE DE COPENHAGUE (Danemark).

Le comité de l'Exposition universelle de Copenhague présentait au Palais de l'Industrie une collection des plus remarquables de céréales, colzas, fèves et laines de ses différentes provinces. La beauté remarquable de tous ces produits et leur parfaite propreté justifient amplement la récompense qui leur a été accordée. (médaille d'honneur.)

DIRECTION DU JARDIN GRAND-DUCAL ET CENTRAL D'AGRICULTURE DE CARLSRUHE (Grand-duché de Bade).

La Direction du jardin grand-ducal et central d'agriculture de Carlsruhe exposait des graines et semences de maïs, de pavot, de colza, de tabac, etc., etc., tabac en feuilles, cocons, soie grége, etc. Le Jury, reconnaissant l'ensemble des mesures prises par cette Direction dans le but d'acclimater dans le grand-duché de Bade les meilleures espèces de plantes, notamment les blés et les tabacs; appréciant aussi les descriptions scientifiques qu'elle a publiées, lui a décerné la médaille d'honneur.

M. RAIBAUD-L'ANGE, à Paisserols (France), Basses-Alpes.

M. Raibaud-l'Ange exposait une collection comprenant la plupart des produits de la culture du Midi; de très-belles touzelles, des orges, des avoines, des haricots, des fèves, des pois chiches, des lentilles, des graines de betterave, de carotte, de luzerne, de trèfle, de sainfoin; des garances, des chardons à foulons, des amandes, des pruneaux, des figues, des pistaches, des glands de chêne vert, des olives et de l'huile. Plusieurs de ces produits, notamment l'huile et l'orge, appréciés isolément, auraient, à eux seuls, mérité la médaille de première classe, attribuée à la collection entière. (médaille de première classe.)

M. LAILLER, à l'Hôtellerie (France), Calvados.

Des lins d'une grande beauté; des froments dont la plupart ont été importés dans le pays par M. Lailler et y ont parfaitement réussi, puisqu'il en vend la plus grande partie comme blés de semence; des colzas, des avoines et des orges, de la plus belle venue, ont dû motiver la médaille de première classe décernée à M. Lailler.

M. HARDY, directeur du jardin du Hamma, à Alger (France), Algérie.

La pépinière centrale du Hamma s'étend sur 40 hectares; elle renferme une école d'arbres fruitiers, d'arbres forestiers, une école des végétaux alimentaires et industriels, enfin une méthode d'acclimatation proprement dite pour les végétaux exotiques. C'est à cet établissement et en particulier au zèle de M. Hardy, qu'on doit le succès des diverses cultures que les colons ont successivement adoptées depuis quinze ans. A l'Exposition de l'Industrie de 1849, M. Hardy obtint une médaille d'or et la décoration. La collection qu'il a envoyée cette année prouve que ni ses efforts ni son zèle ne se sont ralentis depuis. (médaille de première classe.)

M. GALMIN, à Constantine (Algérie), France.

Une médaille de première classe a été décernée à M. Galmin, directeur du jardin de Biskra, province de Constantine, pour une collection très-intéressante de froments et d'orges originaires d'Abyssinie, qui ont été très-bien soignés et cultivés, et qui paraissent devoir donner de très-bons résultats en Algérie.

M. DEMONT, Orléans (France), Loiret.

M. Demont, directeur de l'École municipale d'Orléans, présentait une collection nombreuse de céréales cultivées par les élèves de l'École, collection accompagnée de documents statistiques sur le produit de chaque variété en grains, en paille et en farine, ainsi que d'analyses chimiques. Cette collection a paru assez remarquable pour être récompensée par une médaille de première classe.

ACADÉMIE ROYALE D'AGRICULTURE DE LA SUÈDE.

L'Académie royale de la Suède avait envoyé à l'Exposition universelle une collection de produits agricoles : maïs pour fourrages; froment, seigle, orge, avoine, pois, fèves, vesces, graines fourragères, et laines lavées provenant des bergeries royales.

Cette collection, quoique peu nombreuse, ne renfermait que des produits supérieurs, et portant des dénominations parfaitement correctes; elle a donc été jugée digne d'une récompense d'un ordre élevé. (MÉDAILLE DE PREMIÈRE CLASSE.)

LE PRINCE DE SCHWARTZENBERG (ADOLPHE), A CRUMAN (AUTRICHE).

Le prince de Schwartzenberg est le créateur d'un jardin d'acclimatation pour introduire dans son pays des plantes et des variétés nouvelles. Il avait envoyé une collection de ses produits qui ont prouvé que cet établissement est appelé à rendre de grands services. (MÉDAILLE DE PREMIÈRE CLASSE.)

M. FAUVEAU (J.-B.), A LA MONTAGNE SAINT-HONORÉ (FRANCE), NIÈVRE.

M. FAUVEAU, régisseur de M. le marquis d'Espeuil, a introduit de grandes améliorations dans des propriétés considérables exploitées par métayage; il a exécuté avec intelligence et avec succès les intentions du propriétaire, en introduisant libéralement l'emploi du chaulage, qui a notablement amélioré la quantité et la qualité des produits obtenus sur cette exploitation, ainsi que le Jury a pu l'apprécier par le froment exposé. (MÉDAILLE DE PREMIÈRE CLASSE.)

M. PAGÈS, A SAINT-LOUIS (FRANCE), ALGÉRIE.

Une MÉDAILLE DE PREMIÈRE CLASSE a été décernée à M. PAGÈS, pour un magnifique blé blanc, de l'espèce désignée sous le nom de *touzelle;* gros de grain, brillant de couleur, régulier de forme, presque aussi fin de pâte que le meilleur blé d'Australie; en un mot, un des plus beaux blés de l'Exposition, pesant 79 kilog. (MÉDAILLE DE PREMIÈRE CLASSE.)

LE COLONEL ASTON, A CHICORA, CAROLINE DU SUD (ÉTATS-UNIS).

Le colonel ASTON a envoyé le plus beau type de riz présenté à l'Exposition; ce riz se distingue par sa forme allongée et par sa grande transparence : il ne trouble point le bouillon dans lequel on le fait cuire, mais il s'y ramollit, sans se dissoudre, caractère qui manque aux races de Java, de Piémont, etc. (MÉDAILLE DE PREMIÈRE CLASSE.)

COMMUNE DE LEGNANO, LOMBARDIE (AUTRICHE).

Collection très-intéressante des diverses espèces de riz introduites en Lombardie, avec des types de comparaison et des déterminations scientifiques très-exactes. Les différents types sont très-beaux et aussi bien choisis que bien préparés. (MÉDAILLE DE PREMIÈRE CLASSE.)

GROUPE DES PRODUCTEURS DE HOUBLONS DE LA BOHÊME (Autriche).

Le groupe des producteurs de houblons de la Bohême, composé de M. Korb Weidenheim, de M. le prince de Schwartzenberg, de la ville de Saatz, de la commune de Zaluchitz et de M. le baron de Zesner, a présenté des produits qui ont paru notablement supérieurs aux autres houblons que renferme l'Exposition universelle. Cette appréciation, résultat d'un examen scrupuleux, a été confirmée, d'une part, par l'analyse chimique, et, de l'autre, par le témoignage de brasseurs de différents pays, qui ont adressé des certificats à ce sujet. Le Jury a décerné à chacun de ces exposants une médaille de première classe.

SOCIÉTÉ CIVILE DE ROQUEFORT (France).

La Société civile de Roquefort avait soumis à la dégustation du Jury de *véritables* fromages de Roquefort.

Le mérite de ce fromage, est trop universellement apprécié pour qu'il soit nécessaire de légitimer autrement la récompense qui a été décernée à la Société civile de Roquefort. (médaille de première classe.)

M. GIBELIN, a Rodez (France).

Une médaille de première classe a été accordée à M. Gibelin pour de très-bons fromages, façon Roquefort, préservés d'altération par une couche de gélatine, au moment où le fromage est au point de maturité convenable.

MM. LAMBERTI, oncle et neveu, a Codogno (Lombardie).

La réputation du fromage de Parmesan est aussi bien établie que celle du fromage de Roquefort. L'Exposition de MM. Lamberti, oncle et neveu, en présentait de très-bons types. Le Jury leur a décerné une médaille de première classe.

M. TSITSIMPACOS, a Athènes (Grèce).

Nous devons à cet exposant d'avoir vu figurer à l'Exposition le miel du mont Hymette. Les dégustateurs du Jury lui ont trouvé, dit-on, un remarquable parfum de roses, qui justifie les éloges que lui prodiguèrent tous les poëtes de l'antiquité. Le Jury n'a pas, lui, été prodigue, car il n'a donné à M. Tsitsimpacos, qu'une médaille de deuxième classe.

M. LE BARON DE MUNDI, a Raczicz (Moravie).

M. le baron Jean de Mundi entretient un troupeau très-connu pour la finesse, l'égalité et le tassé des toisons; il lui donne des soins, par lui-même, depuis au moins trente ans. Sans être un des troupeaux les plus nombreux de la province, (il ne contient environ que 4,000 têtes), le troupeau de M. de Mundi est à la fois très-estimé des fabricants qui en recherchent la laine, et des cultivateurs qui en achètent les béliers. Huit toisons envoyées à l'Exposition universelle ne laissent rien à désirer; elles proviennent de béliers, de brebis et d'agneaux; il y en a qui sont en suint, d'autres qui sont lavées à dos. M. de Mundi y a joint une carte d'échantillons pris sur beaucoup d'animaux; tous les moyens d'exposition ont ainsi été réunis pour faire apprécier sa bergerie. (médaille d'honneur.)

M. LE BARON DE BARTENSTEIN, À HENNERSDORF (SILÉSIE).

M. le baron de Bartenstein, à Hennersdorf (Silésie), entretient un troupeau de 2,800 têtes. Il le conserve depuis 1817. Ce troupeau a toujours, depuis qu'il est formé, la meilleure réputation. L'exposition du baron de Bartenstein se composait de quatre toisons lavées à dos, du plus grand mérite. Ses béliers sont très-recherchés comme étalons. (MÉDAILLE D'HONNEUR.)

LES FERMIERS DE HORZOWITZ (BOHÊME).

Cette bergerie, fondée, depuis plus de cinquante ans, par le comte de Wrbna, est exploitée aujourd'hui par les fermiers du prince de Hesse-Cassel : ils ont pour mission de maintenir le troupeau que le domaine possède depuis longtemps, et qui comprend environ 5,000 animaux. Le prix élevé des laines et des béliers prouve que le troupeau s'est parfaitement maintenu. (MÉDAILLE D'HONNEUR.)

DIRECTION DES TROUPEAUX ÉLEVÉS DANS LES DOMAINES DE LA COURONNE (ESPAGNE).

Le Jury a décerné une MÉDAILLE DE PREMIÈRE CLASSE aux troupeaux de S. M. la reine d'Espagne, chez lesquels le lainage a été amélioré par l'emploi de béliers saxons. Les toisons exposées étaient d'une bonne finesse; et abondantes, eu égard au volume des animaux.

Le Jury a aussi décerné une MÉDAILLE DE DEUXIÈME CLASSE à M. Hernandez, de Madrid, pour des laines de moyenne finesse, qui, par leur longueur, conviendraient pour le peigne.

BERGERIE IMPÉRIALE DE RAMBOUILLET (FRANCE); DIRECTEUR M. LE BARON DAURIER.

L'exposition de ce troupeau, dont la réputation est européenne, présentait plusieurs particularités dignes d'attention.

Lorsque, en 1786, on créa le troupeau de Rambouillet, au moyen de mérinos que le roi d'Espagne donnait à Louis XVI, on fit peindre des béliers et des brebis de ce troupeau. M. le baron Daurier a eu l'heureuse idée de placer, sous les yeux des agriculteurs qui visitaient l'Exposition, ces portraits à côté des daguerréotypes pris sur les animaux qui, en 1855, composent la bergerie. Depuis 1786 jusqu'à 1855, le troupeau s'est toujours reproduit par lui-même, sans introduction de béliers et de brebis autres que ceux qui l'ont primitivement formé. La comparaison des animaux de 1786 avec ceux de 1855 démontre combien la conformation des seconds a été avantageusement changée. Considérés comme bêtes de boucherie, les mérinos de Rambouillet sont bien meilleurs que les anciens mérinos espagnols.

L'Exposition comprenait une série d'échantillons tendant à prouver comment s'est modifiée la laine de Rambouillet; on voyait que depuis quelque temps les mèches de cette laine sont devenues un peu plus longues.

Les toisons exposées par la Bergerie étaient de moyenne finesse; il ne pouvait en être autrement à cause de la grande taille de ces animaux et de la nourriture abondante qui leur est donnée. Elles sont cependant beaucoup plus fines et moins lourdes que celles de beaucoup de troupeaux de la Picardie, de la Beauce et de la Brie, formés originairement par le concours des béliers de Rambouillet. Il faut faire remarquer que le troupeau de Rambouillet, ne parquant pas, donne des toisons peu chargées de terre.

C'est par l'emploi de béliers achetés à Rambouillet qu'ont été formés beaucoup de troupeaux français.

Aujourd'hui, ces béliers sont encore recherchés par des éleveurs français qui, pour obtenir des toisons extrêmement lourdes, ont trop grossi le brin de leurs laines. Ils sont souvent recherchés aussi par des propriétaires allemands, pour donner du poids à des toisons très-fines, mais excessivement légères. L'ancienneté de leur race fait qu'ils influent beaucoup sur les caractères des métis qu'ils donnent; il est fort probable que, lorsque la production des laines métisses mérinos prendra du développement en Algérie, le moyen le plus prompt et le plus certain consistera dans l'importation de béliers de Rambouillet, dont la race a un degré de pureté qu'on ne trouve dans aucun autre troupeau. (MÉDAILLE DE PREMIÈRE CLASSE.)

M. GRAUX, CULTIVATEUR, A MAUCHAMP (FRANCE), AISNE.

D'après leur destination pour la carde ou pour le peigne, les troupeaux doivent être très-différemment dirigés. M. GRAUX a développé, au plus haut degré, dans des animaux de race mérinos, plusieurs des qualités des laines destinées à être peignées. Son exposition comprenait des laines d'une longueur, d'une douceur et d'un brillant exceptionnels, ne présentant que très-peu d'ondulations et très-peu d'élasticité, mais beaucoup de force de résistance. Ces laines se rapprochent bien plus, par leur forme, des toisons anglaises du Kent et du Leicestershire que des toisons du type mérinos; mais infiniment plus douces et plus fines que les toisons anglaises, elles sont d'une valeur beaucoup plus grande. En se servant d'abord d'un bélier qui avait accidentellement ce lainage exceptionnel, en employant à la reproduction les béliers qui avaient hérité de ce lainage, en écartant de la bergerie tous autres étalons, M. GRAUX est parvenu aujourd'hui à créer un troupeau de plus de six cents bêtes, dont la laine se vend à un prix fort élevé. Un filateur lui a donné le nom de *cachemire indigène*. Si cette dénomination a l'avantage de caractériser la douceur et la finesse de la laine de M. GRAUX, elle a l'inconvénient de faire supposer que l'animal qui la produit appartient à l'espèce caprine. (MÉDAILLE DE PREMIÈRE CLASSE.)

BERGERIE IMPÉRIALE DE GEVROLLES (FRANCE), CÔTE-D'OR;
DIRECTEUR M. ÉLYSÉE LEFÈVRE.

Pour produire des laines aussi fines que celles de M. Graux, il faut nécessairement que les animaux croissent lentement et restent petits. La Bergerie impériale de Gevrolles, dirigée par M. ÉLYSÉE LEFÈVRE, sert à démontrer ce que devient la race de M. Graux lorsqu'elle est abondamment nourrie; et, d'un autre côté, elle sert à faire voir les caractères des toisons que donnent les béliers de Mauchamp lorsqu'on les emploie dans un troupeau de mérinos à laine terne et ondulée.

Nourrie abondamment, la race Mauchamp conserve tous ces caractères, si ce n'est que la laine grossit un peu, que la taille des animaux grandit, et que leurs formes se rapprochent de celles qu'on recherche dans les animaux de boucherie. On peut s'assurer que la laine de Mauchamp conserve à Gevrolles beaucoup de douceur, de brillant, une très-grande résistance et peu d'élasticité.

Cette même exposition fait voir que, de l'accouplement du type de Mauchamp avec l'ancien type mérinos de Rambouillet, proviennent des animaux porteurs de toisons qui ressemblent encore beaucoup à celles de l'ancien type, dont elles diffèrent par un peu plus de douceur et de résistance, qualités fort recherchées pour plusieurs genres de fabrication. L'élasticité de ces laines Mauchamp-Rambouillet est suffisante pour qu'elles se peignent et se filent par les mêmes procédés que les laines mérinos; mais les laines pures de Mauchamp ont si peu d'élasticité, elles ont une surface tellement lisse, qu'elles ne peuvent être employées aux mêmes usages que les laines mérinos.

La race de Mauchamp peut donc améliorer, sous plusieurs rapports, la laine mérine, sans la changer entièrement. Dans sa pureté, cette race fournit une laine qui doit avoir une destination tout à fait spéciale. (MÉDAILLE DE PREMIÈRE CLASSE.)

LE TROUPEAU DE L'ÉCOLE VÉTÉRINAIRE D'ALFORT (FRANCE).

DIRECTEUR M. RENAULT.

La nécessité d'accroître en France la production de la viande de boucherie a déterminé les bergeries de l'État à faire des tentatives sur la formation de races pouvant s'engraisser plus tôt et plus facilement que les races mérinos, et pouvant cependant donner une laine longue et douce pour le peigne, qui rappelle dans une certaine mesure les qualités de la laine Mauchamp-mérinos Gevrolles. Des béliers Mauchamp-mérinos accouplés avec des brebis dishley-mérinos ont donné des produits ayant ces qualités. Ces animaux se reproduisent par eux-mêmes depuis plusieurs générations, et tendent de plus en plus à constituer une sous-race, d'un engraissement très-facile, et portant une laine d'une moyenne finesse, recommandable par sa force et sa douceur. C'est à cette sous-race qu'appartiennent les toisons qu'expose l'École d'Alfort. Cette laine n'est pas aussi fine que la laine mérine, mais elle résiste beaucoup lorsqu'on cherche à la casser, et se comporte parfaitement dans le peignage; elle est, en outre, fort douce, par suite de l'influence du sang de Mauchamp. Les toisons sont lourdes, comparativement à la masse qu'elles présentent; c'est un caractère donné par le sang dishley et par le sang de Mauchamp; ces deux races ayant cela de commun que leurs laines ont une grande pesanteur spécifique. L'exposition de l'École vétérinaire d'Alfort a été récompensée par une MÉDAILLE DE PREMIÈRE CLASSE.

M. LE DOCTEUR PAIX DE BEAUVOIS, A SEICHES (FRANCE), MAINE-ET-LOIRE.

Depuis longues années, le docteur PAIX DE BEAUVOIS déploie un zèle infatigable à faire connaître les avantages des ruches à cadres mobiles, et il y introduit incessamment de nouveaux perfectionnements. L'importance de ses travaux à l'Exposition de l'Industrie de 1849, fut appréciée par le jury, qui lui décerna une médaille d'or. A l'Exposition universelle de 1855, M. le docteur BEAUVOIS présentait, outre quelques perfectionnements apportés à l'établissement de ces ruches, un procédé nouveau pour endormir les abeilles; après avoir successivement employé l'éther, les agarics et d'autres champignons, M. de BEAUVOIS a trouvé des avantages importants à se servir de filasse trempée dans du nitrate de potasse. Plusieurs expériences ont eu lieu avec un succès complet en présence du Jury, qui prenant sans doute en considération les avantages de ce nouveau procédé et l'ensemble des travaux auxquels s'est livré M. le docteur de BEAUVOIS, lui a décerné la MÉDAILLE DE PREMIÈRE CLASSE.

M. LEFEBVRE, A DOMPIERRE (FRANCE), SOMME.

Simple ouvrier menuisier, M. LEFEBVRE aime les abeilles autant que M. le docteur Beauvois. Le livre de Huber lui étant tombé entre les mains, il a compris toute l'importance du système des cadres mobiles; il a su triompher des difficultés que ce système présente dans son application. Sans être jamais sorti de son village, sans avoir eu aucun modèle sous les yeux, il est parvenu à exécuter une ruche qui offre à peu près tous les avantages de celle de M. le docteur de Beauvois. Il y a ajouté un appareil très-simple et très-ingénieux, pour nourrir les jeunes essaims récemment introduits dans une ruche, quand le mauvais temps ne leur permet pas d'aller chercher leur nourriture au dehors. Ses rayons sont établis de manière à ce que les gâteaux ne s'attachent à la ruche, ni par en haut ni par en bas, et puissent être retirés facilement et isolément les uns des autres. Il est à désirer que cette ruche se propage. Elle a tous les avantages des ruches perfectionnées, et ne coûte qu'un prix très-modéré. Le Jury a accordé à M. Lefebvre une MÉDAILLE DE PREMIÈRE CLASSE.

ADRIEN SÉNÉCLAUZE, A BOURG-ARGENTAL (FRANCE), LOIRE.

L'établissement fondé en 1826 par M. SÉNÉCLAUZE, horticulteur-pépiniériste à Bourg-Argental, s'est placé dès son origine dans une voie constante de progrès. Il occupe 25 hectares de pépinières remplis de végétaux rares et précieux; les serres vitrées couvrent une superficie de 1,500 mètres. Les principales cultures consistent en arbres fruitiers, forestiers et d'ornement; collection complète de conifères rares; rosiers, pivoines arborescentes et herbacées: dahlias, plantes vivaces; azalées, rhododendrum et autres plantes de pleine terre; de bruyères; azalées de l'Inde; camélias; et toutes les nouveautés remarquables de serres et de pleine terre. Des semis très-considérables d'arbres résineux et forestiers les plus propres au reboisement lui permettent de livrer annuellement aux planteurs 2 à 3 millions de semis ou de replants, aux prix les plus modérés.

Bien que M. SÉNÉCLAUZE, qui est aussi un habile séricole, eût envoyé au Palais de l'Industrie des cocons fins blancs, qui ont attiré l'attention du Jury de la IIIe classe, sa véritable exposition était à la Société impériale et centrale d'horticulture.

Malgré les difficultés et l'éloignement, cet habile horticulteur a présenté à l'Exposition spéciale, organisée par cette Société, une collection de plus de 300 conifères rares et précieuses, en partie obtenues dans ses cultures ou introduites récemment, parmi lesquelles on remarquait : le juniperus myosuros; le libocedrus doniana; le thuia gigantea; le fitz-roya patagonica, le thuiopsis borealis; le chamæ cyparis glaucua; les cupressus Lawsoni et Carrierii; les cryptomeria Lobbii et variegata; l'arthrotbuais cupressoides; le sequoia gigantea; les abies amabilis, bracteata, fastigiata et jezoensis; les lavix Griffithii et Kellermanni; les cedrus atlantica variegata, deodara robusta et libani argentea; les pinus gordoniana, occidentalis et rudis; les arancaria Cookii et Bidvillii; les dammara Brownii, australis, alba, orientalis et ovata; les podocarpus nubigena et oleifolia; le podocarpus cupressina; le Saxe-Gothæa conspicua; les dacrydium cupressinum et elatum; les phyllocladus asplenifolia et rhomboïdalis; les Salisburia macrophylla et variegata; le cephalotaxus fortunei; le torreya myristica, etc., etc.

M. Sénéclauze avait précédemment obtenu à divers concours : à Paris, Marseille, Lyon, Poitiers et Saint-Étienne, trois médailles de vermeil et plusieurs médailles d'argent et de bronze. Sa brillante exposition à la Société impériale et centrale d'horticulture lui a fait décerner une médaille d'or.

MM. GUÉRIN-MÉNEVILLE et Eug. ROBERT, magnanerie expérimentale, a Sainte-Tulle (France), Basses-Alpes.

MM. Guérin-Méneville et Eug. Robert exposent des cocons des diverses races qu'ils étudient en commun à la magnanerie de Sainte-Tulle (Basses-Alpes), depuis plus de huit années.

Les travaux de ces habiles expérimentateurs, bien connus dans le monde scientifique et industriel, ont pour objet le perfectionnement de l'industrie de la soie, au double point de vue de l'éducation des vers et de la filature des cocons.

Tout en examinant sur toutes ses faces la question de la muscardine, ces messieurs ont poursuivi avec une grande persévérance une autre question qu'ils formulent eux-mêmes en ces termes : *Classification industrielle des races de vers à soie*. Ils se proposent de rechercher, en effet, quelles sont les races qui conviennent le mieux à tels ou tels climats, à telles ou telles conditions de sol, d'exposition, de culture, etc.; et, par suite, quelles races peuvent fournir les soies que réclament les différentes spécialités de la grande industrie des tissus.

Les résultats déjà obtenus par MM. Guérin-Méneville et Robert, le talent et la sagacité dont ils ont fait preuve, les produits qu'ils exposent, tout fait augurer favorablement de la suite de leurs travaux.

La position de l'un de ces messieurs, membre du Jury, avait placé leurs produits hors concours; mais l'opinion unanime des juges compétents leur a décerné une récompense de première classe.

JACQUEMET, BONNEFONT père et fils, pépiniéristes, a Annonay (France), Ardèche.

Cette maison, dont la création remonte à plus d'un demi-siècle, donne tous les ans un nouveau développement à ses cultures, qui s'étendent aujourd'hui sur une surface de plus de cent hectares, et occupent plus de 150 ouvriers.

En 1854, sur le rapport d'une Commission, chargée par la Société impériale d'horticulture de visiter cet important établissement, une médaille d'or fut décernée à MM. Jacquemet, Bonnefont père et fils. En 1855 ils ont obtenu une médaille de première classe à l'Exposition universelle d'horticulture, et une médaille de deuxième classe à l'Exposition universelle de l'Industrie.

M. BARON, a Trappes (France), Seine-et-Oise.

M. Baron, régisseur de la ferme de M. Dailly, s'est mis entièrement à la disposition du Jury pour toutes les expériences qui ont été faites à Trappes, et dont la durée totale n'a pas été de moins de quinze jours entiers. Il a dirigé les attelages, les charretiers, les laboureurs, avec un zèle dont l'étendue ne peut être comparée qu'à la générosité avec laquelle M. Dailly a voulu faire plier les nécessités d'une si grande exploitation rurale à toutes les exigences d'expériences rigoureuses. M. BARON s'est appliqué à faire en sorte qu'il sortît des enseignements certains, des essais ordonnés par le Jury d'agriculture. Certainement ce n'était que stricte justice de récompenser une collaboration gratuite si active et si utile; or, tout le monde agricole sait en outre que l'habileté de M. BARON, comme cultivateur, le désignait également au Jury pour une telle distinction.

Le Jury lui a décerné une MÉDAILLE DE PREMIÈRE CLASSE, en qualité de coopérateur.

M. BLAIZE (HENRI), PARIS (FRANCE), SEINE.

M. HENRI BLAIZE, fils de l'habile secrétaire du Jury international avait été attaché au Jury de la troisième classe, auquel des études spéciales lui ont permis d'apporter un concours intelligent et actif. C'est cette coopération dévouée et assidue, dans toutes les expériences faites à Trappes et à Paris, que le Jury d'agriculture a récompensée de la MÉDAILLE DE PREMIÈRE CLASSE.

FENART (AUGUSTE), (FRANCE), NORD.

Il était encore très-jeune et simple laboureur, lorsque le cultivateur au service duquel il était, M. Leroy, à Houplines, vint à mourir. Sa veuve chargea Fenart de la direction des travaux; il y déploya un si grand zèle et une intelligence si supérieure, que la Société d'agriculture de Lille n'hésita pas à le proclamer le premier agriculteur du pays, et sa ferme comme ayant réalisé tous les perfectionnements praticables aujourd'hui. Un pareil dévouement, joint à un zèle aussi intelligent, méritait la MÉDAILLE DE PREMIÈRE CLASSE que lui a décernée le Jury en qualité de coopérateur.

JAMET, COOPÉRATEUR, (FRANCE), MAYENNE.

Ancien représentant, homme de bien et de progrès, il a exercé la plus heureuse influence sur l'amélioration du bétail dans la Vendée et dans les départements voisins, en faisant apprécier les inconvénients de l'ancienne race durham. Il a fondé la Société pour l'encouragement et l'amélioration de la race bovine, dont l'organisation, modelée sur celle de la Société royale d'agriculture d'Angleterre, est très-supérieure à celle de la plupart des Sociétés qui existent en France.

Le Jury a récompensé les services rendus par M. JAMET à l'agriculture en lui accordant la MÉDAILLE DE PREMIÈRE CLASSE.

LALOUELLE (LOUIS), COOPÉRATEUR, A CANISY (FRANCE), MANCHE.

Est employé depuis vingt-deux ans dans l'exploitation de M. de Kergorlay. Entré comme homme d'écurie, il est devenu successivement laboureur, semeur, chef de travaux, et a dirigé en cette qualité tous les travaux d'une exploitation de 200 hectares avec un zèle et une intelligence des plus remarquables; il a successivement introduit, en les maniant lui-même, les instruments les plus perfectionnés, et il a fait exécuter des travaux importants de drainage, d'irrigation, de desséchement d'étangs, etc. etc.

Une carrière aussi honorablement remplie, méritait la récompense que le Jury lui a accordée comme coopérateur.

IIIe CLASSE. — AGRICULTURE

RÉCOMPENSES DÉCERNÉES PAR LE JURY INTERNATIONAL.

GRANDE MÉDAILLE D'HONNEUR.

Mac-Cormick, Chicago (Illinois). États-Unis.

MÉDAILLES D'HONNEUR.

Bartenstein (baron de), Hennersdorf. Autriche.
Comité de l'exposition universelle, de Copenhague. Danemark.
Crosskil (W.), Beverley. Royaume-Uni.
Direction du jardin grand-ducal et central d'agriculture, Carlsruhe. Grand-duché de Bade.
Les fermiers de Horsowitz, Bohême. Autriche.
Garett (Richard) et fils, Saxmundham, Royaume-Uni.
Hornsby (Richard) et fils, Grantham. Id.
Howard (J. et F.), Bedford. Id.
Mundi (baron), Raciz (Moravie). Autriche.
Ransomes et Simes, Ipswich. Royaume-Uni.

MÉDAILLES DE 1re CLASSE.

Académie des géorgophiles, Florence. Toscane.
Académie royale d'agriculture, Stockholm. Suède.
Adam (Edmond), Tlélat. Algérie.
Administration des domaines de S. A. le prince de Schaumbourg-Lippe, Nachod (Bohême). Autriche.
Administration de la bergerie royale, représentée par M. Ockel, conseiller d'économie rurale. Frankenfeld. Prusse.
Anderlin, Douéra. Algérie.
Armelin (Fr.), Draguignan (Var). France.
Arnheiter (M.-M.), Paris (Seine). Id.
Association du département de l'Oise pour le drainage. Id.
Aston (colonel), Caroline du Sud, Etats-Unis.
Auersperg (prince), Sib (Bohême). Autriche.
Bailleau, Illiers (Eure-et-Loir). France.
Ball (W.), Rothwell-Cettering. Royaume-Uni.
Balté frères, Ramonvillers (Vosges). France.
Baratta (chev. de), Budischau (Moravie). Autriche.
Barker, Victoria. Colonies anglaises.
Baron Dalberg, Datschitz. Autriche.
Barthelmé (Th.), Sand (Bas-Rhin). France.
Baudens (le Dr). Algérie.
Bazin, Mesnil-Saint-Firmin (Oise). France.
Bella (Fr.), Grignon (Seine-et-Oise). Id.
Bentall (E. H.), Heybridge. Royaume-Uni.
Benzon, Subbetjobing. Danemark.
Bergerie impériale d'Alfort (Seine). France.
Bergerie impériale de Gevrolles (Côte-d'Or). Id.
Bergerie impériale de Rambouillet (Seine-et-Oise). Id.
Binger (Ch.-Em.), Nancy (Meurthe). Id.
Blücher Wahlstadt (comtesse), Radam (Silésie). Autriche.
Bobée (Fr.-Em.), Chenailles (Loiret). France.
Bodin, Rennes (Ille-et-Vilaine). Id.
Bonfort, Oran, Algérie.
Bonnet (J.-B.), Rousset (Bouches-du-Rhône). France.
Borrosch (A.) et Jasper, Prague. Autriche.
Bortier (P.), Adinkerke. Belgique.
Bouvrain (A.), Maison-Rouge (Seine-et-Marne). France.
Bromfield-Smallbones (G.), Deutsch-Kreutz. Autriche.
Bronner (Ch.), Wiesloch. Grand-duché de Bade.
Brun frères (chev. J. et C.), Turin. États sardes.
Bruyn (J. de), Saint-Giles-lez-Termonde. Belgique.
Bryas (marquis de), le Taillan (Gironde). France.
Buignet (Ch. F.), Chelles. Id.
Busny (W.), Newton-le-Willos. Royaume-Uni.
Caïd de Guelma (le). Algérie.
Camelin, Bone. Id.
Camus (P.-A.). Poutruet (Aisne). France.
Cappellen (veuve de P.), Drammen. Norvége.
Celsing (L.-G. de), Helleforss. Suède.
Champallier (Pas-de-Calais). France.
Chancellerie des domaines de S. A. le prince C. Lichtenstein, Vienne. Autriche.
Chevigny, Bèze (Côte-d'Or). France.
Claës (frères), Lembeck. Belgique.
Clausen (A.), Copenhague. Danemark.
Coevœt (L.-F.). Poperinghe. Belgique.
Coleman (R.), Chelmsford. Royaume-Uni.
Colonie de Mettray (Indre-et-Loire). France.
Comité central d'agriculture, Darmstadt. Hesse.
Comité pour l'Exposition universelle, Guyane anglaise. Colonies anglaises.
Comité de Lannion (Côtes-du-Nord). France.
Commune de Legnano, Lombardie. Autriche.
Commune de Zaluschitz, Bohême. Id.
Compagnie du Canada, Toronto. Colonies anglaises.
Compagnie des engrais de Londres (*London manure Company*), Londres. Royaume-Uni.

Compagnie des Indes anglaises.
Compagnie du guano sarde, Sassari. États Sardes.
Consell-Lamy (P.-A.), Oulchy-le-Château (Aisne). France.
Corréa (V.-G.) et frères, Covillat. Portugal.
Condenhove (Victor, comte de), Dux (Bohême). Autriche.
Couëdic (comte du), château de Lézardeau (Finistère). France.
Cournice (Urb.), Saint-Romans (Isère). Id.
Cousin-Pollet (J.), Lambersart (Nord). Id.
Cox (Ed.), Fern-Hill (Nouv.-Galles du Sud). Colonies anglaises.
Crespel-Delisse (Tiburce), Saulty (Pas-de-Calais). France.
Cross (G.), Montréal (Canada). Colonies anglaises.
Dajot, Melun (Seine-et-Marne). France.
Daun (comte H.), Voltan. Autriche.
D'Arbalestier (baron), Loriol (Drôme). France.
Dean (J.) et fils, Londres. Royaume-Uni.
Decrombecque, à Lens (Pas-de-Calais. France.
Dedovic (Ed. de), Langenals (Silésie). Prusse.
Dème d'Andros. Grèce.
Dème d'Epidaure. Id.
Dème de Ligorio. Id.
Département de Vera-Cruz. Mexique.
Dewolf (D.), Appels-lez-Termonde. Belgique.
Dickenson, Hewatte (Van-Diémen). Colonies anglaises.
Digeon, la Mancelière (Eure-et-Loir). France.
Direction des domaines de S. M. l'empereur Ferdinand. Prague. Autriche.
Direction générale du commerce du Groënland. Danemark.
Direction générale des manufactures des tabacs. Vienne. Autriche.
Doerr (J.), Rheinbischofsheim. Grand-duché de Bade.
Dorado-Canovas (J.), Mula. Espagne.
Dorel frères, le Péage-de-Roussillon. France.
Dos Santos. Portugal.
Douglass, Victoria. Colonies anglaises.
Duenas, Cuba. Colonies espagnoles.
Durand (C.-W.), Maison-Rouge (Seine-et-Marne). France.
École municipale supérieure d'Orléans, Demond, directeur (Loiret). Id.
Eder, Manheim. Grand-duché de Bade.
Emmanuel, Pargos. Grèce.
Fabre (J.-Al.), Villeneuve-sur-Lot. France.
Facchini frères, Bologne. États pontificaux.
Falkenhain (comte Ch. de), Kyowitz (Silésie). Autriche.
Fauveau (J.-B.), Montagne-Saint-Honoré (Nièvre). France.
Fichtner (J.) et fils, Atzgersdorf. Autriche.
Fievet, Masny (Nord). France.
Gamst et Lunst (ministère de l'intérieur), Copenhague. Danemark.
Gibson (D.), terre de Van-Diémen. Colonies anglaises.
Gie (J.-C.), Cap de Bonne-Espérance. Colonies anglaises.
Girardot, Bouffarik. Algérie.
Girod de l'Ain (général F.), Chevry. France.
Goby, Blidah. Algérie.
Godin aîné (P.), Châtillon-sur-Seine. France.
Gouvernement du Paraguay. Paraguay.
Graux (J.-J.), Juvincourt. France.
Griese, Kreuzhof. Grand-duché de Bade.
Grenier, Mazagran. Algérie.
Groulon, Paris. France.
Guénebaut (F.-R.), Laperrière. Id.
Hamoir (G.), Saultain (Nord). Id.
Herschel (Hartog et E.-A.). Pays-Bas.
Hedengren (Ol.-G.), Riseberga. Suède.
Heller (Em.), Chrzelitz. Prusse.
Hintz, Hohenheim. Wurtemberg.
Hirschhorn (G.) et fils, Manheim. Grand-duché de Bade.
Honricks, Wischenau. Autriche.
Hovyn, à Villeneuve-le-Roi (Seine-et-Oise). France.
Hugo-Meinert, Partschendorf. Autriche.
Hutin (Ch.-Em.), Aisne. France.
Institut agricole catalan, Barcelone. Espagne.
Institut agricole de Hohenheim. Wurtemberg.
Institut agricole d'Altuna. Suède.
Jacob, Koléah. Algérie.
Jourdan, professeur à Lyon (Rhône). France.
Joyot, Bou-Sfer. Algérie.
Kindt, à Fines (Nord). France.
Keil (J.) et Rudzinski (Ed.), Endershof. Autriche.
Kinsky (prince Ferd.), Grossherlitz. Id.
Kobele (Ch.), Ringsheim. Grand-duché de Bade.
Kobele (G.), Ringsheim. Id.
Kalnoki (comte), Littowitz Tischnowitz. Autriche.
Korb Weidenheim (chevalier de), Stecknitz (Bohême). Autriche.
Kormode (R.-E.), terre de Van-Diémen. Colonies anglaises.
Laffitte-Perron, Lectoure. France.
Lailler (E.-H.), l'Hôtellerie (Calvados). France.
Lamberti (L.) oncle et neveu, Codogno. Autriche.
Lambruschini (l'abbé), à Figline. Toscane.
Larisch-Mönnich (comte de), Freistadt. Autriche.
Lauer (Joseph), Brünn. Id.
Lavalle, Dijon (Côte-d'Or). France.
Lays (héritiers de M.), Esseggs. Autriche.
Lecat-Butin, Bondues (Nord). France.
Lehmann (R.), Nitsche. Prusse.
Lerber (M. de), Romaimotier (Vaud). Suisse.
Lloubès (A.), Perpignan. France.
Lübbert (Ed.), Silésie. Prusse.
Lyman (W.) et Ce, Montréal (Canada). Colonies anglaises.
Mabire (L.-Ph.), Neufchâtel (Seine-Inférieure). France.
Mac-Arthur (J.-W.), Camden (Nouvelle-Galles du Sud). Colonies anglaises.
Manny, Rockford (Illinois). États-Unis.
Marsch (M.-H.), New-England (Nouvelle-Galles du Sud). Colonies anglaises.
Martinitz-Clam (comte de), Smetschna (Bohême). Autriche.
Martinez y Perez (Vincent). Espagne.
Masquelier et Dupré de Saint-Maur, Saint-Denis-du-Sig. Algérie.
Massemann, Kiel. Danemark.
Mazères, Delhy-Ibrahim. Algérie.
Mitrowsky (comte Vladimir de). Autriche.
Moizan (Marie), Uzel (Côtes du-Nord). France.
Monnot-Leroy (J.-B.), Pontru (Aisne). France.
Morelli, Haouch-Farguez. Algérie.
Morin, El-Biar. Id.
Mourgue, Beyrouth (Syrie). Empire ottoman.
Mulmann, Leche-Piatow. Prusse.

Nagel (J.-B.-Adr.), Chenonceaux. France.
Nourrigat (Em.), Lunel. Id.
Odeurs (J.-M.), Marlinn (Limbourg). Belgique.
Orphelinat de Miserghin (L'). Algérie.
Ostyn-Breyne, Werwicq. Belgique.
Ostyn-Taupe, Werwicq. Id.
Paix de Beauvoys (Ch.), Seiches (Maine-et-Loire). France.
Pagès, Saint-Louis. Algérie.
Pépinière de Biskara, M. Jamin, directeur. Id.
Pépinière du Hamma, M. Hardy, directeur. Id.
Pétri (C.-A.), Theresienfeld. Autriche.
Pluchet (Em.-V.), Trappes (Seine-et-Oise). France.
Pollone (comte de), Turin. Piémont.
Ponticelli, administrateur du domaine privé de S. A. le grand-duc de Toscane.
Portamer, Bouffarik. Algérie.
Puggaard et Hage, Nakskov. Danemark.
Raibaud l'Ange (H.), Paillerols (Basses-Alpes). France.
Direction des troupeaux élevés dans les domaines de la couronne. Espagne.
Reverchon, Bukadem. Algérie.
Richer (Fr.), Gouvix (Calvados). France.
Ridolfi (marquis), Florence. Toscane.
Roth Schomburg, Wilsdorf. Saxe.
Rougé (vicomte L. de), le Charmel (Aisne). France.
Ruzinski de Rudno (Ch.), Liptin (Silésie). Prusse.
Saint-Genois (comte de), Paschkau (Moravie). Autriche.
Sallier (J.-A.). France.
Smidt (F.), Gratz. Autriche.
Schomburg (sir R.-H.), Saint-Domingue. République dominicaine.
Schonborn (comte), Munkars. Autriche.
Schwab (Ph.), Hockenheim. Grand-duché de Bade.
Schwartzenberg (prince Adolphe de), Crumau. Autriche.
Sedhutzki (les héritiers de la comtesse de), Lodnitz. Autriche.
Service des tabacs, Algérie. France.
Shaw, Canada. Royaume-Uni.
Scribenski (comte de), Schonoff. Autriche.
Smith et Ashby, Stamfort. Royaume-Uni.
Smith (W.), Kettering. Id.
Société d'agriculture de Bohême, Prague. Autriche.
Société d'agriculture de Moravie, Brünn. Id.
Société civile de Roquefort, Aveyron. France.
Société impériale d'agriculture, Lyon. Id.
Société impériale d'agriculture de la Styrie, Gratz. Autriche.
Société de Haine-Saint-Pierre, Hainaut. Belgique.
Société linière d'encouragement d'Irlande. Royaume-Uni.
Société néerlandaise de commerce, Amsterdam. Pays-Bas.
Stjernsward (major G.-M.), Stockholm. Suède.
Taaer (Alb.-Ph.), Mœglin. Prusse.
Thun Hohenstein (comte Oswald de). Autriche.
Thun Hohenstein (François), Tetschen. Autriche.
Thun née Lambrg (comtesse de). Autriche.
Tixhon (J.), Fléron (Liége). Belgique.
Traumann et Cᵉ, Marheim. Grand-duché de Bade.
Trochu (J.-L.-A.), Saint-Palais (Morbihan). France.
Tschuzy (chevalier de), Sichow. Autriche.
Union agricole du Sig. Algérie.
Usines royales de Frédéricksvaerk. Danemark.
Vaesen (P.-F.), Rotterdam. Pays-Bas.
Vandercolme, Dunkerque (Nord). France.
Van Hacken (Ch.-L.), Zèle. Belgique.
Van Maele (Ed.), Thielt. Id.
Ville de Saatz, Bohême. Autriche.
Ville de Xérochort. Grèce.
Vrière (baronne de), Bruges. Belgique.
Wachtmeister (comte H.-G.-Troll), Arup. Suède.
Wallis (comte F. de), Kolleschowitz. Autriche.
Ward (N.-B.), Londres. Royaume-Uni.
Wright, terre de Van-Diémen. Colonies anglaises.
Wulff et fils, Brede. Danemark.
Zesner (baron de), Bohême (Dobriczan). Autriche.

MÉDAILLES DE 2ᵉ CLASSE.

Aabel (P.-P.), Land. Norvége.
Administration de l'île de la Réunion. Colonies françaises.
Agache, Hem (Nord). France.
Aïdin (Ville d'). Empire ottoman.
Albertini (J.) et Cᵉ, Turin. États sardes.
Alcade (l') de Camaryana. Espagne.
Alcade (l') de Roales. Espagne.
Allerup Odensé. Danemark.
Alvéar (H.), Montilla (Cordoue). Espagne.
Ambrosio (Dʳ), Cuba. Id.
Amadieu, Martel (Lot). France.
Andrassy (comte Georges de), Hoshuret. Autriche.
André (Jean), Bordeaux. France.
Andrews (Barrett et Exall.). Royaume-Uni.
Andrinople (ville d'). Turquie.
Anguera (Jean), Tarragone. Espagne.
Aribert (V.), la Terrasse. France.
Assailly (Th.), Aureille. Id.
Atelier. Id.
Ausberg. Autriche.
Avilez (Ant.), Fuentesanco. Espagne.
Azacil. Algérie.
Baan (Th.), Hoog-Carspel. Pays-Bas.
Bailly (Et.-M.), Château-des-Motteaux (Loiret). France.
Barbier (J.-Z.), Wiége-Fatty (Aisne). Id.
Barbier, Chaumont (Haute-Marne). Id.
Barca-ben-Djeloul. Constantine. Algérie.
Barkoczy (comte J.), Favarna. Autriche.
Barral, Birkadem. Algérie.
Bart (J.). États-Unis.
Bauchart (Aug.-R.), Origny-Sainte-Benoîte. France.
Baudoin, Châtillon-sur-Seine. Id.
Bayley (T.-B.), Cap de Bonne-Espérance. Colonies anglaises.
Beaulard, Donges. France.
Beckfris (comte Ch. de). Suède.
Berckmans (J.-F.), Blaesvelt. Belgique.
Berg (M.-Fr.), Grand-Jouan. France.
Beroud frères, Saint-Martin-de-Fresne (Ain). Id.
Beutzmann (de), père et fils (Lot-et-Garonne). Id.
Blokhus, Amsterdam. Pays-Bas.
Bonet-Diégo, Birkadem. Algérie.
Bonet-Laurent-Desmazes, Saint-Laurent. France.
Bordillon. Id.
Bosscher (de) et frères, Oostacker. Belgique.
Boutarié. Algérie.
Bracquaval (Ph.), Hem. France.
Briffat, Philippeville. Algérie.
Briquet, à Guiscard (Oise). France.
Burchardi (Fr. de), Hermsdorf. Saxe.
Burgess et Key, Londres. Royaume-Uni.

Cécire, l'Aigle. France.
Chailloux et Lepage, Puiseaux. Id.
Chailly (G.). Id.
Chambre de commerce, Venise. Autriche.
Champion (veuve), Pontchartrain. France.
Chandon de Romont, Mailly. Id.
Chestret de Haneffe (baron H. de), Donceel (Liége). Belgique.
Christalnigg (comte Ch.), Saint-Jean-sur-Bruckl. Autriche.
Clamageran et Roberty, (Gironde). France.
Colleau (Edm.), Bas-Chaillot. Id.
Collin, Wollin. Prusse.
Colombel père, Ciaville. France.
Colonie de Bonneval. Id.
Comice agricole de Saint-Quentin. Id.
Comice de Chartres. Id.
Comice du département du Gers. Id.
Comice d'agriculture de Cordoue. Espagne.
Comité de Lagny (Oise). France.
Comité local de la Scanie. Scanie. Suède.
Compagnie du Guano saxon. Saxe.
Compagnie de Lizirias, Lisbonne. Portugal.
Converset-Cadas (J.-B.-N), Châtillon-sur-Seine. France.
Corselas (Antoine). Villacastin. Espagne.
Corsini (prince Th.). Toscane.
Cottam et Hallen, Londres. Royaume-Uni.
Courtioilles d'Angleville, Saint-Germain de-Clairefeuille (Orne). France.
Courtois Gérard, Paris. Id.
Cox (G.), Nouvelle-Galles du Sud. Colonies anglaises.
Damainville, Fresnoy-la-Rivière (Oise). France.
Darru, Crescia. Algérie.
Degeberg (école agricole de), Suède.
Degryse-Quaghebeur (L.), Poperinghe. Belgique.
Delamalle (Mme), Guilly (Indre). France.
Delcasse, Lauraguel. Id.
Deleaye, Limoux. Id.
Deligny, Douai. Id.
Dème de Chalcis. Grèce.
Dème de Calame. Id.
Dème d'Épidaure. Id.
Dème d'Œtilus. Id.
Dème de Mantinée. Id.
Dème de Phthiotide. Id.
Denis (F.), Liernu. Belgique.
Derrien, Chantenay (Loire-Inférieure). France.
Digoin, château d'Avignon. Id.
Direction des Domaines de l'empereur Ferdinand, Teutsch (Bohême). Autriche.
Direction de la manufacture des tabacs du Lot. France.
Doblhof-Dier (baron), Baden. Autriche.
Dovillers frères. Montigny (Nord). France.
Dragota (Ign.). Debreczin. Autriche.
Dubois (J.), Paris. France.
Dubourg (P.), Bone. Algérie.
Duflot. Id.
Duguay (J.-Is.), Argenteuil. France.
Dupaigne, Caen (Calvados). Id.
Dupéril, la Madeleine. Id.
Duseigneur (Drôme). Id.
Duvillers-Chasseloup (Fr.). Paris. France.
École agronomique de Tyrinthe. Grèce.
École de Liebwerd, Bohême. Autriche.
École polytechnique, Prague. Autriche.
Egasse. France.
Escalande (R.), San-José. Costa-Rica.
État de Maryland. États-Unis.
Evers (A.-H.), Strom. Suède.
Fallatieux et Chavannes. France.
Féry (Ph.-A) Villemarie, (Gironde). France.
Ficalho (marquis de), Serpa. Portugal.
Fisher (J.), Montréal (Canada) Colonies anglaises.
Fiosas, Evora. Portugal.
Fléming, Toronto (Canada). Colonies anglaises.
Flett, Manning-River (Nouvelle-Galles du Sud). Id.
Fonnolar (comte de). Espagne.
Fourgassier-Vidal, Castres. France.
Fournier, Meaux. Id.
França. Portugal.
Franzini frères, à Reillaleinga. Lombardie.
Frarière (A. de), Paris. France.
Fruitié, Cheragas. Algérie.
Guende aîné, Marseille. France.
Galao (J.-C.), Vimierro. Portugal.
Galland, Ruffec. France.
Gallat, Chartres. Id.
Gauran (Mme), Birkadem. Algérie.
Germay (de) père et fils, Ligny. France.
Georgiadès, Lamie. Grèce.
Gevers Deynoot (D.-R.), Loosduinen. Pays-Bas.
Gibelin (Al.), la Guiraldie. France.
Giot (P.), Chevry-Cossigny. France.
Girardi (M.), Turin. États sardes.
Gomès (J.-L.), Portimao. Portugal.
Gouvernement de Tunis. État de Tunis.
Gouvion (D.) Denain. France.
Goysion. Lannion. Id.
Grandeury. Algérie.
Grant (J.), terre de Van-Diémen. Colonies anglaises.
Grashoff (M.), Quedlinburg. Prusse.
Gratien de Savoie, Rieux-Hamel (Oise). France.
Grébel et comp., Denain. Id.
Grima, Philippeville. Algérie.
Guiguet, Paris. France.
Guilhaumon-Javelle, Vandeuvre (Aube). Id.
Haunstrup. Danemark.
Havrincourt (marquis d'), Pas-de-Calais. France.
Hernandez. Espagne.
Higonet (le général baron), Aurillac. France.
Hoffemberg (baron), Zillingen. France.
Hofman. Autriche.
Hompesch (comte de), Radlow. Autriche.
Hornemann. Gosch. Prusse.
Herrel, Legelshust. Grand-Duché de Bade.
Hornmann. Bade.
Houssay (Fr.-P.), Pont-le-Voy. France.
Hubaine. Beauvais (Oise). Id.
Hutton, Vittoria. Colonies anglaises.
Indigène (un), Algérie.
Institut agricole de Saint-Isidore.
Jacquemet-Bonnefond père et fils, Annonay. France.
Jacquet-Robillard, Arras (Pas-de-Calais). Id.
Jenken (W.), Utrecht. Pays-Bas.
Jockers, Hohenhurst. Grand-duché de Bade.
Jonidès. Grèce.
Jouin (P.) et frère, Afsné. Belgique.
Kapetanakis (P.-J.), Aréopolis. Grèce.
Kaunitz (comte de), Austerlitz (Moravie). Autriche.

Kind (J.-C.), Kleirbautzen. Saxe.
Kilman (O.-J.), Toða. Suède.
Kiriacos, Calames. Grèce.
Lafont, Gastonville. Algérie.
Lagier, Am.-Tedelen. Id.
Lambert (Mme de), Philippeville. Id.
Lamboi et fils. Blidah. Id.
Laugier (L.-P.), Ougles. France.
Laumeau (Ad.), Versailles. Id.
Laure, La Vallette (Var). Id.
Laurent (D.-E.), Paris. Id.
Laurent (D.), Varennes (Canada). Colonies anglaises.
Learmouth (Th.), Victoria. Id.
Lebonniec, Lannion (Côtes-du-Nord). France.
Lecoër, Lannion. Id.
Ledocte et comp., Ath (Hainaut). Belgique.
Lefebvre (Ad.), Dompierre (Somme). France.
Lefké (ville de). Turquie.
Legacq. Lannion. France.
Lejeune, Sour-Kemilton. Algérie.
Lentillac (de), Lavallade (Dordogne). France.
Leloup, Gambais (Seine-et-Oise). Id.
Lepéchoux (J.-M.). Guervelans. Id.
Lepreux (Fr.), Crouy-sur-Ourq. Id.
Lepuschitz (J.), Burgho-Kematen (Tyrol). Autriche.
Leverger (M.), la Gravelle (Côtes-du-Nord). France
Lin de Tipperary, Irlande. Royaume Uni.
Lin de Roscommon. Irlande. Id.
Lin de Cork, Irlande. Id.
Lin d'Armagh, Irlande. Id.
Luisy-Desforges (L.-J.), Pithiviers. France.
Machado (J. Ing. de S), Samora-Correa. Portugal.
Magnin (J.-V.), Clermont-Ferrand (Puy-de-Dôme). France.
Maison et Cordier. Algérie.
Malingié (Ch.), la Charmoise. France.
Malingié (Ch.), Verrière. Id.
Malleville (J.-B), Villefranche. Id.
Masquart (de), Gard. Id.
Manca (Chev. S.), Sassari. États sardes.
Manoury (P.-J.), Hérouville-Saint-Clair. France.
Mareau. Mortagne. Id.
Marin, Chartres. Id.
Martin, Lannoy (Oise). Id.
Mauget, Argonces. Id.
Maupetit jeune (B.-L.), Paris. France.
Maurer (Fl.), Gaggenau. Grand-duché de Bade.
Merle de Massonneau fils (L.-A.-G.), Aiguillon (Lot-et-Garonne). France.
Meszaros (J.), Gross-Zenkendorf. Autriche.
Meynard, Valréas (Vaucluse). France.
Milligan (J.), terre de Van-Diémen. Colonies anglaises.
Monchain et Ce, Lille France.
Montoya (Fr.), Nouvelle-Grenade.
Montreuil (de), Bazincourt. France.
Morse (L.), Milton (Canada). Colonies anglaises.
Morati (M.), Bastia. France.
Mora (J.-R.), San-José. Costa-Rica.
Morao (Fr.-J.), Castello-Branco. Portugal.
Moreau, Carpentras. France.
Morelli (comte C.), Turin. États sardes.
Morvan, Lannion. France.
Müller (Jean). Bensheim. Hesse.
Municipalité de Calaspara, Murcie. Espagne.

Murure, Séville. Espagne.
Neighour et fils, Londres. Royaume-Uni.
Noël, Sommerviller. France.
Nom de Deu, Saint-Denis-du-Sig. Algérie.
Nonclère-Briquet, Guiscard (Oise). France.
Norlin (Capitaine Élie), Pitea. Suède.
Nostitz (comte Alb. de), Prague. Autriche.
Nouffiard, Sidney. Colonies anglaises.
Officiers de Lalla-Maghrania, Oran. Algérie.
Oliva. Arzew. Algérie.
Olivès, Birkadem. Id.
Oller et Rocca, Tarragone. Espagne.
Orsetti (comte E.), Lucques. Toscane.
Palmella (duc de). Portugal.
Parapoulos. Grèce.
Parks et Palmer. Royaume-Uni.
Parpaite aîné (J.-B.) Carignan (Ardennes). France.
Parquin (L.-V.). Villeparisis (Seine-et-Marne) Id.
Parsi (l'abbé P.), Corse. Id.
Pech (I.), Bellegarde. Id.
Pellegrin frères, Orléans (Loiret). Id.
Pellerin (K.), Tonnay (Charente Inférieure). Id.
Perelès et Pollak, Prague (Bohême). Autriche.
Perdigao (J.-C.), Evora. Portugal.
Perès (Joseph), à Mahamud, Burgos. Espagne.
Perrot-Bergeras, Oued-el-Haleg. Algérie.
Persyn (A.), Bruges. Belgique.
Peyre. Algérie.
Philippon, Saint-Louis. Algérie.
Pinto-Bastos, Ferreira et Ce. Portugal.
Place, Feurs. France.
Poissonnier. Id.
Pohl (G.), Canth. Prusse.
Pollak (Ad.), Kossir. Autriche.
Pollard, Lannion. France.
Ponthieuxe de Berlaère (chev.), Vinderhaut. Belgique.
Porquet, Bourbourg-Champagne (Nord). France.
Portal de Moux (Ch.), Conques (Aude). Id.
Pousset, Chartres (Eure-et-Loir). Id.
Prégaldino (P.), Assche. Belgique.
Prieur, Saint-Germain (Seine-et-Oise). France.
Prini (chevalier G.), Pise. Toscane.
Prom (J.-L.). Saint-Caprais. France.
Proyard (A.), Hendecourt (Pas-de-Calais). Id.
Pstross (Fr.), Selz (Bohême). Autriche.
Querret (J.-J.-J.-H.), Ploujean. France.
Rasquilho (Fr. da Silva Lobao). Portugal.
Rativeau (N. And.), Brienon (Yonne). France.
Rayet, Lussat (Creuse). France.
Rémont, Versailles. Id.
Reverchon, Birkadem. Algérie.
Richardson frères, Édimbourg. Royaume-Uni.
Ripalda (comte de), Valence. Espagne.
Robert et Laurot. France.
Rommens (Fr.), Poperingh. Belgique.
Romedenne (Ant.-J.), Erpent. Id.
Roesels aîné, Louvain. Id.
Rousseau, Maubeuge (Nord). France.
Rousselet, Coulmier-le-Sec. Id.
Rouyer, Paris. Id.
Sauta (docteur Ambrosio C. de), Cuba. Espagne.
Saratsopoulos, Nauplie. Grèce.
Saullières, Médéah. Algérie.
Schattenmann (Ch.-A), Bouxwiller. France.

Shepperd (G.), Montréal (Canada). Colonies anglaises.
Scholler (A.), Czakoviez. Autriche.
Schreibers (chev. de), Kritzendorf. Autriche.
Schübeler. Norvége.
Si-el-Hadj-Mohamed-el-Arbi-ben-Boudiaf, Chemora. Algérie.
Si-Hamon, tribu des Sarraouia. Id.
Smyrne (ville de). Empire ottoman.
Smyth (J.) et fils, Oxford. Royaume-Uni.
Société d'agriculture de Bologne. États pontificaux.
Société d'agriculture de Gallicie. Autriche.
Société economique de Guatémala. Guatémala.
Sohn, au Tlélat. Algérie.
Somogyi (Ch.), Debreczin (Hongrie). Autriche.
Soutter, Vaud. Suisse.
Sprengtporten (baron J.-W.), Sparrenholm. Suède.
Stabilini (F.), Lombardie. Autriche.
Stanley (W-P.), Peterborough. Royaume-Uni.
Starke (Chr.), Vienne. Autriche.
Stjernsvaard (R.), Widtskofle. Suède.
Stockau (comte de), Napagedl (Moravie). Autriche.
Talonarn, Lannion (Côtes-du-Nord). France.
Tomassi (Ch.), Debreczin. Autriche.
Tardieu de Virette, Arles. France.
Tarin, Sceaux (Seine). Id.
Terrasson de Montléau, Saint-Estèphe. Id.
Tiegel (G.), chevalier de Lindenkron, Sazawa. Autriche.
Tillgner (Ed.), Slaventzitz. Prusse.
Tjanick, ville de Turquie.
Toperczer (Ch.), Bernstein. Autriche.
Tresca (docteur), Lombardie. Id.
Tribu des Beni-Urgine-Sobaô. Constantine. Algérie.
Tschadjt. Autriche.
Tsitsempacos. Athènes. Grèce.
Tunis (gouvernement de).
Turquet. Lannion. France.
Vallée, Paris. Id.
Van Clcemputte (Alph.), Gand. Belgique.
Van Stolk frères. Rotterdam. Pays-Bas.
Vincent. Saint-Louis. Algérie.
Ver Omysse Bracq (Fr.). Deerlyck. Belgique.
Villegontier (vicomtesse F. de la). Algérie.
Wade (Rulph), Cobourg (Canada). Colonies anglaises.
Waldstein (comte Chr. de), Münchengratz. Autriche.
Walker et fils, Van-Diémen (Australie). Colonies anglaises.
Watt, Orlau. Prusse.
Webb. Royaume-Uni.
Wettendorf (J.-W.), Trèves. Prusse.
Williams et Saunders. Royaume-Uni.
Wrana (comte de), Holleschau (Moravie). Autriche.
Wrigtt (J.-S.), Chicago (Illinois). États-Unis.
Yver de la Bruchollerie, la Meunerie. France.
Ziegler (baron Th. de), Klipphausen. Autriche.

MENTIONS HONORABLES.

Académie royale de la vallée Tibérine. Toscane.
Ahmed-Flita, Souf. Algérie.
Allier, Petit-Bourg. France.
Almeida-Silva et Ce, Lisbonne. Portugal.
Amaniah (ville d'). Turquie.
Andrade (J.-C. d'). Portugal.
Andral, Saint-Louis. Algérie.
Angelis (d'), Bastia. France.
Argens (marquis d'). Id.
Arguera (J.), Falset. Espagne.
Avril, Nevers. France.
Barbosa (J.-M. da Costa). Portugal.
Beckenhaupt. France.
Behague, Douai (Nord). Id.
Belin (Romain), Séry-lès-Mézières. Id.
Bello, Cherchell. Algérie.
Bello (Em. Guelfao), Macao. Portugal.
Bénédictins de Saint-Martinsberg (Hongrie). Autriche.
Benicarlo. Espagne.
Bergelin (A.-Th.). Nyquarn. Suède.
Bernis, Alger. Algérie.
Bizet, Eure. France.
Boigues (Em.), Brain (Nièvre). Id.
Bokor (F.), Klein-Zinkendorf (Hongrie). Autriche.
Bonnemaisons. France.
Bonnet (Ch.). Portugal.
Borel-Petrus. Algérie.
Boulay (Fr.), Alençon. France.
Brinon, Eure-et-Loir. Id.
Broutta et Sagey. Id.
Bucquoi (comtesse de), Rothenhaus. Autriche.
Calçase Pina (A.), Sangel. Portugal.
Calheiros (F.-C. de Lemos). Id.
Comoes (T.-R. da Truz). Id.
Candie (Ile de). Turquie.
Cappon (V.), Berquin (Nord). France.
Carvalho (D.-N. de), Benevente. Portugal.
Carvalho-Pacheco. Id.
Castel-Blaize. France.
Centejo. Portugal.
Chaligne (Ch.), Précy. France.
Chapron. Id.
Chatel (V.), Vire. Id.
Chevalier fils (G.-B.-Alph.), Paris. Id.
Clarens (Al. de). Id.
Coelho (M.-J.), Redondo. Portugal.
Coffin-Gaspé (Canada). Colonies anglaises.
Comité de Norrkopping, Norrkopping. Suède.
Commission royale de l'agriculture, Stuttgart. Wurtemberg.
Comité d'agriculture de Xérès de la Frontera. Espagne.
Conseil des colonies, Lisbonne. Portugal.
Cornali d'Almero, Le Blanc. France.
Corne. Royaume-Uni.
Costerizon, Pran. Algérie.
Cuny. France.
Da Costa Almeida. Portugal.
Dalmas. France.
David (Aristide), régisseur de M. Alf. Leroux, Vendée. Id.
Delanode frères, Pas-de-Calais. Id.
Delanoue (J.), Raismes (Nord). Id.
Demerseman et Ce, le Blanc. Id.
Dème de Mégalopolis. Grèce.
Dème de Sparte. Id.
Dème d'Argos. Id.
De Sa Nogueira. Portugal.
Desplanques (Et.-Adm.), Lisy-sur-Ourcq. France.
Destraz (Louis). Suisse.
Detimes, Gaillon. France.
Devansay (J.), Grancy (Vaud). Suisse.
Devèze et Couloudre, Sauve. France.

Dorner (Fr.), Forro (Hongrie). Autriche.
Dorothea (dona Maria), Loulé. Portugal.
Dos Reis (J.-Ant.), Lisbonne. Id.
Dray et Ce, Londres. Grande-Bretagne.
Duarté (Lorenzo-Antoine). Espagne.
Dubourquié, Limoges. France.
Ducasse, Gers. Id.
Ducœur (Joly), comité de Chartres. Id.
Dufour, Neville-lez-Soignies. Belgique.
Dufour-Borcard, Clarens Suisse.
Dupont (Fr.), Lille. France.
Duresse, comité du Gers. Id.
Durand, Biercourt (Meuse). Id.
École d'Alençon, Alençon (Orne). Id.
École normale primaire d'Amiens, Amiens. Id.
Ehrenberg (baron), Navarow (Bohême). Autriche.
El-Hadj-Mohamed-El-ib Tlemcen. Algérie.
Evans, Montréal (Canada). Colonies anglaises.
Falcao (L. de Pinna Carvalho frères), Castello-Branco. Portugal.
Faure (L.), Grignan. France.
Felo (M. J. de Souza), Béja. Portugal.
Felber (J.-G.), Gross-Zinkendorf (Hongrie). Autriche.
Fernandez (M.-J.). Evora Portugal.
Fenestro (Saint), Saint-Aubin-de-Crétot. France.
Ferme de Rozey. Id.
Ferme école de Bazin (MM. Dufour, Bazin et Lafitte, directeurs). Id.
Ferme école de Villechaise. Id.
Flatau (J.-J.), Berlin. Prusse.
Flory, la Valette (Var). France.
Fonseca Vaz (Al.-P. da), Sandoval. Portugal.
Fonte Boa (vicomte da), Santarem. Id.
Forrester (J.-J.), Porto. Id.
Fouju, Paris. France.
Freire (M. Torres Vas), Evora. Portugal.
Fromage unique turc (le). Turquie.
Gabriac (Od. de), Bourran. France.
Gamboa (Fr.), Arruda (Lisbonne). Portugal.
Gatti (Antonio), Lombardie. Autriche.
Geniès (marquis de St-) château de l'Hermitage. France.
Gential, Saint-Louis. Algérie.
Geraldès (J.-J. vas Preto), Castello-Branco. Portugal.
Gilles (Alb.-A. de), Clairy-Saulchoix. France.
Gosselin, Saint-Cloud. Algérie.
Gosselin, Arzew. Id.
Goutier, Saint-Donat. France.
Gourgas (de), Philippeville. Algérie.
Gouvernement turc (le). Turquie.
Goysin (Côtes-du-Nord). France.
Graciosa (comte de), Idanha à Nova. Portugal.
Greslot. France.
Guibal, Castres (Tarn). Id.
Hallié, Bordeaux. Id.
Haloches-el-Biar. Algérie.
Hamet. France.
Herlincourt (d'), Eterpigny. Id.
Hervieux (J.-D.), Pont-l'Évêque.
Hilton (J. et H.), Montréal. Canada.
Hoffmann, Carolinenthal. Autriche.
Homon (Ch.), Morlaix. France.
Horsky, Libiegitz. Autriche.
Humbert, Saint-Dié (Vosges). France.
Institut agricole de Ferrare. États pontificaux.
Isidoro Maria. Espagne.
Jarra (M.-Ant.), Loulé. Portugal.
Jarvis (F.-W.), Toronto (Canada). Colonies anglaises.
Jeannidec. Grèce.
Karranowski et Thierry, Bouffarik. Algérie.
Kalek, à Kalecki. Autriche.
Kebah-ben-Mohammed, Milah. Algérie.
Korkum (P.-H.), Malmo. Suède.
Kovacz (J.), S. Lotrau. Autriche.
Labousse-Delmotte, Werwicq. Belgique.
Laperlier, Mustapha. Algérie.
Larcher (J.), Portalègre. Portugal.
Lavie, chambre d'agriculture de Chartres. France.
Lazanski (comte Procope de), Bohême. Autriche.
Lebbe-Baetman. Poperinghe Belgique.
Lecoq, Paris. France.
Lecomte (Eure-et-Loir). Id.
Lécordier, Aboukir. Algérie.
Lecornec, Plourhan (Côtes-du-Nord). France.
Lecornu (P.-J.), Plourhan. Id.
Legall, Lannion. Id.
Lemaire, Essuiles (Oise). Id.
Lemarié, chambre d'agriculture de Chartres. Id.
Lenfant, chambre d'agriculture de Chartres. Id.
Leroux (Alfred). Id.
Lesage, Crescia. Algérie.
Leys (Ir.), Dunkerque. France.
Lin d'Antrim. Royaume-Uni.
Lin d'Armagh. Id.
Lin de Down. Id.
Lin de Limerick. Id.
Lin de Londonderry. Id.
Lipe-Lipski (comte Ign. de), Posen (Gr.-Duché). Prusse.
Loustau et Dusacq, Bordeaux. France.
Loyère (vicomte Ed. de la), Savigny. Id.
Lutzow d'El-Agar. Algérie.
Macedo (J.-P.), Penamacer. Portugal.
Magnier, Mondovi. Algérie.
Mallet, Belleville (Seine). France.
Marchal (Didier), Bouzaréah. Algérie.
Mariot, Birkadem. Id.
Marquant (J.-B.), Gondicourt. France.
Martin, Fleurus. Algérie.
Martins (J.), Lisbonne. Portugal.
Masquillier. France.
Massouzo.
Mendonça (Fr. Correa de). Portugal.
Monasteio, Séville. Espagne.
Moretti (Max), Bissone (Lombardie). Autriche.
Morgan de Maricourt, Maricourt. France.
Moura (G.-J.-Teixeira de), Villa-Réal. Portugal.
Moysen, Mézières (Ardennes). France.
Municipalité de Murcie. Espagne.
Netrefa, Carolinenthal. Autriche.
Nicod (V.) et fils, Annonay. France.
Nikoletski, Duchs (Bohême). Autriche.
Ochtman (J.-H.), Isz (Zierick-Zee). Hollande.
Oetl (le curé J.-N.), Puschwitz (Bohême). Autriche.
Oliveira (d') Pimentel (L.-Cl.). Portugal.
Oom (Th.), Lisbonne. Portugal.
Orguera (J.). Falut. Espagne.
Paidly (Fr.), Lemberg. Autriche.
Palerme (D.-Marie-Dorothée d'Aragon), Loulé. Portugal.
Palestrini frères, Villa Biscossi. États sardes.

Paulin (C.) et Martin, Beaupréau. France.
Peoa (J. de La), Pedroza del Rey. Espagne.
Penin, Douai (Nord). France.
Pereira (Az.), Portugal.
Perès (J.), Mahamud. Espagne.
Perla, à Turin. Piémont.
Petersen, Kolding. Danemark.
Pikoulakis (D.), Aréopolis. Grèce.
Pinot de Maupas (Nièvre). France.
Pinto Bastos (Ed.-F.), Coïmbre. Portugal.
Pluchart, Paris. France.
Préfecture d'Oran. Algérie.
Proença (F. Tavarez d'Almeida), Castello-Branco. Portugal.
Poignand (Fr.-H.), Gray. France.
Ponsard (Ed.), Omey (Marne). France.
Queimado (J.-M.), Redondo. Portugal.
Quentin-Durand père et fils. France.
Quillet, Somme. Id.
Ramondès, Olzinélias. Espagne.
Reverseau (Pierre), Saint-Michel-en-l'Hermitage. France.
Richter, Strassnitz. Autriche.
Rokita, Aignitz (Moravie). Autriche.
Roquebrune (Fr.), Senas (Bouches-du-Rhône). France.
Roussin. Id.
Ruschi frères, Pise. Toscane.
Salazik, Ile de la Réunion. Colonies françaises.
Salles (Ant. Fr.), Castro-Verdo. Portugal.
Sachs (Guillaume), Bas-Rhin. France.
Sarran, Sauve. Id.
Scrive, Lille. Id.
Schwarzenfeld, Saaz (Bohême). Autriche.
Senteilas (comte de). Espagne.
Shanks et fils. Royaume-Uni.
Sigala, Pont-du-Chélif. Algérie.
Simonnet. Id.
Sobradiel (comte de), Saragosse. Espagne.
Sobrerida (Isidoro), institut catalan. Id.
Société d'agriculture de Tischnnowitz. Autriche.
Tallereau (l'abbé), Autry (Loiret). France.
Thiedey, Saint-Louis. Algérie.
Théry aîné (J.-L.-Fr.), Gengies. France.
Tollard frères, Paris. France.
Touzet, Puiseaux. Id.
Trischler, Limoges (Haute-Vienne). Id.
Turchini, Florence. Toscane.
Van-Molle (Fr.-G.), Assche. Belgique.
Van-Pelt (J.-Fr.), Tamise. Belgique.
Vicedo, Arzew (Oran). Algérie.
Villeneuve (l'abbé), Montréal (Canada). Colonies anglaises.
Ville d'Alep. Turquie.
Ville de Philippopoli. Turquie.
Werth, Bonn. Prusse.

COOPÉRATEURS.

CONTRE-MAITRES ET OUVRIERS.

MÉDAILLES DE 1re CLASSE.

Abbadie de Barrau (d'), (Gers). France.
Adine (Elisabeth), femme Leoté (Côte-d'Or). Id.
Audibert, Tarascon (Bouches-du-Rhône). Id.
Aylies, Gers. Id.
Barbey, Moselle. Id.
Baron, à Trappes (Seine-et-Oise). Id.
Baudet-Lafarge (Puy-de-Dôme). Id.
Baudisson (comte de), Bostel. Holstein.
Beddel (G.-A.), Ipswich. Royaume-Uni.
Blaise (Henri), Paris. France.
Boiscourbeau, Couron. Id.
Bouthier de la Tour, Saône-et-Loire. Id.
Bouvy, commissaire de l'Algérie à l'Exposition universelle.
Caillé, Pyrénées-Orientales. France.
Carnap (baron de), Bornheim. Provinces rhénanes.
Cazallis-Allut. Hérault. France.
Cellarié, directeur de la ferme-école du Lot. Id.
Cléry, Vienne. Id.
Crosskill (John). Royaume-Uni.
Curzay (comte de), Vienne. France.
Deroin (Victor), aux Barres (Cher). Id.
Decauville, Egrénay (Seine-et-Marne). Id.
Dinard (Claude), fermier à Auvet (Haute-Saône). Id.
Doniol, Clermont (Puy-de-Dôme). Id.
Durand, Chaumont (Haute-Marne). Id.
Erdmann de Henneberg (baron de). Prusse.
Faure, Indre-et-Loire. France.
Frys (comte de), Frysemborg. Danemark.
Gallemand, Valognes (Manche). France.
Gassier, ferme-école de Montemoune. Id.
Goudevin (Victor). Id.
Gossin, professeur d'agriculture, Oise. Id.
Gouyoumard Desportes, Noyal (Côtes-du-Nord). Id.
Grambain, Vaucluse. Id.
Hanusch, Wittingau (Bohême). Autriche.
Harel, agent draineur. Id.
Heuzé, professeur à Grignon. Id.
Hohmehr, à Gevrolles (Côte-d'Or). Id.
Horeau, architecte. Id.
Jamet, Château-Gontier (Mayenne). Id.
Jurgensen, Copenhague. Danemark.
Karridge. Royaume-Uni.
Kerjeau (Louis de), Finistère. France.
Kleinholt, Metz. Id.
Kleist-Tuchow (baron de). Prusse.
Kleyle (le chevalier), Vienne. Autriche.
Knights (Samuel). Royaume-Uni.
Koblitz (Jean), Schlan (Bohême). Autriche.
Komers (Fr.), Bodenbach (Bohême). Id.
Koppe, Beesdau. Prusse.
Kroczak (Ch.). Nemiescht. Autriche.
Kropf, Bodenbach (Bohême). Id.
Kutschera, Moravie. Id.
La Hérard, Vesoul (Haute-Saône). France.
Lalouelle (Louis), (Manche). Id.
Landres (baron de), Landreville (Ardennes). Id.
Lavaissière (de), Puy-de-Dôme. Id.
Lebel, Bechelbronn (Bas-Rhin). Id.
Lumbe (le docteur Joseph), Prague. Autriche.
Lupin (Cher). France.
Malo (Orne). Id.
Marshal, Corse. Id.
Mas-Sirand (Ain). Id.
Mauduit, la Châtre (Indre). Id.
Maugard, journalier. Id.
Menard, (Loiret). Id.

Mellefeu. Id.
Mille, ingénieur-draineur à Montbrison. Id.
Millet (Mme), ferme de Pons (Indre-et-Loire). Id.
Minangouin, Mettray (Indre-et-Loire). Id.
Molette, ouvrier (Saône-et-Loire). Id.
Osumbor (le conseiller), Prague (Bohême). Autriche.
Palbra, berger du troupeau d'Alfort. France.
Perry, Canada. Royaume-Uni.
Petit (Auguste), Cœutré (Haute-Saône). France.
Philippe (Thomas). Id.
Philipps (Thomas). Royaume-Uni.
Pistorius, Weissensée. Prusse.
Prusillac (Jean). France.
Rerolle, ingénieur-draineur à la Saulsaye (Ain). Id.
Reventlow (comte de), Farve. Holstein.
Rigail de Lastour, Tarn. France.
Salomon, Nièvre. Id.
Sprengel, professeur. Prusse.
Steiner, Wantzenau (Bas-Rhin). France.
Tanton, Feuquières. Id.
Tesdorff (Édouard), Ovrupgaard. Danemark.
Thuaut de Beauchêne (Loir-et-Cher). France.
Turc, Meurthe. Id.
Vidalin (Gustave), Tulle (Corrèze). Id.
Villermoz, à Écully (Rhône) Id.
Vitard, Beauvais (Oise). France.
Vivier, Gard. Id.
Voland Buffey. Id.
Wedel (comte de), Vedelsborg. Danemark.
Weckerlin (de), Sigmaringen. Prusse.
Yung (Chrétien-Daniel). France.

MÉDAILLES DE 2e CLASSE.

Aloysar-Sukuz, à Sokolnitz. Autriche.
Antoine (Mme veuve), Orne. France.
Arnaud, Aude. Id.
Asile de Villerhof, près de Schélestadt (Bas-Rhin). Id.
Association syndicale de Bischwiller (l'), Bas-Rhin. Id.
Bœselager (baron de), Hussen. Westphalie.
Barre (Pierre), Saint-Michel (Tarn-et-Garonne). France.
Batiston, Fort-Louis (Bas-Rhin). Id.
Bazin (Marguerite), Ille-et-Vilaine. Id.
Belleyme (de). Id.
Bernard Breton (Finistère). Id.
Bonnal (John), contre-maître de Hornsby. Royaume-Uni.
Bordereau (Victor), berger. France.
Borot (Simon), premier laboureur de Grignon. Id.
Boucher (Ch.), Nièvre. Id.
Bourber, chef de la vacherie du Pin, Orne. Id.
Bourgon, Besançon (Doubs). Id.
Boutan (Adolphe), agent draineur dans le Gers. Id.
Budiner (Gabr.), Raigern. Autriche.
Cauras (Casimir). France.
Cervenka (Mathias), Prague (Bohême). Autriche.
Chandelier (Charles). France.
Chanois (François), ingénieur-draineur, Vesoul (Haute-Saône). Id.
Chlapowski (le général de), Turwe. Prusse.
Chollet (Pierre), Saint-Georges-sur-Loire. France.
Claudin, contre-maître à Roville (Somme). Id.
Coles (Joseph). Id.
Combes (Edward), ingén. agr., Londres. Royaume-Uni.
Croux Ursin, Doubs. France.
Debaise, ajusteur d'instruments aratoires. Belgique.
Degoui (Somme). France.
Delaire, directeur du jardin botanique, Orléans. Id.
Dolimermmont, agent draineur. Id.
Deron (Pierre-Antoine), Pas-de-Calais. Id.
Descoutures (Léotard). Id.
Diebel (Jean), Napagedi. Autriche.
Diepenbroick-Gruter (conseiller), Tecklemburg. Prusse.
Discousy, berger à Gevrolles (Côte-d'Or). France.
Dubosq. Id.
Dufossé, régisseur de M. de Villers (Somme). Id.
Ehrmann, Sandhaff-Bischwiller (Bas-Rhin). Id.
Fayet, à la Saulsaye (Ain). Id.
Féty (Pierre). Id.
Firmin. Id.
Galloux (Gilles). Id.
Gaufillier (Henri). Id.
Girard (Louis), Morbihan. Id.
Girard (Vital-Désiré). berger. Id.
Girardin (Adolphe). Id.
Giraud (Louis, dit *Gabriel*). Id.
Gœtzmann (Louis), Laxon (Meurthe). Id.
Gougnaud (Augustin), Vendée. Id.
Gouignard, Vendée. Id.
Guerde, laboureur. Id.
Guillais (Orne). Id.
Hartert (Jean), Betheny (Marne). Id.
Hofman (François-Charles). Autriche.
Huffel, (Bas-Rhin). France.
Hurtert (Jean). Id.
Ira-Jewel. contre-maître, Illinois. États-Unis.
Joshua-Hill, contre-maître de M. Crosskill. Royaume-Uni.
Kottner (Gustave), Troppau. Autriche.
Kunstowny (Alb.). Fram. Id.
Kuntz (François), Datschitz. Id.
Labouysse (Pierre), Lastour (Tarn). France.
Langer (Charles). Autriche.
Laverge (Pierre), sous-régisseur des domaines impériaux en Sologne. France.
Lebas (Edmond). Id.
Ledieu (Adrien-Baptiste). Id.
Legrand (Fleury), Pas-de-Calais. Id.
Leroux, Trévarez (Finistère). Id.
Leroy (Aube) Id.
Letuvé (Oise). Id.
Levant (Jules). Id.
Linard-Mazeau, Segonzac (Dordogne). Id.
Louradour (Mlle Marie). Id.
Marne (de), vallée de l'Allier (Nièvre). Id.
Matha (Vincent), Nord. Id.
Millon, draineur de M. de Béhague (Loiret). Id.
Mirrel, régisseur (Indre-et-Loire). Id.
Mitaillé. Id.
Moreau. Id.
Motte (Eugène), ajusteur. Belgique.
Nicolas (Victor), Vincey (Vosges). France.
Odeurs fils, mécanicien. Belgique.
Olivier, maire de Treverec (Côtes-du-Nord). France.
Paderrick (Jean), Tischnowitz. Autriche.
Pennel frères (Orne). France.
Pérès, Ile de Noé. Id.
Podevin, à la vacherie du Pin. Id.
Pompery (de) (Finistère). Id.
Prévost, contre-maître de drainage. Id.

Princhot et Vérité, Saint-Just. Id.
Renaud (Somme). Id.
Rivière (Bernard), porcher, la Saulsaye (Ain). Id.
Roffiac, régisseur de la ferme du Rosey. Id.
Rokita Aloysse, régisseur de M. Honrin, Wischnau. Autriche.
Rouy, terrassier (Orne). France.
Schmidt (Léopold), contre-maître, Fiume (Croatie). Autriche.
Schrank (Fr.), Gratz (Styrie). Id.
Schwarz, Jordanowo (Posen). Prusse.
Scott (Jacob), contre-maître de M. Hornsby. Royaume-Uni.
Sylvestre (Baptiste), chef de main-d'œuvre à Grignon. France.
Taconnet, Vendée. Id.
Tannenberger (Henri), Racic. Autriche.
Targné, Doix (Vendée). Id.
Tartas (Pierre), chef des travaux de M. de Galbert (Isère). France.
Tavernier (François-Matthieu). Id.
Thieffry (Jean-Baptiste), Nord. Id.
Trappistes (les) de Mortagne (Orne). Id.
Vandierre (H. de) et Jolly (Ernest), Paris. Id.
Warembourg (Somme). Id.
Wasse (Frédéric), Somme. Id.
Wielland (Michel), berger. Id.
Worby (William). Royaume-Uni.
Zwoifel (Haut-Rhin). France.

MENTIONS HONORABLES

Broquet (Somme). France.
Charbonnel (J.-B.), au Pin, près Masseret (Corrèze). Id.
Corps (Jean-Pierre), agent draineur. Id.
Gœtzmann (Philippe), Laxou (Meurthe). Id.
Kranz (W.), chef berger de M. Pergon (Meurthe). Id.
Labadie (Jean), ferme-école du Gers. Id.
Ledieu (Donatien), Orne. Id.
Mathieu (Honoré), ferme-école de Besplas (Aude). Id.
Patte (Prosper), instituteur, Buicourt (Oise). Id.
Roget (Vendée). Id.
Pierson (François), agent draineur. Id.
Romanens (Bruno), Châtillon-sur-Seine (Côte-d'Or). Id.
Turquoi-Drutel (Loir). Id.
Vaillant (Oise). Id.
Vayne (Pierre-Auguste), Sainte-Fortunade (Corrèze). Id.
Wrœde (de), Ardennes. Id.

TABLE DES MATIÈRES

CONTENUES DANS LE PREMIER VOLUME.

EXPOSITION UNIVERSELLE. — PREMIÈRE DIVISION. — INDUSTRIE.

NOTICES STATISTIQUES SUR L'INDUSTRIE ET LE COMMERCE DES ÉTATS QUI ONT CONCOURU À L'EXPOSITION UNIVERSELLE.

FIN DU PREMIER VOLUME.

PARIS — IMPRIMERIE DE J. CLAYE, RUE SAINT-BENOIT, 7.

www.ingramcontent.com/pod-product-compliance
Lightning Source LLC
Chambersburg PA
CBHW070625270326
41926CB00011B/1812
* 9 7 8 2 0 1 2 5 2 2 2 3 7 *